美的欣赏
美感心理研究
审美经验论

彭立勋
美学文集

第一卷

彭立勋　著

中国社会科学出版社

图书在版编目(CIP)数据

彭立勋美学文集：全四卷 / 彭立勋著． — 北京：中国社会科学出版社，2022.10
ISBN 978 - 7 - 5227 - 0791 - 4

Ⅰ.①彭⋯　Ⅱ.①彭⋯　Ⅲ.①美学—文集　Ⅳ.①B83 - 53

中国版本图书馆 CIP 数据核字（2022）第 154861 号

出 版 人	赵剑英
责任编辑	刘亚楠
责任校对	张爱华
责任印制	张雪娇

出　　版	中国社会科学出版社
社　　址	北京鼓楼西大街甲 158 号
邮　　编	100720
网　　址	http://www.csspw.cn
发 行 部	010 - 84083685
门 市 部	010 - 84029450
经　　销	新华书店及其他书店
印刷装订	北京君升印刷有限公司
版　　次	2022 年 10 月第 1 版
印　　次	2022 年 10 月第 1 次印刷
开　　本	710×1000　1/16
印　　张	152.25
插　　页	9
字　　数	2487 千字
定　　价	888.00 元（全四卷）

凡购买中国社会科学出版社图书，如有质量问题请与本社营销中心联系调换
电话：010 - 84083683
版权所有　侵权必究

前　言

这套文集收录了我已出版的美学著作和已发表未收入著作的部分论文，它是我学术成果的汇编，也是我学术人生的记录。谨以此献给带领我走进学术殿堂的母校华中师范大学，献给推动我进行学术创新的城市深圳。

1960年我从华中师范大学毕业，母校让我留校任教，从此开始了长达60多年的学术跋涉，但真正的学术研究则是在1978年改革开放以后才起步的，从此我转入美学研究，经过不懈努力，最终产生了这套文集收录的研究成果。我深切感到，是改革开放改变了我的学术人生。

记得我在接受一次采访时说过，1988年从剑桥大学回国后毅然来到深圳，是我人生中最重要的选择；建立深圳市社会科学院，是我人生中做得最有价值的工作。在创造奇迹的深圳，我实现了自己的人生超越，也获得了更多新的学术成果。

本文集分为四卷，收入的著作和论文写于1978年至2022年，著作大致按照出版时间顺序排列，有的兼顾内容前后稍有调整。著作收入时基本保持出版时原貌，仅对少数文字做了一些订正和修改。有的著作、章节和其他著作相关章节在内容上大致相同，收入时仅保留其章节题目，内容省略，并标明参见其他著作相关章节。论文集中原来收录的文章，有的因内容重复不再收入文集，另外补充了一些新篇目。

这套文集的编辑和出版始终得到中国社会科学出版社和深圳市社会科学院的鼎力支持和帮助。2021年3月，中国社会科学出版社特地就文集出版事宜致函深圳市社会科学院，函文如下：

深圳市社会科学院：
　　贵院原院长彭立勋教授长期从事美学研究，研究内容涉及美学原理、美学史、比较美学、文艺理论诸方面，曾出版多部美学专著，是我国现代美学研究的知名学者。为推介我国优秀学术著作，促进中国特色哲学社会科学学科体系、学术体系和话语体系建设，我社同意立项出版《彭立勋美学文集》（共四卷）。

专此致函。

中国社会科学出版社
（盖章）
2021 年 3 月 18 日

深圳市社会科学院领导接函后立即决定将文集列为深圳学派建设项目，并按照程序对出版相关事宜进行了落实。吴定海院长、刘婉华研究员和中国社会科学出版社刘亚楠编辑共同参与了文集的策划、出版和编辑工作。刘亚楠编辑对全书做了认真细致的校阅。在此，谨表示衷心的感谢！

2022 年 6 月 30 日

我的学术生涯

一

我于1937年1月22日生于湖北省谷城县。谷城县地处鄂西北，西接武当山余脉，东临汉水。发源于神农架的南河流经城关镇汇入汉水。山青水秀的风光和自然环境，让我从小就受到自然美的熏陶。谷城也是一座历史古城，向来为军事重镇。发生于明代末叶的李自成和张献忠谷城双雄会，是历史的重要一页。县城城关镇小巧玲珑，颇有文化韵味。具有明清建筑风格的文风亭和南门城楼，都是我小时常去游玩的地方。

我的父亲祖籍江西。他小时随父母逃荒到湖北襄阳。因为家境贫寒，他十岁才上学，仅念了三年书，便为了谋生，于十四岁只身来到谷城城关，在一家商行做雇工。他后来刻苦自学，文化程度有所提高，在商行渐渐站稳脚跟。我的母亲同样出身贫寒，没上过学。但她善良、贤惠、勤劳、仁厚，不但从小给了我生活的温暖，也深深影响了我的品德。大约在我四岁的时候，父母独立开了一家小商铺。以后便靠做小生意养活一家四口。但适逢战乱，民不聊生，生意很难做，所以家境一直不是很好。

我父亲深知文化的重要性，非常重视对两个儿子的教育培养。在我刚满6岁那年，就把我送到私塾读书。半年后，便转入谷城最好的城内中心小学。我在那里接受了最初的正规教育。1948年7月，刘邓大军解放了我的家乡，我接着读完小学。1949年9月，我考入了谷城县初级中学。入学不久，新中国正式成立，我们政治热情高涨。当时学校发展第一批中国新民主主义青年团团员，我也就在1949年12月正式成为团员。我学习比较刻苦认真，考试成绩在班上名列前茅，不久便被选为学生会副主席。1951年，我作为全县两名学生代表之一，参加了襄阳地区学生代表大会。除了学习之外，我经常积极参加学校的各种文艺宣传活动，培养了社会活动能力。

1952年我初中毕业，班主任说国家需要培养人民教师，动员我带头报考师范学校，于是我便报考了湖北省襄阳师范学校。当时考场设在老河口，离谷城有几十里。父亲不放心，亲自送我去。考试很顺利，我不出意料地被录取并于秋季到襄阳上学。在校学习3年，由于学习和考试成绩优秀，我每年都获得学校颁发的学习优秀奖状，并被推选为学生会学习部长。除了认真学习各门课程，我也很爱读报纸、看新闻。学生会每收到报纸，我都会仔细浏览一遍。学校图书馆有很多新小说，我也就在那时读到了《新儿女英雄传》。它的故事情节和人物形象强烈地吸引着我、打动着我，在我心中留下很深的印象。我对文学的热爱也就是从那时开始的。1955年我从师范学校毕业后被分配回到家乡工作，县文教科先安排我到石花镇当了几个月的小学教师，然后很快就把我调回县文教科做教学调研工作。我于参加实际工作之余，仍然满怀理想，坚持自学，希望有机会去大学深造。

1956年夏，国家号召青年向科学进军，踊跃报考高等学校。这为我实现多年的愿望和理想带来了难得的机会。我向单位提出报考申请，很快得到支持。我仍然热爱教育事业，所以报考志愿选择了北京师范大学和华中师范学院。6月底我满怀信心地去参加高考，各门考卷我都觉得做得不错，唯一遗憾是地理试卷不小心漏掉半面没做，损失了一些分数。但我的总分仍然较高，顺利通过高考，被华中师范学院中文系录取。我很珍惜一生中难得的这次深造机会，立志将来要有所作为。所以，进校后一心扑在学习上，勤奋读书，心无旁骛。大学一年级课程有文学概论、中国当代文学、写作、语言学概论、现代汉语等，我比较喜爱文学方面课程，尤其偏爱文学理论。为了深入学习，我在书店购买了《文学理论学习参考资料》以及周扬、朱光潜等名家写的文艺理论著作。我很爱读这些著作，甚至希望自己将来也能写出这样的书。二年级开始，学校开设了中外文学史课程，我也很感兴趣。中国古代诗词和中外小说名著，我都特别爱读。通过专业学习，我的文学素养迅速提高。1958年，学校开展教育革命，鼓励师生破除迷信，大力开展科研。我便和同班的几位同学合作撰写了《关于王维及其诗歌评价的几点意见》，在《华中师范学院学报》（语言文学版）1959年第1期发表。后来我又独自撰写了《试论迎春花》，在该学报1960年第2期发表。除了学习、科研外，我也积极参加学校组织的思想教育和劳动锻炼活动，担任了班级团支部书记。1960年被评为"读书劳动思想三丰收积极分子"，获得表彰。大学毕业前，我已被安排在中文系文艺理论教研室参加教材编写。1960年毕业后，便被学校留在中文系文艺理论教研室工作。

我本来就对文艺理论很有兴趣，留校后由于教学和科研的需要，我更加将主要精力和时间都用在钻研文艺理论上。我开始系统地、深入地阅读和研究中国古代和西方有代表性的文艺理论专著。西欧启蒙运动文艺理论批评家和俄国19世纪革命民主主义文艺理论批评家的著作，对我影响特别大。车尔尼雪夫斯基几乎是我在文艺理论研究上崇拜的偶像，同时我也十分关注我国的马克思主义文艺理论研究和当代重要文艺理论问题的论争。留校后的几年间，我多次承担中文系内和系外的《文学概论》课程的教学任务。为了写好讲课稿，我对中外多本文学理论教材作了认真研究和详细比较，取各家所长，再融合自己研究心得和看法，尽可能地对各种理论问题做出全面合理的解释。通过教学，我的理论水平也迅速得到提高。同时，我积极进行科学研究，结合当代文艺创作实践撰写了一些文艺评论文章，在《人民日报》《新建设》《江汉论坛》《延河》《长江文艺》等报刊上发表。其中，发表于《人民日报》1965年3月9日上的《努力塑造新一代的光辉形象》，和发表于《新建设》1965年第11—12期上的《谈中南区戏剧观摩演出下乡剧目的创作特色》，可以说代表了我在那时的文艺理论批评的研究和写作水平。文化大革命开始后，这种正常的教学和科研工作也就暂时停止了。

二

1978年以后，我国进入了改革开放的新时期。思想大解放，教育和文艺领域都出现了新的局面。我重新开始正常的文艺理论教学和研究工作。新时期的到来，为知识分子施展抱负和才能创造了良好条件。1978年恢复职称评审制度后，我被评为讲师。1982年提升为副教授，担任硕士生指导教师。从1981年起，我便担任中文系文艺理论教研室主任。1984年6月，经过民主推荐、校方选拔，我成为中文系副系主任，兼任文学研究所副所长。1984年我加入了中国共产党。1987年1月经湖北省高等学校教师职称评审委员会评审通过，我被提升为教授。

从1980年起，适应时代变化和工作需要，我的教学和研究方向开始从文艺理论转向美学。改革开放之初，伴随思想解放，一股"美学热"悄然而起，从而唤起了我早有的美学兴趣。1980年4月，我利用学校派我赴北京筹备全国马列文论研究会的机会，拜访了周扬、朱光潜、蔡仪等美学前辈，也访问了中国社科院哲学所的专家，向他们请教了一些美学问题。1980年6月，我参加了在昆明召开的第一次全国美学会议，并在大会上就马克思主义美学研究问题作了发言。1980年10月起，北京师范大学举办全国高校美学教师进修班，由美学家马奇教授主持。我参加了进修班，著名美学家朱光潜、王朝闻、蔡仪、宗白华、李泽厚等都被请到进修班讲课。进修班让我负责整理王朝闻先生的讲课录音文字稿，我因此得以多次拜访他，当面向他请教了许多美学问题。在此期间，我主要学习和研究了马克思《1844年经济学哲学手稿》，同时浏览了各派美学家的代表著作。我觉得当代中国几大派美学对于美的本质的主张各有优长，也各有缺陷，都难以完全令人信服。仅从哲学思辨去解决美的本质问题，难以获得突破。美固然具有客观性，却不能脱离人的审美活动而存在。因为只有通过人的审美活动，客观对象才对人显现出美的价值。但长期以来，我国美学界对审美活动和审美经验的研究严重不足。自朱光潜的《文艺心理学》出版以来，近半个世纪再也没有出现过研究审美经验或审美心理的专著。而现代西方美学却越来越重视审美经验的研究，实现了从美的本质到审美经验的研究重点的转移。这一切都使我感到把审美经验作为研究重点是大有可为的，是有可能取得突破的。于是，我将对于审美主体和审美经验的研究作为主攻方向。

从全国高校美学教师进修班回校后，我便率先在系里开设了美学课程，讲授《美学概论》和《西方美学》，并指导文艺学专业美学方向硕士研究生。由于美学热，加之美学课是一门新开课程，学生听课非常踊跃，不仅中文系，还有其他系的学生都来参加，教室常常坐满了人。我也认真备课，尽可能讲得新颖、生动，以满足学生要求。同时，我也不断拓展美学和文艺理论研究，先后在《文艺研究》《文学评论》《文艺理论研究》《美学评林》等刊物上发表了《论文艺的真实性与倾向性》《如何理解典型环境中的典型人物》《从西方美学和文艺思潮看"自我表现"说》等论文。

后两文分别被《新华文摘》《光明日报》转载和转摘。

1982年,中国社会科学院文学研究所文艺理论研究室计划编写一套"美学知识丛书",由著名美学家蔡仪担任主编。我被邀请参与丛书的写作,并且自选了一个题目《美的欣赏》。获得认可后,我便将过去积累的认识和资料进行加工整理,用了一个多月的时间就写成了书稿。后来作为丛书之一,由漓江出版社于1984年2月出版。这本书虽然篇幅不大,但出版后较受读者欢迎,常被一些教师作为教学参考。

《美的欣赏》是我系统研究审美心理学的起点。接着,我便开始写作早已构思好的《美感心理研究》。这部书稿于1983年8月开始写作,1984年8月完稿。它原本是湖南人民出版社单独列入1984年出版计划的选题。但恰在此时,出版社接受了著名美学家蔡仪主编的"美学丛书"出版计划。出版社于是征得蔡仪先生同意,将我这本书也纳入"美学丛书"。这本书的写作因为作为我美学研究的主攻方向,已经有较长时间的思考和资料准备,所以书稿写作仅用了一年的时间。但在写作过程中遇到的理论难题不少,想要有所突破,几乎费尽心思。我的日记在1984年2月10日写道:"写作是艰苦的。前几日为寻求前进思路,焦思苦虑,心神不宁。但艰苦之后,亦有欢乐。思路打开之后,文如泉涌,感到问题的解决和看法有新意,这时就会体会到创造的快乐。"当时写作的甘苦由此可见一斑。

1985年,我的新著《美感心理研究》由湖南人民出版社正式出版。这是新时期我国最早出版的审美心理研究的专著之一。在书中,我以辩证唯物主义的能动的反映论为基础,将美学和心理学、认识论、文艺学、社会学等多种学科结合起来,对美感心理的性质、特点、要素、结构、过程、形态等作了比较全面、系统的研究和论述,对美感的心理结构、功能特性以及美感发生的心理机制作了一些新的探索。书中强调美感"是由多种心理要素组成的、具有特定功能的有机整体","各个心理构成因素必须始终从部分与整体的相互联系和制约关系中,揭示其特征和活动规律"。全书以"美感心理有机整体论"作为出发点,阐述了美感意识中直觉和理性、情感和认识、愉悦和功利的辩证统一,对美感与感知、联想、想象、形象思维、情感的关系,以及不同美感心理形态的特点作了系统、深入的分析。该书还认为,美感不是审美主体对审美客体的简单反映,而是主体和客体相互作用的能动过程。客体对主体的所有影响,需通过主体观念的折射才能形成美感心理效应。审美主体通过形象思维形成的"形象观念"，具有既不脱离感性表象而又趋向理性概念，既有客观认识内容又渗透主观情感反应的特点，在美的认识和情感感动生成中起着中介作用，是了解美感发生心理机制的关键。此外，审美主体已形成的思想感情体系和个性心理特点，对于美感心理效应的形成也起着折射作用。

此书出版不久，1986年5月出版社将它送去参加北京书展，超乎意料，反响异常热烈，书供不应求。于是出版社马上重印，此后又接连再版，印数近3万册。后来，《人民日报》《文艺研究》《中国社会科学》《光明日报》等报刊相继发表了对此书的评论。1986年此书获得全国优秀畅销书奖。获奖书目首先登在《光明日报》上，我从报上看到，喜出望外。中国社会科学院文学研究所的美学同人也来信祝贺。接着，这本著作又获得湖北省社会科学优秀成果专著二等奖。

除了审美经验探究之外，西方美学研究也是我用力较多的一个领域。从1982年起，我在中文系给本科生和研究生开设了西方美学专题研究课程，这使我必须用较多时间来阅读和研究西方美学著作。在给研究生讲课时，我强调要精读几部有代表性的西方美学名著，后来华中工学院出版社约我写一本供大学生学习美学的书，我就把讲授美学名著的文稿结集为《西方美学名著引论》，1987年由该社出版（1989年此书在台湾再版；2022年华中科技大学出版社又出版了该书增补本）。此外，湖北教育出版社于1986年还出版了我和曾祖荫合作编撰的《西方美学与中国文论》。

三

我的美学研究虽然获得重要进展，但要继续深入和发展，却需要学习和获取新的思想和理论资源。正在这时，我欣喜地接到国家教委通知，要我办理申请出国学习手续。1986年9月下旬，我正式接到国家教委公派出国进修通知，派往英国，时间是1987年。我迅速制定好出国研究课题，交校学术委员会审定，并同剑桥大学联系。很快就得到剑桥大学英文系接受我去做学术访问研究的回复。1987年5月9日我从北京飞赴伦敦，再转往剑桥，开始了一段访问学者的新的生活。

剑桥大学是诞生培根、牛顿、罗素、维特根斯坦等大哲学家和科学家的地方，学术气氛非常浓厚。仅仅其中一个学院就有20多位诺贝尔奖获得者。高度的学术水平和美丽的校园景色，使它成为全世界学子的向往之地。我来到这里，排除了一切事务干扰，完全沉浸在学海之中。在剑桥大学一年的学术访问和交流活动，为我近距离直接接触和体验西方文化与美学研究氛围提供了难得的机会。我带着研究课题，主要考察和研究当代西方美学和文论。剑桥大学图书馆是世界上最丰富的英文图书著作收藏地之一，从古代到现当代的英文美学和文艺理论著作应有尽有。我大部分时间是带着研究课题到图书馆查阅美学图书资料，浏览了许多西方最新的美学著作和研究成果，也收集到我所需要的重要研究资料，从而大大开阔了我的学术视野。通过和剑桥大学的教师与学者接触，参加相关学术活动，给我最深的印象就是那里充满学术探讨和创新的环境和气氛。英国当代美学思潮和流派不仅多种多样，而且见解新颖，思想活跃。美学和艺术研究以开放的姿态，面向当代审美和艺术实践，注意探索艺术发展中出现的新现象、新问题。大学美学讲座的题目大都很新颖，这一切促进了我的学术思想的解放。剑桥一年是我学术生涯中最值得怀念的一年，我不但收集了许多新资料，而且形成了一些新思想。1988年5月，我带着美好回忆和新的憧憬惜别剑桥回到北京。

1986年《美感心理研究》出版后，我感到意犹未尽，想继续深化审美经验研究。到剑桥大学后，我便用较多时间看了不少国外研究审美经验的著作和文章，着重了解当代美学关于审美经验研究的新进展情况，收集了许多新的研究资料，形成了一些新的研究构想和初步研究成果。1988年回国后，工作任务暂时不太重。我便充分利用这段时间，整理加工和补充去剑桥以前以及在剑桥大学期间初步形成的研究成果，很快完成了《审美经验论》一书的写作，于1989年12月交由长江文艺出版社出版（1999年此书又被选入"深圳社会科学文库"，由人民出版社再版）。

相对于《美感心理研究》，《审美经验论》更加注重审美经验的复杂性和特殊性的分析，也更加注重对于审美心理特殊结构方式的研究。同时，在运用当代新学科、新方法和借鉴当代西方审美经验研究新成果方面，也作了更多新的尝试。书中运用系统论和系统方法，将全部审美心理活动作为一个特殊的系统，具体分析了审美心理的整体性、层次性和动态性，指出：审美心理是由多种心理要素互相作用构成的有机整体，"审美心理的特性既不在于其心理构成因素的多寡,也不是各种构成因素属性相加的总和,而是在于各种构成因素互相联系、互相作用的特殊结构方式"。全书以分析审美心理特殊结构方式为中心,重点论述了审美认识结构和审美情感结构,具体分析了它们各自的构成、特点、层次,以及两者之间联系和作用的特殊方式,认为审美愉快是审美认识结构和审美情感结构以特殊方式相互联系与作用所形成的整体效应。同时,进一步指出:审美主体以形象观念为基础所形成的"美的观念",作为审美认识结构的基本形式,在美感生成中起着中介作用。审美经验中的直觉性、形式感和愉悦感等,都与审美心理的特殊结构方式和美的观念的中介作用密切相关。至此,我以"审美心理有机整体论""审美心理特殊结构方式论""美感发生中介机制论"和"审美生成主客体互动论"等为支撑,构建了一个较完整的审美经验的理论体系。其中,审美心理有机整体论着眼于对审美经验整体特性的总体分析和把握,以阐明审美经验的性质和特点。审美心理特殊结构方式论力求通过审美心理的结构方式分析,阐明审美心理活动的各种特殊表现形式,以揭示形成审美经验特殊性质的内在心理依据。审美发生中介论主要探讨美感直接性和愉悦性形成与发生的特殊心理机制,以揭示审美感受和愉快生成的奥秘。这三论互相联系、互相补充,构成一个有机整体。

此书出版后同样产生了较大影响,《人民日报》《文艺研究》《学术研究》《文艺报》先后发表了书评;1992年获得深圳经济特区十年社会科学优秀成果著作一等奖。1994年,此书申报广东省社会科学优秀成果奖评奖。中国社会科学院原常务副院长、著名哲学家、美学家汝信先生写了专门推荐意见,认为"该书较深入而有系统地研究了过去我国美学界所忽视的审美经验问题,填补了我国美学研究中一个空白","作者提出了自己的审美经验理论体系,富有独创性,对有关审美活动的一系列重要美学问题的分析和解释都颇有新意,突破了前人研究水平。在近年来我国出版的美学专著中,该书确实是不可多得的佳作"。它于1994年获得广东省优秀社会科学研究成果专著一等奖。

四

20世纪80年代中期,深圳经济特区改革开放如火如荼,非常吸引人。

1984年，深圳人事部门招聘组来武汉招聘人才，其中包括大学教师。我夫人当时在湖北大学工作，她是广东人，很想借此机会调回家乡工作，而且我的女儿当时已在中山大学上学，我们也希望她将来毕业去深圳工作，便商量想一起调往深圳。但华中师范大学校方说我刚刚担任副系主任，工作需要，而且我是省管专业技术人才，调动需要省里批准。这样，我夫人只好单独去了深圳教育学院。1986年，我的儿子考上了华南工学院，也希望毕业后到深圳工作，这又加强了我调往深圳的愿望。恰好这时，我得知深圳正在考虑筹建社会科学研究机构，觉得这个想法非常具有开拓性，并且同我的学术事业和追求很吻合，便利用到深圳探亲的机会，拜访了深圳市委宣传部部长，向他打听具体情况，并表示我想来深圳参与这项工作。他表示非常欢迎。没想到我回到学校不久，深圳市委宣传部很快就向我们学校发来了商调函。正在这时，国家教委也发函到学校，决定派我到英国做访问学者。我非常珍惜这次难得的出国留学机会，就向深圳市委宣传部说明了情况，去了英国剑桥大学。1988年我从英国学习访问结束回国，就托人向深圳市委宣传部询问社科机构筹建进展情况，以及还能不能去。很快就得到回复说："位置还给你留着。"这让我很感动。但是，当时母校仍执意挽留。时任校长章开沅是著名历史学家，他非常珍惜人才，担心我去到深圳会影响专业发展和学术建树。但他也理解我的诉求，让我去做校党委书记和副校长的工作。我当时也有犹豫，觉得母校教学和研究条件很好，况且我刚刚被学校派往国外学习回来，实在不忍离开。但我考虑到人生还有很多路要走，去深圳能开拓一个新领域，有很大的创造发展空间。就这样在各种曲折矛盾中，我得到学校同意，于1988年12月来到深圳参加深圳社科机构的创建工作。

我到深圳不久，就碰上特区建立10周年。市委市政府决定举办"深圳经济特区10年成就展"，宣传部让我主持编写展览大纲。我以前都是从书本到书本搞学术研究的，现在要研究现实情况，实在是一个很大的转变。但我觉得这事很有意义，应该尽力而为。我带领写作组集中到市博物馆查阅和调研了许多历史资料，再反复讨论研究，形成了写作思路。大纲写成后，报送分管市委领导审定，得到充分肯定。1990年10月展览开幕后，时任中共中央总书记江泽民来深圳出席深圳经济特区建立10周年庆祝大会，由市领导陪同参观了展览。后来，这个展览还获得1990年度全国博物馆十大陈列展览精品奖。这是我到深圳后做的第一件实事。

　　这年底，作为纪念特区建立10周年活动的一个组成部分，由市委宣传部主办了"深圳经济特区10年社会科学优秀成果评奖"。评奖委员会最终评出两本著作为一等奖。我来到深圳后出版的新著《审美经验论》是获得一等奖的著作之一。著名美学家蔡仪在评奖推荐意见中，称《审美经验论》"是近年见到的美学书籍中有重要意义的力作"。12月19日晚，"深圳10年社科优秀成果颁奖大会"在市人大会议厅召开，市委、市政府主要领导一齐出席颁奖仪式并为获奖者颁奖。我从时任市委书记李灏手中接过奖状，心情非常激动。这样高规格的社科评奖活动，充分表明市委、市政府对发展社会科学事业的重视，也进一步激发了我投身特区社科工作的热情。

　　早在1990年9月，深圳市委宣传部负责同志就告知我，已决定在宣传部设立社会科学工作处，负责联络、指导全市社科学会工作，并调查研究，提出建立市社科机构方案。并说，部务会议已决定，这个处由我负责。这在当时也算是宣传部一个创举，因为内地宣传部门都没有这样一个处。同时，这也显示出深圳对成立社科机构的重视。1991年3月市委组织部正式下达文件任命我为社科处处长。

　　社科处刚成立时正式编制人员不多，其中有新招进的几位刚毕业的硕士生。因为市委大院内办公地方不足，就在附近的四川大厦租了办公室。我们办的第一件事就是起草"深圳市社会科学'八五'规划研究课题指南"，这也是特区第一次制定社科研究规划。经过征求各方面意见、调查研究和查阅有关资料，当年6月上旬"课题指南"初稿出来了。宣传部专门召开了一次全市社会科学工作联席会议，讨论初稿。接着，市委思想文化领导小组开会，讨论通过"课题指南"。这个"课题指南"后来再经修改定稿后，很快就进入了实施。

　　社科处办的另一件大事，就是起草建立市社科研究机构方案。1991年4月底，广东省社科联负责人到深圳访问，向市委宣传部负责人提出成立市社科联和社科研究机构的设想。接着，部里便让我们赶快提供方案。5月底，我和社科处人员到综合开发研究院（中国·深圳）征求他们对建立市社科研究机构的意见。综合开发研究院成立于1989年，是经国务院发展研究中心批准的民间综合性研究机构，由深圳市政府代管。因为当时有人提出，将要建立的市社科研究机构和它是什么关系，会不会重叠，所以我们要听听他们的意见。在起草方案时，宣传部领导还陆续传达了市委领导同志对建立社科机构的一些意见，主要指示有：要从特区实际出发，有改革精神，不要照搬其他社科院模式；机构要精简、高效，人员不能太多；可以借鉴国外研究机构的某些成功做法，如兰德公司等。我们在领会这些意见的基础上，提出了一个"小核心，大外围"的方案思路。所谓"小核心"，就是在编研究人员和管理人员要少而精；所谓"大外围"，就是要以课题研究为中心，广泛吸收特区内外各方面研究人才参与，多出研究成果。用当时一位领导形象的话说，就是"少养鸡，多下蛋"，这个思路后来获得认同。经过几次听取市委领导意见，并与市编制办协商，反复修改方案，到11月底，终于形成了"关于成立深圳市社科中心和社科联的请示"文件，上报市委领导审批。

我在等待中，迎来了1992年元旦。在日记的新年祝愿中，我写道"希望筹划中的社科机构今年正式成立"。这年春节将至，深圳迎来一件影响中国改革前程的大事——邓小平视察深圳发表南方谈话。消息传开，我们都沉浸在巨大的喜悦中。没想到伴随着喜悦的，还有另一件喜事。就在小平同志离开深圳不久，大约是一个周五晚上，我突然接到市委宣传部长打来的电话。他兴奋地告诉我，当天下午召开的市委常委会议上，建立市社科中心的方案已获通过。我当时真是喜出望外。2月中旬，市编制委下达《关于成立市社会科学研究中心并兼挂市社会科学联合会（筹）牌子的批复》文件。文件内容是：同意成立深圳市社会科学研究中心，并兼挂深圳市社会科学联合会（筹）的牌子。其主要任务是：负责社会科学方面的重大理论和实际问题的研究；组织或参与国内外社会科学交流活动；承担本市社会科学研究课题规划的制定，以及本市社会科学方面的学会、协会的联络、指导和协调工作。该中心为事业单位，按副局级待遇。我看到这份文件，心中的石头终于落地。

此后一段时间，社科处的主要工作就是筹备召开市社科中心成立暨全市社科大会。宣传部陆续从市内和应届毕业的博士、硕士研究生中挑选人才，补充到社科处。按照市编办意见，我们制定了市社科中心定职能、定机构、定人员方案。6月中旬，市委组织部部长找我谈话，正式通知我，市委常委会一致同意我任市社科研究中心主任，并对今后工作提出一些希望。6月23日，深圳市人民政府的任职通知正式下达。

1992年7月14日，深圳市社会科学工作会议在市人大会堂召开。来自全市各方面的社会科学界专家、代表和有关部门负责人200多人参加会议。会上宣读了市编制委文件，宣布深圳市社会科学研究中心正式成立。时任市人大常委会主任、市委副书记厉有为在会上作了题为"解放思想，大胆探索，开创特区社会科学研究的新局面"的报告，勉励特区社科研究要敢于创新，敢闯"禁区""盲区""难区"，进行超前探索。至此，中国经济特区自己的首家社会科学研究机构终于诞生。1992年12月，市编制委下达了《关于市社会科学研究中心机构编制问题的批复》文件，同意社科中心内设办公室、特区经济研究室、特区社会发展研究室、特区文化研究室。此后，我们陆续引进了一些不同学科具有正高职称的研究员和刚毕业的博士生。这大大加强了社科中心的研究力量，推动了研究工作的迅速开展。

1992年10月，就在深圳市社会科学研究中心成立后不久，我被评选为享受国务院政府特殊津贴专家，获得国务院颁发的"为发展我国社会科学事业做出突出贡献"证书。

五

深圳市社科研究中心成立时，兼挂了深圳市社科联（筹）的牌子，所以，制定建立深圳市社会科学联合会方案也是市社科中心一项重要工作。从1993年下半年开始，我们就在宣传部领导下酝酿方案内容。当年11月，时任广东省社科联名誉主席张江明来深圳拜访市委有关领导，商谈在深圳召开"邓小平哲学思想研讨会"之事，他也向市领导谈到建立市社科联问题。之后，市委宣传部要社科中心快做方案，向市委报告。1994年7月，我们将《关于成立深圳市社会科学联合会的请示》和《深圳市社会科学联合会章程》（草案）上报宣传部。9月中旬，我又亲自向时任市委书记厉有为汇报了成立社科联问题。1995年2月5日，中共深圳市委文件《中共深圳市委深圳市人民政府关于成立市社会科学联合会的通知》下达。文件说：经市委、市政府研究决定，同意正式成立市社会科学联合会。市社科联与市社科中心合署办公，一个机构、两块牌子。社科联（社科中心）按正局级待遇。9月下旬，市委正式通知我，已决定由我任市社科研究中心主任兼市社科联主席（候选人）。10月23日，深圳市人民政府、中共深圳市委组织部分别下达深圳市社会科学研究中心主任、深圳市社会科学联合会主席（候选人）任职通知，至此，成立市社科联的准备工作已全部完成。

1995年11月16日，深圳市社会科学联合会第一次代表大会在市人大会堂隆重召开，来自我市各社会科学相关机构和团体的社会科学理论工作者200多人出席会议。会议宣告市社会科学联合会正式成立。市委、市人大、市政协主要领导人出席大会，时任省社科联主席、社科院院长张磊以及广州、珠海等市社科联负责人到会祝贺。时任市委书记厉有为发表讲话，高度评价了我市社科理论工作的成绩，勉励特区社科理论工作者要大胆探索、研究、回答现实中提出的理论问题。大会审议并通过了《深圳市社会科学联合会章程》，选举产生了市社科联第一届委员会、主席团成员和正副主席。

市社科联成立不久，便组织全市理论工作者开展了增创特区新优势、推动深圳二次创业的讨论和研究。同时，社科联还积极制定深圳市"九五"社会科学规划，开展了深圳第二届社会科学优秀成果评奖工作。1996年12月，市社科联主席团扩大会议在市迎宾馆召开。全市60多位社科理论工作者参加会议；市领导出席会议，市委书记在讲话中对深圳社科研究如何走在全国前列提出了新的要求。

1997年9月，党的十五大胜利召开。9月底，市委宣传部在市迎宾馆召开社科界专家座谈会，就学习贯彻十五大精神、促进深圳改革开放、繁荣社会科学研究等问题进行交流座谈。市委主管领导出席会议，认真听取专家的意见。在发言中，好几位专家都建议将市社科中心更名为社科院。我觉得无论从开展学术交流、完善科研体制、吸引科研人才的需要上看，还是从现有基础和条件上看，正式成立深圳社科院的时机已经成熟。座谈会后不久，市委宣传部派调研组来社科中心，了解对社科体制改革的意见，我集中谈了将社科中心更名为社科院的问题。后来，市委宣传部要我们马上打报告，我们立即便把《关于将市社科中心更名为社科院的请示》上报宣传部。宣传部领导很快便将请示报告批转给市委书记。接着，市委书记在请示报告上批示："请编办办理此事。"当年11月11日市编制委下达《关于深圳市社会科学研究中心更名问题的批复》，同意更名为深圳市社会科学院。

这时，恰逢中南地区社科院联席会议暨"社科研究为党政决策和两个文明建设服务"研讨会在广州召开，按原计划，会议将于后期移到深圳进行。我向市委主管领导同志汇报了这一情况，建议在研讨会上举行深圳社科院成立挂牌仪式，获得赞同。1997年11月13日下午，深圳社会科学院挂牌仪式暨中南地区社科院联席会议在麒麟山庄隆重举行。来自中国社会科学院和13个省、市社科院的近百名领导与专家学者与会。时任市委书记厉有为、时任中国社会科学院常务副院长汝信为深圳市社会科学院挂牌揭幕。广东省社科院和海南省委宣传部领导分别致辞，对深圳社科院的成立表示热烈祝贺，市委书记在讲话中对我市社会科学研究提出了要求，希望社科界解放思想，实事求是，敢于探索和研究现实问题，为两个文明建设服务。当晚，市委宣传部、市社科院在麒麟山庄举行晚宴招待与会嘉宾，大家共同祝酒庆贺，气氛热烈。面对此情此景，我的心情难以平静。

深圳社科院挂牌仪式后，《人民日报》《社会科学报》《深圳特区报》《深圳商报》《深星时报》等媒体都作了报道。《人民日报》的标题是"深圳市社会科学院挂牌"，《社会科学报》的标题是"我国经济特区首家社科院成立，深圳社科事业步上新台阶"。

从1998年到2001年，在中国几个重要的历史结点上，深圳社科院和市委宣传部合作，承办了多次全国性的学术盛会。1998年10月，为纪念党的十一届三中全会召开20周年，由中国社会科学院和深圳市委、市政府联合举办了"中国经济体制改革和对外开放二十周年：回顾与前瞻"国际学术研讨会；1999年9月，为庆祝中华人民共和国成立50周年，由中共中央党校和深圳市委、市政府联合召开了"中国现代化与深圳跨世纪发展"理论研讨会；2001年7月，为纪念中国共产党诞生80周年，由中共中央党校、中国社会科学院、北京大学和深圳市委、市政府联合召开了"中国共产党与马克思主义哲学创新"理论研讨会。这几次研讨会，都有大批来自中央有关单位和全国各省、自治区、直辖市的领导、专家、学者参加。通过成功承办和组织这样高层次、大规模的学术会议，深圳社会科学院在国内社科界、理论界可以说声名远播，影响力也越来越大了。

六

1993年5月，我接到中宣部《关于召开"建设有中国特色社会主义理论研讨会"通知》，因为会议要求提交论文，我经过学习、思考，找到一个将有中国特色社会主义理论与深圳实践结合的交叉点，写了一篇《邓小平经济特区建设思想及其在深圳的实践》论文，送到中宣部。6月中旬，我赴上海参加"建设有中国特色社会主义理论研讨会"。在预备会议上，从中宣部介绍中，我才知道这次会议规格很高，中宣部领导、上海市领导都将出席并主持会议。出席会议的专家有34人，都是在这方面素有研究并且有所建树的理论工作者。6月15日研讨会举行开幕式，时任中宣部常务副部长郑必坚在会议讲话中强调：党的十四大做出的用邓小平同志建设有中国特色社会主义理论武装全党的历史性决定，应当成为我们理论工作的根本指针。时任中共中央政治局委员、上海市委书记吴邦国出席会议并讲话。开幕式上安排了5个人发言，分别是：上海市政府顾问汪道涵，上海市委副书记陈至立，上海社会科学院院长张仲礼，江苏省委党校校长胡福明，深圳市社会科学研究中心主任彭立勋。第二天，《人民日报》在头版显著位置报道了这次会议开幕的新闻。1994年2月7日，《人民日报》第五版以较大篇幅发表了我向这次会议提交的论文，题目是"邓小平经济特区建设思想在深圳的成功实践"。

参加这次会议，使我受到很大教育和启发，也更加坚定了我认为深圳社科研究应当结合新实践进行重大理论问题研究的想法。回到深圳后，我立即向市委宣传部汇报了会议情况，并在社科中心作了传达。市委宣传部充分肯定了我提交会议的论文，并希望将这个题目写成一本书。这不但使我受到很大鼓舞，也启发了我对这个课题作更深入更全面的研究。

1994年1月，由中国市场经济研究会和深圳市委合办的"邓小平市场经济思想研讨会"在深圳举行，市领导提议由社科中心负责写一篇"重头戏"的论文。我们和市委宣传部共同抽调人组成联合写作组，由我负责。写作组连续工作，终于在会议前完成了长篇论文《邓小平社会主义市场经济理论在深圳的实践》，提交会议后安排我在大会上发言。后来，1994年12月，中宣部、中共中央党校、中央文献研究室、中国社科院等中央六家单位共同召开"全国学习《邓小平文选》和建设有中国特色社会主义理论研讨会",这篇论文又被确定为入选文章。我作为该文课题负责人应邀到北京参加了研讨会。时任中共中央政治局常委、国家副主席胡锦涛出席了研讨会开幕式,并与会议代表合影。会上向我们颁发了"入选文章证书",广东省只有两篇文章获得此荣誉。后来,《人民日报》刊发了此文部分内容。

《邓小平文选》第三卷出版发行后,全党全国掀起了学习邓小平思想的热潮。在这种学习热潮推动下,我决定组织社科中心研究人员深入进行邓小平经济特区建设思想与深圳实践的研究,写出一本书。早在1993年年底,我已拟出了一个书的写作大纲,并和部分研究人员讨论,初步确定了书的章节安排。完成《邓小平社会主义市场经济理论在深圳的实践》写作任务后,1994年4月,我们回头来继续执行写书计划,成立了写作组并进行了写作分工,分头准备进行书稿撰写。

1994年10月,市社科中心组织申报国家社会科学基金项目。我们决定以"邓小平经济特区建设思想研究"作为课题名称申报1994年度项目,由我担任课题负责人。不久,我便接到国家社科基金项目课题获得批准通知书。后来我到广州参加省社科联会议,时任省社科联主席梁钊告诉我,他参加了国家社科基金科学社会主义评审组的评审工作,在评审时,我们申报的课题是以全票通过的。评审组有专家说:"这个课题非深圳莫属。"梁主席转达的这句话给我的印象非常深刻,使我受到很大鼓舞。

由于写作组成员的通力合作,各章的书稿初稿很快就陆续完成了。这中间,写作组还赴其他各特区进行了调查研究。我收到初稿后,抓紧时间修改、统稿,于年底前便将书稿定稿交给了出版社。湖北人民出版社将此书列为重点图书,1995年3月,《邓小平经济特区建设理论与实践》(主编彭立勋)正式出版。著名经济学家刘国光、著名哲学家邢贲思分别为本书写了序言。刘国光认为本书"在特区建设问题的理论研究上进行了新的开拓";邢贲思写道:"它既是一本研究特区的理论著作,又是一本特区成功启示录,很有特色和新意。邓小平特区建设思想的研究,是邓小平理论研究中的一个薄弱环节。这部著作的出版,可以填补这方面的空白。"

这本书出版后的社会反响和效果,可以说是大大出乎我的意料。《人民日报》《光明日报》《湖北日报》《海南日报》等十余家报刊先后发表了评介文章。1996年获得湖北省精神文明建设"五个一"工程奖;1997年获得深圳市第二届社会科学优秀成果评奖一等奖。1999年全国哲学社会科学规划领导小组决定对"六五"至"八五"时期（15年）国家社会科学基金项目的优秀成果进行奖励。评奖通知下达后，市社科院将这项成果作了申报，而我确实没有抱太大希望。直到这年9月《光明日报》刊出"国家社会科学基金项目优秀成果奖励名单"，我才突然发现这本书获得了三等奖。后来，中共中央党校科研部副主任陈高桐教授来深圳参加研讨会，他告诉我，他参加了评奖的评审工作，竞争非常激烈，可以说是"百里挑一"，能拿到这个奖真不容易。1999年9月23日中共中央宣传部、全国社科规划领导小组在北京人民大会堂召开颁奖大会，时任中共中央政治局常委、国家副主席胡锦涛到会讲话并颁奖。此后，这本书还获得了中国图书奖、广东省社会科学优秀成果荣誉奖、深圳市宣传文化精品奖。可以说，它是市社科中心建立以来获奖层次最高、数量最多的一本书。

七

我担任深圳市社会科学研究中心主任和社会科学院院长以后，忙于社会科学行政管理方面的事务，主持和参与重要现实问题研究也占用了很大一部分时间，但我始终关注国内外美学发展情况，也一直没有中断美学研究。从1989年至2002年的十余年间，我在《中国社会科学》《哲学研究》《文艺研究》《学术月刊》《学术研究》《广东社会科学》《外国美学》《中国美学》《光明日报》《文艺报》等报刊和文集上发表了数十篇美学论文。内容涉及西方当代审美经验研究、中国现代审美心理学研究、中外比较美学研究、城市美学和环境美学研究、文艺理论研究等诸多方面，拓展和深化了我的美学研究领域。

1989年我的《审美经验论》出版后，我便计划利用在英国做学术访问时收集到的许多新资料，对当代西方美学在审美经验方面的新进展、新理论做一些全面的、综合的研究。陆续写成了《审美经验与艺术研究的统一——当代西方美学研究特点的总体审视》《当代西方审美态度理论述评》《西方现代心理学美学的评价问题》《格式塔与审美知觉理论》《当代英国美学一瞥》《经验美学的新趋向》等系列文章。这些文章主要是运用综合、比较的方法，对西方当代美学发展中的某种趋势、派别、学说等进行宏观的、总体的研究，内容还是比较新颖的。它们在《文艺研究》《学术研究》《外国美学》《文艺报》等报刊上发表后，多篇被人大复印报刊资料全文转载。王朝闻先生看了其中的一些文章后写信给我，说："你访英归来发表的文章对西方现代派的鲜明态度，肯定与否定的分析，我在专著《雕塑雕塑》里作了一点引述，目的自然是为了醒悟对西方现代派的盲目崇拜。"这让我很受鼓舞。

1991年年初，《学术月刊》杂志社来函邀请我参加当年举办的"建设当代马克思主义文艺学美学体系学术讨论会"。这使我的兴趣又转向文艺理论研究，同时也使我思考如何将审美问题与文艺问题研究互相统一起来。沿着这个思路，我写了一篇论文——《意识形态论与审美论的统一——马克思主义文艺学体系建设的思考》。论文先是在学术讨论会上作了交流，后来又发表在《学术研究》上。与此同时，我又写了另一篇论文《论文艺的意识形态性与审美性的关系》，发表在《文艺研究》上。这两篇文章因为是参加当时关于文艺性质问题的讨论的，发表后其观点引起关注。

我到深圳后，参加了城市文化建设的一些工作。在实践中感到城市建设中有许多有关美学方面的问题值得研究，这将为美学研究与城市建设结合开辟一条新路。1992年年初，中国大百科全书出版社一位编审来深圳和我商讨编辑出版"天·地·人丛书"之事，我便想了《城市美学》这个书名并拟出写作提纲，交出版社作为丛书之一。但当时国内尚无专门研究城市美学的文章和著作，于是，我便写了一篇《城市美学的研究对象和范围》的文章，目的是把城市美学作为一个新的应用美学部门提出来。1992年我应邀参加在马德里举行的第十二届国际美学学会会议，将这篇文章作为提交会议的论文。在相关专题会议上宣读后，引起了时任国际美学学会副会长的美国著名环境美学家阿诺德·伯林特的关注。他在会上肯定了我的论文。后来应邀来华讲学时又专程到深圳和我进行了学术交流，并送了他的环境美学专著给我。这篇论文后来在国内刊物上发表，可以说是在国内率先提倡城市美学研究的文章之一。后来，我又接着写了《城市空间环境美与环境艺术的创造》一文。此文在《文艺研究》上发表后，被著名科学家钱学森发现。他写信将文章推荐给中国城市科学研究会，信中说："近见《文艺研究》1995年第6期上有篇彭立勋讲城市环境美的文章，似也是'山水城市'，故复制奉上，供参阅。"中国城市研究会将文章在其会刊《城市发展研究》上转载，后又将它收入《杰出科学家钱学森论城市学与山水城市》一书。

1996年，我将此前十多年发表的论文选出20多篇，编成文集《美学的现代思考》，交由中国社会科学出版社出版。文集内容包括审美理论、艺术理论、中外比较美学、西方当代美学、城市环境美学等方面的研究。这本论文集由汝信先生作序。他在序中肯定书中文章"新意迭出"，对建立有中国特色的新的美学理论作了可贵的探索和有益的尝试。后来，《人民日报》理论版以"建设有中国特色的新美学——《美学的现代思考》简评"为题，转发了汝信先生的序言。

世纪之交，学术界将研究目光转向对百年来中国学术发展的总结。我也利用这个机会，从审美经验研究和审美学建设的角度，对百年来中国美学的发展作了一些研究，写成了《20世纪中国审美主体研究纵论》《20世纪中国审美心理学建设的回顾与展望》《从中西结合看20世纪前期中国审美学研究》《走向新世纪的中国审美心理学》等论文，在《中国社会科学》《学术研究》《中国美学》等刊物上发表。其中，《20世纪中国审美心理学建设的回顾与展望》一文总结了中国审美心理学建设的发展历程和特点，理论研究的创新和成就，中西结合的经验和不足，论证了对中国传统审美心理学思想进行创造性转化，建立中国特色现代审美心理学的路径和方法。此文在《中国社会科学》1999年第6期发表后，又被译成英文在该刊英文版2001年第2期上转载，并于2001年和2005年先后获得深圳市社会科学优秀成果奖一等奖和广东省哲学社会科学优秀成果奖二等奖。

我在英国做学术访问期间，和国际美学界建立了一定的联系。回国后到深圳工作，利用特区作为对外开放窗口的有利条件，较多参加了国际美学界的学术会议，从而使我有了更多了解和学习当代国际美学发展动向的机会。我也借此机会，在国际美学会议上交流了我的研究成果。1990年8月，我应邀参加了在匈牙利布达佩斯举行的第11届国际经验美学会议，宣读了论文《心理学美学的评价问题》。1992年9月，我应邀参加了在西班牙马德里举行的第12届国际美学会议，宣读了论文《城市美学的研究范围和对象》。1994年8月，我应邀参加了在加拿大蒙特利尔举行的第13届国际经验美学会议，宣读了论文《环境艺术的内涵和特征》。在这次会议上，我被推选为国际经验美学学会副会长。此外，我还作为副会长，应邀参加了第14届、第15届国际经验美学会议。在1998年9月于罗马举行的第15届国际经验美学会议上，我宣读了论文《审美观照：中西审美心理学说比较》，并被安排担任了会议专题讨论的主持人。参加国际美学会议，使我有了直接参与中外美学交流的机会，大大扩展了我的美学研究视野。

八

1999年12月，深圳市委市政府在深圳举办"建设有中国特色社会主义示范市"研讨会，邀请北京和广东等地专家与会。时任中国社会科学院副院长汝信先生和中国社会科学出版社黄德志编审应邀来深圳出席会议。会议休息时间，黄编审向我提起编撰出版新的西方美学史著作的计划。我很支持这个选题计划，并建议由汝信先生来主持编撰工作。会议结束后，我与汝信先生和黄编审相聚，协商书的编撰事宜。汝信先生欣然同意担任主编，并希望我与他合作开展研究，提议项目由中国社科院哲学所和深圳市社科院共同承担。此后，我向深圳市委宣传部领导汇报了这项研究计划，得到深圳市宣传文化专项基金的大力支持。接着，中国社会科学出版社决定立即启动这项选题，并作为重点图书给予出版资助。

2000年1月，中国社会科学院哲学研究所邀请我赴京商讨《西方美学史》编撰事宜，汝信先生和我进一步交换了意见。当年3月，由中国社会科学院哲学所、中国社会科学出版社和深圳市社会科学院在深圳银湖联合召开了《西方美学史》编撰学术研讨会，应邀参加该课题研究和编撰的十多位来自国内不同单位、不同学派的知名美学专家与会。会议由汝信先生主持，围绕西方美学史研究范围、研究方法、全书体例、内容结构等进行了深入的讨论，达成了共识。确定全书分为四卷，汝信任主编，彭立勋、李鹏程任副主编，同时确定了各卷的主编名单。由此，《西方美学史》编撰工作正式启动。2001年，该项目由中国社科院哲学所申报国家社科基金课题，并被批准立项。

2002年我从社会科学院领导岗位退休后，有了更充裕的进行美学研究的时间，便将主要精力投入《西方美学史》的编撰，用了较多的时间和精力对西方美学史的若干问题作了较为深入的研究，在《哲学研究》《学术研究》等刊物上发表了《西方美学史学科建设的若干问题》《西方美学史发展的阶段特征与动态分析》《西方近代美学思潮的主导精神和基本倾向》等论文，提出了自己对西方美学史发展和学科建设的一些看法。我除了担任《西方美学史》全书副主编外，还作为主要撰稿人参加了该书第二卷的撰写。2003年11月《西方美学史》课题研究组在深圳召开了第一、二卷书稿讨论会，并围绕书稿研讨了一些相关学术问题。汝信先生认真地审阅了部分书稿。他看了我写的《休谟的美学思想》一章后，认为分析全面、深刻，富有新意。在讨论会上，他肯定了书稿在资料运用和分析论证上的全面性和创新性，也对部分内容提出了一些修改意见。会后，经过作者反复修改，《西方美学史》第一、二卷于2005年由中国社会科学出版社正式出版。2006年8月课题研究组在北京召开了第三、四卷书稿讨论会。汝信先生在会上强调，这部书一定要能代表当代西方美学史研究水平，若干年后仍会作为重要参考书。经过认真讨论，这次审稿会对第三、四卷的内容结构作了较大调整，使其更具科学性也更具创新性。审稿会结束，汝信先生高兴地请我和几位主要作者到他家吃饭，临别时又赠送了新出版的《汝信文集》给我。此后，第三卷、四卷作了新的修改，并于2008年正式出版。

《西方美学史》四卷共约300万字，从破题、研究、撰写、讨论、修改到出版，历经8年打磨，凝聚了数十位哲学和美学学者的心血和智慧，可谓一件浩大学术工程。2008年6月，由中国社会科学院科研局、哲学研究所和中国社会科学出版社共同在北京举办了"中国社会科学院成果发布会暨《西方美学史》出版座谈会"。各主办单位负责人、首都及全国其他地区近60位专家学者和新闻界人士出席会议。时任中国社会科学院常务副院长王伟光和汝信分别致辞。我受汝信先生委托，介绍了本书的编撰过程和主要体会。到会专家在发言中对该书给予了很高评价，称此项成果是我国西方美学史研究的一个"里程碑"，在观点、资料、论述、阐释、体例、方法等方面都有许多突破和创新，"达到了西方美学通史在当代中国的最前沿水平"。

我在剑桥大学作学术访问时，着重了解西方当代关于审美经验的研究情况，同时对英国经验主义美学也产生了浓厚的兴趣。英国是经验主义哲学和美学派别的发源地。经验主义哲学和美学的奠基人培根就是剑桥大学的巨子。剑桥大学图书馆是世界上收藏经验主义哲学和美学图书资料最丰富的地方之一。依凭剑桥大学得天独厚的图书资料优势，我在剑桥期间收集了较丰富的经验主义美学的研究资料，并且酝酿了一个研究计划。回国后，因为担任行政领导职务，工作繁忙，这项研究也就搁置下来了。在参加《西方美学史》编撰中，我曾利用这些研究资料。《西方美学史》第二卷出版后，我又产生了新的想法，就是想充分利用已获得的资料和研究心得，将经验主义和理性主义两大美学派别单独列为一个研究课题，对其作全面、系统、综合、比较研究，试图填补我国西方美学研究缺少这方面专著的空白。

完成这项研究和写作计划，需要阅读大量书籍资料，单是两大派别哲学家、美学家的著作，包括中文译著和英文原著，就有几十本之多。为了获得我手边没有的英文著作和资料，我多次往返于香港大学图书馆和香港中文大学图书馆。从2006年年初到2009年年初整整3年中，我按照既定写作计划，边看书，边思索，边构思，边写作，持之以恒，终于在2009年2月完成了约46万字的手写书稿。

2009年年底，我的新著《趣味与理性：西方近代两大美学思潮》由中国社会科学出版社出版，了却了我多年的一桩心愿。该书将经验主义和理性主义两大美学思潮置于近代西方社会、思想、文化发生巨变的大背景下，从西方近代哲学思想发展和转型的高度，来把握近代两大美学思潮形成的根源和实质。认为西方近代哲学从本体论向认识论的重点转移，使美学的主要哲学基础发生重要变化，美学的主要研究对象由审美客体转向审美主体，对于认识主体和审美主体的不同侧面的强调，是形成两大美学思潮不同性质的根本原因。书中通过梳理大量文献资料，对经验主义和理性主义两派美学代表人物的文本进行了重新阐释，对文本中的美学概念、范畴、理论、学说作了新的探讨。以此为基础，运用综合比较方法，对经验主义和理性主义两大美学派别的主要分歧、基本特点、关键理论和思想体系等进行了全面、系统、深入的研究，认为经验主义美学主要通过由下而上的经验归纳，以对情感和趣味的研究为基点，强调美、美感、艺术的感性基础、经验性质、情感特点及想象作用等；理性主义美学主要通过由上而下的理性思辨，以对认识和理性的研究为基点，强调美、美感、艺术的理性基础、超验性质、认识特点及理智作用等。此外，对两大美学思潮的历史影响、历史地位和当代价值也作了全面阐述和深入分析。汝信先生审读了该书稿并为之作序，认为"这部专著填补了我国西方美学史研究中的一个重要空白"，"大大超越了我国学术界过去对这一时期西方美学的研究水平"，"确实是难能可贵的富有创见的学术成果"。后来，《光明日报》理论版以"近代西方美学转型的启迪"为题转发了这篇书序。此外，《中国社会科学》《光明日报》《中国社会科学报》《文艺报》等报刊，也相继发表了此书的书评。

在几十年的美学研究中，我的脑海里总是萦绕着一个问题：为什么美和审美问题总是被人们看作千古之谜，至今仍然未能得到真正的解决？也许问题本身所具有的难度太大是主要原因，但在研究方式、途径、方法上是否也存在一些问题呢？我们当然无法改变问题本身的难度，但却可以不断创新研究方式、途径和方法，使以后的研究得到更大的成效。经过多年进行审美经验的研究后，我想到如果以审美经验研究为中心，将美学和相关学科结合起来，形成一个交叉性、综合性的新学科，也许能为美学学科体系和研究方式创新找到一个突破口。正是出于这种考虑，多年以来，我一直在思考审美学的学科建设问题，并陆续写了几篇文章。2013年我在原有研究成果的基础上再加丰富和发展，撰写了专著《审美学现代建构论》，被选入"深圳学派建设丛书"于2014年由海天出版社出版。本书试图对审美学的学科定位和研究范围、体系建构和理论创新、研究方式和资源整合等做一些新的探索，较为系统地提出了建设中国特色现代审美学的构想。在书中，我提出将审美学作为一门相对独立的综合性交叉学科，拓展审美经验研究范围，创新学科体系，形成包括审美哲学、审美心理学、审美艺术学、审美社会学、审美文化学等在内的学科群。在充分借鉴中西审美学优秀思想资源的基础上，以新的思维方式和结合模式，推动中西审美学思想互补融通，大力促进中国传统审美学思想的创造性转化和创新性发展，建构中国特色现代审美学的理论体系和话语体系。从某种意义上说，这本书也是我长期在审美学研究上的思想成果。

我在1996年出版论文集《美学的现代思考》以后，近20年来又发表了一系列美学论文。我从这些论文中选出了30余篇，集成《中西美学范式与转型》一书，2016年由中国社会科学出版社出版。这本文集分为三篇，第一篇论审美学和中国美学；第二篇论美学史和西方美学；第三篇论审美文化和文艺美学，基本上涵盖了我在这一时期美学研究的内容。其中,《文化视域下中西审美学思想之比较》《中华美学精神与传统美学的创造性转化》等一组研究中国美学的文章,是我转向中国传统美学思想研究后形成的一些新认识。《中华美学精神与传统美学的创造性转化》最初发表于《艺术百家》,后被《高等学校文科学术文摘》《红旗文摘》和中国人大复印报刊资料转载和转摘。另一组研究后现代美学的文章,包括《后现代主义与美学的范式转换》《后现代性与中国当代审美文化》等,则是对当代西方美学前沿问题的一些探讨,前一篇文章受到研究后现代主义的学者的关注并被引用。这两组文章都是我研究领域扩展后的新成果。

九

2002年我退休后,除了主要从事美学研究和著述外,还参加了一些其他的学术工作和研究活动。一是受聘担任博士生导师,指导培养博士研究生。我离开华中师范大学以后,仍然经常和母校保持着学术交往。2000年1月华中师范大学学位评定委员会表决通过我为博士生指导教师。2000年10月,华中师范大学文学院举办余光中国际学术研讨会,邀请我去参加。我为此撰写了提交会议的论文《余光中的诗歌美学思想》。在研讨会上,我见到了余光中先生。研讨会有一个单元是安排我主持,余光中先生很认真地听了我的发言,表示赞赏。在研讨会闭幕式上,文学院院长向我颁发了由校长签名的华中师范大学兼职教授聘书,从此我又有了回到母校参加教学工作的机会。2001年9月,按照华中师范大学2001年博士生招生计划,我和文学院邱紫华教授联合招收了3名东西方文论研究方向博士生。此后,我多次到母校给博士生讲课,指导博士论文研究和写作,担任博士生毕业论文评阅人和答辩委员会成员。

二是主编《深圳文化蓝皮书》。我退休后被聘为深圳市社科联和社科院顾问,在市委、市政府文化宣传部门也担任了一些学术性职务。2002年党的十六大报告论述了文化建设的战略意义。在这种宏观背景下,深圳市确立了文化立市战略,并提出了建设高品位文化城市的战略目标。为推进实施文化立市战略,市委宣传部决定牵头各宣传文化单位编撰《深圳文化蓝皮书》,以加强对文化理论和深圳文化实践的研究。我受市委宣传部委托担任《深圳文化蓝皮书》主编。《深圳文化蓝皮书》作为深圳市宣传文化发展基金资助的常设文化研究项目，每年编辑出版一本。编辑事务由深圳市社会科学院具体负责。我从 2003 年至 2015 年，共主编了 13 本，由中国社会科学出版社出版。在市委宣传部主持下，我们每年年底都召开文化蓝皮书编辑工作会议，邀请各方面文化专家和实际工作者出席，讨论研究下一个年度文化蓝皮书编辑计划和课题规划。然后向全市各文化研究部门和实际工作单位进行课题招标。蓝皮书每年都紧扣当年的文化热点和关键问题设计一个主题词，作为书名。它以城市文化研究为中心，论述重大文化理论问题，并结合每年情况，着重总结和分析深圳文化建设的经验和问题，提出相应的文化发展对策和建议。蓝皮书每年发表一篇总报告，由我主持撰写。同时，我还和其他专家合作，每年撰写一篇文化研究文章发表。

蓝皮书出版后，社会影响不断扩大。每年蓝皮书出版，报上都有报道和评介。从"百度学术索引"发布的引用数据来看，《文化体制改革和文化产业发展》（2003 年深圳文化发展蓝皮书）、《文化立市与国际化城市建设》（2004 年深圳文化蓝皮书）、《文化软实力与城市竞争力》（2008 年深圳文化蓝皮书）、《改革开放与城市文化发展》（2009 年深圳文化蓝皮书）、《文化科技结合与创意城市建设》（2010 年深圳文化蓝皮书）等，引用率都较高。不仅深圳市，还有其他省、市文化宣传部门都来函索取。2008 年 10 月邯郸市委宣传部看到当年的深圳文化蓝皮书《文化软实力与城市竞争力》，专门发函到深圳市社科院，邀请我去为邯郸市领导干部作"文化软实力与城市竞争力"专题讲座。深圳市委宣传部领导多次称赞文化蓝皮书是深圳的一个文化品牌。2018 年 10 月，深圳市社科院和深圳图书馆联合举办"40 年 40 本：记录深圳"优秀图书评选活动。其中 10 本图书由深圳市民进行票选。结果，《文化科技结合与创意城市建设》（2010 年深圳文化蓝皮书）一书当选。读者推荐意见中称《深圳文化蓝皮书》是"关于深圳文化体制改革和文化产业发展的权威性的年度研究报告"，这些文化蓝皮书连续起来，也算为深圳文化建设留下了一份珍贵、系统的文献资料。

三是主持撰写深圳改革开放史展览大纲。2003 年年初，深圳市委、市政府决定在新建成的深圳博物馆新馆设立"深圳改革开放史"展览，并开始积极筹备，计划于 2008 年中国改革开放 30 周年时开展。2003 年 5 月，根据深圳市文化局决定，深圳博物馆成立了专家组，由我任组长，负责编写《深圳改革开放史》展览大纲。5 位专家分别来自深圳大学、深圳市社科院、深圳市人大、深圳市史志办和深圳博物馆，都对深圳特区发展历史素有研究。我们经过认真研究和讨论，认为深圳改革开放史展览不是一般的成就展，也不是专门性的专题展，而是深圳经济特区改革和发展的历史展，要重在写史、写发展进程。大纲要真实科学地反映深圳改革开放和发展的历史脉络及历史进程，突出改革开放主题，突出改革创新之魂，突出改革开放带来的历史性变化。为此，我们反复讨论和研究了深圳经济特区建立20多年来历史发展的阶段性变化和特征，以及发展中的几次重大战略调整，确定了深圳改革开放历史发展阶段的划分，从而为大纲内容确立了基本框架。在大纲写作中，我们本着对历史负责的精神，对每一个重大历史事件、每一个重大历史决策、每一个重要历史成就，都充分查阅和占有资料，力求真实、客观、准确。比如邓小平同志关于倡办经济特区那段非常重要的讲话，是深圳经济特区创立的思想来源。但它是在何时讲的，是在什么场合讲的，是一次说的还是分几次说的，原话究竟是什么样的等等，过去没有人专门研究过。我们查阅了多本回忆录和许多文章，发现这段话并不是一次讲的，而是在不同场合下讲的。曾任广东省委书记的吴南生是第一个将这段话完整公布出来的人，他在回忆文章中也说这几句话不是一起讲的，但他也没有说明各自是在什么场合讲的。后来，我参加经济特区研究会访问团，随李灏同志到北京拜访谷牧同志，亲自听他谈小平同志这些讲话的过程，才真正把情况弄清楚了。原来这其中最关键性的一句话"还是叫特区好，陕甘宁开始就叫特区嘛"，是在听取谷牧汇报后，在中南海散步时当面对他讲的。像这样的例子还很多，如"经济特区"这个名词最早是在什么时候提出来的，深圳第一家引进的外资企业是哪一家，深圳最早的改革是从哪里开始，第一张股票是何时出现的等等，我们都作了仔细考察，找到证据再落实下来。所以，这个展览大纲是经得起历史检验的。

为了写好展览大纲，博物馆组织召开了多次论证会。参加论证会的有深圳退休的历届老领导、现任市五套班子领导，有专家学者，也有市民代表。我们几乎每完成一稿，都安排一次讨论会，广泛征求各方面意见，然后再进行修改、充实。写作组还采取上门访谈、提供书面材料等方式，征求相关部门意见。在两年多的写作中，大纲共进行了16次修改。2005年6月，深圳市委常委会听取了大纲的编写情况，并进行了讨论，原则上通过了大纲。此后，按照大纲进行工程招标，设计布展。2008年12月，深圳改革开放史展览正式开幕，正好迎来中国改革开放30周年。展览开展后，市内和各地来的观众络绎不绝，一些国家领导人和国际友人也来馆参观。2010年9月，时任中共中央总书记胡锦涛来深圳视察并出席深圳经济特区建立30周年庆祝大会，专程来到博物馆参观了深圳改革开放史展览。这个展览还获得第八届（2007—2008年度）全国博物馆十大陈列展览精品奖。这也是我来到深圳后，于建立深圳市社会科学院之外，为文化建设所做的另一件很有价值的实事。

回顾我的人生经历，学术研究始终占据生活的中心地位，这也是我的人生志趣和追求。埋头学术研究，让我付出了许多心血和辛劳，也让我得到无比满足和快乐。回顾在学术追求中度过的一生大部分岁月和得到的收获，我感到年华没有虚度。在长期的学术探求中，我的一点突出体会，就是要坚持走自己的路，选准方向，锲而不舍，实事求是，努力创新。但由于个人能力有限，尽管付出很大努力，仍然不尽如人意。在学术跋涉的道路上，我得到学术界一些著名专家和学者的热情鼓励，也得到报刊和出版社许多编辑朋友的鼎力帮助。我的母亲、妻子和两个子女持续不断地对我的事业给予了全力支持，这都为我的学术研究创造了良好条件，让我成就了学术追求和梦想。这一切，都将作为人生美好记忆，深深镌刻在我的心中。

总 目 录

前 言 …………………………………………………………………… 1
我的学术生涯 …………………………………………………………… 1

第一卷

美的欣赏 ………………………………………………………………… 1
美感心理研究 …………………………………………………………… 57
审美经验论 ……………………………………………………………… 299

第二卷

西方美学名著引论 ……………………………………………………… 1
美学的现代思考 ………………………………………………………… 281

第三卷

审美学现代建构论 ……………………………………………………… 1
趣味与理性：西方近代两大美学思潮 ………………………………… 207

第四卷

中西美学范式与转型 …………………………………………………… 1
中西美学文论纵谈 ……………………………………………………… 341

目录

美的欣赏

第一章 美的欣赏的性质和特点 3
第一节 美的欣赏是审美主体对美的反映 3
第二节 美的欣赏中感性和理性的统一 5
第三节 美的欣赏中感情和认识的统一 8

第二章 美的欣赏的心理过程 11
第一节 感知和感受 11
第二节 联想和想象 15
第三节 理解和思维 19
第四节 情绪和情感 22

第三章 美的欣赏的差异性和共同性 27
第一节 美的欣赏的差异性 27
第二节 美的欣赏的共同性 35

第四章 艺术欣赏的特点和规律 43
第一节 艺术欣赏是审美的精神活动 43
第二节 艺术欣赏中的再创造 46
第三节 艺术欣赏中的共鸣现象 51

美感心理研究

绪 论 ······ 59
 一 美感心理研究的范围和意义 ······ 59
 二 美感心理研究的不同认识路线 ······ 63

第一章 美感的性质和特点 ······ 70
 第一节 美感是对客观美的能动反映 ······ 70
 第二节 美感中感性和理性的统一 ······ 77
 第三节 美感中认识和情感的统一 ······ 84
 第四节 美感中愉悦性和功利性的统一 ······ 89

第二章 美感与感知 ······ 95
 第一节 审美感官和美的感觉 ······ 96
 第二节 美感中知觉的作用和特点 ······ 102
 第三节 美感中联觉的表现和作用 ······ 109

第三章 美感与联想 ······ 114
 第一节 美感和联想的关系 ······ 114
 第二节 美感中联想的表现形式 ······ 120
 第三节 美感的移情现象和联想作用 ······ 125

第四章 美感与想象 ······ 133
 第一节 想象在美感中的作用 ······ 133
 第二节 美感中的再造想象和创造想象 ······ 142
 第三节 美感中想象活动的特点 ······ 150

第五章 美感与形象思维 ······ 160
 第一节 理解和思维在美感中的作用 ······ 160
 第二节 形象思维和美的观念 ······ 166

第三节　美感中形象思维的特点 …………………………… 175
　　第四节　创作美感中灵感的形成和作用 …………………… 184

第六章　美感与情感 ……………………………………………… 192
　　第一节　情感在美感中的作用 ……………………………… 192
　　第二节　美感中情感活动的特点 …………………………… 200
　　第三节　美感愉快的特质及成因 …………………………… 206

第七章　美感心理的形态 ………………………………………… 215
　　第一节　崇高的美感心理特点 ……………………………… 215
　　第二节　优美的美感心理特点 ……………………………… 222
　　第三节　悲剧的美感心理特点 ……………………………… 227
　　第四节　喜剧的美感心理特点 ……………………………… 234

第八章　美感的差异性和共同性 ………………………………… 242
　　第一节　美感的个人差异性 ………………………………… 242
　　第二节　美感的时代性、民族性、阶级性 ………………… 250
　　第三节　美感的共同性 ……………………………………… 256

第九章　西方主要美感学说述评 ………………………………… 266
　　第一节　快感说述评 ………………………………………… 266
　　第二节　移情说述评 ………………………………………… 274
　　第三节　直觉说述评 ………………………………………… 279
　　第四节　欲望说述评 ………………………………………… 285
　　第五节　心理距离说述评 …………………………………… 292

后　记 ……………………………………………………………… 298

审美经验论

再版前言 ………………………………………………………… 301

导　言 …………………………………………………………… 304

第一篇　审美经验研究与当代美学

第一章　当代西方美学格局中的审美经验研究 ………… 313
第一节　审美经验——当代西方美学的重点研究对象 …… 313
第二节　以艺术为中心研究审美经验 ……………………… 318
第三节　结合审美经验探讨艺术问题 ……………………… 321

第二章　审美经验研究与心理学的关系 ………………… 327
第一节　审美经验研究与心理学的联系 …………………… 327
第二节　心理学对审美经验研究的贡献 …………………… 330
第三节　审美经验研究不能局限于心理学 ………………… 333
第四节　心理学对审美经验研究的局限性 ………………… 335

第二篇　当代审美经验理论审视

第三章　审美经验与审美对象：现象学分析 …………… 338
第一节　关于审美经验的特点 ……………………………… 339
第二节　关于审美对象的界定 ……………………………… 344
第三节　审美中主客体关系问题 …………………………… 349

第四章　审美态度理论 …………………………………… 353
第一节　审美态度理论的构架 ……………………………… 353
第二节　关于审美态度的特性 ……………………………… 358
第三节　关于"审美无利害关系"问题 …………………… 364

第五章　审美知觉理论 …………………………………… 370
第一节　存在"特殊的审美知觉方式"吗？ ……………… 370
第二节　关于审美知觉的整体性和创造性 ………………… 375
第三节　关于审美知觉的表现性 …………………………… 379

第六章　审美愉快理论 ······ 384
第一节　审美愉快的成因问题 ······ 384
第二节　审美愉快的特性问题 ······ 389
第三节　对审美愉快的心理机制的探讨 ······ 393

第三篇　审美经验的系统研究

第七章　审美心理的系统性质 ······ 398
第一节　审美心理的整体性 ······ 398
第二节　审美心理的层次性 ······ 404
第三节　审美心理的动态性 ······ 410

第八章　从系统论看美感特点 ······ 416
第一节　关于美感的直觉特点 ······ 416
第二节　关于形式感和形式的表现性 ······ 420
第三节　关于美感的愉悦特点 ······ 425

第九章　形象观念与美的认识结构 ······ 430
第一节　形象观念——美的认识的基本形式 ······ 430
第二节　美的认识的主要特点 ······ 434
第三节　美的认识结构及其中介作用 ······ 439

第十章　美感中情感的层次结构 ······ 445
第一节　作为美感心理构成的情感因素 ······ 446
第二节　作为美感总体体验的审美愉快 ······ 451
第三节　作为美感倾向和成果的审美情趣 ······ 455

第四篇　审美经验与艺术特性

第十一章　从认识和情感统一看艺术的审美特性 ······ 459
第一节　艺术的特殊对象和艺术的情感特点 ······ 459
第二节　艺术的认识内容和艺术认识的特质 ······ 464
第三节　艺术中情感与认识相关联 ······ 467

第四节　情志说和情致说的审美内涵 …………………… 471
　　第五节　再现说和表现说的审美偏离 …………………… 476

第十二章　艺术想象的审美特点 ………………………………… 481
　　第一节　艺术想象与审美意象 …………………………… 482
　　第二节　艺术想象与审美情感 …………………………… 484
　　第三节　艺术想象与审美理想 …………………………… 488
　　第四节　艺术想象与艺术虚构 …………………………… 490

第十三章　审美移情与艺术创作 ………………………………… 494
　　第一节　移情作为对象的审美反映 ……………………… 494
　　第二节　移情与主体的情绪和心境 ……………………… 499
　　第三节　移情参与形象思维 ……………………………… 502

第十四章　艺术和审美的符号学分析 …………………………… 504
　　第一节　艺术和审美的符号特性 ………………………… 505
　　第二节　符号学的艺术定义 ……………………………… 510
　　第三节　符号学的艺术审美理论的特点 ………………… 516
　　第四节　符号学的艺术审美理论的评价 ………………… 520

附　录

国外有关审美经验研究论著目录 …………………………… 525

后　记 ……………………………………………………………… 538

美的欣赏

第一章 美的欣赏的性质和特点

第一节 美的欣赏是审美主体对美的反映

在不以人的意识为转移的客观世界中，处处存在着美的现象；在人对客观世界的反映中，时时都能感受到美的事物。当你登上八达岭，俯瞰逶迤于万山丛中的巍峨长城；当你站在大海边，瞭望从蓝色的波涛中涌出的一轮红日；当你聆听一首美妙的音乐、观看一部动人的电影、阅读一篇引人入胜的小说……你都会被那迷人的美所吸引，感到娱目悦耳，心旷神怡，以至于陶醉倾倒。这时，你就是在进行着有趣的美的欣赏活动了。

美的欣赏，本来是人们生活中一种十分普遍的社会精神活动，凡是正常的人，几乎个个都有观赏美和艺术的审美经验。但是，对于这种精神活动和审美经验，过去却有一些神秘的解释和看法。例如柏拉图认为，美的欣赏是灵魂在迷狂状态中对于美的理念的回忆，这种迷狂状态是"由神凭附着的"。他说："有这种迷狂的人见到尘世的美，就回忆起上界里真正的美，因而恢复羽翼，而且新生羽翼，急于高飞远举，可是心有余而力不足，像一个鸟儿一样，昂首向高处凝望，把下界一切置之度外，因此被人指为迷狂。"[①] 这就是说，人们对于美的欣赏，不是对于现实世界中美的认识和反映，而是对于"上界里真正的美"——美的理念的回忆。所谓"美的理念"，按照柏拉图的理解，就是一种不依存于物质世界、脱离现实的美的事物而独立存在的观念或概念。"一切美的事物都以它为泉源，有了它那一切美的事物才成其为美。"[②] 人的灵魂在投生到人世中来以前，就有

---

① [古希腊] 柏拉图：《文艺对话集》，朱光潜译，人民文学出版社1963年版，第125页。
② [古希腊] 柏拉图：《文艺对话集》，朱光潜译，人民文学出版社1963年版，第272—273页。

了这种"美的理念"的知识，灵魂下降到尘世之后暂时"忘记"了它。所以一旦见到尘世的美，便唤起人对美的理念的回忆，使灵魂处于迷狂状态。显然，这种对美的欣赏活动的看法，充满了神秘的宗教神学色彩。

　　如果说柏拉图对于美的欣赏的看法是客观唯心主义的美学观点，那么西方近代美学中出现的移情说，就是对于美的欣赏活动的主观唯心主义的见解。移情说的主要代表是里普斯。里普斯认为，美的欣赏的根源不在客观对象而在主观情感。那么，欣赏者的主观情感是怎样成为审美欣赏的原因和根源呢？里普斯认为是一种"移情作用"。就是说，欣赏者把自己的主观情感移到所观赏的物身上去，使在我的情感变为在物的，这样就会忘记物我分别，达到物我同一。里普斯以观赏希腊建筑中道芮式石柱为例，道芮式石柱本是一堆无生命物质，但我们在观照这种石柱时，它却显得有生气、有力量、能活动，似乎石柱自己在进行"耸立上腾"或"凝成整体"的运动，为什么会如此呢？这就是因为我们能以己度物，把自己心中的意象和情感移到石柱身上去了。里普斯认为这种移情作用就是美感经验，就是审美欣赏。"因为它给'自我'以自由伸张的机会。'自我'寻常都因在自己的躯壳里面，在移情作用中它能打破这种限制。进到'非自我'（Non-ego）里活动，可以陪鸢飞，可以随鱼跃。外物的形相无穷，生命无穷，自我伸张的领域也就因而无穷。移情作用可以说是由有限到无限，由固定到自由。这是一种大解脱，所以能发生快感。"① 这就是说，审美欣赏中所获得的愉快的情感，并不是由反映客观对象的美所引起的，而是欣赏者的"自我"进到客观对象中自由扩张的结果。美的欣赏不是欣赏者对于客观的认知和反映，而是欣赏者主观感情的外射和表现。欣赏者的主观感觉和感情决定了对象的美，从而成为审美欣赏的来源。这是一种宣扬主观决定客观、美感决定美的主观唯心主义美学观点。

　　和上述唯心主义美学观点相反，唯物主义美学观点认为美是客观的、第一性的，美感是主观的、第二性的。不是美感决定美，而是美决定美感。因此，人对美的欣赏是由客观事物的美所引起的一种意识活动，是审美主体对客观存在的反映。在马克思主义产生以前，有不少具有唯物主义思想的美学家、艺术家都指出美感的来源在于客观事物的美，美的欣赏是

---

① 朱光潜：《文艺心理学》，开明书店1947年版，第47页。

通过感觉器官对客观对象的美的认识和反映。如达·芬奇强调审美欣赏的根源在于事物本身。他说："欣赏——这就是为着一件事物本身而爱好它，不为旁的理由。"① 辩证唯物主义明确地肯定："物存在于我们之外。我们的知觉和表象是物的映象。"② 人的心理、意识活动就其内容来说，都是存在于我们之外的、不以我们的意识为转移的客观世界的反映、映象。审美欣赏是一种心理、意识活动。而心理、意识现象的产生，首先由于客观事物的存在。没有客观对象作用于人，美的欣赏的心理活动、审美的意识活动就不可能产生。一个闭目塞听的人，无论怎样开动他的心灵、用主观意识或情感去创造，也不会产生美感、引起审美欣赏。《淮南子·说林训》中说："聋者不歌，无以自乐；盲者不观，无以接物。"就是说由于视、听感觉器官不健全，不能感受审美对象，所以不能产生审美欣赏。列宁说："没有被反映者，就不能反映，被反映者是不依赖于反映者而存在后的。"③ 离开了这个反映论的基本原理，就不能科学地解释美的欣赏的心理现象。

美的欣赏既然是审美主体对于客观的美的反映，那么这种反映的过程究竟是怎样的呢？一般说来，正当的美的欣赏，总是要通过感性达到理性而得到正确的美的认识，在这个认识过程中，感性阶段和理性阶段不是分离的而是统一的。在认识的同时，会形成感官的快适的感受；再由感官的快适的感受过渡到感情的愉悦的感动。美的认识和美的感受与感动，也不是分离的，而是统一的。在审美欣赏中，感性与理性、感情与认识构成了对立统一的关系，它们互相渗透、契合无间，从审美经验中很难加以区分，由此构成美的欣赏的特点。

第二节　美的欣赏中感性和理性的统一

在美的欣赏中，我们都有这种经验：无论是观赏梅花红叶，游览名山胜水，还是观看一幅绘画，聆听一首乐曲，并不是先通过一大段抽象的思考后，才来决定是不是应该欣赏它、是不是应该产生美感；而往往是一见

---

① [意]达·芬奇：《笔记》，《世界文学》1961年第8、9期合刊，第206页。
② 《列宁选集》第2卷，人民出版社1972年版，第107页。
③ 《列宁选集》第2卷，人民出版社1972年版，第65页。

如意或一见倾心，不需要自觉地思考、判断、推理，而立即感到对象美或不美。

究竟如何解释审美欣赏中这种一见如意或一见倾心的现象呢？有些美学家抓住美感现象的这个特点，片面地强调审美欣赏仅仅是一种直觉或感性认识活动，而排斥理性认识。最早把"美学"作为一门独立科学提出来的德国美学家鲍姆加登，认为美就是"感性认识的完善"，与"理性认识的完善"是对立的。比如一条科学定理也是完善的，但这种完善是需要通过理智思考才能认识到的；至于美的事物所显出的那种完善，却只需要通过感性认识就可以直接认识到，是不需要理性思考作用的。这种观点在西方美学中一直很有影响力，而克罗齐提出的直觉说则是在美学中宣扬非理性主义的突出代表。

什么是克罗齐所谓的"直觉"呢？克罗齐认为人的知识有两种形式："不是直觉的，就是逻辑的；不是想象得来的，就是从理智得来的；不是关于个体的，就是关于共相的。"① 而这两种知识是截然分割、毫不相关的两个东西，"直觉是离理智作用而独立自主的"②，这就是说，所谓"直觉"属于感性认识，它是脱离理性认知，与理智作用对立的。而且，这种"直觉"所感到的对象仅仅是一个混沌的形相，没有任何的意义在内，所以它又是属于动物本能式的低级感觉。对此，朱光潜先生曾加以解释说："最简单最原始的'知'是直觉（Intuition），其次是知觉（Perception），最后是概念（Conception）。拿桌子为例说。假如一个初出世的小孩子第一次睁眼去看这个世界，就看到这张桌子，他不能算是没有'知'它。不过他所知道的和成人所知道的绝不相同。桌子对于他只是一种很混沌的形相（Form），不能有什么意义（Meaning）因为它不能唤起任何由经验得来的联想。这种见形相而不见意义的'知'就是'直觉'。"③

在克罗齐看来，"直觉"的来源并非客观现实，而是在心灵活动本身，经过直觉所形成的意象不过是主观情感的表现和对象化。所以，这种直觉既没有理性，也不是认识。克罗齐断定：审美、艺术、欣赏都是直觉。他

---

① ［意］克罗齐：《美学原理》，朱光潜译，作家出版社1958年版，第1页。
② ［意］克罗齐：《美学原理》，朱光潜译，作家出版社1958年版，第11页。
③ 朱光潜：《文艺心理学》，开明书店1947年版，第4—5页。

说："我们已经坦白地把直觉的（即表现的）知识和审美的（即艺术的）事实看成统一，用艺术作品做直觉的知识的实例，把直觉的特性都付与艺术作品，也把艺术作品的特性都付与直觉。"① 按照克罗齐的理解，艺术创作也好，审美欣赏也好，都不涉及理性认识，仅仅是一种动物本能式的低级感觉活动，而由此所呈现的对象也只有一种模糊混沌的形相，而不知它的任何意义。对此，朱光潜先生补充说："'美感经验'可以说是'形相的直觉'。……形相是直觉的对象，属于物；直觉是心知物的活动，属于我。在美感经验中所以接物者只是直觉，物所以呈现于心者只是形相。""比如见到梅花，把它和其他事物的关系一刀截断，把它的联想和意义一齐忘去，使它只剩一个赤裸裸的孤立绝缘的形相存在那里，无所为而为地去观照它，赏玩它，这就是美感的态度了。"②

我们认为，用直觉说来解释审美欣赏活动，排斥美的欣赏中的理性作用是不符合实际的、错误的。应当承认，在欣赏不少美的现象时，确实没有明显的、自觉的理性思考过程，往往是见到美的事物立刻便感到美。这说明人对美的欣赏，不同于科学的认识活动，不是经历着抽象思维中那种从感性到理性的认识过程，而是具有形象的感受的性质，能够通过对美的具体形象直接感受来认识它所包含的真和善的内容。从表面现象上看，人在观赏一些美的现象时，似乎没有明显的理性认识阶段，然而实际上人能够直感事物的美，却是长期自觉的理性思考活动和经验积累的结果。人们见到某一美的事物，能够立即感觉到它的美，就是由于在长期实践和平时生活中，通过形象思维的作用，已经对这类事物有了一定的理解，形成了整性与理性相统一的美的观念。为什么初出世的婴儿面对一株梅花或画梅花的美术作品却不能立即感觉到它的美，也不会产生美感呢？如果按照直觉说，美的欣赏只是一种动物本能式的低级感觉、一种混沌不清的形相，那么，初出世的婴儿就是最能欣赏美的了，这岂不是十分荒谬吗？美的认识是一种形象思维的活动，它的感性因素是非常重要的，是始终离不开对美的具体形象的感受的。但是，它不只是感性认知，不只是对事物的形象的感受。因为美的对象既是感性的、个别的、形象的，又是表现着一定的

---

① ［意］克罗齐：《美学原理》，朱光潜译，作家出版社1958年版，第12页。
② 朱光潜：《文艺心理学》，开明书店1947年版，第7、8页。

本质、规律和关系的，所以美的认识既是对事物的感性形象的认识，同时也是对一定的本质、规律、关系的理性的认识。由于美的对象的感性形象和它所显现的某种本质、规律是完全统一的，因而在美的认识中，感性的认识和理性认识也是互相统一的。不论是观赏自然美，还是欣赏艺术作品，我们所感到的既是活生生的感性形象，又是包含着理性内容的形象，是感性与理性的和谐的统一。所以，认为美的欣赏只是一种直觉，或只是感性的，这是完全错误的。一般来说，在自然美的欣赏中，感性的因素比较突出，往往是一见如意或一见倾心；而在社会美及艺术美的欣赏中，则要有较深入的想象推敲，甚至反复思考，才能有更好的领悟、有较大的感动。但不论哪种情况，都不是完全没有理性认识参与。

第三节　美的欣赏中感情和认识的统一

在美的欣赏中，人们不只是有对客观的美的认识，还有对美的认识时产生的主观的感受和感动，也就是在认识客观事物的美的同时，还有主观方面的情感反应活动，有满意、愉快、喜悦之感。对客观的美的认识和相伴随的主观情感的感动，在审美欣赏中呈现为统一整体的形态，构成美的欣赏的另一个重要特点。

富有强烈的感情是审美活动的突出特征，也是它和科学认识活动的明显区别。科学活动作为人追求真理的一种认识活动，当然也不能说不具有一定的感情作为推动力量。但是，科学的认识相对来说是要求对客观对象作冷静的、客观的反映；同时，科学的认识是要通过抽象思维，从大量的感性现象中抽象出事物的本质和规律，得出概念的、论理的认识，而不是对个别感性事物的把握。因此，从对于客观对象的反映来说，科学的认识一般是不带有主观的感情态度的。譬如植物学家研究某种植物，分析它的种属、性质、结构、生长规律等，得出科学结论，在这个认识过程中是不会产生主观方面的感情反应活动的。但是，在审美活动中，情况就完全不同了。审美主体对美的对象的感受总是带有情感态度的。随着对美的对象的认识，一种满足、愉快、喜悦之情会油然而生。陈毅同志的《长城词》："八达岭上望天渺，长城逶迤万峰小，如此江山真美好。革命真有千般巧，各族人民团结了，瀚海戈壁将变宝。"作为审美欣赏来看，这里有对于蠢立于万峰之上的长城和浩瀚如海、广漠无边的戈壁的美的认识，同时也有对祖国壮丽河山和伟大人民的热爱与赞美之情。诗人登临长城所获得的审美愉悦感情，浸透在形象的描绘之中。艺术创作不能没有感情，如果作家、艺术家对所创作描绘的社会生活、人物形象乃至自然景物没有感情，就写不出动人的艺术作品，就难以成为真正的艺术。艺术欣赏也不能没有感情，如果艺术作品不能引起欣赏者的感情，不能打动人并给人以愉悦，就难以使艺术欣赏成为真正的审美欣赏。

审美欣赏能引起审美主体愉悦的情感，这一特点早已为许多美学家、艺术家所重视。亚里士多德一再指出欣赏艺术能够使人得到"快感"。后来，贺拉斯、朗吉努斯、布瓦洛等美学和艺术理论家也都谈到了同样的意见。如朗吉努斯说："诗的形象以使人惊心动魄为目的，……有影响人们情感的企图。""和谐的乐调不仅对于人是一种很自然的工具，能说服人、使人愉快，而且还有一种惊人的力量，能表达强烈的情感，例如笛音就能把情感传给听众，使他们如醉如狂地欢欣鼓舞。"[①] 这是对美的欣赏中产生的感情的感动状态的很好描述。我国古代《荀子·乐论》中说："夫乐者乐也，人情之所必不免也。"就是说音乐能使人产生愉快激动的情感，是满足人的感情需要所不可缺少的东西，这也明确指出了审美欣赏中的感情反应问题。

在西方美学中有一种流行看法，就是把审美中产生的感情的愉悦等同于生理的快感，而否认它和美的认识有着内在联系。这在英国经验派美学家关于美感的论述中已有所表现，而近代德国学者谷鲁斯的"内模仿"说则更是这方面的代表。谷鲁斯认为，模仿是动物的最普遍的冲动，凡是知觉都要以模仿为基础。如看见圆形物体时，眼睛就模仿它，作一个圆形的运动；听到寺钟响声时，我们的筋肉也似一松一紧，模仿它的节奏。美感也是模仿形成的，但美感的模仿和寻常知觉的模仿有所不同。寻常知觉的模仿大半实现于筋肉动作，美感的模仿大半隐在内而不表现出来。谷鲁斯把这种模仿称为"内模仿"。他举例说："一个人在看跑马，真正的模仿当然不能实现，他不但不愿离开他的座位，而且他有许多理由不能去跟着马

---

① 北京大学哲学系美学教研室编：《西方美学家论美学和美感》，商务印书馆1980年版，第49—50页。

跑，所以他只心领神会地在模仿马的跑动，在享受这种内模仿所生的快感。这就是一种最简单、最基本、最纯粹的美感的观赏了。"① 按照谷鲁斯的看法，审美欣赏是产生于内心中对外物的象征的模仿，审美中获得的快感也就是"内模仿"筋肉运动所带来的生理上的快感。

我们认为，把审美欣赏中的感情的愉悦和生理的快感混为一谈是不对的。所谓生理的快感有两类。一类是由于机体需要的满足所得到的快感，如食物、饮料、新鲜空气等需要的满足，都可以引起生理快感。这些生理快感纯粹是属于物质方面的，和审美中的愉悦没有必然联系。另一类是由感觉到对象的个别属性而引起的感官的快适，如颜色、声音、形态等属性条件作用于视、听感官，均可引起快适的感受。这类生理快感已带有一定认识成分，是构成审美愉悦的必要条件之一，但它并不是审美感情的愉悦感动。审美快感是赏心怡神，是一种精神的愉悦。这种精神的愉悦，主要是通过美的认识和反映而得到理智的情感的满足。所以审美中的情感愉悦不是由于生理欲望和冲动得到满足而引起的身心快适，而是以美的认识为基础的，是随着理智而产生和发展的。这从许多美学家、艺术家对审美欣赏的具体考察中可以得到印证。如亚里士多德说："人对于摹仿的作品总是感到快感。经验证明了这样一点：事物本身看上去尽管引起痛感，但惟妙惟肖的图像看上去却能引起我们快感，……我们看见那些图像所以感到快感，就因为我们一面在看，一面在求知。"② 达·芬奇说："爱好者受到所爱好的对象的吸引，正如感官受到所感觉的对象的吸引，两者结合，就变成一体。……如果结合的双方和谐一致，结果就是喜悦，愉快和心满意足。……这种对象是凭我们的智力认识出来的。"③ 这些对审美经验所做的分析都说明，美的欣赏虽然开始于感觉，却有着深刻的理智活动，欣赏者通对审美对象的感性形象认识了某种具有意义和价值的内容，得到理智的启发和满足，才能随之产生感情的感动、愉悦。所以，在美的欣赏中，感情和认识有着内在联系，情与理是互相渗透、辩证统一的。

---

① 朱光潜：《文艺心理学》，开明书店1947年版，第58—59页。
② ［古希腊］亚里士多德、［古罗马］贺拉斯：《诗学·诗艺》，罗念生、杨周翰译，人民文学出版社1962年版，第11页。
③ ［意］达·芬奇：《笔记》，《世界文学》1961年第8、9期合刊，第205—206页。

第二章　美的欣赏的心理过程

美的欣赏是欣赏者在观赏审美对象时所引起的一种复杂的、特殊的心理活动。这种心理活动包括对审美对象的感觉、知觉、理解、思考以及联想、想象诸认识过程，同时还包括与认识过程相伴随的主观方面的感受、情绪和情感活动，所有这些心理活动都不是互相分离、单独孤立地进行的，而是互相联系、彼此渗透的。欣赏者对于美的对象的欣赏，以感知为基础和起点，但又不能停留在感知水平上，而是由浅入深、由低到高，产生种种联想和想象活动，并有不同程度的理解乃至思维活动渗透其间。伴随着这种认识过程的深化，主观反应方面的感受、情绪和情感活动也经历着由低级到高级的一系列阶段。认识过程和情感过程互相作用、互相促进，推动着美感越来越深刻、越来越强烈，从而形成一个完整统一的审美心理过程。如果分别加以考察，这一复杂交织、相互结合的心理过程，大致有以下几个方面。

第一节　感知和感受

美的欣赏活动究竟是从何处开始的呢？我们知道，单有审美对象，或者单有审美主体，都不可能构成美的欣赏。只有当对象和主体之间建立了审美关系，才有可能产生美的欣赏的现象。而审美主体和审美对象之间的审美关系，只有通过主体对象的感觉和知觉才能形成。所以，美的欣赏也必然要从对审美对象的感知开始。

感觉是客观事物直接作用于人的感觉器官在人脑中产生的对事物的个别属性的反映。人对客观世界的认识过程，是从感觉开始的。列宁说："不通过感觉，我们就不能知道实物的任何形式，也不能知道运动的任何形式。"① 对于美的认识,感觉是起点。因为"'美'是在个别的、活生生的事物,而不在抽象的思想"②,美总是以具体可感的形象的形式表现出来的,所以要认识美、反映美,如果不通过对审美对象的感觉,是无法进行的。对审美对象的感觉贯穿于整个审美活动,是美的欣赏中其他各种心理活动的基础。

知觉是在感觉的基础上形成的,但它又不同于感觉。它不是对外界事物的个别属性的反映,而是对事物的各种属性、各个部分及其相互关系的综合的、整体的反映。例如看到花瓣的红色和形状、闻到花的香味,这是感觉;而把它们综合起来,在脑中形成一朵红花的映象,这是知觉。人在实际生活中很少有孤立的感觉,而总是以知觉的形式直接反映事物的。在美的欣赏中,审美对象也是以知觉的形式,作为完整的映象直接反映在审美主体的头脑之中的。因为审美对象不仅是一个具体形象的存在,而且是一个完整统一的存在。没有对于审美对象的知觉,就不可能真正把握对象的美的形象。例如月季花的美的形象,是由艳红的色泽、硕大的花瓣及其相互关系构成的一个完整统一体,必须以知觉的形式反映它,才能产生审美感受。

对于美的事物的欣赏,必须以对事物的美的形式和形象的感知作为起点和基础,这是一般人从审美经验中都可以体会到的。比如我们观赏桂林山水,首先便是通过感官感知到它那江水碧绿澄澈的色泽、蜿蜒曲折的姿态,它那山峰平地拔起的形状、青翠苍郁的颜色。千姿万态、色泽和谐的山与水互相映衬、相得益彰,构成了一种明媚、秀丽、清奇的景色,使人感到美不胜收。对艺术作品的欣赏也必须从对艺术形式和形象的感知开始。如欣赏一幅画,需要感觉到画面上的形状、线条、颜色、明暗,而在脑子中知觉到由这些物质手段描绘的具体形象。文学作品的形象是用语言作为手段塑造的,它不能直接作用于欣赏者的感官,所以对文学形象的感知不是直接的,而是间接的。读者阅读文学作品首先接触的是作品的语言,通过语言的描绘,欣赏者在表象和想象中再现出它所塑造的形象,好像目有所见,耳有所闻,留在脑子里的印象几乎和视觉的或听觉的形象是

---

① 《列宁选集》第2卷,人民出版社1972年版,第308页。
② [俄]车尔尼雪夫斯基:《生活与美学》,周扬译,人民文学出版社1957年版,第5页。

第二章　美的欣赏的心理过程

一样的。所以，文学形象虽然不能直接作用于感官，但对文学的欣赏实际上要从形象的感知开始。如白居易的诗《暮江吟》："一道残阳铺水中，半江瑟瑟半江红。可怜九月初三夜，露似珍珠月似弓。"这种语言描写是非常形象的，能使读者"瞻言而见貌"[1]，欣赏者的想象便在脑子中形成一幅秋日暮江的图画，好像目睹了这一美景，由此进入欣赏过程。

在美的欣赏中，欣赏者要善于准确、敏锐地感知对象在感性形式和形象上的特点，从而在脑中形成鲜明、独特的印象。如我们欣赏达·芬奇的绘画《蒙娜丽莎》，如果只是一般看看而没有充分感知对象的形式和形象特征，所得的美感就有局限。如果我们注意观察人物面部和双手的柔和而美丽的光线，几乎难以用肉眼分辨觉察的色阶变化，由眼神和嘴角所流露的温柔、深情、微妙、含蓄的微笑，丰润、细嫩、纤丽的手……我们脑中就会留下十分深刻的印象，感到画中呈现的是一个美丽、典雅、恬静而又充满信心的女性形象，感到她确实美，从而产生较强的美感。再如张若虚的诗《春江花月夜》一开始描写花月春江绚烂的景色：

> 春江潮水连海平，海上明月共潮生。
> 艳艳随波千万里，何处春江无月明。
> 江流宛转绕芳甸，月照花林皆似霰。
> 空里流霜不觉飞，汀上白沙看不见。
> 江天一色无纤尘，皎皎空中孤月轮。

这里描写春夜的月光很有特色，也是很细腻的。你看，明月从地平线上升起，从海边望去，似从浪潮中涌现；月儿渐渐升高，清光好像随着潮水从东海涌进江来，照彻四方；洁白透明的月光倾泻在遍生花草的原野上，使沐浴在月光中的花树好像撒满粒粒冰珠；月亮升到高空，天空一望无垠，皎洁的月色好似浓霜盖在汀洲之上，连白沙也看不见了。这样的月色景象当然是非常美的。但是如果诗人在观赏月色时，没有对夜景明月及其照射下的景物的形象特征有充分的感知，就不可能对月色有如此强烈的审美感受，并且把它描绘得这样美丽动人。欣赏者在欣赏这首诗时，如果

---

[1] （南朝）刘勰著、周振甫注：《文心雕龙注释》，人民文学出版社1981年版，第494页。

美的欣赏

不能敏锐地感受到这些形象特征，就难以想象出这幅独具特色的春江花月夜图景，难以得到真正的审美感受。所以，训练准确而敏锐地感知对象的形象特征和细节的能力，是进行真正的美的欣赏的必要条件，是一个人审美感受能力的重要标志。

人对美的感知，主要凭借视觉和听觉，因此这两种感觉器官被称为审美的感官。柏拉图在他的《大希庇阿斯篇》中就指明了审美的快感是从视觉和听觉中产生的，而不是从其他感觉中产生的。黑格尔说："艺术的感性事物只涉及视听两个认识性的感觉，至于嗅觉，味觉和触觉则完全与艺术欣赏无关。"① 这是说，视听感觉因为是"认识性的感觉"，所以成为审美欣赏的感官。视觉和听觉比起其他感觉范围更为广泛，并且有着特殊的反映外物的条件，它能够真实地反映客观事物，成为认识的客观内容，因而更多地与对客观事物的理性认识有关。从这里也可以看出，审美欣赏具有不同于生理感觉的认识性质、理性性质，属于人的高级精神活动。

在美的欣赏中，欣赏者由于感知审美对象的鲜明、独特的形式和形象，形成对于对象美的感性认识，同时在主体方面也会产生感官的快适感受。从观赏一道彩虹，到观赏一幅绘画；从听到一阵莺鸣，到听到一支乐曲，对于审美对象感性形式和形象的感知，都会引起审美主体的怡目悦耳之感，因而有快适、满意的感受。特别是在欣赏自然现象之美时，这种感官的快适感受在美感中起着很大作用，因为自然现象往往以现象美、形式美取胜。例如欣赏月色、彩云、山水、花鸟，它们的光线、色彩、形态、声音等现象和形式之美，均能通过感知而引起感官的快适感受。唐代于良史《春山夜月》描写欣赏者被自然美景所吸引："春山多胜事，赏玩夜忘归。掬水月在手，弄花香满衣。"这种对明月、春花的赏玩，就有较为突出的感官的快适感受在内。但是，感官的快适感受不能等同于感情的愉悦感动。由于在美的欣赏中对美的形象的感知总是同理解、想象等理性因素结合在一起的，所以，感官的快适也就不能完全脱离感情的感动而孤立存在。真正深刻的审美感受，是不能只停留在审美感知和感官的快适上的。

---

① ［德］黑格尔：《美学》第1卷，朱光潜译，商务印书馆1979年版，第48页。

第二节　联想和想象

在审美欣赏中，欣赏者感知审美对象，自然会浮想联翩，"联类不穷"[①]，产生种种联想和想象的心理活动。联想和想象是在感知和理解审美对象的基础上进行的，同时，它又转而加深着对审美对象的感知和理解。所以就美的认识来说，联想和想象是由感性阶段向理性阶段的深入。

联想是回忆的一种形式。客观事物是相互联系的，因此它们在反映中也是相互联系着。其中某些事物和现象的再现，可以引起另一些事物和现象的再现。联想就是反映了事物的相互关系，它是事物在大脑中形成的暂时联系的复活。人们由当前感知的事物回忆起有关的另一件事物，或由想起的一件事物又想起另一件事物，这都是联想活动。按照所反映的事物间的关系不同，联想有接近联想、相似联想、对比联想等多种形式。在美的欣赏中，各种形式的联想都有重要作用，其中又以相似联想的作用更为显著。

欣赏者在欣赏美的事物时，往往会由一个事物想到在空间上或时间上接近的另一事物，这就是接近联想。李白诗《宣城见杜鹃花》："蜀国曾闻子规鸟，宣城还见杜鹃花。一叫一回肠一断，三春三月忆三巴。"诗人在宣城见到美丽的杜鹃花，联想到在蜀国时常见的子规鸟。杜鹃花盛开的时节，正是子规鸟啼的时候。由于时间上的接近，因而诗人产生了接近联想，引起了他对蜀中故地的回忆和眷念，形成一种特有的审美感受。俄国画家列维坦有一幅著名风景画《弗拉基米尔克》，画的是荒野上一条坎坷不平的小路，在乌云笼罩下，一直伸向西伯利亚远方。人们在欣赏这幅画时，自然会想到经过这条小路被沙皇流放到西伯利亚的革命者。这是由于空间上的接近，使欣赏者产生了接近联想，因而"看到了"画面上看不见的东西。

如果欣赏者在欣赏美的对象时，想起了和对象在性质上或形态上相近或相似的事物，就会形成相似联想。相似联想反映着事物间的相似性和共同性，一般的比喻都是借助相似联想，所以这种联想形式在审美活动中表

[①]　（南朝）刘勰著、周振甫注：《文心雕龙注释》，人民文学出版社1981年版，第493页。

现得相当普遍,所起的作用也特别突出。我国古代诗歌中的"比、兴"方法,就是以相似联想作为心理基础的。"比"是"以彼物比此物",显然是由于两物有一定的相似性和共同性,因而引起相似联想。"兴"是"先言他物以引起所咏之词",也是由于两者之间有共同和相似之处才能联系起来,所以也和相似联想有关。在美的欣赏中,有的相似联想是由于审美对象和另一事物在形式特征上的相似和相近而引起的。如:"余霞散成绮,澄江静如练。"(谢朓:《晚登三山还望京邑》)"江作青罗带,山如碧玉簪。"(韩愈:《送桂州严大夫》)前者描绘登山远眺所见景物,把绚丽的云霞比作有花纹的丝织品,清澈的江水比作透明的白绸子;后者歌咏桂林山水风光,把漓江的水比作一条青绿色的绸带,把桂林的山比作美女佩戴的玉簪子。这都是欣赏自然美时由于事物形态、颜色上的相似而引起的相似联想。有的相似联想是由于审美对象和另一事物在性质上有某些相似或相近而形成的。如陈毅同志诗《题西山红叶》:"西山红叶好,霜重色愈浓。革命亦如此,斗争见英雄。"诗人在观赏西山红叶时,由经霜后色愈红的红叶,联想到经斗争考验愈见其高贵品质的英雄人物。这是因为二者在经受考验这一性质上有相似之处。

对比联想是由对象的感知而引起和它具有相反特点的事物的回忆。它既反映事物的共性,又反映事物的相对独立的个性。如元好问《颍亭留别》:"寒波淡淡起,白鸟悠悠下。怀归人自急,物态本闲暇。"诗人看到淡淡寒波、悠悠白鸟,由这种闲暇物态联想到归途之人急迫心情,两者形成了鲜明对照,受到了反衬的作用。

在美的欣赏中,想象是一种极为重要的心理活动。想象和联想有联系又有区别。联想是由某一事物的感知而回忆起有关的另一事物的表象,是在神经中已经形成的暂时联系的恢复;而想象则是在头脑里改造记忆中的表象而创造新形象的过程,是过去经验中已经形成的那些暂时联系进行新的结合的过程。人在反映客观世界的时候,不仅感知当时作用于他的东西,或者产生过去起过作用的东西表象,而且也创造新形象。人能够根据别人口头或文字的描述在头脑中产生没有感知过的事物的形象,还能够创造出现实中不存在的事物的形象。这都是属于想象的心理活动。想象是新形象的创造,乍看起来似乎是"超现实"的;但是任何想象都只能来源于客观现实。想象仍然是反映现实的一种形式。这种反映虽然是以具体形象的表象的形式进行的,不脱离感性因素,却是属于理性活动。"想象,或想象力也像思维一样,属于高级认识过程。"① 正因如此,想象在美的认识中起着枢纽作用。黑格尔说:"真正的创造就是艺术想象的活动。这种活动就是理性的因素,就其为心灵的活动而言,它只有在积极企图涌现于意识时才算存在,但是要把它所含的意蕴呈现给意识,却非取感性形式不可。所以这种活动具有心灵性的内容(意蕴),但是却把这种内容放在感性形式里,因为这种内容(意蕴)只有放在感性形式里,才可以被人认识。"② 在审美活动中,人的感性认识和理性认识之所以能够互相渗透而达到高度统一,之所以能够通过对象的感性形式直接达到对理性内容的深刻理解,主要就是通过审美的想象活动来实现的。

想象按其内容的新颖性、独立性和创造性的不同,分为再造想象和创造想象两类。再造想象是根据对新东西的词的叙述和条件的描绘,在头脑中形成这种新东西的形象;创造想象是不依据现存的描写而独立地创造出新的形象。在审美欣赏中,这两种类型的想象都有重要作用。就艺术欣赏来说,如阅读文学作品,欣赏者要根据作品中的语言描绘,在脑中想象出各种人物、情节、环境,并且要通过想象,设身处地体验人物的处境和思想感情、内心活动。如果没有这种再造想象,就不可能在欣赏者的脑中复活艺术形象,因而也就不可能有艺术欣赏活动。但是,在艺术欣赏活动中也需要有创造想象。因为欣赏者不是被动地接受作品中的形象描绘,而总是要以自己的生活经验、思想感情、情绪记忆去丰富、补充、扩展艺术形象,力求对形象的内容有所创造、有所发现。一般说来,欣赏者对作品中艺术形象的想象,都是一种加工改造和再创造的过程。它既要和作品的形象描绘基本相一致,又可能表现出不同的个性差异。欣赏者在头脑中想象的形象和作品提供的形象在基本相符合的前提下也会有一定出入,甚至可能想象地体会作者没有表现出的东西。珂勒惠支的《农民战争》组画之一《战场》,画着一位母亲手里提着风灯,在尸横遍野的黑夜中寻找她那牺牲了的儿子的尸体,鲁迅对这幅动人心魄的画评论说:"这处所,恐怕正是

---

① [苏]彼得罗夫斯基主编:《普通心理学》,朱智贤等译,人民教育出版社1981年版,第373页。
② [德]黑格尔:《美学》第1卷,朱光潜译,商务印书馆1979年版,第50页。

美的欣赏

她先前扶犁的地方，但现在流着的却不是汗而是鲜血了。"① 这是诗的语言，其中包含有鲁迅丰富的想象和感情，它所揭示的内容比原画中形象直接提供的东西更为深刻。如果没有创造想象的参与，就不可能在欣赏这幅画时获得如此强烈的审美感受。

在欣赏自然景物时，欣赏者的想象活动有着更为广阔和自由驰骋的余地。陆机《文赋》讲创作中的想象，说是"精骛八极，心游万仞"；刘勰《文心雕龙·神思》也说过"寂然凝虑，思接千载；悄焉动容，视通万里"，都是说想象飞腾不受时间和空间的限制。这种丰富的想象在许多作家观赏和描写自然景物的作品中都可以见到。如苏轼的《水调歌头·中秋》：

> 明月几时有？把酒问青天。不知天上宫阙，今夕是何年。我欲乘风归去，又恐琼楼玉宇，高处不胜寒。起舞弄清影，何似在人间！
> 转朱阁，低绮户，照无眠。不应有恨，何事长向别时圆？人有悲欢离合，月有阴晴圆缺，此事古难全。但愿人长久，千里共婵娟。

诗人赏月，兴致淋漓，乘着酒兴，对月抒怀，展开了想象的翅膀。由观赏空中月明，而想到月中广寒宫殿的神话，想到飞入月宫去过神仙生活；由见到月光照射朱阁绮户，而想到闺中因怀离别之情而辗转不寐之人，想到离别亲人纵然不能在节日团聚，但假如永远活着，能在千里之遥共同仰望这一明月，也就令人满意了。这里有大胆的幻想，有对亲人的想念，有对善良美好的向往，这一系列想象都从观赏中秋明月而发生，构成了一种广大、深远的审美意境。

审美欣赏中想象的重要特点，是带有浓厚的感情色彩。欣赏者的想象活动和感情活动互相结合、互相推动，在美感中形成有机统一的整体。一方面，想象和联想活动能够唤起审美主体的情感记忆，并使它与当前对审美对象的情感反应连接和统一起来，推动情感的扩展；另一方面，情感活动又能够激发、活跃审美主体的想象和联想活动，促使想象深化。《文心雕龙·神思》篇中说"神用象通，情变所孕"，讲得就是形象思维中想象

---

① 《凯绥·珂勒惠支版画选集》（鲁迅选画并作序目），人民美术出版社1956年版，第10页。

和情感的紧密结合，想象引发情感，情感推动想象。在艺术创造中，想象总是伴随着浓厚的、强烈的情感色彩，如果艺术家的感情贫乏凝滞，那么他的想象也就干瘪苍白。陀思妥耶夫斯基说："我同我的想象、同亲手塑造的人物共同生活着，好像他们是我的亲人，是实际活着的人；我热爱他们，与他们同欢乐、共悲愁，有时甚至为我的心地单纯的主人公洒下最真诚的眼泪。"[1] 在审美艺术欣赏中，欣赏者的想象同样是与浓厚而强烈的感情交织在一起的；如果欣赏者没有强烈的情感体验，那么他的想象也不可能是丰富的。

第三节 理解和思维

理解是审美欣赏中不可缺少的一种心理活动。心理学认为，理解是通过揭露事物间的联系而认识新事物的过程。按照理解深入程度的不同，可以形成不同水平的理解。有揭露事物间外部联系的理解，也有揭露事物间内部联系的理解。不同水平的理解在美的欣赏中都有重要的作用。

在人对客观事物的知觉活动中，就已经有了理解的作用。知觉是在过去的知识和经验的基础上产生的。由于过去经验的帮助，人对知觉对象产生理解，才能获得对客观事物的整体反映。所以，对事物的理解是知觉的必要条件。在美的欣赏中，对审美对象的感知，同样要借助于过去的知识和经验。审美主体已经形成的美的观念在审美感知中起着十分重要的作用。人们在观赏某些审美对象时，之所以一下子就感到它美，是以理解作为先决条件的。不过这种理解并不表现为一个明显的过程，所以也就往往不为人所自觉意识到。在艺术欣赏中，人们在感知艺术形象的同时，总是不自觉地运用相关的生活经验和文化知识，力求取得对形象的一定理解，了解事物与事物之间、人物与人物之间、人物与环境之间有哪些联系；如果没有这种理解，就不可能懂得艺术形象，也就不可能有正确的感知。

在审美的联系和想象活动中，理解的作用更为显著。各种不同形式的联想，都是建立在对事物间互相联系的理解的基础上的。没有对事物间关

---

[1] 中国社会科学院外国文学研究所外国文学研究资料丛刊编辑委员会编：《外国理论家作家论形象思维》，中国社会科学出版社1979年版，第111页。

美的欣赏

系的理解，任何联想都不能形成。巴甫洛夫说："当形成联系，也就是所谓联想时，毫无疑问，这也就是对事物的知识，对外在世界的一定关系的知识，而当你下一次利用它们时，这就叫作'理解'，这也就是说，利用知识，利用获得的联系就是理解。"[①] 可见联想和理解的关系是多么密切。至于想象，则与思维一样，属于人的高级认识活动，具有深刻的理性因素，它不仅需要有对事物间外部联系的理解，而且尤其需要有对事物间内部联系的理解。对现实事物的知识、对事物间的本质的和规律的联系的深刻理解，是在想象中改造已有表象而创造新形象的条件和基础。审美欣赏中的再造想象和创造想象都不能脱离对审美对象的理解。

最高水平的理解表现在思想过程中。思维是对客观实现的概括的间接的反映，它所反映的不是个别事物或其个别特征，而是一类事物的共同的本质特征；不是事物间的外部联系，而是事物间的内部联系和规律。只有通过思维，人的认识才能从感性认识进到理性认识，达到对客观事物的深刻理解。在审美欣赏中，思维是一种不可缺少的心理活动，思维中的理解因素起着不可忽视的作用。美的认识既然包含有理性认识，就不能排斥思维的作用。一般说来，我们在欣赏某一美的对象时，通过感性认识，可能会立即感受到它的美，产生感官的快适感受；但要更深刻地认识美、感受美，从而产生感情的愉悦和感动，就需要深入的理性认识活动，需要思想的作用。如果排除思维和思想在美的欣赏中的作用，就不可能获得深刻的、强烈的美感。

我们说过，在大自然的欣赏中，往往偏重于对美的现象的感性认识和感官的快适，但这并不是说，对自然美的欣赏就没有理性认识和思想作用。自然美所引起的感官的快适只是审美的初步阶段，而要引起感情的愉悦感动，就不能没有理性认识和思想作用。如前文所说苏轼词《水调歌头·中秋》中对中秋月色的欣赏，就远远超过了感性印象和感官的快适，"不应有恨，何事长向别时圆？人有悲欢离合，月有阴晴圆缺，此事古难全"，这种无限感慨就有复杂的思想活动在内。这里有想象，有思维，有感情，有理智，绝非感性认识所能达到。所以对自然美的深入的审美欣

---

① [苏] 阿·阿·斯米尔诺夫编：《心理学》，朱智贤等译，人民教育出版社1957年版，第287页。

赏，思维和理性作用也是必不可少的。

对于社会美的认识较之自然美要更多地借助理性认识和思维活动。社会美主要是人在社会关系中的美，它在人的性格美中得到了最完满、最全面的表现。人的性格美主要是内在的心灵美、精神美，它固然也表现于外在的语言、行为、态度、作风之中，却不是单凭感性印象就能够认识的，而必须依靠对人的思想、品质、情操的深入了解，依靠理性认识和思维活动。马克思说："我们从那些由于劳动而变得粗黑的脸上看到全部人类的美。"① 为什么看到劳动人民粗黑的脸会感到美呢？因为这种外部特征体现了人类艰苦奋斗、改造自然的美好品质，这种美的认识绝非单纯的感性印象所能加以解释。许多作家都谈到过他们在生活中发现、认识人物性格美，虽然是由于某些突出的感性印象而被吸引，但要经过深入的接触和理解，反复的思考和分析，才能透过人物的个性认识它所充分体现的社会关系的普遍性，在个性与共性的统一上真正把握人物性格之美。作家柳青在《王家斌》中生动地记述了他对胜利农业生产合作社主任王家斌的性格美的认识过程。从王家斌为社里母猪在冬天生下的猪娃不被冻死而日夜操劳，却顾不上照料在严寒季节出麻疹、发高烧的五岁女儿；从他住在磨棚里成夜里喂拉胶轮车的骡子，而让冻了一天的赶车的社员回家去睡热炕……从这一切外在的行为表现中，柳青同志看到了"一个共产党员——农民往社会主义去的引路人——全心全意为大伙办事的精神"。在《皇甫村三年》中他写道："当我们想到我国社会主义建设的每一点成就，甚至于一个农业社的一窝猪娃这样一小点社会主义家底的积累，都是多么不容易的时候，从我们内心能不涌起那些为社会主义而辛苦的人们的热爱吗？"这说明对于人的性格美思考和理解得越深，就越能产生强烈的美感。

在艺术欣赏中，作为审美对象的艺术作品是相当复杂的，不是凭感性印象一下子就能认识，而往往要通过反复思考、仔细琢磨才能深入地、全面地认识它，并且也只有经过理性思考之后，才能引起深刻强烈的美感。比如我们观赏达·芬奇的名画《最后的晚餐》，如果对它所刻画的形象及其所表现的思想内容没有经过理性的思考和分析，对于画中人物性格、心理状态和人物之间的关系没有深刻理解，那么我们对这幅画的审美感受就

---

① 转引自《学习译丛》1957年第3期，第48页。

是表面的、肤浅的、有限的。我们知道，这幅画所反映的历史内容和作者的艺术构思都是很深刻的。它取材于《约翰福音》第十三章，描绘的是耶稣在临刑之前和他的十二门徒共进最后一次晚餐的情形。当耶稣向门徒们宣告"你们中间有一个人出卖了我"时，全座为之惊愕失色，呈现在画面上的正是这样一个特定的场面。画家力图通过十二门徒在听到这句话后不同的动作和表情，表现出各自不同的性格和心理状态。特别是叛徒犹大（左起第四人）露出神色慌张的表情，身体不由自主地向后仰去，痉挛的手紧紧地抓住钱袋，充分表现了做贼心虚、奸诈阴险、贪婪可鄙的丑恶内心世界。这和坐在中间的耶稣那样安详、镇定的神态，慈慧、善良的性格，恰形成强烈的对比。其他门徒也都以不同表情和姿态显示了各人不同的性格和心情，他们或是对耶稣表示关切，或是对叛徒表示愤怒。画家通过这个惊心动魄的场面和复杂的人物关系，歌颂了正义和善行的光明与伟大，揭露了叛卖和恶行的可耻与卑劣。如果我们对这幅画有了一种理性认识，那么我们对这幅画描绘的形象就会有更深刻的感觉，才能真正领会它的思想价值和美学价值，从中受到强烈的感染和鼓舞。

审美欣赏中固然有理性认识和思维活动，但它和科学认识中的理性认识与思维活动却有区别。审美中的理性认识和思维活动固然也要经过由此及彼、由表及里的分析、综合过程，达到对审美对象的本质和规律的理解；但是这种理解不是通过抽象的概念和逻辑推理，而是通过具体感性的形象直接达到对于对象本质的把握。也就是说，理性不脱离感性，思维不脱离形象，不把审美对象作为抽象概念来理解。对于美和艺术的欣赏，不是用抽象概念来思维和达到理性认识，而是用具体形象来思维和达到理性认识，理解、思考完全融化在对具体形象的感知、想象之中，不着痕迹地起作用。

第四节　情绪和情感

欣赏活动中产生的美感，以美的认识为内容，却以主观体验的形式——感情表现出来。因此，情绪和情感便成了美的欣赏中最明显、最突出的一种心理活动。

情绪和情感是从不同角度来标志感情这种复杂的心理现象的。"情感这一概念较多地用于表达情感的内容，它一般具有较大的稳定性和深刻性。而情绪，则常用于感情的表现形式方面，它具有较大的情景性。"[1] 审美中获得的美感，对事物的美的情感体验，属于人的高级情感。同时，在审美欣赏中，审美对象（特别是艺术作品）的内容本身还会引起欣赏者内容不同的情绪体验。

在欣赏自然景物时，触景生情是一种常见的现象。陆机《文赋》说："遵四时以叹逝，瞻万物而思纷；悲落叶于劲秋，喜柔条于芳春。"《文心雕龙·物色》篇说："春秋代序，阴阳惨舒，物色之动，心亦摇焉。……是以献岁发春，悦豫之情畅；滔滔孟夏，郁陶之心凝；天高气清，阴沉之志远；霰雪无垠，矜肃之虑深。岁有其物，物有其容；情以物迁，辞以情发。"季节的推移、自然景物的变化会引起人的不同感触和情绪。作家、诗人在观赏自然景物时，不仅会"联类不穷"，引起无穷的联想和想象，而且还要"情以物迁"，引起变动的情绪体验，如果观赏者过去曾被一定的对象引起过一定的感情反应，因而形成一定的情绪记忆，而他在观赏自然物景物时，又遇到类似的或相关的条件的刺激，便会产生条件反射，联想起过去有关的情绪记忆，这样就会对持有的景物引起特定的感情反应。如李白诗《劳劳亭》："天下伤心处，劳劳送客亭。春风知别苦，不遣柳条青。"作者因见"劳劳亭""春风""柳条"等景物，而唤起了离别的情绪记忆，于是便产生了痛苦悲伤的感情。观赏者对自然景物的感知、联想和想象，均能引起一定的情绪活动，而一定的情绪也能反过来影响对自然景物的感知、联想和想象。所以，"情景虽有在心在物之分，而景生情，情生景，哀乐之触，荣悴之迎，互藏其宅"（王夫之：《姜斋诗话》）。这种景情相生、情景交融的情况，说明在自然景物的欣赏中，感知、联想、想象、理解与感情是密切结合、相互作用的。

在艺术欣赏中，由艺术作品的内容所引起的欣赏者的情绪活动更为丰富、更为强烈、更为复杂。艺术作品中反映的生活本来是浸透作家的感情评价的，作品中塑造的人物也都是具有活生生的思想感情的人。随着对艺术形象的感知、理解、体验、想象，欣赏者自然要被作者的或作品中人物的感情所打动，产生各种不同内容的情绪活动。我们可能会与作者一起，

---

[1] 曹日昌主编：《普通心理学》下册，人民教育出版社1979年版，第47页。

爱其所爱,憎其所憎,对作品中的人物或同情或反感,或崇敬或鄙弃;我们也可能会与作品的主人公一起,哀其所哀,乐其所乐,或者为他的不幸而悲伤,或者为他的成功而喜悦,或者为他的命运而担惊,或者为他的死亡而愤慨。小说《红岩》描写江姐在接受党的委派上华蓥山途中,突然发现了在城楼上被悬首示众的正是自己日夜想念的丈夫彭松涛。她顿时感到头昏目眩,两脚发软,无限的悲痛涌上心头,禁不住要恸哭出声。但她立即想到自己担负着党交给的任务,没有权利在这里流露内心的痛苦,便全力控制着满腔悲愤,赶上华为,踏着泥泞,匆匆向华蓥山奔去。读者看到这里,无不为江姐的不幸遭遇感到悲痛,同时也必定会为她那忠于革命的崇高品质所感动,对她产生热爱和崇敬的感情。梁启超论述小说的作用时,认为小说有一种"刺"的作用力量。他说:"刺也者,能入于一刹那,忽起异感而不能自制者也。我本蔼然和也,乃读林冲雪天三限,武松飞云浦厄,何以忽然发指?我本愉然乐也,乃读晴雯出大观园,黛玉死潇湘馆,何以忽然泪流?我本肃然庄也,乃读实甫之《琴心》、《酬简》,东塘之《眠香》、《访翠》,何以忽然动情?若是者,皆所谓刺激也。"① 这说明对优秀文艺作品的欣赏总是能使我们受到感动的。所谓"忽起异感而不能自制",就是对艺术欣赏中情绪活动的心理状态的一个很好的描述。

在审美欣赏中,欣赏者由于美的认识而产生的愉悦的感情,被称作审美感情。这种感情也有各种等级,从一般的满意情感开始,一直到体验真正的审美的喜悦;从对被感知的对象的轻微激动,一直到对被欣赏的对象的深刻激动,欣赏的审美情感可能经历一系列的阶段。作为一种高级的情感体验,审美的愉悦的情感是以对审美对象的思考、评价作为前提的,是美的认识由感性阶段进入到理性阶段以后才产生的,因此它渗透着理智的因素。人们在审美中能够得到感情上的愉悦的感动,固然和对审美对象的感性形式的感知有密切关系,但根本上却是由通过感性形式认识到理性内容、通过外在现象认识到内在本质所得到的理性的满足。西方现代形式主义美学家如克莱夫·贝尔、罗杰·弗莱等人,认为审美感情只是一种关于形式的感情,和对象所表现的内容无关。贝尔说:"线条、色彩在特殊方

---

① 北京大学哲学系美学教研室编:《中国美学史资料选编》下册,中华书局1981年版,第419页。

式下组成某种形式或形式的关系，激起我们的审美感情，这种线、色的关系和组合，这些审美地感人的形式。我称之为'有意味的形式'。""欣赏艺术我们不需要任何别的，只需要对于形态、色彩的感觉和三度空间的知识。"① 这些看法完全否定了审美感情与理性内容、思想认识有关，以致把审美感情空洞化、神秘化，这既不符合实际，也有害于艺术创作和审美欣赏。

审美感情是由于对事物的美的认识而引起的总的感情体验，它和审美中的感知、联想、想象、理解乃至情绪活动都有密切关系，是欣赏者由审美对象所引起的各种心理活动和心理功能互相结合、互相配合的结果，所以，它和审美对象的具体内容所引起的各种不同的情绪体验既有联系又有区别。在艺术欣赏中，欣赏者对作品中所描绘的现实生活、人物事件可能产生不同的情绪体验，可能时而快乐，时而愤怒，时而悲哀，时而恐惧，甚至止不住咬牙切齿、热泪盈眶……但是，通过审美欣赏，最后得到的仍然是一种肯定性的满意的情感、愉快情感。艺术欣赏中产生的各种不同的情绪体验，作为构成审美情感的一个因素，对审美中愉悦情感的形成具有重要作用。事实证明，人们在欣赏中越是能被艺术作品中的人物、事件、感情所打动，情绪体验越是丰富和强烈，所获得的审美快感也越是深刻、强烈。艺术欣赏中的不同情绪体验可以形成、促进、扩大审美快感，这个事实早已有许多美学家从理论上给予了证明。如亚里士多德的"净化"说，亚里士多德认为悲剧能给我们一种特别的快感，"这种快感是由悲剧引起我们的怜悯与恐惧之情，通过诗人的模仿而产生的"②。引起怜悯与恐惧之情何以能给人以快感呢？亚里士多德说，这是因为悲剧能"借引起怜悯与恐惧来使这种情感得到陶冶"③。这里的"陶冶"即"净化"，关于"净化"的意思，亚里士多德在讨论音乐的功用时也有说明。他说："有些人在受宗教狂热支配时，一听到宗教的乐调，卷入狂迷状态，随后就安静

---

① ［英］克莱夫·贝尔：《艺术》，载李泽厚《美学论集》，上海文艺出版社1980年版，第464页。
② ［古希腊］亚里士多德、［古罗马］贺拉斯：《诗学·诗艺》，罗念生、杨周翰译，人民文学出版社1962年版，第43页。
③ ［古希腊］亚里士多德、［古罗马］贺拉斯：《诗学·诗艺》，罗念生、杨周翰译，人民文学出版社1962年版，第19页。

下来，仿佛受到了一种治疗和净化。这种情形当然也适用于受哀怜恐惧以及其他类似情绪影响的人。某些人特别容易受某种情绪的影响，他们也可以在不同程度上受到音乐的激动，受到净化，因而心里感到一种轻松舒服的快感。"[1] 由此可见，亚里士多德所说的"净化"，就是通过艺术欣赏使人的某种过分强烈的情绪可以在想象的情境中得到宣泄，从而得到健康的感情陶冶，所以它可以使人感受到愉快的情感。

车尔尼雪夫斯基说："美的事物在人心中所唤起的感觉，是类似我们当着亲爱的人面前时洋溢于我们心中的那种愉悦。"[2] 这是就审美情感的总的性质来说的。实际上，由于具体审美对象的性质、形态不同，所形成的美感也不尽一致。对秀美事物的欣赏所产生的情感，始终是愉悦的、喜悦的；对崇高事物的欣赏所产生的情感，既是愉快的、喜悦的，又夹有惊惧、崇敬之感。如自然美中的悬崖峭壁，社会美中的董存瑞舍身炸碉堡的英雄行为，给予人的美感便是如此。对悲剧的欣赏，既使人感到愉快、喜悦，又伴随有悲哀、沉痛之感。悲哀和愉快在形式上虽然是相反的，但在悲剧的欣赏中却能统一成为强烈的美感。因为由艺术所引起的悲哀虽然鲜明而有能力，但不真切而实际，反而可以加强美感。同时，艺术欣赏中主要由于理智满足所得的感情的愉悦亦可以克服悲哀，所以，随着欣赏过程的进展，欣赏者的愉快感情便会越来越强烈。如欣赏我国古典戏曲《梁山伯与祝英台》、关汉卿的悲剧作品《窦娥冤》，所获得的美感就是如此。对喜剧的欣赏，既使人感到愉快、喜悦，又伴随有滑稽可笑之感。如观看卓别林的喜剧片《摩登世界》《大独裁者》，其所产生的审美感情的独特性是显而易见的。

---

[1] 北京大学哲学系美学教研室编：《西方美学家论美学和美感》，商务印书馆1980年版，第45页。

[2] [俄] 车尔尼雪夫斯基：《生活与美学》，周扬译，人民文学出版社1957年版，第6页。

第三章 美的欣赏的差异性和共同性

第一节 美的欣赏的差异性

美是客观存在的，但是人们在欣赏美的时候，面对同一个审美对象，各人所产生的审美感受却往往不完全一样。有人感到它美，也有人感到它不美；有人能对它产生强烈的美感，有人却不能产生强烈的美感，甚至会产生反感。即使是同一个人面对同一个审美对象，在不同的时候、不同的条件下，也可能会产生不同的审美感受。这就是美的欣赏的个人差异性。

究竟应该怎样理解在美的欣赏中经常出现的个人差异性呢？有的美学家根据这种现象认为美是由美感决定的，没有不以欣赏者的主观感受为转移的客观存在的美。他们是用美的主观性来解释美感的个人差异。如休谟说："美说不是客观存在于任何事物中的内在属性，它只存在于欣赏者的心里；不同心会看到不同的美；每个人只应当承让自己的感受，不应当企图纠正他人的感受。"① 这就是说，美根本不是客观的，而是主观的，所以不同的欣赏者才会对同一对象有不同的美丑感受和评价。这是用欣赏者主观的美感代替客观的美，用美感的个人差异性否定美的客观性。这种"美在于心"的唯心主义观点当然不可能正确解释审美中的个性差异现象。

我们认为，美是客观存在的，美的欣赏中的个性差异现象，是由欣赏者的主观条件造成的。欣赏者的主观条件的不同怎样影响着审美感受的个人差异性呢？

首先，人们的审美能力和文化艺术修养不同，会影响到审美感受的个

---

① ［英］休谟：《论趣味的标准》，载古典文艺理论译丛编辑委员会编《古典文艺理论译丛》第5册，人民文学出版社1963年版，第4页。

性差异。所谓审美能力，是指欣赏者在进行审美活动时所具有的与之相关的心理能力。人对美的欣赏是以观、听两种感官为主的，与审美对象相适应的听觉和视觉的感受能力，是人的审美能力的重要方面。先天失明和失聪的人，就无法欣赏需以视、听感觉与之相适应的对象的美。马克思说："对于不辨音律的耳朵说来，最美的音乐也毫无意义，音乐对它来说不是对象，……因为对我说来任何一个对象的意义（它只是对那个与它相适应的感觉说来才有意义）都以我的感觉所能感知的程度为限。"① 这就是说，一定的审美对象要求有与之相适应的审美感觉能力，才能欣赏和领略它的美。如果欣赏者不具备这种审美感觉能力，对象对于他就不是审美对象。各种审美对象的性质不同，它所要求的与它相适应的感觉的性质也不同。"眼睛对对象的感受与耳朵不同，而眼睛的对象不同于耳朵的对象。"② 如果说欣赏音乐的美需要有"感受音乐的耳朵"，那么欣赏绘画的美，则需要有"感受形式美的眼睛"，需要有对于彩色、线条、明暗、形体等方面的视觉的敏感。这种审美感觉能力的形成，就整个人类来说，是"以往全部世界史的产物"，是人类历史长期发展的结果；就个人来说，则是在一定的先天条件下，通过各人后天的生活实践和审美活动得到训练的结果。其中，特别是参加艺术的创作和欣赏活动，对人的审美能力的培养和提高，起着十分重要的作用。由于各人先天条件，特别是后天对感官的培养、锻炼的不同，便形成了各不相同的审美感觉能力。例如有的人对音响、节奏、旋律的听觉很敏感；有的人则较迟钝。于是前者对音乐便具有较高的审美感觉能力，能欣赏较高级的音乐美；而后者对音乐的审美感觉能力就较低，对较高级的音乐则难以产生深刻的美感。这样，在欣赏同一个音乐作品时，他们所做的审美判断也就会有一定的差异。

一个人的审美能力如何，与他的文化艺术修养密切相关。文化艺术修养不高的人，对于一般的音乐作品，也许可以欣赏它，但对于贝多芬的奏鸣曲、交响曲这种高级的音乐作品，就难以欣赏它。恩格斯和列宁在欣赏贝多芬的音乐时，都获得了极大的审美享受，并给予了极高的审美评价。恩格斯在1841年写给他妹妹的信中曾谈到他听了贝多芬第五交响曲以后的

---

① ［德］马克思：《1844年经济学—哲学手稿》，刘丕坤译，人民出版社1979年版，第79页。
② ［德］马克思：《1844年经济学—哲学手稿》，刘丕坤译，人民出版社1979年版，第79页。

感受。他说："昨天晚上所听到的是多么好的一部交响曲啊！要是你还没有听过这部壮丽的作品的话，那么你一生可以说是什么也没有听过。第一乐章是惨痛的绝望，慢板乐章是挽悼的哀痛与柔和殷切的申诉，第三乐章和第四乐章是自由的号角的青春力强的欢呼。"①列宁听了贝多芬的第二十三号钢琴奏鸣曲，赞不绝口。恩格斯和列宁之所以对于贝多芬的乐曲有如此强烈的审美感受，显然和他们所具有的深厚艺术修养密切相关。马克思说："如果你想得到艺术的享受，你本身就必须是一个有艺术修养的人。"②欣赏者的文化艺术修养不同，在欣赏美和艺术时，所得到的美感也就不同。面对同一对象，当然就会形成美的欣赏的个人差异性。

其次，欣赏者的生活经验和思想感情不同，也会影响到审美感受的个性差异。一般来说，欣赏者往往是根据自己的生活经验和思想感情，来确定对审美对象的感知的选择和注意，来理解审美对象的意义，并且根据已有的生活经验和情绪记忆来进行联想和想象，补充和丰富审美对象的内容。由于生活经验和思想感情的不同，人们在进行美的欣赏时，对审美对象的感知、理解、想象和情感反应也就有所不同，这便形成了美的欣赏的个性差异。这种由于生活经验和思想情感的不同，而形成的审美感受的差异，在艺术欣赏中表现得更为突出。因为艺术欣赏是在艺术作品所提供的形象的基础上的一种"再创造"，艺术欣赏者往往根据自己的生活经验、情绪记忆和思想感情来感受、理解和想象作品中的形象，"各以其情而自得"（王夫之：《姜斋诗话》），因此，同一部作品在不同的欣赏者中，往往会产生不尽相同或者很是不同的艺术感受：有的这样理解它，有的又那样理解它；有的喜爱这方面，有的又喜爱那方面。这就使艺术美的欣赏表现出相当大的差异。

最后，个人特定的心境、注意等心理因素不同，也对美的欣赏的个性差异有一定影响。所谓心境，是指使人的一切其他体验和生活都感染上情绪色彩的、比较持久的情绪状态。心境具有弥散性的特点，当一个人处于某种心境中，他往往以同样的情绪状态看待一切事物。如一个人处在欢乐

---

① ［苏］霍赫洛夫金娜：《贝多芬》，音乐出版社1956年版，第31页。
② ［德］马克思：《1844年经济学—哲学手稿》，刘丕坤译，人民出版社1979年版，第108—109页。

的心境下，对事物容易产生肯定的、愉快的情绪体验，当他欣赏美的事物时，会感到事物更美，产生更为强烈的愉悦感情。可是，如果一个人处在忧虑、悲伤的心境下，对事物就容易产生否定的、不愉快的情绪体验，当他看到好事物时，就不容易感受到它的美，也难以产生愉快的情绪体验。《淮南子》中说："心有忧者，筐床衽席，弗能安也；菰饭犓牛，弗能甘也；琴瑟鸣竽，弗能乐也。"就是讲的人的心境对审美的影响作用。心境忧愁的人，听到音乐也不会感到审美的愉快。马克思说："忧心忡忡的穷人甚至对最美丽的景色都无动于衷。"① 为什么整日为穷困生活而忧愁的穷人面对最美丽的景色也不能产生美感呢？"忧心忡忡"的心境就是一种主观原因。所以，同是欣赏春天的美景，既有"红杏枝头春意闹"的审美感受，也有"桃花为春憔悴"的审美感受；既有"杨柳岸晓风残月"的审美感受，也有"春风杨柳万千条"的审美感受。这种审美感受的差异，除了审美对象的丰富性、多样性之外，也都与审美主体的心境不同有关。王国维在《人间词话》中分古人诗词为"有我之境"和"无我之境"，他说："有我之境，以我观物，故物皆著我之色彩。无我之境，以物观物，故不知何者为我，何者为物。"② 其实，就人的审美欣赏来讲，都可以说是"以我观物"的"有我之境"，也就是说，都要受到审美主体的情感、情绪、心境的影响。因此，审美感受上的个人差异性就是自然存在的。

　　人在感知、记忆、思维等心理活动中，都具有注意这种特性。注意是心理活动对一定事物的指向和集中，它使心理活动具有一定方向。人的心理活动常常指向和集中于对他最有意义的事物。因此，注意是受人的个性特征所制约的。不同的人由于有不同的需要和兴趣，所注意的事物也就会有所不同。在审美活动中，人的注意往往影响到对具体审美对象的感受。朱光潜先生在《文艺心理学》中曾经讥笑海边农夫不能欣赏门前海景美，却对屋后菜园加以赞赏，认为这是因为没有在我与物之间造成"心理距离"的缘故。其实，这是可以用由海边农夫的需要和兴趣所决定的注意的不同来说明的。而人的注意是可以改变的，所以，海边农夫也未必不能欣

---

① ［德］马克思：《1844年经济学—哲学手稿》，刘丕坤译，人民出版社1979年版，第79—80页。

② （清）王国维：《人间词话》，载北京大学哲学系美学教研室编《中国美学史资料选编》下册，中华书局1981年版，第434页。

赏海景美。

上述种种由于个人主观条件不同而形成的审美感受的差异性，不仅在不同的个人之间存在着，就是同一个人面对同一对象，也会因为主观条件的变化和差异，而形成审美感受的变化和差异。随着一个人生活经验、思想感情、审美能力、文化艺术修养、个人心境等方面的改变，他在不同时期欣赏同一美的对象，感受也会有所不同。郭沫若说："作品的内涵本有深浅的不同，读者的感受性也有丰啬的差别。在富于感受性的人，主观的感受原可以为客观的权衡，而在啬于感受性的人，主客便不能完全相掩。感受性的定量属于个人，在一定限量内，个人所能发展的可能性，依教养的程度而丰啬。同是一部《离骚》，在童稚时我们不曾感到得甚么，然到目前我们能称道屈原是我国文学史上第一个有天才的作者。"[①] 这说明随着一个人审美能力和文化艺术修养的变化，他对于艺术作品的感受和认识也不同。此外，一个人生活经验、心情和兴趣的变化也会影响个人审美感受的变化，如海涅在儿时很喜欢《堂吉诃德》，但当他成为青年以后，因为生活经验和思想的变化，所关心和梦想的已不再是侠义行为，而是光荣和爱情，所以再读《堂吉诃德》便觉扫兴乏味了。

美的欣赏中的个人差异性，不仅表现在欣赏者审美感受的个性差异上，还表现在欣赏者审美趣味的个性差异上。审美趣味是人们在审美活动中以个人爱好的方式表现出来的一种审美的倾向性。由于美具有具体形象的形式和丰富多彩的形态，而审美主体的生活经验、文化教养、性格气质、兴趣爱好各不相同，因而在审美中往往表现出个人的偏爱，这就形成了审美趣味的多样性和个性差异。刘勰《文心雕龙·知音》中说："慷慨者逆声而击节，酝籍者见密而高蹈；浮慧者观绮而跃心，爱奇者闻诡而惊听。"[②] 就是说性格爱好不同的欣赏者在艺术欣赏中有不同的审美趣味。审美趣味总是以个人爱好的形式自然地反映出一定社会的审美理想和审美观点，是不能强制的。"知多偏好，人莫圆该"[③]，人们在审美活动中表现出个人偏爱是合乎规律的，正当的个人爱好是可以保持的。有的人喜欢欣赏

---

① 郭沫若：《沫若文集》第10卷，人民文学出版社1959年版，第79页
② （南朝）刘勰著、周振甫注：《文心雕龙注释》，人民文学出版社1981年版，第518页。
③ （南朝）刘勰著、周振甫注：《文心雕龙注释》，人民文学出版社1981年版，第518页。

美的欣赏

绘画，有的人更喜欢欣赏音乐；有的人喜欢听进行曲，有的人更喜欢听抒情曲；有的人喜欢鲁迅，有的人更喜欢郭沫若……这种审美爱好上的个人差异，正是反映出人们审美需要、审美趣味的多样性和丰富性，它是审美欣赏中的一种正常现象。

美的欣赏中不仅存在着个人差异，而且通过个人差异也反映出时代的阶级差异。从表面现象上看，个人在欣赏对象时，似乎只是为了娱乐和观赏，并没有意识到任何功利的目的，也没有自觉地考虑到阶级的利害。有些西方美学家抓住这种表面现象加以夸大和歪曲，便认为审美欣赏是超功利的、无利害关系的。如康德就明确说："对于美的欣赏的愉快是唯一无利害关系的和自由愉快。"① 康德认为美的欣赏和美的判断仅仅是对对象的形式起观照活动而引起的，不涉及任何利害关系和功利内容。"一个关系美的判断，只要夹杂着极少的利害感在里面，就会有偏爱而不是纯粹的欣赏判断了。"② 从这种审美非功利观点出发，自然会否认美的欣赏的历史性、阶级性，认为审美是超历史、超阶级的。我们认为，一个人能对某个对象感到美，能产生美感愉悦，决不仅仅是个人主观偶然的产物，归根到底还是要受他所处的时代、阶级、民族的社会生活条件的客观制约，因而也就不能不具有一定时代、一定阶级、一定民族的客观的功利内容。普列汉诺夫曾经通过对某些原始部落民族审美意识和艺术的分析，科学地阐明了人们对美的欣赏是受到客观社会生活条件制约的真理。他说："为什么一定社会的人正好有着这些而非其他的趣味，为什么他正好喜欢这些而非其他的对象，这就决定于周围的条件。"③ "这些条件说明了一定的社会的人（即一定的社会、一定的民族、一定的阶级）正是有着这些而非其他的审美的趣味和概念。"④ 车尔尼雪夫斯基曾经指出普通农民和上流社会的人对于人体美的两种截然不同的审美观点和感受，他说："辛勤劳动、却不致令人精疲力竭那样一种富足生活的结果，使青年农民或农家少女都有非

---

① ［德］康德：《判断力批判》上卷，宗白华译，商务印书馆1964年版，第46页。
② ［德］康德：《判断力批判》上卷，宗白华译，商务印书馆1964年版，第41页。
③ ［俄］普列汉诺夫：《没有地址的信·艺术与社会生活》，曹葆华等译，人民文学出版社1962年版，第30页。
④ ［俄］普列汉诺夫：《没有地址的信·艺术与社会生活》，曹葆华等译，人民文学出版社1962年版，第17—18页。

常鲜嫩红润的面色——按照普通人民的理解，就是美的第一个条件。丰衣足食而又辛勤劳动，因此农家少女体格强壮，长得很结实，——这也是乡下美人的必要条件。'弱不禁风'的上流社会美人在乡下人看来是断然'不漂亮'，甚至给他不愉快的印象，因为他一向认为'消瘦'不是疾病就是'苦命'的结果。"①但是上流社会的审美观点和感受就完全不同了："有教养的上流社会的人们，他们不知有物质的缺乏，也不知有肉体的疲劳，却反而因为无所事事和没有物质的忧虑而常常百无聊赖，寻求'强烈的感觉、激动、热情'，这些东西能赋予他们那本来很单调的、没有色彩的上流社会生活以色彩、多样性和魅力。但是强烈的感觉和炽烈的热情很快就会使人憔悴：他怎能不为美人的慵倦和苍白所迷惑呢！"②因此，和普通农民的审美观点和感受相对"病态、柔弱、萎顿、慵倦，在他们心目中也有美的价值，只要那是奢侈的无所事事的生活的结果"③。车尔尼雪夫斯基这段精辟分析清楚地表明，普通农民和上流社会的人之所以对人体美有不同的观点和感受，农民之所以不欣赏贵族小姐的病态美，实际上是由他所处的不同社会阶级的生活条件所决定的。所以，个人对于美的欣赏虽然没有想到阶级的功利目的，但是实际上却已不自觉地包含了一定阶级的客观功利内容。在审美的个性差异中总是这样那样地反映出时代的阶级的差异。

美的欣赏的阶级差异，在阶级社会中是一种普遍存在的现象。不同阶级的人处于不同的阶级地位，具有不同的立场和世界观，这就决定了他们具有不同的审美观点和审美标准。从艺术发展史上看，不同阶级在审美观点、审美标准上的差别或对立是非常明显的。人的审美观点、审美标准直接渗透在审美感受之中，制约着人对美的欣赏。由于审美观点、审美标准是带有阶级性的，因而受其制约的美的欣赏活动也必然是带有阶级性的。我们经常可以看到，不同阶级的人由于审美观点、审美标准不同，面对同一个审美对象，往往会产生不同的审美感受，做出不同的审美评价，这在社会美或艺术美的欣赏中表现得尤其明显。对于雷锋同志"毫不利己，专

---

① ［俄］车尔尼雪夫斯基：《生活与美学》，周扬译，人民文学出版社1957年版，第7页。
② ［俄］车尔尼雪夫斯基：《生活与美学》，周扬译，人民文学出版社1957年版，第8页。
③ ［俄］车尔尼雪夫斯基：《生活与美学》，周扬译，人民文学出版社1957年版，第8页。

门利人"的崇高思想和行为，革命的人们无不受到感动，认为它是非常高尚、非常美的。但站在极端个人主义立场上的人则会有些相反的感受，也会做出与此相反的评价。席勒的剧本《强盗》首次上演，便以其反抗专制暴君的鲜明的政治倾向，激励了当时对黑暗现实不满的青年观众，立即轰动一时。但是，魏玛的公爵看过之后却说："假如我是上帝，在将要创造世界的瞬间，预知席勒将在世界里写《强盗》，我必定不会创造这个世界了。"① 这些都说明在阶级社会中，美的欣赏的阶级差异是一个客观存在的现象，在欣赏活动中，欣赏者的阶级立场和世界观起着十分重要的作用。我们常常看到，在艺术欣赏中，由于欣赏者从不同的阶级立场和观点出发，对于同一部作品会产生完全不同的理解和评价。鲁迅说，读者在看《红楼梦》时，"单是命意，就因读者的眼光而有种种：经学家看见《易》，道学家看到淫，才子看到缠绵，革命家看见排满，流言家看见宫闱秘事……"② 凡此种种，均说明人们从不同立场和思想感情出发，对艺术作品的欣赏、理解和评价会出现多么大的差异。

　　人们在美的欣赏中尽管因为主观条件不同，在审美感受上可以表现出种种差异，但是，这种审美感受的差异不能改变客观的存在。对于最美的音乐，善辨音律的人当然能感到它的美；而不辨音律的人则因主观条件限制不能感到它的美，但这最美的音乐并不因有的人感觉不到它的美而失去其美的特性。对于美丽的景色，心情愉快的人可以感到它的美；心情忧惧的人可能感觉不到它的美，但这美丽的景色并不因有的人对它无动于衷就失去其美丽的特性。总而言之，美的欣赏可以因个人主观条件而有差异，但事物美却不以欣赏者主观美感的差异为转移。人们的美感尽管可以因主观条件不同而有种种差异，但正当的美感毕竟不是来自欣赏者的主观意识和情感，而是来源于对客观存在的美的反映，因而它也必然要受到客观存在的美的制约。如艺术欣赏中欣赏者的感知、理解、想象、情感便是以作品的艺术形象作为客观依据的，不能脱离作品而任凭主观胡思乱想。否则，就不能算是正当的艺术欣赏。欣赏中的主观判断与感情态度必须与客观的认识和反映相符合、相一致的，才能是一种正确的审美判断。如果欣

---

① 参见《歌德对话录》，朱光潜译，商务印书馆1937年版，第112页。
② 《鲁迅全集》第8卷，人民文学出版社1981年版，第145页。

赏者的主观判断和感情态度不能符合客观的反映和认识，就会对客观现象做出歪曲的反映，就是一种不正确的审美判断。所以，欣赏者主观方面的阶级立场和思想感情对于审美反映的作用是不可忽视的。一般说来，在社会美和艺术美的欣赏中，如果欣赏者不具备进步的立场和思想感情，就不能正确地理解审美对象、做出正确的判断和评价，甚至有可能美丑不辨，对审美对象做出歪曲的反映。只有欣赏者具备了进步的立场观点，才能真正分辨社会生活和艺术作品中的美与丑，进行正确的美的欣赏活动。

第二节　美的欣赏的共同性

在阶级社会中，不同阶级的人对于同一审美对象，往往会产生不相同的审美感受和审美评价，这是一种审美现象。另外，不同阶级的人，在一定条件下，对同一个审美对象又可能产生大致相同的审美感受和审美评价，这是又一种审美现象。过去有的同志只承认不同阶级的人有不同的美感，却不愿承认不同阶级的人也可能产生某些共同的美感，结果面对许多复杂的审美现象无法给予科学的解释。事实上，只要观察一下人们的审美实践就可以发现，这种不同阶级在一定条件下具有共同美感的审美现象是大量存在的。例如妩媚多姿的杭州西湖，清奇秀丽的桂林山水，飞流直下的庐山瀑布，变化奇特的黄山云海等自然美景，长期以来受到中外各国不同阶级的人的欣赏。凡是到过这些游览胜地的人，不论属于哪个阶级，无不对之啧啧赞叹。再如，我国的万里长城，埃及的金字塔，作为人类劳动所创造的奇迹、人类智慧的结晶，数千年来一直为不同时代不同阶级的人所欣赏和称颂；我国历史上的民族英雄岳飞、文天祥、史可法、郑成功，他们的爱国精神和民族气节，作为民族的宝贵传统，历来受到我国不同阶级中具有爱国思想的友人们的景仰和赞美。在艺术欣赏中，不同阶级产生共同美感的现象也是很多的。如希腊神话，几千年来，一直为不同时代不同阶级的人所普遍喜爱，他们都能感受到它所具有的美的魅力。马克思就称赞过希腊神话和史诗至今"仍然能够给我们以艺术享受，而且就某方面说还是一种规范和高不可及的范本"[①]。米洛斯的维纳斯雕像，不仅是当时

[①]《马克思恩格斯选集》第2卷，人民出版社1972年版，第114页。

人们喜爱的艺术珍品,而且从1820年被发现以来,也一直受到不同时代不同阶级的人的喜爱,资产阶级艺术家欣赏它,无产阶级艺术家也欣赏它。贝多芬的乐曲,既为列宁所喜爱,又为罗曼·罗兰所喜爱,现在它仍在拨动着世界各国音乐家和广大音乐爱好者的心弦。齐白石以动物、花卉为题材的水墨画,汉代铜雕《踏燕奔马》,京剧《三岔口》《秋江》,民族舞蹈《春江花月夜》,这些受到我国人民喜爱的艺术作品,也受到世界各国不同政治观点的人们的赞赏。这一切充分说明,不同阶级的人对同一对象产生某些共同的审美感受的现象是普遍存在的。在美的欣赏中,既存在着阶级的差异,又存在某些共同性。正如毛泽东同志所指出:"各个阶级有各个阶级的美。各个阶级也有共同的美。"①

在美的欣赏中,为什么不同阶级的人会对同一审美对象产生某些共同美感呢?形成这种现象的原因是多方面的。

首先,从审美对象来看,有些审美对象本身没有阶级性或者阶级性表现得比较淡薄、隐晦,它们自然对各个阶级的人都具有共同的审美价值。例如自然是不依存于人的社会关系和人的思想感情而客观存在的美,它本身是不受阶级关系影响的,也是不表现人的思想感情的,因而也就没有阶级性。但有的论者认为自然美是人的主观思想感情、意识情趣注入自然对象中才形成的,因而也就带有阶级性。这就否认了自然美是一种不以人的主观意识为转移的客观存在。当然,人们对自然美的欣赏,可能带有各种各样的主观色彩,可能因自然美引起各种不同的联想、想象和情感活动,但这是人的审美意识,而不是自然美本身,它不能改变自然美感的客观性质。既然自然美本身是客观的,又是不带有阶级性的,那么不同阶级的人面对着同一的自然美,当然都会有所触动。蔚蓝的大海,辽阔的星空,绚丽的春花,皎洁的秋月……这些大自然的美景,各个阶级的人都是欣赏和喜爱的。"单是有教养者所喜爱而普通人却认为不好的风景,是没有的。"②当然,不同阶级的人欣赏和喜爱它们的具体内容可能也有所不同,但是一般说来,却都会认为它最是美的,也都会产生美感。

有的艺术作品虽然也表现着一定的思想感情,但因为没有直接表现作

---

① 何其芳:《毛泽东之歌》,《人民文学》1977年第9期。
② [俄]车尔尼雪夫斯基:《美学论文选》,缪灵珠译,人民文学出版社1959年版,第55页。

者的政治观点、道德观点和对社会人生的感慨，而只是着重描绘了自然景物的典型形象，抒发了作者对自然景物的热爱之情，所以阶级性显得非常淡薄和隐晦，不易引起人们的阶级利害观念。如民歌《敕勒歌》："敕勒川，阴山下。天似穹庐，笼盖四野。天苍苍，野茫茫，风吹草低见牛羊。"诗中描绘了西北大草原的特殊景色，赞美了草原的辽阔和牛羊的繁盛，不同时代、不同阶级的读者欣赏这首诗都可能产生美的感受。再如苏轼的《饮湖上初晴后雨》："水光潋滟晴方好，山色空濛雨亦奇。欲把本湖比西子，淡妆浓抹总相宜。"这首绝句描绘了西湖晴天的湖光和雨天的山色，极力赞美西湖风光的妩媚可爱，成为歌颂西湖的一首很有名的绝句，历来被不同时代、不同阶级的人们吟咏。19世纪法国杰出的画家柯罗在他的风景画中描绘了法国、意大利、瑞士等地各具特色的自然风光，他用抒情诗的韵调来赞美自然，并用音乐般的节奏来描绘风景，受到普遍赞赏。除此以外，还有些作品以生动的形象高度概括了某种生活经验，揭示了一种生活真理，而真理是客观的、永存的。因此，这类作品也就能够为不同时代、不同阶级的人所欣赏。如王之焕的《登鹳雀楼》："白日依山尽，黄河入海流。欲穷千里目，更上一层楼。"这首诗不仅描绘了眼前壮丽的大自然景色，而且抒发了观赏景物的主观感受，进一步把读者带上更开阔、更高远的境界。诗中所抒的感受，形象地概括出一种人生哲理，对不同阶级的人都具有普遍意义，所以长期以来能为不同阶级的读者所欣赏。

形式美是美的形态之一。就其本身来说，形式美也是没有阶级性的，它往往成为不同阶级的人共同欣赏的对象。马克思在论及金银的美学属性和引起的美感时，所谈的金银的美指的就是现象或形式美。这种形式美是最基本、最单纯的，而由此形成的美感也是最有一般性和普遍性的。再如陶器、青铜器以及许多工艺美术品，也往往以形式美取胜。就这方面说，各个阶级的人往往都能欣赏它，对之产生美感。任何艺术作品都是内容与形式的统一，一般说来，形式总是为内容所决定，并为表现内容服务的。脱离内容的形容是不可能存在的。但是，形式对内容又具有相对独立性。艺术形式的美固然要取决于它是否符合内容，同时还要取决于它是否符合艺术形式本身的"美的规律"。各种艺术都有自己表现手段，如文学中的语言，绘画中的色彩和线条，音乐中的声响和旋律，舞蹈中的形体动作，等等。它们作为作品的艺术形式的构成因素，一方面必须力求适合于内容的表现，才能获得与内容相统一的整个艺术形式的完美。另一方面，它们本身又具有不依赖于作品内容的形式美的规律，如平衡、对称、比例、和谐、变化整齐、多样统一等。按照这些形式美的规律所形成的语言美、色彩美、声音美、形体美等，也能作为构成作品艺术形式美的重要因素，给人以美感。鲁迅在论述中国语言文字时说，它是按照"形美""音美""意美"的规律来创造的。高尔基说："我所理解的'美'，是各种材料——也就是声调、色彩和语言的一种结合体，它赋予艺人的创作——制造品——以一种能影响情感和理智的形式，而这种形式就是一种力量，能唤起人对自己的创造才能感到惊奇、自豪和快乐。"[①] 这些论述都谈到了形式美问题，说明形式美确有本身的规律，并且凝聚着人们的创造才能，因此，能给任何具有审美能力的人以美感，不同阶级的人便都能对之感到喜爱快乐。如我国古典诗歌在语言上讲究句式、平仄、押韵、对仗，从而形成了诗歌语言的声律、音韵、节奏之美和变化整齐均衡之美。诸如"细雨鱼儿出，微风燕子斜"，"大漠孤烟直，长河落日圆"，"无边落木萧萧下，不尽长江滚滚来"，"日出江花红胜火，春来江水绿如蓝"等诗句，我们除了从它的内容上得到审美享受外，从它的语言上节奏鲜明、抑扬顿挫的音律以及字句整齐而又变化错落的形式美，不也能获得一种美感吗？许多古典诗歌长期以来脍炙人口，能为不同时代、不同阶级的人所反复诵读，这不能不是一个重要原因。艺术形式、艺术技巧的继承和革新，是艺术发展的必要条件之一。那些在艺术上取得了独特成就的作品，对于后者来说，必然会成为艺术创作可贵的借鉴，成为审美享受的永不枯竭的源泉。所以，任何阶级的艺术作品，只要遵循着共同的美的规律，取得了很高的或较高的艺术成就，那么其他阶级的人们对它的艺术成就，就存在着产生共同的审美感受的可能性。例如李煜的某些词，描写的是帝王生活，抒发的是个人哀怨，从思想感情上是难以引起我们共鸣的。但是，他的词艺术性相当高，有它自己独有的特点、风格。例如"问君能有几多愁，恰似一江春水向东流"的名句，用新鲜而生动的比喻曲折地说出了自己无限的哀痛，词句清丽，感情浓深，具有很强的艺术感染力，向来为人所称道，今天我们也仍然赞赏它的艺术成就。这就是由于审美对象方面的特殊原因形成美的欣赏的共

---

① [苏] 高尔基：《论文学》，孟昌等译，人民文学出版社1978年版，第321页。

同性。

从审美主体方面来看,形成美的欣赏的共同性的原因也是多方面的。一般来说,不同时代、不同阶级的人之所以能对同一审美对象产生大致相同的审美感受和审美评价,总是以具有某些基本一致的审美观点、审美理想、审美趣味作为基础的。那么,不同阶级的人何以在一定条件下具有基本一致的审美观点、审美理想和审美趣味呢?这可以从以下几方面去理解。

首先,在阶级社会中,人们都是属于一定的民族的,不同阶级的人受到共同的民族生活条件和民族文化传统的影响,可能具有某些民族共同性。斯大林说:"民族是人们在历史上形成的一个有共同语言、共同地域、共同经济生活以及表现于共同文化上的共同心理素质的稳定的共同体。"① 同一民族的成员受到这些客观条件的影响,在审美思想、审美观点、审美趣味和欣赏习惯等方面,也就可能而且必然具有某些共同因素。这些因素对其他民族来说,就构成相对一致的特色。正如伏尔泰所说:"每个民族的风俗习惯仍然在每个国家也造成了一种特殊的审美趣味。"② 比如对于人体美,同一民族由于生活乃至肤色关系形成了某些一致的与其他民族不同的审美观点和审美习惯。普列汉诺夫说:"原始部落通常十分引以自豪的,就是自己种族的身体的一切特点。白色皮肤在黑色皮肤民族看来是非常难看的。因此,他们在日常生活中总是尽力设法,如我们已经看到的,加深和加强自己皮肤的黑色。"③ 此外,在服饰方面,各个民族由于长期生活实践和历史文化传统影响,也有大致一致的审美爱好和欣赏习惯。

其次,在阶级社会中,不同阶级的人在一定条件下,可能具有某些共同一致的利益、要求和思想感情,因而他们在某些方面也可以表现出大致相同的审美观点和审美要求。这里也有各种情况。一种情况是,在历史上处于相似地位的阶级,在其利益、要求和思想意识中就有某些共同因素。比如不同的被剥削阶级都有反抗残暴统治、向往平等自由的要求。因此,任何一个时代反抗黑暗统治的斗争生活,和反映这种生活的艺术作品,对

---

① 《斯大林全集》第2卷,人民出版社1953年版,第294页。
② 北京大学哲学系美学教研室编:《西方美学家论美学和美感》,商务印书馆1980年版,第127页。
③ [俄]普列汉诺夫:《没有地址的信·艺术与社会生活》,曹葆华等译,人民文学出版社1962年版,第128—129页。

于不同时代的被剥削阶级来说便也都是美的。另一种情况是，处于上升时期的剥削阶级和被剥削阶级之间，在利益、要求上也可能有某些一致性，反映在审美上便也会出现某种一致性。例如在资产阶级进行反对封建统治的革命时期，它和被剥削的劳动群众就有着某种共同利益。马克思和恩格斯在《德意志意识形态》中说："进行革命的阶级，仅就它对抗另一个阶级这一点来说，从一开始就不是作为一个阶级，而是作为全社会的代表出现的；它俨然以社会群众的姿态反对唯一的统治阶级。它之所以能这样做，是因为它的利益在开始时的确同其余一切非统治阶级的共同利益还有更多的联系，在当时存在的那些关系的压力下还来不及发展为特殊阶级的特殊利益。"① 所以，资产阶级文艺复兴时期和启蒙运动时期产生的许多反抗封建势力和宗教统治、歌颂人文主义思想的艺术作品，不但在历史上具有进步作用，而且至今也能为人民群众所欣赏。还有一种情况是，在特定的条件下，同一民族中的对立阶级之间可能出现某种联合，如在民族矛盾尖锐化时期，一个民族中被剥削阶级和剥削阶级之间，在抗击外敌、保卫领土这一点上可以出现利益一致并形成联合。同样，他们在审美上便可能出现某些一致性，如反抗侵略、保卫祖国的英勇业绩，以及反映这种生活和思想的艺术作品，便可以被不同阶级中的爱国人士所喜爱。在法国人民反抗普鲁士侵略时期出现的都德的小说《最后一课》，在我国人民抗日战争时期出现的歌曲《大刀进行曲》等，就曾使当时不同阶级的人都感到激动。

最后，在阶级社会中，社会意识形态固然都具有阶级性，但是从历史发展来看，它又具有历史的继承性。任何一种新的意识形态的形成都不是从天而降的，它必然要批判地吸收以前积累的资料和成果。恩格斯曾经指出："每一个时代的哲学作为分工的一个特定的领域，都具有由它的先驱者传给它而便由以出发的特定的思想资料作为前提。"② 这里说的是哲学的继承关系，但同样也可以说明审美意识发展中互相继承的关系。在历史上起过进步作用的审美意识和集中表现着这种审美意识的优秀艺术作品，必然会被历代属于不同阶级的人民批判地继承，作为建立新的审美意识和发

---

① 《马克思恩格斯选集》第1卷，人民出版社1972年版，第53—54页。
② 《马克思恩格斯选集》第4卷，人民出版社1972年版，第485页。

展的文学艺术的条件和借鉴。所以，那些在历史上真实反映一定时代的生活，表现出进步思想并具有较高艺术成就的作品，总是受到不同时代、不同阶级的人民的喜爱和欣赏，具有普遍的认识意义、教育意义和审美意义。马克思很喜欢希腊神话中的普罗米修斯，恩格斯对巴尔扎克的《人间喜剧》给予了很高的评价，列宁认为托尔斯泰的作品中有着"没有成为过去而是属于未来的东西"，毛泽东同志充分肯定了《红楼梦》的认识价值和艺术成就。为什么这些并非无产阶级的艺术作品，却能被无产阶级革命导师所喜爱和欣赏呢？这难道不是和审美意识的历史继承性有密切关系吗？列宁说得好："马克思主义这一革命无产阶级的思想体系赢得了世界历史性意义，是因为它并没有抛资产阶级时代最宝贵的成就，相反地却吸收和改造了两千多年来人类思想和文化发展中一切有价值的东西。"[①] 这一原则，同样可以用来说明共同美这一审美现象。

由此可见，在美的欣赏中，不同阶级的人对同一审美对象都产生美感是有一定条件的，是由于许多具体的、历史的、社会的原因，而不是由于抽象的共同的"人性"。不同阶级的人对同一审美对象，虽然都可能产生美感，但美感的具体内容也不是完全相同的，而是仍然存在着阶级差别和个性差异。例如同是欣赏秋天的景色，不同阶级的人由于相思感情的不同，所产生的具体感受就可能很不一致。封建士大夫文人往往带着悲凉的感情来欣赏秋景，他们在作品中吟咏的秋景是一派萧条、冷落的景象。《南田画跋》说："写秋者必得可悲可思之意，而后能为之。"所谓"悲秋"，几乎成了我国古典文学的传统主题。如元代马致远的《秋思》："枯藤老树昏鸦，小桥流水人家。古道西风瘦马。夕阳西下，断肠人在天涯。"在这支小令中，秋天呈现出一片凋残、冷落的景色，交织着作者孤寂、凄苦的感情，形成了一种悲凉的审美意境。可是，在毛泽东同志的诗词中所描绘的对秋景的感受，就和封建时代的文人大不一样。"看万山红遍，层林尽染；漫江碧透，百舸争流。鹰击长空，鱼翔浅底，万类霜天竞自由。"这是用革命的思想和感情来观赏秋色，所产生的一种特殊的美感。在诗人笔下，天地辽阔、色彩绚丽、生机蓬勃、气象万千，这种壮美的秋天景色与诗人热爱祖国、改造世界的革命情怀融合在一起，构成了令人振奋昂扬的

[①] 《列宁选集》第4卷，人民出版社1972年版，第362页。

美的欣赏

审美意境。对于自然景物的感受，内容尚且如此不同；那对于社会美和艺术美的欣赏，其内容的差异就更为巨大了。所以，在美的欣赏中，虽然不同阶级的人对同一对象都能产生美感，但仍然是有差异的。美的欣赏的共同性和阶级性是互相渗透、辩证统一的，它们之间可以说是同中有异，异中有同。但无论同或异，都可以从社会的、历史的、阶级的具体条件来分析它们的根源。

第四章 艺术欣赏的特点和规律

第一节 艺术欣赏是审美的精神活动

艺术欣赏是以艺术作品作为审美对象的一种审美的精神活动。欣赏者从接触艺术作品的外在形式（语言、音响、旋律、色彩、线条、人体动作等）把握作品的艺术形象，具体地认识形象所反映的社会生活，并体会到其中所蕴含的作者的思想感情，从而获得理智的满足和感情的愉悦，因此，艺术欣赏是一种极其复杂的、多方面综合活动的心理过程。

艺术欣赏始终是在形象思维活动中进行的，这是它不同于科学的认识活动的根本特点。在欣赏过程中，随着作品里艺术形象的开展，欣赏者的形象思维也逐步经历着从感性认识向理性认识的深化。艺术作品是以具体、生动、鲜明的艺术形象反映现实生活的。因此，对于任何种类的艺术作品的欣赏，都是从形象的感知开始的。如我们打开小说《青春之歌》读下去，一开始就好像看到一个十七八岁的少女，穿着白洋布短旗袍、白线袜、白运动鞋，手里捏着一条青白的手绢——浑身上下全是白，一个人孤独地坐在车厢一角的硬木位子上。她的脸略显苍白，两只大眼睛又黑又亮，一动也不动地凝望着车厢外边。她那异常的神态、异常的俊美，以及守着一大堆乐器的异常行为，都引起了车上旅客们的注意。这个形象一下子就抓住了我们。这个少女要到哪里去？她究竟在想着什么？我们顺着小说中的描写看下去，就会逐渐在脑海里呈现出朴素、孤单、纯真而又美丽的林道静的形象。对艺术形象的感知是艺术欣赏活动的起点和基础，没有这一点，欣赏活动就无法进行。但是，形象的感知还是对艺术作品的感性认识，艺术欣赏也不能只是停留在这个阶段。在欣赏中随着形象的展开和发展，我们会逐渐理解各种生活场面、各个人物和各种事件之间的关系，

美的欣赏

由它所反映的社会生活的面貌进一步认识到它所体现的本质意义。如阅读《青春之歌》，从具体感受到林道静的外貌、语言、动作以及内心活动开始，渐渐便会了解她的整个思想性格，了解她和其他人物之间的关系：她和余永泽是怎样的关系？和卢嘉川、江华是怎样的关系？……通过林道静和这些人物的关系以及她的思想性格的变化发展，作品展现了当时的社会活动，揭示了生活的某种本质和发展规律。所以我们通过对形象的深入理解，就能够领会整个作品所显示的社会意义，受到思想上的启发。理性认识对于艺术欣赏具有重要意义。因为单有形象的感知，还不可能深入理解形象所包含的深刻意义，也不可能对形象有深刻的感受。所谓"用思有限者，不能得其神也"[①]，就是说欣赏者不经过理性思考活动，就不能真正领会作品的内容，这样对艺术形象及其所反映的现实的认识活动就没有完成。同时，由于对艺术作品的内容缺乏全面、深刻的感受和认识，也就不可能真正鉴别艺术作品的美丑，做出正确的审美断判。从这个意义上说，艺术欣赏只有进入理性认识才算达到了高级阶段。欣赏者对艺术形象的认识越是深入，理性认识也越起着主要作用。但是，艺术欣赏毕竟是在形象思维中进行的，它的理性认识也始终不能脱离形象的感性印象。一般的认识活动，在通过抽象思维进入理性认识之后，便把对个别事物的具体感性印象抛弃了。而艺术欣赏的认识活动，则始终保持着对艺术形象的具体感受和想象。对形象体现的本质意义的理解总是和对形象的感知、表象、想象、体验相结合的。

艺术欣赏中的形象思维活动和艺术创作中的形象思维活动有同也有异。从理性活动始终不脱离感性形象这一基本特点来看，两者是相同的。但是从具体过程和结果上看，两者又有差别。艺术创作是由认识现实生活的现象面貌和本质意义，以创造艺术形象；而艺术欣赏则是由把握艺术形象，以认识它所反映的现实生活及其本质规律。前者的形象思维是从生活到艺术，目的是把现实生活转化为艺术形象，以塑造典型形象作为思维活动的最后成果；后者的形象思维则是从艺术到生活，目的是从艺术形象中认识它所反映的现实生活，掌握生活的真谛，获得思想教育和审美享受，

[①] （晋）葛洪：《抱朴子·尚博》，载北京大学哲学系美学教研室编《中国美学史资料选编》上册，中华书局1980年版，第169页。

以反作用于人们的生活实践。

在艺术欣赏活动中，欣赏者对于艺术形象及其所反映的生活的认识，总是伴随着一定的情感反应，这也是它和科学认识活动的一个显著区别。因为艺术作品具有鲜明、生动的艺术形象，又浸透着作者真挚、强烈的爱憎感情，欣赏者在感受和理解形象的同时，必然会被形象所感染、所感动，以致产生同情或反感、喜爱或憎恶等感情的反应。托尔斯泰说："如果艺术不能感动人，那么我们不能说：这是由于观众和听众不理解的缘故；而从这里只可能并且应该做出这样的结论：这是一种坏的艺术，或者这根本不是艺术。"① 就是说，艺术如果不能打动人的感情，就不是好艺术。我们也可以说，艺术欣赏者如果没有被作品所打动而产生感情反应，就不是真正的艺术欣赏。鲁迅说："诗歌不能凭仗了哲学和智力来认识，所以情感已经冰结的思想家，即对于诗人往往有谬误的判断和隔膜的揶揄。"② 如果欣赏者不能接受作品的感情的感染，不能对形象及其所反映的生活采取感情的态度，仅仅靠理智来认识一个作品，那就既不能对作品有很好的欣赏，也不会对作品有正确的判断。欣赏者对作品所揭示的生活本质的认识，是和对艺术形象的情感反应不可分的。

在艺术欣赏中，欣赏者之所以能够被艺术形象所吸引、所感染，并为之陶醉倾倒、赞赏击节，是因为艺术形象是美的。对于艺术的欣赏，从根本上来说，就是对于艺术美的欣赏。所以，艺术欣赏既是能够把握艺术形象以认识它所反映的社会生活、领会它所体现的思想感情，又是通过观照艺术形象的美以获得情感愉悦和审美享受。这二者是互相结合、融为一体的。

人们对于美的欣赏并不限于艺术美，但是艺术美却是最能充分地满足人们的审美需要。艺术美固然来源于现实美，但它却比现实美更高，因而给予人们的美感也更为强烈。毛泽东同志指出：社会生活和文艺作品，"虽然两者都是美，但是文艺作品中反映出来的生活却可以而且应该比普通的实际生活更高，更强烈，更有集中性，更典型，更理想，因此就更带

---

① ［俄］列夫·托尔斯泰：《艺术论》，丰陈宝译，人民文学出版社1958年版，第102页。
② 《鲁迅全集》第7卷，人民文学出版社1981年版，第236页。

普遍性",所以"人民还是不满足于前者而要求后者"。① 艺术美较之现实美更容易引起人们普遍的注意,人们对于艺术美的欣赏较之对于现实美的欣赏,所获得的美感也更纯粹、更强烈、更深刻。

艺术欣赏是一种审美的精神活动,它可以使人得到巨大的审美享受,得到感情的愉悦和精神上的满足,所以,从对欣赏者的作用来说,艺术欣赏具有愉悦感性或娱乐性,它能满足欣赏者的审美需要。人们之所以乐于进行艺术欣赏,首先就是因为它是一种审美活动,能够使人得到娱乐和美的享受。当然,我们不能把艺术欣赏的娱乐性和教育性、艺术的美感作用和教育作用互相对立起来,艺术本来是真善美的统一。在艺术欣赏中,欣赏者通过认识作品的艺术形象及其所反映的社会生活,领会作者的思想感情,自然要受到思想上的教育。有的美学家认为审美就是欣赏的唯一目的,除此之外再也没有其他功利目的。如朱光潜从前说过:"文艺在创作和欣赏中都是一种独立自足的境界,……除掉创造出一种合理慰情的意象世界叫作'作品'的东西以外,它没有其他目的。"② 这就是否认艺术欣赏有教育作用,是不符合实际的。

第二节　艺术欣赏中的再创造

艺术欣赏作为一种审美的认识活动,是以艺术作品作为认识对象的。欣赏者的认识不仅是由艺术作品所引起的,而且始终要受到作品中艺术形象的客观制约。但是,欣赏者对作品的欣赏,并不是对欣赏对象的刻板的摹写和简单的接受。像一般认识活动一样,欣赏者对于作品的欣赏,也是具有主观能动性的。所以,欣赏是由欣赏者在作品提供的艺术形象的基本上进行的一种"再创造"。

高尔基说:"作家的作品要能够相当强烈地打动读者的心胸,只有作家所描写的一切——情景、形象、状貌、性格等等,能历历地浮现在读者眼前,使读者也能够各式各样地去'想象'它们,而以读者自己底经验、印象及知识的积蓄去补充和增补。由作家经验和读者经验的结合和一致,

---

① 《毛泽东选集》(袖珍本),人民出版社1967年版,第818页。
② 《朱光潜美学文集》第2卷,上海文艺出版社1982年版,第266页。

能够产生艺术的真实——言语艺术的特殊说服力。而文学对于人们的影响力,也可以由这点来说明。"① 这说明文学艺术作品要强烈地感动人、影响人,固然首先需要作家创造出栩栩如生、历历在目的艺术形象,同时也需要调动读者的想象,"以读者自己的经验、印象及知识的积蓄去补充增补"形象。只有这二者相结合,才能使文艺作品发挥特有的效力。

艺术欣赏中的再创造,就其心理活动形式来说,主要就是想象。如果没有想象,欣赏者不可能对艺术形象有真切的感受和体验,也不可能有深入的理解和认识。我们知道,艺术作品虽然是现实生活的反映,却并不具有现实生活的实体性质。无论艺术形象描绘得多么具体、细致、生动,它毕竟不等于实际生活自身。欣赏者在阅读和欣赏艺术作品时,必须根据作品中所做的描绘进行相应的想象,才能进入艺术作品所反映的现实生活之中,产生如同置身于现实生活本身之中那种强烈的真实感。

在艺术欣赏中,欣赏者只有被艺术形象所吸引而唤起相应的体验活动,感受和体验到人物与作者所感受和体验过的感情,才能真正打开艺术形象的奥秘,并被艺术形象所打动。王国维说:"诗人对宇宙人生,须入乎其内,又须出乎其外。入乎其内,故能写之。出乎其外,故能观之。入乎内,故有生气。出乎其外,故有高致。"② 这虽然是谈论创作中作者与生活的关系,但对于我们理解欣赏与作品的关系也是适用的。欣赏者在理解和欣赏文艺作品时,只有"入乎其内",深入作品创造的艺术境界中去,深刻体验艺术作品所描绘的生活,才能唤起与作品中人物和作者情感相应的情感体验,得到审美享受和思想教育。这种"入乎其内"的体验活动,没有欣赏者的想象是不可能进行的。欣赏者是在想象中,以自己的生活经验、形象记忆和情绪记忆,来体验艺术作品中人物的心理活动和作者的思想感情的。

艺术描写生活无论如何丰富,也不可能包罗万象、面面俱到。每一部艺术作品的创作,都只能以具体有限的形象描绘去表现出无限广阔的生活内容。也可以说,是把无限广阔的生活内容凝练地熔铸在有限的具体形象

---

① [苏]高尔基:《给青年作者》,以群等译,中国青年出版社1957年版,第71页。
② 王国维:《人间词话》,载北京大学哲学系美学教研室编《中国美学史资料选编》下册,中华书局1981年版,第452页。

之中。而艺术欣赏就是要通过作品中直接呈现的有限形象去领会它所表现的更广阔、更深远的内容，从而获得思想教育和美感享受。看齐白石画的花草虫鱼，感受到的不仅仅是花草虫鱼的本身，而且可以感受到画中那种令人欢快的清新活泼的春天般的生活气息；听柴可夫斯基的音乐，感受到的也不只是音响，而是听到了从俄国苦难的生活中发出的悲伤。这种从有限到无限的过渡，必须依靠欣赏者的想象活动作为桥梁。在欣赏中，文艺作品为欣赏者的想象提供了必要的诱导，而欣赏者的想象却为艺术形象作了无形的扩大和延伸，欣赏者在诵读一首优秀诗作时，并不只是感觉到直接描写的有限的形象，而是可以体会到比形象本身更广阔、更深刻的生活内容。"当年鏖战急，弹洞前村壁"（毛泽东：《菩萨蛮·大柏地》）不仅可以使人想象出当年在这里进行的紧张激烈的战斗，也使人想象到战斗胜利的革命战士的喜悦和自豪心情。"苍山如海，残阳如血"（毛泽东：《忆秦娥·娄山关》）不仅使人感觉如看到那色彩鲜明的壮丽景色，而且使人想象到娄山关的血战和红军为革命而流血的壮烈行为，想象到红军跨越娄山关向前进军的雄壮气势和豪迈气概。欣赏者在观赏一幅绘画时，他所感受到的东西，也不限于眼睛直接看到的东西。当他在欣赏中用自己的经验在头脑中对形象进行再创造的时候，他可以联想到比他从作品直接接触的形象描绘更为丰富的生活内容。如吴凡的水印木刻《蒲公英》，选取了一个小女孩在野外吹蒲公英玩耍的瞬间形象着力刻画。小女孩的身体形态画得像一个鸡蛋那样单纯而浑朴，面部显出聚精会神地在吹弄蒲公英花的神态。她的眼、嘴、吹出的气、蒲公英及其飘向天空的种子连成一条线，突出了蒲公英种子向天空飞去这一细节。整个画面单纯、明净而富有诗意，取得了以少胜多的艺术效果，欣赏者面对这幅木刻，不仅可以感受到小女孩天真、淳朴、可爱的形象，而且可以使人引起对幼时自由自在生活的回忆，想象到小女孩此时此境中所产生的有趣的幻想——好像她自己就是飞翔在空中的蒲公英种子，或者蒲公英种子带着她在宇宙中遨游。虽然画面上连天上的云也没有画上一朵，但欣赏者却能感受到蒲公英的种子正在自由地、轻松地向蔚蓝的天空飞去。

艺术中许多表现手法和艺术技巧的运用，都是以欣赏者在想象中对艺术形象的丰富、补充、扩充作为条件的。如电影中蒙太奇技术，就是借助欣赏者的想象，才能产生连贯、呼应、悬念、对比、暗示、联想等画面组合的效果；文学中对人物的侧面描写也要通过读者的想象，才能由所描写的美的效果去感受人物的美，或者通过所描绘的环境去揣摩人物的性格；戏曲中的虚拟动作，绘画中寓实于虚、寓显于隐的笔法，如果脱离了欣赏者的想象，就会对欣赏者失去意义，也不可能达到所追求的艺术效果。莱辛曾经高度评价希腊雕塑《拉奥孔》在表现手法上的高妙，这件雕塑所表现的是拉奥孔父子与蛇搏斗作最后挣扎的一瞬。拉奥孔全身的每一条筋、每一块肉都出现痛感，从而可以使人感受到他们在肉体上的极大痛苦。但雕塑家在刻画他的面部表情时，并没有让他张开大口发出惨痛的哀号，而是让他微张两唇，表现出一种节制住的焦急的叹息。雕刻家没有去选择激情顶点的时刻来描绘，这是为什么呢？因为在艺术中，"最能产生效果的只能是可以让想象自由活动的那一顷刻"，而"在一种激情的整个过程里，最不能显出这种好处的莫过于它的顶点。到了顶点就到了止境，眼睛就不能朝更远的地方去看，想象就被捆着了翅膀"。① 所以，雕刻家虽然表现的是拉奥孔在叹息的顷刻，而欣赏者通过自己的想象却能感觉到他的激情的发展过程，好像听得见他的哀号，这种效果比直接表现哀号更能引人入胜和让人玩赏。如果离开了欣赏者的想象，就无法理解它的艺术魅力之所以在。

艺术欣赏中基于想象的"再创造"，一方面可能受到艺术形象的制约；另一方面又要受到欣赏者主观条件的制约。鲁迅就曾指出，在阅读文学作品时"读者所推见的人物，却并不一定和作者所设想的相同，巴尔扎克的小胡子须的清瘦老人，到了高尔基的头里，也许变了粗蛮壮大的络腮胡子"②。他还指出，文学可"因读者的体验的不同而有变化，读者倘没有类似的体验，它也就失去了效力"③。生活在1930年代的读者看《红楼梦》，对于林黛玉这个人物"恐怕会想到剪头发，穿印度绸衫，清瘦，寂寞的摩登女郎；或者别的什么模样"，它和清朝末年的读者心目中的林黛玉"一定是截然两样的"。④ 这说明不同民族、不同时代的读者因其生活体验不同，对同一艺术形象所想象的印象也有所不同。就是同一民族、同一时代

---

① [德] 莱辛：《拉奥孔》，朱光潜译，人民文学出版社1979年版，第18—19页。
② 《鲁迅全集》第5卷，人民文学出版社1981年版，第530页。
③ 《鲁迅全集》第5卷，人民文学出版社1981年版，第531页。
④ 《鲁迅全集》第5卷，人民文学出版社1981年版，第531页。

美的欣赏

的读者,其个人生活经验、文化教养乃至个性特点也是不同的,这就使读者对于作品形象的想象常常出现个性差异。所谓"一千个读者有一千个哈姆雷特",就是说不同的读者对哈姆雷特的再创造想象往往各有不同之处。欣赏的想象是以自己的生活经验和情绪记忆为基础的,所以也就使再创造的艺术形象往往着上了"我"之色彩。出现在"我"的想象中的哈姆雷特并不一定同于你的心目中的哈姆雷特,出现在"我"的再创造想象中的林黛玉也不一定同于你的心目中的林黛玉。每个欣赏者都可以根据自己的生活经验、思想感情,对艺术形象有所发现、有所充实、有所改造,这不仅有助于欣赏者深入体会、发掘艺术形象的思想内容,而且也可以从中获得更大的审美愉悦。只要欣赏者想象的个性差异不是对作品的任意曲解,那么它就是艺术欣赏中的欣赏者的主观能动性积极发挥作用的结果,这种差异对于艺术欣赏不是坏处,而是起着积极作用的。

文艺欣赏中对艺术形象的"再创造"虽然因主观条件而有所不同,但其毕竟是对艺术形象的一种认识,正如一切正确的认识都必须正确反映客观对象一样,文艺欣赏也应当正确反映作品的形象。作品的形象虽然是经作家的主观反映而创造出来的,但它既经物态化,对于欣赏者来说,就是不以其主观意识为转移的客观存在。欣赏者的想象活动是由作品的形象所唤起的,也是以作品的形象作为基础的。欣赏者想象什么、如何想象,都要受作品形象的制约。艺术形象不仅规定着欣赏者想象的范围和方向,也规定着欣赏者想象的内容和性质。所以,欣赏者的再创造固然可以有个性差异,但又必须是和作品形象相符合的。鲁迅指出,读者所推见的人物,虽然并不一定和作者设想的相同,"不过那性格,言动,一定有些类似,大致不差,……要不然,文学这东西便没有普遍性了"[①]。不同的读者可以在脑海里想象出不同的林黛玉,但是她毕竟还是林黛玉,而不是王熙凤。欣赏者在头脑中对作品形象的想象,虽然带着某种不确定性,但它终究是由作品形象所规定的,又是具有一定确定性的,而不是欣赏者任凭个人主观随意创造的。有些美学家认为艺术欣赏并不是对作品形象的认识,而是一种主观的创造。如厨川白村所说,艺术欣赏"乃是将一切收纳在自己的体验中而深味之。……在'物'中见'心'。这就是自己活在对象之中,

---

[①] 《鲁迅全集》第5卷,人民文学出版社1981年版,第530—531页。

也就是在对象中发见自己"①。这就是把艺术欣赏当成借作品中的形象以表现自己主观意识的活动，而根本否认了欣赏必须是对于作品形象的正确反映，这种观点是不能科学地解释艺术欣赏中的再创造的。

第三节　艺术欣赏中的共鸣现象

在艺术欣赏中，欣赏者可能被作品的艺术形象所感动，进而产生与作者或作品中人物的思想感情相同或相似的思想感情，爱作者之所爱，憎作者之所憎，喜人物之所喜，忧人物之所忧。欣赏者的思想感情与作者或作品中的人物所表现的思想感情互相合拍、互相交流，以至于打成一片，这种情况就是艺术欣赏中的共鸣现象。《红楼梦》第二十三回"《西厢记》妙词通戏语，《牡丹亭》艳曲警芳心"，生动地描绘了林黛玉在欣赏《牡丹亭》中曲子时的复杂心理活动，特别是写了她被《牡丹亭》中动人肺腑的词句打动后，在内心中产生了和曲子中表达的感情同内容、同情状的感情活动。如听唱到"只为你如花美眷，似水流年……"时，"不觉心动神摇"；听到"你在幽闺自怜……"等句，又"越发如醉如痴"，加上联想到类似内容的诗词和《西厢记》，于是"心痛神驰，眼中落泪"，在感情上和作品的感情达到一致，以至于完全打成一片。这可以说就是欣赏中共鸣现象的一种典型表现。

艺术欣赏中的共鸣是以对作品形象的感受和理解为基础的，但它又不只是一般的感受和理解，而是在此基础上，欣赏者产生了和作品基本一致的感情，欣赏者与作品契合无间、融为一体。在共鸣中，"感受者和艺术家那样融洽地结合在一起，以致感受者觉得那个艺术作品不是其他什么人所创造的，而是他自己创造的，而且觉得这个作品所表达的一切正是他很早就已经想表达的"②。由此可见，共鸣是艺术欣赏中一种更高的境界。正因为欣赏中共鸣现象具有欣赏者与作品感情一致、契合无间的特点，所以它所对于考察艺术作品是否具有感人的力量，是否能强烈地打动人心，以

---

① ［日］厨川白村：《苦闷的象征》，载《鲁迅译文集》第3卷，人民文学出版社1958年版，第54页。

② ［俄］列夫·托尔斯泰：《艺术论》，丰陈宝译，人民文学出版社1958年版，第149页。

及欣赏者是否能从作品中得到感染和教育,都是一个非常重要的问题。

然而,并不是一切作品和一切欣赏者之间都能形成共鸣。共鸣是需要一定的条件的。从欣赏对象来看,作品要能引起读者的共鸣,必须要塑造出生动、鲜明、真实的艺术形象,并且渗透着作家热烈、深沉、真挚的感情。这样才能使欣赏者在欣赏作品时为艺术形象所陶醉,为作者的感情所感染,这是引起共鸣的客观条件。从欣赏主体来看,要对作品产生共鸣,还必须具有和作者或作品中的人物相同或相似的思想感情和心理经验。林黛玉听了《牡丹亭》的曲子之所以能产生如此强烈的共鸣,除了曲子本身形象生动、感情真挚之外,还由于林黛玉也具有和《牡丹亭》中表达的思想感情相似的心理经验和思想感情,那就是在封建社会里,妇女追求爱情自由却不能实现的哀愁与不幸。如果没有这种与作品类似的思想感情和心理经验作为基础,就不可能与作品产生共鸣。

既然共鸣要在作品的思想感情和欣赏者的思想感情相一致、相类似的情况下才能产生,那么,同时代、同阶级的作品和欣赏者之间产生共鸣的可能性当然是最大的。事实上也的确如此。歌德的《少年维特之烦恼》一出版,便立即在当时的德国青年中引起了巨大的轰动。一些对腐败现实不满、感情上充满苦恼的青年读者对维特这个人物的遭遇和思想感情产生了强烈共鸣。"狂飙突进"运动中的作家毕尔格在1775年给歌德的一封信里写道:"昨天我晚上我读了《维特之烦恼》。在这天夜里你出现在我的梦里,我在你的怀抱里大声地恸哭起来,我的妻子听到了。"[①] 有不少青年知识分子甚至竞相仿效维特,兴起了一种"维特热"。歌德自己也说过:"这本小书的影响是大的,甚至是巨大的,这主要因为它的出现适逢其时的缘故。就像爆炸一只地雷只需一点导火索那样,这次在读者之间引起的爆炸也是这样。"[②] 所谓"适逢其时",就是说书中人物的思想感情刚好表达了那个时代不满黑暗现实的读者的思想感情,所以引起的共鸣是少有的强烈。对于今天的革命读者来说,《钢铁是怎样炼成的》《红岩》《青春之歌》等表现无产阶级革命时代精神的作品也当然最易引起共鸣,这种情况是不难理解的。

---

① 参见高中甫《德国伟大的诗人——歌德》,北京出版社1981年版,第39页。
② 参见高中甫《德国伟大的诗人——歌德》,北京出版社1981年版,第40页。

然而，艺术欣赏的共鸣不仅可以发生在同时代、同阶级的作品与欣赏者之间，也可以发生在不同时代、不同阶级的作品与欣赏者之间。例如车尔尼雪夫斯基的小说《怎么办？》，不仅在19世纪60年代俄国进步知识分子中引起共鸣，而且书中先进人物所表现的某些思想感情，也感动和教育了后来的无产阶级革命家。那么，究竟如何解释不同时代、不同阶级的作品与欣赏者之间产生共鸣的原因呢？有的美学家往往用抽象的人性来说明形成这种共鸣的原因。如厨川白村便认为："生命既然有普遍性，则广义上的生命这东西，当然能够立地构成读者和作者之间的共通感共感性。"① 这里所说的"生命的普遍性"完全是一种超社会、超历史的抽象的东西，实际上是不可能存在的。如果脱离了社会条件和历史发展，把吃、喝、生、死等"生命的普遍性"当作人性，那么，人性也就和动物性没有分别了。用这种历史唯心主义观点来解释不同时代、不同阶级的作品与欣赏者之间的共鸣现象，显然是不科学的。

我们认为，产生共鸣现象，主要由于下述原因。

首先，应该看到，过去时代的优秀艺术作品之所以能够引起不同时代、不同阶级欣赏者的共鸣，是因为它们真实地反映了特定时代的社会矛盾，表现了进步的思想内容。有的作品直接反映了劳动人民的生活、斗争、思想和愿望，歌颂了他们对于压迫者、剥削者的反抗精神，如《诗经·国风》中的某些诗篇，小说《水浒》《斯巴达克思》，戏曲《窦娥冤》等；有的作品从作者自己的特定生活遭遇和感受出发，表现了对人民的生活和命运的关心和同情，对黑暗现实的不满和谴责，从而曲折地反映出人民的思想愿望和感情，如屈原的《离骚》，杜甫的"三史""三别"，李白、白居易的许多诗歌，曹雪芹的《红楼梦》，吴敬梓的《儒林外史》等；还有一部分作品，虽然是属于剥削阶级的思想范畴，但因为这个阶级还处于它的历史的上升时期，因而和广大人民存在着某些共同利益和要求，因而这些作品也能部分地表现出当时人民的某些思想感情，如莎士比亚的戏剧、歌德的小说、贝多芬的音乐等。人类社会总是不断进步和向前发展的，这种进步和发展又是具有历史联系的。因此，过去时代那些真实反映了当时

---

① ［日］厨川白村：《苦闷的象征》，载《鲁迅译文集》第3卷，人民文学出版社1958年版，第45页。

生活，表现了进步思想内容的艺术作品，就能使不同时代、不同阶级的欣赏者在某一方面产生共鸣。尤其当这类作品中所表现的社会状况和后来的社会状况有某些类似之处时，它就更容易打动后来人的思想感情。季米特落夫在艰苦条件下进行革命斗争时，曾经受到车尔尼雪夫斯基小说中的英雄人物拉赫美托夫不畏困难和艰苦的斗争意志的影响；奥斯特洛夫斯基也曾谈到过他受到小说《牛虻》的影响，他在《钢铁是怎样炼成的》一书中还通过保尔·柯察金的口赞美过牛虻的刚毅性格和"他们那种忍受考验的无限力量"。这都是明显的例子。

其次，有些艺术作品反映了在民族矛盾尖锐时期，本民族中的不同阶级在反抗侵略方面的共同利益和要求，表现了强烈的爱国主义精神和崇高的民族气节，也易于激起不同时代、不同阶级欣赏者的共鸣。例如在我国抗日战争时期出现的歌曲《松花江上》，在当时广为流传，激励了一切具有爱国心的人们。在我国历史上，每当外族入侵，国土沦丧，本民族生活和国家统一遭到破坏时，都有不少出身于统治阶级的民族英雄和爱国诗人，慷慨激昂，表现了神圣的爱国主义感情和与入侵者血战到底的英雄气概。如岳飞的《满江红》中的"壮志饥餐胡虏肉，笑谈渴饮匈奴血"；陆游的《示儿》的"死去原知万事空，但悲不见九州同。王师北定中原日，家祭无忘告乃翁"；文天祥《过零丁洋》中的"人生自古谁无死，留取丹心照汗青"……这些千古传诵的不朽名句，便是中华民族同仇敌忾的爱国精神的集中反映。它曾经激动过不同时代的许多读者，特别是当读者处于民族危难之际，更是从中汲取了勇气和力量。例如在抗日战争时期，杜甫的《春望》、陆游的《示儿》脍炙人口，感极一时，许多爱国志士都曾用这些作品来抒发自己忧国之思。有不少无产阶级革命先烈也曾借这些诗句来抒发自己的情怀、激励战友的斗志。据张太雷同志的亲属回忆，张太雷同志就非常喜欢岳飞的《满江红》，他把它"记熟了"，并且"在他有感触的时候就唱唱"，借此抒发他因祖国大好河山受到帝国主义和军阀的践踏宰割而引起的无限愤慨。[①]

最后，有些文艺作品所表现的思想感情、阶级色彩比较淡薄、隐晦，或者是比较偏重于描写这些思想感情的情态而没有表现出它的具体阶级内

[①] 参见《烈士亲属的回忆》，中国青年出版社1959年版，第25页。

容，但由于所表现的感情是人们在类似的生活处境和生活经验中也可能具有的一种普遍感情，因此也往往可以引起欣赏者的共鸣，如家庭关系、爱情关系、师生关系、朋友关系等。这些关系虽然也要受到阶级关系制约，但又不能将它们和阶级关系简单地等同起来。有些作品着重反映有关这方面的内容，如描写母子之情、爱情、友情、离别、思乡等感情，又并没有将这种感情放在明显的阶级关系中来写，而只是着重描写这种感情的一般状态；而一般人在类似的生活境遇中也往往会产生这样一种感情体验，因此，它也就具有较大的普遍性，可能唤起不同时代、不同阶级的欣赏者的共鸣，如孟郊的《游子吟》。此外，有些文艺作品表现了人们对于自然美的欣赏，对于祖国河山的赞美；有些文艺作品用形象而凝练的词句，概括了某些人生的哲理、实践的经验，这些作品也都没有表现鲜明的阶级内容，是可以为不同时代、不同阶级的读者所喜爱，并引起他们共鸣的。

在艺术欣赏中，同一艺术作品虽然可以引起不同时代、不同阶级的欣赏者的共鸣，但在实际上，不同时代、不同阶级的欣赏者为同一作品唤起的思想情感却又不可能是完全一样的。一方面，欣赏者总是从自己的时代和阶级的条件和需要出发，并结合个人的经验去接受作品的思想感情的影响的；另一方面，从作品形象来说，它所包含的思想内容也往往是多方面、丰富而复杂的。欣赏者可以从不同的侧面去感受这些形象，并根据自己的生活体验来改造它、丰富它。所以，不同时代、不同阶级的欣赏者对同一作品产生共鸣，并不意味着他们产生共鸣的内容都是完全一样的。实际上，欣赏者对作品的欣赏都要受到社会历史条件的制约，他们往往是从自己所处时代的阶级的生活出发，并结合自己的生活经验来认识和发现作品中与自己的思想感情相契合的某些内容而形成共鸣，并非是对于过去时代艺术作品的全盘肯定和接受。今天的革命读者阅读屈原的《离骚》，会对诗中洋溢的浓厚的爱国热情和不向黑暗势力妥协的正直品格产生共鸣；但对诗中所表现的儒家思想，就不会完全产生共鸣。这说明，欣赏中的共鸣现象虽然很复杂，但作为一种社会的精神现象，它也不可能是完全超时代、超阶级的。

美感心理研究

绪　论

一　美感心理研究的范围和意义

美感心理研究是美学的一个重要组成部分，它以人们在美的欣赏和美的创造中的美感经验作为研究的对象。

什么是美感经验呢？我们知道，人在认识和改造客观世界的活动中，总会感受到各种各样美的事物和现象。当人们被客观事物的美所吸引，并且凝神去观赏它时，就会产生一种特殊的心理活动。这种在欣赏美时所引起的特殊心理活动，就是一种美感经验。譬如你乘坐游艇观赏漓江风光，两岸那"碧玉簪"似的山，山中那"青罗带"似的水，逐渐在你眼前展现。那和谐的颜色，那奇特的形状，那巧妙的组合，会使你目不暇接，不由自主地产生一种怡悦之情。"九马画山"会使你惊赞；"兴坪佳景"又使你开怀；"书童山"则可能引起你美好的联想……你仿佛陶醉于一幅幅秀丽的风景画中，精神上感到一种不平常的满足和愉快。这些特殊的心理活动，就是人们在欣赏自然美时产生的美感经验。再譬如，当你聚精会神地阅读古典小说《红楼梦》时，随着书中生动的描绘，在你的想象中会呈现出各种纷繁的生活场面、各种性格鲜明的人物形象。你好像目有所见、耳有所闻，同时在具体感受中又若有所思、若有所悟。贾宝玉和林黛玉的真挚爱情和悲剧命运，会赢得你的同情和眼泪，你仿佛置身在作品所描写的境界中，和人物共命运、同忧乐，以至于心驰神往，陶醉倾倒。这时，你在精神上自然会感到一种少有的满足和愉快，也就是人们常说的美的享受。这些特殊的心理活动，就是人们在欣赏艺术美时所产生的美感经验。

人的美感经验不仅发生在美的欣赏中，而且发生在美的创造——艺术的创作活动中。艺术是人们的美的创造，这种美的创造虽然根源于现实的美，却又要通过人的美的认识和感动。艺术对客观现实的反映是通过人的美感意识的，也只有通过人的美感意识，现实美才能上升为艺术美。所以艺术创作是一种美感意识活动，而艺术作品就是美感意识的物质形态化的集中表现。艺术创作作为美的创造，包括一系列独特而复杂的心理过程。作家艺术家在观察、体验、分析、研究生活的过程中，为生活中具有深刻意义的个别现象所吸引和感动，从中领悟到生活的某种意义，产生创作冲动。在艺术构思中，作家艺术家运用想象和形象思维，对获得的表象进行选择、提炼、集中、概括，构思出现象和本质高度统一的美的艺术形象，同时作家艺术家对他所构思的形象充满了情感体验，保持着情感态度。这种特殊的复杂的心理活动，就是艺术创作中的美感经验。艺术创造和艺术欣赏当然不是一回事。在艺术创作中，创造性的想象活动特别突出，作家艺术家需要对已有的表象进行加工改造、集中缀合，独立地创造出新的艺术形象，并且要用一定的物质手段将头脑中构思的艺术形象体现出来，使美感意识得到艺术的表现。而一般的艺术欣赏则没有这些要求。但是，无论是创作还是欣赏，它们作为美感的意识活动，就其心理构成来说，又有着基本一致的特点和规律。正如俄国心理学家乌申斯基所说：艺术创作"不论在形成详细的情节或者把这些详细情节形成为一个大的整体的过程中，审美的感觉总要发生支配作用"[1]。所以，我们要研究美感经验，既要考察美的欣赏活动，又要考察美的创造即艺术的创作过程。

　　既然美感经验是人们在美的欣赏和美的创造中发生的一种特殊的、复杂的心理活动，那么对于美感经验的研究，就不能不运用心理学的观点和方法。从这方面讲，美感心理的研究和心理学的关系是极为密切的。但是，我们不能将美感心理的研究和一般心理学混为一谈。心理学的研究对象是人的心理过程和个性心理特征，它研究人的心理现象发生、发展的一般规律；而美感心理研究则是以人的美感经验作为研究对象，它研究美感心理活动的特殊规律，如美感的性质和特点，美感中各种心理因素的作用和特殊性，美感心理的不同形态，美感的差异性和共同性，鉴赏和创作中美感心理的比较，等等。美感是由客观对象的美所引起的，并且密切联

---

[1] [苏] К. Д. 乌申斯基：《人是教育的对象》第1卷，李子卓等译，科学出版社1959年版，第306页。

系着艺术的创作和欣赏，所以，要揭示美感心理活动的特殊规律，仅仅依靠心理学是不行的，还需要根据美论并参照文艺学。同时，美感作为一种社会意识现象，是由人们的社会存在决定的。因此对于美感还必须作社会的、历史的分析。

人的美感经验主要地、集中地表现在艺术的欣赏和创作活动中，要研究美感经验，当然不能不研究艺术的欣赏和创作活动。可是，艺术的欣赏和创作活动不仅是美感心理研究的考察对象，同时也是艺术理论研究的对象。这样，美感心理研究自然要和艺术理论发生密切关系，但美感心理研究和艺术理论也有明显区别。艺术理论以整个文艺现象作为研究对象，不限于研究艺术的创作和欣赏活动。它阐明关于艺术的本质、特点、社会作用和发展规律的一般原理，不限于艺术创作和欣赏中的心理特点及规律。若仅就研究文艺现象来看，艺术理论的研究范围显然要比美感心理研究涉及范围大。但是从另一方面来看，美感心理研究分析美感经验又不限于只研究艺术创作和欣赏活动，而是要研究一切美感的意识活动。人们对于现实美的感受、欣赏并就不是艺术创作，也有别于艺术美的欣赏。它虽然不一定是艺术理论研究的范围，却是美感心理研究必须考察的对象。所以，就研究美感经验来看，美感心理研究的范围又要比艺术理论更为宽广。还应当看到，美感心理研究和艺术理论虽然都要研究艺术创作和欣赏，但它们所取的角度也不完全一样。美感心理研究要始终结合研究美感经验和美感心理活动来研究艺术创作和欣赏，或者说通过研究艺术的创作和欣赏来揭示美感心理活动的特殊规律，而不是对艺术创作和欣赏过程作一般的考察。

美感的研究既然是美学的一个组成部分，它和美学的其他部分便是处于有机联系之中的。美学的全部领域应当包括美的存在—美感—美的创造。这三者之中，美的存在是其他二者的基础。美的存在也和其他存在一样，是离开我们意识而独立的客观存在。所以它是第一性的。若没有美的存在，便没有美感和美的创造——艺术。美感是由客观的美所引起的，客观的美是美感的根源。如果不能理解美的本质和特点，也就难以理解美感的本质和特点，难以阐明美感的心理活动规律。所以，美感心理研究在分析美感的心理活动时，需要以对于美的本质的哲学研究作为基础。19世纪中叶以后在西方出现的一些心理学的美学，否认美是一种客观存在，否认客观现实的美，用主观的美感意识来规定客观的美，用对于美感意识的心理研究来代替对于客观的美的本质的哲学探讨。由于这些心理学的美学家没有以对美的本质的正解理解作为基础，他们对于美感的心理研究便大都缺乏科学性，是不正确或不完全正确的。这当然不是说美感意识不能单独地成为研究的对象，而是说这种研究须以对美的本质的正确理解为基础，不能完全脱离对美的本质的研究。另一方面，对美的本质的研究也不能代替对于美感意识的研究。美感的研究作为美学的一个组成部分，有它特定的内容和不可替代的作用。从人对现实的认识来说，客观方面和主观方面是不可分割的。没有客观存在的美，当然也就没有反映美的主观的美感意识，但如果不凭人的美感意识、美感经验，也无从接触客观存在的美。从美学本身来讲，对于美的本质的研究，不能脱离人们对于客观的美的认识，不能脱离美感，因为一切科学都是依赖于人们对客观现实的认识的。从欣赏美、创造美的实际活动来讲，也不能不凭借人的主观的美感意识活动。客观存在的美，只有凭借主体的相关主观能力和意识活动，才能成为主体的对象。所以，美学要成为一门独立的、完整的科学，要帮助人们正确地认识美、反映美、欣赏美，正确地进行美的创造，就不能不重视美感经验、美感意识、美感心理的研究，就不能忽视美感心理研究在美学中的独特地位和作用。

美感经验发生在人的审美活动和艺术活动中，而审美活动和艺术活动在人们的社会生活中占有十分重要的地位。对于美的热爱和追求，富有魅力的美的欣赏，令人惊奇的美的创造，使人的生活具有丰富的精神内容，使人的精神世界受到陶冶而变得高尚。研究美感心理必须面对人们的审美活动和艺术活动的实践，努力以马克思主义观点作指导，并运用科学的心理学成果，从理论上阐明美感意识的本质和特点，对美感意识中心理活动的特殊规律做出科学的分析和说明，对作为美感意识集中表现的艺术创作和艺术欣赏的规律做出理论上的概括，以便帮助人们形成正确的美学观点和审美爱好，提高审美鉴赏能力，引导人们进行正确的审美活动和艺术活动。这应该是美感心理研究所担负的首要任务。

在美学史上，人们很早就注意到对美感意识的研究。中国古代美学思想大都是结合艺术实践阐发的。在先秦诸子有关文艺的论述以及《乐记》《毛诗序》中，都有艺术创作和欣赏中美感意识问题的论述。魏晋南北朝以后陆续出现的大批文论、诗论、画论、书论、乐论，特别是陆机的《文赋》、谢赫的《古画品录》、刘勰的《文心雕龙》、钟嵘的《诗品序》、司空图的《诗品》、严羽的《沧浪诗话》以及叶燮的《原诗》等，对艺术创作中美感心理活动的特点和规律作了许多有益的探索。在西方美学史上，古希腊的柏拉图和亚里士多德在他们关于美学思想的著作中，对美感意识的形成和特点也早有专门研究。文艺复兴时期的许多艺术家和美学家结合艺术经验，对美感问题作了进一步的探讨。17、18 世纪英国经验派的美学家把美学研究重点从客观对象的性质与形式的分析，转到认识主体的审美活动的考察上来，对美感的生理和心理基础进行了分析探讨，从而使美感心理的研究得到进一步发展。德国古典美学奠基者康德在批判总结德国理性主义和英国经验主义美学观点的基础上，从哲学高度对美感意识中的特殊矛盾和特殊规律作了分析。19 世纪下半叶，随着实验心理学的诞生和心理学成为一门独立的科学，出现了心理学的美学。心理学的美学家主张从心理学的经验出发研究美学，几乎把美感的心理活动当作美学的唯一对象，形成了各种美感心理学说。以上发展过程说明，在美学领域对美感经验的研究有着长远的历史及丰富的遗产。我们在研究美感心理时，当然应当以马克思主义观点为指导，清理这笔遗产，剔除其糟粕，吸取其精华，以进一步探讨美的鉴赏和艺术创作的特殊规律。但也必须看到，在美学史上，在对美感经验的研究中，唯心主义观点是占据优势的。现代西方美学中一些派别对美感意识中的心理活动更是大肆歪曲，表现出主观唯心主义和反理性主义。我们研究美感心理所面临的一项重要任务，就是要对各种错误的美感学说进行有分析的、有说服力的批判，以促进科学的美学的建立和发展。

二　美感心理研究的不同认识路线

美感经验是社会生活中普遍存在的一种精神现象，几乎所有正常的人都对这种精神活动有过这样或那样的体验。但是，美感究竟是怎样产生的？它的心理活动又是怎样的呢？要对这些问题做出解释，是相当繁难的。

美感本是一种社会意识，因而如何解释美感意识的本质和来源，必然和哲学的基本问题息息相关。恩格斯说："全部哲学，特别是近代哲学的重大的基本问题，是思维和存在的关系问题。"① 列宁指出，哲学的基本问题就是"认识论的基本问题"，对于美感意识的本质和来源问题的回答，要以对哲学基本问题的看法为前提。从美学史上看，对美感心理所做的各种解释，都受到一定哲学思想的影响。如果从认识路线来考察，对美感心理的各种纷纭解说基本上可以分为两种：一种是对于美感心理的唯心主义解释；另一种是对于美感心理的唯物主义解释。

唯心主义者否认物质第一性、意识第二性，否认意识是人脑的机能、是客观世界的反映，因此以各种方式歪曲美感意识的本质和来源。在他们看来，美感意识的特殊心理现象不是由客观存在的美所引起的，也不是人脑对于客观存在的美的认识和反映，而是某种神秘的精神力量和主观意识活动产生的，是和对于客观对象的美的认识无关的。如古希腊哲学家柏拉图把审美观照和艺术活动说成是一种失去理智、神智不清醒的迷狂状态。这种迷狂状态是如何产生的呢？柏拉图解释说，它是由于灵魂的回忆或神灵的凭附。柏拉图认为，人对于美的认识并不是来自现实世界，而是来自灵魂对于理念世界的美的回忆。人的灵魂在投生到人世中来之前，是寓居于理念世界之中的，因而本来就具有属于理念世界的"美本身"的知识。但是，当灵魂附在肉体上降到尘世之后，它就暂时"忘记"了美的知识。只有通过个别的美的事物"来引起对于上界事物的回忆"，才能使人重新见到理念世界的"美本身"，并且追忆到生前观照那美的景象时所引起的高度喜悦，因而感到欣喜若狂，"像一个鸟儿一样，昂首向高处凝望，把下界一切置之度外，因此被人指为迷狂"②。此外，诗人或艺术家也可由于神灵凭附而陷入迷狂。由于神灵凭附到诗人的心灵中，感发它，才使诗人获得灵感，进入"兴高采烈神飞色舞的境界"。柏拉图注意到了审美和艺术活动中的某些特殊心理现象，但他对这些心理现象的解释具有浓厚的宗教神秘主义色彩。后来新柏拉图派哲学家普罗提诺把柏拉图的思想同神秘主义的宗教观念结合起来，认为灵魂凭神原来放射给它的智力或直觉本领，观照到神，见到神的"最高的本原的美"，充满着狂热和惊喜，达到宗教的心醉神迷状态，这就是审美观照的本质和根源。显然，这都是把美

---

① 《马克思恩格斯选集》第4卷，人民出版社1972年版，第219页。
② [古希腊] 柏拉图：《文艺对话集》，朱光潜译，人民文学出版社1980年版，第125页。

感的心理活动归结为神秘的精神力量的结果。

有的唯心主义者则从人的主观意识和精神能力上寻找美感的来源。如17、18世纪英国美学家舍夫茨别利和哈奇生认为审辨和感受美丑是人天生的能力,这种天生的能力就是"内在感官"。所谓"内在感官"是在视、听、嗅、味、触五种外在感官之外的另一种在内心里面的感官。"内在感官"与外在的五种感官不同。外在的感官只能接受简单的观念,产生较微弱的快感;内在感官却可以接受"叫作美、整齐、和谐的东西所产生的复杂观念","带有远较强大的快感"。只有内在感官,才是"适宜于感觉到这种美的快感的感官",而美感就是由于人的内在感官的能力所形成的快感。内在感官是天生的,所以"对事物的美感或感觉力是天生的"。内在感官得到的快感具有直接性,不起于对有关对象的知识,所以和理性认识无关。这就把美感归结为一种天赋的主观能力,否定了它和社会实践的关系,也否定了它与对客观美的认识有关。19世纪德国古典美学的奠基人康德从哲学的高度对美感意识的特点作了分析,进一步强调审美不涉及对客观对象的认识,而只涉及主体的情感反应,因此对于审美的规定,只可能是主观的。他说:"一个趣味判断是判断中独特的一种,并且绝不提供我们对于一个对象的认识(哪怕是一模糊的认识)。"① 又说:"至于审美的规定根据,我们认为它只能是主观的,不可能是别的。"② 康德在哲学上主张先验唯心论,因而在美学上也否认审美与认识的内在联系。他认为审美的意识活动不是由对于客观存在的美的认识所引起,而只是凭借对象的形式和人的心理功能(想象力和悟性)相适应引起快感和不快感,而人就是从这种主体的快感来判定对象的美的。这既颠倒了主观的美感和客观的美的相互关系,也否定了美感意识的客观内容。

19世纪下半叶以来在西方盛行的心理学的美学,是专门以审美意识中的心理活动作为考察对象的。心理学的美学的创导者费希纳称它是"由下而上"的美学。这就是说,它在方法上是和形而上学的美学相反的,不是从形而上学的哲学思想出发,而是从美感经验出发。从美感经验出发,考

---

① [德]康德:《判断力批判》上卷,宗白华译,商务印书馆1964年版,第66页。其中的"审美判断"按康德观点的原义改作"趣味判断"。

② [德]康德:《判断力批判》上卷,宗白华译,商务印书馆1964年版,第39页。

察主体方面的心理活动，当然不能说是错的。问题在于，它不是把美感经验如实地看作对客观现实的反映，是来源于客观存在的美，而是相反地要由人的主观的美感经验去规定客观的美，认为美不是客观的，而是由美感经验所产生的，因而美感经验也就不是由客观的美所引起的，而是由主观意识所引起的。所以从哲学思想上看，所谓心理学的美学的总的倾向是主观唯心主义的。如心理学的美学中具有代表性的移情说，便认为"审美的欣赏并非对于一个对象的欣赏，而是对于一个自我欣赏"，审美经验的发生不仅同对客观对象的认识和反映无关，而且根本上是由于"把在我的知觉或情感外射到物的身上去，使它们变为在物的"，是欣赏者的"自我"进到外物的形式中"自由伸张"的结果。移情说者不仅认为主观情感是美感的来源，而且认为客观事物的美也是由主观情感外射所创造的，即所谓"一片自然风景就是一种心境"。这当然是不正确的。

现代西方各派唯心主义美学，肆无忌惮地歪曲美感意识的本质和来源。有的认为审美和艺术活动是在物我合一的静观中认识到"意志的直接的客服化"，以便使主观意识过渡到梦境，得到人生的暂时解脱（叔本华）；有的主张美感是心灵与事物直接融合所生的直觉，是一种超出正常的感性和理性认识之外的主体的"内心体验"和"生命冲动"（柏格森）；有的认为直觉是一种最原始、最低级的认识活动，是表现主观情感的意象，而美感和艺术即等于这种直觉（克罗齐）；有的把审美和艺术解释为被压抑的性欲在想象中的满足，是一种动物性的本能冲动、下意识的精神活动（弗洛伊德）。这些看法的共同特点就是把美感和艺术归结为主观意识的非理性活动。

同唯心主义者对于审美意识的解释相对立，唯物主义者肯定物质第一性、意识第二性，肯定意识是客观世界的反映。因此，他们认为美感意识的根源是在客观现实，而不在主观意识，美感心理活动是由客观存在的美所引起的，是通过感觉器官对客观存在的美的认识和反映。例如古希腊美学家亚里士多德认为，人们之所以能从艺术作品获得美感，是由对作为审美对象的艺术作品的内容和形式的认识和感受所引起的。他说："我们看见那些图像所以感到快感，就因为我们一面在看，一面在求知，断定每一事物是某一事物，比方说，'这就是那个事物'。假如我们从来没有见过所模仿的对象，那么我们的快感就不是由于模仿的作品，而是由于技巧或着色或类似的原因。"① 亚里士多德认为艺术是对于现实的模仿，能够真实地反映现实，包含形象的真理，而人们通过艺术可以认识现实、获得真知，所以感到愉快。艺术作品不仅具有美的内容，而且具有美的形式，由于技巧、着色、音调、节奏构成了艺术作品的形式美，它也能使人得到愉快。亚里士多德不仅肯定美感是由审美对象所引起的，而且认为审美对象的性质不同，所引起的快感也各有特殊性，所形成的美感也就不尽相同。例如悲剧的快感就既不完全同于喜剧，也不完全同于史诗。"我们不应要求悲剧给我们各种快感，只应要求它给我们一种它特别能给的快感。既然这种快感是由悲剧引起我们的怜悯与恐惧之情，通过诗人的模仿而产生的，那么显然应通过情节来产生这种效果。"② 就是说，悲剧的美感是和悲剧这种审美对象的特殊性质以及它所引起的特殊感情结合在一起的。所以，不能脱离审美对象孤立地看美感问题。这就坚持了美引起美感的唯物主义观点。

中国古代美学思想对于美感意识的解释，也有许多唯物主义观点。如在中国最早的一部美学专著《乐记》中，对音乐创作中的美感意识作了考察，肯定了音乐表现情感和使人愉悦的审美特点。所谓"乐者，乐也，人情之所不能免也"，就是对音乐创作的美的感受的很好的说明。但这种美的感受从何而来呢？《乐记》明确指出它来源于客观现实。《乐记》在论音乐创作时说："凡音之起，由人心生也。人心之动，物使之然也。感于物而动，故形于声。……乐者，音之所由生也，其本在人心之感于物也。"就是说人受到客观事物的刺激、感染，产生情感反应，情感激动起来、表现出来，就形成音乐。音乐创作中的美的感情的感动不是来源于内心，而是人心感于外物，使内心激动的结果。这种看法是符合唯物主义反映论的。

西欧文艺复兴时期著名的现实主义艺术家达·芬奇强调美感的根源在于事物本身，美的欣赏是对客观对象的认识。他说："欣赏——这就是为着一件事物本身而爱好它，不为旁的理由。""爱好者受到所爱好的对象的

---

① ［古希腊］亚里士多德、［古罗马］贺拉斯：《诗学·诗艺》，罗念生、杨周翰译，人民文学出版社1982年版，第11—12页。
② ［古希腊］亚里士多德、［古罗马］贺拉斯：《诗学·诗艺》，罗念生、杨周翰译，人民文学出版社1982年版，第43页。

吸引，正如感官受到所感觉的对象的吸引，两者结合，就变为一体。……如果结合的双方和谐一致，结果就是喜悦、愉快和心满意足。"① 人对于美的欣赏开始于对对象的感觉，但也要通过智力的活动，因为"这种对象是凭我们的智力认识出来的"。19世纪唯物主义者费尔巴哈进一步论证了美感是对客观对象的美的认识和反映的观点。他从唯物主义的客观的感觉论出发，认为美是不依赖审美主体的意识而客观地存在着的，但主体要感受和欣赏客观对象的美，就必须具有一定的审美能力。他说："如果我的灵魂的审美力是坏的，我怎么能感到一幅美的图画是美的呢？我自己虽然不是画家，没有亲手产生出美的力量，我却有审美的感觉、审美的理智，所以我才感觉到在我外面的美。"② 美的图画是不依赖于审美主体意识的"在我外面的美"，这是引起美感意识的客观对象；审美主体的审美力、审美的感觉、审美的理智则是感受客观对象美的主观条件。美感意识就是通过人的审美感觉、审美理智对于客观对象美的感觉、认识和反映。费尔巴哈虽然非常重视感觉、感情在审美反映中的作用，却并不否认完全理智、理性的作用，这与唯心主义者把审美中的感性认识和理性认识截然对立起来的观点也是很不相同的。俄国革命民主主义美学家车尔尼雪夫斯基受到了费尔巴哈唯物主义哲学的影响，批判了唯心主义者关于审美"是我们的想象力把美注入大自然中"的观点，论证了美感是通过人的感觉对于客观对象的美的反映。他说："照我们的意见，人用肉眼也可以在自然界中看出美来。"③ "美感是和听觉、视觉不可分离地结合在一起的，离开听觉、视觉，是不能设想的。"④ 这就肯定了美感的来源是对客观对象的美的感觉，而否定了美感是来自主观观念的说法。车尔尼雪夫斯基虽然认为美感认识的根源是在对客观现实的感性认识里，但又认为美感与感性认识有本质的区别。从他所提出的"美是生活"的观点出发，他认为人在审美中之所以产生愉快的感情，是因为人在审美对象中认识到或想起生活。他说："对人什么最可爱？生活；因为我们的所有欢乐、我们的所有幸福、我们的所

---

① ［意］达·芬奇：《笔记》，《世界文学》1961年第8、9期（合刊），第205—206页。
② 北京大学哲学系外国哲学史教研室编译：《十八世纪末—十九世纪初德国哲学》，商务印书馆1975年版，第571页。
③ ［俄］车尔尼雪夫斯基：《美学论文选》，缪灵珠译，人民文学出版社1959年版，第64页。
④ ［俄］车尔尼雪夫斯基：《生活与美学》，周扬译，人民文学出版社1957年版，第42页。

有希望都只跟生活相联系；……凡是我们可以找到使人想起生活的一切，尤其是我们可以看到生命表现的一切，都使我们感到惊叹，把我们引入一种欢乐的、充满无私享受的精神境界，这种境界我们就叫作审美享受。"①

　　旧唯物主义者在解释美感的心理活动时，虽然坚持了唯物主义的反映论，肯定了美感是对客观对象的美的反映，但是由于旧唯物主义反映论带有直观的、形而上学的性质，所以用它来说明美感意识的本质，也就具有很大的局限性。正如马克思所说："从前的一切唯物主义——包括费尔巴哈的唯物主义——的主要缺点是：对事物、现实、感性，只是从客体的或者直观的形式去理解，而不是把它们当作人的感性活动，当作实践去理解，不是从主观方面去理解。"②旧唯物主义虽然看到认识是对客观世界的反映，但是由于看不到认识对社会实践的依赖关系，所以也就不了解美感意识和社会实践的关系。离开人的社会实践和历史发展去观察美感意识，就不可避免地会将美感的根源归结为抽象的人性。如车尔尼雪夫斯基用畏惧死亡、热爱生活来解释美感愉快的原因，就表现出明显的人文主义倾向。这当然无法科学地说明美感作为社会意识的根本性质。同时，旧唯物主义把认识看成是消极直观的反映，忽视认识的主观能动性，所以也就不了解美感意识对客观存在的美的反映是能动的，是受客观的社会生活条件所制约的，这就导致把美感意识简单化，难以解释美的欣赏和艺术创作中美感心理的复杂现象。因此，要科学地解释美感意识中的心理活动，就必须用马克思主义哲学——辩证唯物主义和历史唯物主义作指导。辩证唯物主义建立在实践基础上的能动的革命的反映论，为科学地解释美感心理提供了世界观和方法论的基础。

---

① 《车尔尼雪夫斯基论文学》中卷，辛未艾译，上海译文出版社1979年版，第23页。
② 《马克思恩格斯选集》第1卷，人民出版社1972年版，第16页。

第一章　美感的性质和特点

美感的意识活动究竟是如何发生的呢？它的基本性质如何？它与科学的认识相比、与道德的意识相比有什么特点？这是美感心理研究首先要解决的基本问题。在绪论中，我们曾经简要地介绍过美学史上对于美感性质的一些基本看法，指出从唯心主义和旧唯物主义出发，都不可能对美感的性质做出科学的解释。根据辩证唯物主义的反映论，我们认为美感是一种社会意识，是对于客观美的特殊的能动的反映。美的本质特点决定了美感的特点，使美感中的意识活动表现为感性和理性的统一、认识和情感的统一、愉悦和功利的统一，从而使美感意识与科学认识及道德意识既相联系又相区别。

第一节　美感是对客观美的能动反映

美感是人们的一种意识现象，是一种复杂的心理活动。这种意识和心理活动究竟由何而来呢？这就涉及美和美感的关系问题。对于这个问题，唯心主义美学是无法给予正确回答的。唯心主义美学根本否认美是客观存在，而认为美是人的主观意识、情感活动的产物，也就是说美是由人的美感决定的、产生的，美感是第一性的，美是第二性的。这样看待美和美感的关系，自然要否认美感来源于客观存在的美，否认美感是对于客观存在的美的反映。于是，唯心主义美学便只有将美感的来源归结为某种神秘的精神力量或主观意识活动。

美感既然是一种意识现象，那它的来源就不能从意识本身去寻找。因为人的一切意识和心理现象的产生，首先是由于作用于人的客观现实的存在。没有客观现实作用于人，意识、心理现象就不可能产生。人的一切意识、心理活动，就其内容来说，都是作用于人的客观现实的反映。马克思说:"观念的东西都不外是移入人的头脑并在人的头脑中改造过的物质的东西而已。"① 列宁也说:"我们的感觉、我们的意识只是外部世界的映象;不言而喻,没有被反映者,就不能有反映,被反映者是不依赖于反映者而存在的。"② 这一马克思主义反映论的基本原理为我们分析美感的来源和性质提供了最有力的哲学基础。美感作为对于客观存在的美的主观反映形式,作为一种特殊的心理活动,它的根源只能是美的客观存在。美和美感的关系,就是客观存在和主观意识的关系,即被反映者和反映的关系。没有被反映者,就不能有所反映;没有客观对象的美,也就不能引起欣赏者的美感。一个人闭目塞听,不能感受对象的美,无论他如何冥思苦想,让主观意念无限膨胀,也不能唤起美感。为什么见到一丛盛开的月季花会产生美感,而见到一堆肮脏的垃圾却不能产生美感呢?原因无他,就是因为前者有美,后者则无美有丑。移情说认为美感是来源于主观感情的外射,可是面对着一条蚊蝇滋生的臭水沟,无论你如何"移情",把主观感情外射出去,也不能对之产生喜爱和愉快的美的感情。唐代诗人于良史有一首《春山夜月》:"春山多胜事,赏玩夜忘归。掬水月在手,弄花香满衣。兴来无远近,欲去惜芳菲。南望鸣钟处,楼台深翠微。"诗中生动地描绘了春山月夜的美景胜事,也抒发了观赏夜月香花所产生的浓厚兴趣和流连忘返的心情。试想如果没有水月交映香花翠微的"胜事",何以能使诗人产生"兴来无远近,欲去惜芳菲"的心理活动呢?所以,审美活动中欣赏者的美感总要有一个美的客观对象才能引起。就其根本性质来说,一切美感都不过是人脑对客观对象的美的反映。美是第一性的、基元的、客观的;美感是第二性的、派生的、主观的,只有客观对象的美才能引起主观意识的美感。正如马克思所说:"只有音乐才能激起人的音乐感。"③ 欣赏音乐的美感是由音乐的美作用于人引起的,是对音乐的美的反映。这就是唯物主义美学对于美和美感的关系以及美感来源所做的科学回答。

美感的意识活动既有对于客观的美的认识,又有对于美的认识时的主观的情感反应,即一般所说的美的感受和感动。这两方面在美感心理中是

---

① 《马克思恩格斯全集》第23卷,人民出版社1972年版,第24页。
② 《列宁选集》第2卷,人民出版社1972年版,第65页。
③ 《马克思恩格斯全集》第42卷,人民出版社1979年版,第125—126页。

契合无间、融为一体的。无论是对于美的认识还是对于美的情感反应，从其根本性质上说，都是对客观的美的反映。美的认识是在感性与理性的统一作用中，反映对象美的客观内容，而美的感受和感动，则是以情感作用为主，形成反映对象美的主观形式。唯心主义美学往往把美感看成是一种单纯的主观情感的活动，否认它和对象美的认识有关，同时也就否认美感中的情感是对于客观的美的反映。这当然是错误的。科学的心理学认为，人的一切心理活动，就其内容和实质来说，都是客观现实的反映。情感作为一种心理活动，是伴随着认识过程而产生的，它毫无例外也是客观现实的反映。不过，它和认识过程有所不同，它是人对客观现实的另一种反映形式。"反映包含着作为进行活动和认识世界的主体的人与那些能满足他的需要或是阻碍他的需要得到满足的客体的关系。世界在人的头脑中的反映的这一特殊的方面便构成着情感的领域或是他的个性的情绪范围。情感——这是人的各种现实的关系，亦即需要的主体与对他有意义的客体的关系在他的头脑中的反映。"① 就是说，情感所反映的不是客观事物本身，而是客观事物与人的需要之间的关系，即客体对主体的意义。美作为一种客观存在，总是以独特的感性形式充分表现着普遍的理性内容，是现象和本质、个别和一般、真和善高度统一的具体形象。因此，人们对于美的欣赏和美的创造必然成为满足人的社会精神需要的一种特殊方式，必然引起审美主体的肯定的情感反应。美感中的情感活动也不是人的内心固有的，而仍然是由客观的美所引起的，是对客观美的一种反映。

我们说美感的根源在于客观存在的美，只有通过对客观存在的美的认识和反映，才能引起美感的心理活动，这不论是对于自然美、社会美的感受，还是对于艺术美的欣赏，都是同样的。有一种看法认为，艺术既然是一种意识形态，艺术美就不能说是一种客观存在，因此，在艺术欣赏中产生的美感，就不能说是来源于客观存在的美。这种看法对不对呢？当然不对。诚然，艺术作为社会生活的反映，它是一种意识形态，但作为艺术美，它又是美感意识的物化形态，是艺术家根据自己对现实美的认识，对现实生活进行典型化的改造而创造的产物。所以，它作为一种美的存在，

---

① [苏] 彼得罗夫斯基主编：《普通心理学》，朱智贤等译，人民教育出版社1981年版，第394页。

作为引起欣赏者美感的对象，仍然是客观的，不以欣赏者的主观意识为转移的。《红楼梦》《蒙娜丽莎》《第九交响乐》这些艺术作品的美一经创造，就是一个客观存在，不管你会不会或能不能欣赏它。所以，在艺术美的欣赏中，也是美引起美感，而不是由美感决定美。美感的根源还只能从客观存在的艺术美中去寻找。马克思是非常喜爱希腊古典艺术的，他称赞希腊艺术和史诗至今"仍然能够给我们以艺术享受"，并且"显示出永久的魅力"。也就是说，欣赏希腊艺术能够产生美感，得到高度的美的享受。然而这种美感从何而来呢？是不是来源于欣赏者主观意识和感情的作用呢？显然不是。马克思说："为什么历史上的人类童年时代，在它发展得最完美的地方，不该作为永不复返的阶段而显示出永久的魅力呢？有粗野的儿童，有早熟的儿童。古代民族中有许多是属于这一类。希腊人是正常的儿童。他们的艺术对我们所产生的魅力，同它在其中生长的那个不发达的社会阶段并不矛盾。它倒是这个社会阶段的结果，并且是同它在其中产生而且只能在其中产生的那些未成熟的社会条件永远不能重复这一点分不开的。"[①] 按照马克思的意思，希腊艺术是生长在不发达的人类童年时代。然而，希腊人作为儿童来说，是"正常的儿童"，希腊人的现实生活、他们的身体乃至精神面貌都是发展得最完美的。希腊艺术由于真实地再现了希腊人现实生活的美，将美感意识物态化，就形成了具有永久魅力的艺术美。人们在欣赏希腊艺术时，正由于受到它的美的感染，才被唤起巨大的美感享受。这不正好说明，艺术欣赏中的美感也是由客观存在的艺术美所引起的，是对于艺术美的反映吗？

马克思主义反映论认为，人的意识对于客观现实的反映不是照镜子似的、消极的、被动的反映，而是积极的、能动的反映。人的意识对客观现实的反映是在社会实践的基础上形成的，因此受到社会实践的深刻影响。马克思说："意识在任何时候都只能是被意识到了的存在，而人们的存在就是他们的实际生活过程。"[②] 人对于客观事物的反映不仅直接由当前的客观事物所引起，而且要受到他的社会生活条件的制约，受到他生活于其中的一定的社会关系的影响。所以，美感对于客观的美的反映是受到人的一

---

① 《马克思恩格斯选集》第2卷，人民出版社1972年版，第114页。
② 《马克思恩格斯选集》第1卷，人民出版社1972年版，第30页。

定的社会生活条件制约的。不同时代、不同民族、不同阶级的人们，由于所处的社会生活条件的不同，对于客观的美的反映也有很大的差别。狄德罗说："野蛮人看到一串玻璃珠、一枚铜指环、一只铜铁臂钏就高兴，而已开化的人却只对最完美的东西才注意；邃古的人对茅屋、草舍、谷仓都滥用美、瑰丽等等名词，今天的人却把这些称谓限制在人的才能的最高努力上。"[①] 随着人类社会实践的发展，人的社会生活条件的变化，人的美的观念和美感也要发生变化。原始人的穿鼻和文身，封建时代妇女的小脚和束胸，在当时的社会生活条件下，被人们看成是美，并对之产生美感。但在今天，社会历史发展了，社会生活条件改变了，人们也就不再认为它们是美的，不会再对之产生美感。普列汉诺夫指出，原始的狩猎民族"虽然住在花卉很丰富的土地上却决不用花来装饰自己。现代的人种学巩固地确定了这个事实：上述的这些种族都只从动物界采取自己的装饰的主题"[②]。对原始民族艺术的考察也证明，在原始狩猎民族那里主要是动物画。他们之所以欣赏动物，对动物产生美感，而不欣赏花卉，对花卉不能产生美感，很明显是由狩猎民族的社会生活条件所决定的。社会向前发展，到了农耕民族的画面上就出现了农作物。如属于新石器时代的我国甘肃彩陶上就描绘有许多植物花卉的图案纹饰。为什么在狩猎民族那里不能成为美感对象的植物花卉，在农耕民族那里却成了美感对象呢？这不正是要由狩猎社会向农耕社会过渡所引起的社会生活条件的变化来说明吗？总之，美感对于客观的美的反映，是受到人的社会生活条件的影响和制约的。美感作为一种社会意识，是由社会存在决定的。

美感对客观美的反映是客观和主观的统一。按其内容说，它是客观的。因为它是由客观对象的美所引起的，是对于客观的美的反映，但这种反映是通过作为审美主体的一定的具体的人进行的。在反映过程中，人的主观条件起着制约作用。人的主观条件，如生活经验、文化修养、立场、世界观、思想、感情以至于个性心理特征，都影响着对于客观的美的反映，影响着美感的心理活动。主观条件不同的人对于同一个美的对象所产

---

① [法]狄德罗：《美之根源及性质的哲学研究》，载文艺理论译丛编辑委员会编《文艺理论译丛》1958年第1期，第26页。

② [俄]普列汉诺夫：《车尔尼雪夫斯基的美学理论》，载文艺理论译丛编辑委员会编《文艺理论译丛》1958年第1期，第136页。

生的反映也是不同的，他们对于美的认识有正确与不正确、深刻与不深刻之别，由此而引起的美感中各种复杂的心理活动也会存在相当的差异，这就形成了美感的差异性。人的美感固然是由客观的美所引起的，是来源于客观的美，但已经形成的美感意识，特别是在一定社会生活条件制约下，在美感经验的基础上所形成的审美观点、审美理想、审美爱好，作为人的主观条件，又能影响美的欣赏和美的创造。在美的欣赏中，欣赏者已经形成的审美理想和审美观点，直接影响到对于审美对象的美的认识和评价。在艺术创作中，艺术家已经形成的审美理想和审美观点，则直接影响到对于现实生活的加工改造和审美评价，从而在艺术美的创造中发挥着重要的作用。唐代画家张璪认为，绘画创作是"外师造化，中得心源"，这是对艺术创作的美感意识中的主客观关系的一个精深的概括。艺术创作作为反映现实的美感意识活动，就其内容和来源来讲是客观现实，但如何反映现实，则要受到艺术家主观意识的制约。所以这种反映必然是主客观的统一。郑板桥谈画竹的创作过程说："江馆清秋，晨起看竹，烟光、日影、露气，皆浮动于疏枝密叶之间。胸中勃勃，遂有画意。其实胸中之竹，并不是眼中之竹也。因而磨墨展纸，落笔倏作变相，手中之竹又不是胸中之竹也。"[①] "眼中之竹"还只是观察得到的竹的素材，是客观的感性材料；而"胸中之竹"则是经过了画家主观意识的作用，把对对象的美的反映和画家的美感意识、思想感情融为一体而成的。所以，作为"胸中之竹"的美的意象，已不是单纯的客观美本身，而是反映客观美的主观印象，是主客观的统一。至于"手中之竹"，当然是把反映在画家头脑中的美的意象表现为外在的艺术形象，也就是艺术美的创造。从"胸中之竹"到"手中之竹"，不仅要有画家主观意识的进一步作用，而且要寻求与内容相适合的美的表现形式，故"落笔倏作变相，手中之竹又不是胸中之竹也"。这个过程生动地说明了艺术家的主观意识在反映客观现实中的主观能动作用。由于艺术家在反映客观现实美时不是机械地、照相式地描摹，而是发挥了美感反映的能动作用，所以艺术美虽然来源于现实美，但是可以比实际现实事物的美更高、更典型、更理想。

[①] 北京大学哲学系美学教研室编：《中国美学史资料选编》下册，中华书局1981年版，第340页。

不过，在美的反映中，人的主观条件的作用是有不同性质的。人的思想感情、审美理想和审美观点是由人的具体的社会生活条件决定的。人的社会生活条件和社会地位不同，他的思想感情、审美理想和审美观点也就不同。既有符合社会发展规律的积极的进步的思想感情、审美理想和审美观点，也有违背社会发展规律的消极的落后的思想感情、审美理想和审美观点。这样，人的主观思想感情和审美观点对于美的反映就有两种不同的作用。一种作用是帮助人们正确地认识和反映客观的美，形成正当的美感，进行正常的审美活动和艺术活动；另一种作用则是对客观事物的美丑作了歪曲的反映，将美的事物看成不美的或丑的，或将不美的或丑的事物看成美的。这就妨碍了人们对客观事物的美做出正确的认识和评价。这样形成的美的认识根本不是正确的美的认识，而由此引起的情感反应也就不是一种正当的美感。正当的美感应当是审美主体对客观对象美的正确认识和所受到的感动，这需要有正确的审美观点作指导。从这个意义上说，"趣味无争辩"的说法显然是不对的。因为不仅审美趣味本身是受一定的社会生活的客观条件制约的，因而有进步与落后之分，而且审美趣味对美的反映的作用也有好坏之别。正确的、高尚的审美趣味应当有助于人们对客观的美的正确认识和反映，并且在不同程度上促使人们提高对于客观的美的反映和欣赏的水平。

在美的反映中，人的美感由于受到主观条件的影响，虽然难免带有主观性和差异性，但无论欣赏者产生何样的美感，或者欣赏者的主观意识在美感反映中具有怎样的作用，它都不能决定和改变所反映的客观对象本身的美丑。有的美学家借用里普斯的移情说来解释"情人眼里出西施"的现象，说什么"恋爱中的对象是已经艺术化过的自然"，"你在理想中先酝酿成一个尽善尽美的女子，然后把她外射到你爱人身上去，所以你的爱人其实不过是寄托精灵的身躯骸"。[①] 这就是说，你的恋爱对象的美本不是自身所具有的，而是完全由你的美的理想和美感所创造的。不是美引起美感，而是美感决定美，这显然是不符合实际的，是主观决定客观的唯心主义论调。唯物主义美学从实际出发，认为客观事物的美是不以欣赏者的美感为转移的。表现资产阶级腐朽思想的所谓艺术并不因为有人欣赏它就可以化

[①]《朱光潜美学文集》第1卷，上海文艺出版社1982年版，第488页。

丑为美，反映法国大革命时代精神的《马赛曲》也不会因为有人不欣赏它而化美为丑。客观事物的美不由主观的美感所决定，而主观的美感则是客观事物的美的积极的、能动的反映。这就是唯物主义美学对于美感和美的关系以及美感的基本性质的结论。

第二节　美感中感性和理性的统一

我们说美感是一种社会意识，是对客观的美的能动的反映，这还只是说明了美感的一般性质。这对于认识美感的意识活动虽是必要的，但又是很不够的。由于美感是一种特殊的意识活动，它的特殊反映对象和特殊反映方式，使它既有别于科学的认识活动，又有别于道德的意识活动，所以要深入认识美感，还必须着重分析美感的意识活动的特点。在美学史上，人们对于美感的特点的认识经历了一个由不明确到逐渐明确、由浅薄到逐步深入的过程。许多古代哲学家和美学家往往把美、真、善看成是没有分别的统一体，也就是不把美感和科学、道德三种意识活动加以明确区别。如古希腊的柏拉图和亚里士多德基本上都是如此。中世纪的神学家托马斯·阿奎那则在指出美与善相一致的同时，也指出了美与善的区别，并且尝试探讨美感和一般快感的区别。到了17、18世纪，英国经验主义美学家和德国理性主义美学家才进一步对美感的特点提出各自的看法。经验主义美学家认为，美感主要涉及主体的快感，这种快感和欲望无关。理性主义美学家则从认识论上强调美感是一种"混乱的"（感性的）认识，和科学的"明确的"（理性的）认识是不同的。康德试图统合经验主义和理性主义对美感的不同看法，并以主观唯心主义哲学作为基础，对审美意识活动中的特殊矛盾作了较为深刻的揭示，集中阐述了趣味判断不同于逻辑判断和道德活动的特点。但由于康德在哲学上片面强调知、情、意的区别，所以也片面强调审美意识不涉及功利、不涉及概念和认识、不涉及对象的内容，这就把美感的特点绝对化，使其有走向脱离功利内容、脱离理性活动的危险。现代西方各派唯心主义美学恰恰发展了康德对审美分析的这些消极方面。他们往往抓住审美活动中某些特殊的精神现象，对美感的意识活动给予唯心主义和神秘主义的解释，把美感贬低成为低级的直觉、下意识和本能活动，并把美感意识和认识活动、道德活动完全对立起来。这样，当然

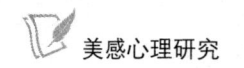

也就不可能正确阐明美感的特点。

我们认为，应该实事求是地、辩证地考察和分析美感的特点，既不能将美感和科学认识、道德意识完全对立起来，把美感的特点绝对化、神秘化，也不能将美感和科学认识、道德意识混为一谈，否认美感的心理活动有其特殊的规律。

美感是由客观事物的美所引起的一种特殊的心理活动。这种心理活动的内容首先是对于美的认识。就对美的认识来说，美感区别于科学认识和道德意识的一个显著特点，就在于它是感性和理性的有机统一。

在美感意识活动中，感性认识的作用是明显的。对于美的认识，不仅必须以感性认识为起点，而且也始终不能脱离具体形象的感受。这是因为作为美感反映对象的美具有具体形象的特点。美所包含的理性内容是以具体可感的形象的形式呈现出来的，它不是抽象的概念，而是具象的存在。比如梅花，如果把它的自然属性和生长规律抽象为一定的概念，这梅花的概念虽然可以使人获得科学知识，却不能成为审美的对象。可是面对迎寒盛开的梅花或欣赏艺术作品中描绘的梅花的形象，人们自然就会被它的美所吸引。车尔尼雪夫斯基说得好："'美'是在个别的、活生生的事物，而不在抽象的思想。"[1] 所以，美感不能像科学认识那样，从抽象的概念上去认识和反映对象的美，而必须始终保持感性印象，从具体形象上去把握对象的美。一旦脱离具体形象的感性印象，美感的心理活动也就不存在了。

由于在美感意识中，感性认识是基础，并且整个认识过程中都保持着具体形象的感性印象，所以感性认识和理性认识两个阶段不是分离的，而是相互交融形成一个统一的、不可分割的过程。在科学认识中，人们要认识对象的本质和规律，需要经过明显的从感性认识到理性认识、从现象到本质的认识上升过程，需要经过"去粗取精、去伪存真、由此及彼、由表及里"的抽象的逻辑思考，然后才能形成概念和理论的认识。可是，在美感意识中，人们对于对象的美的认识，往往不是如科学认识那样，有明显的由现象到本质、由感性认识到理性认识的过程，也不需要经过抽象的逻辑思考。在许多情况下，人们往往是一见到对象的美，立刻就感到它和美的观念相符合，并引起美感。有时，人们虽然能够感受和欣赏对象的美，

---

[1] ［俄］车尔尼雪夫斯基：《生活与美学》，周扬译，人民文学出版社1957年版，第5页。

第一章　美感的性质和特点

却又不能马上明确地说出为什么喜爱和欣赏它的道理来。这种美的认识的情况,往往是一见如意或一见倾心的,它在自然美、人体美所引起的美感中表现得十分突出。皎洁的明月,绚丽的朝霞,苍劲的古松,烂漫的山花,这类自然美是如此吸引人,以至于人们一见到它,就会立刻感到如意,引起感官的快适乃至精神的愉悦。莎士比亚的剧本《罗密欧与朱丽叶》中,描写罗密欧在凯普莱特家的晚宴上第一次遇见朱丽叶,立刻就被她那妩媚动人的姿色所吸引。"她挂在深夜的脸上,像黑人的耳环上一支最美的宝翠。"这便是朱丽叶顷刻间在罗密欧心中产生的印象,这种美感显然是一见倾心的。不只是对于自然美、人体美的认识有此种情况,在一部分艺术美所引起的美感中也有类似情况。如看一幅风景画,读一首山水诗,听一曲轻音乐,往往不是先经过一番抽象的逻辑思考,然后再来决定是否喜爱它,是否应产生美感,而是立即感到对象和美的观念相符合,一下子就被它吸引、感染。罗曼·罗兰在《歌德与贝多芬》一书中记叙说,贝蒂娜突然决定要去拜见贝多芬,是因为当时刚听完贝多芬的《月光奏鸣曲》,便受到强烈感动,以至于"她整个儿颠倒了"。乌斯宾斯基在小说《振作起来了》中曾这样描写教师贾普什金在巴黎观赏雕塑维纳斯时的审美感受:"一开始我就感到自身出现了极大的快乐,……有一种我自己无法了解的东西,朝着我的被歪曲的、折磨的、揉成一团的心灵吹了口气,立即使我挺直了腰杆,焕发了精神。"这些描写都真实地表现了美感心理中的一个引人注目的现象:对于对象的美的认识,往往不是如科学认识那样有明显的从感性到理性的认识过程、有抽象的逻辑思考,而是感性和理性不可分离,二者紧密结合在一起。所以,许多人虽然能感受到对象的美,却不知其然也不知其所以然。

对于美感中认识活动的这种特点,美学史上有不少哲学家、美学家是特别留意的,只是他们并没有对这种美感心理的特殊现象给予科学的解释,反而由此得出美感只是感性认识的错误结论,从而也就把美感同理性认识完全对立起来。如哈奇生认为审美中"所得到的快感并不起于对有关对象的原则、原因或效用的知识"[1],莱布尼茨认为"鉴赏力是由一些混乱

---

[1] 北京大学哲学系美学教研室编:《西方美学家论美学和美感》,商务印书馆1980年版,第99页。

的感觉组成的，对于这些混乱的感觉我们不能充分说明道理"①，这都是强调美感是感性的，而非理智的。鲍姆加登受到莱布尼茨的影响，把研究审美的科学称为"研究低级认识方式的科学"，完全把美感的认识与感性认识混为一谈。康德又进一步把趣味判断和逻辑判断完全对立起来，认为审美与概念认识无关。到了克罗齐，就明确提出直觉说，认为美感完全不涉及理性认识，仅仅是一种最初的、最低级的感觉活动；而由直觉所呈现的对象也只是一种模糊的混沌的形象，而不知它的任何内容、意义。对此，朱光潜在《文艺心理学》中曾加以介绍和发挥说："'美感经验'可以说是'形象的直觉'。……形象是直觉的对象，属于物；直觉是心知物的活动，属于我。在美感经验中心所以接物者只是直觉，物所以呈于心者只是形象。心知物的活动除直觉以外，还有知觉和概念。物可以呈于心者除形象外，还有许多与它相关的事项，如实质、成因、效用、价值等等。在美感经验中，心所以接物者只是直觉而不是知觉和概念；物所以呈现于心者是它的形象本身，而不是与它有关系的事项，如实质、成因、效用、价值等等意义。"② 从上述论点来看，所谓"直觉"，是一个有特定含义的概念。从认识过程说，它是在知觉以下的感觉活动；从认识内容说，它是只见到混沌的形象，而不知对象的内容和意义，总之，"最简单最原始的'知'是直觉（intuition）"，"见形象而不见意义的'知'就是直觉"。③ 显然，这种被当作美感活动的"直觉"是排斥一切理性认识的，也就是和理性认识完全对立的。

我们认为，用这种直觉说来解释美感的意识活动，是违背辩证唯物主义认识论的，也是不符合美的认识的实际的。在美感中，感性认识的作用固然不可忽视，但美的认识主要是理性认识，它不可能是、实际上也不是仅仅停留在感性认识阶段的。因为美感原是对于客观美的能动的反映，而客观存在的美本身就是以个别感性的形式表现着普遍的理性内容的，是现象和本质、个别和一般、真和善高度统一的具体形象。按照马克思的"美的规律"的论点，任何美的事物之所以美，根本就在于它符合美的规律。

---

① 北京大学哲学系美学教研室编：《西方美学家论美学和美感》，商务印书馆1980年版，第84—85页。
② 《朱光潜美学文集》第1卷，上海文艺出版社1982年版，第13页。
③ 《朱光潜美学文集》第1卷，上海文艺出版社1982年版，第10页。

而美的规律不仅表现为事物的感性个别现象,而尤其充分体现着事物的本质和普遍规律,体现着合规律性和合目的性、真和善相统一的理性内容。所以,美的认识要正确地反映美,要通过个别感性形式去把握普遍的理性内容,在现象与本质、个别与一般、真与善的统一中去认识事物的美的规律,如果不以理性认识为主,使感性和理性达到辩证统一,那是不能做到的。车尔尼雪夫斯基说:"美感认识的根源无疑是在感性认识里面,但美感认识与感性认识毕竟有本质的区别。"① 这也就是说,美感的认识虽然以感性认识为基础,并且保留着感性的因素,但它毕竟是以理性为主的认识活动,与感性认识有着质的不同。在美感中,人们往往不经过明显的由感情到理性的过程、不需要抽象的逻辑思考,就能直接感受到对象的美,这并不是否定美感中理性认识的主导作用,而只是表明美感中的理性认识在方式上有别于科学中的理性认识。美感中的理性认识不是如科学认识那样,抛弃感性印象,以概念、判断、推理的抽象思维的形式出现,而是始终和感性印象,具体形象融会、交织在一起的,理性认识是通过感性印象和具体形象的直接感受,不着痕迹地发挥作用的。正如黑格尔所说,这种理性认识"不是回到抽象形式的普遍性,不是回到抽象思考的极端,而是停留在中途一个点上,……在这个点上,内容的实体性不是按照它的普遍性而单独地抽象地表现出来,而是仍然融会在个性里,因而显现为融会到一种具有定性的事物里去"②。其实,这就是形象思维。

在许多情况下,人们往往一看到或一听到美的对象就立刻引起美感。这种现象是存在的,但不是毫无理性作用的"直觉"活动,而是一种在理性作用制约下的深刻的形象感受。人的意识对现实世界的反映不同于动物对现实世界的反映,动物的心理对现实的反映只能借助于直接印象而实现,而人的意识对现实的反映则是借助于词而实现的。人意识到客观事物时,由于事物作用而产生的直接印象就同已形成的有关的认识、概念、思想发生联系。由于这种联系,人所感知的东西才具有一定的意义。动物只是以个体的经验和有限的本能遗传为基础来反映现实,而人的意识除此之外,还以社会的经验为基础来反映现实。人对现实的有意识的反映,始终

---

① [俄] 车尔尼雪夫斯基:《美学论文选》,缪灵珠译,人民文学出版社1959年版,第36页。
② [德] 黑格尔:《美学》第1卷,朱光潜译,商务印书馆1979年版,第201页。

是人从现实事物获得的直接印象同他所掌握的由社会经验形成的知识、概念、思想相互联系的产物，而不是单方面作用的结果。人在自己的社会实践中不断地取得直接经验，并使个人的直接经验和社会经验不断地相互作用与结合，这就自然而然地形成了对于个别事物的现象及其所具有的本质、意义的了解。正是由于这种原因，人在感知到某种个别事物时，虽然表面上往往没有经过明显的思考过程，却可以通过现象直接了解它。毛泽东同志说："感觉到了的东西，我们不能立刻理解它，只有理解了的东西才更深刻地感觉它。"[1] 这里是讲感性和理性两个认识过程的互相联系、不可分离。人们在美感中经过感知就能立即感受到对象的美，也是因为早已有理性作用准备于前。唯其"理解了"对象，才能"更深刻地感觉它"。人们对于事物的美的认识，仍然是以在长期生活实践中经由个人经验和社会经验的结合，所获得的对事物的理性认识为前提的。其中，既有个人经验的积累，又有社会环境和文化教养的熏陶和影响。一个音乐家或美术家听到一曲著名的乐曲或观看一幅优美的图画，立即就能深刻感觉到它的美丽引起强烈的美感，这是长期的经验积累和文化教养的结果。而对于没有这种经验积累和文化教养的幼儿或其他人来说，就不可能对同一乐曲和图画的美产生深刻的美感，不可能马上欣赏到它的美。这正好说明对于美的深刻感觉，是要以理解作为前提条件的。朱光潜说："对一件事物所知的愈多，愈不易专注在它的形象本身，愈难直觉它，愈难引起真正纯粹的美感。……比如见到梅花，把它和其他事物的关系一刀截断，把它的联想和意义一齐忘去，使它只剩下一个赤裸裸的孤立绝缘的形象存在那里，无所为而为地去观照它、赏玩它，这就是美感的态度了。"[2] 这就是说，对事物的美感之所以能够形成，是因为彻底排除了对于事物的一切经验和知识，忘记了对于事物内容和意义的任何理解。这在理论上是站不住脚的，与美感经验的实际也是不相符合的。巴甫洛夫说："记得结果，回答得正确，却忘记了自己的先前的思想经过。这就是为何显得是直觉的原因。我发现一切直觉都应该这样来理解：人记得最后的结论，却不记得接近它和准备

---

[1] 《毛泽东选集》第 1 卷，人民出版社 1951 年版，第 263 页。
[2] 《朱光潜美学文集》第 1 卷，上海文艺出版社 1982 年版，第 14 页。

它的全部路程。"① 美感的引起有时虽然表现为经过感知就能立即感受到对象的美,但在实际上却是有"先前的思想的经过"为它作了准备。我们一见到梅花,就能欣赏它的美,就能产生花枝俏丽、刚强高洁的美感,并不是因为彻底排除了对于梅花的一切经验、知识,也不是因为把它的联想和意义一齐忘去,而仅仅依靠本能式的低级感觉去获得一个"赤裸裸的孤立绝缘的形象"。恰恰相反,正是由于我们在生活经验和文化教养的影响下,对梅花有了一定的知识,对它和其他事物的关系以及意义有了一定的理解,并且由它的自然特性而联想到和它类似的人的精神品格,我们在欣赏梅花时,才能产生更加深刻、更加强烈的美感。

在美感经验中,人们见到对象的美,立刻便能被吸引而欣赏它,这种一见如意或一见倾心的现象之所以产生,是和美的观念的作用密切相关的。美感反映对象的美,并非简单直接地进行,而是要通过美的观念的中介。人在日常生活和文化教养的影响下,通过经验的积累和提炼、概括,就会形成美的观念。这种美的观念的获得虽然往往是不自觉的,却是在理性认识的作用下,感性和理性融会、统一的结果,也就是形象思维的产物。美的观念不同于抽象的概念,它具有感性形象的特征,同现实事物的个别表象相联系。同时,它又不同于事物的个别表象,而是对许多个别表象的集中概括,反映着事物的本质,具有普遍的理性内容。要之,美的观念虽是保持着感性因素,却是理性认识的成果。美的观念既经形成,便在美感中起着重要的作用。如果在感知到对象的美时,发现与已有的美的观念相适合,便会立刻感到对象是美的,于是发生美感。如《红楼梦》中描写林黛玉与贾宝玉初次相见,黛玉面对宝玉,吃惊地想:"像在哪里见过,何等眼熟";宝玉细看黛玉,也感觉到"像远别重逢一般"。实际上就是二者互相给予的美的印象,恰与原已形成的美的观念相适合,因而一见倾心。上述罗密欧与朱丽叶相见,也是如此。梁启超在《小说与群治之关系》中说:"人之恒情,于其所怀抱之想象,所经阅之境界,往往有行之不知,习矣不察者……欲摹写其状,而心不能自喻,口不能自宣,笔不能自传。有人焉,和盘托出,彻底而发露之,则拍案叫绝曰:'善哉善哉,如

---

① [苏]巴甫洛夫:《巴甫洛夫论心理学及心理学家》,龚叔修译,科学出版社1955年版,第10页。

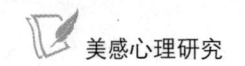

是如是.'所谓'夫子言之,于我心有戚戚焉',感人之深,莫此为甚。"① 这里所述是欣赏艺术美时的心理状态。显然,这也是由于欣赏对象和已有的美的观念相适合,因而使欣赏者感到对象合意,于是立即产生美感。

上述种种情况表明,在美感的意识活动中,感性认识和理性认识不是互相分离的,而是辩证统一的。美感中的感性认识是受理性制约的,理性认识是不脱离感性形象的。在美的认识中,固然始终保留着感性因素,但理性认识是主要的。否认美感中理性认识具有不脱离感性形象的特点,把美感等同于科学的抽象的认识,是不对的。排斥美感中理性认识的主导作用,把美感归结为低级的感性认识的"直觉",也是错误的。在美感经验中,人们在许多情况下固然可以一见倾心,立即感受到对象的美,引起美感,但在实际上是有理性作用准备于前的。而且要更深刻地认识美,引起更强烈的美感,仍然需要有和具体形象的感受相伴随的深入的理性认识活动,特别是在认识和感受较为复杂的、内容深刻的社会美和艺术美时,这种深入的理性认识活动就更必不可少了。

第三节 美感中认识和情感的统一

美感意识和科学认识的区别,不仅表现在它们的认识过程、认识内容有显著不同上,而且表现在美感意识比科学认识具有更为复杂的、多方面的心理因素上,其中特别突出的就是情感的因素。美感虽以美的认识为基础,反映着美的客观内容,却表现为对于美的感动,采取着主体对客体的情感反应的主观形式。所以,就美感的整个心理过程来看,它的特点就在于认识与情感的统一。

在美感的意识活动中,美的认识过程和情感过程是紧密联系在一起的。一般所说的美感,主要是指由美的事物所引起的情绪的激动和精神的愉快。如伯克认为美感是由物体的美所引起的爱或类似的情感,"爱指的是在观照任何一个美的东西(不论基本性如何)的时候心灵上所产生的满足感"。车尔尼雪夫斯基也说:"美的事物在人心中所唤起的感觉是类似我

---

① 舒芜等编选:《中国近代文论选》(上),人民文学出版社1981年版,第158页。

们当着亲爱的人面前时洋溢于我们心中的那种愉悦。"① 可见情感的感动和愉悦是美感中必不可少的一种心理活动,是美感的意识活动最显著、最突出的标志。

美感的意识活动是最富于情感特点的,这是它和科学的认识及道德的意识活动的又一明显区别。当然,科学认识和道德意识中也有情感活动,不过它们和艺术、审美中的情感活动在性质和作用上是有很大差别的。列宁说:"没有'人的感情',就从来没有也不可能有人对于真理的追求。"②科学家在认识活动中有新的发现会产生喜悦感,对科学研究中出现的新现象会产生怀疑感和惊讶感,这些情感对于推动科学家认识真理无疑起着重要作用。但是,科学认识的任务是探求事物的本质和规律,相对说来,它是对事物的客观的、冷静的反映。科学家的主观情感体验和对客观事物本质规律的认识并不是完全交织在一起的。同时,科学对事物本质规律的认识是以抽象概念和理论的形式进行的,也不可能为情感的表现提供充分条件,在道德意识中,人们对于善恶的认识和评价也是带有情感的,但善恶观念和评价主要表现为一定的道德原则和规范。道德作为一种社会意识形态,是社会调整人们之间以及个人和社会之间关系的行为规范的总和,它以道德概念来评价人们的各种行为和调整人们之间的关系。所以,无论是在科学认识中,还是在道德意识中,情感的作用都不像在美感的意识活动中显得那样重要和突出。作为美感意识反映对象的美,总是以独特的感性形式充分表现着普遍的理性内容,是现象和本质、个别和一般、真和善高度统一的具体形象。所以,美的欣赏和创造能满足人的特殊的社会精神需要,引起情感反应。在美感意识中,不仅有美的愉快的感动,而且伴随有各种复杂的情感活动。马克思把美的享受称作"能感受人的快乐"的感觉,认为如果主体对对象的美"无动于衷",则不能有真正的美感。无论是美的欣赏还是艺术创造,都不可能没有情感的因素。如果在艺术欣赏中,艺术作品不能激动欣赏者的情感活动,就很难使艺术欣赏成为审美的享受。如果在艺术创作中,作家艺术家没有由现实的美的认识而引起强烈的情感活动,那就难以按照艺术规律进行真正的艺术创作。

---

① [俄]车尔尼雪夫斯基:《生活与美学》,周扬译,人民文学出版社1957年版,第6页。
② 《列宁全集》第20卷,人民出版社1958年版,第255页。

在科学认识中，对于认识对象要求采取客观的、冷静的态度，不需要也不可能和认识对象发生情感关系。可是在美感意识中，对于审美对象不可能也不应该是纯客观的、冷漠的态度，而必然同审美对象发生情感关系。科学中"月季花是红的"与审美中"月季花是美的"是两个不同的判断。它们的区别并不是像有的美学家所说，前一个判断是对客观对象的反映；后一个判断不是对客观对象的反映。区别在于前者是对对象的客观属性本身的反映，而后者则是对对象的客观属性的认识与主体的情感评价相统一的反映。在审美感受中，主体离开了平静冷淡的心情，而处于情绪激动乃至精神陶醉之中，因而形成对美的认识时所特有的精神状态。《牡丹亭》中"惊梦"一出描写长期被禁锢在闺房中的少女杜丽娘被春香带入花园，面对着春光明媚、万紫千红的大自然美景，喜不自胜："生生燕语明如翦，呖呖莺歌溜得圆。"美的感受中自然流露着愉快的情感。杜丽娘触景生情，感慨万端："原来姹紫嫣红开遍，似这般都付与断井颓垣。良辰美景奈何天，赏心乐事谁家院！"由美的观赏而引起的联想，又激发了更加复杂深入的情感活动。这种情况在自然美的欣赏和反映自然美的艺术创作中比比皆是。在艺术美的欣赏中，情感活动更为复杂多样，也更为强烈深刻。梁启超在《论小说与群治之关系》中，讲到人们在欣赏小说时情绪激动的状态，他把这种情绪的感染力量称为"刺"的力量。"刺也者，能入于一刹那顷，忽起异感而不能自制也。我本蔼然和也，乃读林雪冲天三限，武松飞去浦一厄，何以忽然发指？我本愉然乐也，乃读实甫之《琴心》《酬简》，东塘之《眠香》《访翠》，何以忽然情动，若是者，皆所谓刺激也。"[①] 这里所说的"忽起异感而不能自制"就是指美感中的情绪体验的心理状态。对于艺术美的欣赏可以因形象感染引起愤怒、悲伤、喜悦、爱慕等极其复杂的情绪活动，但最后得到的仍然是一种精神满足的愉悦。高尔基说艺术能"使人动心，使人欣喜"，鲁迅说艺术能使人"兴感怡悦"，都是对艺术引起的情感体验的简明概括。

对于美感的情感特点，过去的美学家往往最为注意，有的美学家几乎把它视为美感意识的唯一内容，于是形成美感就是快感的看法。对于美感和快感的关系问题，我们将在后文详加讨论。这里要指出的是，有许多美

---

① 舒芜等编选：《中国近代文论选》（上），人民文学出版社1981年版，第159页。

学家虽然着重研究美感中的情绪活动和愉快的情感，看到了美感意识的这个特点，但是又把它绝对化、片面化，从根本上否认它和美的认识有关，否认它是以对客观的美的认识为基础的，这样就把美感意识中的情感特点和认识作用对立起来了。如休谟认为美只存在于鉴赏者的心里，因而审美的快感就不是由认识对象的美感引起的，反倒是人心判定对象为美的原因。他说："快感和痛感不只是美与丑的必有的随从，而且也是形成美与丑的真正的本质"，"这种情感就决定人心在对象上贴上'美'或'丑'。"① 这样势必使美感中的情感脱离美的认识的客观内容，否认美感具有认识性质。休谟之后，康德进一步将美感中的情感特点绝对化，把情感和认识对立起来。康德认为趣味判断不是一种知识判断，而是一种情感判断。审美不涉及对于对象的认识，只涉及主体的情感感受。他说："为了判断某一对象是美或不美，我们不是把（它的）表象凭借悟性连系于客体以求得知识，而是凭借想象力（或者想象力和悟性相结合）连系于主体和它的快感和不快感。"② 康德以后的西方现代各种非理性主义美学在分析美感经验时，大都是一味强调它的情感特点，而否认它的认识性质。如移情说的代表里普斯认为，审美经验就是把欣赏者自己的情感投射到对象上所产生的愉快。"它是一种位于人自己身上的直接的价值感觉，而不是一种涉及对象的感觉。毋宁说，审美欣赏的特征在于它里面我的感到愉快的自我和使我感到愉快的对象并不是分割开来成为两回事，这两方面都是同一个自我。"③ 这样来看待美感中的情感作用，当然会否认它和对于客观美的认识有任何关系。其他如克罗齐的抒情直觉说，桑塔亚那的审美快感说，鲍桑葵的使情成体说，弗洛伊德的性欲升华说，科林伍德的情感表现说，等等，其共同特点都是孤立强调和片面抬高美感中的情感作用，而贬低和排斥美感中的认识作用。

从美感的心理活动来看，情感作用固然是突出的，但不是脱离美的认识而孤立存在的。心理学认为，情感和认识尽管属于不同的心理过程，它们反映现实的具体内容也不同，但情感与认识是互相联系、互相作用的。

---

① 北京大学哲学系美学教研室编：《西方美学家论美学和美感》，商务印书馆1980年版，第109页。
② ［德］康德：《判断力批判》上卷，宗白华译，商务印书馆1964年版，第39页。
③ ［德］康德：《判断力批判》上卷，宗白华译，商务印书馆1964年版，第39页。

情感是人对客观事物的态度的体验。人对客观事物采取怎样的态度，是以客观事物对人的意义如何、是否符合人的需要为转移的。与人的主体需要毫无关系的事物，人对它是无所谓情感的；只有那种与人的社会性需要有关的事物，才能引起人所特有的情感。而客观事物对人的意义以及与人的社会需要的各种联系，则必须通过人的认识活动才能够被了解。所以，人的情感总是伴随着认识活动而出现，是在认识的基础上产生的。无论在审美鉴赏还是在艺术创作中，审美主体的情感反应总是和对于审美对象的认识互相交织在一起的，是以对于审美对象的认识为基础的。当代作家柳青在写《王家斌》中生动地描述了他对先进人物王家斌性格美的感受、理解以及感动的过程。王家斌为巩固农业社、发展养猪事业，在数九寒天，踏着积雪到二里外的破窑洞里护理母猪生娃，却来不及照顾在麻疹的高烧中的五岁的女儿。作者从和他的具体接触中，逐步感觉和了解到他那纯洁无私的美好心灵，激动得"眼里泛起泪花"，从内心里涌起了"对那些为社会主义而辛苦的人们的热爱"，终于抑制不住想要赞美他们火样的炽情。作为美感的意识活动来看，作家对王家斌的性格美的情感的感动，恰恰是伴随着感性和理性相统一的美的认识过程而产生的。一般说来，在艺术创作中，作家艺术家对他所描写的社会生活感受得越是具体，理解得越是深入，其情感反应也就越是强烈而深刻。在艺术欣赏中，欣赏者也必须对作品中通过艺术形象所反映的社会生活有具体的感受和一定的理解，才能对艺术形象产生各种不同的情绪体验。至于作为美感的总的情感体验的愉快，同生理快感有着本质的区别。它不是生理感官对对象的简单的感受和反应，不是物质性的满足所产生的单纯的感官的快适，而是通过个别的、感性的现实的和艺术的形象，认识到真与善的普遍的理性内容，亦即美的对象和美的观念相符合，因而得到特有的理智和情感的满足而引起的心灵的愉快和喜悦。所以，美感中的情绪激动和情感愉悦是以认识为前提，并且渗透着认识的理性内容的。在美感的认识与情感的统一中，认识是主导的、根本的。人们在美感中往往体验到情感愉快而不明显意识到认识的理性内容，那是因为认识的理性内容已经渗透、融会在情感之中，或者说认识内容采用美感特有的情感的形式表现了出来，二者契合无间，在美感中呈现为统一整体的形态。狄德罗说："当我说一切在我们心里唤醒关系观念的东西，我并不这样了解：称一个存在物美，就应当鉴别在那里有哪一种关系在主治一切。……正是由于这些关系不确定,掌握这些关系又容易,看出它们来就感到愉快,人才以为美是感情的事,而非理智的事。我敢断言,我们从孩提时期便知晓的一项原则,我们通过习惯,把它方便而又迅速地用到我们身外的对象上,就常常以为是靠感情判断它的;但是一到关系复杂、事物新奇,我们中止了这项原则的应用,就不得不承认我们的错误;于是想感到愉快,就要等待悟性出来宣布对象美才行。"[①] 这段论述既说明了美感中的情感愉快的感动须以理性认识为基础,又说明了认识和情感在美感中呈现为完整统一的形态的特点。美的对象性质有所不同,引起审美主体的愉快的感动的情况也有所不同。有的一见到对象就立即引起愉快的感动,认识的理性内容往往不易明显见出;有的则需要对于对象有了内容上的反复、深入的理解、认识,才能有较强的愉快的感动。前者多见于对于自然美或描绘自然的艺术美的欣赏所产生的美感,后者则多见于社会美(主要是性格美)和大部分的艺术美的欣赏所产生的美感。但不论哪种情况,美感的意识活动都是认识和情感的辩证统一。

第四节　美感中愉悦性和功利性的统一

美感以主观愉悦的心理感受形式表现着客观的社会功利的制约性,从而形成了愉悦性和功利性相互依存、辩证统一的特殊关系。这是美感意识区别于道德意识、科学意识的又一显著特点。

美感表现在主观精神状态上的突出特征就是使人体验到一种喜悦、愉快的感情。不论是欣赏现实美还是欣赏艺术,人们都可以获得一种精神上的享受,为美的对象所陶醉、倾倒,感到整个心理功能的活动都处于自由、和谐的状态,这就形成了美感和艺术的愉悦性和娱乐性的特点。对于这个特点的考察,在古代美学思想中占有很突出的地位。《乐记》中说:"夫乐者,乐也,人情之所不能免也。"就是讲音乐可以使人得到快乐,满足情感愉悦的需要。亚里士多德也说,音乐可以使人得到消遣和精神方面的享受,"消遣是为着休息,休息当然是愉快的,因为它可以消除劳苦工

[①] [法]狄德罗:《美之根源及性质的哲学研究》,载文艺理论译丛编辑委员会编《文艺理论译丛》1958年第1期,第19—20页。

作所产生的困倦。精神方面的享受是大家公认为不仅含有美的因素，而且含有愉快的因素"①。无论在中国古代美学史上，还是在西方美学史上，娱乐作用都被看作艺术的一种重要功能。从表面上看来，人们自愿地乐意地去欣赏美和艺术，好像就是为了得到娱乐、得到精神的愉悦，似乎并没有自觉地考虑到或意识到任何直接的实用功用目的。人们之所以欣赏美，也的确不是因为美对于欣赏者具有狭隘的直接的实际用途。狄德罗说得好："假若有用是美的唯一基础，那么浮雕、暗纹、花盆，总而言之，一切装饰都变成可笑而多余的了。但在这些事物中可以感到模仿的趣味，而模仿的唯一目的就在使人愉快。我们常常赞美形式而并不注意到用途。……人们天天在花、树和成千的自然物中辨识出美而不知其用途。"② 这里所说的用途，就是指对象可以直接满足某种物质实用目的，而个人对于美的欣赏，恰恰并不是为了达到这种直接的物质实用目的。在欣赏美的对象时，欣赏者获得精神上的享受和愉悦，却不会对对象产生实用欲望，也不会与个人直接物质利益的满足相联系。画不能吃，音乐不能穿，欣赏美和艺术的精神享受与物质欲望的追求是根本不同的。伯克在区别美感和一般物质欲望时说："爱指的是在观照任何一个美的东西（不论其本性如何）的时候心灵上所产生的满足感……欲望或情欲是我们心灵中驱使我们去占有某些对象的一种力量，而这些对象之所以打动我们，并不是由于它们美，而是依靠完全不同的手段。我们可能对一位姿色平平的妇女产生强烈的欲望，而最美的男人或其他动物虽然可能引起我们的爱，但却完全不会勾起我们的欲望。这一切说明美和美所产生的情感——我称之为爱——和欲望有所不同。"③ 从这方面说，美感确实不涉及个人直接的利害和欲念的考虑，人们往往并没有自觉考虑到美的对象和个人利害有什么直接联系，而立刻就会对它产生愉悦的情感。

对于美感在心理感受上的这一特点，美学家有不同的解释，形成了各

---

① 北京大学哲学系美学教研室编：《西方美学家论美学和美感》，商务印书馆1980年版，第45页。

② [法]狄德罗：《美之根源及性质的哲学研究》，载文艺理论译丛编辑委员会编《文艺理论译丛》1958年第1期，第15页。

③ [英]伯克：《关于崇高与美的观念的根源的哲学探讨》，载古典文艺理论译丛编辑委员会编《古典文艺理论译丛》第5册，人民文学出版社1963年版，第38—39页。

种学说。不少美学家据此提出美感的非功利性,认为审美和艺术都是超功利的,与社会功利内容和目的无关。如康德提出趣味判断是无利害关系的愉快,美感与感官满足得到的愉快及道德赞许得到的愉快根本不同,因为后两者都涉及利害关系,而美感则不涉及利害关系。他说:"对于美的欣赏的愉快是唯一无利害关系的和自由的愉快","一个关于美的判断,只要夹杂着极少的利害感在里面,就会有偏爱而不是纯粹的欣赏判断了"。[①] 只有摒除了利害感,以"纯然淡漠"的态度去欣赏对象,"无所为而为的观赏",才会产生美感。所以美感是超功利的,美感的愉悦性和功利性是互相排斥的。席勒接受了康德的影响,认为审美和艺术都是"以外观为快乐的游戏冲动",是一种不带任何功利目的的"自由观照"的活动。叔本华从另一个方面恶性发展了康德关于审美是"无所为而为或不计利害的直观"的思想。他从唯意志论出发,认为意志是世界的本质和基础;意志是一种盲目的永远不能得到满足的冲动,也是人生痛苦之源。人要摆脱痛苦就必须否定意志。而审美观照和艺术就是为了使人忘掉自己的意志追求,从人生中得到暂时"解脱",免掉人生利害的苦恼。所以,审美和艺术都是超功利的,不带有任何功利目的的。叔本华这种理论对西方现代美学有较大的影响。布洛则提出心理距离说,认为审美态度就是要与实际人生和实用世界保持距离,把对象摆在实际人生和实用世界以外去观赏。对此,朱光潜在《文艺心理学》中曾加以解释和发挥说:"就我说,距离是'超脱';就物说,距离是'孤立'。从前人称赞诗人往往说他'潇洒出尘',说他'超然物表',说他'脱尽人间烟火气',这都是说他能把事物摆在某种'距离'以外去看。"[②] 这显然是主张美感和艺术要脱离实际人生,与一切社会功利目绝缘。

我们认为,美感的心理愉悦形式和社会功利的制约性不仅不是互相排斥和对立的,反而是互为表里、融为一体的。美感不涉及个人直接的物质欲望,并不意味着它可以脱离社会功利目的和内容,可以和社会人生的利害无关。当然,美感的社会功利内容和道德的社会功利内容不能完全等同,它有不同于道德功利的特殊的表现形式。对于它也不能作简单、狭隘

[①] [德]康德:《判断力批判》上卷,宗白华译,商务印书馆1964年版,第46、41页。
[②] 《朱光潜美学文集》第1卷,上海文艺出版社1982年版,第22页。

的理解，因为它同那种直接的实用功利目的也有区别。我们所说的美感的社会功利内容，是指以潜移默化的方式表现在个人愉悦的心理形式之中的社会功利要求，是社会生活条件通过人的主观意识对于个人美感愉悦的客观制约性。从美感的形成历史来看，它从一开始就是同人的社会实践和功利观点相联系的。在人类最初的社会实践中，实用先于审美。先有了社会成员的实用活动，产生了人们对于事物的实用观点、善的观点，然后才逐渐从中分化出人们对待事物的美的观点、美的感受。普列汉诺夫说："那些为原始民族用来作装饰品的东西，最初被认为是有用的，或者是一种表明这些装饰品的所有者拥有一些对于部落有益的品质的标记，只是后来才开始显得是美丽的。使用价值是先于审美价值的。但是，一定的东西在原始人的眼中一旦获得了某种审美价值之后，他就力求仅仅为了这一价值去获得这些东西。而忘掉这些东西的价值的来源，甚至连想都不想一下。"[①]就是说，在人类最初的审美活动中，美感意识和实用观念交织在一起，美感的社会功利性质表现得十分直接和明显。但是，随着社会实践和现实生活的发展，出现了由实用到审美的过渡，美感意识逐渐脱离与实用观念的直接联系，以特殊形式相对独立地发展着。当美感意识从与实用观念直接联系中分化出来以后，人们在审美欣赏中就可以不去考虑对象对人的直接实用功利价值，而是直接为对象的美的价值所吸引而产生审美愉快。在这种个人的审美愉快中似乎已经再也看不到与实用功利的关系，但是实际上是以另一种隐蔽、曲折的形式，同更为广泛的社会功利内容相联系。普列汉诺夫引证达尔文的话说，在文明人那里，美的感觉是与许多复杂的观念联系着的。同时他还指出，这种联系在原始野蛮人那里也是一样地存在的。但是美的感觉与许多复杂的观念的联系究竟是如何发生的呢？达尔文不能回答这个问题。普列汉诺夫用历史唯物主义观点研究人的美感的形成，从而科学地指明，美的感觉与许多复杂的观念的联系，"正是社会原因制约着"。个人欣赏着美的对象，虽然并没有直接实用功利考虑而对对象产生愉快，但是这种愉快不能不与一定的复杂的社会观念相联系，因而也不能不决定于人的社会生活条件。"为什么一定社会的人正好有着这些

---

① [俄]普列汉诺夫：《没有地址的信·艺术与社会生活》，曹葆华等译，人民文学出版社1962年版，第145页。

而非其他的趣味,为什么他正好喜欢这些而非其他的对象,这就决定于周围的条件",正是"这些条件说明了一定社会的人(即一定的社会、一定的民族、一定的阶级)正是有着这些而非其他的审美的趣味和概念"。① 一个人对什么对象产生审美愉快、为什么会产生愉快,表面上看起来似乎没有什么自觉的功利考虑,实际上却不自觉地受到他所处的时代、民族和阶级的社会生活条件的决定和制约,是这一生活条件的客观必然的产物。所以,在美感的个人愉悦的心理形式中,已经不自觉地包含了时代、民族、阶级的客观的社会功利需要和内容。为什么在非洲的许多部落里,妇女在手上和脚上戴着沉重的铁环作为美的装饰品?为什么辛亥革命后有些满族贵族把提个鸟笼子整天坐茶馆当作最美的生活乐趣?为什么"弱不禁风"的上流社会的美人在乡下人看来一点也不美,且会给他造成不愉快的印象?为什么列宁那样喜爱贝多芬的乐曲、托尔斯泰的小说,却不能从表现派、未来派、立体派的作品中感到任何快乐?凡此种种,不都说明在个人美感愉悦的心理形式中,已经不知不觉、潜移默化地浸透了时代的、阶级的功利内容吗?

普列汉诺夫说:"人们是不顾任何实用的考虑而喜爱美的东西的。但是,个人完全无私地享受那些对种族(社会)十分有益的东西。"又说:"欣赏艺术作品,就是不顾任何有意识的利益考虑而欣赏那些对种族有益的东西(对象、现象或心境)的描绘。"② 人们在欣赏艺术美时,似乎只是为了娱乐、为了得到精神的愉快和享受,但是艺术作品都是通过具体形象对社会生活的反映,都是在形象中渗透着作家艺术家的思想感情的,因而艺术美也必然于形象之中蕴藏着深刻的社会意义和功利内容;同时,欣赏者又总是要以自己的立场观点、思想感情来欣赏艺术作品,对艺术形象做出主观的判断和感情评价,因而欣赏者通过艺术欣赏所产生的美感愉悦必然带有社会功利的性质。例如我们在阅读和欣赏《钢铁是怎样炼成的》《青春之歌》等作品时产生的愉悦,能说是非功利、超功利的吗?能说是和对象的社会功利内容以及主观的社会功利需要无关的吗?当然不能这样

---

① [俄]普列汉诺夫:《没有地址的信·艺术与社会生活》,曹葆华等译,人民文学出版社1962年版,第30、17—18页。

② [俄]普列汉诺夫:《没有地址的信·艺术与社会生活》,曹葆华等译,人民文学出版社1962年版,第124、125页。

说。只不过是这种社会功利需要和内容已经潜移默化地浸透在欣赏的愉悦的心理形式之中，往往并不为欣赏者所自觉地觉察。特别对于与直接受社会关系决定的社会美不同的自然美和形式美的欣赏，美感愉悦中的功利内容就显得淡薄、隐蔽，也十分概括、宽泛，因而更不能为欣赏者所直接把握，但是它们毕竟也是经由实用到审美的过渡的漫长历史进程的结果，其功利性质仍是可以由科学分析来阐明的。正如鲁迅所说："社会人之看事物和现象，最初是从功利底观点的，到后来才移到审美底观点去。在一切人类所以为美的东西，就是于他有用——于为了生存而和自然以及别的社会人生的斗争上有着意义的东西。功用由理性而被认识，但美则凭直感底能力而被认识。享乐着美的时候，虽然几乎并不想到功用，但可由科学底分析而被发现。所以美底享乐的特殊性，即在那直接性，然而美底愉乐的根柢里，倘不伏着功用，那事物也就不见得美了。"①

既然在美感的愉快中总是这样或那样地隐伏着社会功利内容，那就可知美感的愉悦作用和教育作用必然是互相统一的。美不只在感性形式，而尤在理性内容，它同真和善具有内在联系。狄德罗说："真、善、美是些十分相近的品质。在前面的两种品质之上加以一些难得而出色的情状，真就显得美，善也显得美。"② 从一定意义上说，美就是以具体形象表现的真和善，这从作为美的最高形式的艺术美中尤其可以得到证明。欣赏艺术美能够获得美感的愉快，根本上就是由于通过个别的、感性的艺术形象认识到真和善的普遍的理性内容，因而得到理智上的满足、思想上的启发，同时也得到情感上的陶冶。这样所引起的美感的愉快，必然是同教育作用结合在一起的。所以对于艺术美的欣赏，一方面是得到精神的愉快、美的享受；另一方面也就是得到理智的满足、思想的教育、情感的陶冶。只不过这种教育作用不同于科学的和道德的教育作用，是寓教育于愉悦之中，也就是在愉悦的心理形式中不知不觉地、潜移默化地受到教育。所以，美感的特点仍在于愉悦性和功利性、美感作用和教育作用不可分割的有机统一。

---

① 《鲁迅全集》第4卷，人民文学出版社1956年版，第207页。
② [法]狄德罗：《绘画论》，载文艺理论译丛编辑委员会编《文艺理论译丛》1958年第4期，第70—71页。

第二章 美感与感知

　　美感的意识活动，首先是美的认识。它包括美的欣赏和创造中所产生的感觉、知觉、表象、联想、想象以及理解、思维等心理活动，主要是一个形象思维问题。与美的认识相伴随，又有情绪和情感的心理活动，这样形成美的感受和感动，突出的是美感的愉快。这些心理因素在美感中以一定的结构方式互相联系、彼此渗透，构成了完整而统一的美感心理过程。就美感意识的整体来看，我们不能把其中任何一个心理构成因素孤立起来或抽离出来，因为其中任何一个因素如果脱离了与整体或其他因素的有机联系，都不可能使人形成真正深刻的美感。

　　从系统论的观点来看，由各种心理因素互相联系、互相依赖所形成的美感心理过程，是一个具有特定功能的有机整体。这个有机整体是一个系统，其中，整体的性质和规律只存在于组成它的各要素的相互联系、相互作用之中，而各组成部分孤立的特征和活动的总和不能反映整体的特征和活动方式。因此，我们必须把美感心理过程作为一个有机整体来对待。在考察它的各个心理构成因素时，也必须始终从部分与整体相互联系、相互依赖、相互制约的关系中来揭示它们的特征和活动规律。在前一章，我们已经对美感作为一种特殊的意识活动的整体的性质和规律作了概括的、粗略的考察。从本章开始，我们将对构成美感意识的基本心理因素分别加以研究，主要是结合美的欣赏和美的创造的经验，阐明它们在美感的有机整体中的作用、特点、相互关系、形成原因以及活动方式等，以便对美感的意识活动进行多侧面、多层次的深入考察，进一步揭示美感的意识活动的特殊性质和规律。现在，首先从美感与感觉、知觉的关系谈起。

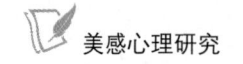

第一节　审美感官和美的感觉

美感一般是由美的对象作用于审美主体而引起的。审美主体对于美的对象的反映以感觉为起点；感觉是客观事物直接作用于人的感觉感官，在人脑中产生的对这些事物的个别属性的反映。感觉器官获得、选择、积累信息，是外界进入人的意识的唯一通道。列宁说："不通过感觉，我们就不能知道实物的任何形式，也不能知道运动的任何形式。"[①] 美作为客观存在，是以感性的形式呈现出来的。所以要认识美、反映美，如果不通过对美的对象的感性形式的感觉，是无法进行的。车尔尼雪夫斯基说："美感是和听觉、视觉不可分离地结合在一起的，离开听觉、视觉，是不能设想的。"[②] 美感意识活动不能脱离感觉，只有经过对美的对象的感觉才能形成美的认识和感动，所以感觉是美感经验中其他一切心理活动的基础。

在人的各种感觉中，具有审美作用并成为审美感受的基础的，主要是视觉和听觉。因此视、听两种感觉器官就被称作审美的感官。这一现象，古代美学家早就注意到了。柏拉图在《大希庇阿斯篇》中曾经详尽讨论过"美是由视觉和听觉产生的快感"的说法，并且把视、听所产生的快感同其他感觉所产生的快感作了比较，指出由视、听感觉所产生的快感才同美有关，而味、香、色欲之类感觉产生的快感则与美无关。不过，柏拉图没有说明何以视、听感觉产生的快感和美有关，并且最终又否定了他所讨论的命题。后来，新柏拉图派创始人普罗提诺又指出："美主要是通过视觉来接受的。就文辞和各种音乐来说，美也可以通过听觉来接受。"[③] 到了中世纪，托马斯·阿奎那肯定了审美涉及认识功能，并且明确指出视觉和听觉是专门的审美感官。他说："与美关系最密切的感官是视觉和听觉，都是与认识关系最密切的，为理智服务的感官。我们只说景象美或声音美，却不把美这个形容词加在其他感官（例如味觉和嗅觉）的对象上

---

① 《列宁全集》第 14 卷，人民出版社 1957 年版，第 319 页。
② ［俄］车尔尼雪夫斯基：《生活与美学》，周扬译，人民文学出版社 1957 年版，第 42 页。
③ 北京大学哲学系美学教研室编：《西方美学家论美学和美感》，商务印书馆 1980 年版，第 53 页。

去。"① 这一看法的值得重视之处是，它在肯定视觉和听觉为审美感官的同时，还提出了视、听觉之所以成为审美感官的原因在于这两种感觉具有认识功能，是"为理智服务的"，而其他感官如味觉、嗅觉则不具有这种特性。黑格尔也肯定了视、听两种感觉是"认识性的感觉"，只有这两种感觉才与艺术和审美有关。他说："艺术的感性事物只涉及视听两个认识性的感觉，至于嗅觉、味觉和触觉则完全与艺术欣赏无关。因为嗅觉、味觉和触觉只涉及单纯的物质和它的可直接用感官接触的性质，例如嗅觉只涉及空气中飞扬的物质，味觉只涉及溶解的物质，触觉只涉及冷热平滑等等性质。因此，这三种感觉与艺术品无关，艺术品应保持它的实际独立存在，不能与主体只发生单纯的感官关系。"②

为什么在人的所有感觉中，视觉、听觉有着特殊的审美作用，成为一切审美感受的主要的、决定性的基础呢？这当然和视、听两种感觉所具有的生理和心理特征有关。同触、味、嗅等其他感觉相比，视觉和听觉具有更大的感受范围，对于对象的感受最少受距离的限制。心理学家谢切诺夫指出，眼睛向深处和广处所观察的空间，远远超出只在近距离上起作用的触觉、味觉的范围，也超过嗅觉的范围。因为视觉作为一种光学工具，它的视野极为广阔，同时视网膜对光极为敏感，能看见离我们有几十俄里远的物品。不仅如此，人的视觉还超越了地球的界限，能感受到星球的光，它的感觉范围是任何其他感觉都不能比拟的。视觉在感受现实方面的优越性，使它在认识过程中居于首要地位。再者，视、听两种认识的感官具有特殊的反映外物的条件，能真实地反映外物本身的性质，使其成为认识的客观内容；而味觉、嗅觉虽然不能说不是认识的感官，但它不是完全地反映外物本身的性质，主观的改造要多些。触、味、嗅感觉对于客观世界的反映更多的是感性方面的，往往和直接的生理反应、物质需求相联系；而视、听感觉对于客观世界的反映则具有更多的理解作用，它更多地与理性认识相联系，以进到对客观世界的本质的认识，因而成为形象概括的最好的基础。它也因最少物质性，而往往与人的高级精神活动相关。费尔巴哈

---

① 北京大学哲学系美学教研室编：《西方美学家论美学和美感》，商务印书馆1980年版，第67页。
② ［德］黑格尔：《美学》第1卷，朱光潜译，商务印书馆1979年版，第48—49页。

说过，触觉、嗅觉、味觉"是肉体"，而视觉和听觉"是精神"①。车尔尼雪夫斯基也说："视觉不仅是眼睛的事情，谁都知道，理智的记忆和思考总是伴随着视觉，而思考则总是以实体来填补呈现在眼前的空洞的形式。"② 这都说明视、听两种感觉和理性认识以及精神性活动密切相关。心理学也证明，失去触觉、味觉（特别是触觉）的人感到对象似乎是一种虚幻的存在，缺乏最直接的感性经验的确证；而失去视觉、听觉（特别是视觉）的人，如果不借助教育（思想语言）的帮助，则感到对象不可理解。视觉、听觉所具有的这种理解作用以及它和理性认识的紧密联系，使它具有通过现象进一步反映客观世界的本质，以达到更深入认识的有利条件，具有特殊的形象概括的能力。因此，视觉和听觉就成了审美的感官，在审美感受和艺术活动中发挥着主要的、决定性的作用。视觉和听觉作为审美的感官成为审美感受的主要基础这一事实，说明美感具有感性与理性相统一的认识性质，是一种高级精神活动，而不是一种单纯的生理快感。

人对美的感受既是以视、听两种感官为主的，那么与美的对象相适应的视觉和听觉的感受能力，即"感受音乐的耳朵、感受形式美的眼睛"对于美感的形成便起着重要作用。马克思说："对于不辨音律的耳朵说来，最美的音乐也毫无意义，音乐对它说来不是对象，……因为对我说来任何一个对象的意义（它只是对那个与它相适应的感觉说来才有意义）都以我的感觉所能感知的程度为限。"③《淮南子》中也说："六律具存而莫能听者，无师旷之耳也。"这就是说，一定的美的对象要求有与之相适应的视觉或听觉的感受能力，才能欣赏和领略它的美。如果主体不具备这种审美感觉能力，那么对象对于他就不是引起美感的对象。各类美的对象的性质不同，它所要求的与它相适应的感觉能力也不同。"眼睛对对象的感受与耳朵不同，而眼睛的对象不同于耳朵对象。"④ 如果说欣赏音乐的美需要有较高的听觉的审美感受能力，那么欣赏绘画的美则需要有较高的视觉的审美感受能力。一个人与美的对象相适应的审美感觉能力越高，他在欣赏美

---

① [苏] Φ. 克列姆辽夫：《音乐美学问题概论》，吴启元等译，人民音乐出版社1983年版，第86页。
② [俄] 车尔尼雪夫斯基：《生活与美学》，周扬译，人民文学出版社1957年版，第53页。
③ [德] 马克思：《1844年经济学—哲学手稿》，刘丕坤译，人民出版社1979年版，第79页。
④ [德] 马克思：《1844年经济学—哲学手稿》，刘丕坤译，人民出版社1979年版，第79页。

时所获得的美感也就越强。

在美感中视、听两种感觉虽然起着主要作用，但其他感觉也不是完全不起作用的。例如欣赏雕塑，除了视觉外，触觉也具有一定作用。就感性感受方面来说，雕塑是光的艺术，是视觉的艺术。但是，由于雕塑的表现因素并不仅仅是明暗的对比，而且还有体积，所以也就完全可以用触觉来感受它。狄德罗曾指出："如果用练习的方法使触觉完美起来，那么触觉就可能成为比视觉更敏锐的感觉。……在盲人中间也可能有雕塑家，盲人也会抱着与我们相同的目的制造雕像。……用手触摸雕像时所产生的那种感觉，要比观看雕像时所产生的视觉更加鲜明，我对这一点也并不觉得怀疑。"① 狄德罗的见解已经被事实所证实。例如苏联盲聋人 O. N. 斯柯罗霍多娃在《我是怎样认识周围世界的》一书中，曾列举出她对雕塑作品有十分敏锐而精确的感受的许多事实，从而证实在对雕塑的艺术感受中她是用触觉代替了视觉的。在更多的情况下，触觉以及其他感觉不是单独地在审美中起作用，而是不自觉地、间接地参与视觉和听觉对美的对象的感受的。如漫步在春风送暖、鸟语花香的自然风景中，嗅觉、触觉可以结合在视、听感觉中，使人加强对自然美的审美感受。不过，嗅、味、触觉在审美中的这种有限的作用，无论如何不能代替视、听觉成为审美的主要感官。一切艺术的主要的感觉基础就是听觉和视觉，触觉、嗅觉和味觉都不能成为形成特殊艺术种类的基础。

人的美的感觉是在长期的社会实践中发展起来的人类特有的知识能力，它不是动物式的单纯的感觉活动，而是同人的意识、人的理性思维活动相联系的更深刻的感觉活动。费尔巴哈说："感官是人和动物共通的，但只有在人身上，感官的感觉从相对的、从属于较低的生活目的本质成为绝对的本质、自我目的、自我享受。只有人，对星星的无目的的仰望能够给他以上天的喜悦，只有人，当看到宝石的光辉、如镜的水面、花朵和蝴蝶的色彩时，沉醉于单纯视觉的欢乐；只有人的耳朵听到鸟儿的啭声、金属的铿锵声、溪流潺潺声、风的飒飒声时，感到狂喜；……因此，人之所以为人，就因为他的感性作用不像动物那样有局限，而是绝对的，是由于他

---

① ［苏］Ф. 克列姆辽夫：《音乐美学问题概论》，吴启元等译，人民音乐出版社 1983 年版，第 70 页。

的器官的对象不限于这一种或那一种可感觉的东西,而是包括一切现象、整个世界、无限的空间;而且他们常常追求这些,又仅仅是为了这些现象本身,为了美的享受。"① 这里,费尔巴哈正确地指出了人的感觉和动物的感觉的区别,指出了只有人才具有美的感觉。但是,人对美的感觉是如何形成的呢? 美的感觉同动物的感觉的本质区别究竟是什么呢? 对于这些,费尔巴哈却不能正确地予以回答。费尔巴哈只看到自然的人,却看不到人的社会性,看不到人的认识能力的发展对于社会实践的依赖关系。结果,他把人所特有的美的感觉看成是人天生所具有的一种直观的能力,这就在历史观上陷入了唯心主义。马克思批判了费尔巴哈脱离人的社会实践,孤立地、静止地考察人的感觉和认识能力的形而上学的观点,从辩证唯物主义认识论出发,在社会实践的基础上考察人的感觉和认识能力的形成和发展过程,从而使人的美的感觉的形成问题也得到了社会历史的科学解决。马克思指出:"五官感觉的形成是以往全部世界历史的产物。"② 人所特有的感觉不是单纯由自然界所赐予的,而是整个人类社会实践的成果;是在生产劳动中产生并在这个过程中发展的历史的产物。"人的眼睛和原始的、非人的眼睛得到的享受不同,人的耳朵和原始的耳朵得到的享受不同,如此等等。"③ 人的视觉和听觉作为审美感官所特具的美的感觉能力,同样是在生产劳动中产生和发展起来的。在劳动的推动下,和脑髓进一步发展的同时,人的感觉器官也进一步发展起来,逐渐脱离了动物的自然本能而且有了社会的性质。"鹰比人看得远得多,但是人的眼睛识别东西却远胜于鹰。"④ 人的感觉不只是局限于感知符合生物本能需要的事物的自然属性,而是较之动物更为宽广、丰富和深刻。在整个自然界,客观事物多种性能和特征都可以为人的感觉所反映。在改造客观外界的实践的基础上,人不断扩大、丰富自己的感性认识,并通过思维上升到理性认识,反映客观外界的规律性。这样,人就能使自己的感觉和理性直接统一起来,在对个别的现实现象的感觉中直接理解它的普遍性。正是在这样的基础之上,才形

---

① 北京大学哲学系外国哲学史教研室编译:《十八世纪末—十九世纪初德国哲学》,商务印书馆 1975 年版,第 551 页。
② [德] 马克思:《1844 年经济学—哲学手稿》,刘丕坤译,人民出版社 1979 年版,第 79 页。
③ 《马克思恩格斯全集》第 42 卷,人民出版社 1979 年版,第 125 页。
④ 《马克思恩格斯选集》第 3 卷,人民出版社 1979 年版,第 512 页。

成了人所特有的美的感觉。由此可见，人的美的感觉不是单纯的生理本能，而是同人的社会性相联系的，不是孤立的低级的感性认识活动，而是同人的理性思维相联系的。马克思说："感觉通过自己的实践直接变成了理论家。"① 就是说，在人类长期的社会实践中，人的感觉能力得到不断的改造和发展，这种感觉已不是仅仅作为认识起点、局限于单纯的感性认识的感觉，而是包含了丰富的社会实践内容的、渗透了理性认识的深刻的感觉。人对美的感觉就是这样的感觉。因此，"人的手才达到这样高度和完善，在这个基础上它才能仿佛凭着魔力似地产生了拉斐尔的绘画、托尔瓦德森的雕刻以及帕格尼尼的音乐"②。不仅手的感觉如此，在美的创造和欣赏中的其他感觉也都是如此。

在美感中，不仅美的感觉是形成美的认识的基础，而且由美的感觉所引起的感官的快适感受也是构成美感愉快体验的一个条件和因素。就美的欣赏来说，从欣赏一朵鲜花到欣赏一幅绘画，从聆听一阵莺鸣到聆听一支乐曲，伴随着对于审美对象的感性形式如色彩、线条、音调、节奏的感知，都会引起审美主体的"娱目""悦耳"等感官方面的快适感受。特别是在欣赏自然现象之美时，这种感官的快适感受在美感中起着很重要的作用，例如春天的繁花、秋夜的月光、莺歌燕舞、山清水秀……这些自然美景的色彩、光线、声音、形态均会使欣赏者感到快适惬意。试读白居易的《钱塘湖春行》："孤山寺北贾亭西，水面初平云脚低。几处早莺争暖树，谁家新燕啄春泥？乱花渐欲迷人眼，浅草才能没马蹄。最爱湖东行不足，绿杨荫里白沙堤。"诗中生动地描绘了西湖妙丽的春景和诗人轻松愉快的心情，水云相接，莺飞燕舞，花草迷离，绿杨盈堤，简直使人应接不暇，这种审美观赏就包含有较为突出的感官的快适的感受在内。此外，在艺术欣赏中，如绘画中色彩的鲜明、音乐中音调的和谐、舞蹈中身姿的婀娜、诗歌中韵律的铿锵等，也可以引起娱目悦耳之感。应该承认，美感的愉悦性质和这种感官的快适感受是有一定关系的。不过，审美中所获得的感官快适只是美感产生的一个条件和较低层次，它本身并不等于美感。正如对审美对象的感性形式的感知仅仅是美的认识的初步阶段一样，感官的快适

---

① ［德］马克思：《1844年经济学—哲学手稿》，刘丕坤译，人民出版社1979年版，第78页。
② 《马克思恩格斯选集》第3卷，人民出版社1979年版，第510页。

感受也仅仅是美感的情感感动的基础。由于在美感意识中对于对象美的感性形式的感知总是同对于对象美的内容的理解、思考、想象等理性因素结合在一起，所以美感中感官的快适感受也就不能完全脱离感情的感动而孤立存在。尽管由于不同的审美对象有不同特点，因而美感中感官的感受和感情的感动关系也不是完全相同的，但是一般说来，真正深刻的美感是不能只停留在感官的快感上的。随着美的认识的深入，美感的体验也必然由感官的快适感受进到感情的愉悦感动。

第二节 美感中知觉的作用和特点

在美感意识中，知觉是一个重要的心理因素。知觉是在感觉的基础上形成的，但它又不同于感觉。它不是对外界事物的个别属性的反映，而是对事物的各种属性、各个部分及其相互关系的综合的、整体的反映。在知觉中，脑中形成的不是事物的个别属性的孤立的映象，而是由各种感觉结合而成的具体事物的完整的映象。人在实际生活中很少有对事物孤立的感觉，而总是以知觉的形式直接反映事物的。在美感意识中，美的对象总是作为整体以知觉的形式在审美主体的头脑中呈现出完整的印象的。任何美的形象都是感性具体的，又是完整统一的，没有对于审美对象的知觉，就不可能把握对象的美的形象。例如月季花的美的形象，是由艳红的色泽、硕大的花瓣及其特殊排列方式而形成的一个完整统一体，人们必须以知觉形式反映它，才能欣赏它的美，才能产生审美感受。知觉是人脑的复杂的分析综合活动的产物，它一般是由多种分析器联合活动产生的。许多分析器的共同参与，反映出对象的多种多样的属性，才产生综合的、完整的知觉。不论是欣赏自然风景，还是欣赏艺术作品，往往都需要多种分析器的联合活动。在造型艺术、表演艺术和综合艺术的欣赏中，没有对于对象的知觉，就不能接受作品中塑造的艺术形象。在语言艺术的欣赏中，艺术形象虽然不能为我们的视、听器官所直接感知，但是通过语言描绘，欣赏者可以间接地感知到所描绘的形象。文学形象需要通过语言描绘，引起欣赏者相应的表象和想象，才能使其在欣赏者的脑海中复活起来，使欣赏者产生美的感受。而欣赏者由语言描绘所引起的表象和想象，仍然要以知觉经验为基础。"一道残阳铺水中，半江瑟瑟半江红。可怜九月初三夜，露似真珠月似弓。"白居易这首诗中用语言描绘的暮江景色，如果没有欣赏者对于残阳、江水、月夜等所知觉过的直接印象作为基础，就无法在欣赏者脑海中形成想象的形象。所以，欣赏语言艺术，也仍然要以对形象的间接感知作为基础。从这种意义上讲，一切美的感受都不能没有知觉的作用。

知觉虽然是在感觉的基础上形成的，但并不是各种感觉简单相加的总和。知觉对象是由许多部分组成的，各部分具有不同的特征，但是人并不把对象感知为许多个别的孤立部分，而总是把它知觉为一个统一的整体。在知觉中，客观对象的部分形成复合刺激物，大脑皮层对复合刺激物的各个组成部分及其相互关系进行分析和综合，并同过去的知识经验相联系，从而反映对象各种属性的关系，形成对象的完整形象。这就是知觉的整体性的特点。在美的感受中，对美的对象的知觉必然是整体性的。美的形象是由许多部分组成的有机统一体，由各个部分及其相互关系构成的整体结构体现着美的规律。如果离开了对象的整体结构，把对象感知为许多个别的孤立部分，那就不能认识和感受美的形象。印度诗人泰戈尔说过："采着花瓣时，得不到花的美丽。"① 鲜花的美是由花瓣组成的有机整体的花朵的形象显示出来的，如果只是感觉到一片片孤立分散的花瓣，而不能知觉到由各个花瓣组成的完整的花的形象，那就不能感受到鲜花的美丽。狄德罗说："当我声称一朵花美，或一条鱼美，我意味着什么呢？假如我孤立地考虑这朵花或这条鱼的话，我所意味的没有别的东西，不过是我在组成它们的各部分之间，看到了秩序、安排、对称、关系，因为所有这些字眼只是以不同方式来观察关系本身而已。"② 狄德罗认为对象的美不能脱离组成它的各部分之间的关系，因此要认识对象的美就要"观察关系本身"。从某种意义上说，这也就包含有对美的对象的知觉的完整性在内。实际上，人们对美的对象的知觉都不是孤立地知觉到它的各个部分，而是知觉到它的有机整体。如听一首乐曲，欣赏者并不是孤立地感知一个个音符，而是感知它的整体结构，即旋律及其组成的音乐形象。看一幅绘画，欣赏者也不是孤立地感知一块块色彩、一个个形体，而是感知它的个别形象和

---

① ［印］泰戈尔：《飞鸟集》，新文艺出版社1956年版，第24页。
② 北京大学哲学系美学教研室编：《西方美学家论美和美感》，商务印书馆1980年版，第134页。

整个构图。例如欣赏达·芬奇的名画《蒙娜丽莎》，欣赏者所知觉的并不是各个孤立的部分，而是由圆润柔和的脸庞、深情微妙的微笑、丰泽细嫩的双手等各部分有机统一而构成的美丽而典雅的女性形象。同时，这一形象又被她身后缥缈朦胧的山水衬景所烘托，因而显得更为突出、更为生动。所以，我们只有将整个人物形象以及她的背景作为一个有机统一的完整体来欣赏，才会感到整个画面构图和形象十分完美，而所得的美感也才更加强烈。

格式塔心理学通过对人的运动知觉的研究，认为视觉不是对客观对象各种要素的机械记录，而是对对象结构样式的整体的把握。一切心理现象都是完整的格式塔，是完形，不能人为地区分为元素。所谓格式塔，就是指通体相关的完整现象。完整的现象具有它本身的完整的特性，既不能割裂为简单的元素，其特性也不包含于任何元素之内。美国当代美学家鲁道夫将上述格式塔心理学的原理应用于视觉艺术的研究，十分强调审美知觉中的完整的特性。他认为，艺术是通过物质材料造成的完形结构来唤醒鉴赏者整个身心结构的反应。例如米开朗琪罗的《创造亚当》就是通过由线条、色彩、构图而造成的完形结构，而将这一特定事件的意义加以特征化的表观。因此，它在观众心灵中并不是"分别领悟的各种信息"，而是"产生一种活跃的关系"。虽然格式塔心理学关于心物、心身关系的同型论带有浓厚的思辨性，但是它对于知觉的完形的研究包含有辩证的合理因素，它也从一个侧面说明了美感中的知觉具有整体性的显著特点。

美的欣赏要顾及美的对象的整体结构和有机统一；艺术创作同样要注意作品的整体结构和有机的统一，具有美的特质的艺术形象都是有机统一的一个整体。作家艺术家对于艺术形象的构思和表现，只有从整体形象着手，注意形象的完整、统一，才能使之具有美的魅力。据郭若虚《图画见闻志》所载，著名画家吴道子在一幅《钟馗》的画中，描绘钟馗捉住一个小鬼，用右手的食指去挖小鬼的眼睛，笔力雄健，栩栩如生。五代时前蜀后主王衍很喜爱吴道子这幅画，经常把它挂在屋内。有一天，王衍召画家黄筌共同欣赏这幅画。他认为，画中的钟馗如果用大拇指去挖小鬼的眼睛，一定会显得更有力。于是，他叫黄筌将这幅画改画一下。黄筌受命之后，并没有改画，而另外画了一幅钟馗用大拇指挖小鬼眼睛的画献上。王衍问他为什么要另画，黄筌答道："吴道子所画钟馗，一身之力，气色眼貌，俱在第二指，不在拇指，以故不敢辄改也。"（（北宋）郭若虚：《图画见闻志》卷六）这说明，艺术家对于艺术形象的构思和表现，都是把它作为一个有机统一的整体来把握的。形象的部分和整体是处在有机联系之中的，部分的改变必然影响整体，所以不能任意挪动。西方美学从亚里士多德起就十分强调有机整体观念。亚里士多德甚至把有机统一作为区分美与不美、艺术与非艺术的一个标尺。他说："美与不美，艺术作品与现实事物，分别就在于在美的东西和艺术作品里，原来零散的因素结合成为一体。"① 在《诗学》中，他讨论史诗和悲剧创作，也着重谈到有机整体原则。如论述情节的整一性时说："情节既然是行动的模仿，它所模仿的就只限于一个完整的行动，里面的事件要有紧密的组织，任何部分一经挪动或删削，就会使整体松动脱节。要是某一部分可有可无，并不引起显著的差异，那就不是整体中的有机部分。"② 这就是要求在艺术作品中各部分要紧密衔接，按照必然联系组成一个有机整体。中国古代美学思想总结艺术创作经验，也很重视艺术的整体感，如主张艺术创作要意在笔先、气象浑成。唐代画论家张彦远论顾恺之用笔时说："顾恺之之迹，紧劲联绵，循环超忽，调格逸易，风趋电疾，意存笔先，画尽意在，所以全神气也。"③ 就是说，画家动笔之先，要全局在胸，既画之时，精神连贯，一气呵成，以"全神气"。如果胸中没有全局和整体，执笔边想边画，那就会影响"全神气"，破坏艺术形象的有机统一。苏轼称赞文与可画竹"必先得成竹于胸中"，而反对与此相反的"节节而为之，叶叶而累之"的画法。元代画竹名家柯九思题苏轼墨竹图，说苏轼画竹"自下一笔而上，然后点缀成节，自以为得造化生意"。如果从精神实质上看，这些论述都涉及艺术形象的有机统一和整体性问题。由此可见，艺术家要把形象当成一个完整的有机整体来构思，欣赏者也要把艺术形象当成一个完整的有机整体来欣赏，才符合美的创造和欣赏的规律。

---

① 北京大学哲学系美学教研室编：《西方美学家论美学和美感》，商务印书馆1980年版，第39页。
② ［古希腊］亚里士多德、［古罗马］贺拉斯：《诗学·诗艺》，罗念生、杨周翰译，人民文学出版社1962年版，第28页。
③ （唐）张彦远：《历代名画记》，载沈子丞编《历代论画名著汇编》，文物出版社1982年版，第39页。

知觉的另一特征是它的选择性。作用于人的感觉器官的客观事物是多种多样的，但人不能同时感知周围所有的事物，而总是有选择地以少数事物作为知觉对象，对此知觉得格外清晰。在美的欣赏中，欣赏者知觉的选择性非常突出。由于对象的美总是呈现于个别、鲜明、独特的感性形象之中，所以审美中的知觉也必然要注意观察和充分感受对象的感性面貌及其特点，力求使对象的感性面貌、细节以及特点获得鲜明的再现和充分的揭示。在作家和艺术家对于客观现实的美的认识中，对于对象的感性细节和特点的把握，得到极为充分的体现。福楼拜教他的学生莫泊桑如何写作时说："当你走过一个坐在门口的杂货商的面前，一位吸着烟斗的守门人面前，一个马车站的面前的时候，请你给我画出这杂货商和守门人的姿态，用形象化的手法描绘出他们包藏着道德本性的身体外貌，要使得我不会把他们和其他杂货商、其他守门人混同起来，还请你只有一句话就让我知道马车站有一匹马和它前前后后五十来匹是不一样的。"[①] 莫泊桑谈到自己的创作体会时也说："为形容草原的树或燃烧的火，我们要站在这个树或火焰前，直到我们觉得它不像别的树或别的火焰为止。"[②] 这就是讲在艺术创作中作家的美的感知要善于观察和捕捉对象的感性面貌的特征。许多作家都反复强调善于感受对象的特征是艺术创作必不可少的能力。高尔基说："要创造出这些'典型'人物的鲜明画像，只有在具有高度发达的观察力，善于发现类似之处，善于看到差别的条件下……才有可能。"[③] 歌德也指出，"艺术的真正高大的难关"，"就是对个别事物的掌握"，"艺术的真正生命正在于对个别特殊事物的掌握和描述"。他在和爱克曼的谈话中，劝爱克曼到附近乡村去仔细观察，努力"发现它的特征"，并且说："到了描述个别特殊这个阶段，人们称为'写作'的工作也就开始了。"[④] 在许多杰出的艺术家身上，这种善于把握对象感性特点的审美感受能力达到了极高的水平。例如法国著名雕刻家罗丹为作家雨果作雕像，雨果只答应给他做半个小时的模特儿，而罗丹在很短的时间内就迅速而准确地用素描和泥塑刻画出了雨果的特征。

---

① 参见文艺理论译丛编辑委员会编《文艺理论译丛》1958年第3期，第175—176页。
② [苏] 季摩菲耶夫：《文学原理》第一部，平明出版社1954年版，第60页。
③ [苏] 高尔基：《论文学》，孟昌等译，人民文学出版社1983年版，第194页。
④ [德] 爱克曼辑录：《歌德谈话录》，朱光潜译，人民文学出版社1980年版，第10页。

第二章 美感与感知

艺术家对现实的美的认识，必须充分感受被反映对象的感性细节和特征，否则就难以塑造美的艺术形象。欣赏者对艺术的欣赏，也必须充分感受作品中艺术形象的感性细节和特征，否则就难以领略艺术形象的美、获得深刻的美感。如初唐诗人张若虚的诗《春江花月夜》，一开始描写花月春江绚烂的景色：

> 春江潮水连海平，海上明月共潮生。
> 滟滟随波千万里，何处春江无月明。
> 江流宛转绕芳甸，月照花林皆似霰。
> 空里流霜不觉飞，汀上白沙看不见。
> 江天一色无纤尘，皎皎空中孤月轮。

这里描绘春夜月色，充满了许多为一般人所忽略的精细的形象内容，不但刻画细腻，而且表现了对象与众不同的特色。你看，明月从地平线上升起，人们从水边望去觉得它好似从浪潮中涌现；月渐升高，清光似随潮水从东海涌进江来，照彻四方；洁白的月光倾泻在遍生花草的原野上，使沐浴在月光中的花朵如粒粒雪珠。月亮升到高空，月色如霜，汀洲之上覆盖着月光，使得白沙也看不见了。在皎洁的月色中，江天一色，一望无垠，只有一轮孤月在空中运行。诗人把春江、春花、春月互相映衬加以描绘，突出了月光的圆满、皎洁，展现出春江月夜空阔、明丽、纯净、静谧的特殊境界。显然，如果我们在欣赏这首诗时，对形象的感性细节和特征没有充分的感受，那就难以深入体会它所描绘的春江月夜的美，鲜明地再现这首诗所描绘的美的形象。在艺术欣赏中，能否充分感知美的对象的富有特征的感性细节，是体现审美能力的一个方面。这与前面所说的从有机整体上感知形象不仅不相矛盾，反而是互为补充的。只有从有机整体上把握形象，才能更准确地感知形象的细节。反过来说，只有充分感知形象的细节，才能更全面地把握形象的有机整体。正如鲁迅所说："不但巨细高低，相依为命，也譬如身入大伽蓝中，但见全体非常宏丽，眩人眼睛，令观者心神飞越，而细看一雕阑一画础，虽然细小，所得却更为分明，再以

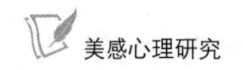

此推及全体，感受遂愈加切实。"① 总之，在美的知觉中，既要注意把握美的对象的有机整体，也要注意感受对象的感性细节，把这两方面结合起来，才能够更充分地揭示美的对象的感性形象的特征，领略和欣赏对象的美。

知觉不仅依赖于客观对象的刺激，也依赖于感知主体本身。进行感知的不是孤立的眼睛和耳朵本身，而是具体的活生生的人。感知者已有的知识和经验，他的个人特点，他对被感知事物的态度，他的兴趣、爱好、需要、情绪等，都对知觉产生了一定程度的影响。知觉对人的心理生活内容、对人的个性特点的依赖性，称为统觉。在美的知觉中，统觉现象表现得尤为突出。面对同一美的对象，由于审美主体状态的差异，会产生不同的知觉效果。审美主体过去的审美经验、文化艺术修养和知识，直接影响着对美的对象的知觉内容。一个具有丰富美感经验和艺术知识的人欣赏一幅绘画，其知觉内容和一个儿童的显然不同，他能知觉到儿童所看不到的细节和感性形象的丰富内容。审美主体情绪状态对美的对象的知觉内容也有很大的影响。情绪状态不同的人观赏同一自然景物，对景物的选择、感受和理解也会有所区别。《文心雕龙》所讲的"物以情观"，《姜斋诗话》所说的"情中景"，都和美感中统觉的心理特点密切相关。人在高兴时看到一切景物似乎都生机盎然，在悲哀时看到一切景物似乎都萧条冷落。审美主体的情绪、心境参与了知觉过程，往往使知觉的内容发生了改变。例如王勃《山中》："长江悲已滞，万里念将归，况属高风晚，山山黄叶飞。"诗人思归心切，所以望着滔滔长江却感到它像是凝滞不动；旅羁愁苦，因而看到秋景都是萧索冷落。再如秦观《踏莎行》："雾失楼台，月迷津渡，桃源望断无寻处。可堪孤馆闭春寒，杜鹃声里斜阳幕。"作者遭到贬谪，心情悲苦，所以看到的是孤馆春寒，听到的是杜鹃哀鸣，景物也因而显得格外孤独、寂寞、凄冷、哀愁。所有这些，当然都和主体的情绪、心境影响知觉过程有关。此外，知觉和理解、联想、想象等心理因素也密切相关，在美感的心理活动中，它们总是互相作用、互相制约的。

---

① 《鲁讯全集》第4卷，人民文学出版社1956年版，第104页。

第三节　美感中联觉的表现和作用

在美的感知中，审美主体的视觉、听觉以及其他各种感觉相互之间往往可以彼此打通，美的对象所直接引起的某种感觉能够与其他感觉相联系，从而使一种感觉具有唤起另一种感觉的作用，这就是美感中的联觉现象。欣赏绘画直接产生的是视觉形象，但欣赏者有时仿佛从画中听到了声音；欣赏音乐直接产生的是听觉形象，但欣赏者往往可以在听觉中产生视觉形象——这就是联觉的一种突出表现，即视觉和听觉的互相引起和彼此相通。人们常常用"洪亮""甜美""圆润"来形容歌唱家、戏曲表演家的嗓音，用"冷""暖"来区分绘画中的不同色彩。前者是听觉（嗓音）和视觉（亮）、味觉（甜）、触觉（圆润）的结合，后者是温觉（冷、暖）向视觉（色彩）的转移。这都是美的感知中联觉作用所形成的奇妙现象。

心理学认为，人类有机体分析器系统是相互联系的。"联觉是在刺激一个分析器的影响下产生另一分析器所特有的感觉。"① 也就是一种感觉兼有另一种感觉的心理现象。它是感觉之间相互作用的一种表现，各种感觉都可能形成联觉现象。在美的感知中，最普遍的联觉现象是听觉和视觉相互之间的联觉以及听觉、视觉和其他感觉之间的联觉。如前所述，审美的感官主要是听觉和视觉，因此这两种感觉引起的联觉现象在美的感知中也具有特别重要的作用。许多作曲家具有色听能力，即在声音影响下听觉引起了视觉。《礼记·乐记》上描写歌声说："故歌者，上如抗，下如队，止如槁木，倨中矩，句中钩，累累乎端如贯珠。"这就是说，歌声使人产生仿佛见到珠子般的感觉。孔颖达《礼记正义》解释这节文字说："声音感动于人，令人心想形状如此。"音乐作用于人的听觉同时引起了视觉形象，这在艺术欣赏中是相当普遍的心理现象。如韩愈《听颖师弹琴》描写琴声引起的视觉感受："浮云柳絮无根蒂，天地阔远随飞扬……跻攀分寸不可上，失势一落千丈强。"这和上面形容歌声仿佛具有珠子形状一样，都是在声音作用下"令人心想形状如此"。听觉不仅可以引起视觉感受，也可

---

① ［苏］彼得罗夫斯基主编：《普通心理学》，朱智贤等译，人民教育出版社1981年版，第266页。

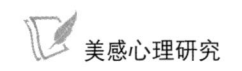

以引起其他感觉，如上面形容歌声"累累乎端如贯珠"，除了视觉印象外，还有圆润般的触觉感受。《牡丹亭·惊梦》中杜丽娘的唱词："生生燕语明如翦，呖呖莺歌溜的圆"，同样是听觉引起了视觉和触觉相结合的感受。

视觉引起听觉和其他感觉的联觉现象，在美的感知中也是较为普遍的。邹一桂《小山画谱》说："人有言，绘雪者不能绘其清，绘月者不能绘其明，绘化者不能绘其馨，绘人者不能绘其情，以数者虚而不可以形求也。不知实者逼肖，则虚者自出。故画北风图则生凉，画云汉图则生热，画水于壁则夜闻水声。谓为不能者，固不知画者也。"这里说到绘画的视觉形象可以引起"凉""热"的温度感觉，也可以引起听觉，并且指出正是凭借这种联觉作用，绘画才可虚实结合、以虚见实。在欣赏绘画时，眼睛直接看见的只是图画中光的形象，但依靠联觉也可以仿佛感觉到画中发出的声音。例如法国诗人、批评家戈蒂叶在一首诗中描写欣赏柯罗的名画《干草车》的感受："黄昏翻过近山，长驱直入，在辽阔的大地张开阴影和夜幕。晚霞还在如柠檬黄一样燃烧，天穹的红晕却已经褪了颜色。蝈蝈儿不再鸣叫，万籁俱寂。只听见远处流水潺潺，如泣如诉。一辆露水洗过的夜班马车，默默地在这昏睡的人世上奔驶。"这里既描写了通过视觉直接感受到的画中可见事物的形象，也描写了由联觉产生的听觉感受。

除了听觉和视觉所形成的联觉在美的感知中具有特别重要的作用以外，其他感觉之间的联觉在美的感知中也有一定的作用。罗丹在谈到维纳斯雕像时说过："抚摸这座像的时候，几乎会觉得是温暖的。"[①] 这就是触觉引起温度觉的联觉现象。

在美感的心理活动中，联觉的作用往往与知觉的整体性以及联想等心理现象互相联系在一起。知觉对象是由许多部分组成的，许多部分形成复合刺激物。复合刺激物可以作用于同一分析器，也可以作用于不同的分析器。当对象作用于不同的分析器时，这些分析器的神经兴奋便形成暂时的联系，以后如果对象的个别属性发生作用，作用于某一分析器，整个暂时联系系统便会同时再现，产生统一的现象。这就会形成一种感觉引起其他相关联的感觉的心理现象，产生联觉。方薰《山静居画论》论王石谷的画说："石谷《清贫贯河图》，气势浩瀚，沙黄日薄一望弥漫。画水随笔曲折

[①]《罗丹艺术论》，沈琪译，人民美术出版社1978年版，第31页。

卷去，如闻奔腾澎湃声发纸上。"看到画中奔腾翻卷的流水，引起与此相关的听觉感受，仿佛听到澎湃怒吼的水声，这显然和知觉的整体性有关。正因如此，画中描绘生动的花朵能使看画的人"闻见"馥郁的花香，音乐里模拟逼真的鸟鸣能使听音乐的人"看见"雀跃的景象，大理石的人体雕塑能使观看的人产生像触摸肉体似的质感。

作用于人的客观对象不仅是由许多部分组成的，而且这些部分彼此之间存在着一定的联系，这种联系反映在心理活动上就成为各个心理现象之间的联系，并且可以彼此互相引起，成为联想。这种联想的生理机制就是大脑皮层中的暂时联系，所以巴甫洛夫把联想称为"主观现象间的联系"。美感中联觉的作用，常和联想的心理现象结合在一起。《列子·汤问》记载："伯牙善鼓琴，钟子期善听。伯牙鼓琴，志在登高山，钟子期曰：'善哉，峨峨兮若泰山！'志在流水，曰：'善哉，洋洋兮若江河！'伯牙所念，钟子期必得之。"钟子期听到的是伯牙的琴声，却产生了巍峨的高山、浩荡的江水的视觉形象，这里既有联觉也有联想。李颀《听董大弹胡笳弄兼寄语房给事》描写听董大弹奏《胡笳》琴曲的感受："空山百鸟散还合，万里浮云阴且晴。嘶酸雏雁失群夜，断绝胡儿恋母声。"这里由琴曲而产生的视觉形象，也是和听者由琴声而引起的种种联想结合在一起的。杜甫《奉先刘少府新画山水障歌》描写欣赏一幅山水画的感受："悄然坐我天姥下，耳边已似闻清猿。"观赏着画中的奇山异水，感到好像重新置身于天姥山下的旧游之地，耳边仿佛听到清猿的啼叫。这种由视觉唤起的听觉感受，也是和通过联想、回忆到以前曾有的生活经验相联系的。让·米勒的名画《晚钟》，以大地上落日的景色为背景，描绘了中止劳作、以虔敬的姿态站着的两个农民。虽然画中无法表现出晚钟的声音，但是欣赏者根据画面和标题可以唤起对于以前曾有过的类似生活经验的回忆和联想，与此相联系也会产生联觉，从而感受到图画的空间仿佛充满了晚钟的声音。

在美的欣赏和艺术创作中，联觉具有不可忽视的作用。首先，借助于联觉的作用，有助于使艺术形象感受的有限性和无限性统一起来，从而克服各类艺术在物质手段上所带来的局限。我们知道，各类艺术由于运用不同的物质表现手法塑造艺术形象，给予审美主体的感受方式是不同的。例如绘画通过色彩、线条、明暗塑造直接作用于视觉的形象，音乐通过音响、旋律塑造直接作用于听觉的形象，雕塑以物质实体性的形体塑造作用于视觉和触觉的形象等。如果从艺术的物质手段和给予审美主体感受的方式来看，那么各类艺术在反映现实和作用于人的感受方面都有一定的局限。绘画不能描绘在时间上流动的音响，音乐也不能表现在空间上存在的物体；前者不能直接诉之于听觉，后者不能直接诉之于视觉。其他艺术也几乎都有类似的局限，甚至组成部分最多的各种综合艺术，也无力把人们所感觉到的现实中的一切方面都表达出来。但是，在艺术形象的媒介和感受方式上受到一定局限的各种艺术，可以借助于联觉在一定程度上克服这种局限。由于联觉作用，人的各种感觉之间可以彼此相通。直接诉之于视觉的绘画并不止于视觉的作用，直接诉之于听觉的音乐也不止于听觉的作用，这就使各种艺术能够间接地表现出该种艺术由于媒介和感受方式局限而不可能直接表现的感觉因素，使艺术中直接的感觉形象和间接的感觉形象能够互相结合，艺术形象感受的有限性和无限性能够得到统一。费尔巴哈指出："一切艺术都是诗，但是，在一定意义上同样也可以说，一切艺术是音乐、雕塑术、绘画术。诗人也是画家，虽然并不是用手，而是用头脑；音乐家也是雕塑家，只不过他使他的形象沉浸于空气之流动着的元素中，然后，这个形象的印象，再经过听者的各种相应的运动，就可以有形有体地显示出来了；画家也是音乐家，因为，他不仅描绘出可见对象物给他的眼睛所造成的印象，而且，也描绘出给他的耳朵所造成的印象；我们不仅观赏其景色，而且，也听到牧人在吹奏，听到泉水在流，听到树叶在颤动。"[①] 借助于联觉，不仅扩大了欣赏者对艺术形象的感受范围，丰富了形象感受的内容，而且还能使媒介和感受方式不同的艺术之间彼此相通，发生内在联系。建筑不仅以其可视性的形体直接诉之于视觉，而且由于建筑材料的符合规律的结合，能给人以韵律和节奏的感觉，这就使静止的建筑艺术与节奏感显著的音乐之间产生了内在联系，以致有的艺术家把建筑称为"凝固的音乐"。各门艺术在形象感受上彼此相通，既有利于艺术家从不同艺术比较中更好地掌握艺术的共同规律，增强艺术感染力，也有利于欣赏者从不同艺术联系中加深对艺术形象的美学价值的领会，提高艺术欣赏能力。

[①]《费尔巴哈哲学著作选集》上卷，荣震华等译，生活·读书·新知三联书店1959年版，第323页。

其次，从艺术创作来看，联觉有助于艺术家对现实的美形成丰富、独特的感受，构思出鲜明、生动的艺术形象。特别是在语言艺术中，由于运用联觉来塑造艺术形象，表现作者对现实美的独特感受，往往可以使艺术形象产生一种特殊的美的魅力。作家根据语言善于表达各种感觉之间联系的特点，在运用语言塑造形象时，常采用描写联觉的语言，以充分描绘事物不同寻常的状态，表达出对于事物特有的主观感受，从而创造一些新颖别致的艺术形象。"红杏枝头春意闹"（宋祁：《玉楼春》），用"闹"字形容杏花的繁盛，把杏花的无声姿态和色彩说成好像有声音的波动，仿佛在视觉里获得了听觉的感受。"风随柳转声皆绿"（严遂成：《满城道中》），用"绿"字来形容春风的和煦，把春风吹过大地时无色的声音说成好像受到绿色的薰染，仿佛在听觉里获得了视觉的感受。"色静深松里"（王维：《过青溪水》），用听觉上的"静"字来描写深净的水色；"寒磬满空林"（刘长卿：《秋日登吴公台上寺远眺》），用温度感觉上的"寒"字来描写清远的磬声；"哀响馥若兰"（陆机：《拟西北有高楼》），用嗅觉上的"馥"来描写哀婉的乐声；如此等等，都是描写一种感觉兼有另一种感觉，表现出诗人对事物的新颖独特和深刻细腻的感受。以联觉为基础而形成的比喻、象征手法，在古今中外文学作品中也是常见的。朱自清的散文《荷塘月色》中的写景名句："塘中的月色并不均匀，但光与影有着和谐的旋律，如梵婀玲上奏着的名曲。""微风过处，送来缕缕清香，仿佛远处高楼上渺茫的歌声似的。"这里，作者用听觉上的乐曲、歌声来比喻视觉上的光与影和嗅觉上的荷花的清香，不仅显得新颖奇特，而且颇耐人寻味。它把描绘客观景物和抒发主观感受巧妙地融为一体，从而形成一种十分鲜明又十分含蓄的意境，表达了作者对于月色荷塘之美的丰富而独特的感受，增强了艺术形象的美的魅力。

第三章 美感与联想

在美感心理活动中,联想是一种重要的因素。联想是在感知和表象的基础上产生的,但它与理解和形象思维关系密切,因此它在感性与理性相统一的美的认识中起着不可忽视的作用。本章着重探讨美感中联想的具体作用和表现形式。

第一节 美感和联想的关系

联想这种心理现象很早就被古代哲学家所注意。柏拉图和亚里士多德都明确谈到过联想问题,并且初步提出了三大联想定律——相似律、对比律和接近律。现代心理学认为,联想是回忆的一种形式,引起联想的根源是客观事物之间的相互联系及其在人脑中的反映。由于客观事物是相互联系着的,所以它们在人脑中的反映也是相互联系着的。其中某些对象和现象的再现,可以引起另一些对象和现象的再现。比如看到梅花,会想起陆游的咏梅词,也会想起坚强不屈的性格;感到春天来了,会想到百花盛开,也会想到生活的繁荣。这种由当前所感知的事物而回忆起相关的另一事物,或由想起的一件事物又想起另一件事物的心理活动,就是联想。根据巴甫洛夫条件反射学说,联想是神经中已经形成的暂时联系的复活。"暂时神经联系乃是动物界和我们人类本身最一般的生理现象,而且它同时又是心理学者称之为联想的心理现象,……这二者完全是融合一片、彼此互为吸收并完全是同一种东西。"[①]

美感和联想的关系究竟如何呢?这是美学史上有争议的一个问题。一种看法认为,美感和联想有必然联系。英国经验派哲学家霍布斯、洛克都

[①] [苏]巴甫洛夫:《巴甫洛夫选集》,吴生林等译,科学出版社1955年版,第154页。

非常强调联想的作用。霍布斯是联想主义心理学的创始人，他把人的一切心理活动都归结为两种基本的作用，即感觉和联想。因此他用观念联想来解释想象、虚构和一般的审美活动。洛克在霍布斯思想的基础上，提出了"观念的联想"。他认为由于观念的联想，类似的各种观念可以变化多端地结合起来，从而在想象中形成一些愉快的图景，这就是用联想来解释美感经验。实验派美学的创始人费希纳也很强调美感和联想的密切联系。他提出的关于美感的六个基本原理中，就有"美的联想的原理"。按照他的解释，美感有两种不同的要素，一种是美的印象的直接要素，如对象的色彩、形态等；但仅靠这些要素还不能构成完全的美感，于是还需要加上由过去经验再生的联想要素，如对象的内容、意义等。两种要素融合同化成为一体，就形成完全的美感。费希纳曾称美学有一半是建立在联想的原理上的，可见他对美感中联想的作用极为重视。

另一种看法则否认美感和联想的联系。这主要是形式主义美学的看法，其始祖是康德。康德把美分为"自由美"和"附庸美"两种。自由美"不以对象的概念为前提，说该对象应该是什么"，它是为自身而存在的美。例如花是自由的自然美，因为一朵花究竟是什么，除了植物学家以外，很难有人知道。就是知道花是植物的生殖器的人，当他对花作鉴赏判断之时，他也顾不到这种自然的目的。又如希腊风格的描绘、框缘和壁纸上的簇叶饰等，它们本身并无意义，并不表示什么，不是在一定概念下的客体，所以是自由美。"附庸美"则不然，它要"以这样的一个概念并以按照这概念的对象底完满性为前提"，所以是有条件的美。例如一个人的美、一匹马或一座建筑物的美，便都是以一个目的的概念为前提的，因此仅是附庸美。按照康德对于趣味判断的规定，趣味判断不涉及欲念利害、不涉及概念、不涉及明确目的，而只是对象的形式和主体的心理功能相契合所引起的一种愉快的感受。所以，在康德看来，只有在判断自由美即单纯判断对象的形式时，趣味判断才是自由的、纯粹的。一旦涉及附庸美，也就要涉及目的、概念，涉及对象的内容意义，那么趣味判断便不再是一种自由的、纯粹的判断了。凡联想都会由对象的形式本身旁迁到对象的内容意义，涉及对象的目的、概念、效用，所以因联想而见到的事物的美当然就不是自由的美，而有联想的趣味判断当然也就不是纯粹的趣味判断。康德这种形式主义美学观点对近代西方美学和艺术产生了极大的影响，到了克罗齐，便提出形象的直觉说。他认为在审美中，直觉除形象之外别无所见，形象除直觉之外也别无其他心理活动可以见出。因此，美感经验中人们只是聚精会神于一个孤立绝缘的意象上，不旁迁他涉。而联想则最易使精神涣散，注意力不专，使心思由孤立的意象本身移到事物的内容意义以及和其他事物的关系上去，所以也就自然和美感是不相容的。"比如见到梅花，把它和其他事物的关系一刀截断，把它的联想和意义一齐忘去，使它只剩一个赤裸裸的孤立绝缘的形象存在那里，无所为而为地去观照它，赏玩它，这就是美感的态度了。"[①] 如果因梅花引起联想，就会破坏聚精会神观赏孤立绝缘的形象，当然也就破坏了美感。以上诸说，都是否认联想在美感中的作用的。

关于美感和联想关系的上述两种看法，可以说代表着两个极端。一种看法只看到美感和联想的联系，而忽视了二者之间的区别；另一种看法则只承认美感和联想的区别，而否认二者之间的联系。因此它们都是带有片面性的。

美感和联想的联系是不能否认的。在美感中，联想不仅是一种最常见的心理现象，而且对于形成美的认识、增强美感具有一定的作用。形式主义美学认为美就是形式，因而审美也就是对于形式本身的孤立绝缘的观赏，不能有联想加入。这显然是错误的。美虽然表现于形式，但并不仅仅是形式，而是形式和内容、现象与本质的有机统一。作为美的反映的美感意识活动，不只是简单地、机械地感知对象美的外在形式和感性现象，而必然涉及对象美的内容意义和本质规律，涉及对象与其他事物的关系。联想反映着客观事物之间的相互联系，它既和对美的对象形式的感知有关，也和对美的对象内容的理解有关。借助于联想，不仅能使审美对象呈现于感知中的形象更加鲜明、更加生动，而且能使所感知的形象中的内容更加丰富、更加深刻。这就使美感经验不只是停留在对对象的感性形式和形象的直接地、简单地感受上，而且能够间接地、深入地感受到较之直接呈现于感知的感性形式和形象更多的内在意义。即使是像康德所提到的色彩、线条、形体、声音等方面的形式美（它属于康德的所谓自由美），人们对它的审美感受也不是完全可以排除联想的。一定的色彩、形体、声音等感

---

① 《朱光潜美学文集》第 1 卷，上海文艺出版社 1982 年版，第 14 页。

性形式的感知所引起的人的不同的审美感受和情绪，往往借助于联想建立起来。虽然这种联想表现得十分错综复杂、曲折隐蔽，甚至人们在具体的审美活动中不一定能自觉地意识到它，但是它是存在着的。可以拿色彩的感受作为例子。歌德曾把颜色区分为两类：一类是阳性的或积极的颜色，即黄、红黄、黄红；另一类是阴性的或消极的颜色，即蓝、红蓝、蓝红。他指出，前一种颜色呈现一种"积极的、活跃的和奋斗的"姿态，而后一种颜色则适合于一种"不安的、柔和的和向往的"情绪。至于绿色，歌德说它给人以"一种真正的满足"，因为它使眼睛和心灵得到"休息"，"人们不想再做进一步的探讨，也不能再前进一步"。这些不同色彩所引起的人的不同感受和情绪，显然已经大大超过了从色彩的感性自然形式上所直接感觉到的东西。作为自然形式的色彩本身不可能有"积极""活跃""奋斗""不安""柔和""向往""满足""安静"等性质，它是将色彩同一定的自然事物和一定的社会生活现象互相联系起来的结果，而要反映和建立这种关系，就少不了联想的作用。车尔尼雪夫斯基说："赤与黄刺激眼睛，青与绿慰藉它。然而，它们的美感作用是因它们肖似什么物象而异。赤色是血的颜色，当血液全涌上脸上时的狂热的颜色，也是愤怒的颜色——它有刺激性，同时也是可怕的；绿色是植物的颜色，丰茂草地的颜色，叶满繁枝的颜色——它使人想起植物界的宁静而茂盛的生活。淡青是明朗天空的颜色，它给人以宁静而愉快的印象。"[1] 当然，人们对形式美所产生的联想远不止车尔尼雪夫斯基讲得这么简单、明确、具体。形式美本身具有抽象、概括的特点，人们在审美中所产生的联想也就具有宽泛的、不确定的性质，而且和人的感知已经融为一体，以至于人们在欣赏形式美时不用经过自觉的联想，仅凭感知就能产生由于联想作用而形成的审美感受。

在自然美和艺术美的欣赏中，联想的作用更加明显、突出。在自然美的审美鉴赏中，审美者不仅可以由所感知的自然对象联想到另一个自然事物，而且可以由自然对象联想到有关的社会现象、人的性格和思想感情。"床前明月光，疑是地上霜，举头望明月，低头思故乡。"（李白：《静夜思》）诗人由皎洁的月光而联想到霜，由明月照彻天宇而联想到遥远的故

---

[1] ［俄］车尔尼雪夫斯基：《美学论文选》，缪灵珠译，人民文学出版社1959年版，第121页。

乡。不论是作为自然美的审美观赏，还是作为艺术形象的美的创造，这首诗都突出地表现出联想的作用。"水光潋滟晴方好，山色空蒙雨亦奇。欲把西湖比西子，淡妆浓抹总相宜。"（苏轼：《饮湖上初晴后雨》）这首赞美西湖景色的著名绝句，同样显示了联想的作用。诗人由西湖水光山色的美丽联想到典型的中国美女西施的美，正如西施不论是淡妆还是浓抹都是很标致的一样，西湖也是在任何情况下都极其美丽的。这一建立在联想基础上的贴切、生动的比喻，不仅表达出诗人对西湖的强烈的美感，而且赋予了这首诗的艺术形象以特有的美的魅力。欣赏自然美中的联想活动，使美的感知的内容得到充分扩充，使自然和人、客体和主体在美的欣赏和艺术创造中达到了有机统一，它对于增强和深化观赏自然的美感、对于实现自然美向艺术美的转化都起着不可忽视的作用。艺术创作中的借景抒情、比兴手法以及拟人化等，都是同联想这种心理活动密切相关的。

  在艺术欣赏中，欣赏者的联想活动可以使他感受到艺术形象所没有直接表现也不必直接表现的内容，从而更好地领会艺术形象的丰富内涵，把握艺术形象的审美价值。齐白石所画的鱼、虾，虽然画面上不见水纹，但欣赏者能通过鱼、虾游动戏乐、气韵生动的形象，联想到它们是活动在清澈的水中的。观赏者的欣赏所得也不局限于直接感知到的几只鱼虾，而是感受到了大自然生命的自由和生机。画家在画中只画一个干了的莲蓬，配上一只蜻蜓，几道微波，看画的人便能感受到秋天的爽朗和明净；只画一根被微风吹动的钓丝，下面几条淡淡的被钓饵所吸引的小鱼，看画的人也能感受到晚风的凉意和观鱼者的闲适。欣赏者由这些画面所联想到的空间，较之画面本身要广阔和深厚得多。他们由直接感知的形象出发，感受到了没有直接出现在画面上却和画面上的形象有密切联系的东西。在电影中，我们经常看到一些带有象征、比喻和暗示意义的镜头，如以波涛汹涌的大海象征激情，以熊熊燃烧的烈火象征愤怒，以排山倒海的巨浪象征无穷的力量，以高耸入云的青松象征崇高的品德，等等，都是以引起观众相应的联想活动作为心理基础的。马尔丹说："在电影中，运用象征是意味着采用这样一种画面形象：它能够启发观众的地方要远比简单看到的明显内容所能提供的多得多。因此，在这一点上，我们可以说，电影画面既有一种明显内容，也有一种潜在内容，……第一种内容是直接的、可以鲜明地看到的，而第二种内容（虚拟的）则由导演有意赋予画面的或观众自己从中看到的一种象征意义所组成的。"① 观众在观看这些具有象征意义的画面时，只有借助于联想，才能使画面的明显内容和潜在内容统一起来，从而受到形象的思想和艺术的感染。爱森斯坦在影片《十月》中运用了一组精彩的隐喻和象征镜头：冬宫被包围了，但是我们没有看到什么战斗场面，我们只看到阿美乐尔巡洋舰发出的第一炮。紧接着，我们就看到宫殿里华丽的枝形水晶吊灯在晃动。这个镜头充分表现了这盏水晶吊灯的富丽堂皇的气派，它那千百只闪闪发光、耀人眼目的水晶，不能不使人联想到皇冠。这显然是沙皇无上威严的一个象征，但是它在晃动，表现出一种巨大的震动，其中似乎代表着俄国整个贵族阶级和资产阶级的惊慌失措的心情。灯的摆动幅度越来越大，天花板出现了裂纹，接着，这盏富丽堂皇的精致的水晶吊灯终于轰然落地。我们在观赏这些镜头时，要理解其中象征的意义就必须借助于联想。

在文学欣赏中，联想的作用尤其不可忽视。诗的微妙往往在于联想的微妙。我国古代许多优秀诗作都是以含蓄、精练的语言，把浓厚的思想感情浓缩在几个精妙的形象中的，读者若不能对这些形象作联想，就难以领会诗的真谛，当然也就不会得到深刻的审美感受。例如李商隐的《无题》："相见时难别亦难，东风无力百花残。春蚕到死丝方尽，蜡炬成灰泪始干。晓镜但愁云鬓改，夜吟应觉月光寒。蓬山此去无多路，青鸟殷勤为探看。"这首诗抒发了主人公在暮春时与所爱女子别离的伤感和别后悠长、执着的思念。其中三、四两句已成为古今传诵的名句。作者着重写离别相思之情，但并非直写，而是运用象征手法，以蚕丝象征情思、以烛泪象征别泪。春蚕到死才停止吐丝，蜡烛燃尽才停流烛泪，形象地比喻了对爱情执着和至死不渝的感情。诗人运用联想才能将思念悲切之情寓于蚕丝、烛泪的形象之中，欣赏者也需运用联想才能由此及彼，感受到形象之中所表达的真情实意。

强调美感和联想的联系，肯定联想在美的认识中的作用，并不意味着美感和联想没有区别。美感中虽有联想，但美感不单以联想为其特质。经验派和实验派美学家认为，美感就是感觉和联想的结合，联想即是美感，这是不符合实际的。实际上，并不是一切联想都可以形成或增强美感的。

---

① ［法］马赛尔·马尔丹：《电影语言》，何振淦译，中国电影出版社1982年版，第70页。

联想和美感毕竟还是两回事，联想并不是美感所特有的。作为美感心理因素的联想和一般联想是有一定区别的，其中最主要的一点就是，审美中的联想必然与审美对象所引起的美的意象融为一体，而且联想到的经验本身也必须是美感的。例如欣赏音乐《春江花月夜》，欣赏者由音乐所联想起的种种情景与音乐本身所引起的意象应该是融为一体的，联想到的情景作为美的意象的一个有机组成部分同样是富有美感的。只有这样的联想才和美感有必然联系，才能起到增强美感的作用。乌申斯基指出，由于人对于某些事物的联想而引起对于某些事物的回忆，如果这些联想和回忆的具体内容是美好的东西，那么就会引起美好的愉悦的内心情感，这也就是美感。可见联想和美感是既有联系又有区别的。

第二节 美感中联想的表现形式

联想按照它所反映的事物间的关系不同，有接近联想、相似联想、对比联想等各种形式。在美感中，各种形式的联想都有作用，其中又以相似联想的作用更为普遍和显著。

接近联想是由某一事物的感知和回忆，引起对和它在空间、时间上接近的其他事物的回忆。在美的欣赏和艺术创作中，接近联想比较常见。例如李白《宣城见杜鹃花》："蜀国曾闻子规鸟，宣城还见杜鹃花。一叫一回肠一断，三春三月忆三巴。"诗人在宣城见到美丽的杜鹃花，联想到在蜀时常见的子规鸟。杜鹃花盛开的时节，正是子规鸟啼叫的时候。这时间上的接近使诗人产生了接近联想，引起了他对蜀中故地的回忆和眷念，形成一种特有的美的感受。又如陆游《沈园》："城上斜阳画角哀，沈园非复旧池台。伤心桥下春波绿，曾是惊鸿照影来。"诗人重游沈园，看到桥下绿波荡漾的春水，回想到过去在这里遇见唐琬时水中曾经映照过她那姿态轻盈的美丽的影子。这是由于空间上的接近而产生的联想。俄国作家列维坦有一幅著名的风景画《弗拉基米尔克》，画的是荒野上一条坎坷不平的小路在乌云笼罩下，一直伸向西伯利亚远方，人们在欣赏这幅画时，自然会想到经过这条小路被沙皇流放到西伯利亚的革命者。这是空间上的接近使欣赏者产生了接近联想，因而"看到了"画面上看不见的东西。事物在空间上的接近和时间上的接近往往是互相联系的，因此美感中的接近联想常兼有时间、空间接近两种因素。毛泽东同志的《浪淘沙·北戴河》，前半阕描写北戴河壮阔的风光："大雨落幽燕，白浪滔天，秦皇岛外打渔船。一片汪洋都不见，知向谁边？"诗人由风雨中白浪滔天的大海，联想到在大海上与风浪搏斗的渔民，既表达了对渔民的深切关心，也表现了对渔民的高度赞扬。这种联想既是由于空间上接近，也是由于时间上接近。下半阕怀古抒情："往事越千年，魏武挥鞭，东临碣石有遗篇。萧瑟秋风今又是，换了人间！"诗人由眼前北戴河的壮观景象，联想到一千多年前魏武帝曹操曾在这一带挥鞭策马进军，想到曹操在向东登临碣石山时写下的壮丽诗篇，想到那诗中"秋风萧瑟，洪波涌起"的句子。然后又由曹操的诗句联想到眼前的景色，虽然"秋风萧瑟，洪波涌起"的景色依旧，可是社会已经变换，人民作了主人，和曹操那个时代已经完全不同了。这一系列联想，抚今追古，由古思今，既有空间上的接近，也有时间上的接近，用古今对比，热情歌颂了祖国所发生的翻天覆地的变化，充分抒发了喜悦和豪迈的心情。

相似联想是由某一事物的感知和回忆，引起对和它在性质上或形态上类似的事物的回忆。相似联想反映着事物间的相似性和共同性，它是暂时联系的泛化或概括化的表现，它与形象思维的概括作用密切相关。一般的比喻、象征、拟人等修辞和艺术手法，从心理基础上看也都是相似联想。所以，这种联想形式在美的欣赏和艺术创作中表现得极为普遍，所起的作用也特别突出。我国古代诗歌中的"比、兴"的表现方法，作为审美活动和艺术思维活动来看，就是以相似联想作为心理基础的。朱熹《诗集传》说："比者，以彼物比此物也"，"兴者，先言他物以引起所咏之词也"。"比"是比喻的意思，由于两物有一定的相似性和共同性，所以能够引起相似联想，能够比喻。"兴"是起兴，用一物来引起情思及所咏之事，实际上也是一种比喻，不过它不是"比"那样的明比，而是一种暗比。"兴"也是建立在因起兴之物同引起的情思和所咏之事有一定的相似性与共同性而产生相似联想这一基础之上的。刘勰《文心雕龙·比兴》说："诗人比兴，触物圆览。物虽胡越，合则肝胆。拟容取心，断辞必敢。""合则肝胆"，就是说比、兴中的不同事物必有像肝胆般类似相合之处；"拟容取心"，就是指比、兴手法的运用必以事物间形貌想象、意义相近为基础，这其实都与相似联想有关。释皎然《诗式》也说："取象曰比，取义曰兴，义即象下之意。凡禽鱼草木人物名数，万象之中义类同者，尽入比、兴。"这就更明确地指出了比、兴是事物之间"义类同"所引起的联想作用。"芙蓉如面柳如眉"，"直如朱丝绳，清如玉壶冰"，"日出江花红胜火，春来江水绿如蓝"等，这些比喻中的事物的类似点是易于见出的。"关关雎鸠，在河之洲。窈窕淑女，君子好逑。"这是用雎鸠这种鸟来起兴。雎鸠有一定的配偶而不乱，故以之暗比淑女具有贞洁的品德，这仍然是一种类似联想。

美的欣赏和艺术创作中的相似联想，有的是由于这一事物和那一事物在形态上有某些相似或相近而形成的。"余霞散成绮，澄江静如练"（谢朓：《晚登三山还望京邑》）；"江作青罗带，山如碧玉簪"（韩愈：《送桂州严大夫》）；"微阳下乔木，远烧入秋山"（马戴：《落日怅望》）；等等，都是用比喻来写景，比和被比的事物之间在形状、颜色、质感等方面具有相似之处，因而形成相似联想。白居易在《琵琶行》中用了一系列的比喻来描写琵琶弹奏的音乐："大弦嘈嘈如急雨，小弦切切如私语。嘈嘈切切错杂弹，大珠小珠落玉盘。间关莺语花底滑，幽咽泉流冰下难。"这都是用各种事物发出的声息（雨声、私语、珠落玉盘声、鸟声、泉声）来比喻"嘈嘈""切切"的琵琶声，即由于声音状态、质感上的相似而引起的联想。段玉裁称赞后两句说："莺语花底，泉流冰下，形容涩滑二境，可谓工绝。"所谓涩、滑，就是指声音质感上的相似。不但自然事物与自然事物之间可因形态上相似而形成相似联想，自然事物与人的思想感情之间也可以因形态上的相似而形成相似联想。"忧端齐终南，澒洞不可掇。"（杜甫：《自京赴奉先县咏怀五百字》）"问君能有几多愁？恰似一江春水向东流。"（李煜：《虞美人》）"试问闲愁几许？一川烟草，满城风絮，梅子黄时雨。"（贺铸：《青玉案》）第一例以山比喻愁，形容愁绪像终南山那样高；第二例以水比喻愁，形容忧愁像一江春水那样无穷无尽；第三例以特殊的自然景象比喻愁，形容愁思之多，正如黄梅时节满河烟雨迷蒙，满城飞絮飘荡。这些基于相似联想的比喻，把感情的状态、程度都刻画得分外鲜明、生动、强烈、典型。

美的欣赏和艺术创作中的相似联想，也有的是由于这一事物和另一事物的性质有某些相似或相近而形成的。诗歌中运用自然事物形象以比喻人的精神品质和社会生活，或运用自然事物形象起兴以引起人的思想感情和所咏的社会事物，主要就是由于比、兴中的自然事物形象同人的思想感情和社会事物之间在性质上有类似之处，因而构成联想。屈原《橘颂》借描写橘树以赞美人的高尚品德："受命不迁，生南国兮。深固难徙，更壹志兮。绿叶素荣，纷其可喜兮。""精色内白，类可任兮。""淑离不淫，梗其有理兮。"赋中歌颂橘树"受命不迁""深固难徙""绿叶素荣""精色内白""淑离不淫，梗其有理"等，都是比喻人的坚贞不移、心怀洁白、善持己行、刚正不阿等节操，故王逸注云："美橘之有是德故曰颂。"陈毅同志诗《题西山红叶》："西山红叶好，霜重色愈浓。革命亦如此，斗争见英雄。"诗人由经霜后的红叶色泽更浓，联想到在艰苦斗争中锤炼出来的英雄人物，这是因为二者在性质、特征上有类似之处。高尔基的《海燕》通过歌颂敢于迎接暴风雨并在暴风雨中自由翱翔的海燕，来歌颂无产阶级英勇战士的大无畏革命精神的美，也是二者在性质、特征上的类似而引起的相似联想。

这种由自然事物和人的精神品质在性质、特征上相类似而形成的相似联想，不仅表现在诗歌和文学作品中，而且在绘画等艺术中也相当普遍。郑板桥的《竹石图》，通过描绘屹立在岩石中的翠竹，来表现人的坚韧不拔的精神美。画上题诗云："咬定青山不放松，立根原在破岩中，千磨万击还坚劲，任尔东西南北风。"这与其说是赞美翠竹，不如说是赞美人的志节。徐悲鸿的《奔马》，用腾空飞奔的马的雄伟形象来歌颂人民的革命斗争及其取得的伟大胜利。画中题曰："山河百战归民主，铲尽崎岖大道平。"画中马的形象实际上体现着作者讴歌革命胜利的思想感情。这都是由于画家所描绘的自然形象和所表现的人的精神品质、思想感情之间具有性质、特征上的类似而形成的联想。正如蔡若虹所说："人们欣赏自然，赞美自然，往往结合着生活的想象和联想；自然风物的特点，往往被看作人的精神拟态。人们赞美山的雄伟，海的壮阔，松的坚贞，鹤的傲岸，同时也赞美着与自然特点相吻合的人的精神。"[1]

由性质上的类似引起的相似联想和由形态上的类似引起的相似联想，在美感中往往是互相结合在一起的。比如茅盾在《白杨礼赞》中描写由观赏西北高原上的白杨树所引起的美感的联想："当你在积雪初融的高原上

---

[1] 参见《人民日报》1960年9月28日第7版。

走过，看见平坦的大地上傲然挺立这么一株或一排白杨树，难道你就只觉得它只是树？难道你就不想到它的朴质，严肃，坚强不屈，至少也象征了北方的农民？难道你竟一点也不想到，在敌后的广大土地上，到处有坚强不屈，就像这白杨树一样傲然挺立的守卫他们家乡的哨兵？难道你又不更远一点想到，这样枝枝叶叶靠紧团结，力求上进的白杨树，宛然象征了今天在华北平原纵横决荡，用血写出新中国历史的那种精神和意志？"这里，作者由白杨树联想到北方的农民、守卫家乡的哨兵和民族解放的伟大精神，当然主要是由于白杨树"是虽在北方风雪的压迫下却保持着倔强挺立的一种树"，它的傲然挺立和坚强不屈在性质上和被联想的人的精神品质极相类似。但是，白杨树"笔直的干，笔直的枝"，"桠枝一律向上，而且紧紧靠拢"，其形态上的这些特点和被联想的人与事（哨兵、团结上进的精神）不是也有着类似之处吗？自然事物的性质和它的外在形态往往是相联系的，所以由自然事物联想到社会人事的类似而形成的美感的联想，常常是既有性质上的相似，又有形态上的相似，很难加以严格区别。

由于自然事物和人的精神品质在性质或形态上的类似而产生的美感的联想，具有通过自然事物的富有特征的鲜明形象，以赞美人的精神品质、寄托人的思想感情的突出特点，所以它在形象思维活动中往往起着较为显著的作用。许多以自然景物为描绘对象的艺术创作，能够将自然景物和人的思想感情、精神品质有机统一起来，将它们熔为一炉加工改造、集中概括，形成个别和一般、形象和思想、自然和人、客观和主观高度统一的典型化的意象，就是和这种美感的联想作用密不可分的。上面提到的高尔基作品中的海燕的形象，茅盾作品中的白杨树的形象，郑板桥绘画中的翠竹的形象，徐悲鸿绘画中的奔马的形象，还有如屈原诗词中的南国橘树的形象，郭沫若诗中炉中煤的形象，毛泽东诗词中梅花的形象……这些典型的美的形象的形成，不都是美感的相似联想的杰出成果吗？不过应当说明的是，由自然事物和人的精神品质类似而产生的美感的联想，虽然可以创造出艺术美的典型形象，却不是造成自然美的原因。有些人把美感和艺术中这种联想活动称作"自然的人化"，并据以说明自然美的本质即是这种"自然的人化"的结果。这显然是要用人的联想作用和美感意识去规定自然的美，实际上就是否定自然美是一种客观存在。事实上，自然并非由于欣赏者将它和社会人事进行类似联想才有美，欣赏者的美感的联想倒是由自然事物本身的美所引起的。只是在这种联想中,所反映的已不是单纯的自然美,而是将自然美的感受和社会美的感受联系和统一起来了。

对比联想是联想的又一种形式,它是由某一事物的感知和回忆,而引起和这一事物具有相反特点的其他事物的回忆。对比联想既反映事物的共性,又反映事物相对独立的个性。在美的欣赏和艺术创作中经常出现的对比、反衬就是和对比联想有密切联系的。元好问《颍亭留别》:"寒波淡淡起,白鸟悠悠下。怀归人自急,物态本闲暇。"诗人看到寒波淡淡、白鸟悠悠,由这种悠闲的物态联想到正在归途之中的人的急迫心情,从而用物态的闲暇反衬出归人的焦急。孟浩然《春晓》:"春眠不觉晓,处处闻啼鸟。夜来风雨声,花落知多少?"诗人在春日晴晓听到鸟声阵阵,心情喜悦,由此而联想到夜雨中飘落的花朵,心情无限惋惜,两相对比,更加体现了作者对春日美景的疼爱之情。正如美感中的相似联想往往是以情感为中介一样,美感中的对比联想也常常是以情感为中介的。乌申斯基指出,它是由诗意情感所揭露的诗意的对立,因而联想和情感始终是互相渗透、互相作用的。

第三节 美感的移情现象和联想作用

在以自然景物为对象的美的欣赏和美的创造活动中,还有一种值得注意的现象,即被西方某些美学家称为"移情"的心理作用。"菡萏香销翠叶残,西风愁起绿波间","有情芍药含春泪,无力蔷薇卧晓枝","山舞银蛇,原驰蜡象,欲与天公试比高"等,在这些由自然景物所引起的美感意识活动中,本来没有感觉和感情的自然景物,反映在主观意识中,却好像具有了人的感觉、感情、意志和活动,这就是所谓"移情"现象。移情现象实际上就是在反映自然景物时,在人的意识中所产生的一种拟人化的现象,并没有什么特别难以理解之处。不过,由于一些西方美学家(特别是心理学的美学家)对这种心理现象从唯心主义观点出发作了歪曲的解释,所以成了一个在美感心理研究中有待澄清的问题。我们不同意心理学的美学家里普斯等人对移情现象的唯心主义的解释,但是并不否认在美感意识活动中存在移情现象。科学地说明移情现象产生的心理基础及其在审美和

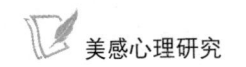

艺术创作中的作用，是揭示美感心理活动规律的一个重要问题。①

美感中的移情现象是如何产生的呢？移情说的提倡者认为，它是欣赏者的主观意识情趣"移入"或"外射"到客观事物上的结果，是将人的主观感情客观化为客观事物的属性，而客观事物的美即是由这种移情作用形成的。这种说法从根本上颠倒了主观和客观、美感和美的关系，否认了移情这种心理现象是根源于客观现实，是对客观现实反映的结果。和对移情现象的这种唯心主义的理解相反，唯物主义者从意识、心理是客观现实的反映的科学观点出发，认为在人的美感意识中所产生的移情心理活动，也是意识对于客观事物的主观反映所产生的结果。列宁说，感觉是客观世界，即世界自身的主客映象。人的一切意识都是客观世界的主观映象，是以客观为基础的主客观的统一。在美感意识中，人对于客观对象的反映不是消极的、直观的，而是积极的、能动的。在反映过程中，人的思想感情等主观条件是起作用的。人的主观感情是由客观现实引起的，它归根到底是由人的社会物质生活条件所决定。但是，在美感意识中，由客观现实所引起的主观感情又可以反作用于对审美对象的认识和反映。审美中的移情现象就是在审美主体反映审美对象的过程中，审美主体方面的感情作用于审美对象的联想的一种表现，是美感中情感和联想相互作用的结果，是联想的一种特殊的表现形式。

在移情现象中，审美主体方面的情绪和情感对于审美对象的反映所起的作用，必须通过对于审美对象的联想和想象来实现。在审美活动中，对客观对象的联想和想象可以唤起情绪记忆，引起相应的复杂情绪和情感活动；同时，审美主体的情绪和情感活动又会推动对客观对象的联想和想象，并且影响和制约着联想和想象的心理趋向，使联想和想象中渗透着情绪和情感的色彩。这种情绪、情感、联想和想象的相互作用，表现在对自然景物的审美反映过程中，就成了移情现象产生的心理基础。高兴时觉得花欢草笑，悲哀时感到云愁月惨，惜别时蜡烛可以垂泪，兴到时青山亦觉点头……这些都是在审美主体的情绪和情感作用下，审美主体对客观对象

---

① "移情作用"，德文作"Einfuhlung"，英文作"Empathy"。这里仅是借用美学上通用的这个术语来称我们所说的"拟人化"的心理现象，以便对这种现象做出科学解释，并不是赞同"移情说"。对里普斯等"移情说"的批判，详见本书后文。

产生的特定的联想和想象的结果。意大利美学家缪越陀里在论述诗歌表现移情现象的形象是如何形成时指出："想象力受了感情的影响，对有些形象也直接认为真实或逼似真实。诗人的宝库里满满地贮藏着这类形象。……想象力把无生命的东西看成有生命的东西。情人为他的爱情对象所激动，心目中充满了这种形象。例如他的热情使他以为自己和意中人作伴调情是世界上最大的幸福，一切事物，甚至一朵花一棵草，都旁观艳羡，动心叹气。……这种幻想是被爱情颠倒的想象所产生的。诗人的想象产生了这种幻觉，就把它表现出来，让旁人清楚地看到他强烈的爱情。"[1] 缪越陀里认为，在诗的形象中，无生命的自然景物好像成了有生命的东西，具有人的感情和性格，主要是因为"想象力受了感情的影响"。诗人的感情和想象力（联想、想象）相互作用和结合，使诗人在联想和想象中产生了一种充满感情的幻觉。"譬如我们看见一道清溪在风光明媚的地方流过，蜿蜒无极，就想象溪水爱上了这片花香草绿的胜地，舍不得和它分离。"[2] 缪越陀里的这种看法是有道理的。后来，英国艺术批评家罗斯金在分析诗中由移情现象所形成的形象时，也把它称为"感情的幻想"。实际上，他们所说的都是诗人的感情如何作用于对自然景物的联想和想象，已经接触到产生移情现象的心理活动的奥秘。

在美感活动中，联想的形式是多种多样的，并非任何联想都可以在感情的作用下产生移情现象。与移情现象关系密切的主要是相似联想。审美主体的情绪和情感对于审美对象的反映所产生的影响作用，主要也是通过相似联想来实现的。相似联想在高级神经活动的生理基础上是条件联系的泛化。巴甫洛夫说："如果我们对任何一个乐音形成条件反射时，那么不只其他的乐音，而且许多其他的声音也都引起同一的条件反应来。这在高级神经活动生理学上叫作条件反射的泛化。"[3] 又说："条件联系的泛化是符合于我们称为类似联想的。"[4] 自然对象在人的美感意识中之所以会产生

---

[1] 中国社会科学院外国文学研究所外国文学研究资料丛刊编辑委员会编：《外国理论家作家论形象思维》，中国社会科学出版社1979年版，第21页。

[2] 中国社会科学院外国文学研究所外国文学研究资料丛刊编辑委员会编：《外国理论家作家论形象思维》，中国社会科学出版社1979年版，第21页。

[3] ［苏］巴甫洛夫：《巴甫洛夫选集》，吴生林等译，科学出版社1955年版，第155页。

[4] ［苏］巴甫洛夫：《巴甫洛夫选集》，吴生林等译，科学出版社1955年版，第161页。

移情现象，大部分是由于自然现象的特征和人的感情、性格、活动存在着某种相似或相近之处，它们在人脑中引起同一的条件反应，形成条件联系的泛化。这种以条件联系的泛化为基础的相似联想，在人的感情作用下最易于形成移情现象。"夜莺在歌唱""杜鹃在哭泣""云破月来花弄影""菊残犹有傲霜枝""弱柳从风疑举袂，丛兰泹露似沾巾""数峰清苦，商略黄昏雨"等，都是在审美主体感情的作用下，根据自然事物的特征与人的感情、活动、性格的相似而形成的相似联想。郭熙论及画家对自然景物的观察时说："真山水之烟岚，四时不同：春山艳冶而如笑，夏山苍翠而如滴，秋山明净而如妆，冬山惨淡而如睡。"① 恽格也说："春山如笑，夏山如怒，秋山如妆，冬山如睡。四山之意，山不能言，人能言之。"② 烟岚笼罩的山本来无情可言，但在画家的眼中成了如笑如怒如妆如睡的有情之物，四季之山完全拟人化了。这显然是作为审美主体的画家以饱含感情的态度去观赏自然景物，因而在反映自然景物时，由四季山岚的状貌、特征引起对类似的人的情态、动作的联想的结果。不过，在这种类似联想中，情感使得唤起联想的事物与被联想的事物之间具有了更大的必然联系，因而往往消失其联想的独自的内容，于是自然事物的形象特征与人的感情、意志、活动在欣赏者的意识中完全融为一体，欣赏者便似乎感觉到自然事物本身也有了感情和活动。

　　对移情现象的产生具有最直接关系的一种心理活动是"内心情感的联想"。内心情感的联想是由于"内心情感的联系，两个表象联系着正由于它们二者在我们心中引起相同的内心情感"③。这种联想的突出特征是，受人的内心情感的支配，联想中表象的联系和推移主要以联想者的情绪和情感为中介，从而在联想中渗透着更为浓厚的感情色彩。这种联想形式本身就直接体现了感情和联想的相互作用和统一，是审美和艺术创作中表现得极为普遍的一种心理活动。不但移情和拟人化现象，而且隐喻、象征等表

---

① （宋）郭熙：《林泉高致》，载沈子丞编《历代论画名著汇编》，文物出版社1982年版，第67页。
② （清）恽格：《南田论画》，载沈子丞编《历代论画名著汇编》，文物出版社1982年版，第329页。
③ ［苏］К. Д. 乌申斯基：《人是教育的对象》第1卷，李子卓等译，科学出版社1959年版，第243—244页。

现手法，都和这种联想形式有密切的关系。乌申斯基说："内心情感的联想，严格地说，这种联想包括在对立联想与相似联想之内。假如诗人看出海的啸声和人们的吼声相似，诗人从明亮眼睛中看见闪电的光辉，从树林发出的声音中听到诉泣，从美妙生动的风景画中看到微笑，等等，在实质上这不过是相似的联想，但这种相似不过不是由理性揭露的，而是由人的诗意情感揭露的而已。群众的语言充满了这种联想，从它们形成了许多语言上的隐喻表现，例如'风的怒吼'，'海的呼啸'等等，大部分民间神话也是建筑在这种联想之上，民间诗篇也从这里取得丰富和源泉。离群的白天鹅和嫁在异国的女儿相联系起来，诸如此类联想使人民语言满布着如鲜花一般的隐喻，并赋予语言以生命和美丽。"[1] 这里，乌申斯基明确指出：内心情感的联想实质上也是一种相似联想，不过它的特点是联想中表象的相似和联系，不是由理性揭露的，而是"由人的诗意情感揭露的"。同时，他还把诸如海的呼啸、风的怒吼、树林在诉泣、风景在微笑等表现于语言或创作中的移情现象，都看成是内心情感的联想所形成的结果。这对于我们探讨移情现象形成的心理基础是很有启发的。实际上，美感意识中许多移情现象都是通过审美主体的内心情感，将自然现象的某些特征和与它相类似的人的性格特征加以联想而产生的。陈毅同志的《红梅》诗："隆冬到来时，百花迹已绝。红梅不屈服，树树立风雪。"风雪中树树盛开的梅花和革命者置身逆流、坚贞不屈的品格，通过诗意情感的揭露，唤起了共同的内心情感，于是由内心情感的联想，便形成了"红梅不屈服，树树立风雪"的移情现象。

在移情现象中，自然景物的特征之所以能和人的类似感情、性格、活动相联系而形成联想和想象，主要是由于感情的推动和作用。所以美感的移情现象对于客观现实的反映，不是像镜子照物象式的对于审美对象的简单直接的反映，而是通过感情作用和折射对于审美对象的复杂的能动的反映。面对特定的审美对象，审美主体究竟移什么情、如何移情，既要受到客观对象本身的特征的制约，又要受到主观感情的性质的支配。审美主体的主观感情固然也是由自然对象的特征引起的，但根本上是由审美主体的

---

[1] [苏] К. Д. 乌申斯基：《人是教育的对象》第 1 卷，李子卓等译，科学出版社 1959 年版，第 253 页。

社会生活条件决定的,是反映着审美主体所处的社会生活条件的。所以不能把移情现象说成是"自然的社会性"的反映,而只能说成是审美主体的社会条件影响对自然对象的反映的结果。审美主体的社会生活环境和条件不同,会引起不同的心境,形成不同的情绪和情感,因而在观赏自然对象时,也就会产生不同的联想和想象,赋予对象以不同的感情、性格和情调。"徘徊枝上月,空度可怜宵"是一种移情,"落月摇情满江树"又是一种移情;"数峰清苦,商略黄昏雨"是一种情调,"青山意气峥嵘,似为我归来妩媚生"又是一种情调。明月、青山作为自然景物,本来不会有感情上的变化,但它们在不同的审美主体的美感意识中成了不同的移情对象,涂上了不同的感情色调,这完全是由审美主体心情的作用和影响决定的。不仅不同的审美主体由于心情不同可以产生不同的联想和移情,就是同一审美主体也会因心情的变化不同而形成不同的联想和移情。列夫·托尔斯泰在《战争与和平》中,描写安德烈公爵在田庄中先后两次看到橡树时的心理活动。第一次正当他失去爱妻,心情苦闷,对生活感到绝望的情况下,他看到那棵大橡树所产生的感受和联想是:"它生有不匀称地伸出的不好看的大胳臂,又生有多结节的手和指头,它像一个古老的、严厉的、傲慢的怪物一般站在含笑的桦树中间。只有点缀在树林中间的死样的、常绿的枞树,还有这一棵橡树,不肯对春天的魔力屈服,既不注意春天,也不注意阳光。……在这棵橡树下面,也有花有草,但是它站在它们中间,依旧板着脸,僵硬、丑陋、冷酷。"显然,这种联想所产生的移情是受安德烈当时苦闷、孤独、冷淡、绝望的心情支配的,橡树的形象实际上也就是他的这种心情的写照。第二次安德烈再看到这棵大橡树时,他的心境已经发生了很大的变化。在这段时间中,他已经结识了充满青春活力的少女娜塔莎,萌发了对她的爱意,对生活也有了新的希望。所以,他对橡树的感受和联想就是另一个样子:"那棵老橡树,完全变了样子,展开一个暗绿嫩叶的华盖,如狂似醉地站在那里,轻轻地在夕阳的光线中颤抖。这时那些结节的手指,多年的疤痕,旧时的疑惑和忧愁,一切都不见了。透过那坚硬的古老的树皮,以至没有枝子的地方,生出了令人无法相信那棵老树会生得出的嫩叶。"原来看来好像对春天无动于衷的橡树,现在却"如狂似醉地"享受着春天的欢乐,"旧时的疑惑和忧愁,一切都不见了"。这并不是由橡树本身的变化引起的,而是由安德烈主观心情的变化造成的。

第三章 美感与联想

自然对象的现象特征本来是多方面的、丰富多彩的，审美主体的感情活动更是复杂的、千变万化的，由此而造成的审美的联想和移情也必然是千姿万态、变化无穷的。在真正艺术家的美感意识中，每一个移情的形象都可以说是一个独特的发现和创造。

美感的心理活动虽然并不是必然要有移情作用，也不是任何移情作用都和美感有关，但在美感意识中往往会有移情现象相伴随，却是一个不可忽视的事实。移情现象作为审美中感情作用的一种形式，只是一种发生在人的意识内部的心理过程，它绝不像里普斯提倡的移情说所主张的那样，可以改变客观的审美对象，创造自然美。但它可以改变主体自身的审美感受，直接影响美的欣赏和艺术美的创造。在移情作用中，主体的感情活动和对象的形象特征通过联想和想象达到了高度统一，二者完全融合为一体，以至于自然对象直接表现着情感，情感也直接寓于自然对象之中。这对于进行形象思维，形成主观和客观、情和景、个别和一般相统一的美的意境；对于创造比现实事物的美更为理想、更为强烈、更富有情趣的艺术美，都可以产生一定的作用。"把酒送春春不语，黄昏却下潇潇雨"，"过尽千帆皆不是，斜晖脉脉水悠悠"，"晓来谁染霜林醉，点滴是离人泪"……这些情意纤浓、情景交融、形象鲜明、意境隽永的诗句，作为美感中移情现象的凝结，读来不是更令人陶醉吗？在柯罗的名画《阵风》中，被暴风压迫的大橡树如同背负重担、突然遇雨的贫妇一样，为雷雨将至的恐怖所占据，同时却又用它那疙疙瘩瘩的树干和枝杈抵抗着狂风的袭击，显示了不可屈服的意志。由于移情作用，画中的橡树形象不仅典型地再现了自然景物的特征，而且融入了画家美好的情感和精神状态，这种富有情趣和理想的艺术美当然是自然美所无法比拟和代替的。在艺术美的创造中，移情作为形象思维的方法，能使思想感情在形象中得到鲜明有力的体现，因而成为艺术体现和传达思想感情常用的手法。如雪莱的《哀歌》：

  狂风呵，你在高声哀呼，
  悲痛得不成歌声；
  风呵，你使阴沉的云雾
  整夜都在敲丧钟；
  暴风雨，你流泪也枉然，

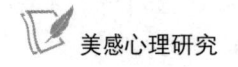

>　　枯树呵，你高伸出枝干，
>　　幽暗的洞，凄凉的平原——
>　　哭吧，为世上的暴政！

　　诗中几乎全用移情手法，让狂风暴雨、云雾枯树、大地山川都带上哀痛的感情，从而对世上的暴政作了最有力的控诉。由此可见，在形象思维活动中，移情对于形象地表现思想情感实在具有不可忽视的作用。

第四章　美感与想象

在美感心理活动中，想象是最重要的构成因素之一。想象虽然以表象为基本材料，不脱离感性认识，但是具有分析综合作用和理性认识因素。在美感心理中，想象和形象思维具有内在联系，在形象思维和美的认识中具有突出的地位，对于意象的典型化，即美的观念的形成，起着必不可少的作用。本章将结合美的欣赏和美的创造过程，具体分析美感中想象的重要作用、主要种类和突出特点，并且结合想象活动阐明欣赏的美感和创作的美感间的联系和区别。

第一节　想象在美感中的作用

想象属于认识过程，它和联想既有联系又有区别。联想是由当前所感知的事物回忆起有关的其他事物，是在神经中已经形成的暂时联系的恢复；想象则是在头脑里改造记忆中的表象从而创造新形象的过程，也是过去经验中已经形成的那些暂时神经联系进行重新结合的过程。想象和联想虽然都以表象为基本材料，但是想象的表象与记忆表象是不同的。记忆表象基本上是过去感知过的事物形象的再现；而想象的表象则是新的、没有直接感知过的事物的形象，是经过加工改造的。想象最突出特点就是新形象的创造。

不论是美的欣赏还是美的创造，都需要想象活动的参与。在艺术欣赏中，审美主体需要根据语言和其他物质手段的描绘在头脑中形成没感知过的人物和景物的形象。岑参诗云："北风卷地白草折，胡天八月即飞雪。忽如一夜春风来，千树万树梨花开。"没有见过塞外风光的人读了这诗句，头脑中就会想象出一幅与此相应的塞外冰天雪地的奇丽景色。没有接触过封建社会贵族家庭生活的人读了小说《红楼梦》，也能想象出大观园中一幅幅钟鸣鼎食、珠光宝气的生活情景。在艺术创作中，艺术家需要独立地想象出现实中不存在的或根本不可能存在的人物和事物的形象。例如画家描绘新的画卷，作曲家谱写新的乐章，文学家创造新的人物典型等，都是人们在美感活动中、在头脑中改造已有表象而创造新形象的过程，体现了丰富的想象活动。

想象在美感中的作用之所以显得重要，是和想象作为心理过程的特性密切相关。在认识过程中，想象可以说是感性认识和理性认识互相联系的中介。一方面，想象和思维密切联系着，像思维一样能进行分析综合，具有理性认识的性质，并且像思维一样是对客观现实的超前反映，能使人预见未来；另一方面，想象又是以表象作为基本材料，是组织起来的形象（表象）系统，它始终保持着表象的可感性、具体性、形象性，因而也就不是抛弃感性认识。想象的分析和综合不同于抽象思维中的分析和综合，抽象思维的分析、综合是以概念为基本形式的逻辑推理；想象的分析、综合则是对表象进行加工改造以形成新形象。想象的这种特性使它和形象思维有着内在联系，而和抽象思维则有着明显区别。正是在这个意义上，高尔基说："想象主要是用形象来思维。"① 想象的心理特性和美的欣赏、艺术创作的心理活动规律正相适应，它是美感心理活动必不可少的构成因素。黑格尔说："真正的创造就是艺术想象的活动。这种活动就是理性的因素，就其为心灵的活动而言，它只有在积极企图涌现于意识时才算存在，但是要把它所含的意蕴呈现给意识，却非取感性形式不可。所以这种活动具有心灵的内容（意蕴），但却把这种内容放在感性形式里，因为这种内容（意蕴）只有放在感性形式里，才可以被人认识。"② 歌德也说："想象是我们精神本质里的第四个主要功能：它以记忆的方式去补助感觉；它以经验的方式为理解提供世界观；它为理性观念塑造或发明了形象……透入一切的、妆饰一切的想象，不断地愈吸收感觉里的养料，就愈有吸引力；它愈和理性结合，就愈高贵。到了极境，就出现了真正的诗。"③ 这就说明想象既不脱离感性认识，又具有理性认识因素；既有表象作为基础，

---

① ［苏］高尔基：《论文学》，孟昌等译，人民文学出版社1983年版，第160页。
② ［德］黑格尔：《美学》第1卷，朱光潜译，商务印书馆1979年版，第50页。
③ 中国社会科学院外国文学研究所外国文学研究资料丛刊编辑委员会编：《外国理论家作家论形象思维》，中国社会科学出版社1979年版，第34—35页。

又与思维相联系。在美的欣赏和艺术创作中，人的感性认识和理性认识之所以能够达到高度统一，能够直接在感性形象的形式中达到对事物的理性内容和本质规律的深刻理解，在很大程度上同美感中的想象活动的参与分不开。

由于想象在美感中具有重要的作用，所以在美学史上有不少美学家认为，想象力的参与和想象的愉快是美感的意识活动区别于其他的意识活动的一个重要特征。例如18世纪意大利美学家缪越陀里认为，理解力和想象力的和谐结合是形成真实的形象和审美愉快的基本原因。他说："诗人所描绘的事物或真实之所以能引起愉快，或是由于它们本身新奇。这种（发见新奇或制造新奇的）功能同时属于理智和想象。"① 同一时代的英国作家和评论家艾迪生认为，美感的产生是由于"美立刻在想象里渗透一种内在的欣喜和满足"，是见到伟大的、不平常的或美的东西而引起的"想象的乐趣"，他把美感愉快称为"想象或幻想的快乐"，并说："我们想象里没有一个形象不是先从视觉进来的。可是我们有本领在接受了这些形象之后，把它们保留、修改并且组合成想象里最喜爱的各式各种图样和幻象。一个身在囹圄的人靠他这点本领，就能够把自然界最绮丽的风景来娱乐自己。"② 在德国古典美学家中，康德对审美和想象的密切关系最先给予了充分的说明。康德认为，趣味判断主要涉及人的两种认识功能，即想象力和悟性。趣味判断就是对象的形象显现的形式恰好符合人的想象力和悟性，使得这两种认识功能可以和谐自由地活动而引起的快感。他说："鉴赏是关联着想象力的自由的合规律性的对于对象的判断能力。"③ 由于康德否认审美是对客观世界的认识和反映，所以他不可能正确解释形成审美中特殊的心理活动的客观根源。但是，他强调想象这种心理功能在审美中的重要作用，认为审美心理状态的特点既不是由"外在感觉"，也不是由单纯概念所决定，而是由想象力和悟性的和谐结合和自由活动而形成的愉快，这对于我们进一步考察、认识审美和想象的关系还是很有启发的。在审美活

---

① 北京大学哲学系美学教研室编：《西方美学家论美学和美感》，商务印书馆1980年版，第91页。
② 中国社会科学院外国文学研究所外国文学研究资料丛刊编辑委员会编：《外国理论家作家论形象思维》，中国社会科学出版社1979年版，第22页。
③ ［德］康德：《判断力批判》上卷，宗白华译，商务印书馆1964年版，第79页。

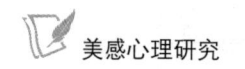

动中，感性和理性、认识和情感之所以能够达到高度统一，确定是同想象这种心理功能的参与有极其密切的关系的。

从美的欣赏和艺术创作的实际来看，想象在美感活动中的作用是多方面、相当广泛的。就艺术欣赏来说，欣赏者要充分地感受、理解和体验艺术形象，形成美的认识，获得强烈的美感，没有想象的作用是不可能的。艺术形象虽然是现实生活的反映，却并不具有现实生活的实体的性质。无论形象描绘得多么具体、细致、生动，毕竟不如现实生活本身那样丰富、生动、真切。欣赏者要充分感受和体验艺术形象，不仅需要感知，而且要以自己的生活经验、形象记忆和情绪记忆去想象。只有这样，他才能进入艺术形象所再现的生活情景之中，产生如同置身于现实生活本身那样强烈的真实感。特别是用语言作为手段塑造的文学形象，并不具有直接作用于感觉器官的可感性，而只具有间接的可感性。就是说，欣赏者要以作品中的语言描绘作为中介和诱导，引起与之相应的想象，才能使形象在头脑中像现实生活那样活生生地呈现出来。我们平常在欣赏文学作品时，对于其中描绘的环境、人物、情节，会产生如临其境、如见其人、如闻其声的感受，这除了是因为形象本身描绘得具体、鲜明、生动以外，从欣赏者主观方面来讲，就是由于欣赏者依靠自己的生活经验和已有表象，对形象作了相应的想象的结果。高尔基说："只有当读者像亲眼看到文学家向他表明的一切，当文学家使读者也能根据自己个人的经验，根据读者自己的印象和知识的累积，来'想象'——补充、增加——文学家所提供的画面、形象、姿态、性格的时候，文学家的作品才能对读者发生或多或少强烈的作用。由于文学家的经验和读者的经验的结合、一致，才有艺术的真实——语言艺术的特殊的说服力，而文学影响人们的力量，也正来自这种说服力。"[①] 艺术形象之所以具有强烈的艺术感染力，欣赏者之所以能受到艺术形象的感染，正是由于形象描绘的生动、鲜明、传神引起了欣赏者相应的想象活动。当欣赏者以自己的经验、印象去"想象"艺术形象的时候，他才能被形象吸引到它所构成的艺术境界之中，因而对形象产生深切的感受、体验。中国绘画美学把这种被形象所吸引而感到进入画中的境界的情形称作"卧游"或"神游"。宋代山水画家郭熙要求画中的山水应使人感

---

① [苏]高尔基：《论文学》，孟昌等译，人民文学出版社1978年版，第225—226页。

到它是可行、可望、可游、可居的，就是要把看画的人吸引到作品所描绘的境界之中，使欣赏者成为无形地在作品中活动的人物。他说："画者当以此意造，而鉴者又当以此意穷之。"① 要达到这样的艺术效果，离开了欣赏者的想象是不可能的。

艺术描写生活无论如何丰富、广泛，也不可能包罗万象，面面俱到。每一部艺术作品的创作，都只能以具体有限的形象去表现出无限广阔的生活内容。司马迁赞扬《离骚》"称文小而其旨极大，举类迩而见义远"；刘勰所谓"辞约而旨丰，事近而喻远"，"以少总多，情貌无遗"等等，从创作上讲，都体现了有限和无限的辩证统一。作家艺术家总是力求把无限广阔、丰富、深刻的生活内容凝练地熔铸在有限的、具体的、个别的艺术形象之中，从而使艺术形象具有以一当十、以少总多、寓显于隐、不全之全的审美价值。欣赏者对于作品的感受、领会当然不会仅仅停留在直接呈现的有限的形象本身，而是要通过有限形象去领会、了解它所表现的更广阔、更丰富、更深远的内容和意义，由一见十，因少知多，探隐知显，从不全之中掌握全，从而领会形象的思想、认识价值和美学价值，获得美感享受。这种从有限到无限的过渡，必须依靠欣赏者的想象作为桥梁。看齐白石画的草木虫鱼，所感受到的不仅是草木虫鱼形象本身，而且有形象所体现的令人欢快的清新活泼的春天般的生活。听贝多芬的《命运交响曲》，所感到的也不仅是万里狂飙般的音响旋律，而且有为自由和民族解放而战的勇士们的精神风貌。"当年鏖战急，弹洞前村壁"（毛泽东：《菩萨蛮·大柏地》），不仅可以使人想象出当年在这里进行的激烈紧张的战斗，也能使人想象到夺得战斗胜利的革命战士无比喜悦和自豪的心情。"苍山如海，残阳如血"（毛泽东：《忆秦娥·娄关山》），不仅使人感到一幅色彩鲜明的壮丽景色，而且使人想象到娄山关头的血战和红军战士为革命而流血的壮举，想象到红军跨越娄山关向前进军的雄壮情势和豪迈气概。艺术作品中直接描绘的形象为欣赏者的想象提供了必要的诱导，而欣赏者的想象却对艺术形象作了无形的补充、扩大和延伸。当欣赏者在形象的诱导下，用自己的经验和印象在头脑中形成新形象时，他可以领会到比直接描绘的形

---

① （宋）郭熙：《林泉高致集》，载沈子丞编《历代论画名著汇编》，文物出版社1982年版，第65页。

象本身更为丰富和深刻得多的思想意义和生活内容。中国古代诗论、文论中所说的"境生象外""采奇于象外""超于象外""神游象外"以及"象外之象，景外之景"等，都要求诗歌和文学作品中描写的"景""象"，不应仅止于直接描写的"景""象"，而应有比形象本身更深、更远的内容和含义。换句话说，就是要通过具体感性的物象的描写，引起人们比直接表现的具体物象更多、更广的想象和联想，从而使欣赏者得到远远超出于形象本身的东西。李商隐的《锦瑟》："锦瑟无端五十弦，一弦一柱思华年。庄生晓梦迷蝴蝶，望帝春心托杜鹃。沧海月明珠有泪，蓝田日暖玉生烟。此情可待成追忆，只是当时已惘然！"诗中前六句都是写具体形象，但其内容和含义又不止于直接描写的形象本身。篇首虽以锦瑟起兴，却又不是咏锦瑟，而是因瑟的弦柱之数触发起对华年往事的回想。中间两联，用庄周梦为蝴蝶、望帝化为杜鹃的典故构成形象，来抒发理想抱负终成虚幻的无穷遗恨和哀怨；又以"珠有泪""玉生烟"的形象作为象征，表达幻灭不可复追、才能不能施展的深沉感慨和隐痛。最后两句是直接写自己的感叹，言上述感慨并非等到回首往事才有，而是在事情发生的当时就已经令人惘然了，由此更可见今日追思时不堪回首。由于诗中的形象含蓄蕴藉，内涵丰富，所以才能够唤起读者多方面的联想和想象，致使古来对此诗的解释众说纷纭。不管读者对形象的领会如何，由于想象的作用，一般都不止于直接描写的形象本身，而是体会到了远远超出形象本身之外的意蕴。不独诗歌欣赏和创作如此，绘画和其他艺术亦然。中国古代著名画论《古画品录》的作者谢赫说："若拘以体物，则未见精粹；若取之象外，方厌膏腴，可谓微妙也。"[①] 董棨说："画固所以象形，然不可求之于形象之中，而当求之于形象之外。"[②] 现代画家潘天寿也说："画须有笔外之笔，墨外之墨，意外之意，即臻妙谛。"[③] 显然，要达到上述艺术境界和审美效果，就必须善于唤起和调动欣赏者的想象活动。

中国诗歌、绘画、音乐，戏曲等创作都讲求虚实结合、有无相生，因

[①] 北京大学哲学系美学教研室编：《中国美学史资料选编》上册，中华书局1980年版，第191页。

[②] （清）董棨：《养素居画学钩深》，载于安澜《画论丛刊》（下），人民美术出版社1960年版，第468页。

[③] 潘天寿：《听天阁画谈随笔》，上海人民美术出版社1981年版，第20页。

而具有高度凝练、概括的艺术特点，这种凝练的表现手法也是建立在引起欣赏者丰富的想象活动的心理基础之上的。董其昌在《画禅室随笔》中说："有详处必有略处，实虚互用，疏则不深邃，密则不风韵，但审虚实，以意取之，画自奇矣。"笪重光在《画筌》中也说："空本难图，实景清而空景现。神无可绘，真景逼而神境生。……虚实相生，无画处皆成妙境。"中国画构图总不是全部画满的，细心斟酌留出几处空着，叫"留白"。画家用空间来表现天空、白云、流水，可以不必交代空白里表现什么，因为欣赏者能够借助画中形象展开想象，并不把这些空白看成是空白，而是好像感受到了空白里所没有直接表现出来的东西，领会到了画外之意。所谓"无画处皆成妙境"，如果离开欣赏者的想象，就难以理解。齐白石的《鱼鹰》，画面上只有用几笔水墨画成的远山、沙州和用浓墨画成的十来个鱼鹰，大片地方一笔水纹都不画，完全是干干净净的空白。但人们在看这画的时候，却像受了迷惑似的，把和远山、沙洲、鱼鹰结合在一起的空白当成广阔的江水，因而感到这群鱼鹰似乎正在水边玩耍。吴凡的水印木刻《蒲公英》，画面上只刻画出一个正在吹蒲公英的小女孩的形象，蒲公英种子随着小女孩口中吹出的气正在向天空飘去。虽然画面上没有出现一朵天空的白云，但是通过小女孩的神态和向上飞去的蒲公英种子，人们能够想象到小女孩头顶上的空白就是蔚蓝的天空，想象到小女孩一定像飞翔在空中的蒲公英种子一样充满了自由而迷人的幻想。这种虚实结合、由实生虚、因虚见实的情况，在中国戏曲艺术中也有突出的表现。戏曲中的动作绝大部分是虚拟的。它不用道具或只借助于个别简单的道具，用带有象征色彩的手法，通过演员的表演，唤起观众的想象，从而使观众对人物活动的环境、内容产生真切的感受。川剧《秋江》虽然没有船，但是少女和老艄公的身段和一支桨便能使人感到船在水中行进，并且感到他们游哉悠哉的神态。京剧《挑滑车》虽然没有马，但是可以使观众如临古战场，感受到铁骑陷阵的威风。越剧《十八相送》中，梁山伯送祝英台回家，过了一山又一山，尽管舞台上没有任何布景，但是演员的表演和唱词能使人想象到他们周围的景物不断在改变；其唱词中寓情于景的生动比喻，又衬托出祝英台热情执着和梁山伯淳朴厚道的性格。莱辛说："演出莎士比亚戏剧的那个时代，舞台上只有一块用粗布制作的幕，把幕拉起来，便露出光秃秃的墙壁，至多挂些草席和毯子；在当时能够帮助观众理解，帮助演员表

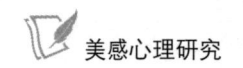

演的,只有想象力。尽管如此,人们却说,那时莎士比亚的戏剧不用布景,比后来用布景,更容易为人所理解。"① 用这段话来说明中国戏曲艺术的特点与观众、演员的想象之间的关系,是最合适不过的。

不仅由艺术美所引起的美感需要有欣赏者想象活动的参与,由自然美所引起的美感也蕴涵审美主体丰富的想象活动。"望秋云神飞扬,临春风思浩荡"(王微:《叙画》),"诗人感物,联类不穷"(刘勰:《文心雕龙·物色》),就是对自然美的美感中想象活动的描述。李商隐《霜月》:"初闻征雁已无蝉,百尺楼南水接天。青女素娥俱耐冷,月中霜里斗婵娟。"诗人被秋夜的霜华月色所吸引,由眼前霜月交映、如水接天的景象,进一步展开想象,认为是霜月之神青女与嫦娥在施展本领,竞妍斗美。这样表达对霜月的美感,就把景物写活了。在观赏、赞美大自然时,人们经常把它们同人的生活联系起来,"赋予他所看见的一切事物以自己的人的性质并加以想象"②,从而形成审美中的拟人化现象。

如果说对于欣赏者来说,没有想象就不会有真正的审美鉴赏,那么对于艺术家来说,没有想象也就不可能有作为美感意识集中表现的艺术形象的创造,在西方美学史上,"形象思维"这一术语是到别林斯基才正式提出的。在此之前,西方理论家、作家一直把想象看作艺术创作的主要特征。文艺复兴时代的意大利哲学家和文艺理论家马佐尼认为,想象是艺术创作所必需的心理功能。他说:"诗歌由虚构和想象的东西组成,因为它是以想象力为根据的。"③ 18世纪意大利哲学家和文艺理论家维柯进一步明确提出诗歌完全出于"想象",而哲学则完全出于理智的看法,尽管他把想象和理智、诗和哲学绝对对立起来的看法具有片面性,但是他把想象作为艺术区别于哲学和科学的主要心理特征的见解仍是富有启发性的。黑格尔在《美学》中阐述艺术家创作活动的心理内容时,也强调指出:"这种创作活动就是艺术家的想象。"④ 他还说:"最杰出的艺术本领就是想

---

① [德]莱辛:《汉堡剧评》,张黎译,上海译文出版社1981年版,第411页。
② [苏]高尔基:《论文学》,孟昌等译,人民文学出版社1978年版,第161页。
③ 中国社会科学院外国文学研究所外国文学研究资料丛刊编辑委员会编:《外国理论家作家论形象思维》,中国社会科学出版社1979年版,第13页。
④ [德]黑格尔:《美学》第1卷,朱光潜译,商务印书馆1979年版,第356页。

象。"① 这当然不是说只有艺术才需要想象,而科学不需要想象,想象是艺术、科学以及人的任何创造活动的一个必要因素。正如列宁所指出的,科学家和艺术家都需要有幻想和想象的能力,没有想象,就不可能有科学的发明和创造。尽管如此,想象在艺术创作中的地位和作用仍然是更为特殊和突出的。因为相较而言,"在艺术中,起着最积极和主导的作用的是想象、而在科学中,则是理智和思考力"②。在艺术构思中,想象是主要的心理活动,创作过程只有通过想象才能够进行和完成。创作过程中的其他各种心理活动——感觉、知觉、记忆、思维、情感都是以想象为主体而展开的。别林斯基认为,丰富的思想内容也好,强烈的情感也好,忠实于自己的信仰也好,甚至高明绝伦的技巧也好,都不能帮助那种缺乏创造性想象的、不能通过形象来体现自己的思想和情感的人,只有创造性的想象,才构成诗人之所以有别于非诗人的特长。车尔尼雪夫斯基也认为,在诗才中最主要的东西就是所谓创造性的想象,即一个人把事物加以"改造和组合"的那种精神活动。

在作为美感意识集中表现的艺术创作中,想象之所以具有如此重要的地位和作用,主要是因为只有通过艺术家的想象活动的参与,才能对生活素材进行艺术的加工改造,把生活现象加以典型化,从而形成典型的意象,完成美的认识,进而实现从生活美到艺术美的转化。艺术美是作家艺术家美感意识的体现,是生活美的反映。它虽然来源于现实生活,却不是对现实生活的简单描摹和抄袭,而是作家艺术家按照典型化的艺术原则和美的规律,对现实生活进行加工改造的新的成果。在典型化的过程中,作家艺术家必须将生活中获得的表象重新加以分析和综合,使现象和本质、个别和一般高度统一于新的形象的创造中,从而塑造出以鲜明、生动、突出的个性充分体现出生活的某种本质和规律,比普通实际生活更高、更美,更集中、更理想的艺术典型。这种对生活进行加工改造并使之典型化的过程,离开了作家艺术家的想象是不可能实现的。高尔基说:"文学创作的艺术,创造人物与'典型'的艺术,需要想象、推测和'虚构'。"③

---

① [德] 黑格尔:《美学》第1卷,朱光潜译,商务印书馆1979年版,第357页。
② 中国社会科学院外国文学研究所外国文学研究资料丛刊编辑委员会编:《外国理论家作家论形象思维》,中国社会科学出版社1979年版,第75页。
③ [苏] 高尔基:《论文学》,孟昌等译,人民文学出版社1978年版,第159—160页。

又说:"想象是创造形象的文学技巧的最重要的手法之一。……想象要完成研究和选择材料的过程,并且最终地使这个材料形成为活生生的、具有肯定或否定意义的社会典型。"① 只有在想象的作用下,作家艺术家才能选择、提炼、概括、缀合从生活中获得的种种表象;才能按照对生活的美的认识,按照生活的本质的必然的联系,对生活素材进行重新组合;才能让构思中的形象和人物的感性细节和特征清晰地浮现在头脑中,不仅能看到人物的外表和行动、听到人物的语言,而且能体验人物的思想感情、进入人物的内心世界;才能"根据这个或那个人或事件的性格中某些突出的特点努力来猜度和补足其余部分";才能把现实和理想完美地结合起来,构思出体现着未来和理想的"应当存在"的人物和事物;才能幻想出各种现实中不可能存在的神奇景象,也就是说,才能创造出各种各样的集中体现着作家艺术家美的认识,构成艺术美的典型形象。

第二节 美感中的再造想象和创造想象

想象按其内容的新颖性、独立性和创造性的不同,分为再造想象和创造想象。再造想象是根据现成的语言或其他手段的描绘,在头脑中再造出相应的新形象的过程;创造想象则是不根据现成的描绘而独立地创造新形象的过程。在美的欣赏和艺术创作中,再造想象和创造想象各有侧重,同时又互相联系、彼此渗透。

艺术欣赏作为一种美感的意识活动,是以作品所创造的艺术形象作为认识对象的。欣赏者的想象活动是由作品所描绘的形象引起的,并且是在作品的形象的基础上进行的。所以从基本性质上说,它是一种再造想象。在欣赏艺术作品时,艺术形象不仅规定着欣赏者想象的范围和方向,也规定着欣赏者想象的内容和性质。欣赏者想象什么、如何想象,都要受到作品所创造的形象的制约,并且以在脑中再造出与作品描绘相适应的艺术形象为目的。正如鲁迅所说,读者在阅读小说时由想象所推见的人物,虽然并不一定和作者所设想的完全相同,"不过那性格,言动,一定有些类似,

---

① [苏] 高尔基:《论文学》,孟昌等译,人民文学出版社1978年版,第317页。

第四章　美感与想象

大致不差"①。从这方面说，欣赏中的再造想象是具有客观制约性的，想象的范围和内容是有一定的确定性的。但是，欣赏者的再造想象并不只是对于作品所描绘的形象的简单接受和原封不动的复制，不是被动地接受作品中的形象描绘，而是要用自己已有的生活经验、知识积累、形象记忆和情绪记忆去领会和体验艺术形象，对作品中的形象描绘作一定的改造加工和丰富补充。因此，欣赏者通过想象在脑中再造的形象和作品中所描绘的形象在基本一致的前提下又具有一定的差异和出入。从这方面来说，欣赏中的再造想象又是具有主观能动性的，想象的具体内容也是具有某种不确定性的。可以说，艺术欣赏中的再造想象是客观制约性和主观能动性、确定性和不确定性的统一，也就是说，在再造想象中包含着创造想象的成分。

欣赏者对艺术形象的再造想象，一方面要根据作品的形象描绘；另一方面又要结合自己的生活经验、知识积累、思想感情、记忆表象进行一定的加工改造。由于欣赏者主观方面的经验、知识、思想、情感等各种条件的不同，再造出来的形象也就会有所不同，甚至可能和作者原来所想象的形象有不小的差距。鲁迅就曾经指出，在阅读文学作品时，"读者所推见的人物，却并不一定和作者所设想的相同，巴尔扎克的小胡须的清瘦老人，到了高尔基的头里，也许变了粗蛮壮大的络腮胡子"②。他还指出，文学可"因读者的体验的不同而有变化，读者倘没有类似的体验，它也就失去了效力"。生活在20世纪30年代的读者看《红楼梦》，对于林黛玉这个人物"恐怕会想到剪头发，穿印度绸衫，清瘦，寂寞的摩登女郎；或者别的什么模样"，它和清朝末年的读者心目中的林黛玉"一定是截然两样的"。我们看不同时代的画家为小说《包法利夫人》所画的包法利夫人肖像的插图，就会知道鲁迅的论述并非夸张之言。19世纪的一位画家所描绘的包法利夫人的形象，既表现了这个从农村来到巴黎的少女内心淳朴的方面，同时又通过她那特有的表情、衣饰，表现出她追求资产阶级的享乐和奢华的愿望，比较具有时代特点，也较为符合人物性格。而现代美国的一个译本的封面上的插图，却把包法利夫人画成一个剪短头发、画假眉毛的摩登女郎。这都说明不同民族、不同时代的读者因其生活经验、形象记忆

---

① 《鲁迅全集》第5卷，人民文学出版社1957年版，第430页。
② 《鲁迅全集》第5卷，人民文学出版社1957年版，第429—430页。

等主观条件的不同，对艺术形象再造出来的印象也不一样。即使是同一民族、同一时代的欣赏者，其个人生活经验、思想水平、文化教养等方面的条件也是不同的，这就必然使欣赏者对作品形象的再造想象带上个性差异。"一千个读者有一千个哈姆雷特"，就是说不同的读者对哈姆雷特这一典型所产生的再造想象都会具有或多或少的个性色彩。欣赏者总要结合自己独特的感受、理解、体验来再造艺术形象，因此出现在"我"的想象中的哈姆雷特必然是经过"我"的头脑的主观能动作用所改造的，不会完全和别人脑中出现的哈姆雷特分毫不差。从这个意义上讲，一切真正的艺术欣赏都可以说是欣赏者对艺术形象的一种"再创造"。

从美的欣赏的角度来看，呈现于欣赏者再造想象中的艺术形象，都是由作者和欣赏者所共同创造的，在艺术形象所制约的范围和内容之中，欣赏者的主观能动作用有着充分发挥的余地。欣赏者的想象不只是再造作家直接描绘在形象中的东西，而且可以按照自己的生活经验、思想水平、艺术修养，去感受、理解和体验艺术形象，对艺术形象进行补充、延伸、丰富、发展，想作者之所未能想，见作者之所未能见。罗马观景殿有一座残存的赫拉克勒斯的雕像，据说是阿波洛尼所作。雕像的头、手、脚和胸的上部都缺失了，只剩下光秃秃的躯干。德国艺术史家温克尔曼称它"是一件极其完美的作品，是流传到现代的最高艺术成就之一"。尽管这座雕像已经失掉了最美的也是最重要的自然部位，但是温克尔曼在观赏它时，通过再造想象的积极的能动作用，好像看到了它的整个完美的躯体和躯体所显示的不朽精神。他是这样描述自己在观赏这座雕像时的心理活动的：

在这个身体的强健的轮廓上，我看到了战胜强大巨人的英雄的不可征服的力量，当初那些巨人向众神发动暴乱，被众发动暴乱，被众神大败于弗莱格雷战场；同时，柔和的轮廓线赋予了身体以轻松、灵活的感觉，使我想象到他与阿赫隆格斗时那种手疾眼快的动作，那阿赫隆虽说变化多端，却终于无法逃出他的巨掌。……我好像觉得，这个似乎为崇高的思想所累折的脊背，上面就直接连着一个愉快地回忆着惊心动魄的十二件苦工的头。而就当在我眼前产生这样一个充满伟大和明智的头部时，其余的残缺部分也开始在我想象中形成着：在现有的部位上源源不断地聚生着什么东西，仿佛一下子把它们补全了。

第四章　美感与想象

健壮的肩膀向我表明了，他那在吉费隆山上掐死过一只狮子的手曾是多么有力；于是我的眼睛就竭力重视出捆住和拖走了塞伯拉斯的这一双手。跨股和仅有的一个膝盖，使我可以想象到追逐和赶上了铜腿鹿的那一双不知疲倦的脚。但是，深不可测的艺术力量，越过显示他的力量的所有十二件苦工，使人想到他的灵魂的完美，——这一跃进，为他的灵魂树立了一座仅仅歌颂他那一双手的力量的诗人谁也没有给他树立过的纪念碑，——艺术家超过了诗人。他们创造的英雄形象，根本不容许人们去胡想些什么暴力和放荡的爱情。这个肃穆安稳的身态表现了一种严肃、伟大的精神，表现了一个为了热爱正义而遭受了莫大苦难，赐予各国安全、赐予众生和平的大丈夫。①

本来是一座残缺不堪的雕像，如何能将它"补全"，并且从中看到如此丰富的内容呢？这不恰恰是欣赏者在仔细观察、感受并结合希腊神话故事加以深入理解的基础上，对雕像进行再造想象的结果吗？由于欣赏者在雕像残存部分的诱导下充分发挥了积极的能动作用，使再造和创造达到了有机结合，所以经过欣赏者想象的艺术形象显然较之残存的形象更为丰富、充实、深广。欣赏者的主观能动作用和创造成分的渗入，使欣赏者的再造想象对作品所描绘的形象有独到的发现，会体会到作者在形象上所没有完全表现出来的内容，这不仅有助于深入揭示艺术形象深广的内容和意义，而且也可以使欣赏者从中获得更大的美感愉悦。欣赏者的发现、体会、充实、提高只要不是对作品的任意曲解，只要不脱离艺术形象的客观论据，那么它就是再造想象中主观能动性发挥正确作用的结果，是艺术欣赏中符合规律并富有积极意义的现象。德国画家珂勒惠支有一幅题名"战场"的版画，是历史连续画《农民战争》之一。画中描绘的是农民被官兵打败之后的战场上的情景：黑夜中，地上布满隐约可见的尸体，近处有一位老妇人提着风灯在查看尸体，风灯照出她一只劳作到满是筋节的手在触动一具死尸的下巴。整个画面的光线都集中在这一小块上。鲁迅在介绍这幅版画时写道："这恐怕正是她的儿子，这处所，恐怕正是她先前扶犁的

---

① [苏] 阿尔巴托夫、罗斯托夫采夫编：《美术史文选》，佟景韩译，人民美术出版社1982年版，第66—68页。

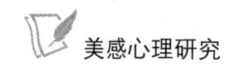

地方，但现在流着的却不是汗而是鲜血了。"① 这是鲁迅通过再造想象对画面形象所产生的新体会，也可以说是对画面所描绘的形象的新发现。先前劳作的田野如今成了搏斗的战场，先前流着的汗水如今是淌着鲜血，这个联想和想象是极为发人深思的，从而也使画中形象带上了更加悲壮的色彩，它比画中形象直接提供的东西显然要深刻和丰富得多。

在文学作品中，有时不用正面描写而用侧面描写，不用直接描写而用间接描写，其艺术效果反而更好，其中一个十分重要的原因，就是它更有利于调动欣赏者再造想象中的主观能动作用，使再造和创造能够得到充分结合。作者在塑造艺术形象时，为欣赏者留有宽广的余地，才能使欣赏者的想象活跃起来，主动参与艺术形象的再创造。李商隐《吴宫》："龙槛沉沉水殿清，禁门深掩断人声。吴王宴罢满宫醉，日暮水漂花出城。"诗人没有正面描写吴王宫中宴饮作乐的情景，而是从侧面下笔，着意渲染狂欢过后的沉寂。欣赏者在诗中的形象描绘的诱导下，完全可以从"满宫醉"后的静寂去想象"满宫醉"前狂欢极乐的喧闹情景和醉生梦死的丑态，体会出诗中所没有直接写出的东西，这样反而使意境显得更为深邃，正如纪昀评论此诗所说，能使"荒淫之状，言外见之"。莱辛在《拉奥孔》中认为，诗如果想在描绘物体美时能和艺术争胜，最好是只描写美所产生的效果，或是化美为媚（动态的美）。这前一种方法也就是间接描写。他举出荷马史诗中对海伦的美的描写为例，认为荷马虽然没有直接写海伦外貌如何美，但描写当她走到特洛亚国元老们的会议场时，居然能叫冷心肠的老人们承认，为她进行战争而流了许多血和泪是值得的。这种描写比直接描写反而"能引起更生动的美的意象"，使我们对海伦的美获得一种远远超过绘画所能引发的想象和认识。这种特殊审美效果的取得，如果离开了欣赏者再造想象中的创造想象的成分和主观能动性的充分发挥，是根本不可能达到的。

如果说在艺术欣赏的美感中，是以再造想象为主，同时其中也含有创造想象的成分，那么在艺术创造的美感中，创造想象就是主要的，再造想象只是在参与创造想象中起作用。艺术家在构思和创造艺术形象时，不只是要以他的直接的生活经验和材料作为来源，而且还要吸收和利用他人的

---

① 《凯绥·珂勒惠支版画选集》，人民美术出版社1956年版，第10页。

第四章　美感与想象

或历史上的间接生活经验和材料，这当然就需要再造想象的参与。但是，如果只有再造想象而没有创造想象，那就很难进行真正的艺术创作。黑格尔说："艺术的要务并不止于为种搜集和挑选，艺术家必须是创造者，他必须在他的想象里把感发他的那种意蕴，对适当形式的知识，以及他的深刻的感觉和基本的情感都熔于一炉，从这里塑造他所要塑造的形象。"① 运用创造性的想象来塑造新颖的艺术形象，可以说是创造的美感和欣赏的美感最为显著的区别之一。甚至就连改编和表演这类艺术创造，也不能没有创造想象。比如把小说改编为戏剧和电影，当然需要再造想象，否则就不可能使原著再现于舞台和银幕上；但它又并不限于再造想象，而总是或多或少地有改编者的创造想象的作用。夏衍说："改编不是创作，但改编也得付出创造性的劳动。"② 由于艺术形式的不同，即使是改编名著，也需要在力求忠实于原著的前提下，作一定的增删、改造。比如要把万把字甚至几千字的短篇小说改编为戏剧、电影，就需要"从拔萃、提炼和结晶了的、为量不多的精华中间，去体会作品的精神实质，同时还因为要把它从一种艺术样式改写成为另一种艺术样式，所以就必须要在不伤害原作的主题思想和原有风格的原则之下，通过更多的动作、形象——有时还不得不加以扩大、稀释和填补，来使它成为主要通过形象和诉诸视觉、听觉的形式"③。如果没有创造想象的参与，显然是难以完成这样的任务的。又如演员扮演角色，作为艺术创造，首先就需要再造想象，因为演员须根据剧本的规定来创造人物性格。但是演员要把剧本中刻画的人物形象在舞台上真实地体现出来，不但需要对人物有深入的体验和了解，而且需要为人物设计准确的艺术表现。要做到这一切，单靠剧本所直接提供的描写是远远不够的，而必须通过演员的创造想象加以补充、丰富和深化。斯坦尼斯拉夫斯基指出，剧作家在剧本中不可能把演员所需要知道的一切完全描绘出来。"譬如说，作者是否经常和足够详细地说到在剧本开始之前已经发生了的事情呢？他是否详尽无遗地说到剧本完了之后将要发生的事情，说到在幕后做些什么事情，剧中人从哪里来，到哪里去呢？剧作家对于作这样

---

① [德] 黑格尔：《美学》第 1 卷，朱光潜译，商务印书馆 1979 年版，第 222 页。
② 夏衍：《写电影剧本的几个问题》，中国电影出版社 1959 年版，第 75 页。
③ 夏衍：《写电影剧本的几个问题》，中国电影出版社 1959 年版，第 77 页。

· 147 ·

的注释是很吝啬的。"① 剧作家的舞台说明和关于角色的特征描述也只是寥寥数语。"所有这些都需要演员自己来加以补充和深化。只有这样,剧作者和演出的其他创作者所给予我们演员的一切材料,才能够使在舞台上创作的人和在观众厅里观看的人的心灵的各个角落都活跃起来和激动起来。只有这样,演员自己才能够过着他所扮演的人物的丰富的内心生活,按照作者、导演和我们自己活的感情所吩咐的那样去动作。"②

在艺术创作中,作家艺术家对生活进行美的认识,把现实生活加工改造成为美的艺术形象,必须靠创造想象。黑格尔说:"艺术不仅可以利用自然界丰富多彩的形形色色,而且还可以用创造的想象自己去另外创造无穷无尽的形象。"③ 创造想象虽然也来源于客观现实,要以从现实中获得的表象作为基础,但是具有极大的自由性、能动性、创造性,因而成为艺术创作构思活动中最重要的心理因素之一。《文赋》中所说的"精骛八极,心游万仞","笼天地于形内,挫万物于笔端";《文心雕龙》中所说的"寂然凝虑,思接千载,悄然动容,视通万里","神思方运,万涂竟萌,规矩虚位,刻镂无形";等等,都是对艺术构思中创造想象的生动描述。和再造想象相比,创造想象所产生的形象具有新颖、独创、奇特的特征。在艺术创作中,创造想象发挥得越充分,形象的新颖性、独创性就越强,其美学价值也就越高。

在艺术美创造中,创造想象的基本趋向就是对已有的表象进行改造,以创造新的典型形象。这个过程是通过表象的分解和综合两个方面辩证统一的活动来实现的。所谓分解,就是要对从生活中获得的大量表象加以分析,从同类现象的各个表象中提炼和分离出最有普遍性和代表性的特征。所谓综合,就是要把从同类表象中所提炼的最有普遍性和代表性的成分,创造性地重新集中和概括到一个这类现象的新的表象中去。这种在创造想象中分析和综合表象以创造典型形象的过程,许多作家艺术家在总结他们创作经验时都谈到过。高尔基说:"假如一个作家能从二十个到五十个,

---

① [苏] 斯坦尼斯拉夫斯基:《演员的自我修养》第一部,林陵等译,艺术出版社1956年版,第98页。
② [苏] 斯坦尼斯拉夫斯基:《演员的自我修养》第一部,林陵等译,艺术出版社1956年版,第99页。
③ [德] 黑格尔:《美学》第1卷,朱光潜译,商务印书馆1979年版,第8页。

以至从几百个小店铺老板、官吏、工人中每个人身上，把他们最有代表性的阶级特点、习惯、嗜好、姿势、信仰和谈吐等等抽取出来，再把它们综合在一个小店铺老板、官吏、工人的身上，那么这个作家就能用这种手法创造出'典型'来。"① 他还说："把每个商人、贵族、农民身上最自然的特征分离出来，并概括在一个商人、贵族、农民的身上，这样就形成了'文学的典型'。浮士德、哈姆雷特、堂吉诃德这些典型就是这样创造出来的。"② 这里，高尔基明确指出，在创造典型形象时，艺术家创造想象的一个最基本的特点，就是要从同类事实的各个表象中把"最有代表性的特点"或"最自然的特征"抽取或分离出来，然后再把它们综合和概括到一个重新创造的形象中去。这是完全符合艺术典型化中创造想象对表象进行加工改造的心理活动规律的。不过应该说明的是，不应当把高尔基在这里所说的先将同类表象加以"分离"然后再予以"综合"，误认为是典型形象创造中概括化和个性化两个不同的过程，以致把艺术的概括化和个性化看作有先后顺序的两个不同阶段。在典型形象的创造中，概括化和个性化是相互交融、不可分割地联系在一起的，典型化的过程就是概括化和个性化同时进行、辩证统一的过程。所以在创造想象中，不论是对于原有表象的分离，还是对于新表象的综合，概括化和个性化都是同时进行、互相交织的。关于高尔基所讲的经验，其他作家也都讲过。列夫·托尔斯泰说："如果直接写某一个真人，那写出来的绝不是典型的——结果会是个别的、特殊的、索然无味的某种东西。我们正是应该从某人那里取来他的主要的、有代表性的特点，并且用观察到的另一些人的有代表性的特点来补充。那时才会是典型的。必须观察同样的许多人，才能塑造出一个特定的典型。"③ 这里所说从同样的许多人中提取"有代表性的特点"，和高尔基所说是一样的，所不同者只是高尔基主张把从众多人物身上分离的有代表性的特点综合在一个人物身上；而托尔斯泰则主张以从某个人物身上提取的有代表性的特点为主，再用另一些人有代表性的特点来补充。实际上，这就是将已经分离的表象进行综合的两种略有不同的方法，也就是典型化

---

① [苏] 高尔基：《论文学》，孟昌等译，人民文学出版社1978年版，第160页。
② [苏] 高尔基：《论文学》，孟昌等译，人民文学出版社1978年版，第162页。
③ 古典文艺理论译丛编辑委员会编：《古典文艺理论译丛》第11册，人民文学出版社1965年版，第116页。

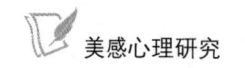

的两种途径。前者就是鲁迅所说的"杂取种种，合成一个"；后者则是以某一个原型为主，再综合其他。

不同典型人物形象的创造，需要在创造想象中对表象进行分析和综合的活动；其他如自然景物形象、典型环境和意境的创造，也都是如此。清代画家石涛在《画谱》中，用"搜尽奇峰打草稿"来概括他创作山水画的经验，就是说山水画形象的塑造要在众多山峰的表象的基础上，通过选择、分析、综合，集众山峰奇美于一炉而铸之，使其典型地再现自然美。他在一首诗中写道："名山许游未许画，画必似之山必怪。变幻神奇懵懂间，不似之似当下拜。"所谓"画必似之"，就是局限于原有对真山的表象，依样画葫芦，没有任何创造，这是石涛所不取的。他主张画山要做到"不似之似"，就是说既有些像真山，又有些不像真山。之所以"似"，是因为画家创造想象中所形成的山的形象是从大量真山的表象中分离、提炼出来的，所以总可以从中发现出与种种山峰的相似之点；之所以又"不似"，是因为画家是把从许多真山的表象中分离出来的因素和特点创造性地综合在一个山的形象中，这个形象是新颖的、奇特的、独创的，是比任何一个真山的表象更为典型和完美的，所以并不与真山完全相似。清初富有创造性的画家渐江长期住在黄山，画了许多以黄山为题材的山水画。他有一首诗写道："坐破苔衣第几重，梦中三十六芙蓉；倾来墨沈堪持赠，恍惚难名是某峰。"他的画不是逼真地描摹某一个山峰，而是综合诸峰的奇特之点，追求表现黄山的典型美，所以既像黄山又不像黄山，"恍惚难名是某峰"。唯其如此，才将黄山景色表现得更为传神。现代画家齐白石也说："作画妙在似与不似之间。太似为媚俗，不似为欺人。"这和石涛论画的精神是一致的。从美感心理的角度来看，"不似之似"也好，"似与不似之间"也好，都是通过在创造想象中分离原有表象以综合新的表象来实现的。它们是按照艺术家对现实的美的认识，将现实美加以典型化，以创造艺术美的美学原则的科学概括，是我国传统美学思想的精华所在。

第三节　美感中想象活动的特点

想象这种心理活动并非只是美的欣赏和艺术创作中所独有的。在人的任何创造性的活动中，想象都是必不可少的心理因素。列宁在《怎么办?》

中曾以赞美的态度引用皮萨列夫关于幻想和想象的一段话,其中写道:"如果一个人完全没有这样来幻想的能力,如果他不能间或跑到前面去,用自己的想象力来给刚刚开始在他手里形成的作品勾画出完美的图景,——那我就真是不能设想,有什么刺激力量会驱使人们在艺术、科学和实际生活方面从事广泛而艰苦的工作,并把它坚持到底。"[1] 在科学研究、发明创造、工程设计等以抽象思维为主的活动中,想象也起着十分重要的作用。正如爱因斯坦所说:"想象力是科学研究中的实在因素。"[2] 但是,审美和艺术的想象活动,同科学研究中的想象活动相比,仍然存在着明显的差别。这不仅表现为想象在审美欣赏和艺术创作的整个心理结构中处于更为突出和更为特殊的地位,而且表现在审美和艺术中的想象活动同形象思维、情感等心理因素密切联系在一起,从而形成了科学研究中的想象所没有的特殊之点。

首先,审美和艺术中的想象在形象的独特性、鲜明性和生动性上,是科学中的想象所不能比拟的。科学的想象作为构成理论的支撑点,不要求想象的形象有独特的个性。艺术的想象为了创造典型形象,必须使想象的形象具有独特的个性。作家艺术家在美感意识中构思典型形象时,在想象中能够清晰地感觉到形象极为独特、鲜明、生动的细节,从人物的外貌、表情、动作、语言以至内心活动,从周围的环境布置以至事件的变化进程,都会如现实生活本身那样,以极其特殊和具体生动的面貌,十分精细地出现在作家和艺术家的想象中。伏尔泰把这种特殊的想象能力称为"对细节的想象"。他说:"特别是在诗里,这种对细节、对形貌的想象,应该居于统治地位;这种想象在别的地方令人喜爱,而在诗里却千万不能缺少,在荷马、维吉尔、贺拉斯的作品里,几乎全都是形象,甚至无须去特别注意。"[3] 许多作家艺术家在艺术形象构思中,都充满了这种对细节的想象。阿·托尔斯泰说,他在酝酿彼得大帝的形象时,连彼得坎肩上的一切污痕都看到了。鲁迅在创造阿Q这一形象时,连阿Q所戴的帽子的颜色、形状、款式,都清晰地出现在想象中。冈察洛夫说,他在想象作品中的人

---

[1] 《列宁全集》第5卷,人民出版社1959年版,第48页。
[2] 《爱因斯坦文集》第1卷,许良英等译,商务印书馆1976年版,第284页。
[3] 中国社会科学院外国文学研究所外国文学研究资料丛刊编辑委员会编:《外国理论家作家论形象思维》,中国社会科学出版社1979年版,第32页。

物时，便似乎听到了他们谈话的片断。契诃夫说，他在构思《草原》时，能感到四周弥漫着夏天和草原的香气。据说，歌德在想象中能够"看出"树木幼芽怎样发出来。苏里柯夫说，他在创作《近卫兵临刑的早晨》这幅画时，其中的人物像是活人一样，立即以全部细节和惊人的明确性（直到构图和色彩）出现在他的想象之中。别林斯基说："当艺术家的创作对于大家还是一个秘密，他还没有拿起笔来的时候，他已经清楚地看见他们，已经可以数清他们衣服上的褶襞，他们额上的犁刻着热情和痛苦的皱纹，已经熟识他们，比你熟识你的父亲、兄弟、朋友、母亲、姐妹、爱人更清楚些；他也知道他们将说些什么、做些什么，看见那缠绕着他们、维系他们的全部事件的线索。"① 由于想象中的形象显得如此鲜明、生动和精细，以至于作家艺术家常常会产生一种"幻觉"，似乎他在想象中真的感到和体验到自己创造的形象，好像想象中的形象就是自己实际看到、听到和感受到的某种生活和人物。阿·托尔斯泰说过，他在创作中就经常产生这种"幻觉"，以至于有时不能把自己所臆想出来的东西同实际存在过并且由自己在生活中观察到的事实区别开来。他还谈道，巴尔扎克经常跟他所想象的人物打架。有一次，巴尔扎克的一个朋友来找他，敲门时听到巴尔扎克正跟一个什么人吵得不亦乐乎。巴尔扎克大声地叫道："混蛋，你等着瞧吧！"这个人打开门后，看见屋子里只有巴尔扎克一个人。原来，巴尔扎克正在骂他笔下的一个人物，他已经把这个人物所干的下流勾当揭露出来了，这就是巴尔扎克产生了把想象的人物当作实际存在的人物的幻觉。如果作家想象的人物不是那样鲜明、生动、真切，当然就难以产生这种幻觉。阿·托尔斯泰说："作家们，在任何时候都应该运用幻觉，就是说，一定要学会看见你们所描绘的东西。你们对你们所幻想的人看得愈清楚，则你们作品的语言就会愈准确、愈确切。"② 斯坦尼斯拉夫斯基认为，演员在想象中应当形成"内心视象"，也就是说"必须看见在心里，在演员自己的想象中所发生的事情，也就是说明角色生活的规定情境的那些视象"③。这和阿·托尔斯泰所说的运用幻觉看见所描绘的东西一样，都是使

---

① 《别林斯基选集》第1卷，满涛译，上海译文出版社1979年版，第179页。
② ［苏］阿·托尔斯泰：《论文学》，程代熙译，人民文学出版社1980年版，第271页。
③ ［苏］斯坦尼斯拉夫斯基：《演员的自我修养》第一部，林陵等译，艺术出版社1956年版，第117页。

想象中的形象更加独特、鲜明、生动、真切。

审美和艺术中想象的另一个突出的特点，是它具有科学中的想象所不可能具有的体验性和情感性。在科学研究中，无论科学家的想象如何飞腾，提出的假设如何具有吸引力，对于所想象的东西都必须采取十分客观、冷静和理智的态度。科学家既不会对想象的东西产生情绪体验，也不能让想象受自己情感活动的支配，否则就会使想象失去在科学研究中推动正确发现事实与规律的重要作用。在审美和艺术中，想象活动则充满了对形象的深刻的体验和丰富的情感。在艺术创作中，同情感和情绪直接联系着的想象具有特别重大的意义。作家艺术家不仅能在想象中看到、听到他所创造的人物，而且还会置身于他所想象的人物和生活情景之中，与他的想象所创造的人物一同生活。他设身处地体验着他所创造的人物的情绪和感受，和他们同甘苦、共欢乐，以至于他不仅能进入人物的内心世界，而且能摆脱自己本身的存在，化身于作品中的人物，完全过着人物所过的生活。法国作家福楼拜在书信中谈到他在创作《包法利夫人》时的想象情景，有如下描述："写书时把自己完全忘去，创造什么人物就过什么人物的生活，真是一件快事。比如我今天就同时是丈夫和妻子，是情人和他的姘头，我骑马在一个树林里游行，当着秋天的薄暮，满林都是黄叶，我觉得自己就是马，就是风，就是他们俩的甜蜜的情语，就是使他们的填满情波的眼睛眯着的太阳。"[1] 这就是说，作家在想象中完全化身到所创造的人物之中，过着人物所过的生活，同人物以及人物周围的环境完全融而为一了。高尔基也说："科学工作者研究公羊时，用不着想象自己也是一头公羊，但是文学家则不然，他虽慷慨，却必须想象自己是个吝啬鬼，他虽毫无私心，却必须觉得自己是个贪婪的守财奴，他虽意志薄弱，但却必须令人信服地描写出一个意志坚强的人。"[2] 这也是说，作家在想象中要化身于所创造的人物，设身处地地体验所创造的人物的思想感情和内心世界。只有这样，才能将典型人物的性格真实、鲜明、生动地刻画出来，才能使所创造的形象具有艺术美的魅力。许多作家艺术家都有在想象中体验着所创造的人物的情绪和感受的经验，并且对所创造的人物始终伴随着强烈的情

---

[1] 参见《朱光潜美学文集》第1卷，上海文艺出版社1982年版，第44页。
[2] ［苏］高尔基：《论文学》，孟昌等译，人民文学出版社1978年版，第317页。

感态度。陀思妥耶夫斯基谈到自己的创作过程时说："我同我的想象、同亲手塑造的人物共同生活着，好像他们是我的亲人，是实际活着的人；我热爱他们，与他们同欢乐、共悲愁，有时甚至为我的心地单纯的主人公洒下最真诚的眼泪。"①狄更斯在《老古玩店》中写到女主人公的死时，好像是谋杀了自己的孩子，觉得"昏昏沉沉"。柴可夫斯基在《黑桃皇后》中写到格尔曼的死时，自己便"凄惨地哭了起来"。格林卡说，当他写到苏沙宁和波兰人在树林中的一幕时，他"如此深刻地把自己移到主人公的感情中，以致头发悚立，全身发抖起来"。阿·托尔斯泰说，当他在长篇小说《两种生活》中描写那个将军的死时，"一连好多天都四肢无力，就好像真地体验了一次死的情形一样"。焦循《剧说》中记述了汤显祖创作《牡丹亭》时如何想象、构思的情况：

相传临川作《还魂记》，运思独苦。一日，家人求之不可得；遍索，乃卧庭中薪上，掩袂痛哭。惊问之，曰："填词至'赏春香还是旧罗裙'句也。"②

在这里，汤显祖在想象中好像自己也成了春香，真切地体验到她因怀念死去的杜丽娘而悲痛欲绝的感情。它说明了在艺术创作的想象中，体验是何等鲜明、强烈和深刻。

演员在创造角色时，需要在想象中深入体验所扮演的人物的情绪和情感，进入人物的内心世界，才能使所创造的角色具有高度的艺术真实和强烈的艺术魅力。斯坦尼斯拉夫斯基指出，演员的想象的最重要特点之一，就是在想象中"唤起同角色本身的情绪和情感相类似的情绪和情感"，以便"能够过着他所扮演的人物的丰富的内心生活"。在戏剧表演理论中，有"体验派"和"表现派"之分，两者在强调情感体验和保持理智方面各有侧重。关于他们的是非这里暂且不论，不过，演员在创造角色时，要设身处地体验所扮演人物的感情，才能做到情感真实、表情生动、表演传

---

① 中国社会科学院外国文学研究所外国文学研究资料丛刊编辑委员会编：《外国理论家作家论形象思维》，中国社会科学出版社1979年版，第111页。
② 《中国古典戏曲论著集成》（八），中国戏剧出版社1959年版，第181页。

神,却是普遍的艺术规律。京剧表演艺术家梅兰芳谈到在《宇宙锋》中扮演赵女的体会时说:"我们在台上扮演剧中人,已经是假装的。这个剧中人又在戏里假装一个疯子。我们要处处顾到她是假疯,不是真疯。那就全靠在她的神情上来表现了。同时给她出主意的,偏偏又是一个不会说话的哑巴丫鬟。也要靠表情来跟她会意的。所以从赵女装疯以后,同时要做三种表情:(一)对哑奴是接受她的暗示的真面目,(二)对赵高是装疯的假面具,(三)自己是在沉吟思索中,透露出进退两难的神气。这都是在极短促的时间内变化出来的。这种地方是需要演员自己设身处地来体会了。首先要忘记了自己是个演员,再跟剧中人融化成一体,才能够做得深刻而细致。"[①] 这段体会文字,把演员在想象和表演中体验角色情感的特点以及它的重要性十分精当地论述出来了。

在艺术欣赏中,想象活动也总伴随着对再造形象的强烈的情感体验。欣赏者的想象在再现作品所描绘的艺术形象时,总是把自己带进作品所描绘的境界之中,同作品所描绘的生活和人物融成一片,亲身体验到人物的各种复杂感受和情绪,在想象中过着人物所过的内心生活。列夫·托尔斯泰说:"艺术的、文学的作品,特别是戏剧,首先要在读者或观众心中引起这样一种幻想,这就是使他们本人感受和体验到登场人物所感受和体验的心情。为求这样,剧作家既要知道应该让自己的人物做什么和说什么,又要知道不该让他们说什么和做什么,以免破坏读者或观众的幻想。让登场人物说的话,不论如何娓娓动听和含意深刻,只要他们是赘余的,不合乎环境和性格的,那就会破坏了戏剧作品的主要条件——幻想,而读者或观众正是由于这种幻想,才会全神贯注于剧中人的情感的。"[②] 这虽然是就创作而言的,但是实际上涉及欣赏的心理活动,其中所说的"幻想"就是想象活动。托尔斯泰明确地指出,欣赏的想象是以情感体验为特点的。由于欣赏者在想象中体验着人物的感受和情绪,过着人物所过的生活,所以往往会产生一种如醉如痴、化身为作品中人物的幻觉。霍布斯说,小说迷总是"把他对自己本人的想象和他对别人的所作所为的想象合在一起,例

---

① 梅兰芳述:《舞台生活四十年》,平明出版社1953年版,第172页。
② 古典文艺理论译丛编辑委员会编:《古典文艺理论译丛》第2册,人民文学出版社1961年版,第172—173页。

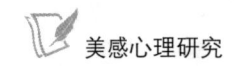

如想象自己是赫喀琉斯或亚历山大"。狄德罗说，入迷的读者总是"在作品里面扮演一个角色"，"使自己处在人物的地位"。托尔斯泰也说，他青年时代阅读文学作品时，"在自己身上发现了那些被描写的热情，以及自己和每本小说中的所有的人物，和英雄们、和恶徒们的相似"。诸如此类的现象都是在想象中对人物产生深刻的情感体验的结果。

在自然美的欣赏和以自然事物作为描绘对象的艺术创作中，欣赏者和艺术家往往在想象中把个人的情感体验对象化在他所创造的形象上面，从而使想象中的意象充满审美主体的体验和情感色彩。高尔基说："想象——这是赋予大自然的自发现象和事物以人的品质、感觉，甚至还有意图的能力。"[①] 美的欣赏和艺术创作中所出现的"拟人化"现象，都是人赋予他所感受的自然事物以自己的情感体验并加以想象的结果。由于艺术家在创作中带着强烈的情感体验想象所创造的自然事物形象，所以在艺术构思中往往会出现物我交融、化身于物的幻象。《文心雕龙》说的"思理为妙，神与物游"，就是说艺术构思中想象的奇妙使得精神能与外物相互交融。杜甫作诗，"每咏一物，必以全副精神入之"；文与可画竹，"其身与竹化"；曾无疑画草虫，"方其落笔之际，不知我之为草虫耶？草虫之为我耶？"——这些都说明艺术家在创作的想象中，不仅对于创造的人物形象具有情感体验的特点，就是对于创造的自然事物形象也具有情感体验的特点。艺术作品中描绘的自然事物形象之所以渗透着人的情感色彩，具有艺术的感染力，正是因为作家艺术家在美感的想象中交融着情感体验。

同科学中的想象相比，审美和艺术中的想象还有一个特点，就是在想象中可以而且应该进行虚构。这主要表现在艺术创作中，因而成为创作的美感的显著特色。在科学的想象中，任何一个有价值的假设的提出都要依靠事实。"事实就是科学家的空气"（巴甫洛夫语）。同时，科学假设是为了揭露事实发生的奥秘，发现支配事实的规律，因此它必须接受和经得起事实的检验，如果假设与事实相反就要被取消。科学研究的成果最后并不由想象、假设来构成。无论是技术发明还是工程设计，都要使想象中所创造的观念的东西在实践中直接转化为实际存在的东西。因此，在科学想象中不允许虚构，也不能由想象来构成最后成果。而审美和艺术中的想象就

[①] ［苏］高尔基：《论文学》，孟昌等译，人民文学出版社1978年版，第160页。

不同了。在艺术创作中，艺术家的想象总是同虚构相联系的。由艺术家的想象所创造的典型形象，虽然来源于现实生活，却并不是现实生活中实际存在着的事实。曹雪芹创造贾宝玉这个典型人物，运用了他自己的生活经验作为原型。列夫·托尔斯泰创造安娜·卡列尼娜这个典型人物，采用了普希金的女儿普希金娜和邻近一个庄园主的女管家皮罗戈娃的某些材料。像贾宝玉和安娜·卡列尼娜这类人物，在现实生活中也一定不少。但是作为艺术典型的贾宝玉和安娜·卡列尼娜是由作家的想象虚构的，并不是现实生活中真实存在的某个人物，因此也不能把他们当作现实中存在的事实去寻找。不只是由艺术想象创造的人物是这样的，其他像情节、环境描写以及诗歌中的典型意境，当作家艺术家用想象把它们构思和创造出来时，也都是以现实生活为基础虚构的，而不可能完全依据某一事实。李渔说："凡阅传奇而必考其事从何来，人居何地者，皆说梦之痴，人可以不答者也。"① 鲁迅也说："创作则可以缀合，抒写，只要逼真，不必实有其事也。"②艺术想象虚构出来的人物、情节、环境、意境可以是现实中可能存在而又不是实际存在的，也可以是现实中根本不可能存在而仅仅在艺术幻想中存在的。李白在《梦游天姥吟留别》中所描写的"虎鼓瑟兮鸾回车，仙之人兮列如麻"的神仙境界，《西游记》中塑造的孙悟空、猪八戒的形象，《神曲》中的地狱和天堂的种种事物，以及神话、童话中所创造的非现实的形象等，这些虚构的幻想在科学中是不可能也不允许存在的。毛泽东同志说："神话中的许多变化，例如《山海经》中所说的'夸父追日'，《淮南子》中所说的'羿射九日'，《西游记》中所说的孙悟空七十二变和《聊斋志异》中的许多鬼狐变人的故事等等，这种神话中所说的矛盾的互相变化，乃是无数复杂的现实矛盾的互相变化对于人们所引起的一种幼稚的、想象的、主观幻想的变化，并不是具体的矛盾所表现出来的具体的变化，……所以它们并不是现实之科学的反映。"③ 从这里可知，神话以及类似艺术作品中的想象、幻想和科学的想象、幻想确有很大不同，其中很重要的一点就是它们的非现实性、虚构性。

---

① 《中国古典戏曲论著集成》（七），中国戏剧出版社1959年版，第20—21页。
② 《鲁迅全集》第10卷，人民出版社1958年版，第198页。
③ 《毛泽东选集》第1卷，人民出版社1951年版，第305页。

审美和艺术中的想象之所以应当虚构，是因为只有通过艺术虚构才能产生典型化的意象，才能使生活的真实和生活的美转化为艺术的真实和艺术的美。高尔基说，文学中创造的典型人物"在生活里是没有的；过去和现在存在着的只是和他们类似的人物，这些人物比他们要渺小得多和零碎得多，而语言艺术家们却从他们这些渺小的人物中想出了、'虚构'了经过概括的人的'典型'——普遍的典型，这正像用砖头建造宝塔或钟楼一样"①。现实中虽然处处、时时都存在美，并且具有无与伦比的丰富性和生动性，但是它毕竟是分散的、零碎的，往往表现得不那么显著和突出，甚至美与不美常常混杂在一起。生活中的事实虽然也都以生动的现象体现着某种本质，但是生活现象总是比较复杂、零散和表面的，并不是一切生活现象都能充分地、深刻地表现出生活的本质真实，现象和本质还可能表现出不一致。因此，原封不动地照搬生活中的现象和事实，照相式地复制现实是不可能形成典型的意象、创造出艺术真实和美的。拜伦说："在风景画中，大画家并不刻板地临摹野景，却自己创造一幅野景。自然的天然状态并不能供给他一个他所需要的风景。即使画家画一个名城，或名山及其他自然风景，他也一定运用取景、光影、距离等手法加强原来风景的美点，掩饰它的缺点。描写自然的诗，如果仅是如实地写自然，是不能表达诗人的意图的。他所画的天空并非自然天空的形象。它是由很多不同的天空所组成的（这些天空是画家在不同的时候观察到的），而不是任何一天的天空的全盘模仿。为何如此呢？因为自然对自己的美并不是很慷慨的。它散见于很广泛的时间内，偶尔显露，必须细心选择，注意收集。"②歌德也说，他在创造《少年维特之烦恼》中的女主人公夏绿蒂的形象时，是"把许多美女们的容姿和特性合在一炉而冶之"，并没有局限于原型。这都说明创造的美感不同于欣赏的美感，艺术美也不同于生活美。它们是艺术家通过想象中的虚构，把无数分散开来的美集中起来，使现象的真实和本质的真实达到高度统一的结果。所以，"在这样的虚构里，生活比它本来的面貌还要显得真实"③，还要显得美。

---

① [苏]高尔基：《论文学》，孟昌等译，人民文学出版社1978年版，第162页。
② 古典文艺理论译丛编辑委员会编：《古典文艺理论译丛》第1册，人民文学出版社1961年版，第121—122页。
③ [苏]阿·托尔斯泰：《论文学》，程代熙译，人民文学出版社1980年版，第253页。

如果说科学中的想象并不能构成科学成果本身,那么艺术中的想象则直接体现在它的成果——典型形象或美的观念的创造中。科学中的假设的提出是为了在实践中得到事实的检验和证明,一旦事实的规律被发现,定理一经确立,想象也就被已经形成的理论和思想所代替。工程师提出的设计方案要求在实践中变为事实,一旦方案得到成功,想象也就转化为现实。而在艺术中,想象既不是为产生某种思想和理论而服务的材料,也不是为了直接的实用功利目的。艺术想象直接凝结为艺术形象,它本身就是创作的目的和成果。从这个意义上看,高尔基关于"艺术是靠想象而存在"这个论断确是精辟而深刻的。

第五章　美感与形象思维

美感首先是美的认识，而美的认识是在形象思维中进行的。只有通过形象思维，美的认识才能真正达到感性认识和理性认识的统一，才能通过美的事物的现象把握美的事物的本质、关系和规律。美感中的感知、联想、想象等心理活动，也只有与形象思维紧密地联系在一起，才能发挥它们在美的认识中所应起的作用。通过形象思维形成美的认识，也才有美感中情感的感动。所以，在美感的心理活动中，形象思维是一个核心。由于形象思维个别化和概括化互相结合的作用，意象得到典型化，从而形成美的认识的最后成果——美的观念。本章着重探讨形象思维与美的认识的关系、形象思维与美的观念的特性。现在，先从美感中思维的作用谈起。

第一节　理解和思维在美感中的作用

在美感意识活动中，是否包含理解和思维的心理因素呢？对于这个问题，美学史上许多美学家是持否定态度的。大凡片面强调美感仅是属于感性认识、属于情感范围的美学家，一般都排斥理解和思维在审美中的作用。康德明确提出科学、审美、道德三种意识活动分别属于知、情、意三种不同的心理功能，片面强调它们之间的区别，否认它们之间的联系，从而将审美判断和理智的认识活动对立起来。康德以后，叔本华、尼采、柏格森等相继用直觉主义解释审美和艺术活动，认为审美和艺术是一种非理性的、直觉的认识，和科学的、理性的认识是不相容的，从而把理性、思想完全排除于审美活动之外。克罗齐认为美感经验就是"形象的直觉"，是见形象而不见内容意义的最简单、最原始的感觉，所以和理解、思考等心理活动是绝缘的。桑塔亚那主张审美活动产生于价值判断，完全为感情所决定，不同于为冷酷的事实所决定的理智判断，所以审美判断"毕竟是

第五章 美感与形象思维

非理性的"。朱光潜先生在《文艺心理学》中虽然并不否认了解和思考有助于美感，但又矢口否认美感本身包含了解和思考的因素和作用。他认为理解只能成为审美鉴赏的预备条件，一旦进入审美鉴赏，就是单纯的直觉，不带有任何理解和思考活动，所以美感经验前后虽然可能有名理的思考，但"美感经验和名理的思考不能同时并存"，美感本身生于直觉，和理解、思考等偏重理性认识的心理活动毕竟是不相容的。

我们在前文讨论美感的特质时已经指出，美感不是单纯的感性认识和直觉的活动，而是以理性为主导的感性和理性认识高度统一的意识活动。在美感中，感性认识是受理性认识制约的，理性认识是不脱离感性形象的。感性和理性不是互相分离的，而是互相联系的。就美感的认识活动来说，感觉、知觉、联想、想象同理解、思维总是相互结合、相互渗透的。单纯的感觉、知觉，或者单纯的理解、思维都不可能构成完整的美感心理活动。正是由于感知、想象和理解、思维互相融合、互相促进，所以才使美的认识具有既不脱离美的感性形象的感受，又能把握美的理性内容的重要特点。因此，只肯定美感中的感觉、知觉等感性因素，而否认理解、思维等理性因素，是不符合美感经验的实际和美感的意识活动的特点的。

理解是美感中不可缺少的一种心理活动。心理学认为，理解是通过揭露事物间的联系而认识新事物的过程。按照理解深入程度的不同，可以形成不同水平的理解。有揭露事物间外部联系的理解，也有揭露事物间内部联系的理解，不同水平的理解在审美意识中都有重要的作用。

在人对客观事物的知觉活动中，就已经有了理解的作用。知觉是在过去的知识和经验的基础上产生的。由于过去经验的帮助，人对知觉对象产生理解，才能获得对客观事物的整体反映。对事物的理解是知觉的必要条件。在审美感受中，对审美对象的感知同样要借助于过去的知识和经验。审美主体已经形成的美的观念在审美感知中起着十分重要的作用。毛泽东同志说："感觉到了的东西，我们不能立刻理解它，只有理解了的东西才更深刻地感觉它。"[①] 人们在观赏某些审美对象时之所以一下子就感到它美，是以理解作为先决条件的。不过这种理解属于心理学中所说的"直接的理解"，它是在瞬息之间立刻实现的，不要求任何中介的思维过程，它

---

① 《毛泽东选集》第1卷，人民出版社1951年版，第263页。

与知觉过程完全融合在一起,并不表现为一个明显的阶段,往往不为人所自觉地意识到。在艺术欣赏中,欣赏者在感知艺术形象的同时,总是不自觉地运用有关的生活经验和文化知识,力求取得对形象的一定理解,了解事物与事物之间、人物与人物之间、人物与环境之间有哪些联系,如果没有这种理解,就不可能懂得艺术形象,也就不可能有正确的美的认识。

在美感的联想和想象活动中,理解的作用更为显著。各种不同形式的联想,都是建立在对事物间相互联系的理解的基础之上的。没有对事物间关系的理解,任何联想都不能形成。巴甫洛夫说:"当形成联系,也就是所谓联想时,毫无疑问,这也就是对事情的知识,对外在世界的一定关系的知识,而当你下一次利用它们时,这就叫作'理解',这也就是说,利用知识,利用获得的联系就是理解。"① 可见联想和理解的关系是多么密切。至于想象,则与思维密切相关,具有深刻的理性因素,它不仅需要有对事物间外部联系的理解,而且尤其需要有对事物间内部联系的理解。对现实事物的知识、对事物间的本质的和规律的联系的深刻理解,是在想象中改造已有表象而创造新形象的条件和基础。美感意识中的再造想象和创造想象都不能脱离对美的对象的理解。

最高水平的理解表现在思维过程中。思维是对客观现实的概括的间接的反映,它所反映的不是个别事物或个别特征,而是一类事物的共同的、本质的特征,不是事物间的外部联系,而是事物间的内部联系和规律。只有通过思维,人的认识才能从感性认识进到理性认识,达到对客观事物的深刻理解。在美感意识中,思维是不可缺少的一种心理活动,思维中的理解起着不可忽视的作用。如前所述,美的认识是以理性认识为主的,而理性认识不能不依靠思维的作用。一般说来,我们在欣赏某一美的对象时,通过感性认识可能会立即感受到它的美,产生感官的快适的感受;但要更深刻地认识美、感受美,从而产生感情的愉悦和感动,就需要有深入的理性认识活动,需要思想的作用。如果取消思维和思想在审美中的作用,就不可能获得深刻的、强烈的美感。

从审美实际来看,不论是认识和欣赏哪一种美,都不能说没有理性思考和思想的作用。对自然美的欣赏,虽然往往以对现象与形式的感知和感

---

① [苏] 阿·阿·斯米尔诺夫编:《心理学》,朱智贤译,人民教育出版社1957年版,第287页。

官的快适感受取胜，但这并不是说，对自然美的欣赏就没有理性认识和思想作用。自然美的现象和形式所引起的感性认识和感官快适只是审美的初步阶段，而要引起更深的感情的感动、愉悦，就必须有理性认识和思想作用。杜甫的《望岳》："岱宗夫如何？齐鲁青未了。造化钟神秀，阴阳割昏晓。荡胸生层云，决眦入归鸟。会当凌绝顶，一览众山小。"诗中描写了泰山的巍峨高大和神奇秀美，也抒发了诗人的赞叹和遐想。作为自然美的观赏来看，诗人由泰山的雄伟、秀丽所引起的感受，远远超过了感性印象和感官的快适。面对这种不寻常的自然景色，诗人感到它聚集着天地间一切神奇秀丽的结晶，望之令人心胸开豁，眼界空阔，同时也产生了"会当凌绝顶，一览众山小"的愿望和想象。这虽然是在写泰山，同时也能感受到作者自己的伟大抱负。这一系列赞叹、感慨、遐想就有复杂的理性思考和思想活动在内，绝非单纯的感知所能达到。由此可见，对自然美的深入的审美欣赏，思维和理性作用是必不可少的。

对于社会美的认识较之对自然美的认识要更多地借助理性思考和思想活动。社会美主要是人在社会关系中的美，它在人的性格美中得到了最完满、最全面的表现。人的性格美主要是内在的心灵美、精神美，它固然也表现于外在的语言、行为、态度、作风之中，却不是单凭感性印象能够认识的，而必须依靠对人的思想、品质、情操的深入了解，依靠理性认识和思维活动。马克思说："我们从那些由于劳动而变得粗黑的脸上看到全部人类的美。"[①] 为什么看到劳动人民粗黑的脸会感到美呢？因为这种外部特征体现了人类艰苦奋斗、改造自然的美好品质，这种美的认识绝非单纯的感性印象所能加以解释的。许多作家都谈到过他们在生活中发现、认识人物性格美，虽然是由于某些突出的感性印象而被吸引，但要经过深入的接触和理解、反复的思考和分析，才能透过人物的个性认识它所充分体现的社会关系的普遍性，在个性和统一上真正把握人物性格之美。杜鹏程同志的小说《一个平常的女人》，描写宝成铁路工地上一个普普通通的妇女郑大嫂。她在工地上给工人烧开水，每烧一锅开水就画一个道道（计数的符号），她为她的道道而自豪。表面看起来，这个人物和她的行动一点也不惊天动地，而是十分平凡的生活现象。但是，当作者把这种现象和其他现

---

① 参见《学习译丛》1957年第3期，第48页。

象联系起来,即和郑大嫂的身世与家庭、郑大嫂来工地的动机与行动联系起来;和郑大嫂烧开水画道道的朴实而自豪的内心情绪联系起来;把郑大嫂的工作和整个工地,亦即和祖国建设联系起来;把郑大嫂的命运和全体工人阶级的命运联系起来,这个平常的妇女和她那烧开水的平常工作一下子就显出不平常了。你会从她的一生看到中国工人阶级的生活变化,会从这个妇女的现在和未来看到一个阶级的现在和未来。这样,你再来看这个平常的、普通的妇女,就会感到她实在是一个可歌可泣的不平常的人物。这说明对于人的性格美思考和理解得越深,就越能产生强烈的美感。

  在艺术欣赏中,作为审美对象的艺术形象往往是复杂的,不是凭感性印象一下子就能认识的,往往是要通过反复思考、仔细琢磨才能全面地、深入地认识它,并且也只有经过理性思考之后才能引起深刻的强烈的美感。乌申斯基谈到艺术欣赏的深化过程时说:"当我们走马观花地瞧了一幅上面绘着形形色色姿势的许多人物的大图画后,在我们心灵中对这幅图画只保存着极模糊的意识。但是,如果我们凝视这幅图画的细节,并把这些细节联成共同的关系,最后,如果继续这样进行,我们就能了解这幅画的基本观念,也就是了解图画中一切细节的共同关系,即把一切细节联成一个整体的关系,只有这时我们对于这幅图画的意识才能达到较高的程度,有了这样较高的意识,就足够使我们产生这幅图画的基本观念,它的一切细节就能出现于我们智力视线之前。"[①] 这说明对艺术作品的审美鉴赏,不能仅仅停留在对形象细节的感知上,而应当继续深入了解一切细节的共同关系,也就是包含在形象整体之中的本质和规律。这就需要经过由此及彼、由表及里的理性思考,从"模糊的意识"进入"较高的意识",即从感性认识进入理性认识。我们观赏达·芬奇的名画《最后的晚餐》,如果对它所刻画的形象及其所表现的思想内容没有经过理性思考和分析,对于画中人物性格、心理状态和人物之间的关系没有深刻的理解,那么我们对这幅画的美感就是表面的、肤浅的、有限的。我们知道,这幅画所反映的历史内容和作者的艺术构思都是很深刻的。它取材于《约翰福音》第十三章,描绘的是耶稣在临刑之前和他的十二门徒共进最后一次晚餐的情

[①] [苏] К. Д. 乌申斯基:《人是教育的对象》第1卷,李子卓等译,科学出版社1959年版,第236页。

形。当耶稣向门徒们宣告"你们中间有一个人出卖了我"时,全座为之惊愕失色。呈现在画面上的正是这样一个特定的场面。画家力图通过十二个门徒在听到这句话后不同的动作和表情,表现出各自不同的性格和心理状态。特别是叛徒犹大(左起第四个)露出神色慌张的表情,身体不由自主地向后仰去,痉挛的手紧紧地抓住钱袋,充分表现了做贼心虚、奸诈阴险、贪婪可鄙的丑恶内心世界。这和坐在中间的耶稣那安详、镇定的神态,慈善、善良的性格,恰好形成强烈的对比。其他门徒也都以不同的表情和姿态显示了各人不同的性格和心情,他们或是对耶稣表示关切,或是对叛徒表示愤怒。画家通过这个惊心动魄的场面和复杂的人物关系,歌颂了正义和善行的光明和伟大,揭露了叛卖和恶行的可耻和卑劣。如果我们对这幅画的内容有了一定的理解,那么我们对这幅画描绘的形象就会有更深刻的美感,并且也才能真正领会它的思想价值和美学价值,从中受到强烈的感染。如果说欣赏绘画尚且需要理性思考,那么欣赏较之绘画反映生活的内容更为复杂、丰富的其他艺术,如小说、戏剧、电影,就更不能没有理性思考的作用。"用思有限者,不能得其神也"[1],就是说欣赏者不经过理性思考活动就不能真正领会作品的内容,这样对艺术形象及其所反映的现实生活的认识活动就没有完成。同时,由于对艺术作品的内容缺乏全面、深刻的感受和理解,也就不可能真正鉴别艺术作品的美丑,做出正确的审美判断。从这个意义上说,艺术欣赏只有进入理性认识才算达到了高级阶段。欣赏者对艺术形象的认识越是深入,理解和思维在美感中的作用也就越突出。艺术对于人们的美感教育作用,正是通过欣赏者深入的理解和思维活动来实现的。

如果说在艺术欣赏中,欣赏者需要通过理解和思维才能深刻认识艺术形象的美,产生强烈的美感,那么在艺术创作中,艺术家就更需要通过理解和思维,才能深刻认识和反映现实生活的美,形成典型化的意象,创造艺术美。艺术美是艺术家美感意识的结晶,是将现实生活加以典型化的成果。要将现实生活加以典型化,就不能只停留在对生活现象的感性认识上,而必须通过生活中的个别现象把握生活的本质规律,通过生活现象的

---

[1] (晋)葛洪:《抱朴子·尚博》,载北京大学哲学系美学教研室编《中国美学史资料选编》上册,商务印书馆1980年版,第169页。

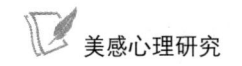

真实把握生活本质的真实。如果艺术家在创作中没有理解和思维活动,没有对于现实生活的深入的理性认识,那么这一切都是不可能实现的。高尔基说,艺术中完美的形象和典型"都是理性和直觉、思想和感情和谐地结合在一起而创造出来的"①。这是对艺术创作中美感意识活动的特点和规律的精辟概括。西方一些唯心主义美学家认为,艺术创作完全是一种与理性、思维相对立的"直觉"或"下意识"的活动,竭力排斥理性、思维、意识在艺术创作中的支配地位和作用,这是完全背离美感和艺术规律的。

第二节 形象思维和美的观念

美感中固然有思维活动,但这种思维活动又不同于一般认识,特别是科学认识中的思维活动。这种不同即在于科学的认识主要是抽象思维,而美的认识主要是形象思维。要正确地了解美的认识,了解美的认识中思维的特点,就必须了解形象思维。

形象思维是不是一种与抽象思维相区别的思维形式呢?这个问题目前在哲学界、美学界还存在着意见分歧。在否认形象思维是一种特殊的思维形式的意见中,也有两种看法。一种看法认为形象思维不是认识方法,只是一种艺术的"表现方法"。这种看法实际上否定了形象思维的存在,认为人对客观世界的认识只能是抽象思维的一种形式、一种方法。另一种看法虽然承认存在形象思维,承认审美和艺术创作必须是形象思维,但又不承认形象思维是一种思维形式,而认为"形象思维就是艺术的想象活动",或者干脆把形象思维和想象当作完全相同的心理过程。以上两种看法,无论从理论上看还是从实际情况上看,都是难以令人信服的。

先说第一种看法。这种看法的主要理论根据是,人对现实的认识只有一种,即抽象(逻辑)思维,因此形象思维和抽象思维的区别就不是认识方式、思维方式的区别,而只能是表现方法上的区别。但这个理论根据是站不住脚的。因为人对现实的认识方式并不只有抽象思维一种,"理论地掌握世界"也不是认识和掌握世界的唯一方式。马克思在《〈政治经济学批判〉导言》中说:"整体,当它在头脑中作为被思维的整体而出现时,

---

① [苏]高尔基:《论文学》,孟昌等译,人民文学出版社1978年版,第104页。

第五章　美感与形象思维

是思维着的头脑的产物,这个头脑用它所专有的方式掌握世界,而这种方式是不同于对世界的艺术的、宗教的、实践—精神的掌握的。"① 在这里,马克思指出了人类"掌握世界"的四种方式:理论的、艺术的、宗教的、实践—精神的。所谓"掌握世界",从马克思在论述中对于科学理论掌握世界的方式所做的具体分析来看,主要意思就是"认识""反映"世界。列宁在《黑格尔〈逻辑学〉一书摘要》中也曾写道:"把握=反映。"而"把握"与"掌握"基本上是一个意思。马克思所说的"掌握世界"的方式,就是认识或反映世界的方式。可见,人类认识世界的方式并不只有理论的方式这一种。由于马克思在这里没有对所列举的四种掌握世界的方式究竟有什么区别作具体论述,所以造成在解释上的一些歧义。但是,有一点是明白无误的,那就是马克思所说的理论的方式同抽象思维方法是完全一致的。按照马克思的说法,这就是"把直观和表象加工成概念这一过程",是具体—抽象—具体的方法。既然理论的认识世界的方式是直接同抽象思维相联系的,而艺术的认识世界的方式又不同于理论的认识世界的方式,那就理所当然地可以认为艺术的认识世界方式并不是同抽象思维完全一致的,也就是说,艺术的认识世界和理论的认识世界在思维形式、方法上是不一样的。这不是否定了人对现实世界的认识只有抽象思维这一种方式的看法吗?再从艺术创作实际过程来看,所谓形象思维只是"表现方法"的说法也是不对的。因为按照这种说法,形象思维并不是艺术家认识生活的方法,而只是在创作中表现生活的方法。艺术家在认识和理解生活时,和科学家一样运用抽象思维形成抽象概念,只是在艺术创作中将认识生活的结果表现于典型形象时才运用形象思维。然而,艺术创作并不只是表现生活的过程,而是认识生活和表现生活的统一。表现生活和认识生活是不能截然分开的,也不是没有关系的。艺术和科学在表现上的不同,正是由于认识上的不同。如果认识生活是形成抽象概念,而表现生活只是将抽象概念化为具体形象,那么这样制造的形象就只能是对抽象概念的图解式的说明,而不可能是真实、深刻、生动地反映现实生活的艺术典型。所以,把艺术反映生活的过程机械地割裂为认识生活——抽象思维和表现生活——形象思维两个阶段,同反形象思维论者把艺术创作过程概括为"表

---

① 《马克思恩格斯选集》第 2 卷,人民出版社 1979 年版,第 104 页。

象（事物的直接映象）——概念（思想）——表象（新创造的形象）"和"个别（众多）——一般——典型"的公式一样，都是违背艺术创作和典型化的客观规律的。实际上，在艺术创作的思维过程和典型化的工作中，并不存在一个脱离具体形象、脱离个别现象的单独的、抽象的概念或一般的阶段。艺术典型的创造也不是由抽象的概念或一般转化而来的。高尔基说得很明白：作家不应当将自己的主人公"当作'概念'来观察"，而必须"当作活的人来观察"。"作家须从各人物身上，发现并指出语言、行为、姿态、相貌、微笑、眼风等性格的独创的特点，而强调起来，这时他的主人公们才会活起来。"[①] 他还说："不要把'阶级特征'从外面贴到一个人的脸上去"，"阶级特征不是黑痣，而是一种非常内在的、深入神经和脑髓的、生物学的东西"。[②] 这都是批评从概念出发来制造典型的错误的创作方法的。塑造典型人物不能从概念出发，塑造其他的典型形象如典型环境、典型情节、典型意境等也不能从概念出发。所以，那种把形象思维说成是将抽象思维的认识成果——概念再现于典型形象的"表现方法"的看法，是完全不符合艺术创作实际的。

再说另一种看法。这种看法主要是把形象思维和想象完全看成同一种心理活动。如说"'形象思维'和'想象'所指的都是一回事"[③]，"形象思维不是独立的思维方式，它即是艺术想象"[④] 等等。应当说，这种看法是有它的历史原因的。在西方美学史上，直到别林斯基提出艺术是"寓于形象的思维"这个著名命题之前，很少能够找到"形象思维"这一名词。美学家和艺术家们在论述艺术和哲学的区别以及艺术创作的基本特点时，谈得最多的就是"想象"或"创造性想象"。维柯就是把诗归原到想象的，他认为诗歌完全出于想象，而哲学完全出于理智，诗和哲学、想象和理智是完全对立的、互不相容的活动。其实这种观点在维柯之前就已由不少理论家提出过了，只不过没有维柯讲得这样明确和具体罢了。黑格尔在《美学》中论述艺术创作时，也没有讲过"形象思维"这个词，但是反复地强

---

① ［苏］高尔基：《给青年作者》，以群等译，中国青年出版社1957年版，第73页。
② ［苏］高尔基：《高尔基选集·文学论文选》，孟昌等译，人民文学出版社1958年版，第248页。
③ 朱光潜：《西方美学史》下卷，人民文学出版社1979年版，第678页。
④ 李泽厚：《美学论集》，上海文艺出版社1980年版，第558页。

调想象对艺术创作的重要作用，认为"真正的创造就是艺术想象的活动"。不过，黑格尔讲"艺术想象"和以前许多人把想象和理智完全对立的观点并不一样，他强调想象活动是"理性的因素"。别林斯基在提出艺术是"寓于形象的思维"的同时，也很强调想象对于艺术的重要性，甚至认为只有"创造性的想象""才构成诗人之所以有别于非诗人的特长"，所有这些都很容易使人把形象思维和想象活动看成是等同的。但是我们认为，过去许多美学家、艺术家用"想象"或"创造性想象"来论证艺术创作的特点是一回事，而形象思维是否就等于想象则是另一回事。我们虽然不否认过去许多美学家使用"创造性想象""艺术想象"实际上往往就是对形象思维的另一种表述，但是我们对形象思维的考察和理解又不能受以前所使用的名称的限制，而必须结合艺术创作和审美欣赏的实际，运用心理学、生理学和思维科学的成果，对形象思维的性质做出更为符合实际的分析。

  从心理学上看，所谓想象一般是指将已有表象加以改造而创造新形象的过程，它的基本材料是表象。从这方面看，它的形象思维确实具有极其密切的联系，因为形象思维是借助形象进行思考的活动，思维过程始终不脱离表象，并以典型形象的创造作为思维的成果。从这个意义上说，形象思维也可以说是一种不脱离形象的想象的思维活动，是包括想象活动在内的。在形象思维过程中，想象具有特别突出的地位和作用，并成为思维方式的有机组成部分，这正是形象思维有别于抽象思维的一个重要特点。如果没有联想和想象活动的参与和活跃，那么形象思维是难以进行的。但是我们也不能因此就把形象思维和想象完全等同起来，否认它们之间的区别，否认形象思维是一种思维形式。形象思维虽然包括想象的活动，但又不只是想象活动。按照一般的说法，形象思维就是"用形象来思维"，即英文的"think in image"，这个短语在德、法、俄三种文字中结构是相同的；其中 think 就是思索、思考、思维的意思。采用这个短语，就说明形象思维不只是想象，而是在整个过程中都要有思维活动。从艺术创作的实际来看，形象思维也不仅限于表象的想象活动。想象的基本材料是表象，表象虽然也具有概括性，但它所概括的既有事物的本质属性，也有非本质属性，它不能像思维那样概括反映事物共同的本质特征和内在联系。艺术家在创作中虽然不能离开表象，但不能仅仅停留在表象的水平，而必须通过表象的分解、综合，使塑造出的艺术形象高于表象，达到深刻地概括和反映现实的本质和规律的目的。用高尔基的话说，就是要"把真理化为形象"。要做到这一点，单有想象而没有理解、思维活动是不行的。缪越陀里早就指出：单有想象力或单有理解力，都不能构成真实的艺术形象，只有把"理解力和想象力联合起来"，才能使艺术形象既生动又真实。黑格尔虽然那么强调想象对于艺术创作的重要性，但也认为要使艺术的理性内容和现实形象有机结合起来，没有理解、思考是不行的。他说："在这种使理性内容和现实形象互相渗透融合的过程中，艺术家一方面要求助于常醒的理解力，另一方面也要求助于深厚的心胸和灌注生气的情感。所以只有缺乏鉴赏力的人才会认为荷马所写的那样的诗是诗人在睡梦中可以得到的。没有思考和分辨，艺术家就无法驾驭他所要表现的内容（意蕴）。"[1] 别林斯基也是非常强调想象对于艺术的重要意义的，但是他明确地表示不同意艺术创作只需要想象的看法。他说："想象仅仅是使诗人所以成为诗人的最主要的本领之一；可是，仅靠这一点，还不足以构成诗人；他还须有从事实中发现观念、从局部现象中发现普遍意义的深刻的智力。"[2] 又说："诗的这种定义使想象（фантазия）与心灵的其他能力、主要是与理智发生活生生的有机的相互关系。为了善于描绘现实，甚至单有创作才能也还不够：还需要理智去理解现实。"[3] 我们知道，别林斯基早期曾经提出"诗是寓于形象的思维"的定义，上述一段话可以看作他对于这个定义的进一步解释和发挥。特别值得注意的是，别林斯基在这里强调，在艺术创作中，必须使想象与理智"发生活生生的有机的相互关系"。后来，高尔基对这个见解又特别作了发挥，认为"艺术家应该努力使自己的想象力和逻辑、直觉、理性的力量平衡起来"[4]，笔者认为这正是我们不同意把形象思维简单地归结为想象活动的关键。由于在形象思维中，表象的想象和理性的思考、想象力和理解力已经融为一体，所以它既不是单纯的想象活动，也不同于单纯概念的抽象思维活动。它虽然不脱离表象，但又不是停留在

---

[1] ［德］黑格尔：《美学》第1卷，朱光潜译，商务印书馆1979年版，第359页。
[2] 中国社会科学院外国文学研究所外国文学研究资料丛刊编辑委员会编：《外国理论家作家论形象思维》，中国社会科学出版社1979年版，第73页。
[3] 中国社会科学院外国文学研究所外国文学研究资料丛刊编辑委员会编：《外国理论家作家论形象思维》，中国社会科学出版社1979年版，第69页。
[4] ［苏］高尔基：《论文学》，孟昌等译，人民文学出版社1978年版，第350页。

表象的水平；虽然不直接形成概念，但又趋向概念。也正因如此，它可以达到单凭想象不可能达到或不可能完全达到的目的：在个别中充分表现一般、在现象中深刻反映本质、在形象中揭示生活真理，也就是说具有了只有思维才具有的深刻反映事物之间的本质联系和发展规律的品格。巴尔扎克的《人间喜剧》是法国大革命后社会生活的历史画卷，托尔斯泰的小说是当时俄国革命的镜子，曹雪芹的《红楼梦》是中国封建社会的百科全书，这些作品都是形象思维的杰出成果，而它们对当时生活所达到的认识水平，其中所揭示的社会真理，并不亚于当时经济学家和政论家们通过抽象思维所完成的著作。如果说这仅仅是依靠想象活动来完成的，那就太令人难以理解了。

形象思维不只是想象，想象也不都是形象思维。无意想象是最简单的、初级形式的想象，这种想象没有预定的目的，是不由自主进行的，它主要发生于意识、第二信号系统减弱之时，并不反映也不可能反映事物的本质规律，因而就不能形成形象思维。而且想象并非形象思维才有，抽象思维也需要想象。在一般抽象思维过程中往往会有想象的参与，如果没有同思维内容相联系的表象，人的思考就会发生困难。科学家的抽象思维中想象的重要性是不可低估的。列宁指出："甚至在数学上也是需要幻想的，甚至没有它就不可能发明微积分。"[①] 这些都说明把形象思维简单地归结为想象的心理活动，是与实际相龃龉的，也是难以充分揭示形象思维本身的规律和特点的。

总之，以上两种用来否定形象思维是一种思维形式的看法都是难以成立的。人类认识世界可以有多种方式，与此相联系的思维形式就不限于抽象思维一种。现代心理学根据思维的不同特点和形式，将思维分为直观动作思维、直观形象思维和抽象思维三种[②]，这就肯定了形象思维也是一种认识世界的思维形式。大量资料分析说明，在原始人的思维活动以及儿童的思维活动中，形象思维都居于主导地位。原始人极少抽象概念，学前儿童也还没有掌握为抽象思维所需要的概念，他们都是借助形象来进行思考

[①] 《列宁全集》第33卷，人民出版社1985年版，第282页。
[②] ［苏］彼得罗夫斯基主编：《普通心理学》，朱智贤等译，人民教育出版社1981年版，第367—368页。

的。瑞士心理学家皮亚杰通过大量观察和实验，对儿童心理（智慧、思维）的发展进行研究，将儿童心理发展划分为四个阶段。从四个阶段的比较来看，感知运动智慧阶段是儿童思维的萌芽，前运算阶段出现表象和直观形象思维，具体运算阶段出现初步的逻辑思维，到了形式运算阶段才出现抽象的逻辑思维。当然，儿童的形象思维和成人的形象思维在水平上是有所不同的。思维科学的成果说明，在成人有意识的思维活动中，不仅有抽象思维，也有形象思维。英国的斯巴克思指出，人识别图形的本领是很高的，人可以从写得很不工整的笔迹中读出作者的原意，这是一种不同于简单科学归纳的思维，其实就是形象思维。[①] 艺术家的形象思维是高度发展了的形象思维。巴甫洛夫早就指出，人的高级神经活动有不同的类型。第一信号系统占相对优势的是艺术型，这种类型印象鲜明，形象记忆突出，想象丰富，在艺术工作者中表现得较为突出。第二信号系统占相对优势的是思维型，这种类型抽象能力强，思维活动较活跃，在理论工作者中表现得较为突出。这实际上涉及形象思维不同于抽象思维的生理基础问题。近年来科学家们对人类大脑的研究表明，大脑两个半球既是一个整体，又具有不同的功能。左半脑球语言中枢占优势，具有理解语言、进行思考的抽象能力，因而"掌握"着抽象思维。右半脑球更多地与空间知觉、想象以及情感信息的处理相关，因而"掌管"着形象思维。当然这不是说形象思维只在右半球进行，抽象思维只在左半球进行，因为大脑两个半球是协同活动的。现代科学对大脑功能的定位方面所取得的突破，使人们对形象思维形成的生理基础有了更可靠的科学根据。

　　既然形象思维是一种思维形式，当然具有思维的一般性质。但是形象思维和抽象思维是两种很不同的思维形式，它们具有各自的特殊性质。在形象思维中，思维的一般性质是通过它的特殊性质表现出来的。对形象思维特殊性质的研究，是揭示形象思维奥秘的关键。诚然，形象思维和抽象思维都要从感觉材料出发，从感性认识上升到理性认识，通过思维的概括作用，以反映现实的本质和规律。但是形象思维和抽象思维在思维的过程、形式和结果上，都有极大的差异。在抽象思维过程中，认识一旦达到理性的阶段，就脱离了对于具体现象和个别事物的表象，舍弃了具体感性

[①] 参见《自然杂志》1983年第8期。

第五章 美感与形象思维

材料。它通过思维过程中的分析、综合、比较、抽象，从现象中抽出本质，从个别中抽出一般，使表象转化成概念及其所构成的理论体系，直接把事物的本质和规律揭示出来。概念具有抽象性的特点，它是客观事物的间接反映，不是直接反映外界对象的具体的原型，它只从各种事物和现象中抽出一般的、主要的、共同的本质，而舍弃了事物和现象的个别的、次要的、具体的特征。概念是抽象思维的基本形式，形式逻辑中讲概念、判断、推理，讲的就是抽象思维的形式。在概念的形成中，思维的概括作用是通过抽象化的方法来实现的。所谓抽象化，就是在思想上抽出同类事物的本质属性，舍弃非本质属性，经过抽象化而形成的概念是抽象的本质和一般，是舍去个性只有共性的本质和一般。形象思维则不同。在形象思维过程中，从感性认识上升到理性认识以后，仍然不脱离对于具体现象和个别事物的表象，不抛弃表现事物本质的感性认识材料。思维的分析、综合、比较、概括，不是将表象转化为概念，而是对感性材料、个别现象本身进行加工改造，一方面舍弃非本质的感性材料和个别现象；另一方面又选择、提炼能充分表现本质的感性材料和个别现象，使之概括成为现象与本质、个别与一般相统一的形象观念，这种形象观念也就是形象思维的基本形式。它既不同于表象，也不同于概念，表象是感知过的事物不在人的面前而在人的脑中再现出来的形象。作为感性认识和理性认识的中间环节，表象既有具体性又有概括性，有着在个别中反映一般、在现象中反映本质的倾向。但是表象并没有超出感性认识的范围，它本身并不能深刻地反映事物的本质和规律。形象观念是以表象为基础并将它加工提炼形成的，它剔除了表象中不能体现本质的现象，强化了体现本质的现象，因而能在现象中反映本质，在个别中反映一般。它不同于表象，它是理性认识的产物。形象观念也不同于概念，概念是抽象化的结果，在它那里，舍弃了个别而只有一般，舍弃了现象而只有本质。形象观念是集中化的结果，就是说，在形象观念中，思维的概括作用不是通过抽象化的方法，而是通过集中化的方法来实现的。集中化也要概括事物的一般、本质，但是不舍弃表现一般、本质的个别、现象。它不仅不舍弃这些，而且要将表现着一般、本质的那种个别、现象加以集中和强化，使一般寓于个别之中，本质寓于现象之中。正如黑格尔所说："普遍的东西应该作为个体所特有的最

· 173 ·

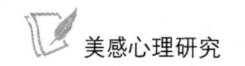

本质的东西而在个体中实现。"① 这样所形成的就是形象观念。形象观念不同于概念之点，就在于它是个别与一般、现象与本质的有机统一。

上述形象思维的过程，即始终不脱离感性认识因素的深入的理性认识过程。这对于美感意识来说，就是美的认识过程。作为形象思维概括作用的初步成果和形象思维的基本形式的形象观念，也构成了美的认识的基础。在美学史上，有关形象观念的论述是不少的。康德在《判断力批判》中所提出的"审美观念"，大体说来就和我们在这里所说的"形象观念"的含义是一致的。康德说："我所了解的审美观念就是想象力里的那一表象，它生起许多思想而没有任何一特定的思想，即一个概念能和它相切合，因此没有言语能够完全企及它，把它表达出来。"② 这就是说，审美观念是由想象力形成的，但是也要根据理性观念，它是理性观念的感性形象，能以个别具体形象表达出理性观念的内容及其引起的许多思想，以有尽之言传达出无穷之意。它"企图接近到理性诸概念（即智的诸观念）的表述"，但是又"没有概念能完全切合着它们"③，不可能由任何明确的思想或概念把它充分地表达出来。康德的"审美观念"和抽象概念是不同的，因为它是想象力所形成的一种形象显现，是个别具体形象，所以它不是抽象思维的对象，而是形象思维的对象。但是"审美观念"又不只是一般的表象，而"是想象力附加于一个给予的概念上的表象"④，是想象力和悟性共同结合着活动的果实。所以，"审美观念"和抽象概念在具有概括性、普遍性这一点上又有类似之处。总之，按照康德的理解，"审美观念"是一般与特殊、理性与感性、有限与无限的统一。实际上，这也就是形象观念，它既是形象思维的基本形式，也是美的认识的初步成果。

在初步的形象观念的基础上，形象思维的矛盾运动继续向前发展，也就是对形象观念进行分析综合、集中概括，一方面使形象观念的个别性、特殊性更加鲜明、更加生动、更加突出；另一方面又使形象观念的一般性、普遍性更加提高、更加强烈、更加集中，总之，就是使一般的意象得到典型化，将其改造成为典型的意象。这种典型的意象或典型性的形象观

---

① ［德］黑格尔：《美学》第1卷，朱光潜译，商务印书馆1979年版，第232页。
② ［德］康德：《判断力批判》上卷，宗白华译，商务印书馆1964年版，第160页。
③ ［德］康德：《判断力批判》上卷，宗白华译，商务印书馆1964年版，第160页。
④ ［德］康德：《判断力批判》上卷，宗白华译，商务印书馆1964年版，第163页。

念，就是美的观念。在美感中，美的认识就是要通过形象思维以获得美的观念。所以，我们可以说在形象思维中，包含美的认识——美感的特点的全部秘密。

第三节　美感中形象思维的特点

美的认识既然主要是通过形象思维达到的，那么表现在美的欣赏和创造中的形象思维有什么特点呢？

首先，美感中的形象思维是理解和感受的统一、思想和形象的结合，这是美感中的思维和科学认识中的思维的主要区别。科学认识是通过概念达到理解，最终形成理性认识和思想的；而美的认识则是通过对具体感性现象的感受，直接达到理解，在形象中形成理性认识和思想的。人的认识虽然可以分为感性认识和理性认识两个阶段，但是这两个阶段既不是完全对立的，也不是完全隔离的，它们共同构成人的认识的整个过程。感性认识是理性认识的基础和来源，理性认识则使感性认识得到提高和深化。在社会实践的基础上，人的感性认识和理性认识在认识发展过程中是相互联系、相互作用的。这就是人在美感的形象思维中，能将感受和理解直接统一起来的基础。

黑格尔说："在审美时对象对于我们既不能看作思想，也不能作为激发思考的兴趣，成为和知觉不同甚至相对立的东西。所以剩下来的就只有一种可能：对象一般呈现于敏感，在自然界我们要借一种对自然形象的充满敏感的观照，来维持真正的审美态度。'敏感'这个词是很奇妙的，它用作两种相反的意义。第一，它指直接感受的器官；第二，它也指意义、思想、事物的普遍性。所以'敏感'一方面涉及存在的直接的外在的方面，另一方面也涉及存在的内在本质。充满敏感的观照并不很把这两方面分别开来，而是把对立的方面包括在一个方面里，在感性直接观照里同时了解到本质和概念。但是因为这种观照统摄这两方面的性质于尚未分裂的统一体，所以它还不能使概念作为概念而呈现于意识，只能产生一种概念的朦胧预感。"[1] 黑格尔的这段话包含着一个极其重要的思想，即他认为审

---

[1]　［德］黑格尔：《美学》第1卷，朱光潜译，商务印书馆1979年版，第166—167页。

美的认识既不是单纯的感性认识，也不是抽象的概念认识，而是一种感觉与思考相结合、感性与理性相统一的心理功能。这种心理功能，他称之为"敏感"（Sinn），实际上也就是我们所说的形象思维。按照黑格尔的理解，在审美认识中，心理活动的最主要特点就是将对事物的外在方面的感受和内在本质的理解这两个对立方面涵括在一个方面里，"在感性直接观照里同时了解到本质和概念"，而不是让理性认识脱离形象观照，"使概念作为概念而呈现于意识"。黑格尔对于审美中认识和思维活动特点所做的分析，充满了辩证思想，确实是相当深刻的。他所概括的这个特点，无论是在美的欣赏还是在艺术创作中，都有着充分的表现。

从艺术创作来看，艺术家对生活进行美的认识，从观察生活到艺术构思，都是将对生活的形象感受和理解思考结合在一起，力图通过感性的形象形式来对生活进行理性的把握。艺术家善于在生活中感受、捕捉那些含有某种本质意义或使艺术家联想起某种深刻意义的具体现象，当他被这些现象所吸引和打动时，他就直觉到在这些现象中蕴藏有某种不平常的意义。这些现象撞击着他的心灵，引起他的联想、想象和思考；虽然他还不能在理论上明确说明这些现象的本质意义，但是他已在形象感受中理解到了某种意义深刻的东西。这种寓于形象感受中的理解，就是艺术家从生活中获得的审美的理解，就是形象思维的起点。作家李准在谈到如何从生活中孕育李双双这个典型形象的过程时说，他最初受到一个农村妇女队长贴在家里的许多小纸条的感染。这位妇女队长写这些纸条是为了学文化练字的，但上面所写的是作者从来没有见过的话，如"我真想学习呀，就是没有时间"，"水库的库字，就是裤子的裤字，去掉一边的衣字"，"决心学文化，天大困难也不怕！""谁聪明！谁憨？见人多了工作多了就聪明！锁在家里不见人就憨！"这些纸条出自一个普通的农村妇女之手，使作家有了强烈的感触。他说："我看看这些像火焰一般的语言，这些对新生活充满希望、理想和挑战的语言，我的感情激动得很厉害。这些语言在我面前打开了一个崭新的精神世界。这是我孕育李双双这个人物的开始。"[①] 这说明作家能够通过对生活的形象感受直接达到一定的理解，形成美的认识，引起美的感情激动，从而进入创作过程。正如杜勃罗留波夫所说："一个有

---

① 李准：《我喜爱农村新人——关于写〈李双双〉的几点感受》，《电影艺术》1962 年第 2 期。

'艺术家气质'的人，当他在周围的现实世界中，看到了某一事物的最初事实时，他就会发生强烈的感动。他虽然还没有能够在理论上解释这种事实的思考能力，可是他却看见了，这里有一种值得注意的特别的东西，他就热心而好奇地注视着这个事实，把它摄取到自己的心灵中来，开头把它作为一个单独的形象加以孕育，后来就使它和其他同类的事实与现象结合起来，而最后终于创造了典型。"[1] 对于艺术家来说，只有把感觉能力和理解能力有机地结合起来，只有"具有和思维性相结合的深刻的审美感觉"[2]，才能敏感地捕捉到生活中那些蕴含着本质意义的形象，才能化生活美为艺术美。

在艺术构思过程中，作家艺术家的思想、认识、理解的提炼、深化，和艺术形象的孕育、发展、成熟是互相结合、同时进行的。一方面作家艺术家的认识、理解、思想、感情逐渐在生活形象中被提炼、感发出来，并且渗透到恰如其分地表达它们的艺术形象之中，取得了反映生活的艺术形象的鲜明光彩；另一方面，生活形象又以一定的认识、理解、思想感情作为灵魂，经过加工改造，选择集中，成为现象和本质、主观和客观相统一的艺术形象，具有了反映生活的本质意义的深刻内容。"情瞳胧而弥鲜，物昭晰而互进"（陆机：《文赋》），"搜求于象，心入于境"（《唐音癸签》卷二），"意中有景，景中有意"（姜夔：《白石诗说》），"思与境偕"（司空图：《与王驾评诗书》），等等，就是指艺术构思中作家主观的思想感情和客观景物的形象互相渗透、互相作用，思想和形象同时结合在一起发展与进行。有一种看法认为，作家艺术家在构思中是先形成一种抽象的主题思想，然后再将这种已形成的主题思想用某种形象传达出来的。这种看法不符合形象思维中思想和形象同时结合进行的规律。杜勃罗留波夫说："艺术家们所处理的，不是抽象的思想与一般的原则，而是活的形象，思想就在其中而显现。"[3] 脱离了活生生的艺术形象的思想，不是艺术的思想；艺术的思想必须而且也只能包含在对于艺术形象的感知和想象中。冈察洛夫说："我表达的首先不是思想，而是我在想象中所看见的人物、形

---

[1] 《杜勃罗留波夫选集》第1卷，辛未艾译，新文艺出版社1956年版，第164页。
[2] 《别林斯基选集》第2卷，满涛译，上海文艺出版社1963年版，第17页。
[3] 《杜勃罗留波夫选集》第1卷，辛未艾译，上海文艺出版社1962年版，第348页。

象、情节。"① 列夫·托尔斯泰说："要是我想用几句话说出我打算通过小说来表现的一切，那就该重新写我已经写成的那部小说了。"② 这都是说作家对生活的理解、认识、思想，不可能是脱离形象的想象而游离于艺术形象之外的。作家艺术家在艺术构思中，一方面对吸引、感动着他的生活现象进行深入的思考，努力发掘、探索蕴藏在其中的深刻的社会意义；另一方面便对大量丰富的生活现象进行比较、选择、提炼，舍弃那些不能体现本质意义的生活现象，集中那些能够充分体现本质意义的生活现象，将生活现象加以典型化，主题思想的深刻化和艺术形象的典型化是结合在一起并同时进行的。果戈理之所以创作《外套》，首先是因为从官场中听到了一个穷官吏丢失猎枪的故事。对于这件有趣的事情，漠不关心的人听了发笑，然而果戈理听了却陷入悲哀的沉思之中。在进一步发展这个故事的过程中，果戈理融入了他对小市民，特别是下层官吏的可怜生活所做的许多观察和思索。但是作家的深入思考并没有脱离从生活中获得的感性材料，而是体现在对这些感性材料的艺术概括中。果戈理改动了原故事发生的环境，重新构想了小官吏周围的人物关系和冲突；改变了原故事的结尾和人物的命运；原来丢失猎枪的情节也改为丢失外套——主人公日思夜想的日常生活中最迫切需要的东西。这样，原来极普通的丢失猎枪的故事就发展成了一幕社会悲剧，这个小官吏的典型的生活命运就自然地展示出来，他不幸的生活和毁灭都是冷酷残忍的社会制度所必然带来的结果。从这里可以清楚地看到，艺术形象典型化的过程，同时就是主题思想深刻化的过程，思想和形象在形象思维中是不可分割的。

　　恩格斯在给敏·考茨基和玛·哈克奈斯两位作家的信中，批评了当时流行的一种不从现实出发，而用形象演绎概念的"倾向小说"，指出在艺术作品中，"倾向应当从场面和情节中自然而然地流露出来，而不应当特别把它指点出来"③，这对于我们认识和掌握艺术创作中形象思维的特点是至关重要的。在审美和艺术创作中，理性、思想、倾向不应当是一种抽象

---

　　① 古典文艺理论译丛编辑委员会编：《古典文艺理论译丛》第 1 册，人民文学出版社 1961 年版，第 158 页。
　　② 中国社会科学院外国文学研究所外国文学研究资料丛刊编辑委员会编：《外国理论家作家论形象思维》，中国社会科学出版社 1979 年版，第 113 页。
　　③ 《马克思恩格斯选集》第 4 卷，人民出版社 1979 年版，第 454 页。

的概念认识，而应当是一种渗透在形象的感知和想象之中的对于事物本质的理解。它不应当用概念化的形式直接表明出来，而应当通过艺术形象本身间接地流露出来。当然，这不是说在审美和艺术的思维中完全没有概念的因素和作用，而是说这种概念的因素和作用已经完全融解在形象中，化成了形象的内在灵魂，因而再也不是以概念的形式出现。康德认为趣味判断涉及一种"不确定的概念"或"不能明确说出的普遍规律"；黑格尔说审美认识是"在感性直接观照里同时了解到本质和概念"，或"产生一种概念的朦胧预感"，他们讲的其实都是美感中的认识虽然包含像概念那样的普遍的理性内容，但是又并不以概念的形式出现，因而不同于抽象的概念认识。潘德舆《养一斋诗话》说："理语不可入诗中，诗境不可出理外。"所谓"理语"就是概念，诗中不用概念并不是不要"理"，因为这种理是非概念所表达的思想感情。叶燮在《原诗》中把这种理称为"不可名言之理"，他说："唯不可名言之理，不可施见之事，不可径达之情，则幽渺以为理，想象以为事，惝恍以为情，方为理至事至情至之语。"所谓"不可名言之理"，并不是说诗歌中的思想感情不必借语言来表达。诗歌是语言的艺术，怎么可以不借用语言呢？但是语言既可以表示抽象概念，也可以表示具体表象；既可以是概念性强的，也可以是形象性强的。所谓"不可名言之理"，实即不用表示抽象概念的语言直接明白地说出之理，也就是诗中之理不可以概念出之，而应使之融合在形象的想象和描写中，在形象中领会之，这就是"幽渺以为理"。这说明形象思维虽然必须有"理"，却又非抽象思维中概念之理。在这里，理性、理解、思想只渗透在形象的感受、联想和想象中，不着痕迹地发挥作用，正如钱钟书在《谈艺录》中所说："理之在诗，如水中盐，蜜中花，体匿性存，无痕有味。""鸡声茅店月，人迹板桥霜"（温庭筠：《商山早行》），用六样景物巧妙地组合成一幅鲜明而独特的生活画面，诗人虽然没有用一字说明旅客思乡的焦急和赶路的辛苦，但是通过这些景物之间的联系，人们完全可以领略、理解到它所包含的这种意义。欧阳修在《六一诗话》中称赞这两句诗写道路辛苦、羁愁旅思"见于言外"，就是说它包含的思想感情不是由诗人直说的，而是由形象间接体现的。诗歌中的比、兴手法之所以符合审美理解和形象思维的特点，正在于它不是直说，而是"写物以附意""因物喻志"，也就是将思想感情寓于形象之中，使之成为"象下之意"。李商隐

《蝉》："本以高难饱，徒劳恨费声。五更疏欲断，一树碧无情。"写寒蝉因高洁而食不果腹，虽悲鸣寄恨亦无人同情。诗人没有直接写自己的身世遭遇和思想感情，而是借寒蝉的形象来比喻。诗人的感触和蝉的形象融为一体，完全不落痕迹，所以前人称赞它"传神空际，超超玄著，咏物最上乘"。

诗歌创作如此，其他艺术创作也莫不如此。电影中的蒙太奇就是通过不同镜头的组接，以形象的形式来揭示事物的内部联系，表现出非概念所表达的对于事物的本质规律的理解。苏联著名电影导演普多夫金说："蒙太奇与思考是不可分割的。……蒙太奇就是要揭示出现实生活中的内在联系。"[①] 法国电影理论家马尔丹说："蒙太奇起着一种名副其实的理性作用，它使事件和人物之间产生了各种关系，或者使这种关系得到突出表现。"[②] 例如伊文思导演的《苏德海》中，不止一次地将1930年资本主义危机时期人们毁坏粮食的镜头（焚烧小麦或将它们抛入海中）同一个面黄肌瘦、眼睛忧郁的儿童的感人镜头接在一起。这两种出于同一原因的现象的强烈对比，使影片表达的思想借助蒙太奇得到了形象的体现：资本主义经济危机一方面破坏大量财富，另一方面又造成大批人的贫困。又如爱森斯坦导演的《罢工》中，将工人遭沙皇士兵枪杀的镜头同屠宰场中遭宰割的牲口的镜头并列在一起，通过类比两种形象以揭露沙皇的残暴。在卓别林导演的《摩登时代》中，一开始是一群羊的镜头，接着就是一群人涌出地下铁道的镜头，这种隐喻的画面产生了强烈的效果，使观众在苦笑中对资本主义制度下人们的命运不能不给予关注。在这些蒙太奇中，两幅画面相接随即形成一种新的含义，思想和形象完全融合在一起，作者对于生活的本质意义的理解，直接通过形象的联想、想象得到了有力的体现。

以上所说艺术创作中理解与感受、思想与形象有机统一的形象思维规律，同样表现在艺术欣赏中。任何艺术欣赏活动都是对艺术形象的一种认识，但是这种认识不是抽象的概念的认识，而是具体的形象的认识。在欣赏中，对艺术形象所包含的思想内容和本质意义的理解、思考，不仅要从对艺术形象的直接感受出发，而且始终伴随着对具体形象的感知、联想、

[①] [苏] 多林斯基编注：《普多夫金论文集》，何慧先等译，中国电影出版社1985年版，第141页。

[②] [法] 马赛尔·马尔丹：《电影语言》，何振淦译，中国电影出版社1982年版，第128页。

想象，和后者结合在一起同时进行。对于欣赏者来说，理解、思维不是要脱离具体形象形成某些抽象概念和进行逻辑推理，而是要在具体形象的感知、联想和想象之中，体会和领悟到某些非概念所表达的本质意义。对于艺术作品的主题思想，欣赏者当然是应当领会和理解的，但是这只能通过对艺术形象的深入感受和反复体会来获得，而不能靠概念推理和直接说教，不能用几个概念、几句说明代替对艺术形象的丰富内容的把握。在艺术欣赏中常常有这种情况，欣赏者被艺术形象所吸引、所感动，若有所思，若有所悟，确实受到启发，受到鼓舞，但是如果要欣赏者立即把自己的理解明确地表达出来，却感到不那么容易。这就是说，欣赏者所获得的理解是结合着形象的感受的，是感受力和理解力、思想和形象的高度融合，它所包含的内容很难用一些概念表达出来。人们常说欣赏作品"可意会而不可言传"，其原因正在于此。"夕阳无限好，只是近黄昏"（李商隐：《乐游原》），这种渗透在古原黄昏、夕阳辉映的景色中的复杂情绪，是空虚怅惘的，还是留恋赞叹的？"流水落花春去也，天上人间"（李煜：《浪淘沙令》），这种形象所构成的意境，是表现国破家亡的怨恨，还是相见无期的悲哀？这都不是单凭概念能说明的。叶燮在《原诗》中说："诗之至处，妙在含蓄无垠，思致微妙，其寄托在可言不可言之间，其指归在可解不可解之会。"这里所讲的正是在艺术欣赏中通过形象理解到某种本质意义，却又难以用概念直接说出的情况。当然，这不是说人们对于艺术形象完全不能作理论上的分析，但这已是艺术批评所进行的科学研究工作，不仅仅属于审美欣赏的范围了。创作和欣赏都主要是形象思维，不是抽象思维，它们都不是概念认识，都不可单用概念直接说出。理解、思想、意义都只能间接隐含在形象之中，由形象之中体会之。因此，含蓄、蕴藉也就自然成为艺术所追求的胜境。《诗品序》中所说的"文有尽而意有余"，《沧浪诗话》中所说的"言有尽而意无穷"，《六一诗话》中所说的"含不尽之意见于言外"，以及司空图所说的"韵外之致""味外之旨"等，实际上都是讲艺术形象中包含着概念所难以表达和穷尽的丰富、复杂的内容和意义，欣赏者不可能直接从概念去把握它，而必须通过对形象的联想、想象，反复咀嚼，反复回味，才能达到理解。唯其如此，艺术作品才更耐人寻味，欣赏者才更能获得审美欣赏的乐趣。如果像概念那样明白说出，一览无余，就会意味索然，失去欣赏的乐趣。

艺术欣赏不是概念认识，而是通过艺术形象的感受、联想、想象来达到理解。艺术形象和概念虽然都可以揭示现实的本质规律，表达某种思想意义，但是艺术形象所体现的思想意义不仅较之概念要曲折、隐晦，而且也更复杂、丰富。这就使欣赏者对艺术形象的理解，往往不可能也不必像概念那样明确和确定。所谓"形象大于思想"，就是指欣赏者直接从形象中所领会的思想意义，往往超出作者主观思想上企图明确说出的东西，或者是作者主观思想上未曾自觉理解的东西。不仅欣赏者和作者对艺术形象的理解可以有相当大的差异，在欣赏者相互之间对艺术形象的理解也可能会有很大的分歧。人们常说"诗无达诂"，讲的就是这种情况。钟嵘在《诗品》中评阮籍的诗作，认为"厥旨渊放，归趣难求"，就是说对于形象中包含的旨趣，难以达到明确的、确定的理解。正是因为艺术形象并非如概念那样直说和确定，它所包含的内容远比概念要广阔、复杂、丰富、多样，所以才值得欣赏者咀嚼玩味、反复体会，也才能"仁者见仁，智者见智"，对形象的内容、意义做出多方面的理解。对于李白的《蜀道难》一诗的主题，中唐以来众说纷纭，见解迭出，即以近人而论，也有送友人入蜀说、慨叹仕途艰难说、对蜀中前途隐忧说，等等。只要不是牵强附会，而是从作品的艺术形象出发，出现不同的理解是符合艺术欣赏规律的，因为它正是审美理解需通过形象的感受、联想和想象来进行的必然结果。当然，所谓审美的理解不如概念那样明确和确定，绝不意味着它的含混模糊和不受任何制约。艺术形象的内容不管如何复杂、丰富，也都应是对现实的本质的反映，而且内容也必然是由艺术形象本身来体现的。因此，对艺术形象的理解，从基本倾向和范围来说，又应当是明确和确定的。

美感中形象思维的另一个特点是理与情相统一、思想和情感相结合。科学认识主要是抽象思维，是在概念和逻辑推理的形式中进行的。概念和逻辑推理只要求符合客观真理，正确反映客观事物及其规律，不应该也不需要主观情感因素的干预。由于概念的抽象性质，要从情感上给人以感染是不可能的。因此，对于抽象概念，如生产关系、剩余价值、商品、货币等，主要是理解不理解的问题，而不是感动不感动的问题。美的认识恰恰不是这样。在美的欣赏和艺术创作中，主要是形象思维，理解、思考是在形象的形式中进行的。作家艺术家从生活形象的观察、捕捉，到艺术形象的酝酿、构思，所面对的都是像生活本身那样以生动、具体、感性形式表现出来的活生生的形象，他所理解和思考的就是寓一般于个别、寓本质于现象的形象本身。而对于活生生的形象所表现的具体生活，人们不可能不抱有一定的情感态度。艺术家在反映生活时，总是表现出自己的爱、憎情感，流露出对生活、对人物的不同情感态度。所以，艺术形象总是反映客观真实和表现主观情感的统一，是认识、理解、思想和情感相结合的产物。阿Q这个典型形象，既反映了精神胜利法这种落后意识对于农民的毒害和革命必须启发农民觉悟的本质真实，又表现了作为革命民主主义者的鲁迅"哀其不幸、怒其不争"的情感态度，这二者是融为一体的。黑格尔说："艺术兴趣和艺术创作通常所更需要的却是一种生气，在这种生气之中，普遍的东西不是作为规则和规箴而存在，而是与心境和情感契合为一体而发生效用。"① 在艺术创作中，作家艺术家的思维活动伴随着情感活动，理解和情感是交织在一起的。作家艺术家的理性认识和思想，必须和自己炽热的情感融为一体，才能真正化为艺术形象的灵魂，才能具有强烈的感染力。别林斯基说，艺术中的思想不仅仅是艺术家的理智活动的结果，因为这种思想并不是抽象的理性观念，而是一种"诗情观念"。抽象观念是纯粹理智的果实，而诗情观念则是理智和情感共同结出的果实。所以，"诗情观念不是三段论法，不是教条，不是规则，它是活生生的情欲，它是激情"，"激情，把对于观念的仅仅智力上的理解，变为充满精力和热情追求的对于观念的爱"。② 诗情观念是一种饱和情感的思想，也可以说是渗透思想的情感，是"思想和情感的互相融合"所形成的艺术反映现实的特殊内容，也是艺术家进行创作时思维活动的一个突出特点。中国古典美学向来重视艺术创作中理和情、思想和情感相结合的特殊思维规律。刘勰在《文心雕龙》中反复强调创作中"理"和"情"、"志"和"情"是互相联系、互相渗透的，把它们看成是互相交织在一起的有机整体。《文镜秘府》提出诗须"抒情以入理"，《沧浪诗话》提出诗"尚意兴而理在其中"，进一步揭示了艺术的形象思维"寓理于情""理在情中"的特点。黄宗羲在《论文管见》中说："文以理为主，然而情不至，则亦理之郛廓耳。"叶燮在《原诗》说，创作必须"情理交至"，"情必依乎理，情得然

---

① [德]黑格尔：《美学》第1卷，朱光潜译，商务印书馆1979年版，第14页。
② 参见《外国作家理论家论形象思维》，中国社会科学出版社1979年版，第70、72页。

后理真",这都是强调艺术创作中的思想、理性不能脱离情感而孤立存在。如果思想、理性没有被作家的感情所孵化、孕育,没有得到情感的支持和渗透,这种思想、理性对于艺术创作仍然不过是外在的东西,不可能化为艺术形象的内在灵魂。对于表情性强的艺术部门(如音乐、舞蹈)的创作来说,融理于情就显得更为重要了。艺术欣赏和创作一样,也是理与情相统一的思维活动。艺术形象对于欣赏者的影响,总是思想和情感同时发生作用的。欣赏者必得被艺术形象所感动,才能自然而然地接受作品的思想。艺术欣赏面对的是反映生活并渗透着作家情感的具体的形象,欣赏者在认识形象意义的同时,不能不产生情感反应。所以,欣赏中的理解活动总是伴随着情感活动的。欣赏者越是被艺术形象唤起的情感所感染,就越是对形象理解得深入。如果不能深入体验情感,也就难以深刻理解思想。鲁迅说:"诗歌不能凭仗了哲学和智力来认识,所以感情已经冰结的思想家,即对于诗人往往有谬误的判断和隔膜的揶揄。"[①] 这可以说是蹈触到艺术欣赏的精微了。

第四节　创作美感中灵感的形成和作用

在艺术创作的美感中,形象思维活动往往会出现"灵感"(inspiration)这种突发性的心理现象。由于灵感的产生,形象思维显得特别活跃,思想和形象都具有高度的灵活性、鲜明性、丰富性,从而使艺术形象的构思和创造取得意外的成果。灵感作为形象思维的一种特殊表现形式,对于典型的意象即美的观念的形成以及艺术美的创造所起的作用,是不应被忽视的。

在艺术创作的美感中,灵感的出现往往具有下列明显的特征:

一、突如其来,偶然得之。灵感具有很大的突然性、偶然性,常常出乎作者意料,不期而至。有时作家苦心搜索而不能得到的东西,却于无意之中涌现心头。巴尔扎克描述创作灵感说:"某一天晚上,走在街心,或当清晨起身,或在狂饮作乐之际,巧逢一团热火触及这个脑门,这双手,这条舌头;顿时,一字唤起了一整套意念;从这些意念的滋长、发育和酝

[①] 《鲁迅全集》第7卷,人民文学出版社1981年版,第236页。

酿中，诞生了显露匕首的悲剧、富于色彩的画幅、线条分明的塑像、风趣横溢的喜剧。"① 这里所说的就是灵感的偶然性、突然性，而其中由灵感唤起的"意念"，即一种形象观念。罗曼·罗兰创作《约翰·克利斯朵夫》，就是由一次偶然的启示引起的。1890年春天，作者站在罗马城郊的霞尼古勒山上，看到晚霞和夕照下的罗马城，心灵不觉为之一震。刹那间，他仿佛望见克利斯朵夫这个人物从地平线上"站立着涌现出来，额头先出土。接着是眼光。克利斯朵夫的眼睛，身体的其余部分，慢慢地从容不迫地、年长月久地，都涌现出来了"②。就这样，灵感于无意中从作家心中升起，出现了人物的最初意象，开始了小说的孕育。陆机在《文赋》中说："若夫应感之会，通塞之纪，来不可遏，去不可止。"汤显祖也说："自然灵气恍惚而来，不思而至……"都是在讲灵感具有突发性的特点。

二、思如泉涌，感情激荡。灵感到来之时，艺术家的美感意识处于特别清晰、敏捷的状态，思想特别活跃，感情特别激越，想象特别丰富，形象特别鲜明，艺术构思进行得十分顺利和畅达，艺术创造力得到充分发挥，因而创作也最富有成效。巴尔扎克说，在创作灵感中艺术家"想要什么就有什么"。托尔斯泰说："灵感是忽然出现了你能够做到的事情。"普希金说："灵感吗？它是一种心灵状态：乐于接受印象，因而也乐于迅速地理解概念。"这都是在说灵感状态中的形象思维极为灵活、自由。陆机在《文赋》中描写灵感中思如泉涌的情况说："方天机之骏利，夫何纷而不理？思风发于胸臆，言泉流于唇齿，纷葳蕤以馺遝，唯毫素之所拟。文徽徽以溢目，音泠泠而盈耳。"这是很符合创作中灵感状态的特点的。郭沫若回忆他创作《凤凰涅槃》的经过说："《凤凰涅槃》那首长诗是在一天之中分两个时期写出来的。上半天在学校课堂里听讲的时候，突然有诗意袭来，便在抄本上东鳞西爪地写了那诗的前半。在晚上行将就寝的时候，诗的后半的意趣又袭来了，伏在枕上用着铅笔只是火速地写，全身都有点作寒作冷，连牙关都在打战。就那样把首奇怪的诗也写出来了。"③ 在

---

① 古典文艺理论译丛编辑委员会编：《古典文艺理论译丛》第10册，人民文学出版社1965年版，第95页。

② 罗大纲：《罗曼·罗兰在创作〈约翰·克利斯朵夫〉时期的思想情况》，《文学评论》1963年第1期。

③ 《郭沫若论创作》，上海文艺出版社1983年版，第205页。

灵感状态中，艺术家思如泉涌，万途竞萌，同时也往往产生不可抑制的感情激荡。郭沫若在创作《地球，我的母亲》时，由于突然受到诗兴的袭击，激情像火山一样爆发，以至于"把'下驮'（日本的屐）脱了，赤着脚踱来踱去，时而又率性倒在路上睡着，想真切地和'地球母亲'亲昵，去感触她的皮肤，受她的拥抱——这在现在看起来，觉得有点发狂，然而当时却委实是感受着迫切"。当然，灵感的情绪特征，会因艺术家的性格、气质和创作形式的不同而有所变化，但是一般说来，它的情感活动是强烈的。而且，灵感带来的意外发现和收获，往往会使艺术家产生无法形容的美感喜悦。屠格涅夫有次突然得到了一个佳句，竟然喜不自禁地喊道："就是它！就是它！真正的美句呀！"

三、精神高涨，全神贯注。在创作中，灵感的到来会使艺术家的情绪高涨，精神极度紧张，注意力高度集中在创造对象上，往往对周围的一切视若不见，听若罔闻，以至于达到忘我的境界。法国雕塑家罗丹有一次邀请挚友奥地利作家茨威格到他的工作室，参观一座刚刚完成的塑像，罗丹自己端详一阵，忽然皱着眉头说："啊！不，还有毛病……左肩偏斜了一点，脸上……，对不起，你等我一会。"说完，便拿起抹刀进行修改。他一会儿上前，一会儿退后，嘴里念念有词，手不时在空中乱舞。半个小时过去了，罗丹的动作越来越有力，情绪更为激动，如醉如痴，好像整个世界对他来讲已经消失了。工作完毕，他竟旁若无人地径自向门外走去，拉上门准备上锁，完全忘记了他的客人还在身旁。普希金谈到一位剧作家进行创作的情况也是这样："她整个身心沉湎在独立的灵感中，她离群索居地从事自己的写作。"这正是精神高度集中、紧张的结果。

由于灵感这种心理现象具有一般思维活动所不具有的突发性、偶然性、激动性等特点，所以它往往被唯心主义者做出神秘主义的解释。在西方，最早提出而且影响久远的关于灵感的解释就是柏拉图的"神灵说"，柏拉图认为诗人的灵感来源于神赐，"有本事的诗人总是通过一种神赐的灵感把神的一些话解释给我们听"。同时，柏拉图还认为灵感是一种使诗人丧失理智的"迷狂"状态。他说："诗人是一种轻飘的长着羽翼的神明的东西，不得到灵感，不失去平常理智而陷入迷狂，就没有能力创造，就不能做诗或代神说话。"① 柏拉图看到了灵感在艺术创作中的作用，也看到了灵感这种精神现象具有非同一般精神现象的特点，但是他从客观唯心主义出发，把灵感归结为神赐的迷狂状态，这既割断了灵感与生活实践的关系，又否定了灵感的认识和理性性质。这种神秘主义观点对后来西方唯心主义和反理性主义文艺思想的形成带来很大的影响。

在西方，对美感所做的另一种解释是"天才说"。和"神灵说"不同，"天才说"不是从某种超自然的外部力量中寻找灵感的来源，而是从艺术家本身、从内部寻找灵感的源泉。他们认为灵感只能产生在"天才"身上，它是天才自然而然的、不受任何约束的流露。康德认为"美的艺术是天才的艺术"，推崇天才在艺术创作中的作用，同时又认为天才就是"艺术家天生的创造机能"，"天生的心灵禀赋"。浪漫主义者中有不少人对于灵感的解释，就是和康德这种天才的概念相结合的。由于这种看法是从艺术家主观的天性中去寻找灵感产生的原因，所以难免陷入主观唯心主义的困境，同时也仍然避免不了将灵感神秘化的错误倾向。

在弗洛伊德精神分析学和变态心理学的影响下，西方有些人把灵感和潜意识的心理学说联系起来，于是形成了对于灵感的新的解释——"潜意识说"。这种看法认为"灵感就是在潜意识中酝酿成的情思猛然涌现于意识"②，因此灵感是属于潜意识一类的活动，所谓潜意识，也就是和意识相对立而为意识所不能察觉到的心理活动。在平常人的心理中，意识压倒潜意识，所以潜意识只在暗中活动。在变态心理中，意识和潜意识完全分裂开来，潜意识涌现时，意识便被湮没，如受催眠者和精神病人便是全靠潜意识活动的。灵感也是在这种潜意识活动中酝酿成的，然后才突然涌现于意识之中。这种看法是否具有科学根据，尚是一个问题。因为关于"潜意识"活动本身以及灵感是如何在潜意识中形成的，在心理学中仍是一个分歧很大的问题。如果按照弗洛伊德的解释，所谓潜意识原是指人的原始冲动、各种本能以及和本能有关的欲望，其内容并不是指人脑对客观现实的反映。而且弗洛伊德还把潜意识和意识对立起来，使之凌驾于意识之上，认为人的整个精神过程是受潜意识支配的。绝大部分的变态心理学家认

---

① ［古希腊］柏拉图：《文艺对话集》，朱光潜译，人民文学出版社 1980 年版，第 8 页。
② 《朱光潜美学文集》第 1 卷，上海文艺出版社 1982 年版，第 529 页。

为，潜意识活动是不受意识和理性制约的，并且认为其最充分的表现就是梦境。这样一来，灵感也就往往被解释为失去意识和理性作用的本能活动或梦境。这种说法无疑是给灵感加上了一层神秘的色彩，而对它做出较为正确的心理学的解释也就困难了。

艺术家们的艺术实践经验说明，灵感虽然是一种实际存在的创作的心理活动，但是它既不是神赐和天赋的"精神感动"，也不是基于本能的"睡行症"和"白日梦"。它是艺术在丰富的生活和知识积累的基础之上，经过艰苦的劳动，在艺术创作中所突然爆发的一种高度敏捷和积极的思维活动，是形象思维中的一种升华和飞跃的心理现象。灵感的产生虽然带有偶然性，但是这种偶然性中有一种必然性隐藏在其中。它虽然"得之在俄顷"，却"积之在平日"，是以艺术家长期的生活和知识积累为基础的。歌德突然听到自己的朋友耶鲁撒冷因恋友人之妻无望而自杀的消息，产生了创作《少年维特之烦恼》的灵感，于是立即找到了小说的情节。但是这个消息之所以能给歌德带来灵感，是因为他早就有与此相类似的经历的感受。歌德在魏茨拉实习期间，对好友凯斯特涅尔的未婚妻夏绿蒂产生了压抑不住的爱情。这使歌德痛苦不堪，以至于出现过以自杀来求得解脱的念头。正是由于这段经历一直孕育在胸，所以耶鲁撒冷自杀的消息才能在歌德内心激起巨大的波涛。如果没有一定的生活积累作为基础，这种偶然性就难以在艺术家思想中起到触发的作用。假如我们把灵感触发的偶然机遇比作导火线，那么长期的生活积累就是埋伏着的火药。火药遇到导火线而突然爆发，这看来似乎很偶然，实际上却是有其必然性的。灵感的出现好像看不到作家自觉思考的痕迹，似乎是无意中得之，但是它的前提是艺术家艰苦的劳动、紧张的思考、执意的追求。王国维在《人间词话》中说："古今之成大事业、大学问者必经过三种境界：'昨夜西风凋碧树。独上高楼，望尽天涯路。'此第一境也。'衣带渐宽终不悔，为伊消得人憔悴。'此第二境也，'众里寻他千百度，回头蓦见，那人正在，灯火阑珊处。'此第三境也。"这里所说的第三境，其实就是经过苦思冥想、殚精竭虑之后，突然间思路畅通、豁然开朗的刹那间，也就是灵感出现之时，当然，灵感往往发生在紧张的思维活动暂时放松，或者对再三思索的问题不去思考它之时，但这恰恰说明它是紧张思维之后的成果。如果没有以前的再三思索，就不会有现在的顿悟。柴可夫斯基说："灵感全然不是漂亮地挥着手，

第五章 美感与形象思维

而是如犍牛般竭尽全力工作时的心理状态。"列宾也说:"灵感是对艰苦劳动的奖赏。"这是很有道理的。

灵感是艺术家在紧张、积极的形象思维活动之后的意外收获,是形象思维的飞跃和升华。黑格尔说:"如果我们进一步追问艺术的灵感究竟是什么,我们可以说,它不是别的,就是完全沉浸在主题里,不到把它表现为完满的艺术形象时决不肯罢休的那种情况。"① "灵感就是这种活跃地进行构造形象的情况本身。"② 艺术创作的灵感是伴随形象思维而出现的,同时它的出现又将形象思维推进到一个更加紧张、集中和敏捷的阶段,所以它可以看作形象思维的一种特殊的表现形式。它不表现为一步一步思考的过程,而表现为突如其来的领悟或理解,立即导致认识的深化,极近似于心理学家所讲的"直觉思维"。关于灵感形成的生理机制问题,目前尚无定见,但是一般认为,它和大脑神经过程的转换有密切的关系。从生活积累到获得灵感有一个相当的过程,这就是人的大脑皮层由抑制到兴奋的过程。生活积累在人的大脑中变成信息,在抑制状态下贮存起来,当贮存到一定程度,某一新的信息降临时,这众多的信息就建立起联系,于是产生质变,大脑皮层突然兴奋,便形成灵感。有的人在创作构思中苦思冥想,得不到进展,大脑皮层因疲劳而处于抑制状态,思维活动变得迟缓。当把构思中的问题暂时搁置起来,注意力转移到其他方面,解脱了固执的思维定势的束缚,使兴奋的选择性泛化得到加强,这时,外界某些极普通的信息却能够使大脑处于新的兴奋状态,形成神经联系的突然接通,随之而来便是恍然大悟,灵感来临。

古希腊哲学家德谟克利特早就说过:"一位诗人以热情并在神圣的灵感之下所做的一切诗句,当然是美的。"③ 许多艺术家的创作实践表明,由于灵感爆发而创作出来的作品,往往更具有真情实感,更富于独创性,更具有艺术美的魅力。因此,我们应当正确看待灵感在艺术创作中的美感和艺术美的创造作用,对它既不可夸大,也不可忽视。在从生活积累到典型意象、从生活美向艺术美的转化中,灵感可以说起着引爆和催化的作用。

---

① [德]黑格尔:《美学》第 1 卷,朱光潜译,商务印书馆 1979 年版,第 365 页。
② [德]黑格尔:《美学》第 1 卷,朱光潜译,商务印书馆 1979 年版,第 364 页。
③ 伍蠡甫主编:《西方文论选》上卷,上海译文出版社 1979 年版,第 4 页

在灵感出现时，艺术家往往被一种偶然现象所触发，或是引起某种联想，或是受到感情震动，或是捕捉到形象的重要特征，或是获得某一深刻的思想，它像闪光一样照亮了以往的生活积累，于是生活材料迅速得到加工改造，艺术形象的雏形倏然涌现在艺术家的脑海中。作家王汶石说："作家在生活阅历中，积累了大大小小数也数不清的人和事，经历和积累了各种感情，产生和积累了丰富的生活思想，……它们像燃料似的保存在作家的记忆里和感情里，就像石油贮存在仓库里一样，直到某一天，往往由于某一个偶然的机遇（比如听了一个报告，碰到某一个人和某人的几句闲谈，甚至于只是到了一个新地方或旧地重游，等等），忽然得到启发（人们通常把这叫作灵感），它就像一支擦亮了的火柴投到油库里，一切需用的生活记忆都燃烧了起来，一切细节都忽然发亮，互不相关的事物，在一条红线上联系了起来，分散在各处的生活细节，向一个焦点上集中凝结，在联系和凝聚过程中，有的上前来，有的退后去，有的又消失，有的又出现，而且互相调换位置，有的从开头跑到末尾，有的从末尾跑到中腰……一篇文学作品就这样形成了。"① 这里把灵感在艺术构思和意象形成中的作用比作投到油库里的一支擦亮的火柴，是形象而又恰当的，这正是灵感的引爆和催化作用。形成这种作用的具体表现是各种各样的，有的是由于偶然的联想，如列夫·托尔斯泰由于看到路旁一株被折断、溅满污泥而依然顽强活着的牛蒡花，而联想到高加索英雄人物哈泽·穆拉特。"人战胜了一切，毁灭了成千上万的草芥，而这一棵却依然不屈服！"通过这个巨大的联想，哈泽·穆拉特这个人物顽强不屈的性格开始显现在托尔斯泰的心目中，因而突然激发了创作《哈泽·穆拉特》的念头。有的是由于情绪上的感染，如屠格涅夫在游船上看到一座小楼里"一个老太婆从下层屋的窗子里朝外张望，上层楼的窗子里探出来一个标致的姑娘的头颅"的场面，便"忽然被某种特别的情绪控制住"，于是开始思索，在小船里就立刻构思好了《阿霞》这篇小说的整个情节。有的是由于捕捉到形象的重要特征和主要环节，如我国画家王式廓在酝酿素描《血衣》的构思过程中，虽然对农民的思想感情和各种人物性格已有所体会，却很久没有把画面的处理与情节的安排考虑好。后来，他偶然在一部连环画中看到"血衣"的故事，一触

---

① 王汶石：《答〈文学知识〉编辑部问》，《文学知识》1959年第10期。

即发,原来脑子里酝酿的农民形象便都围绕这个主要情节出现在腹稿中了。有的是由于从偶然见到的现象中触发了一种深刻的、新颖的思想,如作家王愿坚在劳动工地上忽然发现同班劳动的一位同志带有中校军衔,而形成了"普通劳动者"这一主题,产生了创作小说《普通劳动者》的冲动。除此之外,还有许多别种具体表现,而且各种具体表现之间又是互相影响和联系的。联想中有情感,形象中有思想,不能截然分割。但不论灵感的作用以何种具体形式表现,它实质上都是通过偶然发现必然,通过现象悟到本质、通过个别掌握一般,从而引起形象思维飞跃,促进美的认识中典型意象的形成。当然,灵感只是在形成典型意象——美的观念,实现从生活美到艺术美的转化中,起一种催化作用。它不能代替整个艺术构思,更不等于创作过程的完成。只有抓住并珍惜灵感这个契机,推动形象思维继续前进,才能最终塑造出完美的艺术形象。

第六章 美感与情感

美感虽然以美的认识作为客观内容和基础,但是以美的情感的感动作为主观形式和表现。作为客观事物的美的感受和体验的美感,如果没有情感活动,本身也就不存在。所以情感是美感心理活动中必不可少的重要因素,强烈的情感体验是美感区别于科学、道德意识活动的一个最为显著的特点。

美感中的情感活动是随美的认识而产生的。由于美的认识由感性认识向理性认识的深入,对美的对象的认识有程度的不同,所以随着认识同时发生的情感活动也有层次的不同:在感性认识的基础上主要有感官的快适感受和一般的满意体验;进入理性认识以后,主要是引起情感的感动,产生精神上的满足、愉悦和喜悦。同时,和美感的愉快情感交织在一起,还会有各种丰富、复杂的情绪和情感活动。如在艺术创作和艺术欣赏中,艺术家和欣赏者对于作品中所反映的社会生活、所塑造的人物形象,都会产生各种复杂多样的情绪和情感反应,或悲或喜,或爱或恨。这些不同性质的情绪和情感体验,虽然和美感中总的愉快的情感有所区别,但是在美的欣赏和创造中始终和美感的愉快相伴随,成为形成和扩大美感愉快的重要因素,并且使美感的愉快带上不同的特色。因此,我们又不能将二者截然分开。为了全面考察美的欣赏和创造中的情感活动,我们先分析情感在美感中的各种作用和具体特点,然后集中探讨美感的愉快的特殊性质和形成原因。

第一节 情感在美感中的作用

情感是人对客观事物与人的需要之间所存在的关系的反映,即人对客观事物是否符合人的需要而产生的体验。同人的需要毫无关系的事物,人对它是无所谓情感的。只有那种与人的需要有关的事物,才能引起人的情感反应。

美感中丰富的情感活动,都是伴随对美的对象的认识过程而产生的。在美的欣赏和创造中,随着主体对于美的对象的感知、理解、联想、想象,都会引起主体的各种不同的情绪和情感活动。在欣赏自然景物时,触景生情就是一种常见的美感现象。《文赋》说:"遵四时以叹逝,瞻万物而思纷;悲落叶于劲秋,喜柔条以芳春。"《文心雕龙》说:"春秋代序,阴阳惨舒。物色之动,心亦摇焉。"都是说由于感知到自然景色的变化,而引起人的情绪和情感活动。作家诗人在观赏自然景物时,不仅会"联类不穷",产生丰富的联想和想象,而且还会"情以物迁",引起变化的情绪和情感。如果观赏者过去曾经被一定对象引起过一定的情绪和情感反应,因而形成一种情绪记忆,而他在观赏自然景物时又遇到类似的或相关的条件的刺激,便会产生条件反射,联想起过去有关的情绪记忆。这样,由自然景物而引起的情绪和情感活动就会越加强烈。如果说"一叶且或迎意,虫声有足引心。况清风与明月同夜,白日与春林共朝哉"①,说的主要是伴随对审美对象的感知而产生的情绪和情感活动,那么"登山则情满于山,观海则意溢于海"②,则是说在美感的想象中,客观自然景物和主观的情感相互交融、化为一体的情景。无论是美的欣赏还是艺术创作,对自然景物的感知和想象,总是和主观方面的情绪与情感反应互相交织、互相作用的。一方面,对自然景物的感知、想象会引起一定的情绪和情感活动;另一方面,主观方面的情绪和情感活动又会影响和支配对自然景物的感知和想象,这就是《文心雕龙》所说的"情以物兴"和"物以情观"。"情以物兴",故美感中的情绪和情感需以对自然景物的感知、想象为基础;"物以情观",故美感中对自然景物的感知、想象需受情绪和情感的制约。审美主体的情绪和情感有差别,对自然景物的感知、想象就会有所不同。所以在美的欣赏和艺术创作中,对于自然景物的感知、想象,都是渗透着主观感情色彩的。中国古代美学思想中"情景交融"的创作理论,就是对于自然景物所引起的美感心理活动规律的科学总结。范晞文在《对床夜语》中

---

① (南朝)刘勰著、周振甫注:《文心雕龙注释》,人民文学出版社1981年版,第493页。
② (南朝)刘勰著、周振甫注:《文心雕龙注释》,人民文学出版社1981年版,第295页。

说:"景无情不发,情无景不生。"王夫之在《姜斋诗话》中说:"情景虽有在心在物之分,而景生情,情生景,哀乐之触,荣悴之迎,互藏其宅。""情、景各为二,而实不可离。神于诗者,妙合无垠。巧者则有情中景,景中情。"从美感心理活动来看,这都是说明对自然景物的感知、想象与情绪、情感活动是紧密结合、不可分割的。客观的自然景物与主观的情感在美感意识中有机统一起来,便成为美的意象或意境。所谓"诗中有画,画中有诗",就是既要有绘画中那种真实可感的自然景物形象,又要有诗歌中浓厚强烈的情感色彩,诗画结合,情景交融,从而创造出一种意境美。如:"池塘生春草,园柳变鸣禽。"(谢灵运:《登池上楼》)春日充满蓬勃生机的园林景色和令人舒畅、喜悦的情绪融为一体。"明月照积雪,北风劲且哀。"(谢灵运:《岁暮》)寒意袭人的冬夜景色和诗人悲哀的情绪互相交织。"山气日夕佳,飞鸟相与还。"(陶渊明:《饮酒》)黄昏中美丽、宁静的山村景物与诗人悠闲、恬括的心境相互叠合。"亭皋木叶下,陇首秋云飞。"(柳恽:《捣衣诗》)秋日原野空阔萧条的景色与怀远思亲的情绪彼此渗透。在审美和艺术中,诗人、画家总是饱含着情感去看待自然景物,所以才会将自然景物的特征和自己的情感联系起来,造成美的形象。如果诗人、画家在描绘自然景物时,没有浓厚的情感渗透其中,那么他所描绘的自然景物必然会因为缺乏生气而失去艺术美的魅力。正如清代画家恽格在《南田画跋》中所说:"秋令人悲,又能令人思,写秋者必得可悲可思之意,而后能为之;不然,不若听寒蝉与蟋蟀鸣也。"

美的欣赏和创造都是主客观相统一的意识活动,对于客观对象的感知、想象,因受主观情感的影响,而有所选择、有所改造,由此而形成的美的意象必然于感知、想象中浸透着主观情感因素。王国维在《人间词话》中将诗的境界分为"有我之境"与"无我之境":"'泪眼问花花不语,乱红飞过秋千去','可怜孤馆闭春寒,杜鹃声里斜阳暮',有我之境也;'采菊东篱下,悠然见南山','寒波澹澹起,白鸟悠悠下',无我之境也。有我之境,以我观物,故物皆著我之色彩;无我之境,以物观物,故不知何者为我,何者为物。"这里所讲的两种境界的区别,实际上并不是"有我"与"无我"的区别。因为严格说来,诗的任何境界中都是浸透着作家主观情感的,都是在主观情感的支配下感知、想象客观对象的,所以都是"以我观物"的"有我之境"。然则,王国维所指出的两种意境的精微差别，却是实际存在的。因为美感中的主观情感固然制约着对于客观对象的感知和想象，但它又只能通过后者流露出来。这种流露可能是较明显的、外露的，也可能是较隐蔽的、内含的。在前者，意境倾向于主观意兴的抒发，对审美对象的感知和想象趋向于主观情绪和情感；在后者，意境倾向于客观景物的描绘，作家的主观情绪和情感趋向于对审美对象的感知和想象。所以，所谓"无我之境"并不是说没有作家艺术家的个人主观情感在其中，而只是主观情感在美感中起作用的方式有所不同罢了。

情感当然并不是美感意识活动所独有的，但对于美感意识来说，它的作用显得特别重要。无论是美的欣赏还是艺术创作，如果没有情感活动的参与，那就难以进行。别林斯基说："感情是诗情天性的最主要的动力之一；没有感情，就没有诗人，也没有诗歌。"[1] 杜勃罗留波夫也说："诗是以我们内在的感情，以我们的内心对一切美丽、善良并且理智的事物的向往作为基础的。"[2] 不只是诗的创作必须有情感，一切艺术创作都需要情感，诚如鲁迅在《而已集·读书杂谈》所说："创作须情感，至少总得发点热。"重视情感在艺术创作中的作用，是我国古代美学思想的一大特色。《诗大序》说："诗者，志之所之也，在心为志，发言为诗。情动于中而形于言。言之不足，故嗟叹之；嗟叹之不足，故永歌之；永歌之不足，不知手之舞之，足之蹈之也。"《乐记》说："乐也者，音之所由生也。其本在人心之感于物也。""感于物而动，故形于声。"这都是着重指出了诗、乐、舞创作中的情感的特点和作用，同时也指出了表现于艺术创作中的情感是来源于客观现实的，是由一定的审美对象所引起的。陆机在《文赋》中特别强调情感在诗歌创作中的作用，明确提出了"诗缘情"的论点。刘勰在《文心雕龙》中对情感在整个创作过程中的作用，作了更为深刻和全面的论述。他把文学称为"情文"，认为创作必须抒发作者强烈真挚的感情，"为情而造文"（《情采》）；认为"情"是作家创作的前提，"情动而辞发"（《知音》）、"情动而言形"（《体性》）；认为艺术构思中的形象是"情变所孕"（《神思》），对生活材料的加工改造需受情感支配，"以待情会"

---

[1] 中国社会科学院外国文学研究所外国文学研究资料丛刊编辑委员会编：《外国理论家作家论形象思维》，中国社会科学出版社1979年版，第74页。
[2] 中国社会科学院外国文学研究所外国文学研究资料丛刊编辑委员会编：《外国理论家作家论形象思维》，中国社会科学出版社1979年版，第88页。

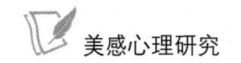

(《总术》),这都是完全符合优秀艺术作品创作的实际情况的。

在艺术创作中,作家艺术家对生活的审美反映,是和从情感上来把握现实这一特点不可分离的。艺术的反映对象是个别和一般、现象和本质有机统一的完整的、活生生的现实生活,是有感觉、有思想、有意欲、有希望并且充满着各种复杂变化的情绪、情感、心境、激情的人。对于这样的特殊对象,艺术家不可能无动于衷,不可能采取冷漠无情的态度。黑格尔说:"艺术家不仅要在世界里看得很多,熟悉外在的和内在的现象,而且还要把众多的重大的东西摆在胸中玩味,深刻地被它们掌握和感动。"① 如果艺术家和他的认识对象不发生情感上的关系没有被对象所感动,那么他就不可能从审美上把握对象,不可能从艺术上去反映它。冈察洛夫说:"我只能写我体验过的东西,我思考过和感觉过的东西,我爱过的东西。"② 巴金说:"书中的人物都是我爱过和我恨过的。"③ 就是说,只有作家感动过、体验过,与之发生过情感关系的生活,才可能被选取为艺术反映的对象,并被加工为艺术的内容。作家艺术家的创作实践表明,对生活的情感态度和情感体验是形成创作冲动的强大的推动力,当作家艺术家对某种生活、人物及其内心世界有了一定的感受和理解,并在感情上被打动和感染时,他才有反映和表现它的冲动。作家吴强在谈到《红日》的创作时说:"许许多多英雄人物崇高的形象……激动着我的心……感到他们在向我叫喊,在我的脑子里活动翻腾,我要表现他们的欲望,是为时已久了。孟良崮战役以后,我的这种情绪,就更加迫切、强烈,而且深深地感到这是一项不可推卸的责任。"④ 正是这种来自生活的强烈感情,推动着作家艺术家去反映一定的现实生活,去创造动人的艺术形象。《文心雕龙》认为《诗经》的《风》《雅》和屈原的作品都是"志思蓄愤"的结果,李贽指出《水浒》乃作者"发愤之所作",蒲松龄自称《聊斋志异》是"孤愤之书",恩格斯说"愤怒出诗人",都是强调情感在艺术创造中的推动作用。

在艺术构思和形象典型化的过程中,伴随着形象的孕育、成长,作家

---

① [德]黑格尔:《美学》第1卷,朱光潜译,商务印书馆1979年版,第359页。
② 古典文艺理论译丛编辑委员会编:《古典文艺理论译丛》第1册,人民文学出版社1961年版,第189页。
③ 《巴金论创作》,上海文艺出版社1983年版,第212页。
④ 参见《人民文学》1960年第1期。

艺术家同时经历着对形象的情感体验和情感评价的过程。艺术对生活的审美反映，不仅是对客观现实的认识，同时也是主观感情的评价，客观现实的认识和主观感情的评价在形象创造中是契合无间、融为一体的。如果艺术家对他所反映的生活、塑造的人物没有真切的、深入的情感体验，那么他就不可能对生活进行真正的艺术加工，不可能真实感人地表现人物的性格和内心世界；如果艺术家对他所反映的生活、塑造的人物没有正确的审美情感态度，那也不可能真正完满地、客观地反映生活的本质真实，不可能通过艺术典型化创造出典型形象、典型性格。"为情者要约而写真"（刘勰：《文心雕龙·情采》），"感人心者，莫先乎情"（白居易：《与元九书》），对形象的正确审美情感态度和真切的情感体验，是形成艺术形象的真实性、典型性、感染性的必要条件，也是创造艺术美的必要条件。优秀的艺术作品的创作实践表明，作家艺术家在创作中总是带着自己强烈的爱憎情感，带着或肯定或否定的情感态度来构思和塑造作品中的人物，并且在这种总的情感态度制约下，在想象中设身处地地体验着各种人物的内心情绪和情感活动的。在构思和塑造美好的人物时，作家艺术家带着同情、热爱和崇敬的情感态度去体验人物的感情，作家艺术家的感情和人物的感情完全化为一体，爱其所爱，憎其所憎，悲其所悲，乐其所乐，和人物过着同一的内心生活。在构思和塑造丑恶的人物时，作家艺术家则带着憎恶、鄙视和批判的情感态度去体验人物的感情，真切地体验和深刻地揭露结合在一起。斯坦尼斯拉夫斯基说："一个角色从萌芽到成熟的各个不同阶段，会以各种不同的方式影响演员本人的性情和心境。"[1] 表演艺术家如此，其他艺术家也莫不如此。在整个艺术形象的创造过程中，艺术家的情绪和情感活动都是很强烈的，巴金说："我写《家》的时候，我仿佛在跟一些人一同受苦，一同在魔爪下面挣扎。我陪着那些可爱的年轻生命欢笑，也陪着他们哀哭。我一个字一个字地写下去，我好像在挖开我的记忆的坟墓，我又看见了过去使我的心灵激动的一切。"[2] 杨沫谈到《青春之歌》的人物创作时说："我爱他们尤其是卢嘉川。当写到他在牺牲前给林道静的那封最后的信时，我泪水滚落在稿纸上，一滴一滴地把纸都湿透了。"姚雪垠

---

[1] 参见李泽厚《美学论集》，上海文艺出版社1980年版，第239页。
[2] 《巴金论创作》，上海文艺出版社1983年版，第212页。

也说:"我在写《李自成》第一卷和第二卷的过程中,常常被自己构思的情节感动得热泪纵横和哽咽,迫使我不得不停下笔来。"类似的创作体会,古今中外不知有多少杰出的作家艺术家都谈到过。"字字看来皆是血,十年辛苦不寻常。"(曹雪芹语)没有一部伟大的艺术作品不是作家艺术家在内心中经历了巨大的感情波涛和灵魂震动之后的产物。作家艺术家把他的审美情感态度渗透在对生活的认识之中,把他的感情体验灌注在艺术形象和人物性格的塑造中,这就使艺术形象浸透了强烈的感情色彩,形成了科学著作所不可能具有的"以情动人"的巨大的审美感染力。

如果说在艺术美的创造中,艺术家没有感情活动,就不会有真正的艺术创造,那么在艺术美的欣赏中,欣赏者没有感情活动也不会有真正的艺术欣赏。在艺术美的创造中,艺术家把从现实生活得来的审美情感融入艺术形象里;在艺术美的欣赏中,欣赏者则从艺术形象来激起审美情感。"作画在摄情,不可使鉴画者不生情。"(恽格:《南田画跋》)欣赏者在感知、想象和理解艺术形象时,自然要被形象中饱含的感情所感染打动,在情绪和情感上产生各种各样的反应。汤显祖在《焚香记总评》中说,《焚香记》"填词皆尚真色,所以入人最深,遂令后世之听者泪,读者颦,无情者心动,有情者肠裂"[①]。黄周星《制曲枝语》说:"论曲之妙无他,不过三字尽之,曰:'能感人'而已。感人者,喜则欲歌欲舞,悲则欲泣欲诉,怒则欲杀欲割,生趣勃勃,生气凛凛之谓也。"狄德罗在《理查逊赞》中也说,在阅读理查生的小说时,读者会不由自主地在小说中"扮演一个角色,他插进谈话里面,他赞成,他责难,他钦佩,他生气,他愤慨","心灵老是受到激动"[②]。这是说欣赏和创作一样,对艺术形象是充满审美情感态度和情感体验的。欣赏者对艺术作品中的作者所流露的感情以及作品中的人物的感情进行深入的体验,对作品中人物的作为、语言、思想、感情、命运、遭遇始终抱有审美的情感态度,这是深入感受和理解艺术形象所反映的现实生活,接受艺术作品的思想影响的前提条件,也是欣赏者能被艺术作品所吸引并获得审美享受的重要原因。别林斯基说:"科学通过

[①] 《汤显祖集》(二),上海人民出版社1973年版,第1486页。
[②] 古典文艺理论译丛编辑委员会编:《古典文艺理论译丛》第5册,人民文学出版社1963年版,第128页。

思想直截了当地对理智发生作用；艺术则是直接地对一个人的感情发生作用。"① 如果离开了艺术欣赏中欣赏者的感情作用，艺术就难以实现它的特殊功能，欣赏也就难以成为真正的审美活动。

在艺术欣赏的美感中，欣赏者被艺术形象所感动，会产生与作者的感情或作品中人物的感情相同或相似的情绪和情感活动，爱作者之所爱，憎作者之所憎，喜人物之所喜，忧人物之所忧，欣赏者的感情和作者、人物的感情互相合拍、互相交流，以至于打成一片，这种感情状况就是欣赏中的"共鸣"现象。例如《红楼梦》第二十三回"《西厢记》妙词通戏语，《牡丹亭》艳曲警芳心"里，描写林黛玉听到《牡丹亭》曲子时的感情活动：当听到"原来是姹紫嫣红开遍，似这般，都付与断井颓垣……"这句时，黛玉便"十分感慨缠绵"；听到"良辰美景奈何天，赏心乐事谁家院……"这两句时，黛玉"不觉点头自叹，心下自思：'原来戏上也有好文章，可惜世人只知看戏，未必能领略其中的趣味。'"听到"只为你如花美眷，似水流年……"两句时，黛玉"不觉心动神摇"；听到"你在幽闺自怜……"等句，黛玉"越发如醉如痴，站立不住"；再细嚼"如花美眷，似水流年"八个字的滋味，联想起古人诗、词、曲中表达类似感情的句子，仔细忖度，于是"不觉心痛神驰，眼中落泪"。这段描写细微、生动、传神，突出地表现了林黛玉欣赏《牡丹亭》曲子时产生的与作品中的感情同内容、同情状的情绪和情感活动，可以说是艺术欣赏中共鸣现象的一个典型例证。从这里可以看到，共鸣是在欣赏者的感情和作品中表达的感情具有一致性的基础上而产生的审美的情感活动，欣赏者已有的心理经验和情绪记忆，在形成欣赏的共鸣现象中起着重要作用。在共鸣中，"感受者和艺术家那样融洽地结合在一起，以致感受者觉得那个艺术品，不是其他什么人所创造的，而是他自己创造的，而且觉得这个作品所表达的一切正是他早就已经想表达的"②。由于共鸣作用，欣赏者可以迅速地、不知不觉地进入艺术形象的境界，深深地受到作品中感情的感染，自然地接受作品的思想影响，所以它在审美中的作用是值得重视的。

---

① 中国社会科学院外国文学研究所外国文学研究资料丛刊编辑委员会编：《外国理论家作家论形象思维》，中国社会科学出版社1979年版，第75页。
② ［俄］列夫·托尔斯泰：《艺术论》，邦东宝译，人民文学出版社1958年版，第148页。

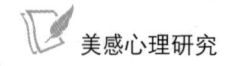

第二节　美感中情感活动的特点

在美的欣赏和艺术创作的美感意识活动中，情感不仅具有特殊的地位和作用，而且具有科学和道德等意识活动中情感所不具有的特点。

美感意识中情感活动的一个最突出的特点，就是它始终是同形象的感知、联想、想象相结合，并且同后者发生互相作用、互相影响。马克思说："激情、热情是人强烈追求自己的对象的本质力量。"[①] 在人所进行的社会实践和各种意识活动中，都有情感活动的参与。例如在道德意识、科学意识以及各种实践活动中，会形成道德感、理智感和实践感等高级情感。各种情感形式，由于所引起情感的客体不同，都会形成各自的特点。美感中的情感活动是由美的对象所引起的。美的对象的一个突出特点就是它是具体的、完整的形象，因此美感中情感活动的进行和表现也就具有依存于具体的形象的特点。关于这一点，我们可以从艺术中、情感活动和科学中、情感活动的比较中来看。在科学研究中，科学家对科学原理的认识、推理、思考，都可能引起一些特殊的情感体验。例如：对某一疑难问题未想出解决方法前感到紧张，对已想出的方法在未证实其效果前产生怀疑感，在证实其有效后产生确信感。而这一切又都和对知识、对真理热爱的情感相联系。科学家在科学研究中产生的这些情感活动，对于科学认识活动具有推动作用，但是它并不直接渗入到科学家的认识中，不构成科学认识的组成部分，也不可能在认识成果中表现出来，加之科学认识活动及其成果本身的抽象性质，它所引起的情感活动也就不是依存于具体形象来进行和表现的。在艺术创作中，艺术家由现实生活而引起的情感以及构思中由形象引起的情感都非常丰富，它不只是对艺术的认识具有巨大的推动作用，而且它要直接渗入到艺术家的认识中，构成艺术反映生活的组成部分，并且在艺术认识的成果——艺术形象中表现出来。艺术的认识活动及其成果都是具体形象的，所以直接渗入其中的情感活动也就必然是依存于具体形象来进行和表现的。刘大櫆《论文偶记》中说："情不可以显出也，故即事以寓情。"别林斯基说："一切感情和一切思想都必须形象地表现出

[①] 《马克思恩格斯全集》第42卷，人民出版社1999年版，第169页。

来，才能够是富有诗意的。"① 杜勃洛留波夫说："我们的感情总是被生动的对象所引起的，而不是被一般的概念所引起的。……为了让诗可以满足我们的感情，那些生动而明确的形象，对诗来说，就是很必要的。"② 这虽然都是就艺术作品中情感的表现而说的，但用来说明艺术创作中情感活动的进行也是同样合适的。正是由于艺术创作中的情感本来就是由具体形象的现实生活引起的，在形象的感知、联想、想象中进行的，所以它才能够而且需要通过形象来表现。

美感中的情感活动不仅始终和形象结合在一起，而且它同形象的感知、联想、想象是相互影响和相互作用的。先从情感和形象的感知来看，一方面，审美对于对象的感知（包括选择、取舍）总要受到审美主体情感的影响；另一方面，在特定情感影响下形成的形象的感知，又会作用于情感，引起更深的情感活动。例如杜甫《登高》："风急天高猿啸哀，渚清沙白鸟飞回。无边落木萧萧下，不尽长江滚滚来。万里悲秋常作客，百年多病独登台。艰难苦恨繁霜鬓，潦倒新停浊酒杯。"诗人在重阳节登高远眺，满目都是空阔、苍茫、寥落、荒凉的秋日景物，天高风急，猿声哀鸣，白鸟回旋，落木萧萧，江水茫茫，所见所闻的景象正与凄凉、孤独的心情相吻合，而这种形象的感知也就是在诗人特定的情绪、心境影响下形成的。然则，这种形象的感知又进一步作用于诗人的情绪和情感，于是联想到颠沛流离，衰老多病，生不逢时，事业无成，愁苦悲愤之情也愈来愈深。在艺术欣赏中，欣赏者主观情感和形象感知的互相作用也表现得很明显。欣赏者对于艺术形象的感知常常和个人的情绪、心境有关。情绪、心境不同的人，对形象的感知的重点和侧面会有所不同。如苏轼因有过被贬谪的遭遇，常怀着失望和希望交织在一起的心情，他用这种心情来欣赏、体会秦观的《踏莎行》，便最喜欢"郴江幸自绕郴山，为谁流下潇湘去！"这两句。当然，由于欣赏者对形象感知的重点、选择不同，所引起的情感体验也会有所差别。

再从情感和形象的联想的关系来看，一方面，美感中形象的联想常常

---

① 中国社会科学院外国文学研究所外国文学研究资料丛刊编辑委员会编：《外国理论家作家论形象思维》，中国社会科学出版社1979年版，第68页。
② 中国社会科学院外国文学研究所外国文学研究资料丛刊编辑委员会编：《外国理论家作家论形象思维》，中国社会科学出版社1979年版，第80—90页。

以情感作为中介，联想活动要受到审美主体情感的影响；另一方面，形象的联想又会将所引起的情感深化、强化，并使之更加丰富。例如骆宾王的《在狱咏蝉》："西陆蝉声唱，南冠客思侵。那堪玄鬓影，来对白头吟。露重飞难进，风多响易沉。无人信高洁，谁为表予心。"诗人因秋日蝉声而引起客中思乡的情绪，同时由于自己处境恶劣、忧心深重，所以便由蝉羽、蝉声联想到自己，形成了"露重飞难进，风多响易沉"的形象的联想，以蝉自喻。而这一联想又促进了诗人感情的发展，使其感到清白无辜，冤痛异常。再如茅盾的《白杨礼赞》，由西北高原上傲然耸立的白杨树而联想到坚强不屈的北方农民和坚持战斗在敌后的哨兵，就是以作者讴歌人民及其斗争的激情为纽带的，也就是前文提到的"内心情感的联想"。同时，由于这一形象的联想，又使作者抒发的战斗激情变得更别充沛、更加高昂。在艺术欣赏中，欣赏者常常会由于特定的情绪和心境而对形象产生某些联想，这些联想不但扩大了形象的认识内容，而且也引起了欣赏的更丰富的情绪和情感活动。如前文提到的林黛玉欣赏《牡丹亭》曲子的描写中，就有联想活动："细嚼'如花美眷，似水流年'八个字的滋味。忽又想起前日见古人诗中，有'水流花谢两无情'之句；再词中又有'流水落花春去也，天上人间'之句；又兼方才所见《西厢》中'花落水流红，闲愁万种'之句：都一时想起来，凑聚在一处。"这种形象的联想的产生，当然是同林黛玉欣赏时自叹身世不幸的哀愁之情密切相关的，同时由于这种形象联想的推动，林黛玉的感触也就更多、更深，于是便"不觉心痛神驰，眼中落泪"了。

最后，从情感与形象的想象的关系来看，二者之间互相影响、互相推动，在美感中显得更加突出和重要。美感中的想象活动是以情感活动作为动力的，如果没有情感的推动，想象就难以开展、难以飞腾、难以深化；同时，想象的开展、飞腾、深化，又会推动情感活动的发展、演化，激起审美主体更强烈的感情、更深刻的体验。例如苏轼的《水调歌头》："明月几时有？把酒问青天。不知天上宫阙，今夕是何年。我欲乘风归去，又恐琼楼玉宇，高处不胜寒。起舞弄清影，何似在人间！"这上半阕描写了诗人欣赏中秋明月而引起的极为丰富、大胆的想象活动，由人间想象到天上，又由天上想象到人间：想乘风飞向月宫，却又恐那里琼楼玉宇太高，禁受不住月宫的寒冷；于是又想到与其飞往月宫，还不如留在人间趁月起舞。这样变化转折的想象，如果离开了诗人感情的起伏跌宕，就不好理解了。因为正是诗人从现实生活中产生的失望与希望、苦闷与留恋相交织的复杂的感情,推动着诗人展开这些想象。当然,对形象的丰富想象又变成了一种原动力,把诗人抒发的情感引向更深的层次。这在下半阕中表现得尤为明显:"转朱阁,低绮户,照无眠。不应有恨,何事长向别时圆?人有悲欢离合,月阴晴圆缺,此事古难全。但愿人长久,千里共婵娟。"诗人由中秋的圆月想到人间因怀离别之情而辗转不寐之人,这本是人间憾事,令人忧伤;但是随着词中超越了时空的想象,用普照世界的明月把彼此分离的人结合起来,情感又由忧伤而转为乐观、旷达。在这首以抒情为主的词中,诗人的想象把天上人间、不同时空的各种意象融为一个整体,主要就是依靠情感作为中介,同时形象的想象由此及彼、运动发展也主要是由诗人的情感推动的。一般说来,在艺术创作中,形象的想象总是在情感的影响下进行的。如果艺术家情感完全凝滞,形象的想象也就会干瘪、苍白,同时,情感也总是伴随着形象的想象的。"在那种受感情影响,而创造想象形象的进一步创造过程中,这些想象本身就成为感情的源泉了:它能够激动创作它们的艺术家。"[①]"想象越生动活泼,也就更多引起的活动,激起的感情也就更强烈。"[②] 创作是这样,欣赏也是这样。艺术作品越是能激起欣赏者的情绪和情感,欣赏者对形象的再造想象活动就越是生动活泼,而随着欣赏者对作品中的主人公和他们的活动的环境想象得越清晰和生动,欣赏者对他们的感情的体验就越深刻、越强烈。

美感意识中情感活动的另一个特点是复杂性、多样性。同一个审美对象在欣赏者的美感意识中所引起的情感反应,往往是极为复杂的、多方面的、充满着矛盾变化的。一方面,审美主体的个人特点和所遇的环境情景是变化多样的,因而对同一个审美对象可以产生不同的情感反应;另一方面,审美对象本身作为一个具体的、完整的事物或人物,它的性质、内容、特点也常常是极为复杂的、多方面的,由此也可以引起审美主体对同一审美对象形成不同的、多方面的,甚至是互相矛盾的情感反应。所以,在审美中,对象和主体之间的情感联系是多方面的、复杂多变的。关于因

[①] [苏] 捷普洛夫:《心理学》,赵璧如译,东北教育出版社1953年版,第125页。
[②] [德] 席勒:《论悲剧艺术》,载古典文艺理论译丛编辑委员会编《古典文艺理念译丛》第6册,人民文学出版社1963年版,第94页。

审美主体的个人特点而形成对对象的不同情感反应的问题，后面再作分析。这里只着重谈谈由于审美客体本身性质、内容、特点的复杂多样，而形成的情感反应的复杂性、多样性。在审美和艺术创作中，我们常常看到对于同一自然对象可以有不同的甚至相反的情感反应。例如，老虎、狮子、狐狸……既可以引起人否定的审美情感态度，也可以引起人肯定的审美情感态度。前者如"苛政猛于虎"的慨叹，鲁迅作品中"狮子似的凶心、兔子似的怯弱、狐狸似的狡猾"的比喻。后者如"秦王并六合，虎视何雄哉"的赞颂；蒲松龄小说中化为美丽、善良、聪明、多情的少女的狐狸；徐悲鸿用以象征中华民族怒吼的国画《狮》；等等。在古代诗画中，翠竹多是诗人画家以赞美的感情加以描写的对象，远代著名画家倪瓒说："余之竹聊以写胸中逸气耳。"清代画家石涛也在一幅竹画上题曰："天下之不可废者，无如节。"这都是借竹来比喻人的性格和精神美。但是，在杜甫诗中也有"新松恨不高千尺，恶竹应须斩万竿"的描写。之所以会产生这样一些复杂的美感现象，就是由于对象本身性质、内容、特点是多方面的，因而和审美主体所形成的情感联系也是多方面的。这种对象与主体之间所形成的情感联系的复杂多样，正是使审美和艺术创作千变万化的一个重要原因。作家艺术家在创造典型人物时，也常常会由于人物性格、思想感情、内容意义的复杂性、多方面性，而表现出多种多样的、复杂矛盾的（双重的）感情——爱和恨、同情和批评、喜悦和悲伤、满意和不满意……常常交织在一起。例如鲁迅在小说《伤逝》中对于子君和涓生在争取婚姻自由斗争中所表现的坚决态度和无畏精神给予赞扬，对于他们的爱情悲剧表示同情，同时，对于他们思想、性格上所存在的严重弱点又给予了针砭，这些复杂矛盾的感情都交织在同一个形象里。

美感意识中的情感活动还有一个值得注意的特点，就是这些情感是与形象思维的理性因素相结合的，其中渗透着理智的因素。心理学认为，情绪和情感的产生是以认识作为基础的，并且伴随着认识过程。人的认识过程分为感性阶段和理性阶段，因而有的感情和感性认识相联系，有的感情则和理性认识相联系。前者属于感性的感情活动，后者属于理性的感情活动。由于美的认识是感性和理性高度统一的形象思维活动，所以审美的感情活动就不能仅仅停留在感性阶段，而必须提高到形象思维的理性阶段，使之与理智相结合，成为渗透着理智因素的高级情感活动。从艺术创作来看，艺术家在现实生活中感触和体验到某种情绪和情感之后，还必须对这种情感进行认识，作深入的回味和思考，使之提高到与理性认识相结合的高度，融入理智的内容，这样才能使情感得到提炼、扩大、加深，使之具有深广的现实基础和普遍的社会意义。也只有这种经过理智提高的情感，才能在艺术对生活进行审美的反映和评价中，发挥重要的作用。列夫·托尔斯泰说："如果一个人在体验某种情感的时刻直接用自己的姿态或自己所发出的声音感染另一个人或另一些人，在自己想打呵欠时引得别人也打呵欠，在自己不禁为某一事情而笑或哭时引得别人也笑起来或哭起来，或是在自己受苦时使别人也感到痛苦，这不能算是艺术。"①鲁迅在《两地书》中说："我认为情感正烈的时候，不宜做诗，否则锋芒太露，能将'诗美'杀掉。"这都是强调艺术创作要对情感进行认识、提高、过滤、提炼。在艺术中，情感之所以能在艺术家反映现实中发挥作用，并且对现实具有评价的性质，正是由于这种情感是受到理性认识的指引，被意识之光所穿透的。它不是普通的情绪，而是充满思想和表现一定思想的情感。例如鲁迅在阿Q这个典型中所流露出的"哀其不幸、怒其不争"的忧愤之情，就是同他长期对"国民性"的思考、剖析，同他对由于反动统治阶级的压迫、剥削而造成的思想愚昧和民族屈辱的深刻认识相结合的。别林斯基说："热情永远是在人的心灵里为思想点燃起来的激情，并且永远向思想追求。"②中国古典美感也讲艺术创作要做到"理以导情""情必依乎理"等，都是认为艺术中的情感必须与思想、理智统一起来，联系起来。如果离开了这个重要特点，那么艺术情感的重要社会意义和巨大感染力就不好理解了。

无论是在艺术创作还是艺术欣赏中，情感活动都是受到理智的引导和控制的。王国维的《人间词话》说："诗人对宇宙人生，须入乎其内，又须出乎其外。入乎其内，故能写之。出乎其外，故能观之。入乎其内，故有生气。出乎其外，故有高致。"所谓"入乎其内"，就是对所反映的对象，要设身处地、深入地进行感受和体验。艺术家创造人物形象，不论人物内心是美是丑，是崇高是卑鄙，是可爱是可恨，都要深入体验他们的内

---

① ［俄］列夫·托尔斯泰：《艺术论》，丰陈宝译，人民文学出版社1958年版，第46页。
② 《别林斯基论文学》，梁真译，新文艺出版社1958年版，第53页。

心生活,"随着他们,感受同样的心理活动"(狄德罗语)。人物有什么情绪和情感,艺术家也就要感受什么情绪和情感。不如此设身处地地体验和想象,就不能生动地、具体地、真实地把人物刻画出来。"只有在演员被角色抓住了的那些瞬间,他才能把自己献给角色。那时候他才能跟形象融合为一,创造性地化身为角色。"① 艺术创作需要进入角色,艺术欣赏也同样需要进入角色,没有对人物的情感体验,欣赏活动就难以深入。但是,光"入乎其内"也不行。在深入体验人物感情的同时,还必须对人物具有清醒的认识和理性的判断、评价,以便使情感体验受到理性的引导和控制,这就是所谓"出乎其外"。例如作家在创造本质丑恶的人物形象时,既要设身处地体验人物的内心世界,又要站在进步的审美理想的立场上,对人物做出否定的审美评价,这样才能揭示出丑恶人物的本质的真实,使之达到典型化。鲁迅称赞《儒林外史》"叙范进家本寒微,以乡试中试暴发,旋丁母忧,翼翼尽礼,则无一泛词,而情伪毕露"②,就是将情感体验与审美评价互相渗透、融为一体的杰出一例。演员在创造角色时,既要使自己化身为角色,又从角色中感觉到自己,要对角色保持清醒的态度,做出理智的判断。狄德罗认为演员既要有"易感的脏腑",又要有"深刻的判断力",无论他表现出多么激烈的情感,他心里要是冷静的、能控制自己的。斯坦尼斯拉夫斯基是极重视体验角色情感的,但他也指出:"演员在舞台上哭和笑,可是他在哭笑的同时,他观察着自己的笑声和眼泪。构成他艺术的就是这种双重的生活……"③ 一切艺术创作可以说都是如此,艺术欣赏也不例外。欣赏者在体验人物情感时,也应保持清醒的理智,善于将感受、体验与理解、评价结合起来。只有这样才能进行正常的艺术欣赏,获得正当的美感。

第三节　美感愉快的特质及成因

在美的欣赏和创造中,虽然充满丰富、复杂的情绪和情感活动,但最

---

① [苏]斯坦尼斯拉夫斯基:《演员的自我修养》第一部,林陵等译,艺术出版社1956年版,第370页。
② 《鲁迅全集》第8卷,人民文学出版社1958年版,第184页。
③ 参见李泽厚《美学论集》,上海文艺出版社1980年版,第240页。

第六章　美感与情感

能表现美感特质是则是通过美的认识所产生的美的情感的愉快的感动,也就是通过美感中各种心理因素的综合活动,最后所获得的一种满足、喜悦和愉快的情感体验。从前的美学家几乎都以美感为愉快的情感,往往把它作为美感研究中的主要论题,这固然表现出对美感认识上的某种片面性,但也从另一方面说明美感的愉快的确是最能表现美感特质的一种情感活动。

只要我们细心体察美的欣赏和创造中的美感经验,便不难发现,随着审美主体对于美的对象的认识,必定会产生感情上的愉快以至精神上的陶醉。亚里士多德早就指出,对于艺术美的欣赏,能使人产生不同性质、不同程度的愉快。尤其是音乐,亚里士多德称它"是一种最愉快的东西",它所引起的美感"的确使人心畅神怡"。狄德罗也指出,对艺术的欣赏使人"产生一种心怡神悦的感受,它会使我们心花怒放"。列夫·托尔斯泰认为,通过欣赏使人产生愉快的情感是真正的艺术品不可缺少的条件。他说:"一件艺术品能够作为真正的艺术品,只有当人们看它的时候,好像——不,不但是好像,而且真正地能够实在唤起人们的愉快,觉得作品完成了一件美的作品。"① 我国古代美学思想对于美感中愉快的感情状态也有许多论述。如南朝画家宗炳认为,欣赏山水自然美和反映自然美的山水画可以"畅神",也就是使人发生精神的愉快。唐代谢偃《听歌赋》说:"听之者虑荡而忧忘,闻之者意悦而情抒。"就是说欣赏音乐可以荡涤忧虑,唤起审美的愉悦的感情。宋代欧阳修说他读梅尧臣的诗时,感到"陶畅酣达,不知手足之将鼓舞也"(欧阳修:《书梅圣俞稿后》)。清代焦循描述人们看《赛琵琶》时的内心感受,如"久病顿苏,奇痒得搔,心融意畅,莫可名言"(焦循:《花部农谭》)。这都对审美中获得的愉快的感情作了生动的描述。不只在美的欣赏中产生的美感能使欣赏者获得精神的愉快,就是在美的创造中产生的美感也同样能使创作者获得精神的愉快。果戈理谈到写作《剃掉的胡子》时说:"我感觉到,我的脑里的思想活动了,好像被叫起的蜂群;我的想象变成奇异的了。啊,如果你知道,这是怎样的快乐呀!——简直在我的整个的身体里感觉到甜蜜的战栗,于是我忘记

---

① [俄]列夫·托尔斯泰:《诗与诗论》,云海出版社1946年版,第121页。

了一切,倏然地转入我很久不曾去过的那个世界里了。"① 柴可夫斯基也说:"当我写作这篇音乐(《奥涅金》)时,由于难以借用笔墨表示的欣赏,我甚至完全都融化了,身体都在颤抖着。"② 许多作家艺术家都谈到过他们在创造想象和形象思维中所体验到的愉快、感动、陶醉的精神状态,说明在艺术创作中由形象思维而形成的典型的意象,不仅体现着美的认识,而且同时伴随着美的感情的感动和愉快。

美感的愉快的感动和一般感官的快感究竟是什么关系呢?这是美学史上长期以来争论不休的一个问题。过去的许多美学家(尤其大部分心理学的美学家)往往把美感的愉快和一般感官的快感混为一谈,遂认为美感就是快感,或快感就是美感,否认二者之间有区别,以至于对美感作了错误的解释。如实验派美学家以筋肉感觉所产生的快感来解释形式美的欣赏的美感。据此说,眼睛在看曲线时比看直线时不费力,曲线的筋肉感觉比直线的筋肉感觉要舒畅,所以我们感到愉快。看匀称的形体时,两眼筋肉的运动也是匀称的,没有某一方特别多费力,所以也觉得愉快,这显然是把一般感官的快感和美感等同起来了。又如谷鲁斯用生理学的观点来解释美感现象,提出所谓"内模仿说"。此说认为,人的寻常知觉都以模仿为基础,美感也是由模仿而形成的。不过美感的模仿和寻常知觉的模仿微有不同。寻常知觉的模仿大半实现于筋肉动作,美感的模仿大半隐在内面而不发出来,故称之为"内模仿"。这种由"内模仿"所生的快感即为美感。谷鲁斯对此举例说明:"如一个人在看跑马,真正的模仿当然不能实现,他不但不愿离开他的座位,而且他有许多理由不能去跟着马跑,所以他只心领神会地在模仿马的跑动,在享受这种内模仿所生的快感。这就是一种最简单、最基本、最纯粹的美感的观赏了。"③ 谷鲁斯所谓的"内模仿",其实就是一种筋肉运动感觉,他把美感看成是"内模仿"所生的快感,也就是把美感等同于感官的生理的快感。法国美学家顾约在《现代美学问题》中也发表了类似看法。他说:"我们每个人大概都可以回想起一些享受美味的经验,与美感的享受无殊。有一年夏天,在比利牛斯山里旅行大

---

① 参见《文学评论》1980年第5期,第62页。
② [苏]捷普洛夫:《心理学》,赵璧如译,东北教育出版社1953年版,第七章第43节。
③ 《朱光潜美学文集》第1卷,上海文艺出版社1982年版,第61页。

倦之后，我碰见一人牧羊人，向他索乳，他就跑到屋里取了一瓶来。屋旁有一小溪流过，乳瓶就浸在那溪里，浸得透凉像冰一样。我饮过这鲜乳时好像全山峰的香气都放在里面，每口味道都好，使我如起死回生，我当时所感觉到的那一串感觉，不是'愉快'两字可以形容的。这好像是一部田园交响曲，不从耳里听来而从舌头尝来。……味感实在带有美感性，所以也产生一种较低级的艺术，烹调的艺术。"[1] 这就把美感和饥渴满足后所得的生理快感混在一起了。可以说，以上这些看法都是由于分不清美感的愉快和一般感官的快感的区别，而对美感产生的错误认识。

另外，也有些美学家认识到美感和一般感官的快感有所不同，并非所有快感都是美感，但美感和感官的快感的质的区别究竟在哪里？什么是美感愉快的特质？对于这个问题，他们的回答却不能令人满意。如有的认为美感可以使许多人共享，而一般感官的快感则为各人所独有；有的认为美感所生的快感在当时不为人所意识，而一般感官的快感则自己能在意识中很明显地觉察到；还有的认为美感是被动的也是主动的，而一般感官的快感则只能说是被动的；等等。这些说法若以事实来检验皆显得勉强，且从理论上说又是以对美感经验的错误分析（如把美感看成"形象的直觉""物我同一"等）为前提加以推导的，所以更显得缺乏根据。

我们认为，把美感等同于一般快感，也就是把美感中愉快的情感等同于感官的快感，是不对的。美感的愉快和感官的快感虽然同为快感，但有根本性质的区别。这个区别主要在于：一般感官的快感是由于人对客观事物符合人的生理的需要、物质的需要而产生的体验，它是由于物质欲望的满足而产生的生理上的快适，这种情绪往往只与低级的心理过程（感觉、知觉）相联系。如干渴时饮一杯清凉可口的饮料，疲倦时洗一个温热合适的淋浴，寒冷时穿一件防寒保暖的衣服，以及上文提到的人在观看赛马时的筋肉运动感觉，等等，都是属于感官部分的生理上的快适感受。格兰·亚伦说，人们之所以喜欢看摆在一起的互为补色的颜色，是因为补色的调和可以对视神经起良好的生理作用。当两种补色摆在一起时，视神经可以受最大量的刺激而生较小量的疲倦，所以容易引起快感。其实，如果这样来看待补色对于视觉引起的快感，那就仅仅是一种感官的生理的快适，而

---

[1] 《朱光潜美学文集》第 1 卷，上海文艺出版社 1982 年版，第 76 页。

不等于美感。美感固然也往往和感官的生理的快适相联系,却又根本不同于感官的生理的快适。美感中愉快的情感是由于人对客观事物的美符合人的社会性的需要、精神的需要而产生的体验,它是和人的高级心理过程(创造想象、形象思维、理解)相联系的一种高级社会性情感。如果说,感官的快感只是和感性认识相联系而产生的生理的快适,那么美感的愉快就是既和感性认识相联系,更和理性认识相联系而产生的精神的快适、灵魂的陶醉。所以,美感愉快在本质上是属于社会性的、精神性的情感活动,而不是属于生理性的、物质性的反应;是由于精神欲望的满足而产生的肯定性质的体验,而不是由于物质欲望的满足而产生的肯定性质的体验。康德不同意经验派美学将审美的快感和感官上的快适引起的快感相等同的看法,对审美的快感和一般感官上的快感作了区分。他认为审美的快感的特质在于和客体的性质无关,仅具有主观的普遍性,这当然是不正确的。但是认为官能感觉的快适是愉快先于对对象的判断,由感官获得快适而判断对象为美,而审美的快感则对对象的判断先于愉快,由判断对象为美而后产生愉快的情感,这一看法却有一定的合理性。因为审美的快感从其特质上说是同美的认识相契合的精神欲求的满足所生的愉快,而单纯的感官上的生理的快适,却不具有同美的认识相契合并使精神欲求得到满足的特征。

当然,在肯定美感的愉快和一般感官的快感有本质区别时,也不应否认二者有一定的联系。客观事物的美既关系着事物的现象、形式,同时又关系着事物的关系、规律、内容,因而美的认识既有感性认识,又有理性认识。同时与之相伴随的主体的反应,也就既有感官的快感,也有情感的感动和愉悦。正如美的认识是以感觉为基础,美感的愉快也是以感官的快感作为基础。对美的对象的现象的感觉一般是和感官的快适的感受相联系的,所以美感的愉悦往往以感官的快感为必要条件,也往往和感官的快感相一致。否认美感和感官的快感的关系是片面的,只是美的认识远不止在感觉阶段,同样美感也不停在感官的快感阶段。因此,单纯感官的快感不等于美感,也不是美感的特质,同时,和感官的快感相一致也不是美感的决定条件。

美感中的愉快的情感究竟是如何形成的呢?我们认为,这种愉快的情感主要还起因于美的认识。美的认识是个别与一般、感性与理性、内容与形式相结合的形象思维活动，它包括了感知、理解、联想、想象等多种心理功能。这些心理功能的互相作用和辩证统一，使得审美主体能够通过个别的感性的形象形式，直悟到真和善的普遍的理性内容，领会到自然和社会的本质和意义。这种对具体形象的真与善的认识，必能使人得到感触和启发，从而感到整个精神的满足和愉快。亚里士多德说："人对于摹仿的作品总是感到快感。经验证明了这一点：事物本身看上去尽管引起痛感，但惟妙惟肖的图像看上去却能引起我们的快感，例如尸首或最可鄙的动物形象。……我们看见那些图像所以感到快感，就因为我们一面在看，一面在求知。"① 这种说法虽然显得比较简单，但它肯定了美感的愉快是同形象的认识和求知密切相关，却是符合事实的。当然，美感的愉快和科学认识中发现真理的愉快体验不完全一样，因为前者是认识到具体形象的真理；而后者则是对抽象的原则原理的认识。但它们在认识真理、得到精神满足这一点上又是有其一致性的。鲁迅在《摩罗诗力说》中指出："盖世界大文，无不能启人生之闷机，而直语其事实法则，为科学所不能言者。……虽缕判条分，理密不如学术，而人生诚理，直笼其辞句中，使闻其声者，灵府朗然，与人生即会。"② 正是由于艺术作品能将"人生诚理"体现于使人可以直接感受的具体形象之中，欣赏者就能够在感受具体形象中"与人生即会"，通过具体形象认识到"人生之闷机"，于是便感到"灵府朗然"，快然自足。这不恰好说明美的情感的愉悦的感动和美的认识是密不可分的吗？

在实际的审美活动中，美的认识和美的情感的愉快感动是契合为一、互相融合的。在许多情况下，人们往往感觉不到对美的对象的认识过程，而是一眼见到美的对象就使人感到愉快喜悦，整个身心都受到震动。如前文曾提到的莎士比亚戏剧中罗密欧与朱丽叶初次相遇，便觉对方非常合意，遂欢快异常；贝蒂娜听到贝多芬的《月光奏鸣曲》，顿时神魂颠倒，整个灵魂为之陶醉；刘鹗在《老残游记》中描写听王小玉说书的感受说："王小玉便启朱唇，发皓齿，唱了几句书儿。声音初不甚大，只觉入耳有

---

① ［古希腊］亚里士多德、［古罗马］贺拉斯：《诗学·诗艺》，罗念生、杨周翰译，人民文学出版社1962年版，第101页。
② 《鲁迅全集》第1卷，人民文学出版社1981年版，第71—72页。

说不出来的妙境，五脏六腑里像熨斗熨过，无一处不伏贴；三万六千个毛孔，像吃了人参果，无一个毛孔不畅快。"这也显然是一听到王小玉的演唱，便觉整个精神舒畅和欢快，这种情况比较集中地表现了美的情感感动和愉快的特点，在美感研究中向来受到特别重视。有些美学家也据此否定美感中的愉悦情感是起因于美的认识。然则，在我们遇到上述美的对象之前，实际上在日常生活中经过形象思维的作用，在意识中对客观事物进行比较、概括、综合、改造，已经形成了个别和一般、感性和理性高度统一的美的观念。这种美的观念根源于客观事物的美，是客观事物的美的反映。然而这种美的认识过程往往不为人所自觉，而所形成的美的观念也往往不够明确、不够完全。一旦遇到某一美的对象和原有的美的观念恰相符合，美的观念遂变得更加鲜明、充实而完全，于是精神顿然获得满足，引起强烈的感情的愉快。鲁迅在谈到诗歌何以能使人的灵魂为之震动和陶醉时说："盖诗人者，撄人心者也。凡人之心，无不有诗，如诗人作诗，诗不为诗人独有，凡一读其诗，心即会解者，即无自有诗人之诗。无之何以能解？惟有而未能言，诗人为之语，则握拨一弹，心弦立应，其声澈于灵府，令有情皆举其首，如睹晓日……"① 这里所说的正是欣赏者在阅读诗歌时，发现诗歌之美与自己心中已形成的美的观念符合一致，所以"握拨一弹，心弦立应"，理智和情感顿时得到满足，于是感到心灵无限兴奋和愉悦，所谓"其声澈于灵府，令有情皆举其首，如睹晓日"就是对美感中兴奋而愉快的感情状态的生动描述。由此可见，一接触美的对象就感到情感的愉悦，也还是基于美的认识而得到精神满足的结果。

俄国心理学家巴甫洛夫把情感与大脑皮层动力定型的建立联系在一起，这对于我们了解美感的情感愉悦发生的生理机制是有帮助的。按照巴甫洛夫的说法，情感是在大脑皮层上"动力定型的维持和破坏"。他认为，假如外界出现相关刺激使得原有的一些动力定型得到维持、扩大、发展，人就会产生积极的情绪；如果外界条件不能使原来的动力定型得到维持，就会产生消极的情绪体验。从心理学的意义上说，动力定型可以理解为对客观现实的认识系统，这个系统的建立、发展和改变受当前事物和过去经验的影响，与人的愿望或意向联系着，因此成为情感的基础。在美的欣赏

---

① 《鲁迅全集》第1卷，人民文学出版社1981年版，第68页。

和创造中，由于与人的美的观念相适应的动力定型得到维持和发展，所以就会引起愉快的快感。

美感的愉快和审美过程中由对象所引起的其他各种情绪和情感活动既有区别又有联系。在审美过程中，由于对审美对象的感知、联想、想象、理解、思维，会产生多方面的、复杂的情绪和情感活动，如自然景物观赏中的触景生情，艺术作品欣赏中的感情共鸣，等等。这些情绪和情感活动，都只是美感意识的构成因素，是美感产生的必要条件，单就它们本身而言还不等于美感的愉快。但这些情绪和情感活动既然是和美的认识相伴随的，是由审美对象所引起的，因而不仅和美的认识密切相关，而且对美感中愉快的情感的形成也有极大影响。譬如我们读一部小说或看一部电影，随着认识的进展，必然会被其中所描绘的现实生活情景和人物的思想感情所感动，从而对作品中的生活和人物产生各种各样的情绪和情感反应。特别是对于你所肯定的人物，你的整个心情都会为他的命运所占据，他的快乐会使你高兴，他的痛苦会使你悲哀。如果没有这样的深入、真切的感情体验，那就很难深刻地领会艺术形象所概括的现实生活从现象到本质的真实，也就难以形成美的认识，更难以引起美的情感的愉快的感动。所以，在艺术美的欣赏中，欣赏者越是受到作者以及作品中人物所表现的情感的感染、打动，便越是易于进入作品所创造的艺术境界。同时，欣赏者也在这种艺术境界中，使各种情绪和情感得到正当的抒发，受到有益的陶冶。如果说美的认识主要是使人获得理智的满足，那么伴随美的认识过程而产生的各种情绪和情感活动则主要是使人得到情感的陶冶。所以，通过审美中多样的、复杂的感情活动，最后所给予人的总的体验仍然是心灵的愉悦、兴奋和陶醉。亚里士多德说，悲剧能使我们获得"一种它特别能给的快感"，而"这种快感是由悲剧引起我们的怜悯与恐惧之情，通过诗人的模仿而产生的"。[①] 就是说，悲剧所引起的审美的快感本来是和它所引起的特殊感情——怜悯与恐惧结合在一起的。怜悯和恐惧本来都是痛苦的感情，但通过悲剧诗人的模仿，可以使人的这种感情得到正当的抒发、陶冶，也就是亚里士多德所说的"净化"作用，所以痛感固然是痛感，却也

[①] ［古希腊］亚里士多德、［古罗马］贺拉斯：《诗学·诗艺》，罗念生、杨周翰译，人民文学出版社1962年版，第43页。

可以成为形成美感愉快的一种缘由。亚里士多德论及音乐的美感时也说过:"某些人特别容易受某种情绪的影响,他们也可以在不同程度上受到音乐的激动,受到净化,因而心里感到一种轻松舒畅的快感。"① 音乐所表达的情绪和情感是多方面的、复杂的,因而欣赏受到的感情激动也是多方面的、复杂的,但不论所引起的感染为何种感情,只要能使情感受到陶冶,其结果仍然使人得到整个精神上的满足、兴奋和愉快。司汤达在《拉辛与莎士比亚》中谈到悲剧的审美效果时也说:"悲剧欣赏所带来的愉快,在于这种短促的幻想瞬间经常出现,在于情绪状态,幻想瞬间就在它自己相间出现过程中把观众心灵展放开来。"② 所谓"幻想瞬间",按照司汤达的解释,就是指在戏剧"激动人心的场面出现的热潮中",观众犹如身临其境,与剧中人物发生感情交流和共鸣的时刻。所谓"情绪状态",就是在与剧中人物发生共鸣中所形成的喜、怒、哀、惧等各种情绪活动。司汤达认为这种欣赏中的"幻想瞬间"出现得越多,欣赏者情感的共鸣就越是强烈,就越能带来悲剧欣赏的美感的愉快,越能使观众的心灵为之陶醉。所以,我们认为艺术形象越能够打动人,就越能使人获得审美的享受。美感的愉快既然和审美过程中产生的其他各种感情体验密切相关,当然也就会因为它所伴随的其他感情的性质不同,而具有不同的特色。所以,崇高的美感不同于优美的美感,悲剧的美感不同于喜剧的美感。可见美感作为一种情感活动来说,它的内容是非常复杂的,其表现形式也是极其多样的。从这点上说,美感也可以说是一般性和特殊性的辩证统一。

---

① 北京大学哲学系美学教研室编:《西方美学家论美学和美感》,商务印书馆1980年版,第45页。

② [法]司汤达:《拉辛与莎士比亚》,王道乾译,上海译文出版社1979年版,第12页。

第七章　美感心理的形态

在以上各章中，我们分别考察了美感中基本的心理构成因素、它们各自的特点以及相互之间的关系，分析了由各种心理因素的有机统一、矛盾运动所形成的美感心理过程。一般说来，美感的心理活动是由事物和对象的美所引起的，不论何种美的事物和对象，在其为美这一点上是共通的，由此而形成的美的认识的内容和美感心理活动也都是有其一致性的。然而，美的事物和对象又各有其特点，不同特点的美的事物和对象所引起的美感的主观反应形式是不一样的，因而形成的美感心理活动也就有其特殊性，这就构成了美感心理的不同形态。按照美学史上的传统分法，美感的心理形态有崇高的美感、优美的美感、悲剧的美感、喜剧的美感诸种。[①]各种美感形态在心理构成因素和心理过程上虽然大体是相同的，但是各种心理因素在美感中的作用、地位、相互关系以及矛盾运动规律却有相当大的区别。不同的美感形态尽管总的来说是一种愉快的情感，但是，和愉快情感相伴随的感官的感受及其他的情绪、情感活动，在性质、内容上是很不相同的，这就使不同的美感形态呈现出不同的心理活动的特点。

第一节　崇高的美感心理特点

崇高和优美向来被美学家看作一对重要的美学范畴，它们构成美感的两种不同的形态。在西方美感史上，最早提出崇高这一概念的是罗马时代的朗吉努斯。他的《论崇高》主要是从修辞学的角度探讨崇高的风格。在论述崇高风格的审美效果时，他强调"崇高风格是伟大心灵的回声"，它

[①] 这里是沿用西方美学中的传统概念和范畴，"崇高"和"优美"，即我们所说的"雄伟"和"秀丽"。

能唤起人强烈的情感，使人"惊心动魄"以至"狂喜"，因而具有更大的感染力。这实际上已经涉及崇高的美感特点问题。18世纪英国文学评论家艾迪生对崇高感也有一些经验性的描述，如认为伟大的对象能使人"投入一种既愉快而又惊奇的心境"等。但是，真正把崇高作为美学中的一个重要范畴，使之与美相并列，并对崇高感的生理、心理基础及其特点作了较充分阐述的，还是英国经验派美学家伯克。伯克认为崇高感和美感具有根本不同的性质。美感的主要情感内容是爱，始终是一种积极的快感；而崇高感的主要情感内容是恐惧，它的快感是由痛感转化而来的。他说："凡是能以某种方式适宜于引起苦痛或危险观念的事物，即凡是以某种方式令人恐怖的、涉及可恐怖的对象的，或是类似恐怖那样发挥作用的事物，就是崇高的一个来源。"① 可见崇高感起于恐怖，而恐怖是一种痛感，所以崇高感是以痛感为基础的。伯克虽然认为崇高感主要来源于对象引起的恐怖，但又认为它和实际生命危险所产生的恐怖不完全一样。实际生命危险的恐怖是一种纯粹的痛感，而崇高感中的恐怖却能引起愉快的情感。因为崇高的对象虽然必须要能引起我们危险和痛苦的观念，而实际上危险和痛苦却和我们相隔"一定的距离"，并不使我们真正陷入危险和痛苦的境地，这样危险和痛苦就可以变成愉快的。恐怖的情绪在情感调质上是属于痛感的，在崇高感中它何以能引起愉快的快感呢？对于这个问题，伯克没有直接给予明确回答。但他有两点说明和这个问题是有关联的。一点是他认为在面临恐怖的对象而又没有真正危险时，人可以把所观照的对象的尊严和价值移到自己身上来，引起自豪感和胜利感，而这种自豪感、胜利感是使人愉快的；另一点是他认为对崇高对象的恐怖并不立即威胁到人的生命，所以这种恐怖情绪对人的心理构造中较粗细的部分是一种练习，能够把粗细器官中危险而麻烦的累赘物消除，因而能产生愉快情感。应当肯定，伯克正式把崇高感纳入审美的范围，并且充分注意到它和美感的区别，这对于推动崇高的美感心理特点的研究是有重要作用的。但是他对崇高感的分析存在着严重的缺陷。首先，他把崇高感和美感绝对地对立起来，只看到它们之间的区别，却忽视了它们之间的相互联系，因此他也不能正确地把崇高感作为美感的一种特殊形态加以分析。其次，他把恐怖作为崇高感的

---

① 参见朱光潜《西方美学史》上卷，人民文学出版社1979年版，第237页。

第七章　美感心理的形态

主要情感内容，过分强调了崇高感和恐怖的联系和一致性，而忽视了它们之间的区别和差异性。事实上，崇高感和恐怖的情感并不具有必然联系。不仅并非一切恐怖都是崇高感，而且也不是一切崇高感都必须具有恐怖的情感体验。自然界崇高的事物所引起的感受固然常有和恐怖感相伴随的，但也有不带恐怖感而仍能引起崇高感的。无垠的星空、辽阔的大海、喷薄欲出的红日、展翅翱翔的雄鹰……这些自然现象都可以引起壮美或崇高感，却并不引起恐怖感。至于社会生活中的崇高和艺术中的崇高，则更多是不引起恐怖感的。如建设工地上的劳动大军，助人为乐的高尚行为，米开朗基罗的《大卫》，毛泽东诗词中"敌军围困万千重，我自岿然不动"的红军形象，等等，都使人产生崇高感而没有恐怖感。所以，把崇高感和恐怖混为一谈、以恐怖为崇高的本质特征是违背事实。由此推论崇高感中的愉快情感都是由恐怖转化而来的，当然也是不正确的。最后，伯克主要是用生物学的观点去解释崇高感的起因和特点，把崇高感的起因归结为所谓"自我保全"的本能和情欲，从神经和人体肌肉的紧张来说明崇高感中由痛感向快感的转化，这就只片面强调了形成崇高感的生理原因，而完全看不到崇高感形成的社会原因，不懂得崇高感与人的社会实践的关系，因而也就不能揭示出崇高感的真正的本质。

康德对崇高感的分析，在许多方面受到伯克的影响，但他从先验的唯心主义观点出发对其作了新的发挥。和伯克一样，康德也认为美的愉快和崇高的愉快属于两种不同的审美判断，美感是单纯的快感，即所谓"积极的快感"；崇高感却是由痛感转化而成的快感，即所谓"消极的快感"。"前者（美）直接在自身携带着一种促进生命的感觉，并且因此能够结合着一种活跃的游戏的想象力的魅力刺激；而后者（崇高的情绪）是一种仅能间接产生的愉快；那就是这样的，它经历着一个瞬间的生命力的阻滞，而立刻继之以生命力的因而更加强烈的喷射……它的感动不是游戏，而好像是想象力活动中的严肃。所以崇高同媚人的魅力不能结合，而且心情不只是被吸引着，同时又不断地反复地被拒绝着。对于崇高的愉快不只是含着积极的快乐，更多的是惊叹或崇敬，这就可称作消极的快乐。"[①] 总之，从美所得到的愉快是直接产生的愉快、单纯的愉快；从崇高所得到的愉快

[①] ［德］康德：《判断力批判》上卷，宗白华译，商务印书馆1964年版，第83—84页。

则是间接产生的愉快，首先受到阻滞、抗拒，然后形成愉快，愉快的情感不是单纯的，而是带有惊叹、崇敬甚至恐惧的情绪的情感。崇高感既然是不愉快感，那么这种不愉快感又何以能作为"媒介"引起愉快感呢？康德对此有两种解释。首先，在论数学的崇高时，康德认为崇高对象的特点是体积的无限大。它超过了想象力所能掌握的范围，因此不能具有美所引起的想象力和悟性的自由活动那种合目的性。但是想象力的这种无能却唤醒人心本有的超感性的能力即"理性观念"，"最大的感性机能的不合致性正是和理性观念相应合。而这对于理性观念的企望和努力，对我们正是规律"①。这就是崇高所引起的主观合目的性，因此也就引起一种愉快感。其次，在论力学的崇高时，康德认为崇高对象的巨大威力使它可能成为"恐惧的对象"，如果它使人真地感到恐怖。那就不可能产生愉快。"但是假使发现我们自己却是在安全地带，那么，这景象越可怕，就越对我们有吸引力，因为它们提高了我们的精神力量越过平常的尺度，而让我们在内心里发现另一种类的抵抗的能力。"② 这"另一种类的抵抗的能力"就是人的理性方面使自然的威力对人不能成为支配力的那种更大的威力，也就是人的勇气和自我尊严感。正是这种"对于主体里的人类观念的崇敬"，才是崇高感形成的根本原因，才使崇高感由痛感转化为愉快感。康德纠正了伯克关于崇高感仅起于恐怖的错误看法，认为在崇高感中崇敬克服了恐惧，所以崇敬是主要的。他揭示了崇高对象所引起的主观心理反应在情感上所具有的矛盾，强调理性在崇高感中所起的重要作用，这都是富于启发性的。但是，康德对崇高感的分析也有很大的缺陷。首先，他否定崇高现象是客观存在的，认为它只能在我们自己的观念中找到。这样，他也必然把崇高感仅仅看作主观内心的产物。其次，他对崇高感的起因和特点的分析，都是以"先验的理性"为基础的。崇高感之所以能够形成，不愉快感之所以能够转化为愉快感，都是先验的"理性观念"的作用。这样，康德就使他对崇高感的心理分析建立在以先验理性为基础的逻辑推论上，而完全忽视了经验事实。

我们认为，崇高的美感是由崇高的对象所引起的。崇高的对象是一种

---

① [德]康德：《判断力批判》上卷，宗白华译，商务印书馆1964年版，第97页。
② [德]康德：《判断力批判》上卷，宗白华译，商务印书馆1964年版，第101页。

客观存在的现象。"我们觉得崇高的是事物本身,而不是由这事物所唤起的任何思想,例如卡兹别山的本身是雄伟的,大海本身是雄伟的,凯撒或伽图个人的本身是雄伟。"① 崇高的对象在表现形态上有不同于优美的对象的特殊性。巨大、有力的感性形式,重大、深刻的理性内容,美与丑相互斗争的艰巨过程,这些经常作为崇高的对象所表现的特点,是优美的对象所不具有的。"其得于阳与刚之美者,则其文如霆,如电,如长风之出谷,如崇山峻崖,如决大川,如奔骐骥;其光也,如杲日,如火,如金镠铁;其于人也,如凭高视远,如君而朝万众,如鼓万勇士而战之。其得于阴与柔之美者,则其文如升初日,如清风,如云,如霞,如烟,如幽林曲涧,如沦,如漾,如珠玉之辉,如鸿鹄之鸣而入寥廓;其于人也,漻乎其如叹,邈乎其如有思,暖乎其如喜,愀乎其如悲。"② 这虽然主要是就文章风格说的,但也可以说是对于崇高与优美两种对象的区别所做的一个经验性的描述,由此可知崇高的对象确有其特殊性,正是这种特殊性决定了崇高的美感心理的特殊性。

首先从美感的情感反应来说,虽然崇高的美感和优美的美感在其总体上都可引起精神的愉快,但其伴随的情绪和情感反应却是很不同的。优美的美感是美的对象既引起我们的美感的愉快,又引起我们感性的快感或其他情感的愉快,于是总体说来都是愉快的、一致的、调和的,这也可以说是一种和谐的混合情感。而崇高的美感则是美的对象一方面引起我们的美感的愉快;另一方面又引起我们感性的不快或其他情感的不快,于全体来说,虽然由情感的不快转化为美感的愉快,但在接受对象的刺激时却是复杂的、混乱的、矛盾的,这也可以说是一种矛盾的混合情感。车尔尼雪夫斯基说:"美感的主要特征是一种赏心悦目的快感,但是我们都知道,伟大在我们心中所产生的感觉的特点完全不是这样的;静观伟大之时,我们所感到的或者是畏惧,或者是惊叹,或者是对自己的力量和人的尊严和自豪感,或者是肃然拜倒于伟大之前,承认自己的渺小和脆弱。"③ 从分析崇

---

① [俄] 车尔尼雪夫斯基:《生活与美学》,周扬译,人民文学出版社1957年版,第15页。
② (清) 姚鼐:《复鲁絜非书》,载郭绍虞主编《中国历代文论选》第3册,上海古籍出版社1980年版,第510页。
③ [俄] 车尔尼雪夫斯基:《美学论文选》,缪灵珠译,人民文学出版社1959年版,第97—98页。

高所引起的复杂感情来说,这个看法和康德所做的论述是极为相近的。他们都一致认为崇高的美感中不只是愉快的情感,而且伴随有恐惧、惊叹、崇敬、赞美等性质的情绪和情感。这是符合审美实际的,比如狂风暴风、雷鸣电闪、悬崖峭壁、百尺飞瀑……我们在观赏时有恐惧、惊叹之感;热火朝天的劳动场面、舍生忘死的战斗英雄、巍然屹立的长城、拦江截流的大坝……则唤起我们的惊叹、赞美、崇敬之感。李白的《蜀道难》、杜甫的《望岳》、苏轼的《赤壁赋》,如果把其中的自然景物描写及其所引起的感受作为一种崇高感来看待,那么其中的畏惧、不安、惊异、赞叹之情是流露得极为明显的。不过有的是侧重畏惧、不安(如"噫吁嚱,危乎高哉!蜀道之难,难于上青天"),有的则是侧重惊异、赞叹(如"岱宗夫如何?齐鲁青未了")。它们都是由于崇高对象的强烈刺激,出人意料,使人感到不适应、太突然、一时难以理解而产生的,所以从情感调质上说带有一种不愉快的成分。

不过,崇高感中的不快情绪并不都一概表现为恐怖或恐惧,这一点我们在前文已有说明,即就恐惧的情绪而言,它和面临实际的危险时所生的恐惧也是不同的。实际危险所生的恐惧是完全克服着美感的。譬如我们看见一只活的老虎,只有恐怖之感,没有崇高的美感。只有在崇高对象对人已经没有实际生命的危险时,它才能作为观赏的对象引起崇高的美感。譬如关在笼子里的动物园的老虎,虽然人们在观赏它时仍有恐惧之感,但可以因它的姿态、力量、勇敢、威武而引起崇高的美感。艺术中的崇高形象虽然是现实中崇高事物的反映,但由于艺术作品并不等于现实事物,而是对现实事物的加工改造,既和现实事物有了距离,又将现实事物加以典型化,所以艺术在反映现实中的崇高事物时,虽可使人产生一种朦胧的恐惧感,却也加强着崇高的美感。如苏轼在《石钟山记》中所写月下泛舟游石钟山的情景:"至莫夜月明,独与迈乘小舟至绝壁下。大石侧立千尺,如猛兽奇鬼,森然欲搏人;而山上栖鹘,闻人声亦惊起,磔磔云霄间;又有若老人欬且笑于山谷中者,或曰此鹳鹤也。余方心动欲还,而大声发于水上,噌吰如钟鼓不绝。舟人大恐。"这种恐惧在当时是实际而真切的,故使人"心动欲还",也就是恐惧克服了美感。但我们在欣赏这篇作品时,其中所描写的景色虽也能使我们有惊恐之感,但已不是实际、真切的惊恐,故而能对作品中的形象产生崇高的美感。

第七章 美感心理的形态

其次，从美感的整个心理结构上看，虽然崇高的美感和优美的美感都是感知、想象、理智、情感等各种心理因素共同活动的结果，但比较起来，在优美的美感中，感知、想象等心理因素更为突出，作为审美特点的感性功能更为显著，感性和理性、理智和情感能达到和谐自由的统一。因此，美感的心理活动趋向于平静的、和谐的、安息的状态。而在崇高的美感中，感知、想象等感性因素居于较次要地位，而理智和情感等心理因素则起着最为突出的作用。感性和理性、理智和情感需经过矛盾对立达到和谐统一，因此美感的心理活动趋向于运动的、冲撞的、激荡的状态。康德说："心情在自然界的崇高的表象中感到自己受到激动；而在同样场合里对于'美'的审美判断中却是处于静观状态。这个激动（尤其在它开始时），能够和一种震撼相比拟；这就是这一对象对我们同时快速地交换着拒绝和吸引。"[1] 席勒也说："美始终是欢乐的、自由的，崇高则是激动的、不安的、压抑的，需要纵身一跃，才达到自由。"[2] 崇高的美感愉悦主要不是感性的愉悦，而是交织着深刻的理性思维和巨大的伦理情感的愉悦。由崇高对象所引起的恐惧、惊叹、不安、崇敬等情感，都能够使心灵受到强烈激动、震撼，所以心灵往往有"霎时的抗拒"。但是这种激动、震撼却能使人感奋起来，引起一种奋发向上的情感，要求打破自己平日的局限，克服自身的渺小、懦弱和平庸，"飞向崇高的事物，并在理想中把自己与它等同起来，分享着他的伟大"[3]，于是感到自己的精神境界得到提高，从而得到满足和愉快，这也就是席勒所说的"纵身一跃，达到自由"。不论是我们观赏巍峨的高山、无边的大海，还是被生活中惊天动地的英雄事迹、平凡工作中的高尚行为所感动，都会引起这种由于精神的感奋、提高而获得的愉快。在欣赏艺术中的崇高形象时，心情的激荡，情绪的感奋，精神的提高，形成了同优美形象迥然不同的审美效果。前人指出："苏东坡词，如关西大汉，抱铜琵琶执铁绰板，唱大江东去；柳耆卿词，只合十七八女孩儿，执红牙签，歌杨柳岸晓风残月。"这既是评论两种不同的艺术风格，同时也是评论两种不同的美感，是从整个审美效果上见出了崇高感和优美

---

[1] ［德］康德：《判断力批判》上卷，宗白华译，商务印书馆1964年版，第97—98页。
[2] 参见《江汉论坛》1984年第5期，第45页。
[3] ［英］布拉德雷：《论崇高》，载朱光潜《悲剧心理学》，人民文学出版社1983年版，第86页。

感的区别。鲁迅在《摩罗诗力说》中论述文学作品中之"雄桀伟美者"的审美效果时也说:"动吭一呼,闻者兴起,争天拒俗,而精神复深感后世之人,绵延至于无已。"这也是接触到崇高美感的突出心理特点。文学艺术中崇高的英雄形象和艺术典型,之所以具有特别激动人心的艺术力量和巨大的感染教育作用,和崇高美感的心理特点分不开。如果一个时代的艺术没有成功地塑造出体现时代精神的崇高的艺术典型,那么文艺使人"惊醒起来,感奋起来"的特殊作用就不能很好地完成。

第二节 优美的美感心理特点

在美学史上,单独论述优美的美感的美学论著为数很少,这是因为优美的美感作为美感的一种形态,其心理过程和情感反应与一般的美感心理活动最为接近。但是,如果将优美的美感和崇高的美感作为美感的两种形态作对比研究,那么它的心理特点也仍然是值得关注的。伯克是西方第一个将美感和崇高感对照加以系统论述的美学家。他对美的形式因素的分析可以说基本上都着眼于优美的对象,因此他所探讨的美感的生理心理基础,也基本上是就优美的美感形态而言的。伯克认为,和崇高感的生理基础完全不同,美感不是来源于人类"自我保存"的情欲,而是来源于"互相交往"的情欲,这类情欲主要是与爱的情感联系在一起的,所以伯克认为爱是一般美感的主要心理内容。他说:"美的出现引起我们一定程度的爱,就像冰块或烈火之产生冷或热的观念一样灵验。""爱指的是在观照任何一个美的东西(不论其本性如何)的时候心灵上所产生的满足感。"① 把美感中爱的情感如此突出地强调提出,说明伯克已经较为明显地注意到优美的美感的心理特点。不过,伯克明确指出,美感中爱的情感与欲望或情欲无关。欲望和情欲是促使人们去占有对象的一种心灵的力量,它们和爱有着本质的区别,因为爱是由美引起的,而欲望或情欲则完全是由其他原因引起的。例如一位姿色平平的妇女虽然不美,却可以引起强烈的欲望;而一头美的动物虽然使人们爱它,却完全引不起任何欲望。伯克关于美感

---

① 古典文艺理论译丛编辑委员会编:《古典文艺理论译丛》第5册,人民文学出版社1963年版,第39、38页。

与欲望特别是占有的欲望无关的看法，显然不是什么新观点，但他把美感中的爱的情感与占有欲加以区别，对于准确把握优美感的心理特点还是有意义的。伯克对美感的分析主要建立在生理学的基础之上，他把美感和一般的感觉等同起来，把美感的快感和一般生理的快感混为一谈，完全忽视了美感中的理性作用，因此他对优美感的特点的论述也就带有很大的片面性，如把筋肉组织的松弛舒畅作为优美感的快感的特点，就是一例。

对于优美感和壮美感的区别，叔本华在《作为意志和表象的世界》一书中亦有专门论述。叔本华是以唯意志论为哲学基础来解释美感的，他认为美感是一种与理性的、科学的认识完全相反的认识方式。在这种认识方式中，认识的对象不是个别事物，而是作为意志的直接客观化的理念；认识的主体也不是个体的人，而是纯粹的、无意志的认识主体。由审美引起的愉悦就是从这两种成分中产生的。叔本华进一步指出，虽然一切美感都产生于上述两方面的决定因素，但是任何美感所要求的、以之为前提的纯粹而无意志的认识状况的出现却有两种情况。一种是美感的纯粹而无意志的认识状况，是在客体邀请、吸引人们去观赏时，毫无抵抗地使意志从意识中消逝、自然而然出现的；另一种是观赏的对象本身对于意志本来有着一个不利的、敌对的关系，必须自愿自觉地超脱意志才能使美感的纯粹而无意志的认识状况出现。这两种不同的情况，前者是优美感，后者是壮美感。"所以壮美感和优美感的不同就是这样一个区别：如果是优美，纯粹认识毋庸斗争就占了上风，其时客体的美，亦即客体使理念的认识更为容易的那种本性，无阻碍地、因而不动声色地就把意志和为意志服役的，对于关系的认识推出意识之外了，使意识剩下来作为'认识'的纯粹主体……如果是壮美则与此相反，那种纯粹认识的状况要先通过有意地、强力地挣脱该客体对意志那些被认为不利的关系，通过自由的，有意识相伴的超脱于意志以及与意志攸关的认识之上，才能获得。"[①] 简言之，叔本华认为优美感和壮美感的区别在于所谓纯粹的、无意志的认识之获得状态的不同。在优美感，这种纯粹的、无意志的认识是不经过斗争、自然而然形成的；在壮美感，则要通过斗争、自觉地超脱意志才能形成。显然，叔本华这些看法都是从唯意志论的哲学体系推论出来的。在他看来，包括优美感和壮美

---

① ［德］叔本华：《作为意志和表象的世界》，石冲白译，商务印书馆1982年版，第282页。

感在内的一切美感，都不是人对外部世界的反映，而只是人为了从意志的痛苦中解脱出来所进行的一种特殊的直观的活动。所谓美感的纯粹的、无意志的认识，既不是对于客观现实的认识，又是和人的一般的感性认识、理性认识毫不相关的，完全是一种主观神秘的精神活动。与此相关，叔本华关于优美感和壮美感区别的论述，也具有主观神秘的性质。用所谓意志从意识中的自然消逝或有意超脱作为区别优美感和壮美感的主观决定条件，既没有事实的根据，在理论上也是极不合理的。

我们认为，优美感是由优美的对象引起的。优美的对象具有不同于崇高的对象的特殊性，因而决定了优美的美感的心理活动的特殊性。如自然美中的幽林曲涧和崇山峻崖，社会美中的纯洁坚贞的爱情生活和英勇献身的战斗情景，艺术美中的林黛玉的形象和武松的形象，都是客观存在着的优美的或崇高的对象，其间的差异是显而易见的。我们在前节论述崇高的美感时，已经顺带论及了优美的美感和崇高的美感的主要相异之点，这里再就优美的美感心理特点作进一步的说明。

首先，在优美的美感中，感官的快适感受和感情的愉快感动，总的来说是一致的、统一的。不论何种美感，就其美的认识过程而言，都是感性认识和理性认识的统一。而同美的认识相伴随的主观反应，既有感官的感受，亦有感情的感动。和理性认识紧密相关的感情的感动，虽然总的来说是精神的愉快，但和感性认识密切相关的感官的感受，则可因审美对象的不同而有快适与不快适之别。在崇高的美感中，对象的美所引起的感情的感动，虽然总的来说是精神的振奋、愉快，但因对象刺激得过于强大、突然，往往伴有感官上的不快。于是感情的感动和感官的感受便难以达到和谐统一。而在优美的美感中，感官的快适感受具有较为突出的地位，它与对象的美所引起的愉快的感情的感动互相融合，形成和谐、统一的精神反应。如袁宏道《满井游记》中写初春时节游满井所见自然景物及其所引起的感受："于时冰皮始解，波色乍明，鳞浪层层，清澈见底，晶晶然如镜之新开，而冷光之乍出于匣也。山峦为晴云所洗，娟然如拭。鲜妍明媚，如倩女之靧面而髻鬟之始掠也。柳条将舒未舒，柔梢披风。……凡曝沙之鸟，呷浪之鳞，悠然自得，毛羽鳞鬣之间，皆有喜气。"这里所见之自然景物，清新活泼，鲜妍明媚，确实秀媚可爱，而作者被这种优美的景色所陶醉，既有感官的快适感受，又有感情的愉悦感动，于是便有"潇然于山石草木之间"的整个精神的怡然自得之感。优美的对象往往以使人获得娱乐、休息取胜,和优美的美感突出了审美的愉悦性的特点是有密切关系的。

不过,优美的美感所伴随的快适感受,在自然美和社会美方面也仍是有所不同的。自然美以自然现象和形式的美取胜。云霞雕色,草木贲华,嫩柳清溪,山光湖水,皆以其颜色、光线、形态等方面的变化统一、错落有致的和谐美引人注目,能使人顿时悦目惬意,其中感官的快适感受是较为突出的,而所引起的感情的愉悦也是较为自然的。所以,自然的现象和形式的美是可以直接感觉的,也是一目了然的,它所引起的优美感大致是和感官的快适感受密切而一致的。社会美则不然。因为社会美是社会关系中的事物的美,主要是社会关系中人的美。它所表现的是社会事物的规律,也就是事物的规律美。而就社会关系中人的美来说,也不是指人的肉体美,而是指人的性格美,即一般所谓的人格美。所以,社会美是以其所体现的社会内容和关系取胜的。对于社会美特别是人格美的认识,不能依凭霎那间的感觉的印象,也不是像自然美那样一目了然的,往往需要多方了解、认真思考,更多借助于理智的作用,才能真正领会。所以,社会美所引起的优美的美感,主要是和理性认识相伴随的感情的愉快感动,而所伴随的感官的快感则不突出,甚至往往是不伴随感官的快感的。

其次,在优美的美感中,对象所引起的情绪和情感活动,除审美的愉快情感外,尚伴有亲近、爱怜、同情等情绪和情感。这两方面的情感都是愉快的,因而就情感的整体来说也是和谐一致的。这同崇高的美感中有不愉快的情感活动相伴随,并有由痛感向快感的矛盾转化过程,也是有明显区别的。车尔尼雪夫斯基说:"美的事物在人心中所唤起的感觉,是类似我们当着亲爱的人面前时洋溢于我们心中的那种愉悦。我们无私地爱美,我们欣赏它、喜欢它,如同喜欢我们亲爱的人一样。"[1] 这种情感体验在优美的美感中表现得最为突出、最为显著。在优美感中,由于对象的刺激相当柔和、松缓,我们对于对象始终没有抗拒、不适应的感受,而是感到对象既可亲又可爱,因而感到对象有一种吸引力,使人难舍难分。法国美学家顾约说:"在生物中'秀美'的动作总是伴着两种相怜的情感,一是欢

---

[1] [俄] 车尔尼雪夫斯基:《生活与美学》,周扬译,人民文学出版社1957年版,第6页。

喜，一是亲爱。"① 其实，不只生物的优美所唤起的情感如此，一切自然美、社会美、艺术美中的优美对象，所唤起的情感莫不如此。如王维《山居秋暝》："空山新雨后，天气晚来秋。明月松间照，清泉石上流。竹喧归浣女，莲动下渔舟。随意春芳歇，王孙自可留。"诗中所描写的雨后秋暝、明月清泉、林中浣女、莲旁渔舟，既有自然界的优美环境，也有社会生活中的优美事物，这一切共同组成一幅清幽、宁静、恬适的山村图画，使人感到特别亲切可爱。作者面对现实的优美景象，流连忘返，不忍离去，即欣赏者面对诗人塑造的优美的形象，同样感到使人爱怜，精神为之一爽。优美的美感因伴随的情感反应和审美的愉快情感是一致的，故伴随的情感反应可以直接使美感的愉快得到强化。因之，优美的美感较之崇高的美感在审美的愉悦性方面显得更为突出。

就优美的美感中的情感活动来看，现实美和艺术美也仍是有区别的。现实美所引起的优美感，其伴随情感实际而亲切，虽易于强化美感，但也易因情感太实际、真切以致超过某种限度而影响美感。艺术美所引起的优美感，其伴随的情感不如现实美那样实际、真切，但更为强烈、深刻。这是因为一方面艺术美和现实美有了距离，另一方面艺术美又较现实美更为典型。因此，艺术美所引起的优美感，其伴随情感虽然强烈、深刻，却不至于影响美感，而是始终对美感的愉快起着强化作用。

最后，在优美的美感中，整个心理活动都是和谐统一的。感知、想象、理智、情感各种心理功能彼此协调、自由运动，使心情处于相对宁静、和缓、轻松、舒展的状态。康德所说的美感是心意诸能力"比例适合的调协"，席勒所说的美感是一种"自由的欣赏"，如果就其精神实质来看，都从不同角度接触到了优美感中心理活动的谐和、自由的状态；这和崇高感中心理活动的矛盾、激动、震荡的状态显然是不同的。在崇高感中，心情是紧张热烈的；在优美感中，心情则是悠游闲适的。譬如欣赏贝多芬的《英雄交响曲》和《月光奏鸣曲》，罗丹的《加莱义民》和《思》，李白的《将进酒》和《长相思》……我们都能从对比中感到两种不同美感的心理效果，前者使人感到精神昂扬、奋发兴起；后者则使人感到情意缠绵、轻松愉快。

---

① 参见《朱光潜美学文集》第 1 卷，上海文艺出版社 1982 年版，第 241 页。

优美的美感和崇高的美感由于心理活动和心理效果各具特殊性，所以各有所长，而无高低优劣之分。在现实生活和艺术作品中，优美和崇高作为两种审美对象不是互相隔绝而是互相联系的。所以，优美感和崇高感也不是彼此完全分割、孤立存在的。就人的审美需要来说，既需要奋发兴起的崇高感，也需要轻松活泼的优美感；崇高固然可贵，优美也不可少。刚柔相济，有张有弛，互相补足和结合，才能更好地满足人们复杂而多样的审美需要。明代文学家屠隆说："今夫天有扬沙走石，则有和风惠日；今夫地有危峰峭壁，则有平原旷野；今夫江海有浊浪崩云，则有平波展镜；今夫人物有戈矛叱咤，则有俎豆晏笑：斯物之固然也。藉使天一于扬沙走石，地一于危峰峭壁，江海一于浊浪崩云，人物一于戈矛叱咤，好奇不太过乎，将习见者厌矣。文章大观，奇正、离合、瑰丽、尔雅、险状、温夷，何所不有？"（屠隆：《与王元美先生》）这说明崇高和优美、崇高感和优美感二者不可偏废。忠实于现实生活而又谙熟审美规律的艺术家，总是善于在创作中将两者巧妙地结合起来，从而使作品产生更强的艺术魅力。

第三节　悲剧的美感心理特点

悲剧的美感和喜剧的美感是由作为艺术的悲剧和喜剧所引起的两种特殊的美感形态。尽管在现实生活中也存在悲剧性的人物和事件，但是面对现实生活中的痛苦、灾难或不幸，人们很难把它作为审美对象，直接引起美感的意识活动。只有作为反映现实的悲剧艺术，才能经常作为审美对象，引起人的美感意识活动，使人获得审美的享受和愉快。悲剧作为美学范畴之一，不仅是指作为戏剧类型之一的悲剧，还可以表现在不同的艺术种类之中。然而，由于戏剧艺术直接反映社会冲突的特点，它在表现悲剧方面显得特别突出，所以和作为美学范畴的悲剧有更为紧密的联系。总之，悲剧作为审美对象是一种艺术美，悲剧的美感是由艺术美所引起的美感形态之一。

悲剧一般是以悲剧人物的苦难、不幸、死亡作为题材内容的，它必然使人产生沉痛、悲哀、恐惧等不快的精神反应。这种强烈的情感反应，本来和审美中所产生的愉快的情感是相反的，然而它们能在悲剧的美感中统一成一种更加强烈的美感，由此形成悲剧特有的精神愉悦，这是悲剧美感的最为显著的特点。然则，悲剧所引起的特有的美感愉悦是如何形成的呢？为什么悲剧中描写的苦难、不幸、死亡，竟然能够使人产生审美的愉快呢？这个问题在美学史上一直是许多哲学家、美学家、艺术批评家感兴趣的，他们为此提出了各种解答。尽管这些旧的悲剧美感的学说也不乏给人以启发的论点，但总的说来，它们对所谓悲剧快感问题的解答是难以令人满意的，甚至根本上是错误的。

在西方美学史上，对悲剧美感的较早而又较重要的看法是亚里士多德的"净化说"。亚里士多德认为，悲剧所描写的是比一般人好的人因某种过失而遭受到不应遭受的厄运。悲剧的主人公比一般人好，他陷于厄运不完全是咎由自取，而是属于"个人遭受不应遭受的厄运"，所以引起我们的怜悯；但悲剧主人公又不是"好到极点"，而是"与我们相似"，他陷于厄运又有几分咎由自取。不过，"他之所以陷于厄运，不是由于他的为非作恶，而是由于他犯了错误"，所以引起我们的恐惧。总之，悲剧能够引起怜悯和恐惧两种感情，它的特殊审美效果就是"借引起怜悯与恐惧来使这种情感得到净化（Katharsis）"。据此，亚里士多德对悲剧快感的原因及其特点作了如下的概括：

> 我们不应要求悲剧给我们各种快感，只应要求它给我们一种它特别能给的快感。既然这种快感是由悲剧引起我们的怜悯与恐惧之情，通过诗人的模仿而产生的，那么显然应通过情节来产生这种效果。[①]

亚里士多德明确指出悲剧的快感是一种特别的快感，肯定了悲剧美感有其特殊性。这种快感与一般美感愉快的不同，就在于它"是由悲剧引起我们的怜悯与恐惧之情，通过诗人的模仿而产生的"。按照亚里士多德对于艺术的美感的看法，艺术对现实的模仿能够使人在形象中"求知"，所以模仿能引起快感，悲剧之所以能使人产生审美的快感，这当然也是通过模仿产生的。但是悲剧的模仿对象不同于喜剧，它引起怜悯与恐惧这两种特殊情感。所以悲剧快感不仅是由一般的模仿所产生的，而且也是与它所

---

① ［古希腊］亚里士多德、［古罗马］贺拉斯：《诗学·诗艺》，罗念生、杨周翰译，人民文学出版社1962年版，第43页。

第七章 美感心理的形态

引起的怜悯与恐惧有关的。然则,怜悯、恐惧都包含痛苦的感情,它们何以能成为悲剧的快感呢?对此,亚里士多德没有详加论证。他只提出了悲剧能使这两种情感得到净化的问题。如果我们仔细考察一下古希腊悲剧的实际情况,那么就会发现亚里士多德关于悲剧只引起怜悯、恐惧两种情感的论点,对于悲剧美感来说显然是不全面的。无论是埃斯库罗斯的《普罗米修斯》,还是索福克勒斯的《俄狄浦斯王》,固然反映了人在不可抗拒的"命运"面前的软弱、无力、苦难、不幸,但也表现了悲剧主人公不甘屈服于"命运"、努力摆脱不幸的顽强奋斗精神,所以它不只是使人怜悯和恐惧,同时也使人受到激动、鼓舞,引起崇敬和赞美。对于亚里士多德的净化说,后世学者在理解上分歧甚大,其中最主要的分歧是,究竟应该把"Katharsis"这个词看成从医学借来的比喻,意为"宣泄",还是看成从宗教仪式借来的比喻,意为"净罪"。但这两种解说都不能圆满地说明它何以能产生悲剧的快感。悲剧的特殊的快感究竟是如何形成的,在亚里士多德的净化说中并没有明确的答案,尽管他的这个论点对我们具有相当重要的启发作用。

在英国经验派美学家中,休谟和伯克对悲剧快感的问题都做过专门的探讨。在休谟之前,法国学者丰特奈尔(Fontenelle)已经提出了悲剧中的痛感可因戏剧的幻觉减弱而变成快感的观点。他说:"我们为自己喜欢的人物的不幸而哭泣。与此同时,我们又想到这一切都是虚构的,并用这想法来安慰自己。正是这种混合的感情形成一种悦人的哀伤,使眼泪带给我们快乐。"[①] 这种看法指出了悲剧引起的痛感与实际生活引起的痛感有区别,是有意义的。但是它认为悲剧快感是由于观众"想到虚构"遂使痛感减弱而产生的,却不符合实际。悲剧将现实生活及其矛盾斗争典型化,能够激起人们更为强烈的感情,观众在欣赏悲剧时,也不会因为"想到虚构"而减弱其感情激动的程度。况且,痛感减弱如何能生成快感,丰特奈尔也没有给予有说服力的说明。他所举的例证是搔皮肤,太激烈则生痛感,稍轻缓则可生快感,这完全是生理学的观点,不能说明美感的原因。休谟在《论悲剧》中,接受了丰特奈尔关于悲剧引起的悲痛可以转变为快乐的观点,但他不同意把这一转变说成是由于戏剧的幻觉造成的,而另提

---

① 参见朱光潜《悲剧心理学》,人民出版社 1983 年版,第 168 页。

出雄辩说加以解释。他以罗马演说家西塞罗弹劾维尔斯屠杀西西里人的诉词为例,指出它在听众心理上引起了两方面的反应。一方面,诉词把当时屠杀的惨状作了动人的描述,使听众产生痛感;另一方面,由于诉词的"雄辩"(eloquence),又使听众感到满足和产生快感。这两方面的反应,快感较占优势,它不但压住痛感,而且能借用痛感的力量来使自己得到加强和扩展。据此,休谟认为悲剧快感也主要是由于雄辩的力量。而他所谓雄辩的力量指的就是艺术表现的美,如辞藻的富丽、音调的和谐等。休谟说:"用这种方法,不仅忧郁情绪的不舒适感完全被更强烈的相反的情绪所征服和消除,而且所有这些情绪的全部冲动都转变成快乐,更加增强了雄辩在我们心中引起的欣悦之情。"① 就是说,欣赏悲剧虽然感到痛苦、忧郁,但是这些痛感被艺术表现的美引起的快感所征服,并且通过反转来增强由于艺术表现的美所引起的愉快情感。休谟的这种看法基本上是从悲剧的艺术表现形式方面来寻找悲剧的快感的原因,而忽视了悲剧之所以能引起人美感的愉悦,首先在于它的特殊的内容的美。悲剧的美感的产生不能脱离内容而单从形式上去看,否则就难以真正把握悲剧美感的实质和心理特点。休谟因为只是着眼于形式,所以他对悲剧引起的痛苦情感如何能转化为美感的愉悦也就缺乏有说服力的论证。

  伯克也是不同意将悲剧快感的原因归结为虚构这种看法。他认为现实中真正的悲痛和灾难,比在悲剧作品里更吸引人,也能引起更大的快感。他所举出的例证是,当观众正在等待看一个最崇高感人而又表演出色的悲剧时,忽然有人宣告邻近的广场上就要处决一个国事犯,剧场中就会空无一人。那么,我们为什么能从别人的实际悲痛和灾难得到愉快呢?伯克认为是出于同情。同情是属于人"互相交往"的本能情绪,人靠同情的纽带联系在一起,同情给人的快乐愈大,同情的纽带就愈强。在悲痛不幸时,人最需要同情,在最需要同情的地方,快感也最大。据此,伯克认为悲剧中的痛苦、灾难能使人得到快感也是基于同情。他说:"主要地就是根据这种同情,诗歌、绘画以及其他感人的艺术才能把情感由一个人心里移注到另一个人心里,而且往往能在烦恼、灾难乃至死亡的根干上接上欢乐的枝苗。大家都看到,有一些在现实生活中令人震惊的事物,放在悲剧和其

---

① 参见朱光潜《悲剧心理学》,人民出版社1983年版,第169页。

他类似的艺术表现里,却可以成为高度快感的来源。"① 伯克用以解释悲剧快感的同情说,是从抽象的普遍人性和生物学的观点出发的。所谓同情,是来自人类共同的生理本能。因此,他把悲剧快感看成一种生物学意义上的需要,这显然不能科学地说明悲剧的美感的实质。此外,伯克把悲剧中的痛苦、灾难和现实生活中的痛苦、灾难混为一谈,并且断言现实中的一切痛苦、灾难都令人同情并使人欢乐,甚至比悲剧所引起的快感更大,这也是极其错误和荒谬的。他既把对苦难的同情说成是产生快感的原因,又认为由于快感才使人对苦难产生同情,这就不能不使他的理论显得自相矛盾、漏洞百出。

在德国古典美学中,黑格尔对于悲剧的看法是最重要的。黑格尔是从他的客观唯心主义哲学出发,来说明悲剧冲突的实质和悲剧美感的特点的。他认为绝对理念发展到人类社会,分化为各种本身来说都是合理的伦理力量。悲剧中相互冲突的人物都各自代表一种伦理力量,并且就它们本身来说,都是合理的、正义的。但因为它们在实现自己的要求时,都要和对方的要求发生冲突,都要破坏或侵害对方同样合理的权利,所以它们又是片面的、不完全符合理性的。"因此,双方都在维护伦理理想之中而且就通过实现这种伦理理想而陷入罪过中。"② 就是说,悲剧冲突的基础是两种各有片面性的伦理力量的斗争,悲剧冲突的解决就是使代表片面理想的人物遭受痛苦或毁灭,使各自片面的力量在绝对理念面前重新取得和解,以伸张"永恒正义"。据此,黑格尔认为悲剧之所以能使人感到愉快,就在于它使人看到和解和"永恒正义"的胜利。他不仅对亚里士多德关于悲剧引起哀怜和恐惧使之净化的观点作了新的解释,而且提出"在单纯的恐惧和悲剧的同情之上还有调解的感觉。这是通过揭示永恒正义而引起的"③。由于悲剧中互相斗争的双方作为对立面而被否定,在冲突中互相否定对方的那些行动所根据的不同伦理力量得到了和解,所以"悲剧的最后结局才不是灾祸和苦痛而是精神的安慰"④。总之,黑格尔认为悲剧所产生的心理效果不只是哀怜和恐惧,还有调解的感觉和精神的安慰,所以它能

---

① 参见朱光潜《西方美学史》上卷,人民出版社1978年版,第239页。
② [德] 黑格尔:《美学》第3卷,朱光潜译,商务印书馆1981年版,第286页。
③ [德] 黑格尔:《美学》第3卷,朱光潜译,商务印书馆1981年版,第289页。
④ [德] 黑格尔:《美学》第3卷,朱光潜译,商务印书馆1981年版,第310页。

给人带来愉快和满足。黑格尔强调悲剧美感中的理性作用和伦理的情感，这确实是一种独创而深刻的见解。但是他对于悲剧冲突及其和解的看法是从"绝对理念"中演绎出来的，而不是基于现实生活中的矛盾斗争。他不但看不到形成悲剧冲突的社会现实根源，而且抹杀了悲剧冲突中正义与非正义、善与恶的界限。所谓"和解"以及"永恒正义"的胜利，也不过是宣扬矛盾调和，既违反辩证法，也不符合悲剧冲突发展的客观规律。实际上，我们在许多悲剧中所看到的并不是黑格尔所说的永恒正义的胜利，我们的愉快情感也不是由于看到斗争双方的和解而引起的。

那么，悲剧所给予我们的特有的愉快情感究竟是如何形成的呢？这需要对悲剧美感的心理特点作全面的考察。前面我们已经指出，悲剧是一种艺术美，因此它能使人得到在欣赏一切艺术美时所产生的美感的愉快。但是由于悲剧艺术的内容的特殊性，它的美感愉快一般伴随有沉痛、悲哀、怜悯、恐惧等情感反应。沉痛、悲哀、怜悯、恐惧都是由悲剧主人公的苦难、不幸、死亡所引起的，其中主要是一种痛感，然而它能最终与美感的愉快统一起来，构成悲剧特有的美感。这是什么原因呢？

首先，悲剧中的苦难、不幸不等于现实中的苦难、不幸，它是经过艺术家对现实生活的加工改造，作为典型化的艺术形象表现出来的。如果面对现实中的苦难、不幸，所引起的悲哀、恐惧，只能是一种特定的伦理态度，而不能成为审美的感情。但是在欣赏悲剧艺术时，由于艺术和现实的距离，所引起的悲哀、恐惧已不如现实所引起的那样实际、真切，同时又由于艺术美的创造，悲哀、恐惧已是由欣赏艺术形象所引起的审美的感情的组成因素，这便是悲剧引起的悲哀、恐惧能与美感的愉快统一起来的前提条件。雪莱在《沉希》序言中说过："这个关于沉希的故事的确阴惨可怖，把它不加修饰地表现在舞台上一定是难以容忍的。任何人要采用这一题材，都必须增加一些理想的成分，尽量减少实际情节的恐怖。只有这样，从存在于这些剧烈的痛苦和罪恶里的诗意所获得的快感，才有可能减轻在看到造成这些痛苦和罪恶的道德缺陷时所产生的悲痛。"[①] 任何悲剧可以说都是这样的。只有经过艺术的加工改造，经过典型化、理想化，现实中的苦难、不幸才能转化为悲剧的艺术美，由此而引起的悲哀、恐惧才能

---

① 参见朱光潜《悲剧心理学》，人民出版社 1983 年版，第 39 页。

与美感统一起来。

其次，悲剧是与崇高相联系的。"悲剧是人的伟大的痛苦，或者是伟大人物的灭亡。"① 并不是任何人物的任何苦难、不幸都能构成悲剧，并唤起人们的悲哀、同情。悲剧所表现的是"历史的必然要求和这个要求的实际上不可能实现之间"的冲突。悲剧主人公作为"历史的必然要求"的体现者，必须具有这样或那样伟大的、正义的、美好的素质。只有具有这种正面素质的、与历史的必然要求相一致的人物所遭受的苦难、不幸，才能引起人们的悲哀、同情。正因如此，悲剧所产生的美感和崇高感在本质上是一致的。崇高感不一定是悲剧感，但悲剧感必然是一种崇高感。在欣赏悲剧时，我们不仅为悲剧主人公的苦难、不幸、死亡而感到悲哀、沉痛、恐惧，而且必然同时为悲剧主人公的正义的行为、高贵的品格、斗争的意志所感动，从而引起惊奇、赞美、崇敬的情感。黑格尔说："悲剧人物的灾祸如果要引起同情，他就必须本身具有丰富内容意蕴和美好品质，正如他的遭到破坏的伦理理想的力量使我们感到恐惧一样，只有真实的内容意蕴才能打动高尚心灵的深处。"② 对悲剧人物的同情、哀怜必然同对他的美好品质的赞美、热爱结合在一起；悲剧人物的灾难、死亡所引起的恐惧也必然同他的伟大、正义行为所引起的崇敬结合在一起。因此，悲剧唤起的沉痛、悲哀、怜悯、恐惧，才不是把人引向悲观、消沉，而是使人得到激励、振奋，得到美好感情的陶冶，得到精神境界的提高，从而产生美感的愉悦。例如《哈姆雷特》和《奥赛罗》中的哈姆雷特和奥赛罗，《解放了的普罗米修斯》中的普罗米修斯，《红楼梦》中的林黛玉和贾宝玉，《雷雨》中的繁漪和四凤……他们在同非正义的、暂时强大的社会势力的冲突中，虽然遭到不幸、失败、死亡，但他们的美好品质和正义行动却代表了历史的必然要求，显示出社会发展的前进趋势，因而虽然使我们感到沉痛悲哀，却也受到激励鼓舞。高乃依曾主张悲剧效果中除怜悯和恐惧之外，还应加上赞美。席勒也曾指出，悲剧的愉快是由于它描写冲突和奋斗、表现最高的道德意识，从而使人得到伦理精神上的提高。这都说明悲剧所引起的不是单纯的悲哀、恐惧，而是一种崇高感。悲剧和崇高一样，

---

① [俄] 车尔尼雪夫斯基：《美学论文选》，缪灵珠译，人民文学出版社1959年版，第109页。
② [德] 黑格尔：《美学》第3卷，朱光潜译，商务印书馆1981年版，第288页。

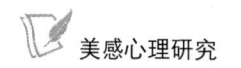

都能使人的心灵在受到强烈的震荡、感情在受到异常的激动之后，引起精神上的奋发、昂扬、提高，从而产生特有的愉快。

最后，悲剧引起的悲哀、恐惧是同深刻的理智活动相结合的。黑格尔说："悲剧情感主要起于对冲突及其解决的认识。"① 强烈的感情的感动和深刻的理智启发互相融合，是悲剧美感心理的突出特点。悲剧人物的苦难、不幸或死亡，并不如车尔尼雪夫斯基所说是纯粹偶然的原因，而是对立的社会力量相互冲突的结果，因而必然具有一定历史条件下的社会必然性。纯属偶然事故造成的不幸，符合自然规律的死亡，一般都难以成为具有美学意义的悲剧。悲剧冲突根源于两种社会力量、两种历史趋势的尖锐矛盾，以及这一矛盾在一定历史阶段上的不可解决性，因而必然导致体现着历史必然要求的悲剧人物的失败或灭亡。因此，在悲剧人物的苦难、不幸或死亡中，体现着一种历史本质的必然，显示着深刻的社会意义。无论是古希腊的所谓"命运悲剧"（如《俄狄浦斯王》中俄狄浦斯的坚强意志、英雄行为与命运的冲突），还是近代的所谓"性格悲剧"（如《李尔王》中李尔王的权威、专断与真诚、爱、正义的冲突），或者是为数众多的"社会悲剧"（如《红楼梦》中林黛玉、贾宝玉追求爱情自由与封建制度的冲突），实质上都是直接或间接、鲜明或隐晦地反映了不同社会势力或阶级力量的矛盾、斗争，具有深刻的历史必然性。因此，悲剧人物的苦难、不幸、死亡所引起的悲哀、恐惧必然伴随深入的理性思考，从而推动人们去认识历史的必然和规律。人们通过悲剧欣赏，激起了深刻的理智与强烈的情感相统一的心理活动，将对真理的形象认识和精神境界的提高相结合，也就自然会产生悲剧特有的美感愉快。

第四节　喜剧的美感心理特点

喜剧的美感和悲剧的美感都是由艺术美所引起的美感形态，但二者表现的特点却正好相反。悲剧的美感主要是伴随沉痛、悲哀、恐惧之感，而

---

① ［德］黑格尔：《美学》第3卷，朱光潜译，商务印书馆1981年版，第289页。

喜剧的美感则主要是伴随滑稽、可笑、轻松之感。"喜剧来自笑。"① 喜剧的美感最突出的特点就是笑。

喜剧往往以丑作为表现对象，而丑正是滑稽的本质所在。亚里士多德早就指出："喜剧是对于比较坏的人的摹仿，然而，'坏'不是指一切恶而言，而是指丑而言，其中一种是滑稽。滑稽的事物是某种错误或丑陋，不致引起痛苦或伤害。"② 这就是把喜剧与特定的丑——滑稽联系起来。车尔尼雪夫斯基则更为明确地指出："丑乃是滑稽的根本和本质。"③ 如果说悲剧是与崇高相联系的一种艺术美，那么喜剧便是与滑稽相联系的一种艺术美。喜剧引起的笑，正是滑稽感的一种表现。我们不否认现实生活中有滑稽可笑的人和事，也有喜剧，但是现实生活中滑稽丑陋的现象，并不能直接作为美的对象，引起人的美感。由现实生活中的滑稽丑陋现象引起的笑，并不就是喜剧的美感。只有将现实中的滑稽丑陋反映在艺术中，经过艺术家的审美评价和典型化，将其转化为作为艺术美的喜剧，它才能作为人的美感对象，由此而引起的笑才是喜剧的美感的笑。所以，我们不能将现实中滑稽丑陋事物引起的笑与喜剧的美感的笑混为一谈。像朱光潜在《文艺心理学》中所写的那样，完全用日常生活中的笑来说明喜剧的美感问题，是混淆了现实和艺术的区别，实际上也不可能真正解释喜剧的美感问题。如他的结论所说："笑虽非一种纯粹的美感，而它的存在却须先假定美感的存在。把生命当作艺术看，言动的丑陋也引起我们的嫌恶和讪笑。就这个意义说，喜剧的情感自然可以说是一种美感了。"④ 这里，一会儿说笑不是美感，一会儿又说笑是美感，前后相互矛盾。而所谓"把生命当作艺术看"，则是明显地混淆了现实和艺术的区别，以一切现实的丑陋为喜剧的艺术、以现实丑陋引起的滑稽可笑为喜剧的美感，自然是错误的。

喜剧的美感的特点是伴随笑的情感，那么喜剧何以能引起笑的情感呢？喜剧引起的笑又如何能产生美感愉快呢？对于这个问题，美学史上亦

---

① 《喜剧论纲》，载古典文艺理论译丛编辑委员会编《古典文艺理论译丛》第 7 册，人民出版社 1964 年版，第 1 页。
② [古希腊] 亚里士多德、[古罗马] 贺拉斯：《诗学·诗艺》，罗念生、杨周翰译，人民文学出版社 1962 年版，第 16 页。
③ [俄] 车尔尼雪夫斯基：《美学论文选》，缪灵珠译，人民文学出版社 1959 年版，第 111 页。
④ 《朱光潜美学文集》第 1 卷，上海文艺出版社 1982 年版，第 284 页。

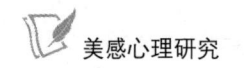

有各种说法，其中较有代表性的是"鄙夷"说、"乖讹"说以及"生命的机械化"说等。

鄙夷说的主要提倡者是英国经验派哲学家霍布斯。他认为大家习以为常的事，平淡无奇，不能引人发笑。凡是令人发笑的必定是新奇的、不期然而然的。笑的原因是由于发笑者突然感到自己的能干和优越。他说："笑的情感不过是发现旁人的或自己过去的弱点，突然想到自己的某种优越时所感到的那种突然荣耀感。人们偶然想起自己过去的蠢事也往往发笑，只要那些蠢事现在不足为耻。人们都不喜欢受人嘲笑，因为受嘲笑就是受轻视。"① 这种看法把笑的根源仅仅归结为主观精神的某种感受（突然荣耀感），而没有说明笑之所引起的客观原因，因而说服力不强。同时，用突然的荣耀感来解释"嘲笑"一类现象固然也有一定的道理，但不能用来说明一切喜剧所引起的笑的情感。对于笑的对象的鄙夷，只是笑中所包含的一种情绪。所以，我们虽然承认鄙夷是喜剧美感中可能伴随的情绪之一，却不能承认一切笑都带有鄙夷，更不能将作为情感之一的鄙夷看作笑的情感的原因。

乖讹说或失望说是与鄙夷说不同的另一种关于笑的学说，其主要代表是康德和叔本华等。康德在《判断力批判》中指出："笑是一种从紧张的期待突然转化为虚无的感情。正是这一对于悟性绝不愉快的转化却间接地在瞬间极活跃地引起欢快之感。"② 对此，他举例说，一个印地安人在一个英国人的筵席上看见一个坛子打开时，啤酒化为泡沫喷出，大声惊呼不已。待英国人问他有何可惊之事时，他指着酒坛说："我并不是惊讶那些泡沫怎样出来的，而是它们怎样搞进去的。"我们听了必然大笑，而且感到愉快。但之所以如此，"并不是认为我们自己比这个无知的人更聪明些，也不是因为在这里面悟性让我们觉察着令人满意的东西，而是由于我们的紧张的期待突然消失于虚无"③。为什么从紧张的期待转化为虚无能引起愉快呢？康德认为这是"由于它作为诸表象的单纯游戏在身体内产生着生活诸力的一种平衡"④。对于康德的乖讹说，后来学者附和、引申得颇多，如

---

① 参见朱光潜《西方美学史》上卷，人民出版社1978年版，第209页。
② ［德］康德：《判断力批判》上卷，宗白华译，商务印书馆1964年版，第180页。
③ ［德］康德：《判断力批判》上卷，宗白华译，商务印书馆1964年版，第180页。
④ ［德］康德：《判断力批判》上卷，宗白华译，商务印书馆1964年版，第180页。

叔本华认为笑起于期望的消失，而期望的消失则起于"感觉"和感觉所依附的"概念"有乖讹；法国心理学家杜蒙认为笑起于失望和惊讶；等等。康德的乖讹说或失望说是从先验的"悟性"出发的，同样是从主观精神方面去寻求笑的根源。出人意料的"乖讹"固然也可说明某些笑形成的原因，但是如果说一切笑的起因都是由于意料之外的"乖讹"，那就不符合事实了。在喜剧中常用意料之外的"乖讹"作为一种重要手法，以引起笑的审美效果，但喜剧的本质特征并不在"乖讹"，因此它也不是喜剧引人发笑的最根本的原因；更何况也不是任何出于意料之外的乖讹或期望的消失，都能使人发笑和令人愉快。所以，用乖讹说或失望说来解释喜剧美感中笑的原因，是不全面、不科学的。

法国哲学家柏格森在《笑》中，用"生命的机械化"来解释笑和喜剧性产生的根源，是西方近代喜剧理论中较为重要的一种看法。柏格森认为笑有三大特点：第一，笑的对象只限于人事，自然景物可笑是姿态、动作与人类似；第二，笑和感情无关，完全是一种理智的活动；第三，笑要有反应，须有一定的社会中的附和者才能发生。据此，柏格森提出引起笑的原因是"生命的机械化"。比如一个人在街上跑，被一块石头绊了脚，摔了一跤，就会使行人发笑。但是，如果他是自动地坐下来休息，就不会有人笑了。这就是因为摔倒的人缺乏灵活性，在情况要求有所改变时仍然僵硬、笨拙地继续进行原来的活动，也就是由于"生命的机械化"。生命的机械化不仅表现于人的形体、姿态和动作方面，也表现于人的处境、言语、性格、精神等方面。从日常生活中笨拙的姿态、行为，到杂技团中的小丑、木偶戏中的木偶，以致高级喜剧中的喜剧人物如堂吉诃德等，他们引人发笑的共同特点就是"把机械的东西镶嵌在有生命的东西上面"。笑就是人们对于生活中显得是机械的有生命的东西的一种反应。为什么"生命的机械化"会引起人的笑呢？柏格森认为，这是因为笑具有社会的功利目的。生活与社会要求我们的身体和精神具有紧张和弹力两种力量，缺乏这两种力量，在身体、精神、性格方面就会出毛病。为此，就必须防止生命的机械化。而笑就是用一种社会姿态，通过它所引起的畏惧心理来纠正生命的机械化。由此，柏格森得出结论说："社会要进一步消除这种身体、精神和性格的僵硬，使社会成员能有最大限度的弹性，最高限度的弹性。

这种僵硬就是滑稽,而笑就是对它的惩罚。"① 柏格森关于滑稽和笑的这些观点,虽然也有某些事实的根据,但主要是从他的"生命哲学"引申出来的。按照柏格森的哲学,整个世界都是由所谓"生命冲动"形成的精神过程。这个过程是"创造的进化过程",而物质只是这种"创造的进化过程"的中断,是"生命冲动"的障碍物。当生命物质化,变成机械、物件时,它就会失去生气、灵活性、多样性,变得呆板、笨拙,与环境格格不入,这就是滑稽产生的根源。显然,这种看法的出发点是唯心主义的、反科学的,把笑的原因归结为生命的机械化也不符合实际。因为生命的机械化、笨拙、僵硬、呆板固然也可以引人发笑,但并非一切笑都是由这一原因引起的。对于喜剧来说,笨拙、僵硬、呆板固然也可作为一种喜剧手法,但不是喜剧的本质,因而也不是喜剧的笑的主要的、本质的原因。更何况笨拙、僵硬,呆板究竟是否带有喜剧性,还要看它所表现的具体社会内容是什么。有的笨拙、僵硬、呆板的表现,就不能引人发笑。把笨拙、僵硬等加以抽象化,变成纯生物学意义的东西,以此来解释喜剧的笑,同时又把笑的作用说成是消除笨拙、僵硬,恢复生命的紧张、弹性,这就是用生物学的观点来解释人类社会的现象,因而是极其错误的。这样来解释笑的原因和作用,也不能说明喜剧的笑何以能产生美感的愉快。

我们认为作为喜剧的美感特点的笑,既不同于纯粹生理原因引起的笑,也不同于日常生活中某些偶然的、无意义的笑。它是由喜剧的艺术美所引起的具有一定社会内容和意义的笑,是对社会生活的一种审美评价。喜剧引起笑的原因是多方面的,但是最主要、最本质的原因是喜剧反映现实生活的特有的矛盾冲突。马克思说:"现代的旧制度不过是真正的主角已经死去的那种世界制度的丑角。历史不断前进,经过许多阶段才把陈旧的生活形式送进坟墓。世界历史形式的最后一个阶段就是喜剧。……历史为什么是这样的呢?这是为了人类能够愉快地和自己的过去诀别。"② 这对于我们理解喜剧的矛盾冲突的实质是极为重要的。喜剧在本质上也是新、旧两种社会历史力量的冲突的反映。但由于这种冲突的性质、形式以及矛盾主要方面的不同,便形成了不同于悲剧的特点。如果说悲剧是反映代表

---

① [法] 柏格森:《笑——论滑稽的意义》,徐继曾译,中国戏剧出版社 1980 年版,第 13 页。
② 《马克思恩格斯选集》第 1 卷,人民出版社 1979 年版,第 5 页。

历史必然性的新的社会力量的暂时失败或毁灭,那么喜剧则是对已经失去历史存在的必然性的旧的社会力量的揭露和否定。正如鲁迅所说:"悲剧将人生的有价值的东西毁灭给人看,喜剧将那无价值的撕破给人看。"① 喜剧对象的特点在于已失去其存在的根据和价值却硬要坚持其存在,因而必然同"众所承认的公理"发生"绝对矛盾";同时,由于它"用另外一个本质的假象来把自己的本质掩盖起来"②,因而必然显得自相矛盾,喜剧的笑正是来自对喜剧对象自身矛盾的揭露。黑格尔说:"任何一个本质与现象的对比,任何一个目的因为与手段对比,如果显出矛盾或不相称,因而导致这种现象的自我否定,或是使对立在实现中落了空,这样的情况就可以成为可笑的。"③ 车尔尼雪夫斯基也说:"只有当丑力求自炫为美的时候,那个时候丑才变成了滑稽","只有在那个时候它才以其愚蠢的妄想和失败的企图引起我们的笑"。④ 喜剧对象的本质与现象、内容与形式、目的与手段之间的矛盾,正是它失去合理存在的根据的必然表现。矛盾一旦揭出,喜剧对象的丑恶本质、空虚内容便原形毕露,遂使人感到可轻可鄙,产生滑稽可笑之感。《伪君子》中的达尔杜弗本来是一个贪图财产和人妻的宗教骗子,却处处以宗教虔诚和苦修道行伪装自己;《堂吉诃德》中的堂吉诃德本来是想恢复过时的骑士制度,却自以为是铲除邪恶、拯世救民的英雄;《望江亭》中的杨衙内本来荒淫腐朽、蠢笨庸俗,却冒充风雅多情、满腹经纶的才子。这些喜剧对象越是自相矛盾,越是暴露出其违反规律、荒谬背理,就越是显得滑稽可笑。

喜剧的笑主要来自喜剧对象特有的矛盾,喜剧通过引起笑而对失去合理性、本质丑恶的现象进行否定性的审美评价。然而它何以能同喜剧的美感统一起来,形成美感的愉快呢?这必须从喜剧的笑的性质及其所引起的心理效果来考察。喜剧的笑首先具有理智的批判的性质,康德和黑格尔都强调笑和喜剧与理性认识的关系,这是有道理的。如果说悲剧由于它的矛盾的必然、强烈而使我们紧张兴奋,在感受中以激动的情绪体验取胜,那么喜剧则由于它的矛盾的偶然、无力而不使我们紧张兴奋,在感受中以冷

---

① 《鲁迅全集》第1卷,人民文学出版社1956年版,第297页。
② 《马克思恩格斯选集》第1卷,人民出版社1979年版,第5页。
③ [德] 黑格尔:《美学》第3卷,朱光潜译,商务印书馆1981年版,第291页。
④ [俄] 车尔尼雪夫斯基:《美学论文选》,缪灵珠译,人民文学出版社1959年版,第111页。

静的理性批判取胜。喜剧的笑往往一触即发，带有明显的娱乐性，但它是由于人们看到丑恶的渺小、背理和空虚，因而包含着明确的理智判断和批判态度的。它对丑的认识和否定，使人产生美感愉快。正如车尔尼雪夫斯基所说："在滑稽中丑态是使人不快的；但是，我们是这样明察，以至能够了解丑之为丑，那是一件愉快的事情。"① 此外，喜剧的笑还具有精神提高的性质。黑格尔说："人们笑最枯燥无聊的事物，往往也笑最重要最有深刻意义的事物，如果其中露出与人们的习惯和常识相矛盾的那种毫无意识的方面，笑就是一种自矜聪明的表现，标志着笑的人够聪明，能认出这种对比或矛盾而且知道自己就比较高明。"② 车尔尼雪夫斯基也说："我们既然嘲笑丑态，就比它高明。譬如，我嘲笑一个蠢材，总觉得我能了解他的愚行，了解他为什么愚笨，而且了解他应该怎样才不至于做蠢材——因此，我同时觉得比他高明得多了。"③ 喜剧的笑，是人们以掌握了历史规律的胜利者的姿态，对失去任何历史价值的丑的否定。人们在嘲笑丑的同时，也就是肯定了它的对立面，肯定了与丑相对立的自己的美的理想的胜利和优越。正因如此，果戈理才把"笑"称为喜剧中的"一个诚实而高尚的人物"。笑不仅摧毁着一切无价值的、虚假的、丑恶的东西，而且引导人们追求有价值的、合理的、美好的东西。人们在喜剧所引起的笑声中，提高了自己的精神境界，因而产生美感愉快。

滑稽的本质是丑，喜剧主要以丑作为表现对象。丑有不同类型和层次，或是形式的丑（如人的形体动作失去生活常规），或是本质的丑（失去历史存在必然性的旧的社会事物），或是局部的丑（本质的美和部分丑的结合）。由于喜剧表现对象的不同，它所引起的笑也有不同的类型和层次，有讽刺的笑、幽默的笑、诙谐的笑。喜剧的笑基本上是属于否定性质的，但是在以表现美的事物、歌颂正面人物为主要内容的喜剧中（它不属于传统的喜剧范围），笑也具有肯定性质，其目的是烘托、赞美正面喜剧人物。

悲剧和喜剧虽然是两种不同的艺术形态，但二者并不是截然分割的，

---

① ［俄］车尔尼雪夫斯基：《美学论文选》，缪灵珠译，人民文学出版社1959年版，第118页。
② ［德］黑格尔：《美学》第3卷，朱光潜译，商务印书馆1981年版，第291页。
③ ［俄］车尔尼雪夫斯基：《美学论文选》，缪灵珠译，人民文学出版社1959年版，第118页。

而是互相联系、彼此渗透的。在悲剧中可以有喜剧的因素,在喜剧中也可以有悲剧的因素,这是现实生活中矛盾的复杂多样及其变化发展在艺术中的反映。正由于此,悲剧的美感和喜剧的美感也常常是互相联系和渗透的。别林斯基说过,果戈理的笑是"含泪的笑";鲁迅也曾指出,马克·吐温"在幽默中又含有哀怨"。像鲁迅塑造的孔乙己、阿Q等典型形象,就是把悲剧因素和喜剧因素巧妙地结合在一起,既使人感到可笑,又使人感到可悲,因而产生了独特的审美效果。

第八章　美感的差异性和共同性

美感是由美引起的，是对于客观存在的美的主观反映。这种反映是在社会实践的基础上，由社会的人来进行的，所以美感是一种社会意识，是为社会人的一定的客观社会生活条件所规定的。作为社会意识的美感，是个人意识和群体意识的辩证统一。一方面，它具有无限丰富多样的个人差异性，以及时代的、民族的、阶级的特殊性；另一方面，不同时代、民族、阶级的人们之间，在美感上也具有一定的共同性。研究美感的差异性、共同性形成的原因及二者的相互关系，对于进一步认识美感的本质，科学地解释审美中的许多复杂现象，研究如何进行正当的审美欣赏和艺术创作活动，都有重要意义。

第一节　美感的个人差异性

美感虽以客观的美为其来源，但它对美的反映因人而异。面对同一的审美对象，不同的审美主体所得的美感往往有差别。就美的认识说，可能有正确与否、深刻与否的差别；就美的感动说，可能有反应与否、强烈与否的差别。总之，美感的认识内容及感情反应均可因人而异；甚至同一个人面对同一审美对象，在不同的时候、不同的条件下，也可能有不完全相同的审美感受。这就是美感的个人差异性。

究竟如何看待美感的个人差异性这种现象呢？唯心主义美学往往以这种现象作为根据，论证美是由美感决定的，否认有不以欣赏的人的主观意识为转移的客观存在的美。如休谟在《论趣味的标准》中引述一派哲学家的意见说："美就不是客观存在于任何事物中的内在属性，它只是存在于鉴赏者的心里；不同的心会看到不同美；每个人只应当承认自己的感受，不应当企图纠正他人的感受。"① 这显然是要以美感的个人差异性来否定美的客观性,同时也就是要以美的主观性来解释美感的个人差异性。所谓"趣味无争辩"的主张,就是认为美感的个人差异性是绝对的,是没有普遍的客观标准的,因而要想认识和发现真正的美或丑,也是根本不可能的,这就完全堕入了主观唯心主义的不可知论。用这种观点当然不可能正确解释美感差异性这种现象及其形成的原因。

另一方面,唯物主义美学则在承认美的客观性的前提下,从对美的主观认识和反映的不同来说明美感的差异性。如唯物主义者狄德罗在《美之根源及性质的哲学研究》中,对于人们对事物的美产生判断分歧的根源作了详尽的探讨,指出所有这些分歧都是在自然物和艺术品中所见到的关系的差异的结果,而造成这种差异的原因则是各个人的利害、感情、习惯、风俗、才能、知识、各种心理能力以及个人心境等。同时,狄德罗又明确指出:"我们判断上的分歧,尽管有这一切原因,但是这并不成为理由,设想在关系知觉中的实在的美是虚妄。"② 这就驳斥了唯心主义美学用美感的个人差异性来否定美的客观性的谬误,正确指出美的客观性和美感的个人差异性是被反映对象和反映者的关系,应当从反映者的主观方面去寻找美感个人差异性的原因。

辩证唯物主义的反映论认为,人的意识都是客观世界的主观映象。就意识的来源和内容来看,意识都是客观存在的反映,不能离开客观存在而独立。但从反映形式来看,意识又具有主观的特征。意识反映客观对象要受各人不同的社会条件及自然条件的制约,因此同一对象在不同的人那里有不同的反映,从而必然使意识带有明显的主观的印记,形成不同主体之间反映的差异性。心理学也指出,人对客观现实的反映不是被动地、机械地接受外部影响,"外部影响只有通过主体的心理状态、通过在主体那里形成的思想和感情的体系,才能产生这样或那样的心理效应"③。任何外部

---

① 古典文艺理论译丛编辑委员会编:《古典文艺理论译丛》第 5 册,人民文学出版社 1963 年版,第 4 页。
② 参见文艺理论译丛编辑委员会编《文艺理论译丛》1958 年第 1 期,人民出版社 1958 年版,第 31 页。
③ [苏]鲁宾斯坦:《存在与意识》,赵璧如译,生活·读书·新知三联书店 1980 年版,第 280—281 页。

影响都是通过主体已形成的思想、感情和心理状态而起作用的，因此它所产生的心理效应不能不受主体方面主观条件的影响。据此我们可以明白，美感的来源和内容虽是反映客观存在的美，但这种反映必然要受到审美主体的个人条件的影响和制约。美感的差异性不能否定美的客观存在，它应当从审美主体的个人条件的不同而得到说明。

审美主体的个人条件的不同怎样影响着美感的个人差异性呢？

首先，人们的审美能力和文化艺术修养不同，会影响到美感的个人差异。所谓审美能力，是指欣赏者在进行审美活动时所具有的与之相关的心理能力。人对美的欣赏是以视、听两种感官为主的，与审美对象相适应的听觉和视觉的感受能力，是人的审美能力的重要方面。"聋者不歌，无以自乐；盲者不观，无以接物。"（《淮南子·说林训》）先天失明和失聪的人，由于人个自然条件的限制，就无法欣赏需以视、听感觉与之相适应的对象的美。人的审美感觉的能力有高低强弱之别，由此也会形成美的感受的差异。《淮南子·泰族训》说："六律具存而莫能听者，无师旷之耳也。"马克思说："对于不辨音律的耳朵说来，最美的音乐也毫无意义，音乐对它说来不是对象……因为对我说来任何一个对象的意义（它只是对那个与它相适应的感觉说来才有意义）都以我的感觉所能感知的程度为限。"① 这就是说，一定的审美对象要求有与之相适应的审美感觉能力，才能欣赏和领略它的美。如果欣赏者不具备这种审美感觉能力，对象对于他就不是审美对象。各种审美对象的性质不同，它所要求与它相适应的感觉的性质也不同。"眼睛对对象的感受与耳朵不同，而眼睛的对象不同于耳朵的对象。"② 如果说欣赏音乐需要有"感受音乐的耳朵"，那么欣赏绘画的美则需要有"感受形式美的眼睛"，需要有对于色彩、线条、明暗、形体等方面的视觉的敏感。这种审美感觉能力的形成，就整个人类来说，是"以往全部世界史的产物"，是人类历史长期社会实践发展的结果；就个人来说，则是在一定的先天条件下，通过各人后天的生活实践和审美活动得到训练的结果。其中，特别是进行艺术的欣赏和创作活动，对人的审美能力的提高起着十分重要的作用。《文心雕龙》说："操千曲而后晓声，观千剑而后

---

① ［德］马克思：《1844年经济学—哲学手稿》，刘丕坤译，人民出版社1979年版，第79页。
② ［德］马克思：《1844年经济学—哲学手稿》，刘丕坤译，人民出版社1979年版，第79页。

第八章 美感的差异性和共同性

识器。"狄德罗称艺术欣赏力是"由于反复的经验而获得的敏捷性",这都是强调一个人的审美能力只有在审美实践中才能得到培养和发展。审美能力当然不限于审美感觉能力,还应当包括认识和感受美所需要的联想、想象、思维以及情感方面的能力。由于各人在先天条件的基础上,通过后天的审美实践活动,形成了各不相同的审美能力,所以他们在欣赏同一美的对象时,所产生的美感必然会有一定的差异。正如狄德罗所说,在美的鉴赏中,"快感便是这样和一个人的想象、敏感和知识成正比例而增长的。在自然和模仿自然的艺术里,愚钝和冷心肠的人看不出什么东西,无知的人只看出有限的东西"[①]。

　　一个人的审美能力如何,与他的文化艺术修养密切相关。马克思说:"如果你想得到艺术的享受,你本身就必须是一个有艺术修养的个。"[②] 欣赏者的文化艺术修养不同,在欣赏美和艺术时所产生的美感也就不同。例如文化艺术修养不高的人,对于一般的音乐作品也许可以欣赏,但对于贝多芬的奏鸣曲、交响曲这种高级的音乐作品就难以欣赏;而具有深厚的文化艺术修养的欣赏者,却能从中获得丰富的感受和深刻的理解,得到极大的审美享受。恩格斯和列宁都十分爱好贝多芬的音乐,并且给予其极高的美学评价。恩格斯在1844年写给他妹妹的信中,曾谈到他听了贝多芬第五交响曲以后的感受,他说:"昨天晚上所听到的是多么好的一部交响曲啊!要是你还没有听过这部壮丽的作品的话,那么你一生可以说是什么也没有听过。第一乐章是惨痛的绝望,慢板乐章是挽悼的哀痛与柔和殷切的申诉,第三乐章和第四乐章是自由的号角的青春力强的欢呼。"[③] 列宁听了贝多芬的第二十三号钢琴奏鸣曲之后,也赞不绝口,称它是人类创造的一个"奇迹"。恩格斯和列宁之所以对于贝多芬的乐曲有如此强烈的审美感受,显然和他们所具有的深厚的文化艺术修养密切相关。从回忆列宁的著作中我们知道,列宁小时候学过音乐,终身都保持着对音乐的热爱,他对音乐的艺术修养和鉴赏力是很高的。狄德罗正确指出,"才能与知识之分歧"

---

① [法] 狄德罗:《绘画论》,载《文艺理论译丛》1958 年第 4 期,人民出版社 1958 年版,第 72 页。

② [德] 马克思:《1844 年经济学—哲学手稿》,刘丕坤译,人民出版社 1979 年版,第 108—109 页。

③ [苏] 霍赫洛夫金娜:《贝多芬》,音乐出版社 1956 年版,第 31 页。

是造成美的判断的分歧的重要根源之一，这其中就包括个人文化艺术修养的不同对形成美感的个人差异的影响。

其次，审美主体个人生活经验和思想感情的不同，也是造成美感的个人差异性的原因之一。一般说来，审美主体往往是根据自己的生活经验和思想感情，来确定对审美对象的感知的选择和注意，来理解审美对象的意义，并且根据已有的生活经验和情绪记忆来进行联想和想象，补充和丰富审美对象的内容的。由于生活经验、思想感情和情绪记忆的不同，人们在欣赏美的对象时，对审美对象的感知、理解、想象和情感反应也就有所不同，这便形成了美感的个人差异。许多吟咏同一自然景物的诗歌，经过诗人的美感意识，往往形成各具特色的意境，这主要就是由于诗人生活经验和思想感情的差别所致。如同是咏菊花，既有"满地黄花堆积，憔悴损，如今有谁堪摘？"的意境，也有"菊残犹有傲霜枝"的意境；既有"采菊东篱下，悠然见南山"的意境，也有"战地黄花分外香"的意境。这不同的诗的意境正是体现了诗人对现实美的独特的认识和感受，充分说明诗人特殊的生活经验、思想感情对美感差异形成的影响。这种由于生活经验、思想感情和情绪记忆的不同，而形成的美感的个人差异，在艺术欣赏中表现得也很突出。因为艺术欣赏是在艺术作品所提供的形象基础上的一种"再创造"，艺术欣赏者往往根据自己的生活经验、思想感情和情绪记忆来感受、理解和想象作品中的形象，"各以其情而自得"（王夫之：《姜斋诗话》）。因此，同一部作品在不同的欣赏者中，往往会产生不尽相同或者很不相同的艺术感受。有的这样理解它，有的那样理解它；有的喜爱这方面，有的喜爱那方面；有的深为激动，有的则反应不那么强烈。这就使个人对艺术美的欣赏表现出相当大的差异。

再次，个人特定的心境、注意等心理因素不同，也对美感的个人差异性有一定的影响。所谓心境，是指使人的一切其他体验和活动都感染上情绪色彩的、比较持久的情绪状态。心境具有弥散性的特点。当一个人处于某种心境中，他往往以同样的情绪状态看待一切事物。人的心境不同，对周围事物的反应也会不同。如一个人处在欢乐的心境下，对事物容易产生肯定的、愉快的情绪体验，当他欣赏美的事物时，往往会感到事物更美，产生更为强烈的愉悦感情。可是，如果一个人处在忧虑、悲伤的心境下，对事物就容易产生否定的、不愉快的情绪体验，当他看到美的事物时，往往不容易感受到它的美,也难以产生愉快的情绪体验。荀子说:"心忧恐则口衔刍豢而不知其味,耳听钟鼓而不知其身,目视黼黻而不知其状,轻暖平簟而体不知其安。故向万物之美而不能嗛也。……心平愉则色不及佣而可以养目,声不及佣而可以养耳……故无万物之美而可以养乐。"① 这里便直接涉及个人心境对美感的影响作用问题。心境忧愁恐惧的人,面对美的事物却不能产生美感的愉快和满足;心境适意高兴的人,面对平常的事物也容易产生愉快和满足。马克思说:"忧心忡忡的穷人甚至对最美丽的景色都无动于衷。"② 为什么整日为穷困生活而忧愁的穷人面对最美丽的景色也不能产生美感呢?其中"忧心忡忡"的心境就是一种主观原因。春天的桃花,在心境带着愉快回忆的崔护看来,有"人面桃花相映红""桃花依旧笑春风"的审美感受;但在心境忧伤、苦闷的林黛玉看来,却有"泪眼观花泪易干,泪干春尽花憔悴"的审美感受。李渔在《闲情偶记》中论《琴瑟记》"中秋赏月"一折说:"同一月也,出于牛氏之口者,言言欢悦;出于伯喈之口者,字字凄凉。""所言者月,所寓者心。"从美感的角度看,牛氏和伯喈欣赏同一明月而感受却如此相异,恰恰是两人心境不同的结果。

人在感知、记忆、思维等心理活动中,都具有注意这种特性。注意是心理活动对一定事物的指向和集中,它使心理活动具有一定的方向。人的心理活动常常指向和集中于对他最有意义的事物。因此,注意是受人的个性特征所制约的。不同的人由于不同的需要和兴趣,所注意的事物也就会有所不同。在审美活动中,人的注意往往影响到对审美对象不同方面的特性的把握和感受。马克思说:"贩卖矿物的商人只看到矿物的商业价值,而看不到矿物的美和特性;他没有矿物学的感觉。"③ 在一定意义上说,这也和注意有关。因为贩卖矿物的商人的需要和兴趣是如何通过贩卖矿物以赚取利润,所以他的注意也就在与赚取利润有关的矿物的商业价值方面,而对矿物的美的特性却丧失了感觉能力。马克思以此例说明"囿于粗陋的

---

① 《荀子·正名》,载北京大学哲学系美学教研室编《中国美学史资料选编》上册,中华书局1980年版,第52页。
② [德]马克思:《1844年经济学—哲学手稿》,刘丕坤译,人民出版社1979年版,第79—80页。
③ [德]马克思:《1844年经济学—哲学手稿》,刘丕坤译,人民出版社1979年版,第80页。

实际需要的感觉只具有有限的意义"。也就是说，由于被粗陋的实际需要所限制，人的感觉也就只能注意于与粗陋的实际需要相关的对象上，而对于与粗陋的实际需要无关的对象的美的特性也就感觉不到。朱光潜在《文艺心理学》中曾经讥笑海边农夫不能欣赏门前的海景美，却对屋后的菜园加以赞赏，认为这是由于农夫没有在我与物之间造成"心理距离"的缘故。其实，这是可以用由海边农夫的需要和兴趣所决定的注意的不同来说明的。而人的注意是可以改变的，所以海边农夫也未必不能欣赏海景之美。

最后，我们还应当说到，一个人的性格、气质、兴趣、爱好对美感的个人差异性的形成也有重要的影响。性格是由人对现实的稳固的态度以及与之相适应的习惯了的行为方式所构成的心理面貌的一个突出方面。气质是表现于心理活动的动力上的典型的、稳定的心理特点；而兴趣、爱好则是与人的性格、气质以及目的、愿望相联系的心理的倾向。性格、气质、兴趣、爱好都是形成一个人个性心理特征的重要因素，最能显示出一个人的个性特点。无论是艺术创作还是美的欣赏，一个人的美感意识活动，总是深深印刻着他自己的个性心理特征——性格、气质、兴趣、爱好的烙印。李贽说："盖声色之来，发乎情性，由乎自然……故性格清彻者音调自然宣畅，性格舒徐者音调自然疏缓，旷达者自然浩荡，雄迈者自然壮烈，沉郁者自然悲酸，古怪者自然奇绝。有是格，便有是调，皆情性自然之谓也。莫不有情，莫不有性，而可以一律求之哉！"[1] 这说明艺术家对现实的美感意识，总是同他的性格、气质、兴趣、爱好密切相关的。性格、气质的不同必然会造成艺术家美感意识的差异。在艺术欣赏中，人们往往表现出个人的偏爱、不同的审美爱好，这也同欣赏者个人的性格、气质、兴趣密切相关。刘勰说："慷慨者逆声而击节，酝藉者见密而高蹈；浮慧者观绮而跃心，爱奇者闻诡而惊听。"[2] 就是说性格、气质、兴趣不同的欣赏者在艺术欣赏中有不同的审美爱好。审美爱好总是以个人偏爱的形式自然地反映出一个人的个性心理特点，并且曲折地反映出一定时代、民族、阶级的审美理想和审美观点是不能强制的。"知多偏好，人莫圆该"[3]，人

---

[1] （明）李贽：《焚书》，载北京大学哲学系美学教研室编《中国美学史资料选编》下册，中华书局1980年版，第131页。
[2] （南朝）刘勰著、周振甫注：《文心雕龙注释》，人民文学出版社1981年版，第518页。
[3] （南朝）刘勰著、周振甫注：《文心雕龙注释》，人民文学出版社1981年版，第518页。

第八章 美感的差异性和共同性

们在审美活动中表现出个人偏爱是合乎规律的,正当的个人审美爱好是可以保持的。如有的人喜欢欣赏绘画,有的人更喜欢欣赏音乐;有的人喜欢进行曲,有的人更喜欢抒情曲;有的人喜欢杜甫,有的人更喜欢李白……这种审美爱好上的个人差异,正是反映出人们需要的多样性和丰富性,它是审美活动中的一种正常现象。

由以上各种原因造成的美感的个人差异性,在艺术创作中有着明显而突出的表现,从而形成一个艺术家的独特的创作个性。艺术家的独特的生活经验、思想感情、性格气质、艺术修养、兴趣爱好,必然会在他对现实的审美意识中留下独特的印记,形成他对于现实美的独特的认识和感受。这种独特的美感意识,是形成艺术家创作个性的内在的、基本的东西。因此,从审美的角度来看,艺术家的创作个性与美感的个性差异是不可分割的,创作个性就是艺术家的美感的个性差异在创作上的特殊表现。艺术家的生活经验、思想感情、性格气质、艺术修养、兴趣爱好是永远不会一样的,因此,反映在美感的个性差异以及表现在艺术的创作个性上,也永远是无限丰富、千差万别的。同是描写黄山之美,浙江画中的感受不同于石涛画中的感受;同是反映五四时期青年知识分子的生活,鲁迅小说中的人物不同于郁达夫小说中的人物。对于艺术家来说,只有当他个人主观方面的特点在美感意识中得到充分发挥,从而对客观现实的美做出为他个人所特有的独创性的发现时,他的艺术作品才能具有独特的审美价值。

由于个人主观条件不同而形成的美感的差异性,不仅在不同的个人之间存在着,就是同一个人面对同一审美对象,也会因主观条件的变化和差异,而形成美感的变化和差异。随着一个人生活经验、思想感情、艺术修养、审美能力、心境注意、兴趣爱好等方面的变化,他在不同时期欣赏同一美的对象所获得的感受也会有所不同。郭沫若说:"作品的内涵本有深浅的不同,读者的感受性也有丰啬的差别。在富于感受性的人,主观的感受原可以为客观的权衡;而在啬于感受性的人,主客便不能完全相掩。感受性的定量属于个人,在一定限量内,个人所能发展的可能性,依教养的程度而丰啬。同是一部《离骚》,在童稚时我们不曾感得甚么,然到目前我们能称道屈原是我国文学史上第一个有天才的作者。"[1] 这说明随着一个

---

[1] 郭沫若:《沫若文集》第 10 卷,人民文学出版社 1959 年版,第 79 页。

人审美能力和文化艺术修养的变化，他对于艺术作品的认识和感受也会不同。此外，一个人生活经验、思想感情、兴趣爱好的变化也会影响到个人审美感受的变化。如海涅在儿童时很喜欢《堂吉诃德》，但当他长成为青年以后，因为生活经验和思想感情的变化，所关心和梦想的已不再是侠义行为，而是光荣和爱情，所以再读《堂吉诃德》便觉扫兴乏味了。至于在艺术创作中，因艺术家个人主观条件的变化而导致审美感受的变化，从而使创作个性得到改变和发展，这更是普遍存在的现象。

人们的美感尽管可以因个人主观条件不同而有种种差异，但正当的美感毕竟不是来自人的主观意识和情感，而是来源于对客观存在的美的反映，因而它也必然要受到客观存在的美的制约，包含着客观的美的内容。在艺术欣赏中，欣赏者的感知、理解、想象、情感尽管存在着个性差异，但正当的艺术欣赏必须以作品的艺术形象为客观依据，正确反映艺术形象的美，不能脱离作品形象而任凭主观胡思乱想；否则就不能算是正当的艺术欣赏。在艺术创作中，艺术家的创作个性虽可因审美感受的不同而千差万别，但真正有价值的创作个性都必须以对客观现实美的真实反映作为基础，不能把它理解为与客观的美的反映无关的主观随意性的东西。美感对美的反映是主客观的统一，美感的个性差异同它所包含的客观内容应是辩证地统一在一起的。美感的个性差异所具有的意义和价值，其存在的合理性和必然性，就在于它是客观存在的美的无限丰富多样的反映形式。美感中的主观判断与感情态度必须与客观的美的认识和反映相符合、相一致，才能是一种正确的审美判断。如果美感中的主观判断和感情态度不能符合客观的美的反映和认识，就会对客观存在做出歪曲的反映，就不是一种正确的审美判断。所以，美感的个人差异性不能否定美感的客观标准，它们不应当是矛盾的，而应当是统一的。

第二节　美感的时代性、民族性、阶级性

美感作为社会意识之一，同一切社会意识一样，是个人意识和群体意识的统一。作为个人意识，美感具有个人差异性；作为群体意识，美感又具有时代性、民族性、阶级性。美感的个人差异性和美感的时代性、民族性、阶级性是相互依赖、辩证统一的，它们在一定程度上存在着部分和整

体、个别和一般的关系。任何个人意识都不能完全脱离群体意识，所以美感的个人差异性中总是这样或那样地反映着美感的时代性、民族性、阶级性。美感的时代性、民族性、阶级性对于美感的个人差异性来说，是群体内部的美感的共同性的表现，但作为不同群体的特殊性的意识，它又是美感的差异性的一种表现。

美感何以具有时代性、民族性、阶级性呢？从根本上说，这是由不同时代、不同民族、不同阶级的社会物质生活条件所决定的。马克思主义认为社会存在决定社会意识。社会存在怎样、社会物质生活条件怎样，社会意识也就怎样。美感既然是人们的社会意识之一，当然也要被人们的社会存在所决定。普列汉诺夫在《没有地址的信》中，通过对许多原始部落民族审美意识的分析，科学地阐明了人们的美感是受一定的社会物质生活条件决定的真理。他说："为什么一定社会的人正好有着这些而非其他的趣味，为什么他正好喜欢这些而非其他的对象，这就决定于周围的条件。""这些条件说明了一定的社会的人（即一定的社会、一定的民族、一定的阶级）正是有着这些而非其他的审美的趣味和概念。"① 也就是说，人们的审美趣味和概念归根到底是由他们生活于其中的社会物质生活条件所决定的。在一定社会物质生活条件基础上形成的各种社会意识也不是互相分割孤立的，而是彼此联系影响的。美感只是社会意识的一部分，它必然和其他社会意识联系着。达尔文曾明确指出："对于文明人，这样的感觉（美感）是与复杂的观念以及思想的进程密切联系在一起的。"② 普列汉诺夫以唯物史观对此加以引申，认为美的观念与许多复杂的观念的联系，也是由一定的社会物质生活条件所制约的。所以这种联系不仅表现于文明人的美感中，而且也表现于野蛮人的美感中。"'在野蛮人那里'审美的感觉不仅同复杂的观念'能够联系在一起'，而且有时候正是在这些观念的影响下产生出来的。"③ 总之，美感作为社会意识之一，是由一定的社会物质生活条件决定的，并同其他社会意识相联系，为其他社会意识所影响、所制约，它必然具有时代的、民族的、阶级的特点。一个人美的观念的形成，以及

---

① 《普列汉诺夫美学论文集》（Ⅰ），曹葆华译，人民出版社1983年版，第332、320页。
② 《普列汉诺夫美学论文集》（Ⅰ），曹葆华译，人民出版社1983年版，第314页。
③ 《普列汉诺夫美学论文集》（Ⅰ），曹葆华译，人民出版社1983年版，第315页。

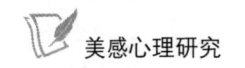

对什么对象感到美、产生美感愉快，决不仅仅是个人主观偶然的产物，归根到底还是要受到个人所处的时代、民族、阶级的客观社会生活条件的制约。不同时代、不同民族、不同阶级由于社会生活条件的不同，而形成不同的审美观念、审美理想、审美要求，这种特定的审美观念、审美理想、审美要求渗透在个人的审美感受中，对个人美感的形成起着制约作用，从而使个人美感在一定程度上反映出美感的时代、民族和阶级的差异。

美感的时代性，是由在一定时代的社会物质生活条件决定下所产生的占主导地位的审美观念、审美理想、审美要求而形成的。从人类历史发展来看，从古至今所经历的各个社会发展阶段，由于物质资料生产方式的根本差别，而有不同的阶级关系。在这不同的生产方式和阶级关系的基础上，各个社会发展阶段都产生了不同的居于主导地位的审美观念、审美理想、审美要求。封建社会的审美观念、审美理想不同于奴隶社会的；资本主义社会的审美观念、审美理想又不同于封建社会的。不同社会中占主导地位的审美观念和审美理想，有时可以达到互相对立的程度。普列汉诺夫在《艺术与社会生活》中具体分析了在西欧历史发展的不同阶段上对于《米洛斯的维纳斯》这座希腊雕刻所做的完全不同的审美评价，这可以说是产生于不同社会阶段的审美观念、审美理想互相对立的一个典型例子。从这座女神雕像可以看到，她的面部具有希腊妇女的典型特征：直鼻、椭圆脸、窄额和丰满的下巴。她那安详矜持的眼睛，自然含笑的嘴唇，典雅大方的容貌，丰腴饱满的躯体，体现着女性的温柔、秀雅、青春和健美。这正是集中地表现了两千多年前希腊奴隶社会中占主导地位的审美理想。正如黑格尔所说："她所要表现的主要是由精神加以节制和提高的感性美及其胜利，一般是秀雅、温柔和爱的魔力。"[1] 这种审美理想与希腊古代社会作为"历史上的人类童年时代"和它的"发展得最完美的地方"是相适应的。然而，就是这个维纳斯，在封建的中世纪却遭到基督教徒和修道院的猛烈攻击。"基督教徒有他们自己的关于女人外形的理想。这种理想从拜占廷的圣像身上就可以看到。大家知道，这些圣像的崇拜者对米洛斯岛的或其他所有的维纳斯都表示极大的'怀疑'。他们把所有的维纳斯都叫

---

[1] ［德］黑格尔：《美学》第3卷，朱光潜译，商务印书馆1981年版，第180页。

作女妖，只要有可能就到处加以消灭。"① 这是为什么呢？就是因为他们的审美理想与维纳斯所体现的审美理想是根本对立的。与中世纪封建关系相适应的基督教以其禁欲主义、否定现世的来世思想麻醉人民，由此形成的在中世纪占主导地位的基督教的审美理想，必然要对维纳斯那种肯定人的生活、人的力量、人的价值的美的理想彻底否定。只是到了后来，随着资本主义生产关系在西欧萌芽和形成，市民阶层中发生的解放运动日益兴起，这些古代的"女妖"才又重新为白种人所喜爱。正如普列汉诺夫所指出："文艺复兴时代的艺术史的全部意义——从美的概念方面看来——就在于基督教和修道院对人的外形的理想逐渐让位给在城市解放运动的条件下产生的世俗的理想，而对古代女妖的回忆，促进了这种世俗理想的形成。"② 拉斐尔的圣母像就是这种新的世俗的理想战胜基督教和修道院的理想的最突出的艺术表现之一。从不同时代人们对维纳斯的不同看法、不同态度和不同感受中，从维纳斯雕像——拜占廷圣像——拉斐尔圣母像的对比中我们不是可以明显地看到美感的时代差异吗？

不仅在不同社会发展阶段，审美观念、审美理想会显出时代差异，就是在同一社会发展阶段，由于社会生活条件的发展变化，审美观念、审美理想也会显出时代差异。如在漫长的中国封建社会中，不同时期经济、政治和意识形态上的变化，也就引起了与之相适应的审美观念、审美理想的变化。同是雕塑，北魏、北齐时期的飘逸自得、秀骨清相的形象不同于唐宋时期的和蔼慈祥、丰满肥腴的形象；同是诗歌，"彩丽竞繁，而兴寄都绝"的"齐梁体"不同于"骨气端翔、意情顿挫"的盛唐体。艺术中的明显变化正反映出不同时期审美观念、审美理想的变化，因而具有鲜明的时代特点。

美感的民族性，是在一定民族的社会物质生活条件和文化传统的基础上所产生的审美观念、审美理想的特殊性。斯大林说："民族是历史上形成的一个有共同语言、共同地域、共同经济生活以及表现于共同文化上的共同心理素质的稳定共同体。"③ 同一民族的成员由于上述共同的客观条件

---

① 《普列汉诺夫美学论文集》(Ⅱ)，曹葆华译，人民出版社1983年版，第838—839页。
② 《普列汉诺夫美学论文集》(Ⅱ)，曹葆华译，人民出版社1983年版，第839页。
③ 《斯大林全集》第2卷，人民出版社1953年版，第294页。

的影响，必然具有它自己的本质上的特点，具有只属于该民族而为其他民族所没有的特殊性。这种民族的生活、语言、文化传统和心理素质等方面的特殊性反映在各民族的审美活动中，就形成各民族在审美观念、审美理想、审美要求上的差异。达尔文说："美的概念，至少就女性的美讲来，在人们的心里是没有特定的性质的。事实上，我们在下面将看到，它在不同的人种中间是十分不同的，甚至在一个人种的各个民族里也是不一样的。"① 达尔文的看法无疑是正确的。单就人体美的观念和理想而言，不同的种族就有很大差别。普列汉诺夫说："原始部落通常引以自豪的，就是自己种族的身体的一切特点。白色皮肤在黑色皮肤民族看来是非常难看的。因此，他们在日常生活中总是尽力设法，如我们已经看到的，加深和加强自己皮肤的黑色。"② 对此，格罗塞在《艺术的起源》中，也应用具体材料加以说明，正像白色的妇女要用粉或白垩来增加白的美趣一样，黑人总是用炭粉和油质来增加他们黑的魅力。这恰恰表现了不同种族在人体美上的不同审美要求。伏尔泰说："每个民族的风俗习惯仍然在每个国家也造成了一种特殊的审美趣味。"③ 如果我们仔细考察各个民族表现于日常生活和风俗习惯中的审美爱好，就可以看到它们之间有多么明显的差别。例如许多民族在服饰、礼仪方面的审美爱好，就是同民族的生活实践、风俗习惯相联系的，具有鲜明的民族特点。不同民族审美观念、审美理想、审美爱好上的差别，在各民族的艺术中获得了集中的表现，从而形成艺术作品的鲜明的民族特点。例如中国古代的建筑艺术与西方的建筑艺术、中国的绘画与西方的绘画、中国的戏曲与西方的戏剧等，无论在内容上还是形式上都有明显的差别。丹纳在《艺术哲学》中曾经将意大利文艺复兴时期的绘画和当时德国以及北欧的绘画加以比较，分析了它们之间的差异，从中可以看出各民族在审美观念上的明显的不同。例如意大利画家马萨乔画的亚当、夏娃和尼德兰画家杨·凡·爱克画的亚当、夏娃，两者就很不一样。前者人体丰满、匀称、典雅，塑造了意大利式的理想美的典型；而后者人体干瘦、枯瘪，夏娃被描绘成一个大肚皮的女性，和意大利画中完全

---

① 《普列汉诺夫美学论文集》（Ⅰ），曹葆华译，人民出版社1983年版，第313页。
② 《普列汉诺夫美学论文集》（Ⅰ），曹葆华译，人民出版社1983年版，第412—413页。
③ 北京大学哲学系美学教研室编：《西方美学家论美学和美感》，商务印书馆1980年版，第127页。

不一样。如果从意大利人的审美观来看，这个形象是很怪很丑的，这说明尼德兰画家似乎更早地懂得了化自然丑为艺术美的道理，他们对于美的认识、美的观念，和意大利画家是不同的。任何民族的艺术都是该民族的审美观念、审美理想、审美要求的具体体现，它既适应着又培养着该民族的审美需要和欣赏习惯，形成了较为稳固的民族特点。艺术的民族特点越是鲜明，越是能满足民族的审美需要，就越是易为本民族的广大人民群众所喜闻乐见。当然，正如每个民族的审美观念、审美理想是发展变化的一样，艺术的民族特点也是发展变化的。强调艺术的民族特点，并不排斥各民族艺术之间的相互作用、互相影响。

美感的阶级性是由一定阶级的社会物质生活条件所决定，并在一定阶级的意识形态的影响下所产生的审美观念、审美理想、审美要求的特殊性。在阶级社会中，不同阶级的人在不同的阶级地位中生活，具有不同的立场和世界观，这就决定了他们具有不同的审美观念、审美理想。特别是在互相对立的阶级之间，审美观念、审美理想往往表现出明显的差异和对立。以人体美为例，车尔尼雪夫斯基就曾具体分析过乡下农民和上流社会的人对于"美人"的两种截然不同的审美观念和审美感受。乡下农民的生活条件和社会实践，决定了他们对于生活的理想，也决定了他们对于人体美的观念。体格强壮，长得结实，具有鲜嫩红润的面色，这都是乡下美人的必要条件。所以，"弱不禁风"的上流社会美人在乡下人看来是断然"不漂亮的"，甚至给他不愉快的印象。但是，对于不劳而获、过着奢侈萎靡的生活的上流社会的人来说，他们对于"美人"的观念就完全是另一个样了："他们不知有物质的缺乏，也不知有肉体的疲劳，却反而因为无所事事和没有物质的忧虑而常常百无聊赖，寻求'强烈的感觉、激动、热情'，这些东西能赋予他们那本来很单调的、没有色彩的上流社会生活以色彩、多样性和魅力。但是强烈的感觉和炽烈的热情很快就会使人憔悴：他怎么能不为美人的慵倦和苍白所迷惑呢？"于是，"病态、柔弱、萎顿、慵倦，在他们心目中也的美的价值"[①]。车尔尼雪夫斯基把乡下农民和上流社会的人对人体美的观念和感受对比起来进行分析，实际上证明了美感是有阶级差异的。

[①] [俄] 车尔尼雪夫斯基：《生活与美学》，周扬译，人民文学出版社1957年版，第8页。

不同阶级的审美观念、审美理想、审美要求,通过不同阶级的艺术得到了集中的表现。艺术史上新旧艺术流派、艺术思潮的斗争往往贯穿着不同的审美观念、审美理想的斗争,如19世纪初西欧美术界出现的浪漫主义与古典主义之争,就是如此。浪漫派代表了新兴资产阶级的审美理想和要求;而古典派则代表了腐朽的宫廷贵族的审美趣味和观念,他们对于艺术美的追求和感受是很不相同的。法国浪漫派的著名画家德拉克洛瓦冲破古典派的清规戒律,创作了《自由神引导人民》等具有进步意义和革新作用的绘画,表现了新的审美理想,被人誉为"浪漫主义雄狮"。但他的绘画引起了古典派画家的强烈不满,古典派最后的代表人物安格尔从陈旧的审美观念出发,对德拉克洛瓦的画厌恶至极,咒骂这位浪漫主义大师是"怪胎推销员"。在艺术美的欣赏中这种情况也相当普遍,处于不同阶级地位的人,由于审美观念和标准不同,面对同一部作品可以产生很不相同的审美感受,做出很不相同的审美评价。席勒的剧本《强盗》首次上演,便以反抗专制暴君的进步的思想倾向和审美理想,激动了当时不满黑暗现实的青年观众,立刻轰动德国。但是魏玛公爵看过此剧后愤慨地表示:"假如我是上帝,在将要创造世界的瞬间预知席勒将在世界上写《强盗》,我必定不会创造出这个世界的。"这和当时人民群众的审美感受不是有天壤之别吗?

美感的时代性、民族性、阶级性不是互相分离的,而是有机地统一在一起的。一定的时代总是活动着一定民族和阶级的时代,美感的时代性是透过特定民族、特定阶级的审美观念、审美理想而表现出来的;一定的民族总是生活于某一时代和由一定阶级所组成的民族,美感的民族性也不可能离开时代的、阶级的审美观念、审美理想而存在。一切优秀的艺术作品都是一定时代、民族、阶级的进步的审美观念、审美理想的完整体现。

第三节 美感的共同性

不同时代、不同民族、不同阶级的美感是有差异的,这是一种实际存在的现象,不承认这一点是不行的。那么,不同时代、不同民族、不同阶级的人是否具有共同的美感呢?对于这个问题,有些人往往不愿做出肯定的回答,以为肯定了后一种现象就会否定前一个结论,这是思想上的片面

第八章 美感的差异性和共同性

性的一种表现。事实上，不同时代、不同阶级，不同民族的人面对同一审美对象，能够共同产生美感的现象比比皆是。如果我们不承认这一客观事实，面对许多复杂的审美现象便无法给予科学的解释。毛泽东同志说："各个阶级有各个阶级的美。各个阶级也有共同的美。"① 这不但肯定了有共同的美感的存在，而且也指出了美感的共同性和美感的阶级性这两种现象看起来矛盾，而实际上却是互相联系、互相渗透、有机统一在一起的。

美感的共同性，在自然美、社会美、艺术美所引起的美感中都是普遍存在的。妩媚多姿的杭州西湖，清奇秀丽的桂林山水，白雪皑皑的阿尔卑斯山峰，声振若雷的尼亚加拉大瀑布……这些驰名世界的自然美景，是能够为不同时代、不同民族、不同阶级的人所共同欣赏的。我国的万里长城、埃及的金字塔、雅典的卫城、罗马的圆形剧场……这些人类劳动所创造的文化奇迹，也是能够为不同民族、不同阶级的人所共同欣赏的。在各国人民反侵略斗争中所涌现的具有崇高的爱国主义精神的民族英雄，总是会受到不同时代、不同民族、不同阶级中具有爱国思想的人们共同的景仰和赞美。真实地反映了各个时代的社会生活并具有完美的艺术形式的艺术作品，也总是会得到不同时代、不同民族、不同阶级的人们的普遍欣赏和喜爱。马克思说，希腊艺术和史诗至今"仍然能够给我们以艺术享受，而且就某方面说还是一种规范和高不可及的范本"，希腊艺术产生于并且反映着"历史上的人类童年时代，在它发展得最完美的地方"，它"作为永不复返的阶段而显示出永久的魅力"。② 这说明优秀的古代艺术作品能够使今天和后世的人们继续受到感染，得到审美享受。它的影响和作用并不限于某一时代、某一民族、某一阶级，而不同时代、民族、阶级的人们都可以感受到它那永久的魅力。这种艺术现象本身就证明着美感的共同性是一个客观存在的事实。如果否认美感的共同性，就无法揭示优秀艺术作品具有永久的魅力的奥秘。

对于美感的普遍共同性问题，美学史上也有不少美学家做过考察。但他们对美感共同性形成的原因没有能够给予科学的解释。例如休谟在《论趣味的标准》中认为，趣味虽然有很大分歧，毕竟还是有一种普遍的尺

---

① 参见何其芳《毛泽东之歌》，《人民文学》1977年第9期。
② 《马克思恩格斯选集》第2卷，人民出版社1979年版，第114页。

度，所以人与人在这方面还是显出基本一致性。这种基本一致性是由于人类共同的心理结构和自然本性而形成的。"自然本性在心的情感方面比在身体的大多数感觉方面还更趋一致，使人与人的内心部分还比在外在部分显出更接近的类似。"① 伯克也发表了与休谟类似的看法，他认为审美趣味涉及感官、想象力和理解力三种心理功能，而人性在感官、想象力和理解力三方面大体上都是一致的，因而审美趣味有它的普遍原则和共同标准。伯克强调感觉是整个鉴赏力的基础，鉴赏力对一切人来说之所以是基本相同的，首先是由于人的感觉器官的生理结构是大致一致的。"所有人的器官的构造是差不多相同或完全相同的，同样地，所有人感觉外部事物的方式也是相同的或只有很小的差别"，所以人对美的事物的感觉必然具有一致性："任何一个美的事物，无论是人，是兽，是鸟，或是植物，尽管给一百个人去看，也无不立即众口交加同意它是美的。"② 由此可见，无论是休谟还是伯克，都仅仅从人类共同的生理的和心理的本能去寻找美感的共同性的原因。他们把人的审美感受能力归结为纯粹生理的和心理的"自然本性"，而根本不理解人的社会实践对审美感受能力的形成所起的巨大的决定性作用。马克思说："社会的人的感觉不同于非社会的人的感觉。只是由于属人的本质的客观地展开的丰富性，主体的、属人的感性的丰富性，即感受音乐的耳朵、感受形式美的眼睛，简言之，那些能感受人的快乐和确证自己是属人的本质力量的感觉，才或者发展起来，或者产生出来。"③ 人的审美感受能力不是一种天生自在、一成不变的生理的和心理的本能，而是在人的社会实践中形成和发展起来的。美感的形成固然要有一定的生理和心理基础，但它作为社会意识之一，是具有社会属性的，是由人的客观社会生活条件决定的。如果脱离了人的社会生活条件和具体的历史发展，把美感当作一种抽象的生理和心理能力去考察，单纯从所谓人类共同的生理结构和心理结构中去寻求美感共同性的原因，那就是把抽象的人性论作为解释美感的基础，当然也就无法科学地说明美感何以具有共

---

① [英]休谟：《论怀疑派》，载朱光潜《西方美学史》上卷，人民文学出版社1979年版，第233页。

② [英]伯克：《关于崇高与美的观念的根源的哲学探讨》，载古典文艺理论译丛编辑委员会编《古典文艺理论译丛》第5册，人民文学出版社1963年版，第70页。

③ [德]马克思：《1844年经济学—哲学手稿》，刘丕坤译，人民出版社1979年版，第79页。

第八章　美感的差异性和共同性

同性。

那么，何以不同时代、不同民族、不同阶级的人能具有某些共同美感呢？我们认为形成这种现象的原因是多方面的，必须从审美对象和审美主体两方面进行具体的、历史的分析，才能科学地揭示形成美感共同性的主客观条件。

从审美对象上看，有些是本身不具有时代性、阶级性的，或者是时代性、阶级性表现得很淡薄的，这类对象的美最易为不同时代、不同阶级的人们所共同领略和欣赏。例如自然美便是不依存于人的社会关系和人的思想感情而客观存在的自然界中的美，它本身是不受阶级关系变化的影响的，也是不表现人的思想感情的，因而也就没有阶级性。有人认为自然美是人的主观思想感情、意识情趣注入自然对象的结果，所谓"一片自然风景就是一种心境"，还有人认为自然的美丑随人类阶级关系的变化而变化，"自然与不同阶级的实践、生活具有不同的联系和关系"，就有不同的美丑。这是不符合实际的。当然，人们对自然美的欣赏、感受是一种能动的反映，可以带上各种各样的主观色彩，也可能受到阶级关系变化的影响，但这种主观美感的差异并不直接改变自然美本身的客观性质。正因如此，大自然的美景才可以作为一种共同美，唤起不同时代、不同阶级的人们共同的美感愉悦。蔚蓝的大海、辽阔的星空、绚丽的春花、皎洁的秋月……不是大家都很喜爱、都乐意欣赏的吗？车尔尼雪夫斯基说得好："单是有教养者所喜爱而普通人却认为不好的风景，是没有的。"[①]

形式美是美的形态之一。它虽然也是具有本身的内容的，但又不是仅仅作为某一特定的思想内容的表现而存在，而是具有相对独立性的。形式美主要为色彩、线条、形体、声音等构成的外在形式，并体现出平衡、对称、变化、统一、和谐等形式美的规律。所以，形式美就其本身而言，也是没有时代性、阶级性的，是能够作为共同美，唤起不同时代、不同阶级的人们共同的美感愉悦的。马克思在论及金银的美学属性和引起的美感时说："它们可以说表现为从地下世界发掘出来的天然的光芒，银反射出一切光线的自然的混合，金则专门反射出最强的色彩红色。而色彩的感觉是

---

① ［俄］车尔尼雪夫斯基：《美学论文选》，缪灵珠译，人民文学出版社1959年版，第55页。

· 259 ·

一般美感中最大众化的形式。"① 这里谈的金银的光芒、色彩的美指的就是现象美或形式美。这种形式美是最基本、最单纯的，而由此引起的美感也是最有一般性和普遍性的。自然美固然以形式美取胜，诸如陶器、青铜器以及许多实用工艺品，也往往以形式美取胜，所以易为不同时代、不同阶级的人共同欣赏。形式美在艺术美中也有重要意义，任何艺术作品都是内容和形式的统一，脱离内容的形式是不可能存在的，但艺术作品的形式既有"内形式"又有"外形式"。"外形式"是由一定的物质手段所形成的艺术形象的感性外观。各种艺术都有自己的物质表现手段，如绘画中的色彩、线条，音乐中的声响、旋律，文学中的语言，电影中的镜头，等等。它们作为艺术作品外形式的组成因素，一方面要适合于表现特定的内容；另一方面又有与内容相对独立的形式美的构成规律。如鲁迅便认为中国语言文字有"形美""音美""意美"。我国古典诗歌在语言上讲究句式、平仄、押韵、对仗，从而形成了诗歌语言声律音韵之美和变化整齐之美。如"大漠孤烟直，长河落日圆""细雨鱼儿出，微风燕子斜""无边落木萧萧下，不尽长江滚滚来""日出江花红胜火，春来江水绿如蓝"，诵读这些诗句，不仅可以从它的内容上得到美感，而且也可以从节奏鲜明、抑扬顿挫的音律美中，从字句整齐匀称而又变化错落的语言美中，得到一种美的享受。许多优秀的古典诗词，长期以来脍炙人口，令人爱不释手，除了思想内容外，形式美的精妙和独特就是一个重要原因。有些诗词可以说主要就是因为艺术形式方面的原因，才得到不同时代、不同阶级的人共同喜爱的。高尔基说："我所理解的'美'，是各种材料——也就是声调、色彩和语言的一种结合体，它赋予艺人的创作——制造品——以一种能影响情感和理智的形式，而这种形式就是一种力量，能唤起人对自己的创造才能感到惊奇、自豪和快乐。"② 在艺术作品中，形式美体现着美的规律，凝聚着人们的创造才能，具有一种独特的吸引力，一般说来，它是能够为人们所共同欣赏的。

艺术美是通过艺术家的意识对现实美的反映，作为审美对象的艺术作品总是表现着一定的思想感情，因而也总是带有一定的时代性和阶级性

---

① 《马克思恩格斯全集》第13卷，人民出版社1962年版，第145页。
② ［苏］高尔基：《论文学》，孟昌等译，人民文学出版社1978年版，第321页。

的。但是，一则艺术作品中阶级性的表现有强烈与淡薄、直接与隐晦之别；二则艺术作品的内容又不只限于表现阶级性，所以在艺术作品中确有某些不易使人明确认识它的阶级性、不易引起人们的阶级利害观念的，如某些以自然景物为描写对象、以抒发作者对自然景物的美感和热爱为主要意义的诗歌、绘画，其中既没有直接表现作者的政治、道德观点，也没有直接抒发作者对社会人生的感慨，自然难以明确认识它的阶级性。李白的《望天门山》，杜甫的《望岳》，杜牧的《山行》，苏轼的《饮湖上初晴后雨》，19世纪法国画家柯罗的许多描绘法国、意大利、瑞士等地自然风光的风景画，等等，都属于这类作品。有些作品虽然也表现了有关社会人生的感受，抒发了人生中的某些美好的情感，但并没有直接反映出人们的阶级关系，也没有将这种感受、感情放在明显的阶级关系中来写，加之某些艺术种类和体裁的特点，在抒发这类感受和感情时只是偏重于描写它们的一般状态和体验，而没有明显地表现出它们的具体阶级内容，因此这类作品的阶级性也就比较淡薄或隐晦，难以被人们明确认识。如王维的《九月九日忆山东兄弟》、李白的《静夜思》、孟郊的《游子吟》、李商隐的《夜雨寄北》、民族乐曲的《春江花月夜》、贝多芬的《D大调小提琴协奏曲》等，均属此类作品。总之，艺术作品作为审美对象，情况是相当复杂的，其中有些是难以明确认识它的阶级性的，是可以作为共同美为不同时代、不同阶级的人们所共同欣赏的。

审美对象中固然有不带时代性、阶级性的或时代性、阶级性十分淡薄的，但也有带有鲜明而强烈的时代性、阶级性的。那么这类对象的美为什么也能为不同时代和阶级的人所共同欣赏呢？这说明美感的共同性的形成，不仅有审美对象的原因，也有审美主体的原因。

从审美主体看，不同时代、不同阶级的人们能够共同欣赏同一对象的美，一般说来，总是要以某些大致相同的审美观念和审美理想作为基础的。我们在前文说过，审美观念、审美理想的形成总是要受到社会物质生活条件的决定，总是同一定阶级的意识形态相联系的，所以必然具有时代性、阶级性。然而不同时代、不同阶级的人们在社会生活条件上也可能有某些相似或相同之处，在一定的历史条件下，不同时代和阶级的人们在利益、要求、思想、感情、愿望上，也可能有某些接近或一致的地方，因而也就可能在某些方面表现出大致相同的审美观念、审美理想和审美要求，这可以说是"异中有同"。比如，在私有制历史发展的各个不同阶段中，都存在着被剥削、被压迫的阶级，他们虽然处于不同时代，但社会地位大致相似，都具有反抗残暴统治和剥削、向往平等和自由生活的要求和理想，因此对于揭露剥削阶级的罪恶和黑暗统治，歌颂被剥削、被压迫群众反抗精神和追求自由的理想的艺术作品，不同时代的被剥削、被压迫阶级以及同情被剥削、被压迫阶级的人们，便都会喜爱和欣赏它。屈原的《离骚》、杜甫的"三史""三别"、关汉卿的《窦娥冤》、施耐庵的《水浒》、曹雪芹的《红楼梦》……能够唤起人们的共同美感，不正是首先由于这种原因吗？再如，当历史上的剥削阶级处于上升时期，当它作为已经腐朽的社会制度的对立面而出现时，它和被剥削阶级之间在利益、要求、思想、愿望上也可能有某种一致性，反映在审美上也会具有某种一致性。马克思和恩格斯说："进行革命的阶级，仅就它对抗另一个阶级这一点来说，从一开始就不是作为一个阶级，而是作为全社会的代表出现的；它俨然以社会全体群众的姿态反对唯一的统治阶级。它之所以能这样做，是因为它的利益在开始时的确同其余一切非统治阶级的共同利益还有更多的联系，在当时存在的那些关系的压力下还来不及发展为特殊阶级的特殊利益。"① 在资产阶级进行反对封建统治的革命时期，它和其余一切非统治阶级在利益、要求上就具有更多的联系。在西欧文艺复兴和启蒙运动时期，资产阶级思想家、文学家、艺术家就是作为全社会的代表而出现的，他们表达了社会全体群众反对封建桎梏、争取民主自由的共同愿望。当时的资产阶级进步作家艺术家所创作的揭露封建势力和宗教统治，歌颂人文主义思想的作品，在一定程度上也反映了人民群众的审美理想和要求，因而也是能唤起不同时代和阶级的共同美感的。如达·芬奇的绘画，米开朗基罗的雕塑，莎士比亚的戏剧，歌德和席勒的诗歌、戏剧和小说等，在当时和后世受到人们普遍的喜爱和欣赏，主要就是由于这方面的原因。此外，在民族矛盾尖锐化时期，一个民族中的各个阶级在抗击外敌、保卫领土这一方面可以出现利益一致并形成联合，这样他们在审美要求上便可以形成某些一致性。那些反抗侵略、为国捐躯的爱国志士和英勇业绩，那些表现出强烈的爱国主义精神和民族气节的艺术作品，便可以在当时得到不同阶级中一

---

① 《马克思恩格斯选集》第1卷，人民出版社1979年版，第53—54页。

切具有爱国心的人们的赞美和喜爱，而且在后世也使一切具有爱国心的人们产生激动和共鸣。如岳飞、陆游、文天祥充满爱国激情、民族气节的诗词，在法国人民反抗普鲁士侵略时期产生的都德的小说《最后一课》，我国抗日战争时期出现的《松花江上》等爱国歌曲……便出于这种理由，而使不同时代、不同阶级的人们产生了共同的美感。

不同时代、不同阶级的人们在审美观念、审美理想上的某些一致性，还可以从审美意识的历史继承性得到说明。在阶级社会中，社会意识形态固然都具有时代性、阶级性，但从历史发展来看，它又具有历史继承性。社会意识形态是经济基础的反映，不同的社会的经济基础不同，为经济基础所决定的社会意识形态当然有本质的不同。但是，不同社会制度的社会生活中也不是没有任何共同的东西的。因此，社会制度的改变不曾也绝不会引起社会生活的整个中断和整个重建。从意识形态的历史发展方面看，新的文化总是要批判地继承和发展改造过去许多属于人类文明的精神财富的东西。任何一种新的意识形态的形成都不是从天而降的，它必然要批判地吸收以前积累的资料和成果。恩格斯指出："每一个时代的哲学作为分工的一个特定的领域，都具有由它的先驱者传给它而它便由以出发的特定的思想资料作为前提。"[①] 这里说的是作为意识形态之一的哲学的历史发展中的继承关系，同样也可以说明审美意识发展中互相继承的关系。任何审美意识的形成都是由一定时代、一定阶级的生活条件决定的，同时它与以前形成的审美意识又有一定的批判继承关系。在历史上起过进步作用的审美意识和集中表现着这种审美意识的优秀的艺术作品，必然会被新的时代、新的阶级批判地继承，作为建立新的审美意识和发展新的文学艺术的条件与借鉴。这种审美意识发展中的历史继承性既表现在艺术创作中，也表现在艺术欣赏中。所以，那些在历史上真实反映一定时代的生活，表现出进步思想内容并具有较高艺术成就的作品，总是受到不同时代、不同阶级的人民的喜爱和欣赏，具有普遍的认识意义、教育意义和永久的美的魅力。马克思很喜欢希腊神话中的普罗米修斯的形象，恩格斯对巴尔扎克的《人间喜剧》给予很高的评价，列宁认为托尔斯泰的作品中有着"没有成为过去而是属于未来的东西"，毛泽东同志一再赞赏《红楼梦》的认识价

[①] 《马克思恩格斯选集》第 4 卷，人民出版社 1979 年版，第 485 页。

值和艺术成就。为什么这些并非无产阶级的艺术作品，却能被无产阶级革命导师所喜爱和欣赏呢？这难道不是和审美意识的历史继承性有密切关系吗？列宁说得好："马克思主义这一革命无产阶级的思想体系赢得了世界历史性的意义，是因为它并没有抛弃资产阶级时代最宝贵的成就，相反地却吸收和改造了两千多年来人类思想和文化发展中一切有价值的东西。"① 这一原理同样可以用来说明美感意识的继承性以及共同性这一现象。

从艺术的发展看，美感意识的历史继承性既表现于思想内容方面，也表现于艺术形式方面。每个时代的艺术，总要从以前的艺术中接受其思想上的影响，吸收其思想上的精华。任何时代具有进步思想内容的艺术，都会作为优秀的传统被后代艺术家所吸收和继承，使他们从中受到思想上的启发。如我国古代文学的发展，从《诗经》的国风、汉魏乐府、杜甫的诗篇到关汉卿的戏曲，都一脉相承地显示着反抗黑暗统治的民主思想，这种民主思想虽然随着时代的发展而有不同的特点，但它们又具有承前启后的内在联系，所以也就具有某种一致性。从艺术形式上看，美感意识的继承性表现得更为显著，任何时代艺术的发展都不可能不以艺术传统中的形式和技巧作为前提。那些在艺术上取得了独特成就的作品，必然会成为后代艺术家进行创作时可贵的借鉴，他们从中汲取到丰富的艺术营养。如19世纪俄罗斯文学的发展，从普希金、果戈理、屠格涅夫到托尔斯泰、契诃夫、高尔基，他们在人物性格的描绘、文学语言的运用以及创作方法的选择等方面，都可以看到承前启后的继承关系，所以从艺术传统来看必然具有互相联系的一致性。

在美感意识发展中，不同时代、不同阶级的美感意识有批判继承关系，不同民族的美感意识也有互相影响的关系。从艺术创作来看，不同民族的作家艺术家之间在思想内容、艺术形式、创作方法等方面，就有着十分明显的相互影响。希腊神话在长时期内对欧洲各民族文学的影响，果戈理、惠特曼等外国作家对鲁迅、郭沫若五四时期文学创作的影响，就是突出的例子。各个民族的审美观念、审美要求既具有各自的民族特点，同时又可以互相吸收，从而具有某些一致性。

综上所述，美感的共同性的形成，无论从审美对象上看还是从审美主

---

① 《列宁选集》第4卷，人民出版社1972年版，第362页。

体上看，都需要一定的条件。对于形成共同美感的原因，必须作具体的、历史的、社会的分析，不能归结为抽象的共同的"人性"。不同时代、不同阶级的人对同一审美对象虽然都可能产生美感，但美感的具体内容也不是完全相同的，而是仍然存在着时代的、阶级的以及个人的差异的。同是欣赏秋景，不同时代和阶级的艺术家由于思想感情不同，所产生的审美感受就很不一样。既有"古道西风瘦马"这样的感受，也有"万类霜天竞自由"这样的感受。同是喜爱一部艺术作品，不同时代和阶级的欣赏者所得的审美感受也不会完全相同。一方面，欣赏者总是从自己的时代和阶级的条件及需要出发，并结合个人的经验去接受作品的影响和感染；另一方面，作品形象所包含的内容意义也往往是多方面的、丰富而复杂的，欣赏者完全可以从不同的侧面去感受和理解形象，并根据自己的生活经验来改造和丰富它。所以不同时代、不同阶级的欣赏者对同一作品产生美感，并不意味着他们所引起的美感的具体内容都是完全一样的。美感意识固然有历史继承性，但这种继承并不是对于以往的美感意识和艺术作品全盘的肯定和接受，而总是要从一定时代和阶级的需要出发，对之加以批判和改造。不同民族的美感意识固然可以相互影响，但接受其他民族的美感意识和艺术的影响，又必须从本民族现实生活和艺术发展的需要出发，与民族的审美和艺术传统结合起来。美感的共同性和美感的时代性、民族性、阶级性是互相渗透、辩证统一的，它们之间可以说是同中有异，异中有同，但无论异同，都可以从社会的、历史的、阶级的具体条件来分析它们的根源。

第九章　西方主要美感学说述评

在西方美学史上，对于美感心理的研究源远流长，在历史发展中形成了许许多多的派别和学说。不过由于许多哲学家、心理学家和美学家受到唯心主义观点的限制，不能正确地理解美，当然也就不能正确地理解美感。于是他们对于美感心理的研究往往是不正确的，或是不完全正确的。尽管如此，我们仍须对它们进行科学的分析和批判，以便对美感心理进行正确认识和理解。这里只选择几个在西方美学史上影响较大、在我国也介绍得较多的主要的美感心理学说，简要地加以评论。虽是挂一漏万，却希望有助于读者大致了解西方美学中关于美感心理研究的演变过程和存在的主要问题。

第一节　快感说述评

在西方美学史上，对于美感的最早的看法之一就是把美感理解为一种快感。古希腊唯物主义哲学家德谟克利特说过："大的快乐来自对美的作品的瞻仰。"① 柏拉图在《大希庇阿斯篇》中也专门讨论了美"是视觉和听觉所生的快感"这一看法。他虽然认为这种看法包含着矛盾，但并没有否认美感和快感的关系。在《斐利布斯篇》中，他较为细致地分析了悲剧和喜剧所引起的快感以及单纯形式美所引起的快感。关于后者，他说："真正的快感来自所谓美的颜色，美的形式……它们的出现却使感官感到满足，引起快感，并不和痛感夹杂在一直。"② 亚里士多德对艺术作品所引

---

① 北京大学哲学系外国哲学史教研室编译：《古希腊罗马哲学》，商务印书馆1982年版，第115页。

② [古希腊] 柏拉图：《文艺对话集》，朱光潜译，人民文学出版社1980年版，第298页。

起的快感也作了多方面的考察，指出快感形成的原因可以是在模仿中认识事物，可以是情绪受到净化，也可以是由于技巧、着色、音调、节奏等。他虽然认为美感是一种快感，却能看到由于审美对象不同所引起的快感各有特殊性。例如悲剧的快感既不完全同于喜剧的，也不完全同于史诗的，这些看法确实是难能可贵的。不过，无论是柏拉图还是亚里士多德，他们对审美的快感和一般的快感都没有认真加以区别，所以往往把美感和一般快感看作一回事，对美感的特性并没有作详细深入的研究。

柏拉图和亚里士多德以后，从罗马时代的贺拉斯、中世纪的托马斯·阿奎那到文艺复兴时期的但丁、薄伽丘等，虽然在论及美感时也都讲到快感问题，但较少作深入的心理探讨。真正系统地建立起美感即快感的学说，并且企图寻找美感的生理和心理基础的，则首推17、18世纪英国经验派的哲学家和美学家，其中最主要的代表就是休谟和伯克。

休谟是英国经验主义的集大成者，他的哲学的出发点和思想来源是贝克莱的主观唯心主义，即只承认感觉经验的存在。在美学上，休谟继承英国经验派的传统，主要用心理学的方法来分析美和美感问题。他的一个基本观点就是美感即快感，快感即美。他说：

> 美是各部分之间的这样一种秩序和结构；由于人性的本来构造，由于习俗，或是由于偶然的心情，这种秩序和结构适宜于使心灵感到快乐和满足，这就是美的特征，美与丑（丑自然倾向于产生不安心情）的区别也就在此。所以快感和痛感不只是美与丑的必有的随从，而且也是形成美与丑的真正的本质。①

休谟虽然也承认美和事物各部分之间的结构和秩序有关，但他根本否认美就在事物本身。他引述一种意见说："美并不是事物本身里的一种性质。它只存在于观赏者的心里，每一个人心见出一种不同的美。"② 就是说，美不是客观存在的，而是由人的主观意识决定的。从这种主观的美论

---

① 北京大学哲学系美学教研室编：《西方美学家论美学和美感》，商务印书馆1980年版，第107页。

② 北京大学哲学系美学教研室编：《西方美学家论美学和美感》，商务印书馆1980年版，第108页。

出发，休谟当然否认审美的快感是由对象的美所引起的，来源于对象的美，反而认为只有审美的快感才决定着对象的美，形成了美的真正的本质。他说："各种味和色以及其他一切凭感官接受的性质都不在事物本身，而是只在感觉里，美和丑的情形也是如此。"① 这种用主观感觉代替客观物质存在、用美感代替美的观点，正是休谟否认感觉以外的任何东西存在的不可知论的一种表现。

休谟既然否认了美的客观存在，也就否定了美感的客观来源，否定了美感的产生和美的认识有关，于是他便只有从所谓"人心的特殊构造"去寻找审美的快感的来源和起因：

> 在美和丑之类情形之下，人心并不满足于巡视它的对象，按照它们本来的样子去认识它们；而且还要感到欣喜或不安，赞许或斥责的情感，作为巡视的后果，而这种情感就决定人心在对象上贴上"美"或"丑"，"可喜"或"可厌"的字眼。很显然，这种情感必然依存于人心的特殊构造，这种人心的特殊构造才使这些特殊形式依这种方式起作用，造成心与它的对象之间的一种同情或协调。②

这里所说的"欣喜或不安"两种情感就是快感和痛感。休谟强调是这两种情感决定人心在对象上贴上美和丑，而不是对象的美和丑引起这两种情感。他虽然也提到对象，却否认对象的美是形成审美快感的客观来源，只是片面强调快感要依存于"人心的特殊构造"。我们并不否认美感的形成和人的心理构造、心理功能有关，如果休谟所说的是人的主观心理条件在形成美感中的作用，那当然是对的，但他所说的是美感的起因和来源。美感本来是一种主观意识、主观情感，而一切意识、情感、心理从其内容和来源来讲，都只能是客观现实的反映。美感的起因和来源应当从客观存在的美中去寻找，而不能从主观的心理构造和心理功能中去寻找。而且休谟往往把所谓"人心的特殊构造"看作一种凝固不变的"自然本性"，看

---

① 北京大学哲学系美学教研室编：《西方美学家论美学和美感》，商务印书馆1980年版，第108页。

② 北京大学哲学系美学教研室编：《西方美学家论美学和美感》，商务印书馆1980年版，第109页。

不到人的心理功能的形成和变化与人的社会实践的关系，有时甚至将心理功能和生理功能混为一谈，并以此来论证审美趣味和快感的形成。如《论趣味的标准》中说："尽管趣味仿佛是变化多端，难以捉摸，终归还有些普遍性的褒贬原则；这些原则对一切人类的心灵感受所起的作用是经过仔细探索可以找到的。按照人类内心结构的原来条件，某些形式和品质应该引起快感，其他一些引起反感；如果遇到某个场合没有造成预期的效果，那就是因为器官本身有毛病或缺陷，发高烧的人不会坚持自己的舌头还能决定食物的味道；害黄疸病的人也不会硬要对颜色作最后的判断。"[①] 在这里，休谟显然是把引起快感的"人类内心结构"和生理器官看成一回事，并且把生理器官的健全和失调当作能否引起审美的快感的决定性因素。这实际上就是把审美的快感和感官的生理的快感等同起来。

在18世纪英国经验派美学中，唯物主义路线的主要代表是伯克。伯克坚持用经验主义和感觉主义的观点和方法研究美学问题，主要从生理学和心理学的观点去解释美感，对美感即快感的学说作了进一步的发挥。和休谟一样，伯克也主要是从感觉、感情上来看美感，认为美感是一种快感，这种快感也就是伯克所说的"爱或类似的感情"，但他认为这种快感是由客观事物的美引起的。和休谟否认美的客观性的唯心主义观点不同，伯克承认美的客观性，肯定美是对象本身所具有的客观的品质，正由于这种品质作用于我们感官的结果，才引起爱或类似的感情。他说："我认为美指的是物体中能够引起爱或类似的感情的一种或几种品质。"[②] 又说："我认为爱指的是在观照任何一个美的东西（不论其本性如何）的时候心灵上所产生的满足感。"[③] 这就肯定了客观事物的美是第一性的，由它引起的人的美感是第二性的，体现出唯物主义观点。但伯克在进一步解释美感的特性和根源时，却受到形而上学的唯物主义的局限，也未能彻底摆脱以往唯心主义美学家的影响。首先，伯克在探讨美感产生的根源时，完全脱离了人

---

① 古典文艺理论译丛编辑委员会编：《古典文艺理论译丛》第5册，人民出版社1963年版，第6页。
② 古典文艺理论译丛编辑委员会编：《古典文艺理论译丛》第5册，人民出版社1963年版，第38页。
③ 古典文艺理论译丛编辑委员会编：《古典文艺理论译丛》第5册，人民出版社1963年版，第38页。

的社会历史生活条件，把它归结为某种固定不变的情欲或本能。他认为人类有两种基本情欲，一种是"自我保存"，即保持个体生命的本能；另一种是"互相交往"，即保持种族生命的本能。前者主要与痛苦和危险有关，一般表现为恐怖的情绪，这就是崇高感的起源；后者包括两性的交往和一般的交往，主要与爱的感情联系在一起，所得的是满足和愉快，这就是美感的起源。伯克以恐怖和爱的情绪来区别崇高感和美感的不同心理内容，固然也给人以启发，但他把这种情绪的根源归为实际上只是人的生理本能的情欲，这就把美感的研究引导到生理学的方向去了。美感作为一种心理活动，当然有它的生理基础，但美感作为一种社会意识，根本上是由人的社会生活所决定的。离开了人类社会实践，就不可能科学地说明美感的起源。

其次，伯克在说明美感的特性时，完全把美感和感官的生理的快感混为一谈，根本没有区别审美的快感不同于一般感官的快感的特质。伯克单纯从感觉主义立场去观察美，对美的因素的分析只涉及对象的形式，而对人的作用也主要涉及感官。他说："美大半是借助于感官的干预而机械地对人的心灵发生作用的物体的某种品质。"① 他把美的认识归结为感官的本能，片面强调美感与感觉的一致，忽视了理性在美的认识中的重要作用。在谈到美所引起的快感时，伯克也只是把它归结为感官的生理作用。他说：

> 美是使整个坚实的身体松弛舒畅而起作用的。以上所述全都是这样一种松弛舒畅的姿态；在我看来，略次于自然健康状态的松弛舒畅状态乃是一切积极的快感的原因。……那种称之为爱的情感就是由于这种松弛舒畅而产生的。②

在这里，伯克对美感的成因只作了生理学的解释，认为各种美的因素都具有使筋肉组织松弛舒畅的作用，而筋肉的松弛舒畅就会产生快感，这

---

① 古典文艺理论译丛编辑委员会编：《古典文艺理论译丛》第 5 册，人民文学出版社 1963 年版，第 55 页。

② 古典文艺理论译丛编辑委员会编：《古典文艺理论译丛》第 5 册，人民文学出版社 1963 年版，第 66—67 页。

就把美感完全等同于一般生理的快感了。在另外的地方，伯克又把美感和一般的感觉混淆起来，认为所有的感觉都有审美的功能。这都说明伯克并没有真正理解美感的特殊性质。

对于经验派美学家从感觉主义立场出发，把美感等同于感官的快感的看法，理性派美学家是不赞同的。以莱布尼茨、沃尔夫和鲍姆加登为代表的大陆理性派美学家从先验的理性观念出发，认为美感是通过感性认识，发现一件事物"完善"，符合"内在目的"，因而引起的快感。这当然不同于那种认为美感只是由对象的形式所引起的单纯的形式主义观点。不过理性派美学家所讲的"完善""目的"都是指"天意安排"，是先验的东西，所以不能科学地说明美感的来源。同时，他们把美感只限于感性认识，和理性认识对立起来，也是错误的。此外，英国美学家舍夫茨别利和哈奇生认为，在外在感官之外还存在一种审美的特殊的感官，即所谓"内在感官"。内在感官是天生的，美感就是由内在感官的能力所产生的一种较强大的快感。这种看法带有神秘主义色彩，所谓"内在感官"无论在心理学和生理学中都找不到根据。

康德在总结和批判经验派美学和理性派美学的基础上，对审美心理中的特殊矛盾以及审美的快感的物质作了相当深入的分析。康德对审美判断力的分析包含着丰富的内容，从多方面接触到美感意识活动的特殊规律。这里不拟作全面的评述，而只论他对审美的快感的观点。康德认为趣味判断不是一种理智的判断，而是一种情感的判断。从趣味判断中，我们得到的不是一种知识，而是一种快感。他说："为了判别某一对象是美或不美，我们不是把（它的）表象凭借悟性连系于客体以求得知识，而是凭借想象力（或者想象力和悟性相结合）连系于主体和它的快感和不快感。"① 这可以说是康德对于审美意识活动的性质所做的一个总的规定。按照这个规定，审美就不是一种认识活动，不涉及对客体对象的认识，而只是一种情感活动，只涉及主体的快感和不快感的情感体验。从这里可以明显地看出，康德吸收了经验派美学中的快感说，他试图找出趣味判断和理智判断的区别，这种努力是值得重视的。但是他把审美活动和认识活动对立起来，使审美的快感和对客体的认识一刀两断，却是十分错误的。康德虽然

---

① ［德］康德：《判断力批判》上卷，宗白华译，商务印书馆1964年版，第39页。

认为审美只涉及主体的快感和不快感，但他反对将审美的快感和一般的快感混为一谈。这里，他批判了经验派美学家把审美的快感等同于感官快感的观点。康德把快感分为三种：由于感官上的快适而引起的快感；由于道德上的赞许或尊重而引起的快感；由于欣赏美而引起的快感。他认为前两种快感都涉及利害关系，带有利害感。感官上的快适和生理需要有关，是欲望的满足；道德上的赞许只与一定的伦理道德有关，是一种理性上的利害感。因为它们都和利害感结合在一起，都与对象的存在有关，所以它们是不自由的。审美的快感则不涉及利害关系，它没有任何欲求，仅仅与对象的形式有关，只对对象的形式起观照作用，因此它是一种"自由的愉快"。康德由此得出结论：

> 在这三种愉快里只有对于美的欣赏的愉快是唯一无利害关系的和自由的愉快；因为既没有官能方面的利害感，也没有理性方面的利害感来强迫我们去赞许。①

这种看法对纠正过去一些美学家把美感和快感混为一谈，强调审美的快感具有自己的特质，确实是很有意义的。同时，指出美感不涉及直接的个人欲求，也有一定的道理。但由此论断出美感超越一切利害关系，和人的功利活动完全无关，是非常片面的。因为美感作为一种特殊的社会意识，固然和个人物质欲求的直接满足无关，却不是毫无一切社会功利内容的。美感区别于其他社会意识活动的特点不在于它的超社会功利，而在于它的社会功利内容获得了特殊的心理感受形式，即美感的愉悦的形式。所以，所谓美感超社会功利的主张，既不符合审美意识历史发展的事实，也不能真正科学地界定审美的快感的特质。

康德也不同意理性派美学家将美感看作对"完善"的朦胧认识，将审美的快感和审目的快感混淆起来的看法。他认为趣味判断是情感（快感）而不是概念，对"完善"的概念应属于审目的判断而不属于趣味判断。在论道趣味判断和目的的关系时，康德提出了趣味判断既没有目的而又"符合目的性"的重要观点，并由此论证了审美的快感形成的原因。按照康德

---

① ［德］康德：《判断力批判》上卷，宗白华译，商务印书馆1964年版，第46页。

的看法，趣味判断没有客观的合目的性。所谓客观的合目的性包括外在目的和内在目的，外在目的是指事物的有用性，涉及利害；内在目的是指事物的完满性，涉及概念。而趣味判断既不涉及利害关系，又不涉及概念，所以它没有客观的合目的性。这种看法显然不同于理性派认为美感是发现事物"完善"，符合目的，因而感到快感的看法。但康德并没有完全抛弃理性派的"合目的性"的观点，而是把它改为"主观的合目的性"。他认为趣味判断是由于对象的形式适合于主体的想象力和悟性的自由和谐的活动而引起的快感，而对象的形式与主体的想象力和悟性自由活动达到内外契合，仿佛是由一种"意志"预先安排的，所以趣味判断具有一种主观的合目的性。这种主观的合目的性，因为只联系对象的形式，与对象的内容无关，所以是一种形式的合目的性。康德说："美，它的判定只以一单纯形式的合目的性，即无一目的的合目的性为根据的"，"趣味的判断只把一个对象的表象连系于主体，并且不让我们注意对象的性质，而只让我们注意到那决定与对象有关的表象诸能力的合目的的形式"。[①] 康德强调审美是对象形式适合主体认识功能，使想象力和悟性自由活动所引起的快感，这表现出他多么重视对美感的心理功能的特点的探讨。他认为审美的快感与人的认识功能的自由活动有关，这也使人受到启发。但他强调趣味判断只有单纯形式的合目的性，抽掉了美的内容，只谈形式，认为审美的快感只和对象的形式有关，这就表现了形式主义倾向。康德也发现这样讲并不符合实际，所以又只好把美分为自由美和附庸美两种。前者不涉及概念，只限于形式；后者则涉及概念、内容意义。康德承认，纯粹的自由美，即只有形式而无内容的美，在数量上极其有限。大量的美都是和内容发生关系的附庸美。而且他也认为，只有附庸美才符合美的理想，因为美的理想不能只限于形式方面，也要涉及理性概念。这样，康德就陷入了自相矛盾之中，即一方面把美只看作感性形式；另一方面又认为美是道德精神的象征，具有理性内容。如果根据前者，审美只是感性活动；如果根据后者，审美又不能没有理性活动。康德虽然看到了美感中感性和理性的矛盾，但究竟如何使二者统一起来，这个问题他没有也不可能真正解决，这当然是同他先验唯心主义的哲学观点有关的。

[①] ［德］康德：《判断力批判》上卷，宗白华译，商务印书馆1964年版，第64、66页。

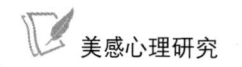

第二节 移情说述评

移情说是西方近代美学思想中影响很大的审美心理学说之一，也是心理学的美学派别中最有代表性的一种理论。虽然对于移情现象在西方美学史上早已有不少理论家论及，但对这种现象做出心理学的解释，并把它作为解释美和美感经验的基本理论，却应当从德国美学家费肖尔父子算起。弗利德里希·费肖尔把移情作用称为"审美的象征作用"，说这种作用就是"人把他自己外射到或感入到（fühlt sich hinein）自然界事物里去"，以造成"对象的人化"[①]。劳伯特·费肖尔在《视觉的形式感》一文中，发展了他父亲关于"审美的象征作用"的理论，正式提出了"移情作用"的概念。"移情"（Einfuhlung）这个词的德文意思就是"把感情渗进里面去"。劳伯特·费肖尔运用这个概念来说明审美的心理活动，认为只有人"移入感情"到对象上去，才能使审美活动达到最完满的阶段。可见费肖尔父子已为移情说奠定了基础。但是真正从心理学出发，对移情说作了全面、系统阐明的是德国心理学的美学家里普斯，所以通常人们以里普斯作为移情说的主要代表。英国文艺批评家浮龙·李把里普斯比作达尔文，而把美学中的移情说与生物学中的进化论相提并论，可见里普斯及其移情说在西方美学中影响之大。除里普斯外，移情说的提倡者还有浮龙·李、谷鲁斯、浮尔克特、巴希等。移情说的提倡者虽然都主张用移情作用来解释美和美感，但各人对移情作用的解说并不完全一致。我们在这里分析移情说，主要是以其主要代表人物里普斯的论述作为根据。

在《空间美学和几何学、视觉的错觉》一书中，里普斯以希腊建筑中道芮式（Doric）石柱为例说明移情作用。道芮式石柱支撑希腊平顶建筑的重量，下粗上细，柱面有凸凹形的纵直的槽纹。这本是由大理石构成的无生命的物质，可是我们观照它时，它显得有生命、能活动。石柱承受着它所支撑的压力，本身也有重量，我们看它时应该觉得它是向下垂和向周围膨胀；然而恰恰相反，石柱所给予我们的感觉是它在"耸立上腾"（从纵

[①] ［德］费肖尔：《批评论丛》，载朱光潜《西方美学史》下卷，人民文学出版社1979年版，第601页。

直方向看）和"凝成整体"（从横平方向看）。这耸立上腾和凝成整体就构成了石柱所"特有的活动"。里普斯认为，无论是耸立上腾还是凝成整体，都是在观照石柱时产生的一种错觉，是石柱的"空间意象"而不是它本身。那么我们何以觉得石柱有耸立上腾和凝成整体的活动呢？里普斯指出，这是因为我们能以己度物，把自己心中的意象和感受移入石柱上面去了。"在我的眼前，石柱仿佛自己在凝成整体和耸立上腾，就像我自己在镇定自持和昂然挺立，或是抗拒自己身体重量压力而继续维持这种镇定挺立姿态时所做的一样。"① 据此，里普斯对移情作用加以解释说：

> 这种向我们周围的现实灌注生命的一切活动之所以发生而且能以独特的方式发生，都因为我们把亲身经历的东西，我们的力量感觉，我们的努力，起意志，主动或被动的感觉，移置到外在于我们的事物里去，移置到在这种事物身上发生的或和它一起发生的事件里去。②

由此可见，里普斯并不是把移情作用看作人的意识对客观事物进行能动的反映的结果，而是把它看成一种主观意识、感情向客观事物"移置"或"外射"的活动，所以在移情现象中，不是主观意识反映客观事物，而是主观意识决定客观事物。对于这一基本观点，朱光潜在《文艺心理学》中介绍移情说时，也曾作如下说明：

> 移情作用是外射作用（projection）的一种。外射作用就是把在我的知觉或情感外射到物的身上去，使它们变为在物的。……移情作用和一般外射作用有什么分别呢？它们有两个最重要的分别。第一，在外射作用中物我不必同一，在移情作用中物我必须同一，我觉得花红，红虽是我的知觉，我虽然把我的知觉外射为花的属性，我却未尝把我和花的分别忘去，反之，突然之间我觉得花在凝愁带恨，愁恨虽是我外射过去的，如果我真的在凝神观照，我决无暇回想花和我是两

---

① 古典文艺理论译丛编辑委员会编：《古典文艺理论译丛》第 8 册，人民文学出版社 1964 年版，第 41 页。
② 古典文艺理论译丛编辑委员会编：《古典文艺理论译丛》第 8 册，人民文学出版社 1964 年版，第 40 页。

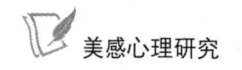

回事。第二，外射作用由我及物，是单方面的；移情作用不但由我及物，有时也由物及我，是双方面的。我看见花凝愁带恨，不免自己也陪着花愁恨，我看见山耸然独立，不免自己也挺起腰杆来。概括地说，知觉的外射大半纯是外射作用，情感的外射大半容易变为移情作用。①

从这段说明可以看出，里普斯和朱光潜都是把移情作用解释为把主观感情外射到物的身上去，使之变为外物所有的。而所谓"外射作用"，其含义不是意识反映外物，倒是外物由意识所决定。譬如花的红色，我们认为这是物的一种属性，人的视觉感觉到花红，这是意识对外物的一种反映。可是根据朱光潜所谓"外射作用"的看法，花的红色不是物的属性，而是由于人把自己的知觉外射到物身上去的结果，也就是"把我的知觉外射为花的属性"。这种观点和贝克莱、马赫所主张的客观事物是"感觉的复合"，难道不是如出一辙吗？也许以为"花在凝愁带恨"和花的红色不一样，因为凝愁带恨并非物所固有的属性，应该可以说是情感外射或移置物的身上去的结果吧！是的，我们觉得花是红的和觉得花凝愁带恨，在对事物的反映上是不一样的。前者是对事物本身属性的反映；而后者则不仅反映着事物本身具有的特性，而且是在主观情绪和情感影响下，对自然事物的特性和人的感情、活动所形成的联想、想象的反映。虽然在这种意识活动中，主观条件的作用是重要的，但它仍然是对客观现实的反映则是毫无疑义的。任何联想都是反映着事物的相互联系，无论是由花的形状想到表现愁恨感情的人的面容，还是由石柱的形状想到昂然挺立的人的姿势，它们作为相似联想，都反映着客观事物在形式或性质上的相似性和共同性。只是这种联想过程往往不为人自觉意识到，联想的内容（人的容貌、姿式）也已丧失其独立性，而与唤起联想的事物的感知直接融合在一起，所以与一般相似联想在表现上有所不同。在移情作用中，人的情绪和情感状态对联想的形成有重要影响，而且情绪和情感状态的变化也会改变联想的内容，从而使联想产生的移情的性质也会有所不同，但主观感情只能影响主体对客体的反映，却不能改变客观事物。因此感情只能渗透到对于客

---

① 《朱光潜美学文集》第 1 卷，上海文艺出版社 1982 年版，第 37、39 页。

观事物的联想的反映之中,却不能"外射"或"移置"到外在于我们意识的客观事物身上,"使它们变为在物的",达到所谓"物我同一"。然而,里普斯认为:"移情作用就是这里所确定的一种事实:对象就是我自己,根据这一标志,我的这种自我就是对象;也就是说,自我和对象的对立消失了,或者说,并不曾存在。"这不就是列宁所批判的"世界是我的感觉;非我是由我们的自我'规定'(创造、产生)"的唯我论吗?

由此可见,里普斯所说的移情作用,根本上是一种由主观决定客观、使对象消失在自我中的活动。这种对移情作用的解释同唯物主义反映论是格格不入的。然而里普斯以他所理解的移情作用来说明美感经验的形成和特性,从而得出了"审美欣赏的原因就在我自己,或自我"的结论,他说:

> 审美的快感可以说简直没有对象。审美的欣赏并非对于一个对象的欣赏,而是对于一个自我的欣赏。它是一种位于人自己身上的直接的价值感觉,而不是一种涉及对象的感觉。毋宁说,审美欣赏的特征在于在它里面我的感到愉快的自我和使我感到愉快的对象并不是分割开来成为两回事,这两方面都是同一个自我,即直接经验的自我。①

在这里,里普斯完全否定了美感是对于客观的美的反映,是根源于客观的美。他认为美感的产生和欣赏的对象无关,根本不是由对象的美所引起的,而纯粹是由"自我"引起的,是"对于一个自我的欣赏"。尽管里普斯所说的"自我"是所谓"客观的自我",即移置对象里面的自我,但毕竟是说的主观意识和感情。所以里普斯实际上认为美感是来源于主观意识,是由主观感情所引起的。这一点,朱光潜在《文艺心理学》中作了详尽的发挥。他说:"依里普斯看,移情作用所以能引起美感,是因为它给'自我'以自由伸张的机会。'自我'寻常都因在自己的躯壳里,在移情作用中它能打破这种限制,进到'非自我'(non-ego)里活动,可以陪鸢飞,可以随鱼跃。外物的形象无穷,生命无穷,自我伸张的领域也就因而无穷。移情作用可以说是由有限到无限,由固定到自由,这是一种大解

---

① 古典文艺理论译丛编辑委员会编:《古典文艺理论译丛》第8册,人民文学出版社1964年版,第44页。

脱,所以能发生快感。"① 依此说,移情作用之所以形成美感,乃在于"自我伸张"。由此引出的必然结论是不管有无客观对象或者客观对象是什么,只要我自己自由伸张主观意识、感情,就会产生美感。然而事实并不是这样。没有客观对象的存在不仅美感活动无从引起,而且也不是任何一个客观对象都能使人产生美感的。虽然里普斯和朱光潜在谈到"自我伸张"时,也提到要"进到'非自我'里活动",但是在他们看来,"所谓'非自我'并非物体本身而是它的'空间意象'或'形象'"②,也就是说,"非自我"也还是主观感情移入的结果,是"自我"的表现,"即直接经验到的自我"。总之,按照里普斯的移情说,美感不是由对客观对象的美的认识所引起的,而只是主观感情外射的结果。这就既否定了美感有它的客观来源,也否定了美感中的感情需以美的认识作为前提和基础,因此也就不可能正确地解释美感的性质和特征。

移情说否定了美感的客观来源,也就是否定了美的客观存在。按照移情说的观点,美感不是由客观对象的美所引起的,而客观对象的美倒是由主观的美感所决定的。移情说中各家理论虽不完全一致,但它们都否认客观对象有美,认为只有欣赏者将自己的感情移入于对象,才觉得它是美的。就是说,"美和丑一样,同是通过我们的移情而始成立的。我们如果不把我们的感情移入到这个物象,这个物象不是美也不是丑。美就是移情的价值",这也就是所谓美在于主观感情,美是主观的。然而在这里移情说遇到了一个不可解决的问题:在欣赏者是同样的感情的时候,为什么认为有些东西是美的,有些东西是不美的?为什么有些东西可以移入感情,有些东西又不能移入感情?这都不是单由主观感情所能解释的。就连里普斯自己最后也不得不承认,欣赏者审美感情的发生是由于对象的某种刺激,而且承认对象须有一个美的条件,即"变化的统一"。既然审美感情的发生须有对象的刺激并依存于对象的特殊条件,那么审美感情本身也就仍然应有其客观根源,美的根源也就不在于主观感情。里普斯等人要由主观感情的移入去解释美的根源和本质,结果不能不陷于自相矛盾之中。

最后还应当指出,移情说把移情作用和美感经验混为一谈,认为美感

---

① 《朱光潜美学文集》第 1 卷,上海文艺出版社 1982 年版,第 50 页。
② 《朱光潜美学文集》第 1 卷,上海文艺出版社 1982 年版,第 50 页。

经验的特征就是移情作用，这也是不符合事实的。在反映现实的主观意识活动中，受感情影响的相似联想是一种普遍的心理活动，由此而产生的移情现象也就是一种较为普遍的精神现象。然而正如不是任何相似联想都和美感有关一样，也不是任何移情现象都一定是美感的。原始人无知，把许多自然对象看成是像人一样有意志能活动的，小孩子也常"设身处地"地体验玩具的情感和需要，这固然也可以说是移情，却并不一定是美感。因此移情现象要能成为美感的，必得引起移情的对象本身为美的，而由移情作用所形成的意象是主观与客观、个别与一般达到完美统一的。移情现象虽然可能是美感的，而美感却不以移情现象为特征和必要条件。在美的欣赏和美的创造中，即使没有移情作用的参与，对于美的对象的反映仍可产生美感。许多诗歌和艺术作品没有表现移情作用，仍然是诗人和艺术家美感经验的凝结。把美感经验归结为移情作用，说什么如果没有移情作用，美感意识和艺术就难以产生和存在，这是没有根据的。

第三节　直觉说述评

用直觉说来解释审美意识和艺术创造，在西方美学史上也有较长的历史。在鲍姆加登提出要建立美学这门科学时，他对美学的性质和对象是这样界定的："美学（美的艺术的理论，低级知识的理论，用美的方式去思维的艺术，类比推理的艺术）是研究感性知识的科学。"[①] "美学的目的是（单就它本身来说的）感性知识的完善（这就是美），应该避免的感性认识的不完善就是丑。"[②] 这里讲到美学、美、美感都只是限制在感性认识的范围内，和理性认识形成明显的对立，实际上便隐含着直觉说的因素。康德在论述"美的理想"和"美的观念"时，虽然也看到它应该包含有感性和理性两个方面，但他在分析趣味判断的四个契机时，一再强调趣味判断不是知识判断，和概念无关，只以单纯形式的合目的性为根据，不涉及对象的内容、意义。这实际上还是有认为美感和理性、思维的作用相对立的倾

---

① 北京大学哲学系美学教研室编：《西方美学家论美学和美感》，商务印书馆1980年版，第142页。
② 北京大学哲学系美学教研室编：《西方美学家论美学和美感》，商务印书馆1980年版，第142页。

向。这种倾向和后来美学中直觉说的形成有着内在联系。康德以后，叔本华、柏格森在反理性主义和直觉主义的哲学基础上，建立他们的美学理论。无论是叔本华还是柏格森都把直觉认识和理性认识、艺术和科学完全对立起来，使直觉认识凌驾于理性认识之上，并且把审美和艺术归结为这种神秘的、不可捉摸的直觉。尽管他们对于"直觉"的具体理解和后来克罗齐所讲的直觉不尽相同，但在用直觉代替理性、取消审美和艺术中的理性作用这个根本观点上，是基本一致的。

意大利美学家克罗齐在其所著《美学》一书中，系统地提出了审美和艺术的直觉说。这种美学观点代表了德国古典美学以后唯心主义美学的发展，为现代资产阶级美学界所普遍重视，并对西方现代派的艺术实践产生了广泛的影响。同时，克罗齐的直觉说较早地被介绍到我国，对我国美学界的影响也很大。所以，我们在这里集中地对克罗齐的直觉说加以分析批判。

克罗齐把美学称为"直觉（或表现的知识）的科学"，他的全部美学观点都是建立在"直觉即表现"这个基本论点之上的。他说："美学只有一种，就是直觉（或表现的认识）的科学。这种知识就是审美的或艺术的事实。"① 又说："我们已经坦白地把直觉的（即表现的）知识和审美的（即艺术的）事实看成统一，用艺术作品做直觉的知识的实例，把直觉的特性都付与艺术作品，也把艺术作品的特性都付与直觉。"② 按照他的理解，"直觉即表现"，就是审美、就是艺术，也就是美。我们要分析他对于美感的观点，必须从分析"直觉即表现"这个基本论点入手。

什么是克罗齐所说的"直觉"呢？这得从克罗齐的哲学体系说起。克罗齐的哲学体系是以赤裸裸的唯心主义的现实概念为基础的。他把现实当作"精神辩证法"活动的体现，所以他的哲学只研究精神活动。他把精神活动分为认识和实践两类，每类又各分为两个阶段。认识中包括直觉和概念，实践中包括经济和道德。在认识的两个阶段中，直觉是低级的，概念是高级的；直觉不依存于概念，概念却包含有直觉。在《美学》一书中，克罗齐一开始就把直觉和逻辑这两种认识形式加以对比说明：

---

① ［意］克罗齐：《美学原理》，朱光潜译，作家出版社1958年版，第14页。
② ［意］克罗齐：《美学原理》，朱光潜译，作家出版社1958年版，第12页。

第九章 西方主要美感学说述评

  知识有两种形式：不是直觉的，就是逻辑的；不是从想象得来的，就是从理智得来的；不是关于个体的，就是关于共相的；不是关于诸个别事物的，就是关于它们中间关系的；总之，知识所产生的不是意象，就是概念。①

  这里所说的直觉的认识形式，从认识过程上看是和理智即理性认识相对立的，从认识内容上看则完全和事物的共相、关系即本质意义不相关。也就是说，所谓直觉实际上只是相当于一种低级的感性认识活动。按照马克思主义认识论，人的认识阶段固然有感性和理性之别，但感性认识和理性认识不是毫不相关，而是辩证统一的。理性认识依赖于感性认识，感性认识有待于发展到理性认识。但是按照克罗齐的看法，作为低级的感性认识活动的直觉是和理性认识截然分割、毫不相关的。他一再强调"直觉是离理智作用而独立自主的"②，"直觉知识可以离理性知识而独立"③。这样片面地将直觉的认识和理性的认识对立起来，从而也就将审美和艺术的意识活动同理性认识绝对地对立起来，从审美和艺术中排除了理性认识，完全把审美和艺术归结为一种非理性的低级认识活动。

  克罗齐不仅把直觉同理智完全对立起来，同时也把直觉同属于感性认识中的知觉区别开来。他认为知觉是对于眼前实在的知识，可是，在直觉中还不能有实在与非实在的区别。所以，"直觉品就不能说是对于实在判别是非的，就还不是知觉品而是纯粹的直觉品"④。这就是说，纯粹的直觉是在知觉的认识以下的，连事物是什么也不能分辨的那种最低级、最原始的感觉活动。因此，克罗齐认为只有婴儿难辨事物真伪的那种最初的感受才是纯粹的直觉。对此，朱光潜在《文艺心理学》中曾加以解释说："最简单最原始的'知'是直觉（intuition），其次是知觉（perception），最后是概念（conception）。拿桌子为例来说。假如一个初出世的小孩子第一次睁眼去看世界，就看到这张桌子，他不能算是没有'知'它。不过他所知

---

① ［意］克罗齐：《美学原理》，朱光潜译，作家出版社1958年版，第1页。
② ［意］克罗齐：《美学原理》，朱光潜译，作家出版社1958年版，第11页。
③ ［意］克罗齐：《美学原理》，朱光潜译，作家出版社1958年版，第2页。
④ ［意］克罗齐：《美学原理》，朱光潜译，作家出版社1958年版，第3页。

道的和成人所知道的绝不相同。桌子对于他只是一种很混沌的形象（form），不能有什么意义（meaning），因为它不能唤起任何由经验得来的联想。这种见形象而不见意义的'知'就是'直觉'。"① 可见，克罗齐所说的直觉不仅与理性认识无关，而且和感性认识中的知觉也有根本区别。知觉已具有一定概括性，要涉及事物的内容、意义，而直觉则只是对事物产生一种很混沌的形象，完全不涉及事物的内容、意义。可是克罗齐坚持认为，审美和艺术只能属于这种最低级、最原始、最简单的感觉活动，任何理性成分的渗入，任何对事物的性质、关系、内容、意义的认识，都是对审美和艺术的破坏。这种观点在朱光潜《文艺心理学》中有如下说明：

> "美感经验"可以说是"形象的直觉"。形象是直觉的对象，属于物；直觉是心知物的活动，属于我。在美感经验中心所以接物者只是直觉，物所以呈现于心者只是形象。心知物的活动除直觉以外，还有知觉和概念。物可以呈于心者除形象以外，还有许多与它相关的事项，如实质、成因、效用、价值等等。在美感经验中，心所以接物者只是直觉而不是知觉和概念，物所以呈于心者是它的形象本身，而不是与它有关的事项，如实质、成因、效用、价值等等意义。②

美感究竟只是一种感性的活动，还是感性与理性的统一？美的认识的内容究竟是关系着对象的形式、现象，还是关系着对象的形式和内容、现象和本质的统一？这是在如何看待美感意识的性质和特性上存在着的一个原则分歧。所谓"形象的直觉"说显然是主张前者，而否定后者。用感性与理性相统一的观点来说明美、美感和艺术，是德国古典美学的一个基本观点，是美学思想史上的一大发展。克罗齐继承黑格尔的唯心主义传统，却抛弃了这个非常有价值的基本观点。他把感性认识活动和理性认识活动的对立加以绝对化，把作为感性认识的直觉提到独尊的地位，把美感和艺术归结为直觉的活动，这就抽去了美感和艺术的一切理性内容，否定了美感和艺术的任何思想意义，这可以说是把非理性主义的美感和艺术理论发

---

① 《朱光潜美学文集》第1卷，上海文艺出版社1982年版，第10页。
② 《朱光潜美学文集》第1卷，上海文艺出版社1982年版，第10页。

展到极端，因而也就是对美感和艺术性质的严重歪曲。

问题还在于，克罗齐虽然认为直觉是一种认识的形式，却否认它是客观现实的反映。他在论及直觉的形成和作用时说：

> 在直觉界线以下的是感受，或无形式的物质。这物质就其为单纯的物质而言，心灵永不能认识。心灵要认识它，只有赋予它以形式，把它纳入形式才行。单纯的物质对心灵为不存在，不过心灵须假定有这么一种东西，作为直觉以下的一个界线。……物质，经过形式打扮和征服，就产生具体形象。这物质，这内容，就是使这直觉品有别于那直觉品的；这形式是常住不变的，它就是心灵的活动；至于物质则为可变的。没有物质，心灵的活动就不能脱离它的抽象的状态而变成具体的实在的活动，不能成为这一个或那一个心灵的内容，这一个或那一个确定的直觉品。①

这段话的中心意思是，直觉是赋予本来无形式的物质以形式的一种心灵活动。这种直觉活动，克罗齐又称之为"心灵综合作用"。这种心灵综合作用就是要把物质纳入形式，物质被赋予形式就产生具体形象，这具体形象也就是直觉品。这里最值得注意的是，克罗齐用来规定直觉活动的两个概念——"物质"和"形式"都是具有特定含义的。克罗齐所说的"物质"并不是我们所说的客观的物质存在。我们在前文已经指出，克罗齐的哲学体系只承认有精神活动的存在，不承认有物质世界的存在。在他看来，整个现实世界都是由精神活动创造的，都只是精神活动的体现。他所说的要由心灵来赋以形式的"物质"，并不是和精神相对的客观世界，而只是心灵活动的"材料"。这种"材料"并不来自物质世界，而是来自精神世界。在克罗齐的概念中，"物质"和"感受"（sensation）、"印象"（impression）、"情感"（feeling）是完全同义的，和它相对立的就是"形式"。"物质""感受""印象""情感"都是"无形式的""被动的"、未经心灵认识的，心灵要认识它，就必须赋予它以形式。形式需通过心灵的综合作用，是由心灵所创造的，所以"它就是心灵的活动"。它和物质的

---

① ［意］克罗齐：《美学原理》，朱光潜译，作家出版社1958年版，第5—6页。

区别就是"活动"和"被动"的区别。物质通过心灵的综合作用得到形式，感受、印象、情感也就得到对象化，成为具体意象，这就是直觉的心灵活动。这种心灵活动也就是表现，直觉和表现因此也就是一回事。"没有在表现中对象化了的东西就不是直觉或表象，就还只是感受和自然的事实。心灵只有借造作、赋形、表现才能直觉。"① 从克罗齐对直觉这种心灵活动的说明中可以清楚地看到，他不是把直觉如实地看作人的意识对客观现实的反映，而是把它看作心灵本身创造意象以表现感受、印象、情感的纯粹主观的活动；不是把客观现实看作直觉的来源，而是把主观心灵当作直觉的来源。既然如此，作为直觉活动的美感和艺术，当然也就不能说是客观现实的反映，而只不过是心灵本身的综合作用的产物和表现罢了。克罗齐说："材料指未经审美作用阐发的情感或印象，形式指心灵的活动和表现……在审美的事实中，表现的活动并非外加到印象的事实上面去，而是诸印象借表现的活动而得到形式和阐发。"② 无论是"材料""情感""印象"，还是"形式""心灵""表现"，都不过是主观精神的活动，所以使"情感""印象"得到形式和表现的美感、艺术必然是主观精神的产物。克罗齐审美直觉说的主观唯心主义性质在这里已经表露得十分清楚了。

所谓"直觉即表现"这个公式，不仅被克罗齐用来解释，而且也用来说明美的本质。克罗齐既然否定了美感有其客观来源，当然也就否定了有客观存在的美。在他的美学中，美感和美都是心灵的产物，都是直觉的表现。他根本否认美是存在于客观事物本身的，而认为美是"属于心灵的力量"。他说："凡是不由审美的心灵创造出来的，或是不能归到审美的心灵的东西，就不能说是美或丑。"③ 这显然是颠倒了主观和客观、美感和美的关系，主张由主观决定客观、由美感决定美。那么审美的心灵如何决定和创造美呢？克罗齐依据的还是"直觉即表现"的公式。在克罗齐看来，心灵通过直觉使印象、情感得到形式，成为意象，就是表现。表现有成功也有失败，所谓成功和失败，就是指心灵活动能否自由伸展，印象、情感能否恰如其分地被意象表现出来。表现的成功，就效果方面来说便生痛感；

---

① ［意］克罗齐：《美学原理》，朱光潜译，作家出版社1958年版，第7页。
② ［意］克罗齐：《美学原理》，朱光潜译，作家出版社1958年版，第15页。
③ ［意］克罗齐：《美学原理》，朱光潜译，作家出版社1958年版，第97页。

就价值方面来说便是丑。美是成功的表现,是正价值;丑是失败的表现,是反价值。但不成功的表现就不能算是表现,所以美其实就是表现。从以上论点可知,克罗齐完全是由审美意识活动来规定事物美丑的。所以他断然否定自然本身有美,认为一切自然美都是人的心灵的发现和创造。"如果没有想象的帮助,就没有那一部分自然是美的;有了想象的帮助,同样的自然事物或事实就可以随心情不同,现得有时有表现性,有时毫无意味。"① 总之,自然的美丑以人的想象和心情为转移。离开了欣赏者的审美的直觉,自然也就无所谓美。"直觉说"由否定美感和艺术的客观来源到否定美的客观存在,主张美产生于美感,都不外乎是把美、美感、艺术一齐当作主观精神活动的产物,这可以说是一种地道的主观唯心主义的美学理论。

第四节 欲望说述评

从人的意志或欲望来说明美感、艺术的来源和特征,可称之为欲望说。德国哲学家叔本华和奥地利心理学家弗洛伊德可作这种学说的代表。虽然叔本华和弗洛伊德两人的思想体系很不相同,但弗洛伊德受到叔本华哲学的很大影响,他所说的"欲望"和叔本华所说的"意志"在精神实质上具有内在联系。正如弗洛伊德所说:"精神分析并不是首先迈出这一步的。要指出我们的前辈,可以指出一些著名的哲学家,尤其要首推伟大的思想家叔本华,他的无意识'意志'相当于精神分析中的精神欲望。"② 在解释美感和艺术的产生和作用时,叔本华认为是意志的解脱,弗洛伊德认为是欲望的升华,他们可以说是殊途同归,都是将美感、艺术植根于人的意志、欲望之中的。

叔本华的哲学体系是唯意志论。他追随康德之后,把世界分成所谓"自在之物"的世界和"现象"世界。前者就是意志,后者则是表象。"世界是我的表象"是叔本华哲学的第一个命题。依照这一命题,围绕人的世界,只不过是作为人的表象而存在着,但这仅仅是世界的一个方面,还没

---

① [意]克罗齐:《美学原理》,朱光潜译,作家出版社1958年版,第91页。
② 高觉敷主编:《西方近代心理学史》,人民教育出版社1982年版,第370页。

有揭示世界的本质。什么是世界的真正内在内容和本质呢？叔本华认为是意志。"世界是我的意志"就是叔本华哲学的另一个命题。依照这个命题，意志单独构成世界的另一个方面，成为世界的基础、本源，整个表象世界都不过是意志的客观化，叔本华就是在这种唯意志论的基础之上建立他的美学的。他认为作为万物之源的意志是一种无意识的意志，是不能遏制的盲目冲动，是一种欲求。它所欲求的就是生命，一是维持自己的生存；二是繁衍后代，也就是延长自己的生命。因此可以把意志称为生命意志。而生命意志的本质就是痛苦，因为一切欲求都是由于缺乏、由于对自己现状的不满，一天不能得到满足就痛苦一天，而没有一次满足是可以持久的，每一次满足都是新的欲求的起点，欲求是无止境的，痛苦是无边际的。而且意志现象愈完善，痛苦也就愈显著。到了人，痛苦则达于顶峰。人要摆脱痛苦，就要舍弃欲求，摆脱意志的束缚，否定生命意志。否定意志的最彻底办法是消灭一切欲望，达到涅槃的境界，得到永久的解脱。此外，还有一种不彻底的、暂时的解脱方法，便是通过审美和艺术。因为在审美和艺术中，我们的注意力已经不再集中于欲求的动机，暂时忘却了自己，只是沉浸于对事物纯粹客观的观审之中。"我们在那一瞬间已摆脱了欲求而委心于纯粹无意志的认识，我们就好像进入了另一世界，在那儿，[日常]推动我们的意志因而强烈地震撼我们的东西都不存在了。认识这样获得自由，正和睡眠与梦一样。能完全把我们从上述一切解放出来，幸与不幸都消逝了。"[①] 于是，"在欲求的那第一条道路上永远寻求而又永远不可得的安宁就会在转眼之间自动的光临而我们也就得到十足的怡悦了"[②]。由此可见，叔本华对于审美和艺术的本源与作用的看法，都是从唯心主义的唯意志论和悲观主义的人生观出发的。他把审美和艺术仅仅当作人从意志和欲望的痛苦中解脱出来一种形式，是从意志到梦境、从欲望到静观，也就是逃避、超脱到与现实世界不同的另一世界。这种观点充满神秘主义，从根本上否定了作为社会意识形式之一的美感和艺术是对现实生活的反映，取消了美感和艺术在社会生活中的积极的、能动的作用。

为什么在美感和艺术中人能从意志和欲望的痛苦中得到解脱呢？叔本

[①] [德] 叔本华：《作为意志和表象的世界》，石冲白译，商务印书馆1982年版，第276页。
[②] [德] 叔本华：《作为意志和表象的世界》，石冲白译，商务印书馆1982年版，第274页。

华认为，这是因为美感和艺术是一种完全不同于一般认识的特别的认识方式，是一种极其神秘的直觉的精神活动。对这种不同寻常的审美的观照方式，叔本华有如下详细的论述：

> 如果人们由于精神之力而被提高了，放弃了对事物的习惯的看法，不再按根据律诸形态的线索去追究事物的相互关系——这些事物的最后目的总是对自己意志的关系——，即是说人们在事物上考察的已不再是"何处"、"何时"、"何以"、"何用"，而仅仅只是"什么"；也不是让抽象的思维、理性的概念盘踞着意识，而代替这一切的却是把人的全副精神能力献给直观，浸沉于直观，并使全部意识为宁静地观审恰在眼前的自然对象所充满，不管这对象是风景，是树木，是岩石，是建筑物或其他什么。人在这时，按一句有意味的德国成语来说，就是人们自失于对象之中了，也即是说人们忘记了他的个体，忘记了他的意志；他已仅仅只是作为纯粹的主体，作为客体的镜子而存在；好像仅仅只有对象的存在而没有觉知这对象的人了，所以人们也不能再把直观者〔其人〕和直观〔本身〕分开来了，而是两者已经合一了……客体如果是以这种方式走出了它对自身以外任何事物的一切关系，主体〔也〕摆脱了对意志的一切关系，那么，这所认识的就不再是如此这般的个别事物，而是理念，是永恒的形式，是意志在这一级别上的直接客体性。并且正是由于这一点，置身于这一直观中的同时也不再是个体的人了，因为个体的人已自失于这种直观之中了，他已是认识的主体，纯粹的、无意志、无痛苦的、无时间的主体。①

这段论述中值得注意的有三点：

第一，美感是一种和一般认识完全不同的非理性的认识方式。叔本华认为有两种完全不同的认识方式：一种是逻辑的、理性的认识，即科学的认识；另一种是非理性的、直观的认识，即审美的认识。这两种认识都不是对外部世界的反映，而只是主体本身的一种活动。同时他又认为，科学

---

① 〔德〕叔本华：《作为意志和表象的世界》，石冲白译，商务印书馆1982年版，第249—250页。

的、理性的认识是"对事物的习惯看法",它依据先验的认识形式即"充分根据律",在时间、空间、因果关系中考察事物,所认识的只是作为意志、理念的偶然显现形式的事物,而不是事物的本质和真理。而审美的、直观的认识则不依靠充分根据律的观察事物的方式,它根本不顾时间、地点、条件、关系而直观事物本身,既不用感性,也不用理性,只是"把人的全副精神能力献给直观"。依靠这种直观的认识方式,便可以直达事物的本质即理念、意志,发现真理。显然,叔本华在这里完全把美感、艺术和科学的、理性的认识对立起来,使美感、艺术成为脱离理性认识而独立的认识方式,同时又把美感、艺术放在高于科学的、理性的认识的地位,用直观否定理性,从而表现出他的美学思想的反理性主义特点。

第二,在美感中认识的对象不是个别事物,而是作为意志的直接客观化的理念。叔本华认为,世界上一切事物都是意志的客观化的表现,意志的客观化有无穷的级别,这些级别就是柏拉图所说的"理念"。"理念只是自在之物的直接的,因而也是恰如其分的客体性。"① 理念是意志(自在之物)的直接的客体化,是永恒不变的形式。至于现实世界的个别事物则不过是"理念的展开",是理念的偶然表现形式,所以也就只是意志的一种间接的客体化。个别事物是非本质的、不真实的,只有理念才是本质的、真实的。叔本华进一步指出,美感和艺术不同于一切现实的认识、理性的认识,它所认识的不是作为理念的偶然显现形式的个别事物,而是永恒的理念本身,"是意志在这一级别上的直接客体性"。叔本华吸取柏拉图的理念论到他的唯意志论的哲学体系来,并以此作为美感、艺术的认识对象、内容和来源,这就完全切断了美感、艺术和客观现实的联系。在他看来,美感与艺术的内容、来源不是客观现实生活,而是作为意志的直接客体性的、永恒不变的理念。"艺术的唯一源泉就是对理念的认识,它唯一的目标就是传达这一认识。"② 叔本华的这个结论十分露骨地表现了他的美学思想的唯心主义性质。

第三,在美感中认识的主体已不再是个体的人,而是纯粹的、无意志的认识主体。叔本华认为,审美观赏的能力不是人原来就有的,只有在作

---

① [德]叔本华:《作为意志和表象的世界》,石冲白译,商务印书馆1982年版,第244页。
② [德]叔本华:《作为意志和表象的世界》,石冲白译,商务印书馆1982年版,第258页。

第九章 西方主要美感学说述评

为主体的人发生了一种变化之后,也就是在摆脱了意志的束缚之后,上升为纯粹不带意志的主体时,才能得到这种能力。所以,使认识从意志的奴役之下解放出来,忘记作为个体人的自我,才是审美观赏的主观条件。有了这个条件,才能不关利害、没有主观性、纯粹客观地观察事物,才能使主体与对象合而为一,进入审美观赏的无我之境。这里,叔本华用了一个非常玄奥的词——"自失"(Sich Verlieren)。"人们自失于对象之中了,也即是说人们忘记了他的个体,忘记了他的意志",于是直观者和直观本身融为一体,主客体完全达到同一,这可以说是一种神秘的境界。表面上看,叔本华讲的是主体在客体中丧失自己,实质上却是要使客体丧失在审美主体之中,把一切客观的实际存在都归结为主体,消灭物与我的界限和分别。他说:"谁要是按上述方式而使自己浸沉于对自然的直观中,把自己都遗忘到了这种地步,以至他自己仅仅只是作为纯粹认识着的主体而存在,那么,他也就会由此直接体会到[他]作为这样的主体,乃是世界及一切客观的实际存在的条件,从而也是这一切一切的支柱,因为这种客观的实际存在已表明它自己是有赖于他的实际存在的人。所以他是把大自然摄入他自身之内了,从而他觉得大自然不过只是他的本质的偶然属性而已。"① 也就是说,在美感直观中,客观的存在以主体为条件,主体把大自然摄入自身,从而大自然也只不过是主体的属性。"我没入大自然,大自然也没入我。"这种貌似神秘、玄奥的理论,其实是一种彻头彻尾的唯我论。

叔本华哲学中的无意识意志,在弗洛伊德的精神分析学说中改头换面,成了无意识的本能和欲望。弗洛伊德是精神分析学说的创始人。他认为人的精神过程是由无意识和意识两部分构成的。所谓"无意识",其内容并不是指人脑对客观现实的反映,而是指由生物遗传或种族遗传所形成的个人原始本能,以及出生后与本能有关的欲望,其中主要是性的本能和欲望。在弗洛伊德看来,人的整个精神过程都是受无意识支配的,"无意识才是精神的真正实际"。有意识的心理现象往往是虚假的、象征性的,其真面目、真原因、真动机必须通过精神分析求之于无意识这个特殊的精神领域。因此,他非常强调无意识中的本能欲望在精神生活中的作用,并

---

① [德]叔本华:《作为意志和表象的世界》,石冲白译,商务印书馆1982年版,第253页。

且对性的本能欲望赋予特别地位。他把性的本能和欲望所具有的心理能量称为"里比多"（libido），认为性的后面有一种潜力，驱使人去寻求快感。这种性的本能冲动给人的全部活动提供力量，并且在人的整个心理活动中表现出来。他说："精神分析认为，正是这些性的冲动对人类精神的最高的文化、艺术和社会成就做出了其价值不可能被估计过高的贡献。"[①] 据此，弗洛伊德把人类艺术和审美活动的来源、动力归结为性的冲动和欲望，认为艺术和审美原是使人的欲望，特别是性欲在想象中得到满足的一种方式。

在说明性欲对于艺术的作用时，弗洛伊德特别提到俄狄浦斯情结。俄狄浦斯是古希腊神话中的一个王子，曾于无意中弑父娶母。弗洛伊德用俄狄浦斯情结来表示他所杜撰的所谓男孩子恋母仇父的性向，认为这种性向是向由遗传机制决定的人类最普遍、最原始的一个倾向，并认为这种性向和道德、宗教、艺术的形成有着重要的联系。他说："在俄狄浦斯情结中同时产生了宗教、社会、道德、艺术的源泉。"[②] 据此，弗洛伊德分析了达·芬奇的创作，认为达·芬奇是一个孤儿，从小钟情于母亲，母亲过早地激起了他的性欲活动。他被排除到无意识系统中的性的心理能量在日后便成功地升华到绘画活动里。所以，达·芬奇的艺术成就来源于他所特有的俄狄浦斯情结。

人的本能欲望如何能在艺术中得到满足呢？弗洛伊德认为这是通过升华作用（Sublimation）达到的。人的本能欲望由于为人类社会的伦理道德、宗教法律、风俗习惯所不容，便被压抑在无意识领域，不能得到满足。但是这些本能欲望并没有被消灭，而是在不自觉地积极活动，追求满足。升华作用就是把性的心理能量从婴儿期所固有的情结上解放出来，移到社会所容许的途径中去发泄，使本能欲望既可得到相当的满足，同时又与社会道德习俗不相违背。在弗洛伊德看来，艺术就是这种升华作用的结果，它和梦一样，都以化妆的方式使欲望得到表现，在想象中求得补偿。在《创作家与白日梦》中，弗洛伊德提出，除了晚间睡梦之外，人还"在虚渺的

[①] 杨清：《现代西方心理学主要派别》，辽宁人民出版社1980年版，第352页。
[②] 杜任之主编：《现代西方著名哲学家述评》，生活·读书·新知三联书店1980年版，第386页。

空中建造城堡，创造出我们叫作'白日梦'的东西"。所谓"白日梦"就是幻想，它和夜间睡梦一样，也是欲望的满足。作家把他的"白日梦"表现出来，就产生了文艺。由此，弗洛伊德得出结论：文艺创作和"白日梦"在本质上是一样的，"一篇作品就像一场白日梦一样"，它是"目前的强烈经验，唤起了创作家对早先经验的回忆（通常是孩提时代的经验），这种回忆在现在产生了一种愿望，这愿望在作品中得到了实现"。作家的创作由于表现了"个人的白日梦"，使欲望在想象中得到满足，所以感到愉快；欣赏者之所以能从欣赏艺术中获得审美快感，则是由于作家使我们能从作品中享受我们自己的"白日梦"，使欲望得到满足。

弗洛伊德的心理分析学说把人的心理活动仅仅理解为意识和无意识的本能、欲望之间的矛盾，把无意识的本能、欲望看作人的整个精神过程的支配力量，根本上否定外部世界、社会条件对心理活动的主导的、决定性的作用。这种唯心主义论点是同马克思列宁主义关于心理"是外部世界的反映"的唯物主义论点是直接相对立的。他从这种错误的理论出发，用本能、欲望来解释美感和艺术现象，把美感和艺术归结为本能、欲望的满足，从本能、欲望去寻求美感、艺术的源泉，这同马克思主义关于艺术是现实生活的反映、是由社会存在决定的原理也是直接相悖的，其荒谬性十分明显。被弗洛伊德当作艺术源泉的俄狄浦斯情结，不过是一种主观的构想，并没有什么科学的根据。他后来认为俄狄浦斯情结只有婴儿才有，在成年期仍留存的只有神经病者。这样一来，艺术的形成就只有依靠婴儿和神经病者了，这岂不是显得十分荒唐吗？他举出一些作家的创作，把他们的成就都归之于性本能和俄狄浦斯情结，这实际上是抹杀了这些创作的思想认识意义和美学价值。至于他把创作和欣赏中的美感愉悦和性欲望的满足联系在一起，这就势必把美感这种社会性的高级情感加以庸俗化、低级化。马克思主义认为，人的本质在于人的社会性，人的一切精神活动都是由人的社会存在所决定的。可是弗洛伊德把人的自然的、生理的本能欲望提到高于一切的地位，把它们当作决定人的一切活动和心理现象的基础，这不是把人降低为动物了吗？

弗洛伊德关于无意识及其与意识关系的学说，虽说也开拓了心理学研究的新领域，但它本身原是一种纯思辨的图画，是一种主观臆想的产物，缺乏科学根据。他不仅赋予无意识概念以特殊内容，而且把无意识和意识对立起来，极力抬高无意识的地位，贬低意识的作用，以至于认为人的"精神过程本身都是无意识的，而那些有意识的精神过程只不过是一些独立的动作和整个精神的局部"①，这种观点是具有强烈的反理性主义性质的。他用这种观点来解释审美和艺术现象，认为文艺创作和欣赏都和梦境一样是无意识的表露，是无意识中的欲望以化妆的方式，冲破意识的防守而表现出来的结果。这样势必把审美和艺术看作无意识、无理性的活动，排斥意识、理性在创作和欣赏中的重要作用，导致艺术创作和欣赏中的反理性主义。苏联心理学家鲁宾斯坦在批判弗洛伊德的无意识学说时指出："不可能像弗洛伊德所做的那样把人的心理分解为意识和无意识的两个互为外部的方面。……在有意识的人身上，根本不存在完全处于意识之外的心理体验，如果说它们完全是在意识之外，那么这只能是生理过程，而不是心理过程。可是只要一谈到观念的东西，我们可以说在这样完备的意识性中，没有什么东西是没有意识到的。"② 这段话用来批评弗洛伊德把审美和艺术创作贬低为无意识活动的理论，也是十分恰当的。

第五节　心理距离说述评

英国心理学家布洛用所谓"心理的距离"（psychical distance）来解释审美现象，使心理距离说成为西方现代美学中最有影响的审美心理学说之一。布洛认为，"心理距离"是"美感的一种显著特征"，"是一切艺术的共同因素"，也是"审美价值的一个特殊标准"。那么，所谓"心理距离"概念的含义是什么呢？布洛为说明这一概念，举出一个有名的设想的例子，就是处在海雾所形成的危险之中，却仍能欣赏海雾、感到愉快的情形。乘船的人们在海上遇到大雾，是一件最不畅快的事，因耽搁行程而感到焦急，对难以预料的危险感到恐惧。但是，"你也同样可以暂时摆脱海雾的上述情境，忘掉那危险性与实际的忧闷，把注意转向'客观地'形成周围景色的种种风物——围绕着你的是那仿佛由半透明的乳汁做成的看不

---

① 杨清：《现代西方心理学主要派别》，辽宁人民出版社1980年版，第350页。
② 赵璧如主编：《现代心理学的方法论和历史发展中的一些问题》，中国社会科学出版社1983年版，第329—330页。

透的帷幕，它使周围的一切轮廓模糊而变了形，形成一些奇形怪状的形象；你可以观察大气的负荷力量，它给你形成一种印象，仿佛你只要把手伸出去，让它飞到那堵白墙的后面，你就可以摸到远处的什么能歌善舞的女怪……"① 如此这般，你就会忘掉实际生活带来的焦躁、恐惧，而尝到一种欢快的滋味。据此，布洛指出："距离是通过把客体及其吸引力与人的本身分离开来而获得的，也是通过使客体摆脱了人本身的实际需要与目的而取得的。"② 朱光潜在《文艺心理学》中对布洛的上述观点作了极为明白的表述："'距离'含有消极的和积极的两方面。就消极的方面说，它抛开实际的目的和需要；就积极方面说，它着重形象的观赏。它把我和物的关系由实用的变为欣赏的。就是说，距离是'超脱'；就物说，距离是'孤立'。"③

由以上所论可知，心理距离说的基本要点是认为美感须和实际生活、实际目的有一种距离，也就是说美感是"超脱"实际人生，忘掉实用功利，用"纯客观"的态度去观赏孤立绝缘的物的形象的。虽然"心理距离"这个概念是布洛的首创，但他对美感的这个基本观点并不是新的主张。我们知道，康德对美感的一个基本看法就是认为它不涉及实际利害关系和功利目的，认为只有摒除一切现实的利害和欲求，以"纯然淡漠"的态度"无所为而为地观赏形象"，才是美感心理的特点。叔本华也认为美感的心理状态就是暂时摆脱实际生活的羁绊，从意志和欲求中"超脱"出来，忘却自我，不关利害，以"静观"的态度"纯粹客观地观察事物"。布洛的心理距离说可以说是对康德、叔本华上述观点的一个发展，是审美超功利说的一个集中表现。

应该承认，美感的心理状态和实际生活的心理状态确实有所不同。在美感发生时不会直接地涉及个人的物质利害的关系，不须直接想到对象是否合乎我们的个人实用目的。从这个意义上说，距离说强调美感态度、美感世界与实用态度、实用世界的区别是有一定的道理的。但是，美感不是

---

① ［英］布洛：《作为艺术因素与审美原则的"心理距离说"》，载中国社会科学院哲学研究所美学主编《美学译文》（2），中国社会科学出版社1982年版，第93—94页。
② ［英］布洛：《作为艺术因素与审美原则的"心理距离说"》，载中国社会科学院哲学研究所美学主编《美学译文》（2），中国社会科学出版社1982年版，第96页。
③ 《朱光潜美学文集》第1卷，上海文艺出版社1982年版，第22页。

和实际生活没有关系的，也不是完全超越实用功利的。像距离说那样，主张美感必须有超脱实际生活、无关实用功利的心理的距离，把美感的态度、美感的世界和实用的态度、实用的世界完全割离开来、对立起来，是不符合事实、十分错误的。从人类美感意识和艺术的发展史便可明白，美感和艺术的形成与发展都是受到社会实际生活的决定和制约的，它和人的社会功利的活动具有极其深刻的内在联系。为什么原始狩猎民族即使住在花卉很丰富的地方却决不用花来装饰自己，而只从动物身上采取自己的装饰品？为什么狩猎时代的艺术以动物为主要审美对象，而农耕时代的艺术却以植物花卉作为重要审美对象？这怎么能说和当时人们的实际生活、实用功利没有关系呢？普列汉诺夫通过对大量有关原始民族审美意识的材料的分析，科学地指出，一定社会的人的美感，总是取决于他们的实际社会生活条件的，"从历史上说，以有意识的实用观点来看待事物，往往是先于审美的观点来看待"①。人类最初的审美活动都是直接以实际生活的功利活动作为基础的。文化高度发展以后，人类的审美活动与实际生活的功利活动的关系虽然表现得更为隐蔽、曲折、复杂，然而归根到底，审美活动仍然受到实际生活的社会功利活动的制约。美感不是和实际生活没有联系的，也不是完全没有社会功利内容。美感的态度不仅不能超脱实用的态度，而且须以实用的态度作为基础。只要看看人们对艺术的美感如何受到人们的实际生活的影响、制约，这一点就十分清楚了。

　　布洛为说明美感须超脱实际生活而独立所举的例子是难以令人接受的。如果真像布洛所说，一个人面临实际的危险竟可以视而不见、听而不闻，仅仅凭着幻想就可以超脱于实际生活之外，不唯安然自得，而且乐趣无穷，那么这个人的心理生活很可能是不正常的。我们在前面说过，人们对事物的美感是要受到个人心境、情绪的影响的。一个人处在焦急、恐惧之中，而这种心情居然会丝毫不影响审美，这是难以想象的。固然，人们可以欣赏令人恐怖的崇高的对象，但那是以对欣赏者没有实际的威胁为条件的。如果说布洛关于美感须超脱实际生活的观点对于欣赏自然美来说只是显得荒谬，那么对于说明艺术现象就更具有直接的危害性。如布洛认为

---

① ［俄］普列汉诺夫：《没有地址的信·艺术与社会生活》，曹葆华译，人民文学出版社1962年版，第125页。

艺术不能涉及"社会公众十分关切的现实题材",否则就会失去与实际生活应有的距离,破坏美感欣赏。而朱光潜在《文艺心理学》中也主张艺术和实际人生之中应该有一种"距离",以便"替人生造出一个避风息凉的处所",这其实都只能将艺术家引向脱离、逃避现实生活的歧路。

布洛虽然强调美感要超脱实际生活,忘掉自我,然而他也不能不承认,无论是艺术创作还是艺术欣赏,都不可能完全和个人的实际生活经验无关,于是他又提出所谓"距离的矛盾"(the antinomy of distance)。对此,朱光潜在《文艺心理学》中介绍说:

> 在美感经验中,我们一方面要从实际生活中跳出来,一方面又不能脱尽实际生活;一方面要忘我,一方面又要拿我的经验来印证作品,这不显然是一种矛盾么?事实上确有这种矛盾,这就是布洛所说的"距离的矛盾"。创造和欣赏的成功与否,就看能否把"距离的矛盾"安排妥当,"距离"太远了,结果是不可了解;"距离"太近了,结果又不免让实用的动机压倒美感,"不即不离"是艺术的一个最好的理想。①

以上所说"距离的矛盾"指的是美感中超脱实际生活又不脱尽实际生活、忘我而又有我的矛盾情况。这种看法实际上也就是自己否定了美感须超越实际生活、忘记自我的看法,因而不能不显得自相矛盾。而所谓距离不可太远又不可太近,究竟是怎样一种状况,又怎样才能"安排妥当",原是一个无法准确说明的含混不清的东西。布洛认为距离太远或太近,都会超过"距离极限",导致距离丧失,从而也就会使人失去美感。但"距离极限"究竟是怎样确定下来的,布洛自己也无法回答。他说:"实际上,要想确定这个极限,缺乏资料是无法办到的;同时这个极限在不同的人中间高低悬殊也很大,因此,也同样确定不下来。"② 既然如此,所谓美感须有"距离的矛盾"之说也就不过是一种主观臆想,没有充分的科学根据对

---

① 《朱光潜美学文集》第1卷,上海文艺出版社1982年版,第25页。
② 参见中国社会科学院哲学研究所美学室编《美学译文》(2),中国社会科学出版社1982年版,第102页。

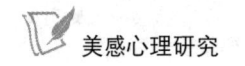

它做出合理的解释。

距离说认为"创造和欣赏的成功与否,就看能否把'距离的矛盾'安排妥当",也就是说,心理的距离乃是决定创作或欣赏是否成功的决定性条件。从这种观点出发,它把欣赏和创作中许多复杂的心理现象以及艺术与现实的辩证关系等,都简单地归结为心理距离的问题,这都是极不科学的。拿艺术欣赏来说,距离说认为一个猜疑妻子的丈夫观看悲剧《奥赛罗》"最容易使他想起自己和妻子处在类似的境遇,忘记目前只是一场戏,忘记去玩索剧中人物的行动,他不是在看戏而是在自伤身世"[1],这便是距离消失而破坏欣赏。其实,对于欣赏中的这种心理状态是需要具体分析的。一般说来,欣赏者因艺术形象而联想起自己类似的生活经验、思想情绪,从而产生强烈共鸣,是艺术欣赏中的一种正常现象。这种对实际生活的联想不仅不会破坏艺术欣赏的美感,而且由于深入体会艺术形象的内容,反而会使所获的美感更为强烈、深刻。当然,艺术并不等同于现实本身,欣赏者也不能误把艺术欣赏当作实际生活。欣赏者一方面要以自己的生活经验去设身处地体验艺术形象,受到艺术形象的深刻感染;另一方面又要使情感体验接受理智的支配、控制,并且意识到是在欣赏艺术。只有把形象的想象、情感的体验与理智的作用有机地、辩证地统一起来,才能使艺术欣赏的审美活动正常进行。如果有的欣赏者由于受到艺术形象感染而误把艺术当作现实本身,把艺术欣赏等同于自己的实际生活,以至于闯进戏里去凑热闹,把自己当作戏中角色之一,或者把戏中角色当作他的实际生活中的仇人或友人,这种情形与其说是丧失了所谓心理的距离,不如说是失去了理智对感情的控制作用,忘记了艺术形象和实际生活的区别。

再拿艺术创作来说,距离说认为心理的距离是创作成功与否的决定条件。"艺术家之所以为艺术家,不仅在能感受情绪,而尤在能把所感受的情绪表现出来;他能够表现情绪,就由于能把切身的情绪摆在某种'距离'以外去观照。"[2] 我们也认为,艺术家的生活体验和强烈情绪感受并不等于就是艺术。艺术家在表现某种生活体验、情绪感受时,需要对实际生活中的体验、情绪进行认识、提高、思索、提炼。只有这样,才能使生活

---

[1]《朱光潜美学文集》第1卷,上海文艺出版社1982年版,第26页。
[2]《朱光潜美学文集》第1卷,上海文艺出版社1982年版,第28页。

中普通的情感体验具有深刻的社会意义，使生活中的情感变为艺术中的情感。但是，这种变化并不是由于所谓心理的距离造成的，而是艺术家用理智去提高感情，使感情与理性因素有机结合起来，并且通过形象思维，使感情典型化并获得形象表现的结果。艺术和生活的关系是辩证统一的。艺术美来源于现实美，而又高于实际现实事物的美。这是因为艺术通过对现实生活的改造，将生活加以典型化、理想化，使艺术形象的个别和一般、内容和形式得到了完美的统一。正因如此，所以生活中一些极平凡的东西，经过艺术家的创造，可以塑造成很美的意象；生活中的灾难、悲痛，一经化为艺术形象，也可以使人得到特殊的美感享受。从这个意义上说，艺术和现实是有距离的。但这并非由心理距离所形成，而是由于对现实生活进行了典型化的加工改造。距离说把艺术和现实的区别、艺术对生活的典型化，都简单地归结为艺术家对现实生活保持了心理距离的结果，这是极不符合艺术创作的事实和规律的。

在距离说看来，所谓"距离的矛盾"不仅是创作和欣赏成功与否的决定条件，而且是评价一切艺术的标准。以距离的矛盾来衡量，写实主义距离太近，而理想主义则距离太远，都易破坏美感。所以，艺术在本质上是形式主义的和反写实主义的。时间较近的作品距离太近，难以有纯粹美感态度；时间较久的作品距离太远，又无从欣赏，甚至艺术的发展也被描写成由距离较大的幼年阶段走向距离较小的繁荣阶段。如此等等看法，都是用抽象的心理距离的概念代替了对于各种复杂的艺术现象的具体的历史的分析，掩盖了艺术的社会本质和发展规律。综上所述，距离说虽然对美感的特殊心理现象作了某些描述，但它对这些心理现象的解释都是缺乏科学性的，以心理距离作为美感的本质特征和艺术的评价标准，也是不正确的。

后 记

美感问题是美学中一个重要而有趣的问题。它既与美的本质和艺术理论研究互相联系，又与美的欣赏和艺术创作的实际紧密相关。我们要建立科学的美学体系，并使美学研究与审美和艺术实践相结合，不深入地研究美感是不行的。在前人的美学著作中，对美感问题曾有不少论述，留下了丰富的思想资料，但真正科学而又系统地阐明这一问题的专著则不多见。我国美学界在多年的美学讨论中集中于探讨美的本质等问题，比较起来对美感的分析却显得不够。基于以上情况，我在近年来的美学教学和研究中，较广泛地涉猎了中外有关美感问题的资料，并且较多地对这一问题作了一些思考。摆在读者面前的这本书，就是我在这方面的一个研究成果。我努力的目标是试图以辩证唯物主义和历史唯物主义作指导，紧密结合审美和艺术创作的实际，从美学、心理学、认识论、文艺学、社会学等各个角度，对美感心理结构和功能进行多层次的分析，以阐明美感的整体特性，揭示美的欣赏和创造中美感心理活动的规律。由于美感问题本身的复杂、繁难，加之自己水平所限，书中所述恐怕离努力的目标还有很大距离，只得请专家和读者加以指正了。

本书的写作得到美学界一些专家、朋友及湖南人民出版社的大力支持。著名美学家蔡仪先生和蒋孔阳先生先后审阅了本书，给予了热情鼓励；中国社会科学院文学研究所杨汉池、涂武生、杨宗兰等同志阅读了部分或全部书稿，提出了宝贵意见；《美学丛书》编委会决定将此书列为该丛书之一；湖南人民出版社黄治正同志一直关心此书的写作，他和王娅丽同志为编辑、出版此书付出了辛勤的劳动。在此，一并表示诚挚的谢意。

彭立勋
一九八五年六月

审美经验论

再版前言

《审美经验论》是我 1988 年从剑桥大学回国后不久写成的一本书，1989 年由长江文艺出版社出版。此后，《人民日报》《文艺报》《文艺研究》《学术研究》《中国哲学年鉴》以及香港《文汇报》等报刊曾先后发表过书评和报道。1990 年和 1994 年分别获得深圳经济特区十年社会科学优秀成果（优秀著作）一等奖和广东省优秀社会科学研究成果（专著）一等奖。现在，它又被选入"深圳社会科学文库"由人民出版社再版，实在令人兴奋和鼓舞。

我的美学研究一直得到我国美学界许多前辈学者和专家的关心和支持，这使我感到特别荣幸、特别感激。本书也曾得到许多专家学者的热情鼓励，特别是原中国社会科学院副院长、国务院学位委员会委员、我国著名哲学家、美学家汝信先生，在 1993 年 12 月给广东省优秀社会科学研究成果评奖委员会专门写了推荐信，对本书给予了高度评价。这一评价不仅在当时使我受到极大激励，而且此后一直成为我从事美学研究的有力鞭策。我感到这不仅是对我的一本著作的肯定，同时也是对我的美学研究道路和方向的肯定，因此觉得特别可贵。我一直珍藏着汝信先生这份推荐信的复印件。现在，趁本书再版之机，我将这份推荐信全录于此，一则作为自己永久的激励和鞭策，再则表达我对汝信先生的由衷敬意和感谢。

推 荐 信

彭立勋教授著《审美经验论》一书（1989 年长江文艺出版社出版）是具有高度学术水平的美学专著，该书较深入而有系统地研究了过去我国美学界所忽视的审美经验问题，填补了我国美学研究中的一个空白。

审美经验论

作者考察了西方的各种主要的审美经验理论，进行实事求是的细微的分析，对它们作出了客观的、公允的评价。在此基础上，作者提出了自己的审美经验理论体系，富有独创性，对有关审美活动的一系列重要美学问题的分析和解释都颇有新意，突破了前人的研究水平。在近年来我国出版的美学专著中，该书确实是不可多得的佳作，特此推荐。

汝信
1993 年 12 月 14 日

美学研究一直是我在专业上孜孜以求的目标。从青年时代直到现在，我为此付出了许多许多。但我从侧重文艺理论研究转到侧重美学研究，是从我国进入改革开放和现代化建设的新时期才开始的。新时期的来临，为我国美学研究注入了新的生机与活力。1980 年我参加了第一次全国美学会议，从此，我便把主要精力放在美学教学和研究上，并且迅速选定了研究方向和重点——美感经验研究。1985 年我的《美感心理研究》出版，这是新时期我国较早出版的一部全面、系统研究美感心理的专著，因而在学术界和社会上产生了较为广泛的影响。1986 年它获得了全国优秀畅销书奖，这使我备受鼓舞。但我对美感问题的研究并没有因此停步。在撰写《西方美学名著引论》的同时，我也开始收集关于审美经验的新资料，并对一些研究难题作进一步思考，准备在适当时候再写一部专著。恰好这时国家教委派我赴剑桥大学进行学术访问，这真是一个千载难逢的机会。在剑桥的一年，可说是我研究时间最充裕、研究精力最集中、思考问题最深入的一年。我经常往来于住地和大学图书馆之间，绝大部分时间都是在图书馆中消磨的。在那里，我如饥似渴地阅读了一大批新的英文美学书籍，收集了和我研究的课题有关的大量资料，在反复比较、鉴别、分析、归纳中逐步形成着我的新思想，其结果就是陆续起草、修改而终于在回国之后完成了《审美经验论》这部专著。可以说，这部著作倾注了我在剑桥花费的全部心血，同时也伴随着我在那里的最美好的回忆。今天，当本书将再版时，我重读其中一些重要章节，对于自己何以能殚精竭思去构建出如此一种审美经验的理论体系，也是颇感惊异的。

从剑桥回国以后，我从华中师范大学来到深圳主持社会科学研究工作。这些年,虽然行政工作占用了我相当多的时间,而且由于工作需要,我的学术研究领域也有所扩展,但是,美学研究仍然是我最关注、用力最多、用功最勤的领域。由于深圳的良好条件和上级主管部门的大力支持,使我有机会多次出国参加国际美学会议,同世界美学界进行了广泛的学术交流,从而获取了最新的研究动态,扩大了自己的研究视野。近年来,除了继续进行审美心理学方面的研究外,我还在中西美学比较研究、西方当代美学新潮评介以及城市美学研究等方面作了一些努力。这些论文都已收入我的《美学的现代思考》(中国社会科学出版社 1996 年版)一书。回顾自己数十年来在美学研究上所做的艰苦跋涉,付出的精力和心血虽然很多,但获得的成果却离理想的目标尚远。今后如果时间和精力都允许,我仍将在美学研究上做进一步的努力,以期对我国美学科学的建设贡献自己微薄的力量。

1999 年 6 月

导 言

像哲学中其他各部门一样，美学在它的历史发展过程中，在研究范围和研究重点上，曾经发生过许多变化。如果说古代西方的哲学家们所着重探求的是世界的本源问题，那么，与此相适应，西方古代美学思想也主要是集中在探讨美的本源的问题上。从毕达哥拉斯派的美在和谐说到柏拉图的美在理念说，再到奥古斯丁的美在上帝说，无一例外地都把注意重心放在审美客体上。比较起来，对于审美主体的认识和研究则显得不足。但是，随着近代西方哲学的研究重点从本体论转向认识论，从认识客体转向认识主体，美学研究重点也逐步从审美客体转向审美主体，对于审美主体在认识和体验美的对象时的心理活动和心理能力的探讨，在美学中越来越引起人们的注意和兴趣。推动着美学研究重点的这种转变的，首先是英国经验论派的美学家。他们在西方美学史上率先提出趣味理论（the theory of taste），从心理学和生理学的角度对人的趣味能力和美感经验作了分析。康德批判地继承并发展了经验论派和理性论派的审美理论，他在《判断力批判》中对审美判断力作了深刻的哲学分析，从而使审美主体和审美经验的研究在美学中占有突出地位。

但是，从西方传统美学的总体和主流来看，毕竟还是以美的哲学探讨作为主要内容的。审美经验分析不可能取代美的哲学研究在美学中占有主体地位。真正把审美经验的分析作为美学研究的中心对象，以致取代了美的哲学研究在美学中的主体地位的，是当代西方美学。正如许多西方美学家所一致指出的，美学研究对象上的这一显著变化，是当代美学不同于传统美学的一个最为鲜明的特点。试看当代西方最有影响的一些美学思潮和流派，从表现主义美学、自然主义美学、精神分析学美学、格式塔心理学美学，到现象学美学、符号学美学等，无一不是注重审美经验的描述和分析，并且结合着审美经验来探讨各种具体的艺术问题。由于把审美经验作为美学研究的出发点和重点对象，当代西方美学的研究命题和结构体系也相应发生了很大变化。近年来，我国美学界对审美主体和审美经验研究的展开和深入，无疑是同当代世界美学的发展趋势相一致的。

对于一些西方美学家试图以审美经验分析取代美的哲学探讨的主张，我们当然是不同意的。因为这种回避问题的办法不仅无助于美学中根本理论问题的解决，即使对于审美经验分析本身来说也是不利的。从辩证唯物主义观点来看，审美主体的意识活动毕竟是由审美客体引起的，是对后者的一种能动的反映。如果不以美的哲学探讨作为前提和基础，审美经验的描述和分析也不可能深入进行。但是，在继续努力探讨美的本质问题的同时，加强对审美经验的研究，却是当代美学发展中一个不可忽视的任务。审美活动只能产生于审美客体和审美主体的相互关系和作用之中，主体因素的参与和影响是审美活动的一个十分重要的特点。审美的意识活动虽然是由审美客体所引起的，但客体的刺激必须经过主体的心理结构的中介才能形成审美经验。从这个意义上说，如果我们不注意研究审美主体以及审美主客体的相互关系，也就不可能真正弄清审美活动的内在规律。对于审美经验的分析，固然须以美的本质的研究作为理论前提，然而对于美的本质的认识，又不能完全脱离人们的审美意识、审美经验去进行。因为一切科学都是依赖于人们对于客观现实的认识的，如果不凭借人们对于客体的美的认识，不借助于人的审美意识、审美经验，就无从接触客观存在的美，也不可能抽象出美的本质的理论。众所周知，美的本质问题在两千多年的美学思想发展中，一直是一个众说纷纭、莫衷一是的难题。当代西方美学家对于这个问题的回避态度，显然也和这个问题的解决所遇到的困难有关。为了使美学中的这个哥德巴赫猜想逐步得到解决，还有许多艰难的路程要走，但达到这个目标可以采用多种途径。如果我们对审美经验的特性、内容、结构、功能等有了更深刻、准确的认识和把握，那么，对于唤起审美经验的客体的美的本质的理解也就可能进一步得到深入。

加强审美经验的研究，对于全面、深入地开展艺术问题的研究，促使美学理论与艺术实践紧密联系起来，也是具有重要意义的。有一种意见认为，审美经验分析无助于解决艺术文明的困惑，只有放弃由审美经验分析去了解艺术的企图，从审美经验分析转向"艺术纯粹分析"，即艺术的感性形式的客观分析，才能解释艺术文明。这种把审美经验分析与艺术研究互相割裂的看法，笔者以为是欠妥的。无论从理论上看还是从实际上看，审美经验分析和艺术研究的深刻联系都是无法否认的。艺术毕竟是人类审美意识的一种最完善、最集中的表现形式。艺术作品的创造离不开艺术家的审美经验，艺术作品的欣赏也离不开观赏者的审美经验。艺术作品作为审美对象，是在审美经验中获得实现的。可见，艺术的本质和审美的本质是完全统一的。要了解艺术作品是什么，首先必须对审美经验是什么做出回答。正如有的美学家所说，一种合理的审美经验理论，乃是"讨论艺术哲学诸基本概念的良好出发点"[①]。如果我们要真正认识艺术的本质特征，认识艺术创造、欣赏、批评的规律，就不能放弃对审美经验的分析。我们不否认研究艺术作品需要分析它的感性形式，但是孤立地、纯粹地分析感性形式，也不能对艺术作品做出完全科学的解释。因为艺术作品不仅仅是一种感性形式的存在，而且是一种为了让人们把它作为审美对象来经验而创作出来的感性形式的存在。即使分析作为客体的艺术作品的形式和结构，我们也应该研究艺术作品在审美经验中呈现的客体的性质和存在的方式究竟是什么。许多研究成果表明，把艺术本体论和审美经验论两者相互结合起来，对于美学研究不仅是十分必要的，而且是富有成效的。

　　虽然对审美经验的研究，早已引起众多美学家的重视和兴趣，但是，人们至今对其规律的认识还是有限的。有的当代西方美学家认为，迄今为止分析审美经验的人多半满足于赞美颂扬，而对于审美经验的主要内容进行透彻研究的人则寥寥无几。这可能是对已有的研究成果估计不足，但也反映出美学界对现有的研究水平的不满。如何在更高水平上对审美经验进行全面、透彻的研究，以求得对于它的特殊性质和规律有更深入、更切实的认识，的确是摆在当代美学家面前的一项艰巨任务。许多研究者都指出，对于审美经验的分析，应当借助于更多学科的共同合作，应当使美学、认识论、心理学、思维科学、社会学、文化人类学、文艺理论、文艺批评等各种学科相互交叉和结合起来，才能综合地、全方位地开展研究，并且更加富有成效。这当然是一种很重要的意见，但笔者认为，要在现代水平上对审美经验做出新的、深入的分析，还必须在更新思维方式和吸收

[①] [美] V. C. 奥尔德里奇：《艺术哲学》，程孟辉译，中国社会科学出版社1988年版，第22页。

当代科学新成果两方面做出更大的努力。

　　古典的思维方式的一个根本特点，就是按照"孤立因果链的图式"[①]思考对象，它"把一切事物都看作由分立的、离散的部分或因素构成"[②]。这种思维方式在审美经验的分析中一直很有影响力，其结果就形成偏重于对审美经验的各个构成要素、各个组成部分、各种表现形成进行分离的、孤立的分析，或者简单地把某一构成要素的性质当作审美经验整体的性质，或者孤立地将某种表现形式的现象当作审美经验的全部规律。这就容易造成一叶障目，不见泰山，难免对审美经验做出种种片面的解释。当代科学技术已经由分化转向整合，由研究简单性现象发展到关注对象的复杂性，这就必然引起方法论基础的更新。为适应这种变化，一种新的思维方法形成并发展起来，即系统方法论。系统方法论突破了习惯的思维方式，它把事物看作由各部分、各要素在动态中相互作用、相互联系而形成的系统，要求从整体出发，把对象始终作为一个有机的整体，从对象本身所固有的各个方面、各种联系上去考察对象，从系统与要素、整体与部分、结构与功能的辩证关系上去把握对象，从而能够把微观和宏观、还原论和整体论结合起来，以适应复杂性问题的解决。由于审美经验不是一种简单的、纯一的心理现象，而是一种包含着许多异质要素的多方面的复合过程，是多种异质要素共同整合的结果，它的特性和规律只有在各种异质要素的整合中才能体现出来，因此，应用系统方法论这种新的思维方式或哲学方法论，对于纠正历来对于审美经验的一些片面理解，全面地、整体地认识审美经验的内容、过程、特性和规律就显得特别适合和重要。

　　运用系统方法论对审美经验进行宏观研究，首先要着眼于对审美经验的整体特性的总体的分析和把握。系统方法论包括要素分析，但不限于要素分析，它特别强调整体性，强调综合对于分析的统摄性。以往的许多审美经验理论的一大弊病，就在于脱离整体去孤立地分析其要素，乃至把其构成要素的某种特性当作整体的功能特性。众所周知，实验美学曾经分别对形状、线条、色彩、音调、动作等所引起的感觉和情绪反应做过许多心

---

① ［美］贝塔朗菲：《普通系统论：基础、发展、应用》，林康义等译，乔·布露齐勒出版社1979年英文版，第11页。

② ［美］贝塔朗菲：《普通系统论：基础、发展、应用》，林康义等译，乔·布露齐勒出版社1979年英文版，第16页。

理实验和测量，试图由此去解释审美偏爱乃至全部审美心理活动的性质和规律。但是，这些实验和测量的数据却难以对审美经验的基本特性和普遍规律做出深入说明，它们对审美规律的解释不是捉襟见肘，便是自相矛盾，以致它们对审美经验研究的作用越来越被人们所怀疑。如果从思维方式上究其原因，其失误正是由于缺乏整体性观念，脱离了审美心理的整体结构方式而孤立地、分别地考察个别组成部分。西方一些很有影响力的审美理论在解释审美经验的特性时，往往只注意到其构成要素的特殊性，却忽视了其要素构成方式的特殊性，所以在规定美感的特性时也仍然缺乏整体观念。它们或者强调美感即直觉（即低级的感觉活动），与理智无关（克罗齐）；或者认为美感只涉及感情，不能容纳认识（康德）；或者主张美感根源于无意识的欲望，不受意识支配（弗洛伊德）；等等。实际上，直觉、情感、欲望乃至无意识的深层心理因素，都不过是审美心理、审美经验的构成要素，它们各自孤立的性质或孤立性质的相加总和，都不能构成美感的整体特性和功能。按照系统论观点，系统整体水平上的性质和功能不是由其构成要素孤立状态时的性质和功能或它们的叠加所形成的，而是由系统内各个要素相互联系和作用的内部方式即结构所决定的。审美经验和其他经验的区别主要不在于其构成要素的多寡，它的整体特性也不能由它的构成要素的孤立的特性或其相加的总和来解释，而要由它的全部心理构成要素相互联系、相互作用所形成的特殊结构方式来说明。如果我们不去认真研究在审美经验中感知和理解、知觉和情感、情感和理智、想象和思维、意识和无意识等各种异质要素是以何种特殊方式相互联系和作用的，不去认真分析美感中的特殊的认识结构、情感结构以及二者之间的相互关系，我们就无法从整体上去认识和把握审美经验的特性和功能。对于人们常常遇到的特殊的审美心理现象以及常常用于描述审美经验的特殊概念和范畴，如直觉性、愉悦性、形式感、移情作用、不确定性、意象、趣味、灵感等，也就不能从整体上给予科学的阐明。

为了从整体上认识和把握审美经验的特性，我们不仅应当在其内在结构要素的相互联系和作用中去进行研究，而且也应当在其各种外在表现形式的相互联系和统一中去进行分析。审美经验的外在表现形式是多种多样的，各种外在表现形式既有区别又有联系，以不同特点显示出审美经验的共同性质和规律。我们既不能只考察审美经验的一种形式，而不顾另一种形式；也不能孤立地考察各种形式，而不顾它与审美经验整体之间的内在联系。例如，从活动方式上来看，审美经验有审美欣赏和艺术创造两种表现形式。前者在心理过程上表现为被动的感受方面较突出，所以又被称作审美观照或审美享受；后者在心理过程上则表现为能动的创造方面较突出，并常常伴随有激情、灵感等特殊心理活动。历来的美学家分析美感经验，往往侧重于对于审美观照和欣赏经验的考察，有的甚至将审美观照和艺术创造对立起来，而仅以前者来确定审美经验的特性，这就难免失之片面，如康德认为创造需凭天才，欣赏则凭鉴赏力。天才涉及的主要是理念内容，鉴赏力涉及的却是美之所以为美的形式。天才和鉴赏力是对立的，所以创造和欣赏也是对立的。由于康德主要根据鉴赏力来分析审美经验，所以便得出审美只涉及形式的片面结论。事实上，欣赏和创造作为审美经验的两种表现形式，是既有区别又有联系的，如果我们从它们与审美经验整体特性的内在联系中来考察它们各自的特点，就不会把它们互相对立起来了。另外，从引起的对象来看，审美经验也可以表现为不同形式，例如自然对象、社会生活和艺术作品分别引起的审美经验，就是三种不同表现形式的经验。就艺术作品本身来说，也有偏重于表现的和偏重于再现的、偏重于形式的和偏重于内容的、偏重于抒情的和偏重于叙事的种种区别，它们所引起的审美经验在表现形式上也带有各自的特点。如果我们在从宏观上分析和把握审美经验的总体特性时，不是在它们与审美经验整体的有机联系中来考察它们，看不到它们既相区别又相统一的辩证关系，就有可能陷于片面性而影响到对审美经验性质的全面的、科学的认识。

  为了使审美经验研究达到现代水平，除了需要更新思维方式外，还需要吸收现代科学的新的成果到审美经验的分析中来。如果说，更新思维方式、应用系统方法论研究审美经验是要在宏观层次上，对审美经验的各种构成要素、结构层次、活动方式等在总体上、在动态中进行综合性研究，以求把握审美经验的整体特性和功能，那么吸收现代科学的新成果，则是为了深入揭示审美经验得以产生和实现的内在机制，使审美经验研究进入打开"黑箱"的微观层次。研究审美经验的内在发生机制，也有一个方法论问题。旧唯物主义美学家以审美客体为重心，把审美经验的产生过程看作客体向主体的运动，审美经验不过是审美客体作用或刺激主体的结果。在审美经验发生过程中，客体始终是主动的，而主体则是被动的、消极的。如经验论派美学家伯克认为美感的发生是对象的某些特性"通过感官的中介,在人心上机械地起作用"的结果,这种看法虽然在强调审美经验的客观来源和制约性上有其合理的一面,但是却忽视了审美主体在形成审美经验中的能动作用,因而不利于深入探讨审美经验发生过程的内在机制。另一方面,唯心主义美学家则以审美主体为重心,把审美经验发生过程看作审美主体向客体的运动,审美经验不过是审美主体的情感、态度作用于客体的产物。在审美经验发生过程中,审美主体始终是主动的,而审美客体则是被动的,或者是派生的。如当代影响极大的审美态度理论,认为只要主体采取审美态度,任何对象都可以成为审美对象,从而产生审美经验。这种看法在发现和探索审美主体在审美经验形式中的能动作用方面是有所贡献的,但是由于它忽视乃至否认审美经验发生的客观来源和制约性,因而也不利于探讨审美经验发生的内在机制。我们认为,在探讨审美经验的内在发生机制时,只有以辩证唯物主义的能动的反映论作为方法论基础,才可能找到正确方向。按照辩证唯物主义的能动的反映论,审美经验的发生过程既不是简单的客体向主体的运动,也不是单纯的主体向客体的运动,而是主客体之间的相互作用和双向运动的结果。这种看法既坚持了审美对象对审美经验发生的客观制约性,又强调了审美主体对审美经验发生的主观能动性,是完全符合审美欣赏和艺术创造的实际的。我们要深入揭示审美经验产生和实现的内在机制,就要着重研究审美主客体相互作用的特殊过程,对其形成的特殊心理机制和生理基础给予科学说明。为此,就需要把审美经验研究植根于现代心理学、生理学、脑科学等具体科学的最新成果之上。由于现代感觉心理学、认知心理学、神经心理学、神经生理学、大脑科学、人工智能等现代科学技术的迅速发展,人们可以期望借助这些新的成果,从不同层次和不同方面去深入揭示审美经验发生和实现的复杂的心理机制与生理基础,使审美经验的分析建立在科学的根据之上。

在深入揭示审美经验发生的内在心理机制时,应该注意探索美感产生的中介因素问题。西方美学史上,关于审美经验产生的中介因素曾有过各种理论表述,如"趣味能力"说、"鉴赏力"说、"审美观念"说等。我国美学界也有美学家早就对美感形成的中介因素做过理论探讨,可惜这些重要观点长期没有得到深入研究和阐明。事实上,深入研究审美经验形成的中介因素，正是揭示审美主体在审美反映中的能动作用的内在机制的一个关键问题。美感作为一个复杂的、特殊的心理过程，它的发生不能仅仅看作对某一具体对象的直接反映，而是需要借助审美主体的一定的心理结构作为中介。现代控制论、信息论和心理学的发展无疑为我们在现代水平上分析审美经验形成的中介因素问题，提供了更加坚实的理论基础。现代控制论提出，人的意识具有"信息—调节性质"，人的心理过程表现为双重决定作用：一方面，它受到从外部世界获得的非约束性信息的制约；另一方面，它又是受种族发生和个体发育中所积累的大脑的一切约束性信息影响的。这两种决定因素——外部的和内部的、外来的和内源的——总是处于密切的联系和交互作用之中。现代心理学吸收了控制论和信息论的思想，它对知觉的研究表明，人对周围世界的反映，不仅以对外部信息的生理知觉过程为前提，而且以主动地把这些信息转换为可以被理解的知觉映象和概念结构为前提。知觉的结构一方面是外部信号作用的结果；另一方面又来自主体，是主体贡献的结果。只有当一种信号可以从收信人已有的信息积累中被选择出来的条件下，这种信号才可能为收信人带来有意义的信息。这就意味着，在主体的意识中，应当存在着某种复杂的解释模型的系统，这些系统可以判读收入的神经信号。这种在人的实践和认识活动过程中所形成的各种解释模型的系统，为认识客体对象提供了"观察点""观角"和"解码系统"，因而在主体反映客体中起着中介因素的作用。[①]现代认知心理学和皮亚杰的发生认识论，也从不同角度支持了上述思想。吸收这些新的科学成果，无疑可以帮助我们对审美经验发生中主客体相互作用的中介因素问题获得进一步的认识和科学的说明。当然，吸收现代科学的新成果来揭示审美经验发生的内在机制，探索审美经验形成的中介因素，是一项艰巨的、复杂的研究工程。一般的科学成果并不能代替对于审美经验的具体分析，一般的科学概念范畴也不能代替艺术审美中特殊的概念范畴。吸收现代科学的新成果必须从审美经验的实际出发，密切结合审美经验的特点和特殊规律，这样才能有助于审美经验内在发生机制的研究，促进审美经验理论的创新和发展。我们把审美主体在实践和认识中通

[①] ［苏］Ф. B. 拉扎列夫、M. K. 特里伏诺娃：《认识结构和科学革命》，王鹏令等译，中国社会科学出版社1985年版，第117页。

过形象思维形成的形象观念或意象作为美感发生的一个中介环节来加以阐述，就是在这方面做出的一种尝试。如果我们在审美经验研究中，既注意了更新思维方式，又注意了吸收现代科学的新成果；既努力从宏观上去认识审美经验的整体特性和规律，又努力从微观上去揭示审美经验的具体的内在机制，那么我们就有可能把审美经验研究提高到一个新水平。

第一篇 审美经验研究与当代美学

第一章 当代西方美学格局中的审美经验研究

第一节 审美经验——当代西方美学的重点研究对象

对于审美经验的描述和分析，在当代西方美学研究中越来越居于重要而突出的地位，以致许多美学家不约而同地指出，当代美学的主要研究对象已不是对于美的本质的哲学探讨，而是对于审美经验以及与此相关的各种艺术问题的研究。美学研究重点的这种转变，已经被公认为是当代美学区别于传统美学的基本特点之一。托马斯·门罗早已概括地指出了美学研究对象上的这个巨大变化。他说："过去美学曾一度被看作是一种'美的哲学'，一种主要旨在说明美和丑的本质的学科。"然而，"在当代的讨论中，这种词汇很少出现。取代它们的是一大批范围更加广泛的概念，即用来解释不同的艺术现象和艺术行为的概念"。[①] 美学作为一种经验科学，已经主要倾向于对审美经验作现象的描述和研究。

"审美经验"（the aesthetic experience）这个术语，在西方传统美学中很少被使用。英国经验论派美学家研究人对美的事物的鉴赏与感受，主要是运用"趣味"（taste）、"趣味能力"（faculty of taste）、"趣味判断"（judgment of taste）等词语。康德沿用了这些提法，在《判断力批判》中多使用"趣味判断"（judgment of taste）或"审美判断"（aesthetic judg-

---

① ［美］托马斯·门罗：《走向科学的美学》，石天曙等译，中国文艺联合出版公司1984年版，第147页。

ment)的概念。和"美"的概念相对应,传统的美学家一般把审美主体对于美的认识、感受和反应,称作"美感"(the sense of beauty, the aesthetic feeling)。但是,这些术语在当代西方美学家的著作中已经不常使用。而"审美经验"这个术语,却被当代美学家普遍采用并赋予了相当广泛和丰富的意义。然而,究竟什么是审美经验呢?或者说审美经验的定义是什么呢?这个问题可就复杂了。因为不同学派的美学家对于审美经验的特征和来源等问题的理解、分析不同,所以,给审美经验所下的定义也就有各种差别。不过,多数当代美学家认为审美经验是我们对于美和艺术的反应中产生的一种特殊的经验。这种经验具有与科学的、道德的、实用的、宗教的等方面的经验完全不同的特性。这些特性既表现于观赏者的审美观照(aesthetic contemplation)活动中,也表现于艺术家的艺术创造(artistic production)活动中。当代美国美学家莫里斯·韦兹说:"自康德以来,审美反应问题,或审美经验问题(正如它有时被称之为那样),在艺术的哲学探讨中,一直处于最突出的地位。由于'审美的'(aesthetic)这个词语被康德的前辈 A. G. 鲍姆加登赋予了新的活力,并用这个词语来解释特定的一种经验,它几乎成了对艺术或美的反应的一个同义词。直到最近,谈论审美就是谈论我们对美的反应中经验的特征。"① 这种解释既指出了审美经验问题所谈论的范围,又指出了它在美学中应用的一贯性,可以说是西方关于审美经验的概念的含义的一种最基本、最普通的看法。

以审美经验作为研究重点,势必对当代美学的结构体系产生影响。许多当代有影响力的美学著作或美学选本,往往以审美经验作为构造全部美学体系的出发点,或研究所有美学问题的基础。例如 V. C. 奥尔德里奇的《艺术哲学》,首先探讨的就是"审美经验"这个重要的概念,然后才依次讨论"艺术作品""各种艺术"以及"艺术谈论的逻辑"等问题。J. 马戈利斯的当代美学选本《艺术的哲学分析》,也是首先介绍审美趣味、审美特性的理论,然后进一步介绍艺术和批评的理论。乔治·迪基在《美学引论》中,认为当代美学的结构体系可以用下列图表来表示。

迪基认为当代美学是由审美哲学、艺术哲学、批评哲学三大部分构成。审美哲学取代了传统美学中的美的哲学。批评哲学则是在分析哲学的

---

① [美] M. 韦兹编:《美学问题》,美国,1970 年,第五部分。

广泛影响下，一些哲学家和艺术批评家对于美学的最新的发展，它又被称为"元批评"或"艺术理论的理论"。这三大部分尽管所研究的问题各异，但都无一例外地以审美经验作为出发点和基础。这样，审美经验也就成了整个当代美学研究的一个支点。

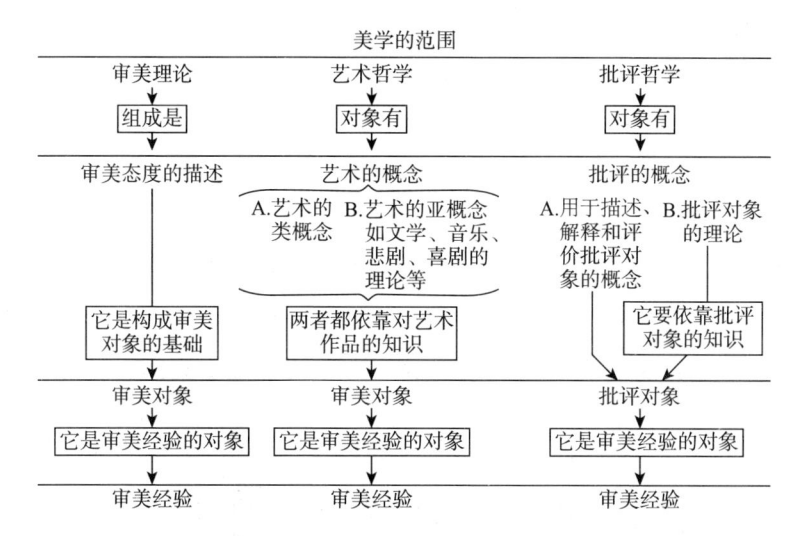

美学的范围

审美理论	艺术哲学	批评哲学
组成是 ↓	对象有 ↓	对象有 ↓
审美态度的描述	艺术的概念	批评的概念
	A.艺术的类概念　B.艺术的亚概念如文学、音乐、悲剧、喜剧的理论等	A.用于描述、解释和评价批评对象的概念　B.批评对象的理论
它是构成审美对象的基础	两者都依靠对艺术作品的知识	它要依靠批评对象的知识
↓	↓	↓
审美对象	审美对象	批评对象
它是审美经验的对象	它是审美经验的对象	它是审美经验的对象
↓	↓	↓
审美经验	审美经验	审美经验

对审美经验的研究在当代美学中之所以具有如此重要的地位，其原因是多方面的。除了在美学本身发展上，需要看到康德主义美学思想对当代美学的巨大影响之外，更要看到当代西方哲学思潮的演变对美学研究所产生的深刻作用。从19世纪中叶以后，西方哲学开始发生了明显的转向。支配当代哲学发展的主要是所谓"人本主义"和"科学主义"两大思潮。人本主义把哲学归结为对人的研究，重在研究人本身的内心世界；科学主义把哲学归结为一种科学的方法论，重在描述和整理感性事实。尽管这两大哲学思潮倾向不同，但是它们在对美学发生作用和影响时，却往往互相渗透和融合，其结果就使得对作为审美主体的人本身的感性经验的描述和分析，在各种具有不同倾向的美学流派中都受到不同程度的重视。如弗洛伊德的精神分析派美学、桑塔亚纳的享乐主义美学、杜威的实用主义美学、托马斯·门罗的自然主义美学以及 M. 杜弗莱纳、R. 英伽登的现象学美学等，都明显地受到当代两大哲学思潮的影响，并把主体审美经验的研究作为重点。此外，西方当代心理学和社会科学的新发展，也对美学转向以审美经验为研究重点产生了一定的影响。托马斯·门罗声称，科学美学就是

要"在现代心理学和人文科学的基础上，尝试科学地描述和解释艺术现象和所有与审美经验有关的东西"①。以分析审美经验著称的格式塔心理学美学的代表人物阿恩海姆明确表示，他的美学研究的目的就是"试图把现代心理学的新发展和新成就运用到艺术研究之中"②。

当代西方美学中研究对象的变化和研究方法的变化也是相辅相成的。自费希纳开创"自下而上"的美学研究方法以来，美学研究中的经验方法逐渐取代形而上学的方法而取得了支配的地位。这种研究方法和当代哲学中占有特殊地位的各种经验主义思潮是相适应的。"用一个简短的公式来表达经验主义所共有的基本信念，大体可以这样说：只用纯粹的思考而没有经验观念的检验（借助于观察），要说明现实世界的性质及其法则是不可能的。"③ 采用广义的经验主义，而不是先验的理性主义和神秘主义；把判断建立在通过感觉和内省所进行的观察以及个人和集体经验的基础之上，而不是建立在那些被认为是自明的或是由超自然的神灵们所揭示的"第一原则"中推导出来的基础之上，这已成为当代西方美学在研究方法上所表现出来的主要特色。用经验的方法取代形而上学的方法，进一步促进了在美学主要对象上从对美的本质的形而上学探讨向对审美经验的科学的研究的转变。因为强调从观察的经验出发，强调理论的基础是经验，对于美学研究来说，必然要强调从人类实际的审美经验出发，以审美经验作为建立和回答各种美学理论的起点和支点。对于这一点，李斯托威尔在《近代美学史评述》中曾有如下阐明：

> 整个近代思想界，不管它有多少派别，多少分歧，却至少有一点是共同的。这一点也使得近代的思想界鲜明地不同于它在上一个世纪的前驱。这一点就是近代思想界所采用的方法，因为这种方法不是从关于存在的最后本性的那种模糊的臆测出发，不是从形而上学的那种

---

① ［美］托马斯·门罗：《走向科学的美学》，石天曙等译，中国文艺联合出版公司1984年版，第5—6页。
② ［美］鲁道夫·阿恩海姆：《艺术与视知觉》，滕守尧等译，中国社会科学出版社1984年版，第4页。
③ ［德］施太格缪勒：《当代哲学主流》（上），王炳文等译，商务印书馆1986年版，第366页。

第一章　当代西方美学格局中的审美经验研究

脆弱而又争论不休的某些假设出发，不是从任何种类的先天信仰出发，而是从人类实际的美感经验出发的，而美感经验又是从人类对艺术和自然的普遍欣赏中，从艺术家生动的创造活动中，以及从各种美的艺术和实用艺术长期而又变化多端的历史演变中表现出来的。①

对于当代西方美学研究对象重点的变化，我们首先应当给予积极的评价。传统的西方美学侧重于对于美的本质的纯粹的抽象的探讨，固然在理论建树上取得了很大成绩，提出了对后人颇有启迪的众多的美的定义。然而，也遇到了许多不易克服的难题。回避这些难题，否认思辨的哲学探讨的价值，这当然是不对的。但是，采用更多的途径，去接近和探究美的本质却是必要的。从人对现实的认识来说，客观方面和主观方面原是不可分割的。没有客观存在的美，当然也就没有作为美的主观反映和反应的美感意识和审美经验。但是，如果不凭人的美感意识和审美经验，也无从接触客观存在的美。所以，强调对人的审美主体、审美经验的研究，对于进一步探求美的本质和特点，也不是没有帮助的。此外，强调对于审美经验的研究，将有助于正确认识审美主体和客体的辩证关系，克服唯心主义者无视美的客体和机械唯物主义者忽视审美主体这两种偏颇。通过审美经验这个支点，美学中的理论探讨必然同广泛的艺术和审美实践问题发生更紧密的联系，使各种艺术实践问题能结合审美经验的分析得到更充分的阐明。"美学理论也应该从艺术和日常生活的其他方面的审美经验中产生，并反过来澄清和重新指导我们在这一领域的信念和态度。"② 这一影响当代美学研究的指导思想的形成，对于改变长期以来美学理论脱离实际的弱点，使美学研究变得更加切实有效和充满生机，无疑也是大有益处的。

当然，我们也必须清醒地看到当代西方美学在强调审美经验研究方面所存在的问题。例如，不少美学家在强调研究审美经验时，对美的本质问题采取了完全否定的态度，有的甚至对审美经验和美的存在不加区别，认为美就是一种主观经验，根本否定有美的客观存在。于是，便主张用审美

---

① ［英］李斯托威尔：《近代美学史评述》，蒋孔阳译，上海译文出版社1980年版，第1页。
② ［美］托马斯·门罗：《走向科学的美学》，石天曙等译，中国文艺联合出版公司1984年版，第148—149页。

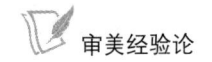

经验的分析完全代替对于美的本质的研究，或者认为两者就是一回事。如科林伍德宣称："并不存在'美'这种性质。审美经验是一种自主性活动，它起自内心，并不是一种对来自特定外在物体的刺激所做的特定反应。"①H. 帕克也说："'审美经验'和'美'都是一个意思。"② 这种看法具有强烈的主观唯心色彩，是不可取的。

第二节 以艺术为中心研究审美经验

在审美经验成为当代美学研究重点的同时，关于审美经验的研究和艺术的研究之间的关系问题，也日益引起美学家们的注意并成为热烈讨论的课题。对于这个问题，概括地说，基本上有三种意见。第一种意见主张把审美经验的研究限制在艺术的范围之内，认为审美对象仅限于艺术作品，审美经验只能是一种与艺术及其鉴赏判断相关的经验，所以反对在艺术之外去考察和解释审美经验。第二种意见则相反，主张审美经验的研究应独立于艺术之外，认为审美的特征是独立于艺术的，它与艺术并没有本质的联系。因此反对把审美经验的研究建立在艺术研究的基础上。第三种意见和第一、二种意见都不同，主张审美经验研究虽不限于艺术，却必须以艺术作为中心。持这种看法的美学家，在当代美学中占绝大多数，其理论也最有说服力，所以，实际上也成为当代美学中占优势的一种看法。

如果我们把审美经验的研究仅仅限制在艺术的范围之内，那么势必否认在艺术之外，还有审美对象和审美经验的存在，这与人们的日常审美实际是不相符的。事实上，不仅是艺术作品，自然对象和人类社会生活中的许多现象也都可能成为我们的审美对象。"那些由于它自身的内在价值而被鉴赏的对象都是审美对象，它包括了艺术对象和自然对象，两者都是美的，而且也都是审美知觉加以评价的对象。"③ 所以，对审美对象的知觉和经验并不仅限于艺术。有的西方美学家一方面把自然对象和社会现象人为地排除在审美对象之外；另一方面又完全混淆了对自然对象的审美经验和

---

① [英] R. G. 科林伍德：《艺术原理》，王至元等译，中国社会科学出版社1985年版，第40页。
② [美] H. 帕克：《美学原理》，张今译，商务印书馆1965年版，第49页。
③ [美] J. 斯托尼茨：《美学和艺术批评的哲学》，波士顿，1960年，第23—24页。

第一章 当代西方美学格局中的审美经验研究

对艺术作品的审美经验之间的差别，认为当观赏者对自然对象产生审美观照和体验时，自然对象就已经成了艺术作品。这是任意扩大了艺术和艺术作品的范围和含义，在理论上显得颇为勉强，因而也很难成为主张将审美经验研究局限于艺术范围之内的有说服力的根据。既然人们实际的审美经验过程除了发生于艺术中之外，也会发生于对于自然、社会现象甚至其他劳动产品的感受和反应中，既然除艺术以外，其他对象也能被作为美、丑、崇高及类似的审美价值来感受，那么，我们对审美经验的研究，就应当包括审美对象和审美感受的全部领域。只有这样，才能通过比较、对照、归纳、综合，更全面地把握审美经验的特点和规律。

但是，审美经验毕竟主要发生于艺术之中，审美经验的特性在艺术中又表现得最为集中、最为突出，所以，审美经验的研究虽不能说只限于艺术范围之内，却又应当而且必须以艺术为中心和主要对象。艺术构成人们主要的审美对象，审美经验主要发生于艺术之中，这已经是一个不容争辩的客观事实。人们之所以于自然对象和日常生活的审美之外，还要求创造和鉴赏艺术，其根本原因之一就在于只有艺术才能更充分地满足人们的审美需要。自然对象、劳动产品可以成为审美对象，也可以不必是审美对象，而艺术作品则必定被要求成为人们的审美对象。所以，人们的审美经验主要还是和艺术相关的经验。在当代西方美学家中，虽然对审美经验和日常经验的联系问题还有很不一致的看法，但审美经验和艺术经验的一致性则大都是认可的。审美经验和艺术的深刻联系，不仅表现在它主要是产生于艺术之中，而且更重要的还在于只有在艺术的创造和所赏之中，人们的审美经验的特性才能获得最充分的表现。正如 M. 杜弗莱纳所说："直接来自艺术作品的审美经验肯定是最为纯洁的，也许事实上是头等重要的。"[①] 这是因为艺术本身是人们的审美经验的集中表现。艺术不仅是按照审美活动的特殊规律创造出来的，而且是作为审美价值最丰富的对象唤起人们的审美感受的。所以，由艺术所唤起的审美经验不仅最重要，而且也最能充分揭示这种特殊经验的本质和规律。如果我们在研究审美经验时，主要不是研究艺术，那么也就等于丢弃了由它所产生的主要基础和典型表

---

① [法] M. 杜弗莱纳：《审美经验现象学》，载《马克思主义文艺理论研究》编辑部编选《美学文艺学方法论》（下），文化艺术出版社1985年版，第603页。

现，这就很难充分把握住审美经验的特点和规律。从这个意义上说，上述关于审美的特征是独立于艺术之外的看法显然是一种相当片面的观点。也有个别当代美学家认为艺术作品的审美价值和自然对象的审美价值并无大小之分，对艺术作品的审美经验和对自然对象的审美经验也无充分或不充分之别，这实际上是重复了传统美学中关于艺术美和自然美关系的老问题。如果我们不怀疑艺术美较之自然美更集中、更典型、更持久、更有感染力，那么，我们也就不会怀疑对艺术作品所感受的审美经验要比对自然对象所感受的审美经验更充分、更丰富、更深刻。"在艺术作品中，艺术家运用材料和题材来描绘媒介、内容和形式，目的是为了获取比处于自然状态中的事物所能提供的更为明晰的审美价值。"[1] 当我们面对艺术作品时，我们所感受到的那种特殊的审美价值常常是自然物所缺乏的。艺术美胜过普通的自然美这个不容否认的事实，必然地引导到审美经验研究应以艺术为主要对象的结论。不管审美经验研究的领域可以有多么广泛，而艺术始终是它的核心领域。

　　托马斯·门罗在《走向科学的美学》中，提出美学应以科学地描述和解释审美经验作为根本任务，同时，他认为科学美学应该包括审美形态学、审美心理学和审美价值学三个部分。审美形态学是通过对艺术作品形式的分析，研究激起审美经验的客体的结构性质；审美心理学是通过对人在艺术创造和欣赏过程中的行为和经验的分析，研究审美活动中主观经验方面的特征；审美价值学是通过对艺术作品之价值的评价的分析，研究审美价值的由来和标准。门罗对美学研究范围的界定和划分是否全面、准确尚可斟酌，但他却明白无误地指明了审美问题和艺术问题的紧密联系和统一，显示出审美经验的研究必须以艺术研究为基础和核心，这种研究方向和方法应当说是可资借鉴的。

　　审美经验是作为审美主体的人对于艺术和其他具有审美价值的对象所产生的特殊反映和反应，是审美主体和审美对象之间以特殊方式互相作用的结果。全面、广泛地研究审美经验，将包括对激起审美经验的审美对象的性质的研究，审美经验的前提条件、特性和心理过程的研究，审美经验

------

[1] [美] V. C. 奥尔德里奇：《艺术哲学》，程孟辉译，中国社会科学出版社1986年版，第60页。

的多样性和变异性的研究，审美经验的历史发展的研究，与审美经验密切相关的审美判断的性质和标准的研究，等等。而其中每一个方面的研究都必须以艺术为主要对象和基础。例如，研究激起审美经验的审美对象的特性，必须分析作为审美客体的艺术作品的内容和形式及其统一中所体现的审美特性；研究审美经验的特性和心理过程，必须分析艺术家的艺术创作活动和观赏者的艺术欣赏活动；研究审美经验的多样性，既要涉及不同种类的艺术特点的分析，又要涉及艺术的不同审美范畴的分析；研究审美经验的历史演变，则要分析和考察各种艺术长期复杂而又变化多端的历史；研究审美判断的性质和标准，则要以艺术的批评为基础。总之，全面、广泛的审美经验研究必将关系到艺术作品、艺术创作、艺术欣赏以及艺术批评等各个方面。对于审美经验的深入分析，必须在深入研究艺术以后才能进行。这就是为什么许多当代美学家和美学著作总是把审美经验的研究和艺术的研究并列为当代美学的研究对象和范围的主要理由，也是为什么当代许多有影响力的审美经验理论实际上都是某种艺术理论的根本原因。

第三节　结合审美经验探讨艺术问题

关于审美经验研究和艺术研究相互关系，还可以从另一方面提出问题，即对艺术的研究是否应当结合审美经验的分析，并从审美经验出发？从上面提到的乔治·迪基对当代美学范围的说明和托马斯·门罗关于美学组成部分的分析中，我们已经得到了对于这个问题的肯定的回答。乔治·迪基认为艺术哲学、批评哲学和审美理论一样都是来源于审美经验，因此艺术的概念和批评的概念也都需要由审美经验出发来加以解释和说明。在迪基看来，"艺术"和"审美"是完全统一的，无论是对艺术下定义，还是解释艺术的鉴赏和批评，都不可能脱离"审美"这一概念和范畴，这种看法，代表着当代大多数美学家的观点。克莱夫·贝尔就曾断言："一切艺术理论都建立在审美判断的基础上。"[1] 他的艺术理论就是试图通过对审美经验的分析，为艺术寻找一种新的解释和定义。尽管当代美学中流派纷呈，对艺术的研究也有多种途径，如艺术的哲学研究、艺术的心理学研

---

[1] ［英］克莱夫·贝尔：《艺术》，周金环等译，中国文联出版公司1984年版，第4页。

究、艺术的社会学研究、艺术的文化人类学研究、艺术的语言符号学研究等，但不论哪种美学流派，也不论哪种研究途径，在解释和说明艺术现象时往往都结合着对审美经验的分析，力图使艺术理论建立在审美经验分析的基础之上。正如 V. C. 奥尔德里奇所说，一种合理的审美经验理论，乃是"讨论艺术哲学诸基本概念的良好出发点"①。要了解艺术作品究竟是什么，必须首先对审美经验是什么做出回答。如果我们不能认识审美经验的特性，也就不能理解作为审美经验的对象的艺术作品的特性。"因为，一部艺术作品就是一种为了让人们把它作为审美客体来领悟而设计的物质性事物，但它又不仅仅是一种物质性事物，它被设计成从审美眼光来看是一种被外观赋予活力的东西。"② 在《艺术哲学》一书中，奥尔德里奇认为关于艺术的谈论包含了三种逻辑方式：描述、解释和评价。描述是要给艺术作品作一个总的描述或下一个定义，以回答什么是艺术作品；解释是要对一般艺术和特殊艺术作品的意义给予解释；评价则是按照一定的标准和特定的理由去对一件艺术作品做出批评性判断。这三种逻辑方式既有区别又互相联系，而每一种都应当是结合对审美经验的考察来进行的。奥尔德里奇指出："我们可以形象地说，描述位于最底层，以描述为基础的解释位于第二层，评价处于最上层。因此，在考察作为基础的审美经验及其描述之后，我们就上升到检验解释性艺术谈论的逻辑，最后达到对审美经验在艺术作品中的完整表现予以评价性考察的高度。"③ 从这里我们可以看到，要求把艺术研究全面放在审美经验基础上，结合审美经验研究艺术，已成为当代西方艺术研究的最突出特点之一。

在艺术研究和审美经验分析的关系问题上，现象学美学家 R. 英伽登具有一种新见解。他认为艺术作品与其创作者和观赏者的审美经验具有内在联系，一部作品的诞生，既需要作者的创造经验，又需要观赏者的接受经验。一方面，艺术作品是艺术家创造行动的纯意向的产物，必然包括他

---

① ［美］V. C. 奥尔德里奇：《艺术哲学》，程孟辉译，中国社会科学出版社1986年版，第22页。
② ［美］V. C. 奥尔德里奇：《艺术哲学》，程孟辉译，中国社会科学出版社1986年版，第146页。
③ ［美］V. C. 奥尔德里奇：《艺术哲学》，程孟辉译，中国社会科学出版社1986年版，第125页。

第一章　当代西方美学格局中的审美经验研究

的创作经验；另一方面，已经创作出来的艺术作品（即图式的实体），必定通过欣赏者以许多方式来完成（或凝固化），才能使其潜在因素成为现实。因此，作品就需要一个具有某种特殊经验即审美经验的观赏者。对于艺术作品，既可以在非审美经验中认识它，也可以在审美经验中把握它。如果是前者，艺术作品不过是一般的物或存在，审美价值则被抛到一边。只有在后一种情况下，艺术作品才能在观赏者的审美经验中被赋予审美意味属性，成为审美对象，充分显示出审美价值。"任何人，如果他想不通过审美经验构成审美对象并经验该对象的特殊面貌，如果他只把一件艺术作品作为真实的对象并对它进行纯粹探究性的认识，那么，他是永远也不可能认识其审美价值的。"① 基于以上认识，英伽登认为对艺术作品的研究必须同对审美经验的分析结合起来。他明确指出："我认为把两种研究路线——（a）对艺术作品的一般研究和（b）审美经验（不管是在作者的创造经验的意义上还是在读者或观察者的接受经验的意义上）——相互对立起来是错误的。"② 必须在上述两种研究路线的联系和统一中，寻求美学研究的出发点。所以，英伽登和另一位现象学美学家杜夫莱纳，都主张将审美经验的分析和描述作为美学研究的主要内容，并由此进入艺术问题的研究。

西方传统的艺术研究，首先关心的是如何寻找艺术的共同性质和特征，以便为艺术提供一个令人满意的定义。为了达到这个目的，一部分美学家主要是从艺术和现实存在的关系入手，来概括艺术的本质和特征，试图对"艺术是什么"做出回答；另一部分美学家则坚持从某种先验的范畴、概念出发，力图通过抽象的思辨，去推论出艺术的本质，建构出艺术的定义。从这两种方式中引出的关于艺术本质的回答，当代美学家、艺术家和艺术批评家都抱着一种批判的态度。除了分析哲学的美学家们坚持认为艺术不可能有共同特性因而也根本不可能定义外，许多美学家、艺术家即使对艺术的性质问题仍然感兴趣，也对传统艺术理论中通过以上两种方式所引出的各种结论不再感到满意。关于前者，他们认为显得太笼统和模

---

① ［波］R. 英伽登：《审美经验与审美对象》，载李普曼编《当代美学》，光明日报出版社1986年版，第304页。
② 《英伽登美学文选》，华盛顿，1985年，第29页。

糊，因为许多艺术定义虽然也规定了艺术的一般性质，但是并不足以阐明艺术之所以为艺术的特性；关于后者，他们又认为显得太抽象和玄奥，因为这些抽象定义往往是从先验的概念出发的，而不是通过考察艺术作品以及创作和鉴赏经验去得出应有的结论，所以也就很难去解释和说明艺术实践中遇到的问题。这两种方式的艺术研究的一个共同弱点，就是没有强调以审美经验作为基础，特别是那些从先验概念推导出来的抽象的艺术定义，几乎完全脱离了具体的审美经验。像这样"用思考和推理的方式去谈论艺术，就不可避免地给人造成一种印象：艺术是一种使人无法捉摸的东西"①。对于传统艺术定义的不满和反感，使许多当代美学家特别强调关于艺术本质的研究必须从审美经验出发，强调艺术的本质和特征与审美经验的性质是密不可分的。托马斯·门罗说："'艺术'这术语，在它的审美意义上，意味着具有唤起令人满意的审美经验的功能。"② 杜威认为，向人们提供产生审美经验的机会乃是艺术家的天职，为此他才创作艺术作品。克莱夫·贝尔则明确要求对艺术本质的概括必须是一种能够解释审美经验的理论。尽管当代不同流派的美学家们对艺术本质的解释有很大分歧，但总体来说，与他们自己对审美经验的分析是相结合、相一致的。20世纪以来对西方美学和艺术产生重大影响的许多艺术本质理论，如克莱夫·贝尔的"艺术即有意味的形式"说，科林伍德的"艺术即想象的表现"说，杜威的"艺术即经验"说，苏珊·朗格的"艺术即情感的符号形式的创造"说等，无一不是建立在对审美经验的研究的基础上的。从审美经验的性质和特性出发，去探求艺术的本质和特性，可以说是这些颇具分歧的艺术定义的共同特点。例如杜威认为审美经验和日常经验之间并没有不可逾越的鸿沟，如果经验要具有审美性质，它就必须不排斥通常出现的各种因素，而是要包括比日常经验更丰富多彩的因素，并呈现出一种感觉到的要素的统一。而这些要素在日常经验中，通常是较为稀少和分散的。艺术家正是通过出色地表明手段与目的的统一，以感性手段展现感觉到的整体性，从而更明确地显示出经验能达到何等完整和富有意义的地步，因而使作品获得

---

① [美] 鲁道夫·阿恩海姆：《艺术与视知觉》，滕守尧等译，中国社会科学出版社1984年版，第1页。
② [美] 托马斯·门罗：《艺术心理学：过去、现在及将来》，《美学与艺术批评杂志》1963年春季号，第267页。

了审美性质。由此可见，杜威的艺术理论和审美经验理论是完全一致的，"艺术即经验"的艺术定义，即是建立在他对审美经验的独特理解的基础之上的。

除了关于艺术本质和定义的探讨之外，关于其他各种艺术概念和问题研究，包括关于艺术作品、创作活动、鉴赏批评以及艺术作用的分析，在当代西方美学中，大都是结合审美经验的研究进行的。像艺术中的再现和表现的问题，虽然在传统美学理论中也有许多论述和争论，但当代美学家则从审美经验的角度，重新对这些问题作了审视和探索，从而提出了许多新观点、新学说。关于艺术再现的概念，同西方传统的艺术模仿理论一起，曾在西方美学和艺术理论发展中长期居于统治地位。但是，在当代美学中，再现的理论已经越来越受到许多美学家们的挑战。有些美学家对艺术的再现理论持完全否定的态度，如克莱夫·贝尔和科林伍德，他们或者认为再现唤起的不是审美情感，或者认为再现并不是真正艺术的标志。不过，也有些美学家试图将再现理论重新安放在审美经验的基础上，赋予其新解，并提出审美的再现和表现并非绝对矛盾而是可以统一的。如 V. C. 奥尔德里奇指出："'再现'一词与美学发生关系，只要它是用于审美语言，它就的确很难与'表现'区别开来，其主要原因在于：艺术再现不可能是纯粹的再现［即复制（duplicate）那种再现］或反映（mirroring）、仿造（copying）。"[①] 审美再现并不像在镜子中那样，是对现成事物的被动反映，而是"对显现为艺术作品内容的题材的一种构造性的重新展现"[②]。据此，他提出有两种性质的再现，即表现性的再现和描述性的再现，前者是审美的，后者是非审美的。任何作为审美客体的艺术作品所形成的再现，必定是一种表现性的再现（审美的），而不是描述性的再现（非审美的）。这种以审美经验作为基础，对艺术再现作精确、具体的审美分析的做法，无疑是更符合艺术特性的。

比起再现的理论，表现的理论则更受当代西方美学家们的青睐。正如

---

① ［美］V. C. 奥尔德里奇：《艺术哲学》，程孟辉译，中国社会科学出版社 1986 年版，第 66—67 页。

② ［美］V. C. 奥尔德里奇：《艺术哲学》，程孟辉译，中国社会科学出版社 1986 年版，第 67 页。

M. 韦兹所指出："表现的概念在多数现代美学中是一个中心的概念。"[①] 之所以如此，当然是因为在多数当代美学家看来，表现性和艺术的审美特质具有更为密切的联系。许多美学家毫不犹豫地断言，表现性是一切审美对象的特质，所有真正美的对象都是表现的，因而审美经验实际上也就是对于对象的表现性的一种经验。艺术作品作为审美对象在本质上必须是表现的；非表现的艺术是一个矛盾的术语。表现情感是艺术的特殊功能，如果艺术家在他的作品中不表现情感，那么他创作的作品也就难以冠以艺术的称号。从克罗齐、科林伍德、苏珊·朗格、阿恩海姆，以至杜威、桑塔亚纳，都在不同程度上强调了表现对于艺术的重要意义，并且力求在审美经验的基础上对艺术的表现的问题做出自己的解释。当然，究竟什么是艺术的表现？是否一切作品都是表现？艺术表现的究竟是什么？对这些问题，各派美学家的回答并不一致，正如他们对审美经验的理解并不一致一样。尽管我们并不完全同意各派美学家们对艺术表现问题的具体观点，但他们从审美经验角度阐明艺术表现性的努力，还是值得重视的。

我们认为，结合审美经验研究艺术问题，是符合艺术本身的特点和规律的。它是一个值得充分肯定的美学研究方向。艺术毕竟是人类审美活动的一种形式，艺术家将自己的审美经验表现在艺术作品中并使之物态化，同时，又通过物态化的艺术作品去唤起观赏者的审美经验。艺术作品作为审美对象，既是凝结着艺术家审美经验的产品，又是激起观赏者审美经验的客体。因此，如果我们要真正认识艺术的本质和特点、认识艺术创造和欣赏的规律，就必须结合审美经验去进行艺术研究。也只有这样，才能着眼于艺术的内在特点的考察，而不至于使艺术研究仅仅停留在艺术的外在关系上。当然，艺术的本质是多方面、多层次的，因而对艺术的研究可以有各种不同的角度、不同的途径。要结合审美经验或从审美经验的角度去研究艺术，也丝毫不排斥其他各种艺术研究的角度和途径。当然，如果各种艺术研究的角度和途径都能建立在审美经验的基础上，那可能更符合艺术本身的规律和特点。至于结合审美经验研究艺术，首先需要有正确的哲学思想基础，并对审美经验有科学的分析，否则就不可能对艺术问题做出正确说明和解释，这也是不言自明的。

---

① ［美］M. 韦兹编：《美学问题》，美国，1970年，第二部分。

第二章 审美经验研究与心理学的关系

当代美学研究的一个突出特点，是运用各种心理学说来分析和解释审美经验。某些新的审美理论的形成和已有的审美理论的发展，往往和一定的心理学说密切相关。究竟如何评价美学研究的这种趋向，美学家们的看法是不一致的。争论涉及一个根本问题，即审美经验的分析和描述与心理学的关系问题。一种看法认为，心理学对审美经验的研究是无关的，因而，试图运用心理学来描述和分析审美经验，不能回答美学中的各种问题，对审美理论的建构也是无益的和无结果的。另一种看法则认为，审美经验的研究就是一个心理学的问题。因此，只要运用心理学结论和资料对审美经验进行分析和描述，就能对审美经验做出科学说明，建立起完整的审美理论。笔者认为这两种看法都有很大的片面性。前者只强调心理学对审美经验研究的局限，后者只强调心理学对审美经验研究的贡献。其结果必然走向两个极端：要么否定心理学对审美经验研究亦即审美理论建构的重要作用，要么把审美经验研究亦即审美理论建构局限于心理学之内。这都不利于正确评价当代美学的某些趋向，也不利于审美理论的发展。

第一节 审美经验研究与心理学的联系

持前一种看法，即认为心理学对审美经验的研究是无关的，可以美国美学家乔治·迪基的文章《心理学和美学有关吗?》作为代表。作者提出的中心论点是："心理学和美学是没有关系的。"在这个总论点下，文章提出了"心理学资料对于审美经验的描述是有关系的吗?"这个问题，并对之作了完全否定的回答。[1] 作者认为心理学并没有对说明审美经验的特性

---

[1] [美]乔治·迪基：《心理学和美学有关吗?》，《哲学评论》1962年第71卷，第285页。

做出任何贡献。美学家今后要做的研究也不需求助于心理学的发现和成果。他写道:"并不存在关于艺术作品特性的秘密——在美学家和批评家能更好地做他们的工作之前,需要等待心理学家清楚发现的秘密。留给美学和批评要做的工作是要求清楚地思考和努力地分析,而不是等待和依靠科学的发现。"① 由此迪基完全关闭了心理学通向美学的大门,并对运用心理学的成果分析和描述审美经验作了彻底否定的评价。我们认为,这种看法在逻辑上是说不通的,与美学理论发展的历史和现实也是不相符的。

从逻辑上来说,美学对于审美经验的研究与心理学对于人的心理过程和行为的研究,是存在着必然联系的。所谓"审美经验",并非如迪基和某些哲学家所说,是一个难以理解的、奇怪的概念。对于绝大多数美学家来说,它的含义是清楚明白的。审美经验乃是人在体验美和艺术时所产生的特殊的心理过程和行为,是审美主体对于审美对象的反映和反应。它既表现于人对美和艺术的欣赏活动中,也表现于人对美和艺术的创造活动中。它是任何正常人在实际的审美活动中都可以体验到的,虽然说是一种特殊的经验,却并不神秘。审美经验既然是一种心理过程和行为,那么,对于它的描述和分析,就自然和心理学有密切关系。"心理学是有关经验的全体。"② 心理学对人的心理过程和行为、经验的研究,与美学中对审美经验的心理学的分析,如果单从心理现象的研究这个角度来看,可以说是一般规律和特殊规律的关系。因此,运用心理学的成果来描述和分析审美经验,也就是在一般规律指导下来寻找特殊规律,它是符合经验的全体和部分、普遍和特殊之间的客观联系的。

迪基虽然否认心理学和审美经验的研究有关,但他又不能不承认心理学和"人为什么创造艺术作品是有关的"③。因为要回答"艺术作品是如何创造出来的"这个问题,就不能不对艺术创造的心理过程、构成因素、艺术创造的特殊性质以及艺术家的创造力、个性等进行心理分析。但是,承认心理学和艺术创造的研究有关,却否认心理学和审美经验的研究有关,这是明显自相矛盾的。因为对艺术创造过程的心理分析,也就包括对审美

---

① [美] 乔治·迪基:《心理学和美学有关吗?》,《哲学评论》1962年第71卷,第297页。
② [德] K. 考夫卡:《艺术心理学的问题》,载《艺术:布林·摩尔论文集》,纽约,1972年,第194页。
③ [美] 乔治·迪基:《心理学和美学有关吗?》,《哲学评论》1962年第71卷,第289页。

经验的心理研究，它们并不是毫不相关的两回事。为了解决这个矛盾，迪基干脆宣布："美学是与艺术作品如何产生出来的无关的，而仅仅和完成的消费产品有关。"① 且不说这个论断是否符合美学史的实际，单就其本身而论，我们又会遇到一个新的矛盾问题，即：一方面认为美学和艺术创造的研究无关；另一方面又认为美学包括审美经验的研究，这岂不又是把艺术创造的研究和审美经验的研究看成是毫不相关的两回事了吗？

迪基强调美学（包括审美经验的研究）是一种哲学的活动，而不能和科学（包括心理学）相混淆。他说："美学像伦理学、科学哲学等一样，是一种哲学活动，它不能混同于科学。""审美经验性质的描述问题并不是与经验科学的技术相关的任务。"② 强调审美经验的研究具有哲学性质，这在一定程度上是有道理的。但是，我们也不能忽视美学史上的一个事实，那就是对审美经验的研究既可以是思辨的、哲学的，也可以是经验的、科学的。这两种研究在美学中都获得了自己的地位和传统。当然，一般说来，在心理学作为一门单独学科正式诞生之前，美学中对审美经验的研究，主要是沿着思辨的、哲学的途径发展的。占主导地位的审美理论，往往亦是思辨的、哲学的审美理论。例如柏拉图、鲍姆加登、康德、黑格尔等有巨大影响的审美理论，都是从一定哲学学说出发来分析审美经验，力求通过哲学的思辨，以探求审美经验的规律和特性。但是，即使在审美经验的哲学的、思辨的研究占据主导地位的情况下，对审美经验的心理学的、经验的研究的传统也仍然是存在的。例如，与柏拉图相对照，亚里士多德在《诗学》《伦理学》等著作中，就用了更多经验的方式来描述艺术的创造和欣赏，特别是他对悲剧的审美反应的特点的分析，可以说基本上是经验方式的。悲剧净化说不仅依赖于大量的艺术实践经验，而且运用了古代心理学思想资料和医学的研究成果，更为突出的是17、18世纪的英国经验主义的美学家们，如洛克、休谟、艾迪生、伯克等，他们在审美经验的研究中大大地发展了经验的方式，并且运用了更多的心理学的思想。洛克提出感觉是快感和痛感的主要来源，因而也是审美价值的主要来源；艾迪生用"想象的愉快"来解释艺术创作和欣赏的过程；休谟发展了"联

---

① ［美］乔治·迪基：《心理学和美学有关吗？》，《哲学评论》1962年第71卷，第289页。
② ［美］乔治·迪基：《心理学和美学有关吗？》，《哲学评论》1962年第71卷，第301—302页。

想"的理论,并用它来解释对象和观念如何具有愉快和不愉快的情感性质;伯克强调美的经验和崇高的经验的区别是根源于两种不同的情欲和本能,力求揭示美感和崇高感产生的心理的和生理的基础。审美经验研究中的这种经验的传统,虽然后来被康德和黑格尔的思辨的哲学研究所打断,但是它对美学发展所产生的巨大影响和推动作用却是不可忽视的。我们绝不能因为它们运用了心理学的思想,对审美经验作了心理的和生理的分析,而否认它们是一种美学。

如果说对审美经验的心理研究的传统在美学史上早已有之,那么,在心理学作为一门独立学科诞生之后,由于更为自觉地运用心理学的理论、资料和方法于审美经验的研究上,这种传统也因之而获得了新的活力,并且得到了前所未有的发展。假如说在心理学诞生之前,占主导地位的审美理论主要是沿着形而上学的、哲学的途径发展起来的,那么,在心理学诞生之后,由于在审美经验的分析和描述中,引入了心理学的成果,对审美经验的心理的分析在美学中越来越加强了自己的地位,越来越产生了重要的作用,以至于心理学的审美理论较之哲学的审美理论,在现代美学发展中似乎更引人注目。许多美学家认为美学理论应该是由"哲学的美学"和"心理学的美学"两部分共同组成的,正是反映了现代美学发展中的新趋势。在讨论当代的审美经验的理论时,美学家们自然地把他们的注意力集中到诸如移情说、心理距离说、精神分析心理学的"升华"理论、格式塔心理学的审美感知理论以及行为主义的"唤醒—愉快"理论等,这也绝不是偶然的。在这种情况下,硬要把心理学拒之于美学的大门之外,否认心理学和审美经验研究的联系,难道是可能的吗?

第二节 心理学对审美经验研究的贡献

运用心理学的成果于审美经验的研究,或者说,对审美经验进行心理学的分析和描述,是否有助于回答美学中的主要问题,并具有积极的作用呢?对于这个问题,迪基在文章中也作了否定的回答,这也许是他肯定心理学对审美经验的描述是无关的最有力的论据。为此,他分析了布洛的心理距离说,认为他人不仅无助于解释艺术欣赏中的审美经验,而且会使人感到欣赏中具有"某种必须探究的神秘的心理过程"[①]。

诚然，迪基对布洛的心理距离说的批评是有一定道理的。运用心理学的理论、实验和方法来研究审美经验，也不一定就能保证对审美经验的规律和特点做出科学的解释和说明。某些心理学的理论仅仅是一些思辨的构想，并没有经过科学的验证。某些心理学实验的结论也一再受到人们的质疑。用它们来分析审美经验，可能无助于问题的解决，这都是明显的事实。但是，这种情况的存在，并不能说明心理学对审美经验的研究无关。道理很简单，谁能保证运用哲学的成果来解释审美经验，或者对审美问题进行哲学分析，就一定能得出正确的结论呢？许多哲学的美学理论也不断地受到人们的质疑和批评，暴露出它们的主观性和片面性。但是，难道我们能据此而否定哲学学说对美学研究的关系吗？

问题在于运用心理学于审美经验的研究，是否真如迪基所说毫无积极的作用呢？事实并非如此。在心理学诞生以前，美学家们对审美经验的心理分析的成果，这里暂且不论。单就心理学诞生之后，哲学家、美学家、心理学家和艺术理论批评家们对审美经验进行心理分析的成果来看，其成绩也是不容忽视的。

首先，由于运用心理学的有效概念和理论来解释审美经验，对审美经验的心理过程、构成方式，组成因素等做出了更为具体、深入的描述和分析，从而加深了人们对审美经验的理解和认识。心理学关于人的认识过程、情感过程及其相互关系的研究，关于各个心理过程的组成因素的研究，为美学分析审美经验的特殊心理过程提供了基本理论和概念；关于人的个性心理特征的研究，为美学分析审美经验的多样性、差异性和不同类型，提供了重要的理论根据。美学家和心理学家们在审美经验的框架中对审美感知、审美注意、审美想象、审美情感等心理过程以及审美趣味和爱好进行了许多实验和研究，提出了各种假说和理论，其中不乏富于启发性的理论和资料。例如格式塔心理学家对于审美知觉的整体性以及审美知觉和审美情感相互关系的研究，为理解审美经验的心理过程及其特性，提出了一些新的构想。他们强调审美知觉是对于对象的结构样式的整体把握，并以对象的外在形式和心理的内在形式在结构上的一致性，来解释审美对

[①] ［美］乔治·迪基：《心理学和美学有关吗？》，《哲学评论》1962年第71卷，第300页。

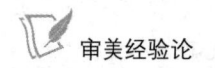

象何以具有形式的表现性的特点,其中包含着许多辩证的合理的因素。

其次,不同学派的心理学家和美学家,运用不同的心理学说,从不同的侧面、在不同的层次上来揭示审美经验的某些特点,探究审美经验产生的心理和生理机制。这不仅丰富了人们对审美经验的特点的认识,而且开辟了揭示审美心理奥秘的多种途径。由于审美经验是一种比普通经验更为复杂的心理现象,它的性质和特点必然是一个多层次、多侧面的综合。因此,解释审美经验的理论不应是一维的,而应是多维的;不应是一个层次的,而应是多水平的。例如精神分析学家提出了无意识在审美经验中的地位和作用问题,使审美经验的研究进入人的精神中更深的层次。虽然"无意识"的理论本身至今仍然具有很大的争议,但是对审美心理中这个新领域的研究,对于进一步认识艺术创造和欣赏的某些特点仍然是有帮助的。现在,许多美学家和心理学家都认为,艺术的创造过程是意识与无意识的统一。它既不是一种完全非理性的无意识的活动,也不是一种完全受理性支配的、有明确意念和目的的意识的活动。这种比较接近实际的看法,就是吸收了"无意识"理论研究中的合理成分。又如行为主义心理学家用生理唤醒学说和"自动平衡模式"来解释审美愉快形成的生理和心理机制,认为审美愉快"主要依赖于刺激图式的结构和刺激成分的互相关系",它和"唤醒中向上或向下的变化"相联系。① 这为我们探究审美经验中愉快的特点以及它形成的原因,无疑又开辟了一个新的途径。

最后,对审美经验的心理分析,由于多方面地结合着艺术创造和艺术欣赏的实践经验,不断地扩大着自己的研究范围和领域,因而使过去许多没有涉及或没有系统研究的审美问题能够被提出来进行较为系统的研究,这也有助于丰富人们对审美经验的认识,进一步充实艺术的审美理论。例如,对艺术的非写实的、形式的成分和叙事的、内容的成分的不同的审美心理效应和影响的研究,对各门类艺术的审美反应的特性及其互相比较的研究,对艺术创造过程以及它和其他创造活动的区别的研究,对艺术欣赏过程和特点的研究,对艺术创造、欣赏与个性关系的研究,对灵感、天才的研究,对艺术能力的起源与发展的研究,对审美偏爱和标准的研究,对艺术审美经验与文化关系的研究,等等,都从各种不同的角度提出和论述

---

① [美] D. E. 伯莱因:《美学和生物心理学》,纽约,1971年,第8—9页。

了审美问题。这样广泛的研究审美经验，也是心理学诞生以前的美学理论所不能比拟的。

第三节　审美经验研究不能局限于心理学

现在，我们再来讨论和乔治·迪基不同的另一种观点。美国美学家M. C. 比尔兹利在他的重要著作《美学》中，对于审美经验的研究和心理学的关系，提出了另一种看法。他写道：

> 我们不能忽视心理学，它的资料和结论将在许多点上支持我们。例如，当我们考虑评价的逻辑时，我们或许被问到关于审美经验的性质，而这是一个心理学的问题。在这里心理学的资料对于回答这个问题也好像太稀少了。但我们至少能分析这个问题，并尽可能清楚、系统地阐明它，以致我们能够明白为了回答这个问题，要求哪种心理学的资料。①

这是明确说，审美经验的性质仅仅是一个心理学的问题。类似的看法我们还可以在不少关于艺术心理学的论著中见到。在那里，关于审美经验的描述和研究仅仅被说成是所谓"审美心理学"或"艺术心理学"的任务。

审美经验的研究虽然和心理学有着密切的关系，但是我们却不能认为它仅仅是一个心理学的问题。审美经验作为一种特殊的、复杂的人类精神现象，固然需要作心理学的分析，但是又不能局限于心理学的分析。审美经验的复杂性质，它和主客观方面的多种关系，需要比心理学更广泛得多的研究。比如，审美经验作为人的一种特殊意识活动，它是如何反映和评价客观世界的，以及它和人的其他诸种意识活动的区别和联系等，更需要哲学的思考和回答。又比如，审美经验作为社会意识之一，它同整个人类社会生活的联系、它的起源和发展、它的社会历史制约性以及在人类文化中的地位和作用等，都需要借助社会历史的研究方法，需要从社会学、文

---

① ［美］M. C. 比尔兹利：《美学》，纽约，1958年，第7页。

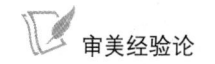

化人类学、历史学、艺术史等学科的角度进行研究。还有，关于审美经验的类型和审美范畴的研究，关于创造和欣赏中审美经验的差异性和一致性的研究，关于审美经验的多样性和变化性的研究等，又与艺术形态学、艺术创造和欣赏的一般理论乃至艺术批评相联系。至于要深入揭示和解释审美经验产生和审美愉快形成的大脑过程，那就更需要信息理论、大脑科学的帮助（这项研究已日益受到美学家和科学家的重视）。总之，美学要全面地分析和解释审美经验，需要借助于哲学和多种人文科学、自然科学的成果来作综合的思考。那种认为仅仅依靠心理学的结论和资料，就能清楚而系统地阐明审美经验的性质和规律的想法是不切实际的，对于深入、全面地开展审美经验的研究也是不利的。

如果说在迪基对心理学和审美经验研究的关系的看法中，忽视了对审美经验研究的经验的、科学的传统，那么，在比尔兹利的看法中，则是过分强调审美经验研究中的经验的、科学的传统，而相对忽视了形而上学的、哲学的传统。后者强调审美经验的共同特性的问题"是一个经验问题，可调查的问题"，认为通过"内省"和"经验"就能够获得它或测试它[1]，却忽视了哲学的研究在阐明这个问题中所起到的巨大作用。如前所述，在美学史上，对审美经验的研究既有经验的、科学的途径，也有思辨的、哲学的途径；对于审美经验的特性问题，既有经验的、科学的回答，也有思辨的、哲学的回答。因此，审美经验的特性问题，不仅是一个经验的问题或心理学的问题。对于审美经验的哲学的思考，和对于审美经验的心理学的分析，虽然都以审美经验作为研究对象，但是它们的研究各具特点，对揭示审美经验的特性具有不同的作用。费希纳曾经用"自上而下的美学"和"自下而上的美学"来区别哲学的思辨的美学和心理学的实验的美学，说明它们的研究途径和方法是不同的。如果用它来说明对于审美经验的两种研究途径的区别，大致也是合适的。一般说来，对于审美经验的心理学的研究，是以经验的材料为基础的，它需要对反复产生的现象进行观察和实验，需要把思想见解看成能被测试和验证的假设，需要客观的数据和定量的分析，需要把理论放在有效的事实的基础上。这一切，使它对审美经验特性的把握往往带有具体的、微观的、部分的、精确的特点。另

---

[1] ［美］M. C. 比尔兹利：《美学》，纽约，1958年，第527页。

一方面，对于审美经验的哲学的研究，则是从形而上学的假说和某种哲学的构架出发的，它需要非经验的逻辑分析，需要纯粹的理性思考，需要最高的科学抽象，需要构造出概念、范畴和理论的体系。这一切，使它对审美经验的把握往往带有概括的、宏观的、整体的、系统的特点。审美经验的共同特性是什么？它和科学的、道德的、实用的经验的区别是什么？这个问题在哲学的美学中受到的重视和获得的成果，并不比心理学的美学差。例如，康德在先验哲学的构架中，对审美判断力的分析，高度概括地揭示了审美经验中的特殊矛盾，对审美意识活动的特殊规律以及审美愉快的特质作了相当深入的阐述。他的哲学的审美理论对现代审美理论的发展，包括心理学的审美理论的发展，都产生了巨大的影响。进入20世纪以来，表现主义的、自然主义的、符号学的、现象学的审美理论相继出现，使审美经验的哲学的研究变得更为多元化，这一切都说明，关于审美经验的性质问题，不只是一个心理学的问题，对于审美经验的研究也不能仅仅局限于心理学范围之内。

第四节　心理学对审美经验研究的局限性

比尔兹利充分评价了心理学的结论和资料对分析和阐明审美经验的作用，这是有其合理性的。但是，他却在相当的程度上忽视了心理学的结论和资料对于审美经验研究所具有的局限性，忽视了在各种心理学的审美理论中所存在的困难和问题。他之所以认为审美经验的性质问题仅仅依赖心理学的理论和资料便可以得到清楚的分析和阐明，一个重要原因就是他对于心理学在探究审美经验中的局限性缺乏应有的认识。

我们认为，实事求是地指出心理学在审美经验研究中的局限性是必要的。这种局限性在一些美学家和心理学家的著作中也有所涉及。首先，心理学作为一门独立学科诞生虽然已有一个多世纪的历史，但是，从总体上看，它的许多理论还显得不成熟。许多心理现象并未在心理学研究中得到科学的解释，心理学本身的许多理论问题尚处在探索的阶段，如形象思维这种与审美经验有着密切关系的重大理论问题，在心理学中至今仍未得到充分的研究和阐明。有的心理学教科书在论述思维过程时，仍然只讲抽象的逻辑思维的规律，不讲具象的形象思维的规律；有的把形象思维和创造性想象混为一谈，否认它是一种独立的思维形式；也有的把它和直觉思维（或称灵感思维）看成一回事，这都反映出心理学对形象思维这一重要的认识形式和心理现象还没有给予准确的把握。此外，和审美经验同样有着密切关系的情感问题，在心理学的研究中也是一个较为薄弱的环节，甚至涉及情感这种心理过程的许多概念，在心理学中也缺乏准确的理解和说明。例如"情绪"（emotion）和"情感"（feeling）的概念区别就是一个问题。阿恩海姆说："心理学家讲情感（feeling）也讲情绪（emotion），但这两个术语的区别公认为是不清楚的。……这里，心理学再次几乎不能说对艺术理论家提供了许多阐明。"[①] 由于许多与审美有密切关系的心理现象和过程并未在心理学中得到充分阐明和科学解释，所以，心理学对审美理论所做的贡献是有限的。

其次，当各种心理学说被应用于解释审美经验时，它们各自往往集中于审美经验的某一特别的方面，而忽视了其他方面，有的甚至将审美经验中某一特别的心理现象孤立加以研究，片面地加以强调，将审美经验中本来互相联系、互相作用的因素分割和对立起来。多数心理学家往往把研究审美经验当作为已形成的某种心理学说和观点寻求论据和例证来对待，因而并不是从审美经验的整体和全部实际出发来把握它，而只是强调了与自己的某种心理学说有关的某些部分、某些方面。所有这些都使已产生的许多心理学的审美理论带有相当的片面性，这在弗洛伊德的精神分析的艺术理论中表现得特别突出。孤立地、片面地强调无意识的本能欲望在艺术创造和审美活动中的作用，而排斥意识的作用和影响，形成了弗洛伊德精神分析的审美理论的反理性主义的基本特点。理论上的片面性，加之有些理论还带有浓厚的思辨性和主观臆想色彩，缺乏充分的科学根据，因而就很难对审美经验的性质做出全面的、科学的分析和阐明。

最后，心理学对于审美经验的研究，主要是借助于内省的或实验的方法。自从德国心理学家和美学家费希纳1876年出版《美学导论》并创立实验美学以来，已经有许多心理实验被运用于审美经验的研究中。其中，关于各种艺术的形式构成因素的审美反应的测验，关于审美趣味和偏爱的测验，关于艺术创造和欣赏能力的测验等，已经积累了相当丰富的资料并

---

① ［美］鲁道夫·阿恩海姆：《走向艺术心理学》，伦敦，1967年，第308—309页。

引出了各种结论。然而，这些实验资料和结论常常是不充分的或矛盾的。虽然许多实验提供了客观的、有效的数据，但是从它们引出的结论却不断地受到质疑。由于心理实验方法被用于审美经验研究时受到很大限制（例如不少测验是在艺术作品个别组成因素被分离和孤立的情况下进行的），因此，这项工作对于理解审美经验的贡献是极其有限的。人们对一些心理测验（如艺术创造和欣赏的能力的测验）的信心已经越来越低。总的来说，我们虽然不能否认某些心理实验的资料和结论对于描述审美经验的作用，但仅仅依靠这些资料和结论，是不能对审美经验研究中已提出的重要理论问题做出完整的、系统的回答的。

我们认为，全面、正确地认识审美理论和心理学的关系，克服上述两种片面认识，明确审美经验研究既不能脱离心理学又不能局限于心理学，明确心理学对于审美经验研究既有贡献又有局限性，不仅具有理论意义，而且具有实际意义。审美经验作为当代美学研究的重点对象，已经和正在受到哲学家、美学家、心理家、艺术理论和批评家们越来越多的关心和注意。对于审美经验的哲学的、心理学的、艺术学的、社会历史的研究，从各个方面汇聚到美学中来，正在发展着、丰富着美学中的审美理论。我们既不需要从美学中抬高某一种研究，甚至将它孤立起来；也不需要贬低某一种研究，甚至将它排斥出去。为了使审美理论逐渐成为系统的、科学的理论，为了全面、深入地揭示审美经验的奥秘，我们需要的是哲学家、美学家、心理学家以及艺术理论批评家的通力合作，是哲学、心理学、艺术学、社会学以及其他相关学科的共同探讨。思辨的、哲学的方法和经验的、科学的方法要并驾齐驱，哲学的审美理论和心理学的审美理论应互相交融，这就是我们讨论审美经验研究和心理学的关系所必然引出的实际结论。

第二篇　当代审美经验理论审视

第三章　审美经验与审美对象：
现象学分析

在当代西方的各种审美经验理论中，现象学美学对审美经验的分析具有特殊的地位。现象学美学明确提出美学要以审美经验的分析作为基本任务，并力图从总体上描述和分析审美经验。现象学美学的代表人物米凯尔·M.杜弗莱纳在《审美经验现象学》中声称："本书的主要内容便是论述艺术引起的审美经验。"[①] 作者以审美经验的分析为主旨，分别对审美对象、审美知觉以及两者之间的关系作了极其详尽的、富于创造性的论述。这本著作被公认为现象学美学的经典性著作。另一位现象学美学的代表人物罗曼·R.英伽登指出，现象学美学应以艺术家或观赏者与艺术作品的交流为研究出发点，从其中，"一方面导致作为审美对象的艺术作品的出现；另一方面导致创造的艺术家或审美地经验着的观察者或批评家的诞生"[②]。美学应当把对这两个方面——（a）对艺术作品（审美对象）的一般研究和（b）对审美经验（包括作者的创造经验和观赏者的接受经验）的分析相互结合起来。他在早年的现象学美学名著《文学的艺术作品》中已经试图这样做，在后来的一系列论述审美经验、艺术作品和审美价值问题的论文中，这种研究方向变得更加明确和令人信服。因此，对现象学美学来说，审美经验的描述和分析居于特别显著地位，并且具有从总体上把握的特点。

现象学美学对审美经验的分析采用了新的理论和新的方法，这就是现

---

① ［法］M.杜弗莱纳：《审美经验现象学》，载《马克思主义文艺理论研究》编辑部选《美学文艺学方法论》（下），文化艺术出版社1985年版，第619页。

② 《英伽登美学文选》，华盛顿，1985年，第30页。

象学的创始人、德国哲学家爱德蒙德·胡塞尔提出的一系列原则和方法。胡塞尔提出哲学的研究对象既不是客观存在，也不是主观经验，而是所谓"纯粹现象"或"纯粹意识"。为此，他发展了他的老师布伦塔诺的意向性学说，主张把意识对象和意识活动合二为一。在胡塞尔看来，意识活动和意识对象作为纯粹意识的有机因素，二者是不可分割的。一切意识都是关于对象的意识，一切对象都是意识的对象。意识存在着一种基本的结构，即意向性，意识对象便是由意识的意向性所构成的东西。现象学的"还原"方法，就是要求认识主体抛弃一切预先的假设，从而转向"现象"或"纯粹意识"，以便通过"直觉"，通过意识的意向性分析，从呈现在意识中的现象之中去把握事物的本质。现象学美学把这些理论和方法贯穿在对审美经验的研究中，从而对审美经验做出了独到的现象学分析。杜弗莱纳认为"审美经验揭示了人类与世界的最深刻和最亲密的关系"①，它在意向性概念中可以得到深刻阐明。在审美经验中，体现了意向性概念所包含的主体与客体的特殊相关性，正如意向性永远表现着意识和对象的相互依赖关系一样，审美对象和审美知觉也是相互依赖、相互制约的。此外，杜弗莱纳还指出："审美经验在它是纯粹的那一瞬间，完成了现象学的还原。"②被还原为感性的审美对象，也就是现象学还原所想达到的"现象"。英伽登虽然在哲学观点上和胡塞尔有所分歧，在美学的某些具体问题上也和胡塞尔有不一致之处，但他的理论仍多来自胡塞尔。他同样是根据意向性学说来分析审美经验，主张审美经验和审美对象是互相关联的；认为作为审美对象的艺术作品，既非实在客体，亦非观念客体，而是一种"意向性客体"。所有这些，都表现了现象学的审美经验理论和哲学理论及方法的深刻联系。现象学审美经验理论的突出特点，就是着重于审美经验与审美对象的相关性探讨，强调两者之间的相互依赖和相互制约。

第一节 关于审美经验的特点

审美经验的性质如何？它和日常经验以及认识的、道德的经验的关系

---

① ［法］M. 杜弗莱纳：《美学与哲学》，孙非译，中国社会科学出版社 1985 年版，第 3 页。
② ［法］M. 杜弗莱纳：《美学与哲学》，孙非译，中国社会科学出版社 1985 年版，第 53 页。

是什么？这始终是当代西方审美经验理论所探讨的一个中心问题。对于这个问题，有两种大致相反的看法。一种看法是：审美经验是完全不同于其他经验的独特的经验。审美情感只是一种关于形式的情感，它和艺术再现生活的内容是不相关的。审美经验因此和日常经验具有本质的区别。另一种看法是：审美经验和日常经验并无根本的差别。审美经验不能脱离日常生活经验，它不过是将日常生活经验加以完善化、组织化。所谓审美情感，实际上只是日常生活中各种经验的综合、均衡，所以并不存在独特的审美情感。当然，在这两种相反的看法之外，还有一种调和的主张，即既认为审美经验有别于日常经验和其他经验，同时又不使审美经验和日常经验对立起来。现象学美学基本上是强调审美经验不同于日常经验的，但在阐明审美经验的特性时，它却提出了一些独特的见解。

现象学美学认为审美经验是一种不同于日常经验的特殊的经验。对一个实在对象的认知和对一个审美对象的审美经验，是两种性质不同的意识活动。根据现象学关于意识活动和意识对象互相联系、意识活动总是指向意识对象的原则，现象学美学主张从审美经验和审美对象的关系中，去分析审美经验的主要特征。有关审美经验的一些理论往往将审美经验的对象和认识活动的对象混为一谈，认为现实世界的某种实在事物既是认识活动的对象，也必定是审美经验的对象。现象学美学家反对这种看法，他们强调审美经验的对象和认识活动的对象是有差别的。英伽登认为，一般的认识活动都必须始于对一实在事物的知觉，而审美认识则并非如此，"对象的实在对审美经验的实感来说并不是必要的，在审美经验中，我们喜不喜欢一件东西也并不取决于这种实在，因为这种实在作为感觉对象某个时刻的存在根本不影响我们的审美愉快或审美反感"[①]。在一般的认识活动中，我们指向对象的实在本身，而在审美经验中，我们却指向对象的其他特性，正是这些特性决定着对象的审美价值；在认识活动中，我们以一种调查者的态度借助感觉来获取对一个实在对象的知识，而在审美经验中，我们则被引向出现在直接经验中并有某种审美价值的对象。例如，当我们在审美经验中观赏卢浮宫里的维纳斯雕像时，我们产生的并不是对一块真实

[①] ［波］R. 英伽登：《审美经验与审美对象》，《哲学和现象学研究》1961 年第 Z1 卷第 3 期，第 291 页。

的大理石或一个真实的女人的简单知觉,虽然这种对一个实在对象的简单知觉是构成某些特殊的心理活动的基础,但我们很快就离开了这种感觉而转向了只有在审美经验中才能形成的另一种东西,即作为审美对象的"维纳斯"。作为审美对象的维纳斯绝不是一块大理石给予我们的。事实上,这块大理石的许多属性不仅不能有助于审美经验,反而会妨碍这种经验的实现。例如"维纳斯"鼻梁上的一块污痕,或她的胸脯上可能由于水的侵蚀而产生的许多粗斑、空穴、水孔等,就会有碍于对她的审美感觉。然而,在审美经验中,我们却会忽视这块大理石的这些特殊性质,好像根本就没有看到它们。相反,我们似乎看到她的鼻梁毫无瑕疵,胸脯平滑,所看到的洞穴都被填上。"我们在'思想'中,甚至在一种特殊的知觉反映中补充了对象的这些细节,使其在给定条件下有助于造成审美'印象'的最佳条件"[1] 以完全展示其审美价值。作为审美对象的"维纳斯"也不是以一个真实的女人身躯呈现给我们的,如果我们遇到一个像她这样的真实的断臂女人,便会体验到强烈的不快,并充满怜悯和同情等感情。但是在对维纳斯的审美知觉中,失去的臂膀并不是障碍。"在审美态度中,我们不知不觉地完全忘怀了肢体的残缺,断掉的臂膀。一切都产生了奇妙的变化,在这种方式'观看'下的整个对象完美无缺,甚至因为双臂未曾出现在人们视野里而更富魅力。"[2] 很显然,对于"维纳斯"的审美认识不同于对于一块真实的石头和一个真实的女人的认识,审美经验和认识活动各有不同的对象。审美经验的对象不是一般知觉的实在对象,而是在审美经验中形成的审美对象。

审美经验和认识活动各有其不同的对象,因此,在具体的发生过程上也是不同的。对此,英伽登作了较为详尽的分析。他指出,审美经验并不是人们常说的那种作为对某些感觉材料的反映的短暂的经验、短暂的快感或恶感,而是一种包含许多异质要素的多方面的复合过程。那么,审美经验的具体过程是怎样的呢?英伽登把它描述为三个基本阶段。第一,审美经验的预备阶段,这个阶段主要是完成从对一个实在对象的感觉向审美经

---

[1] [波] R. 英伽登:《审美经验与审美对象》,《哲学和现象学研究》1961 年第 Z1 卷第 3 期,第 293 页。

[2] [波] R. 英伽登:《审美经验与审美对象》,《哲学和现象学研究》1961 年第 Z1 卷第 3 期,第 294 页。

验的诸方面的过渡，我们被对象的一种或许多特殊性质所打动，从而把注意力倾注在这种特质上。这种特质在我们身上唤起一种特殊情绪，英伽登称之为"预备情绪"，正是这一情绪引出了审美经验的过程本身。审美的预备情绪的最重要功能，是使我们中断了关于周围物质世界的事物中的"正常的"经验和活动，改变了我们的心理态度，即使我们从日常生活中采取的实际态度，从探究态度转变成特殊的审美态度，使我们的注意力从这种或那种性质的真实存在转移到物质本身上面。在我们对这些特质的直觉认识中，对于感觉到的事物的存在的信念便失去了它的约束力，用胡塞尔的话说，它就是被"还原"了。第二，审美对象的形成阶段，在这个阶段，审美特质本身（而不是它所依附的事物，或它赖以出现的背景）成了认识的对象。在审美认识过程中，我们获得的不是一种简单的特质，而是许多特质互相协调形成的一个整体，同一整体中存在的特质相互影响可能产生出一种崭新的特质。它使构成它的互相影响的性质结为一体，并赋予这一整体一种性质特征，即"和谐质"或"格式塔质"。质和谐及其格式塔是审美对象的最高原则，一旦我们最终构成了质和谐，审美对象也就随之形成。"因此，我们必须掌握那些具有审美价值的特质，并将其综合起来，以求把握所有这些特质的和谐。只有在这种时候，在一种特殊的情感观照中，我们才能沉醉于构成'审美对象'的美的魅力之中。"[1] 第三，审美经验的最后阶段，这阶段可以说是审美经验的登峰造极。它一方面是对已形成的审美对象的质和谐的观照（平静的注视）；另一方面在观照的同时，产生了对质和谐的赞美、欣喜的情感反应，即对业已形成的审美对象的价值的承认的感觉。对审美对象的价值的承认，与对其和谐质的观照同时进行、互相配合，两者结为一体。通过直接的观照和激情与价值极高的审美对象交流是一种极大的愉快，因此能在我们身上造成愉快的心理状态。但这种愉快只是审美经验中的派生现象，而不是审美经验的本质或主要内容，如果忽视了审美经验的本质内容，即构成审美对象，经验质和谐以及通过情感观照经验它们的价值，那么所产生的快感便不是严格定义上的审美情感。

---

[1] ［波］R. 英伽登：《审美经验与审美对象》，《哲学和现象学研究》1961 年第 Z1 卷第 3 期，第 294 页。

第三章 审美经验与审美对象：现象学分析

上述分析表明，现象学美学对审美经验的特点分析确实是别具一格的，以往的审美经验理论是从审美主体的态度或心理状态等方面来界定审美经验的特点，或者认为审美经验的特点在于对对象保持一种非功利的态度或所谓"心理距离"，或者认为审美经验与认识活动的区别在于或为情感活动或为理智活动，或者把美感看作快感，或者把美感归结为直觉。在现象学美学对审美经验特点的分析中，虽然我们也可以发现上述各种理论的影响，但是，它却基本上摆脱了将审美经验的分析局限于审美主体的心理态度和活动的传统模式，而从审美经验与审美对象的相互联系中，从审美主体和审美客体的互相作用中，来分析审美经验的特点和实质。审美经验不同于日常生活经验和探究性的认识活动的主要特点是它的基本功能即在于在审美态度中专注于对象的审美特质，构成审美对象以及在情感观照中经验审美对象的价值。这是一个主体与客体、创造与接受、主动与被动相互作用、相互结合的过程。在这个过程中，一方面审美经验构成着审美对象；另一方面审美对象又规定着审美经验。如果说离开了审美经验，我们便不能了解审美对象，那么同样可以说，离开了审美对象，我们也不能认识审美经验。正如在审美经验中才能有审美对象的存在一样，也只有在与审美对象产生直接交流时才能有审美经验的发生和发展。现象学美学所提供的这种分析审美经验的方法以及它所得出的关于审美经验的主要特点的论断，无疑给审美经验的研究注入了新的东西。如果我们结合艺术作品欣赏的经验来看（如上文提到的对维纳斯的观赏），那么，这种分析也确实触及了一些规律性的现象。事实上，在一般认识中把艺术作品作为一个实在的对象来探究，与在审美经验中把艺术作品作为一个审美对象来欣赏，我们所获得的东西是很不相同的。如果我们面对艺术作品时，不是把它作为一个审美对象来观赏，而是作为一个实在对象来探究，那么我们将不会获得真正的审美经验，也不会对它们的审美价值取得正确的认识。从这个角度看，审美主体的意识活动究竟指向什么对象或对象的哪些方面，对审美经验的性质和形成的确有重要影响。不过，英伽登把审美对象和实在对象完全分割开来，把审美经验和认识活动完全对立起来，只看到它们的区别，而看不到它们的联系，这就易走向片面性。他试图用审美对象来界定审美经验，可是照他的理解，审美对象原是由审美经验构成的，也就是只能作为审美经验的关联物而规定自己。这样一来，现象学美学就陷入

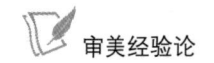

了一个循环往复的圈子,即一方面要用审美对象界定审美经验;另一方面又要用审美经验界定审美对象,这种循环同样表现在现象学的意向性概念对意识活动和意识对象关系的论述中,这种循环也给现象学美学界定审美经验和审美对象造成了理论上和方法上的双重困难。

第二节 关于审美对象的界定

既然现象学美学家把审美经验的本质看作构成并经验审美对象,因此,他们认为如何界定审美对象便是分析审美经验的关键问题。英伽登和杜弗莱纳都对这个问题作了许多论述,特别是杜弗莱纳的《审美经验现象学》一书,更是对这个问题作了专门的研究。

关于审美对象的界定,杜弗莱纳首先提出的是方法问题。如前所述,现象学美学认为审美对象是在审美经验中形成并与审美经验相关联的。那么,是否可以从审美经验出发去界定审美对象呢?杜弗莱纳认为不能这样做,原因是如果从审美经验出发,那就要力图使审美对象从属于审美经验,结果是赋予审美对象以宽泛的意义,即把被任何种类的审美经验审美化了的一切客体都看作审美对象。这样一来,审美对象就可以包括自然界中的对象,以及艺术家在着手创作以前想象中的意象,等等。但是,在这里为审美经验所下的定义是不严格的,因而也就不能赋予审美对象以严格的定义。根据现象学创始人胡塞尔晚年提出的"主体际性"(intersubjectivity)的概念,尽管没有意识便没有对象,但我们却可以预先设定意识对象并先于意识论述。作为"意向性的分析",现象学方法倾向于从分析意识对象开始,而把分析意识活动(意识对象的必然关联)放到下一步。因为分析涉及经验的对象要比分析作为行为的经验方便些。所以,现象学美学界定审美对象的方法是"使经验从属于对象,而不是使对象从属于经验"①,这样才能赋予审美对象以严格的意义,并进而为审美经验找到准确的定义。

既然不能从审美经验出发去界定审美对象,那么,究竟从何入手来为

---

① [法] M. 杜弗莱纳:《审美经验现象学》,载《马克思主义文艺理论》编辑部编选《美学文艺学方法论》(下),文化艺术出版社1985年版,第603页。

第三章　审美经验与审美对象：现象学分析

审美对象下定义呢？杜弗莱纳明确提出，现象学美学的途径是"要通过艺术作品来界定对象自身"①，也就是说"用艺术作品作为基础来界定审美对象"②。这样做的好处是："由于没有人怀疑艺术作品的存在和完美作品的真实性，因此如要在同它们的关系中为审美对象下定义，那么何为审美对象是不难弄明白的。"③ 只要我们把艺术作品作为世界的存在物加以研究，就找到了审美对象存在的基础。

尽管现象学美学家主张从艺术作品出发去界定审美对象，但他们反复强调的却是审美对象和艺术作品之间的区别。不管是英伽登还是杜弗莱纳，都把区分审美对象和艺术作品作为进一步界定审美对象的关键问题。英伽登虽然承认艺术作品是界定审美对象的基础，但是他又强调审美对象只能在观赏者的审美经验中才能形成，所以离不开主体的审美感知和审美态度。他说："艺术作品可能被人感知的方式有两种：感知的行为可以发生在寻求审美经验时审美态度的关联中，也可以进入某种超审美的全神贯注中，在沉入科学研究或某种单纯消费者的关系中。"④ 只有当对艺术作品的感知发生在审美态度、审美经验之中时，艺术作品才能作为审美对象呈现在观赏者的审美活动之中。杜弗莱纳也作了类似的论述。他说："审美对象是审美地被感知的客体，亦即作为审美物被感知的客体。"⑤ 但是，艺术作品作为一种存在物，可能被这样一种知觉所把握，这种知觉或者忽视其审美特质，例如观看演出时心不在焉；或者想要理解和解释它而不是感受它，例如艺术批评家所可能做的那样。在这样非审美地被感知时，艺术作品还不能成为审美对象。只有当艺术作品被审美地感知时，艺术作品才能实现它的审美特质，成为审美对象。"审美对象乃是作为艺术作品被感知的艺术作品，这个艺术作品获得了它所要求的和应得的、在欣赏者的驯

---

① ［法］M. 杜弗莱纳：《审美经验现象学》，载《马克思主义文艺理论》编辑部编选《美学文艺学方法论》（下），文化艺术出版社1985年版，第603页。
② ［法］M. 杜弗莱纳：《审美经验现象学》，载《马克思主义文艺理论》编辑部编选《美学文艺学方法论》（下），文化艺术出版社1985年版，第603页。
③ ［法］M. 杜弗莱纳：《审美经验现象学》，载《马克思主义文艺理论》编辑部编选《美学文艺学方法论》（下），文化艺术出版社1985年版，第603页。
④ ［波］R. 英伽登：《艺术价值和审美价值》，载《英伽登美学文选》，华盛顿，1985年，第92页。
⑤ ［法］M. 杜弗莱纳：《审美经验现象学》，载《马克思主义文艺理论》编辑部编选《美学文艺学方法论》（下），文化艺术出版社1985年版，第605页。

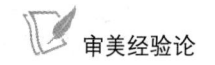

服意识中完成的知觉。"① 总之，审美对象是被审美地感知的艺术作品。"审美对象和艺术作品的区别表现在这里：必须在艺术作品上面增加审美知觉，才能出现审美对象。"②

前文说过，杜弗莱纳主张以艺术作品为基础来界定审美对象，但是，在说明了审美对象和艺术作品的区别之后，他又提出审美对象只能依凭审美经验才能界定自己，"审美知觉是审美对象的基础"③，从而强调审美对象和审美知觉是互相关联、不可分割的，"审美对象只有在审美知觉中才能完成"④。例如博物馆中展出的美术作品，如果没有被参观者进行审美的感知，那么这些作品便不是作为审美对象而存在；如果它们只是被修养不高的人漫不经心地打量一下，那么这些作品在这个人面前也没有作为审美对象而存在。

既然审美对象只有在审美知觉中才能实现和完成，那么审美知觉究竟具有什么特点，并且又如何制约着审美对象呢？这是杜弗莱纳在论述审美对象和审美知觉的关联时所探讨的一个重要问题。杜弗莱纳指出："审美知觉是极端性的知觉，是那种只愿意作为知觉的知觉，它既不受想象力的诱惑，也不受理解力的诱惑。……审美知觉寻求的是属于对象的真理、在感性中被直接给予的真理。"⑤ 在审美知觉中，主体既不是围绕着眼前的对象胡思乱想，也不是将眼前的对象纳入概念的确定性以便掌握它，而是全神贯注地、毫无保留地专心于对象的突出表现。这时对主体而言，唯一存在的世界既不是围绕对象的，也不是形相后面的世界，而是属于审美对象的世界。如果知觉以这种方式对待对象，知觉在感性中就会给予对象一种自然存在的内在必然性、一种赋予对象以活力的意义、一种内在的感性的意义。而"审美对象不是别的，只是灿烂的感性。规定审美对象的那种方

---

① [法] M. 杜弗莱纳：《审美经验现象学》，载《马克思主义文艺理论》编辑部编选《美学文艺学方法论》（下），文化艺术出版社 1985 年版，第 604 页。
② [法] M. 杜弗莱纳：《审美经验现象学》，载《马克思主义文艺理论》编辑部编选《美学文艺学方法论》（下），文化艺术出版社 1985 年版，第 618 页。
③ [法] M. 杜弗莱纳：《审美经验现象学》，载《马克思主义文艺理论》编辑部编选《美学文艺学方法论》（下），文化艺术出版社 1985 年版，第 604 页。
④ [法] M. 杜弗莱纳：《美学与哲学》，孙非译，中国社会科学出版社 1985 年版，第 67 页。
⑤ [法] M. 杜弗莱纳：《美学与哲学》，孙非译，中国社会科学出版社 1985 年版，第 53 页。

第三章 审美经验与审美对象：现象学分析

式就表现了感性的圆满性与必然性，同时感性自身带有赋予它以活动的意义"①。在杜弗莱纳看来，这种感性的圆满性与必然性，这种感性自身蕴含的意义，也就是构成审美对象的一些根本性质。在回答"美到底是什么"的问题时，杜弗莱纳也曾做出"美是感性的完善，它以某种必然性的面目出现"，"美是某种完全蕴含在感性之中的意义，没有它，对象将毫无意义"②的论述。如果我们记得杜弗莱纳在《审美经验现象学》中曾做的"我们不去界定美，而只考察什么是对象"的声明，那么，他在这里对美是什么所做的回答，实际上就是对审美对象的根本性质做出的一种界定。

结合审美对象和审美知觉的关联，杜弗莱纳还论述了审美对象和审美要素（the sensuous element）之间的关系。"审美要素"这个术语是杜弗莱纳在考察艺术作品如何向审美对象转化中所提出的一个关键性的术语，它所指的是艺术作品的材料被审美地感知时所变成的某种东西。杜弗莱纳指出，每一种艺术作品都有特定的物质（materials）作为基础，例如颜料、石头、声音等。作品的物质共同构成作品的材料（matter），正是依靠这种基础，作品才能保存下来。但是，我们在审美地感知作品时，所关心的并不是这个材料本身，我们与之打交道的也不是原来的材料，而是"审美要素"。如果说艺术作品是由在物质基础上形成的材料构成的，那么，审美对象则可以说是由"审美要素"构成的，确切地说，审美对象是由审美要素扩大和发展而成的，审美对象是"审美要素的高度发展"③和"审美要素的灿烂光辉"④。从这个意义上说，审美对象可以被界定为"审美要素的组合"⑤。审美要素对于艺术作品转化为审美对象来说，是不可或缺的东西。"艺术作品只有通过呈现为审美要素才能存在。审美要素的呈现使我

---

① ［法］M. 杜弗莱纳：《美学与哲学》，孙非译，中国社会科学出版社 1985 年版，第 54、20 页。
② ［法］M. 杜弗莱纳：《美学与哲学》，孙非译，中国社会科学出版社 1985 年版，第 54、20 页。
③ ［法］M. 杜弗莱纳：《审美经验现象学》，载《马克思主义文艺理论》编辑部编选《美学文艺学方法论》（下），文化艺术出版社 1985 年版，第 630 页。
④ ［法］M. 杜弗莱纳：《审美经验现象学》，载《马克思主义文艺理论》编辑部编选《美学文艺学方法论》（下），文化艺术出版社 1985 年版，第 630 页。
⑤ ［法］M. 杜弗莱纳：《审美经验现象学》，载《马克思主义文艺理论》编辑部编选《美学文艺学方法论》（下），文化艺术出版社 1985 年版，第 630 页。

们可以把艺术作品理解为审美对象。"[①] 当然，审美要素也不是审美对象的唯一构成因素；审美对象还有另一种关键性的构成因素，即意义，但审美对象包含的意义既不是非存在性的，也不是超验性的，它是审美要素固有的东西，是审美要素真正的结构。审美对象的所有意义都是在审美要素中给定的。因此，审美要素仍是构成审美对象的必要的基础。

杜弗莱纳和英伽登对审美对象所做的分析和界定，无疑是相当独特的。"审美对象"这个概念虽然在西方美学理论中早已有之，但不同的美学家对它的理解和解释并不完全一致，在当代西方影响甚大的"审美态度"理论中，审美对象简单地被理解为审美态度的衍生物，这种理论认为存在着一种特殊的审美态度——主体的某种精神状态，任何对象，无论它是人工制品还是自然对象，只要主体对它采取一种审美态度，它就能变成一个审美对象。总之，审美对象是由审美态度决定的。世界上并不存在一种固定不变的审美对象，审美对象与非审美对象之间也没有严格区别，一切要以审美主体的态度为转移。如果我们将现象学美学家对审美对象的界定和上述理论加以比较，就会看出它们之间的差别。现象学美学家不但将审美对象严格限制在艺术作品的范围内，而且明确提出艺术作品是审美对象形成的基础。虽然艺术作品必须经过审美感知才能变为审美对象，但是审美感知或审美态度却不是构成审美对象的唯一条件。对于现象学美学家来说，与其说审美对象是由审美感知或审美态度决定的，不如说是由作为客体的艺术作品和作为主体的审美知觉共同创造的。正是从这里出发，现象学美学把审美对象和艺术作品看成是既互相联系又互相区别的东西，从而赋予了审美对象以严格的定义。现象学美学对审美对象与艺术作品、审美对象与审美知觉、审美对象与审美要素相互关联的阐述，形成了一套逻辑严密、自成一体的审美对象的学说，它较之以前的有关审美对象的论述，不但理论上更为完备，而且在内容上也更为丰富。由于具体论述中较多地注意到审美欣赏的实际，所以，其中也不乏合理的见解。如认为审美对象"是在感性的高峰实现感性与意义的一致，并因此引起感性与理解力

[①] [法] M. 杜弗莱纳：《审美经验现象学》，载《马克思主义文艺理论》编辑部编选《美学文艺学方法论》（下），文化艺术出版社1985年版，第630—631页。

的自由协调的对象"①，就是一种较为深刻并富于启发性的见解。但是，也由于现象学理论和方法上的固有弊病，免不了使现象学美学家在审美对象的界定时常显得自相矛盾，如杜弗莱纳一方面声称界定审美对象不能从属于审美经验；另一方面又说审美对象只能依凭审美经验才能界定自己。虽然杜弗莱纳首先强调要通过艺术作品界定审美对象，反对将审美对象从属于审美知觉，可是，他又强调"审美知觉是审美对象的基础"，"审美对象只有通过审美知觉才能实现"，也就是承认仍然要由审美知觉去界定审美对象。这里，同样存在着由于意识和对象的往复循环所造成的理论困难。

第三节 审美中主客体关系问题

通过上文所介绍的现象学美学关于审美经验和审美对象的论述，我们可以发现，审美对象和审美知觉的互相关系问题，是贯穿在现象学的审美经验理论中的一个核心问题，杜弗莱纳说："在连结它们的审美经验里面，可以区分对象和知觉。"② 这就是说，只要抓住了审美对象和审美知觉以及二者之间的相互关系来考察，审美经验的问题就可以迎刃而解，而所谓审美对象和审美知觉的关系问题，也就是美学中长期存在争论的审美中客体和主体的关系问题。

在解决审美中主体和客体的关系问题上，现象学美学家所根据的理论主要是胡塞尔的意向性的概念和原理。所谓意向性，就是指意识活动总是指向某个对象，不存在赤裸裸的意识，不存在把自身封闭起来的意识，意识总是对某种东西的意识。"认识体验具有一种意向（intention），这属于认识体验的本质，它们意指某物，它们以这种或那种方式与对象发生关系。"③ 胡塞尔认为，传统的日常观点总是把主体与客体相分离，意识的意向性结构则克服了这种分离。因为照他的看法，意识不能没有对象，离开

---

① ［法］M. 杜弗莱纳：《美学与哲学》，孙非译，中国社会科学出版社1985年版，第24—25页。
② ［法］M. 杜弗莱纳：《审美经验现象学》，载《马克思主义文艺理论》编辑部编选《美学文艺学方法论》（下），文化艺术出版社1985年版，第601页。
③ ［德］埃德蒙德·胡塞尔：《现象学的观念》，倪梁康译，上海译文出版社1986年版，第48页。

了对象，意识就没有意义；同时对象也不能没有意识，离开了意识，对象也不具有什么意义。胡塞尔把意向性的概念置于哲学思考的中心，通过这一概念，他重新提出了主客观关系这一老问题，论证了主体和客体、意识和意识的对象是相互关联而不可分割的。杜弗莱纳认为，意向性的概念所表明的主体与客体的特殊相关性，即主体与客体的姻亲关系，在审美经验中可以得到最充分的说明。一方面，审美对象必须通过审美知觉才能实现；另一方面，审美知觉也必须在指向审美对象中才能存在。所以，在审美经验中，达到了主体与客体、意识活动与意识对象的辩证统一。在《审美经验现象学》中，杜弗莱纳自始至终不断提出的一个问题就是，审美对象和知觉主体怎样共同形成审美经验？他指出：作为审美对象的构成成分和审美知觉的指向对象的审美要素，是知觉主体和审美对象共有的某种东西。"审美要素是知觉者与知觉物的共同活动。"[①] 它表明主体和客体、意识和对象在审美中具有同一性。审美要素作为中介物（tertium quid），连结着两种主要的审美深度——被表现世界（审美对象）的深度和这一世界的观察者（审美主体）的深度，两种深度都涉及情感。按照杜弗莱纳对审美知觉过程的分析，"审美知觉的真正顶点存在于情感之中"[②]。"人这一主体正是通过情感，也仅仅通过情感，才呈现于审美对象。"[③] 情感体现了两种审美深度的相互作用，所以通过情感这种手段，知觉主体和审美对象便达到了谐调一致。"情感不仅是审美知觉的顶点，而且是它的节点，主体和对象在节点上结成审美经验，从而实现主体与对象的特有谐调。"[④]

根据胡塞尔的意向性概念和原理，意识不仅总是指向对象，而且具有"构造"对象的能动作用。胡塞尔提出，意识和对象、世界之间的关系是"构成"的过程，意识并不是消极地接受某物的印象，而是积极能动地将这些印象综合为一个统一的经验，意识的这种积极能动的活动就是所谓

[①] [法] M. 杜弗莱纳：《审美经验现象学》，载《马克思主义文艺理论》编辑部编选《美学文艺学方法论》（下），文化艺术出版社1985年版，第600页。
[②] [法] M. 杜弗莱纳：《审美经验现象学》，载《马克思主义文艺理论》编辑部编选《美学文艺学方法论》（下），文化艺术出版社1985年版，第635页。
[③] [法] M. 杜弗莱纳：《审美经验现象学》，载《马克思主义文艺理论》编辑部编选《美学文艺学方法论》（下），文化艺术出版社1985年版，第636页。
[④] [法] M. 杜弗莱纳：《审美经验现象学》，载《马克思主义文艺理论》编辑部编选《美学文艺学方法论》（下），文化艺术出版社1985年版，第637页。

第三章　审美经验与审美对象：现象学分析

"构造"。现象学美学家在运用胡塞尔这个观点分析审美经验时，十分强调审美主体在构成审美对象、形成审美经验中的能动作用。英伽登指出，不管是在艺术作品的创造中，还是在艺术作品的观赏中，审美经验都不仅存在被动性和接受性的阶段，而且具有主动性、创造性的阶段，在艺术作品的欣赏中，观赏者并不是以完全被动的或接受的方式行事，仅仅倾心于作品本身的接受和欣赏，而是具有积极性、创造性。"只要当已被理解的和再构造的艺术作品刺激欣赏者从观照阶段过渡到审美经验阶段，在这种审美经验中理解的主体超越艺术作品本身的图式并以创造的方式完成它，这时，欣赏者就从他经验开始的接受阶段转移到创造的阶段。"① 审美经验中的欣赏主体的创造性，不仅表现为猜测艺术作品中的某些不确定领域由什么样的审美意味属性来补充，而且还表现为直观想象审美意味的谐和是如何形成的。已经创作出来的艺术作品作为具有某种潜在因素的图式的实体，必须通过欣赏者的创造性活动，才能在"凝固化"中使其潜在因素变为现实，并赋予其审美意味属性，显示其审美价值。英伽登把经过观赏者的创造活动以充实作品的图式结构、丰富作品的不确定领域，使作品的潜在的因素得到实现的过程称为艺术作品的"具体化"和"重建"。他强调，只有经过观赏者在审美经验中对艺术作品的"具体化"和"重建"，艺术作品的审美价值属性才能得到充分实现和直接显示，艺术作品才能形成审美对象。"审美对象并不是具体化本身，而恰好是文学艺术作品在具体化中得到表现时所完成的充分体现。"② "文学艺术作品只有在它通过具体化而被表现出来时才构成审美对象。"③ 由此可知，审美对象的创造不可能脱离作为审美主体的欣赏者的能动的活动。

现象学美学在分析审美经验时，将审美主体和审美客体结合起来进行研究，强调审美中主客体之间的互相关联和互相作用，强调审美主体的能动性、创造性，这些看法中包含一些有价值并富有启发性的论点。对于那种将审美对象简单地看作引起审美经验的刺激物，或者将审美知觉简单地看作对审美对象的接受的观点来说，现象学美学对审美中主客体关系的新

---

① 《英伽登美学文选》，华盛顿，1985年，第31—32页。
② ［波］R. 英伽登：《文学的艺术作品》，伊文斯顿，1973年，第372页。
③ ［波］R. 英伽登：《文学的艺术作品》，伊文斯顿，1973年，第372页。

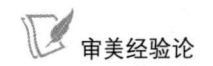

见解，无疑提出了一种严肃的挑战。但是，现象学美学对审美主客体关系的理解和分析，并不是建立在一种正确的哲学基础之上的，因为现象学的理论和方法是以意识的存在、意识的活动为基础、为前提的。现象学所研究的"现象"，是一种呈现在人的意识中的东西，所谓返回到"现象"，也就是返回到意识领域，把一切东西都化为意识现象，从意识领域寻找世界的根本。正如联邦德国哲学家施太格缪勒所说："由现象学的还原所造成的在思想上'消除世界'之后所残存的东西，就是纯粹自我或纯粹意识的绝对领域。"① 胡塞尔的意向性概念是和所谓先验的概念相关联的，他认为意识构造对象的活动是"先验的"，先验的"构造"是意识的一种形式的能力、规范的能力，是一切经验得以成立、具有意义的必要的前提条件。由于意识的这种活动、这种"构造"是先验的，所以胡塞尔又把它称为"先验的意识"。尽管杜弗莱纳为胡塞尔的先验概念辩解，说它既反对自然主义，又反对唯心主义，可是，胡塞尔关于先验的意识、先验的构造的理论与康德的先验唯心主义却是一脉相承的，它的基本立场是主张世界是由人的意识活动"构造的"，也就是意识"构造"对象、主观创造客观。杜弗莱纳和英伽登对于审美中主客体关系的基本观点和这一基本立场是一致的。他们不仅强调审美对象是由审美经验、审美知觉所"构造"的，而且也肯定审美主体和对象的谐调与统一是在先验的意识、先验的构造中实现的，这就使现象学美学关于审美主体和审美客体的论述，仍然无法摆脱以审美意识作为出发点去规定审美客体并达到主客体统一的唯心主义美学的旧路数。它和建立在辩证唯物主义的能动的反映论的哲学基础之上的科学的审美主客体辩证统一的理论，当然是不可同日而语的。

---

① ［德］施太格缪勒：《当代哲学主流》（上卷），王炳文等译，商务印书馆 1986 年版，第 109 页。

第四章 审美态度理论

第一节 审美态度理论的构架

审美经验形成的根源究竟何在呢？是什么因素才使得一个人的经验不是实践的、道德的或科学认识的经验，而是审美经验呢？在回答这个问题时，当代西方美学界显然存在着两种不同的解释。一种解释是：审美经验的根源在于审美对象的审美特质。一个人的经验之所以能成为审美的，根本原因不在主体的感知方式，而在对象所具有的审美特质。所以，审美经验是由对象的审美特质所决定的。另一种解释是：审美经验的根源在于审美主体的审美态度。任何对象，只要主体对它采取审美态度，它都可以成为主体的审美对象，从而使一个人形成审美经验。所以，审美经验是由主体的某种精神状态或感知方式所决定的。这后一种关于审美经验来源的解释，就是在当代西方审美理论中受到特别青睐的审美态度理论。

审美态度理论的提倡者强调他们解释审美经验的方式和传统的美学理论是有根本区别的。这个区别就在于传统的美学理论是通过寻找对象的特质去规定审美经验，而审美态度理论则仅仅根据主体的观看方式去规定审美经验。J. 斯托尼茨说："传统的美学理论认为'审美'要涉及对象的固有特质。根据这些特质，对象便是美的……而一旦这些不同的特质被发现，它们也就构成了审美经验的领域。"[①] 可是审美态度理论却恰恰相反。正如 J. 斯托尼茨所自白的那样："我们是根据不同的'观看'方式来界定审美的领域。而关于在这种方式中被领悟的对象则没有什么可谈的。这些

[①] [美] J. 斯托尼茨：《美学与艺术批评哲学》，波士顿，1960 年，第 29 页。

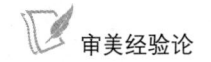

对象像什么，它们互相之间具有什么特性，这些都搁置起来暂不解决。"①从上述对比中，我们也可以大致了解审美态度理论的基本特点就是要撇开客观对象，对审美经验的来源和形成作完全主观的解释。

在历史的形成过程中，审美态度理论有各种不同的理论形态，其中，最有代表性和系统性的形态有叔本华的审美直观说、布洛的心理距离说、J. 斯托尼茨和 E. 维瓦斯的无利害关系注意说等。上述各种学说的具体观点并不完全一致，对"审美态度"的具体含义解释也不尽相同，但是，它的基本理论构架却又大体上是一致的。这种理论构架可以大致表述如下：

（1）存在着一种与实践的、理智的、道德的态度不同的审美态度。J. 斯托尼茨说："我们常常习惯采取的态度称之谓'实践的'感知的态度，而审美态度却不是人们经常采取的这种态度。"② 它或者是一种主体的特殊的精神境界，如叔本华所说的"纯粹的、无意志、无痛苦、无时间的主体"；或者是一种不同于一般的心理状态，如布洛所说的"心理距离"；或者是一种特别的注意或观看对象的方式，如 J. 斯托尼茨所说的"无利害关系的注意"；等等。乔治·迪基说："在'审美态度'这一表达方式中，除了人的活动和心理状态被基本上包括在这种理论中之外，'态度'究竟意味着什么并不是十分清楚的。"③ 尽管如此，把"审美态度"理解为人的一种特殊精神活动或精神状态，看来仍然是各种审美态度理论的共同点。

（2）审美态度决定审美对象。"任何一个对象，无论它是人工制品还是自然对象。只要对它采取一种审美态度，它就能变成一个审美对象。"④ 根据这种逻辑，世界上并不存在一种固定不变的、特殊的审美对象，也不存在审美对象和非审美对象的严格区别。任何一种事物，都既可以成为审美对象，也可以成为非审美对象。这种事物是否成为审美对象，完全取决于主体对它采取什么态度，以什么精神状态去注意和观看它。J. 斯托尼茨说："无论何时，只要我们用一种特定方式观察对象，就是说，我们不是为了其他原因而观看它，而纯粹地是为了观看和欣赏它，那么，任何对象

---

① ［美］J. 斯托尼茨：《美学与艺术批评哲学》，波士顿，1960年，第29页。
② ［美］J. 斯托尼茨：《美学与艺术批评哲学》，波士顿，1960年，第33页。
③ ［美］乔治·迪基：《美学引论》，美国博布斯—梅墨尔公司1971年版，第48页。
④ ［美］乔治·迪基：《美学引论》，美国博布斯—梅墨尔公司1971年版，第44页。

都可以是'审美的'对象。"① 这种通过一个人所采取的特殊精神状态使客观事物成为审美对象的例子,以布洛所设想的在海上遇险却仍能欣赏海雾的情形最为典型。据布洛的叙述,乘船的人们在海上遇到大雾,是一件最不畅快的事,因耽搁行程而感到焦急,对难以预料的危险感到恐惧。但是,如果你换一种态度对待面临的危险情况,与实际人生保持一定的心理距离,"你也同样可以暂时摆脱海雾的上述情况,忘掉那危险性与实际的忧闷,把注意转向'客观地'形成周围景色的种种风物——围绕着你的是那仿佛由半透明的乳汁做成的看不透的帷幕,它使周围的一切轮廓模糊而变了形,形成一种奇形怪状的形象。你可以观察大气的负荷力量,它给你形成一种印象,仿佛你只要把手伸出去,让它飞到那堵白墙的后面,你就可以摸到远处的什么能歌善舞的女怪……"② 这里所说显然是由于主体的注意力和心理状态的转变,由想到实际的利害关系变到超脱实际的利害关系,由以实用态度看海雾变为以纯欣赏态度看海雾,因而使得海雾以及海雾笼罩的海上景色由实用的对象成为审美的对象。由此表明,在审美态度理论的提倡者看来,事物之所以能成为人的审美对象,和它本身具有的特质并无关系,关键在于人对于它采取一种特殊的审美态度。乔治·迪基准确地概括了这种理论的要点,他指出:"这种理论可以概括为这样一种观点:即只要审美知觉一旦转向任何一种对象,它立即就能变成一种审美的对象。"③ 由此引出的必然结论就是审美对象完全依赖于主体的某种特殊精神状态或知觉方式,审美对象即审美地知觉的对象。

(3) 审美态度唤起审美经验。审美态度理论否定审美经验的产生和审美对象具有的特质有关,而且强调审美对象本身也是取决于主体的审美态度的,这样也就否定了美的客观对象的存在,同时也否认了审美经验是由美的客观对象的刺激所唤起的,其结果便是把主体的审美态度作为唤起审美经验的唯一起因。在审美态度理论家看来,审美经验和其他经验(实践的、认识的、道德的、宗教的)的区别,取决于主体的审美态度和其他非审美态度的区别。审美态度的特性即构成审美经验的特性,当一个人对任

---

① [美] J. 斯托尼茨:《美学与艺术批评哲学》,波士顿,1960年,第29页。
② [英] 布洛:《作为艺术因素和审美原则的"心理距离说"》,载中国社会科学院哲学研究所美学研究室编《美学译文》(2),中国社会科学出版社1982年版,第93—94页。
③ [美] 乔治·迪基:《艺术与审美》,伦敦,1974年,第57页。

何对象不是采取实用态度,而是采取审美态度时,他也同时摆脱了日常经验,获得了审美经验。审美经验也因而被这些理论家直截了当地解释为"当审美态度被保持时我们具有的经验"(J. 斯托尼茨语)。E. 维瓦斯提出,审美态度是主体的一种特殊注意力,他把它称为"无转移注意"(intransitive attention)。同时,他认为只要从其他经验的注意中区分出这种特殊的审美注意,就可以根据这种注意来界定审美经验。据此,他将审美经验界定如下:"审美经验是一种全神贯注的注意的经验,这种注意无转移地专注于一个对象完整表象的直接性中内在意义的领悟。"①"审美经验可以被定义为一种无转移的注意的经验。"② 这实际上就是说,只要一个人以区别于平常注意的审美注意(即无转移注意)去观察和领悟对象,就能获得审美经验。叔本华在论述审美直观时也认为审美经验的获得是主体摆脱意志和欲望的束缚的结果。他指出,当我们从意志中解脱出来,注意力不再集中于欲求的动机,而仅仅沉浸于对事物纯粹客观的观察之中时,我们也就立刻超脱于现实世界而进入到审美世界。"我们在那一瞬间已摆脱了欲求而委心于纯粹无意志的认识,我们就好像进入了另一世界,在那儿,[日常]推动我们的意志因而强烈地震撼我们的东西都不存在了。认识这样获得自由,正如睡眠和梦一样,能完全把我们从上述一切解放出来,幸与不幸都消逝了。"③ 于是,"在欲求的那一条道路上永远寻求而又永远不可得的安宁,就会在转眼之间自动的光临,而我们也就得到十足的怡悦了"④。

以上理论构架的基本特点是把对审美经验的解释完全奠立在主体的审美态度的基础之上。审美态度决定审美对象并唤起审美经验,一旦主体采取审美态度观察事物,则任何事物都可成为审美对象,主体也随之立刻进入审美经验。难怪 E. 维瓦斯主张任何为审美经验所下的定义都必须基于这样的假设:"审美经验是审美对象的一种经验,而审美对象则是在特定方式(即审美态度——笔者注)中被掌握以便产生审美经验的任何对象。"⑤ 如果我们将审美态度理论的构架简化为一个图式,那就是:

---

① [法] E. 维瓦斯:《审美经验的定义》,载《美学问题》,纽约,1953 年,第 408 页。
② [法] E. 维瓦斯:《审美经验的定义》,载《美学问题》,纽约,1953 年,第 411 页。
③ [德] 叔本华:《作为意志和表象的世界》,石冲白译,商务印书馆 1982 年版,第 276 页。
④ [德] 叔本华:《作为意志和表象的世界》,石冲白译,商务印书馆 1982 年版,第 274 页。
⑤ [法] E. 维瓦斯:《审美经验的定义》,载《美学问题》,纽约,1953 年,第 408 页。

第四章 审美态度理论

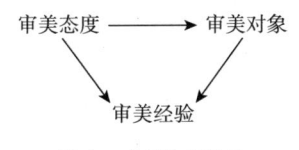

```
审美态度 ──────→ 审美对象
        ↘      ↙
         审美经验
```

图中→表示决定关系

如果我们将审美态度理论的构架和传统美学中趣味理论的构架加以比较，就会发现它们在对审美经验的解释以及审美主体与客体之间关系的理解上是相当不同的。趣味理论对审美经验的解释是建立在经验主义哲学的感觉论的基础之上的。它强调感觉是赖以认识世界上的事物及其特性的形式，只有通过感觉才能建立主体与外部世界的联系。在分析审美经验时，趣味理论认为审美经验的产生，一方面依赖于主体具有的趣味能力（the faculty of taste），即对被知觉的客观事物做出审美反应的特殊能力；另一方面也依赖于外部世界中的一种特殊对象，即通过趣味能力对之起反应的被知觉的外部世界的对象的性质（the kind of object）。当趣味能力对被知觉的特殊对象做出反应时，即形成愉快这样的精神产品。所谓趣味判断（the judgments of taste），其意思即指一个被知觉的对象由于某种特性而引起趣味能力起反应并产生愉快。由此看来，对于趣味理论来说，审美经验或趣味判断的形成，并不仅仅决定于主体的特殊能力，也有赖于对象的特殊性质。审美经验或趣味判断是一种特殊的对象在一个具有趣味能力的主体身上激起的一种反应。可是，对于审美态度理论来说，审美经验的形成却完全取决于主体的特殊心态，特殊的客观对象是不需要的。审美对象和客观对象本身的特质并无必然联系，它完全依赖于主体知觉或意识它的方式。所以，审美经验形成的根源完全是主观的。乔治·迪基说："趣味理论由于需要某些客观事物作为对主体的刺激而保持它与外部世界微弱的联系，而审美态度的理论则因为没有提出这样的需要而完全主观化了。"[①] 从审美主客体关系的角度来看，乔治·迪基的上述论断无疑是正确的。

由于审美态度理论对审美经验作了完全主观的解释，因而它也留下了比以往的任何审美理论都更多的疑问。既然审美经验的形成完全取决于主体的心态和知觉方式，和对象的特质无关，那么只要主体对任何一个对象

---

① [美] 乔治·迪基：《趣味和态度：审美的起源》，载中国社会科学院哲学研究所美学研究室编《美学译文》（2），中国社会科学出版社1982年版，第5页。

采取审美态度，便应该产生审美经验。然而审美实际却并非如此。为什么有的对象能唤起人的审美经验，而有些对象却不能唤起审美经验呢？如果单纯从审美主体的心态来回答这个问题，是不能自圆其说的。再说，审美对象完全是由审美态度决定的吗？和它本身的特性无关吗？按照审美态度理论，一旦主体采取审美态度，任何事物都可以成为审美对象，可是审美实际也并非如此。为什么有的事物能成为审美对象，有的事物却不能成为审美对象（尽管人们也对它采取审美态度）呢？这也并不是仅仅根据主体的精神状态可以得到完满回答的。理论和实际的龃龉说明审美态度理论带有强烈的主观性和片面性，虽然审美主体在审美经验形成中具有积极的能动的作用，虽然审美对象不能没有审美主体，但是由此根本否认美感是主体对于对象的美的一种反映和反应，否认审美经验有其客观来源，却不能不说是一种唯心主义的谬误。

第二节 关于审美态度的特性

审美态度理论的前提是确认存在着一种与我们平常采取的实际态度不同的审美态度。那么，所谓审美态度的特性究竟是什么呢？它和实践的、道德的、理智的态度究竟有什么区别呢？对此，各种审美态度理论家所做的具体论述是不一样的，但是其中也存在着一些共同的、普遍的看法。这里，我们将对几种有代表性的审美态度理论进行分析，看它们对上述问题是怎样回答的。

叔本华的审美直观说被多数美学家看作现代审美态度理论的代表学说之一。正如乔治·迪基所指出："对叔本华来说，审美的静观决定着美，他因而坚持着一种强烈的审美态度理论的立场。"[1] 叔本华所说的"直观"实际上就是讲主体所采取的一种观照世界的特殊精神状态，亦即审美态度。那么所谓"直观"究竟如何形成，又具有哪些特殊性呢？要了解这一点，就要了解叔本华的思辨哲学，因为包括审美直观在内的美学理论不过是

---

[1] ［美］乔治·迪基：《趣味和态度：审美的起源》，载中国社会科学院哲学研究所美学研究室编《美学译文》（2），中国社会科学出版社1982年版，第20页。

叔本华的整个思辨哲学体系的一部分。叔本华的哲学体系是唯意志论，他追随康德之后，把世界分成"自在之物"的世界和"现象"世界。前者就是意志，后者则是表象。意志构成世界的基础、本源，表象世界不过是意志的客观化。意志作为万物之源是一种欲求，它所欲求的就是生命，因此又可称其为生命意志。生命意志的本质就是痛苦。欲求是无止境的，永不满足，因此，痛苦也就无边际。人要摆脱痛苦，就要舍弃欲求，摆脱意志的束缚，否定生命意志。叔本华的思辨哲学的主要目的就是要寻求用于逃避意志、灭绝欲望的方法。而所谓"直观"，在叔本华看来，就是一种从意志和欲望的束缚中获得暂时的解脱的方式。对于这种和观察事物的普通方式迥然有别的审美的观照方式，叔本华有如下详细论述：

> 如果人们由于精神之力而被提高了，放弃了对事物的习惯的看法，不再按根据律诸形态的线索去追究事物的相互关系——这些事物的最后目的总是对自己意志的关系——即是说人们在事物上考察的已不再是"何处"、"何时"、"何以"、"何用"，而仅仅只是"什么"；也不是让抽象的思维、理性的概念盘踞着意识，而代替这一切的却是把人的全副精神能力献给直观，沉浸于直视，并使全部意识为宁静地观审恰在眼前的自然对象所充满，不管这对象是风景，是树木，是岩石，是建筑物或其他什么。人在这时，按一句有意味的德国成语来说，就是人们自失于对象之中了，也即是说人们忘记了他的个体，忘记了他的意志；他已仅仅只是作为纯粹的主体，作为客体的镜子而存在；好像只有对象的存在而没有觉知这对象的人了。所以人们也不能再把直观者〔其人〕和直观〔本身〕分开来了，而是两者已经合一了；这同时即是整个意识完全为一个单一的直观景象所充满、所占据。所以，客体如果以这种方式走出了它对自身以外任何事物的一切关系，主体〔也〕摆脱了对意志的一切关系，那么，这所认识的就不再是如此这般的个别事物，而是理念，是永恒的形式，是意志在这一级别上的直接客体性。并且正是由于这一点，置身于这一直观中的同时也不再是个体的人了，因为个体的人已自失于这种直观之中了。他

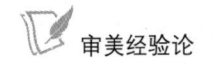

已是认识的主体，纯粹的、无意志的、无痛苦的、无时间的主体。①

从以上论述中，可以看出叔本华所谓的审美直观具有以下特性：

（1）审美直观是"放弃了对事物的习惯看法"，不同于普通认识方式的非理性的认识方式。所谓"对事物的习惯看法"，就是科学的、理性的认识。它依据先验的认识形式即"充分根据律"，在时间、空间、因果关系中考察事物。叔本华认为这种认识方式所认识的只是作为理念的偶然显现形式的事物，而不是事物的本质和真理。审美的认识方式则与此相反，它是不依靠充分根据律的观察事物的方式，它根本不顾时间、地点、条件、关系而直观事物本身，既不用感情，也不用理性，只是"把人的全副精神能力献给直观，浸沉于直观"。叔本华认为，审美直观由于依靠这种直观的、非理性的认识方式，便可以超越个别事物而直达事物的本质即理念，从而发现真理。

（2）审美直观是对于意志和欲求的超脱和一切个体性的忘怀，在审美直观中，认识的主体已不再是个体的人，而是纯粹的、无意志的认识主体。叔本华认为，审美观赏的能力不是人原来就有的，只有在作为主体的人发生了一种变化之后，也就是在摆脱了意志的束缚之后，上升为不带意志的主体时，才能得到这种能力。所以，使认识从意志的奴役之下解放出来，使主体忘记个体、忘记意志、抛弃欲求、不关利害，是形成审美直观的决定条件，也是审美态度的根本特性。他说："在认识甩掉了为意志服务的枷锁时，在注意力不再集中于欲求的动机，而是离开事物对意志的关系而把握事物时，所以也即是不关利害，没有主观性，纯粹客观地观察事物，只就它们是赤裸裸的表象而不是就它们是动机来看而完全委心于它们时；那么，在欲求的那第一条道路上永远寻求而又永远不可得的安宁，就会在转眼之间自动的光临而我们也就得到十足的怡悦了。"②

（3）审美直观是主体与对象合一、"我没入大自然，大自然也没入我"的精神境界。叔本华对此用了一个非常玄奥的词——"自失"（Sich Verlier-

---

① ［德］叔本华：《作为意志和表象的世界》，石冲白译，商务印书馆1982年版，第249—250页。

② ［德］叔本华：《作为意志和表象的世界》，石冲白译，商务印书馆1982年版，第274页。

en)。据说，当人对世界采取审美的观照态度时，"就是人们自失于对象之中了"，或者说"个体的人已自失于这种直观之中了"。于是直观者和直观本身融为一体，主体和对象完全达到同一，这可以说是一种神秘的精神境界。表面上看，叔本华讲的是主体在客体中丧失自己，实质上却是要使客体丧失在主体之中，把一切客观的实际存在都归结为主体，消灭物与我的界限和分别。他说："谁要按上述方式而使自己浸沉于对自然的直观中，把自己都遗忘到了这种地步，以至他自己仅仅只作为纯粹认识着的主体而存在，那么，他也就会由此直接体会到［他］作为这样的主体，乃是世界及一切客观的实际存在的条件，从而也是这一切一切的支柱，因为这种客观的实际存在已表明它自己是有赖于他的实际存在的了。所以他是把大自然摄入他自身之内了，从而觉得大自然不过是他的本质的偶然属性而已。"① 也就是说，在审美直观中，客观存在以主体为条件，主体把大自然摄入自身，于是大自然不过是主体的属性而已。

叔本华对审美直观的特殊认识方式和精神状态所做的阐明，可以说是对审美态度的特性的一个较早的完整、系统的描述，他提出的这些观点对布洛和当代其他审美态度理论家都产生了影响。不过，叔本华是从他的思辨哲学出发探求审美态度问题的，而布洛和当代其他审美态度理论家们则力图把审美态度特性的描述建立在心理学的科学的基础之上。布洛用"心理距离"来解释和说明审美态度的性质。他把"心理距离"看作"审美原则"和"美感的显著特征"，正如乔治·迪基所说："对于布洛来说，'距离'是一种心理状态的名称。这种心理状态能够获得，也能够失去。"② 那么，心理的距离是如何获得的呢？布洛写道："距离是通过把客体及其吸引力与人的本身分离开来而获得的，也是通过使客体摆脱了人本身的实际需要与目的而取得的。正因为如此，对客体的'静观'才能成为可能。"③ 根据布洛的看法，人们在日常经验中对事物所采取的是一种实际的态度，所能感受到的是事物具有最强的实际吸引力的一面，所以也就不能摆脱个人的实际需要和目的，不能超脱个人实际的利害，不能"客观地"看待现

---

① ［德］叔本华：《作为意志和表象的世界》，石冲白译，商务印书馆1982年版，第253页。
② ［美］乔治·迪基：《美学引论》，美国博布斯—梅墨尔公司1971年版，第49页。
③ ［英］爱德华·布洛：《作为艺术因素与审美原则的"心理距离说"》，载中国社会科学院哲学研究所美学研究室编《美学译文》（2），中国社会科学出版社1982年版，第96页。

象。而"心理距离"的作用就是使我们放弃对待事物的实际的态度，放弃事物具有实际吸引力的一面，也就是完全摆脱个人的实际需要和目的，超脱个人的实际利害，从而"客观地"看待对象。朱光潜先生说："'距离'含有消极的和积极的两个方面：就消极的方面说，它抛开实际的目的和需要；就积极的方面说，它着重形象的观赏，它把我和物的关系由实用的变为欣赏的，就我说，距离是'超脱'；就物说，距离是'孤立'。"①所谓距离的消极方面，也就是布洛所说的距离的抑制作用，这种抑制作用表现为一种心理状态，而一旦这种心理状态出现，主体和对象的关系就会发生变化，某个对象也就会成为审美的对象。以前面提到的在面临危险时观赏海雾的事例来说，布洛解释主体态度及其与客体现象的关系所产生的变化说：

在海雾中，距离所造成的变化，可以说，一开始就是由于使现象超脱了我们个人需要和目的的牵涉而造成的——总之，正如人们常说，是由于"客观地"看待对象造成的。这是由于我们只准自己产生有助于加强我们经验中的"客观"面貌的那种反应，以及甚至于将我们的"主观"感情不当作我们自身存在的模式而将其说成是现象的特性这种种情况使然。②

如果我们不是从字面上，而是从精神实质上，将布洛对心理距离的论述和叔华对审美直观的论述加以比较，可以看出他们对所谓"审美态度"的特性的描述基本上是一致的。叔本华说它是超脱意志、不关利害，仅仅浸沉于对象的"直观"，纯粹客观地观察事物；布洛也说它是超脱个人实际目的和需要，摒弃实际利害，仅仅着重对象的形象的观赏，"客观地"看待现象。叔本华认为在审美直观中，主体自失于对象之中，对象不过是观赏者的本质的偶然属性；布洛也认为在心理距离形成时，主客观的区别已经消失，我们的"主观"感情已成为现象的特性。

---

① 《朱光潜美学文集》第1卷，上海文艺出版社1982年版，第22页。
② ［英］爱德华·布洛：《作为艺术因素与审美原则的"心理距离说"》，载中国社会科学院哲学研究所美学研究室编《美学译文》（2），中国社会科学出版社1982年版，第94页。

第四章 审美态度理论

最新近的一种审美态度理论——J. 斯托尼茨和 E. 维瓦斯的"无利害关系"或"无转移"的注意说，可以说是审美直观说和心理距离说的派生物。不过，审美直观指一种特别的精神境界，心理距离指一种特别的心理状态；而无利害关系注意则被看作专注于对象的特殊的观看方式。J. 斯托尼茨和 E. 维瓦斯都试图从人们日常经验的注意中区分出一种特殊的注意方式，并用它来解释审美态度或为审美态度下定义。J·斯托尼茨说："我们将把'审美态度'定义为：'仅仅由于对象本身的缘故，而对于任何意识到的对象的无利害关系的和同情的注意和观照'。"[①] 他进一步指出，在这个定义中，"无利害关系"是一个关键的重要词语，"它的意思是指我们不是出于对于对象可以服务的任务进一步目的而观看对象，我们不试图利用和操纵这个对象，除了具有经验本身这个唯一的目的之外；不存在任何支配经验的目的"[②]。E. 维瓦斯不是用"无利害关系"而是用"无转移"这个概念来说明作为审美态度的注意的特殊方式。但这两个概念基本上具有同样的意思。用维瓦斯的话说，"无转移"这个词是表示注意仅仅被对象本身所控制，以致它不能从它对于对象所固有的意义的专注中飞离，这种注意便是审美的注意。无论从理论阐述看，还是从所举实例看，所谓"无利害关系注意"理论，只是更加明确和强调了叔本华与布洛所指出的审美态度的基本特性，即主体不牵涉任何利害关系和实际目的，而仅仅是为了对象本身的缘故而去注视和观赏它。所以，审美态度是对于实际生活的一种超脱，它对于对象无任何实际目的和需求，所以不同于实用的态度；它对于对象也无利害关系，所以又不同于道德的态度；同时，它也不把对象用于探求知识、获得认识的目的，所以也不同于科学认识的态度。

审美态度理论家集中于探索作为审美主体的人的精神活动、心理状态、注意方式的特殊性，试图由此去阐明审美经验的形成和特点，这当然不能说是没有一点意义的。因为审美经验作为客观对象的审美特性的反映，是主客体互相作用的结果，审美主体的心理结构、心理状态、心理能力，对于审美经验的形成是有重要作用的。审美对象的特质，需要主体具

---

① [美] J. 斯托尼茨：《美学与艺术批评哲学》，波士顿，1960 年，第 34 页。
② [美] J. 斯托尼茨：《美学与艺术批评哲学》，波士顿，1960 年，第 35 页。

有与之相应的心理结构和能力，才能在主体方面产生反应。尽管审美态度理论家强调审美经验起源于审美态度的观点是我们所不能接受的，但他们对作为审美主体的人的精神活动和心理状态的特殊性的阐述，对我们认识和研究审美经验的特点以及审美主体的心理结构和能力问题也仍然可以起到参考和借鉴作用。问题在于，审美态度理论家所谈论的审美态度的特点是否符合实际？是否真的存在一种和实用的、道德的、理智的态度完全对立和互相绝缘的特殊的审美态度？审美经验真的是不涉及任何利害关系和一切功利目的吗？审美经验和对于对象的认识活动是完全无关吗？这都是需要重新研究的问题。事实上，有的美学家早已就这些问题对审美态度理论提出了挑战。例如乔治·迪基坚决主张所谓特别的审美态度和注意方式是不存在的，他认为人们在观察事物时存在着不同的目的，因而也就会注意到事物的不同方面。有时我们希望收集信息或做某种与它们相关的有用的事情；有时我们仅仅是为了观照和欣赏它们，因而一个人既能从道德上、科学上、经济上评价某种事物，也可以审美上评价某些事物。所谓"审美态度"不过是一种"神话"。关于审美态度理论的核心问题——"审美无利害关系"问题，也是一个在美学史上争论已久的问题。由于理论、概念上的歧义以及理论与实际的矛盾，人们对这个问题的理解长期陷于混乱状态，因而更引起许多质疑。现在，我们就以这个问题为中心，来对审美态度特点的论述是否合理的问题作进一步的分析。

第三节 关于"审美无利害关系"问题

对于审美态度理论家来说，无论是审美直观、心理距离或是审美注意，都是以"无利害关系"作为其最根本的特性的。无利害性既是审美态度与非审美态度相区别的主要标志，也是使对象成为审美对象的决定性条件。从这个意义上说，如果我们不能对"审美无利害关系"问题做出科学分析，也就不能正确、全面地评价审美态度理论。

"审美无利害关系"这个命题并不是由现代审美态度理论家们首先提出的。18世纪的经验论派的美学家们和19世纪的德国古典美学的一些代表人物，大都涉及过和阐述过这个命题。英国经验论派美学家哈奇生认为

第四章 审美态度理论

存在一种"适宜于感觉到美的快感的感官"①，即内在感官。这种内在感官是一种趣味能力，它所得到的快感既不涉及关于对象的"原则、原因或效用的知识"②，也不涉及个人利害计较。他说："美的快感和在见到利益时由自私心所产生的那种快感是迥不相同的。"③ 对于哈奇生来说，不计较利害，也就是没有"自私心"，不对于对象起"占有欲"，这乃是审美快感的特点。德国古典美学创始人康德大大发展了哈奇生这一观点，他在《审美判断力的分析》中明确提出鉴赏判断是无利害关系的愉快的诊断。他说："对于美的欣赏的愉快是唯一无利害关系的和自由的愉快；因为既没有官能方面的利害感，也没有理性方面的利害感来强迫我们去赞许。"④ 根据康德的看法，利害关系须意识到该对象是实际存在的事物，同时和对象的欲求有关。可是，我们判别一个对象是否美，并不关系这个对象的存在，也不欲知道这对象的存在对我们是否重要，而是只要知道我们在纯粹的观照里怎样去判断它，是否单纯事物的表象在我们心里夹杂着快感，所以，"一个关于美的判断，只要夹杂着极少的利害感在里面，就会有偏爱而不是纯粹的欣赏判断了"⑤。总之，康德把无利害关系作为鉴赏判断和审美愉快的一个突出特点。所谓无利害关系，就是只对于对象的形式起观照活动，完全不对于对象的存在存有偏爱，也不对于对象的存在有任何欲求。

如果将审美态度理论家对于作为审美态度标志的无利害关系的论述，和上述经验论派美学家以及康德关于审美愉快或鉴赏判断无利害关系的论述细加比较，就可以看出二者具有明显的联系和一致。因为它们不但都使用了"无利害关系"这个术语，而且也都把它看作审美经验的一个特点。但它们之间也有相当大的差别和歧义：首先，经验论派美学家和康德都是把无利害关系看作审美愉快的特点之一，而并没有把无利害关系看作一种特殊的心理状态或注意方式。对于哈奇生或康德来说，无利害性仅仅涉及

---

① [英] 哈奇生：《论美与德行两种观念的根源》，载北京大学哲学系美学教研室编《西方美学家论美和美感》，商务印书馆1980年版，第99页。
② [英] 哈奇生：《论美与德行两种观念的根源》，载北京大学哲学系美学教研室编《西方美学家论美和美感》，商务印书馆1980年版，第99页。
③ [英] 哈奇生：《论美与德行两种观念的根源》，载北京大学哲学系美学教研室编《西方美学家论美和美感》，商务印书馆1980年版，第99页。
④ [德] 康德：《判断力批判》上卷，宗白华译，商务印书馆1987年版，第46页。
⑤ [德] 康德：《判断力批判》上卷，宗白华译，商务印书馆1987年版，第41页。

主体的趣味能力（内在感官）或审美决断力对于对象起观照活动所产生的快感的一种性质；但对于审美态度理论家来说，无利害性则是指主体所采取的特殊心理状态和注意方式的基本性质。简言之，哈奇生和康德都是讲主体唤起的审美快感是无利害关系的，而审美态度理论家则是讲主体本身的心态和认识方式是无利害关系的，这当然是有差别的。其次，经验论派美学家虽然认为审美能力对于对象特性的反应所产生的愉快是无关利害的，但是并不认为这种无利害性的愉快可以决定和改变对象的性质。康德把鉴赏看作判断美的一种主观能力。比起趣味理论美学家们来，他更强调经验的主体的作用，甚至认为鉴赏力的对象也都并不是独立于主体的。因为审美是对象的形式适合于主体的认识能力，从而引起情感的愉快，对象的性质——"合目的性形式"是对主体的认识能力而言的。尽管如此，康德也不认为作为审美愉快的无利害关系的特性，可以决定和改变对象的性质。对于康德说来，与其说是无利害关系的愉快决定着对象的合目的性形式，不如说是对象的合目的性形式适合主体的认识能力的自由活动，而产生无利害关系的愉快。但是，审美态度理论家却一致强调由于主体采取的态度和注意方式的无利害关系性质，便可以决定和改变对象的性质，使一个对象成为审美对象或者不成为审美对象。正如乔治·迪基所说："在审美态度的理论中，无功利性已成为一个更加基本的命题，从这个命题出发，无功利性能在某种偶然的机遇下，或者被认为可以决定被知觉的（审美的）现实事物的性质；或者被认为是某种用以接近（审美的）现实事物的手段。"①

在审美态度理论和趣味理论以及鉴赏判断理论之间，除了无利害关系的概念在其中的作用有很大不同以外，它们对无利害关系的概念的具体含义的解释也有很大差别。如前所述，在英国经验论派美学家和康德的论述中，审美无利害关系的含义，指的是没有对于对象的欲求，不对于对象的存在存有偏爱，不对于对象抱有自私心或占有欲，而只是纯粹地观照事物的表象或形式，从而产生愉快。在审美态度理论中，无利害关系的概念虽然也仍保留着这些含义，却又大大地扩充了它的意义。在这里，审美无利害关系更主要是指对实际人生和实际生活的超脱，对于意志和欲求的泯

---

① ［美］乔治·迪基：《趣味和态度：审美的起源》，载中国社会科学院哲学研究所美学研究室编《美学译文》（2），中国社会科学出版社1982年版，第6页。

灭,对于实际目的和需要的抛弃,对于主体客体界限的消失,对于惯常的观察和领悟事物的心态或方式的改变,等等。如果说我们在叔本华和布洛关于自然景物的观赏的论述和例证中,已经可以感到超凡脱俗、逃避现实的倾向,那么,在审美态度理论家关于艺术创造和欣赏的论述和例证中,则十分明确地看出一种使审美经验与社会功利目的完全隔绝的要求。布洛说:"是距离使得审美对象成为'自身目的'。……它使得艺术的起源、影响或目的等问题,差不多像艺术的交换价值、快感甚至道德意义等问题一样,是毫无意义的,因为它把艺术作品提高到超出实践关系和实用目的的领域之外。"[①] 根据布洛的看法,无论是在艺术欣赏中,还是在艺术创造中,最重要的就是解决所谓"距离的内在矛盾",既不能使距离太近,又不能使距离太远。距离太近或距离太远都是距离的丧失,而"只要使距离丧失,都意味着审美鉴赏力的丧失"[②]。据此,他又提出所谓"距离极限"的概念,认为超过这个极限就会导致距离丧失。具体到艺术作品来说,他认为"涉及对人有程度不同的重要性的社会风俗习惯","对某些大家公认的伦理准则提出疑问,对当前社会公众十分关切的现实题材有所牵涉"[③],如此等等都会使艺术作品超过距离极限,造成距离丧失,破坏审美欣赏。在无利害关系的注意理论中,无利害关系的概念直接地被解释为除了观照对象本身已具有经验之外,不存在任何支配经验的目的。这种解释被广泛地运用来解释艺术现象。例如 E. 维瓦斯认为对艺术作品的欣赏不能抱有任何社会目的,如果把它作为历史和社会批评,而去关注它所包含的社会内容,那么这将会破坏无利害关系的注意,而在这种有利害关系的注意中,艺术作品将不成为审美对象。从上述这些论述中,我们显然可以看到对审美态度理论家来说,无利害关系的命题已经发展成为一种审美经验和一切社会功利目的无关的观点。

综上所述可见,所谓审美无利害关系,是一个相当宽泛、相当模糊的

[①] [英]哈奇生:《论美与德行两种观念的根源》,载北京大学哲学系美学教研室编《西方美学家论美和美感》,商务印书馆1980年版,第277页。

[②] [英]爱德华·布洛:《作为艺术因素与审美原则的"心理距离说"》,载中国社会科学院哲学研究所美学研究室编《美学译文》(2),中国社会科学出版社1982年版,第101页。

[③] [英]爱德华·布洛:《作为艺术因素与审美原则的"心理距离说"》,载中国社会科学院哲学研究所美学研究室编《美学译文》(2),中国社会科学出版社1982年版,第101页。

概念。对这个命题的理解，在不同的理论体系中也有相当大的歧义。我们认为，对于审美无利害关系这一提法，至少可作两种理解。第一种理解，是把无利害关系解释为在审美经验中不考虑个人任何直接的物质实用的功利目的，不把对象作为满足个人直接的物质实用目的手段。从这个意义上说，我们认为审美经验可以说是不计较个人利害、不带有个人欲求的，人们欣赏美的对象，是为了获得精神上的享受和愉悦，却不会对于对象产生实用的欲望，也不会与个人直接物质利益的满足相联系。画不能吃，音乐不能穿。建筑能够作为美的对象来观赏，完全不是出于它可以为观赏者提供直接利用来居住的目的。"人们天天在花、树和成千的自然物中辨识出美而不知其用途。"① 欣赏美和艺术的精神享受与物质欲望的追求和满足是根本不同的，如果有人只是着眼于对象对自己的狭隘的实用价值，那当然是与审美经验的性质背道而驰的。审美经验本身已经表明，人们往往并没有考虑到美的对象和个人的物质利害以及实用目的有什么直接联系，而立即就会对它产生愉悦的情感。

第二种理解，是把无利害关系解释为审美经验不带任何社会功利性，与一切社会功利目的和内容无关。从这个意义上说，我们又不同意审美无利害关系这一提法。因为审美经验虽然不涉及个人直接的物质利害，却不能脱离社会功利目的和内容，不能和社会人生的利害无关。我们所说的审美经验的社会功利目的和内容，是指以潜移默化的方式表现在个人愉悦的心理形式中的社会功利要求，是社会生活条件通过人的主观意识，对于个人美感经验的客观制约性。个人欣赏美的对象，虽然没有直接功利考虑而产生愉快，但是这种愉快却不能不与一定的复杂的社会观念相联系，因而也不能不受到人的社会生活条件的制约。"为什么一定社会的人正好有着这些而非其他趣味，为什么他正好喜欢这些而非其他的对象，这就决定于周围的条件。"② 正是"这些条件说明了一定社会的人（即一定的社会、一定的民族、一定的阶级）正是有着这些而非其他的审美的趣味和概

---

① [英] 狄德罗：《美之根源及性质的哲学研究》，载文艺理论译丛编辑委员会编《文艺理论译丛》1958年第1期，第15页。
② [俄] 普列汉诺夫：《没有地址的信·艺术与社会生活》，曹葆华译，人民文学出版社1962年版，第30页。

念"①。在审美经验的个人愉悦的心理形式中，其实已经不自觉地包含了时代、民族、阶级的客观的社会功利需要和内容。艺术作品的创造无一例外地表现着艺术家对生活的感受和评价，艺术美总是于形象之中蕴藏着深刻的社会意义，怎么能设想关于艺术的审美经验是可以无关社会功利内容和目的的呢？如果坚持认为只有把艺术作品的社会内容排斥在审美经验之外，才符合审美无利害关系的要求，那么岂不是绝大多数艺术作品都不能成为唤起审美经验的审美对象了吗？那种认为只有对艺术形式的纯粹观照才是唯一的审美经验和审美情感，而对艺术的社会内容的领悟和感动则与审美经验和审美情感无关的观点，只能说是对审美经验和审美情感抱有偏见和片面理解。

总之，审美态度理论的基本观点就是主张存在一种特殊的审美态度，审美态度的主要性质即无利害关系。审美态度决定着审美对象并唤起审美经验，所以，无利害关系的态度既是对象是否成为审美对象的决定性条件，也是审美经验和非审美经验相区别的主要标志。无论在对审美经验的来源作主观的解释方面，还是在强调无利害关系在审美经验中的核心作用方面，审美态度理论都大大有别于西方传统的审美理论。由于它突出地提出了审美对象和审美态度的关系问题，突出地强调了审美态度和实用态度的区别，因而也从另一个方面促进了我们对审美经验问题的思考。然而，也由于它的强烈的主观性、明显的片面性，加之理论上的牵强附会、论据上的不能自圆其说，因而它很难成为一种科学的、完备的审美经验理论。它所提出的基本观点以及列举的论据，越来越多地受到一些美学家的质疑和挑战，这完全是可以理解的。

---

① ［俄］普列汉诺夫：《没有地址的信·艺术与社会生活》，曹葆华译，人民文学出版社1962年版，第17—18页。

第五章 审美知觉理论

在西方当代审美经验理论中，审美知觉理论占有重要地位。审美知觉理论和审美态度理论在强调审美主体对形成审美经验的作用这一点上，有一定的共通之处，以致有些人往往将它们混为一谈。例如乔治·迪基在《艺术与审美》中，把审美感知理论看作当代审美态度理论的三种形式之一，而使之与心理距离理论、无利害关系注意理论相提并论。实际上，审美知觉理论和审美态度理论在研究审美经验的出发点上是不同的。审美态度理论认为审美态度决定审美对象，审美经验根本上是由主体的审美态度产生的。而审美知觉理论则认为审美知觉是主体把握对象审美特质的特殊观察方式，是领悟对象审美特质的主观条件。审美经验是审美知觉和审美对象、主体和客体相互作用的结果。无论从理论论证上看，还是从审美实际来看，审美知觉理论较之审美态度理论都具有较多合理性。可以说，审美知觉理论是当代审美经验研究的富有价值的成果之一。20 世纪以来，西方美学中有关审美知觉研究的成果较为丰富，在研究角度和研究方法上呈现多样化的发展趋势。有的美学家主要从哲学观点上探讨审美知觉的特殊方式；有的主要结合艺术的实践经验来阐明审美知觉的心理构成；有的主要从某种心理学说出发来研究审美知觉的特性和发生机制。其中，有代表性和较大影响力的是 V. C. 奥尔德里奇、冈布里奇和 R. 阿恩海姆等人的相关著作。

第一节 存在"特殊的审美知觉方式"吗？

面对一个具有审美特性的事物，有的人能感知到它的审美特性，有的人却不能感知到它的审美特性，这是什么原因呢？对于这种现象的思考，引导着美学家去寻找一种特殊的审美感知能力。17、18 世纪的英国经验论

第五章　审美知觉理论

派美学家在分析美感经验时，首先提出了"内在感官"（internal sense）说，认为和视觉、听觉这类认识世界的外在感官相对照，还有一种在领悟美时起特殊作用的"内在感官"。内在感官对外在感官感受的东西做出反应，却具有外在感官所没有的特性。这种关于存在一种特殊的审美内部感官的看法，虽然由于缺乏心理学和生理学的根据，而很少再被当代美学家们所完全接受，但是它对当代审美知觉理论的影响却是不能否认的，因为所谓"内在感官"的说法，本意是想要对审美知觉的特殊性做出解释。当代美学家和心理学家虽然大多不再相信有一种特殊的内部感官的存在，却继续沿着审美知觉的特殊性这个命题，进行了许多有益的探索。

V. C. 奥尔德里奇在《艺术哲学》一书中对审美知觉现象作了详细的理论分析。他主张"存在着一种特殊的审美知觉方式"[①]，这种审美知觉方式正是揭示事物的审美特性的必要的主观条件。在论证这种审美知觉方式存在的可能时，奥尔德里奇提出要区分两种经验：一种是在审美知觉中对事物的经验；另一种是在作为非审美描绘依据的知觉方式中对事物的经验。他指出，不论是艺术家的审美经验，还是艺术作品的观赏者的审美经验，都说明艺术的经验基本上是靠知觉完成的。但是这种知觉既不同于科学观察中的知觉，也不同于日常实用活动中的知觉。为此，有必要将审美经验中的知觉从一般知觉中分离出来加以考察和描绘。奥尔德里奇用来支持关于"特殊的审美知觉方式"理论的，除了特殊的艺术经验的根据之外，还有维特根斯坦所提出的所谓"外观"（aspection）现象，例如下图：

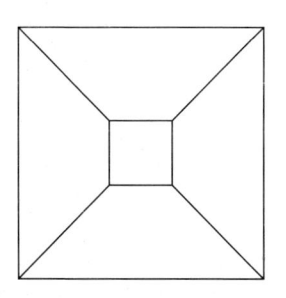

这幅图有五个可以被看出的"题材"，包含许多个空间含义。由于人们的观看方式不同，从图中看出的"题材"也不同，它可以被看作以下五

[①] ［美］V. C. 奥尔德里奇：《艺术哲学》，程孟辉译，中国社会科学出版社1986年版，第10页。

个题材：(1) 悬在框架中的正方形；(2) 从上往下看到的灯罩；(3) 从下往上看到的灯罩；(4) 从外往里看到的隧道；(5) 截去了顶端的金字塔鸟瞰，这就是所谓的"外观变形"现象。这种现象说明对事物种类外观的形成，不仅和事物的空间种类有关，而且和知觉方式有关。"同一物质性事物，在人们的知觉中，或者实现为物理客体，或者实现为审美客体，这就关系到两种不同种类的知觉方式。"①

那么，审美的知觉方式和非审美的知觉方式究竟如何加以区别和界定呢？根据奥尔德里奇的理论分析，作为观看对象的"物质性事物"（material thing），既可以呈现为"物理客体"（physical object），也可以呈现为"审美客体"（aesthetic object），换句话说，物质性事物既可以在"物理空间"中被观看，也可以在"审美空间"中被观看。认识物理空间中的物质事物的知觉方式被称为"观察"（observation）；而感受审美空间中的物质事物的知觉方式则被称为"领悟"（prehension）。"在观察中，物质性事物的性质表现为对它进行'限定'的'特性'，而在领悟中，物质性事物的性质表现为'赋予活力'的'外观'。"② 领悟和观察这两种观看事物的方式的区别，即审美知觉方式和非审美知觉方式的区别。两种知觉方式分别和观察主体与领悟主体、物理客体与审美客体存在对应关系。心灵作为观察主体和领悟主体，通过观察的知觉方式和领悟的知觉方式，分别将物质性事物看作物理客体和审美客体。需要特别说明的是，奥尔德里奇虽然认为主体通过领悟的知觉方式才能使物质性事物呈现为审美客体，但他却坚持审美经验的客观性，因为他认为作为审美客体的事物的特性，虽然只呈现在领悟的知觉方式中，但它们并不是领悟者主观生活中固有的组成部分，而是"可以在客体中找到的"。正是这一点使他的审美知觉理论和片面强调审美经验主观性的审美态度理论有了明显区别。

对于奥尔德里奇关于"特殊的审美知觉方式"的观点，西方美学家的看法是不一致的，这涉及审美经验和日常经验、审美知觉和日常知觉的关系问题。有的美学家否认审美经验和日常经验有本质上的区别，认为要寻

---

① [美] V. C. 奥尔德里奇：《艺术哲学》，程孟辉译，中国社会科学出版社1986年版，第30页。

② [美] V. C. 奥尔德里奇：《艺术哲学》，程孟辉译，中国社会科学出版社1986年版，第31页。

找一种仅仅存在于审美经验中的特殊知觉方式是困难的，因而不赞成将审美知觉从日常知觉中分离出来，并将两者截然分开（例如 T. 柯恩）。也有美学家虽然认为审美知觉和日常知觉存在着某种区别，承认审美知觉是一种特殊的"注意或辨别事物的能力"，但又反对把审美知觉和日常知觉看成是不同种类的知觉，也反对把审美知觉加以过分特殊化（例如杜威、弗兰克·西布利等）。

当代心理学著作对于知觉问题的研究，并没有为存在着特殊种类的审美知觉或知觉方式提供有力的论据。一般心理学著作并不认为在知觉方式上有种类的区别，关于维特根斯坦以及奥尔德里奇所说的"外观变形"现象，在一般心理学著作中，是作为知觉的选择性的特点来加以解释的。"知觉的选择性是同其他客体相比优先地选出一些客体。"[1] 人在知觉中究竟优先选出哪些对象作为知觉客体，既同客体本身的结构关系和性质有关，也同主体的需要爱好兴趣等有关。处于人的注意中心的知觉客体和背景之间的关系，可以因感知方式的不同而发生改变，这是知觉选择性的一种特殊表现。包括维特根斯坦所举的"鸭—兔头"在内的各种双关图像，都可以作为知觉选择性特殊表现来看待。人们感知事物的方式可以是不同的，每个人往往在对象和现象中主要地知觉他自己感兴趣的、他所关注的东西，例如，艺术家、植物学家、地理学家、猎人和住在别墅里的人可能以完全不同的方式来感知田野。但是，要将这因目的、兴趣和关注的不同而形成的不同的知觉方式进行类的区别是很困难的。将复杂的知觉方式仅仅归结为审美的知觉方式和非审美的知觉方式两种，也不大符合实际。事实上，不仅艺术家和科学家在感知事物的方式上有区别，科学家和猎人在感知事物的方式上也有区别。因此，像奥尔德里奇那样，把人类知觉方式仅仅划分为"观察"和"领悟"两种，并以后者为特殊的审美知觉方式，在知觉心理学上恐怕是难以得到认可和科学说明的。

奥尔德里奇认为事物通过领悟和观察两种知觉方式分别表现为审美客体和物体客体，呈现为"特性"和"外观"两种不同性质，而"这两种

---

[1] ［苏］B. A. 克鲁捷茨基：《心理学》，赵璧如译，人民教育出版社 1985 年版，第 142 页。

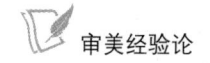

知觉方式中的每一种都具有排他性，即它们互相排斥"①。这种将两种知觉方式截然分开的看法，很容易使人得出审美知觉和一般知觉是毫不相关的结论，从而导致对审美知觉产生一种神秘化的观点。正如 F. 西布利所说："审美知觉和日常知觉之间的特质导致了这样一种看法，即认为艺术作品是些奥秘的对象而不是简单的感性知觉的对象。"② 然而，艺术作品并不是只有某种神秘的知觉才能感受的对象，对艺术作品的审美特质的知觉和一般知觉并不是互相排斥的。经验告诉我们，对于艺术作品的审美特质的知觉，虽然具有一般知觉所未能充分具有的某些特点，然而它并不是孤立于一般知觉之外的某种特异功能。审美知觉和一般知觉总是相联系的，不可能存在一种绝对独立的审美知觉。像化学分析那样，把审美知觉和非审美知觉作绝对的划分是不可能的。从这方面来说，杜威关于审美知觉与日常知觉并无本质不同，却又包括比日常知觉更丰富多彩的因素的观点，似乎更为可取。

尽管如此，奥尔德里奇关于"特殊的审美知觉方式"的理论对于我们分析审美经验中知觉的特性，仍然具有参考价值。虽然我们不赞成把审美知觉和一般知觉从种类上截然分割开来，但是审美知觉的存在却是一个事实。不过，这种审美知觉并非少数个人具有的特异功能，而是整个人类社会实践的历史成果。这就是马克思在《1844 年经济学哲学手稿》中所指出的，在长期的社会实践中，人类逐渐形成和发展了"欣赏音乐的耳朵和辨别形式美的眼睛"。这种在人类实践中形成的审美知觉的存在，既表明人具有感受美的特殊能力，也表明人对美的知觉具有某些特性。审美经验中的知觉和日常经验中的知觉虽然并不是互相排斥的，但是审美经验中的知觉却具有日常经验中的知觉所未充分具有的某些特点。正是依靠这些特点，才使得知觉和审美经验中其他心理因素以特殊关系相互作用，成为把握对象审美特质的特殊心理过程和方式。因此，研究审美知觉的特点对于我们深入分析审美经验是相当重要的。

---

① [美] V. C. 奥尔德里奇：《艺术哲学》，程孟辉译，中国社会科学出版社 1986 年版，第 33 页。
② [英] F. 西布利：《审美概念》，《哲学评论》1959 年第 4 期，第 76 页。

第二节 关于审美知觉的整体性和创造性

在当代关于艺术与审美中的知觉特性的研究中，鲁道夫·阿恩海姆的《艺术与视知觉》可以说是最负盛名的一部美学著作。如果说奥尔德里奇试图运用哲学推论的方法，力求阐明特殊的审美知觉方式的存在，那么，阿恩海姆则"试图把现代心理学的新发现和新成果运用到艺术研究之中"，力求揭示艺术和审美中知觉的基本特性。被阿恩海姆运用来研究艺术中视知觉问题的"现代心理学的新发现和新成果"就是格式塔心理学理论。格式塔心理学家把现象的经验看作整体式的格式塔（Gestalt），即"完形"，认为知觉经验不是感觉元素的集合，而是一个统一的整体。"知觉本身显示出一种整体性，一种形式，一种格式塔。"这种整体性是在任何部分中都找不到的，也不是各部分相加的总和。不仅知觉经验是一种格式塔，整个心理现象也都是格式塔。"因为人的诸心理能力在任何时候都是作为一个整体活动着，一切知觉中都包含着思维，一切推理中都包含着直觉，一切观测中都包含着创造。"[①] 阿恩海姆认为，格式塔心理学关于知觉的整体性的思想，对于艺术和审美具有极重要的意义。例如艺术家在创作一幅作品时，总是要把各个部分作为一个整体的有机组成部分，使细节部分的运动与整体构图的运动相一致。欣赏者在观赏一幅完成的作品时，也总是把这一作品的完整的式样和其中各个部分之间的相互作用知觉为一个整体。"无论在什么情况下，假如不能把握事物的整体或统一结构，就永远也不能创造和欣赏艺术品。"[②]

从"知觉不是对元素的机械复制，而是对有意义的整体结构样式的把握"这一原理出发，结合艺术的实际事例，阿恩海姆认为艺术家对现实的知觉和把握是最富于创造性的特点的。过去，人们往往把知觉活动看得过于简单，认为在物理对象和心灵感知到的关于这个物理对象的形象之间是没有什么区别的，心灵把握到的对象就是这个物理对象本身。当人们运用

[①] ［美］鲁道夫·阿恩海姆：《艺术与视知觉》，滕守尧等译，中国社会科学出版社1984年版，第5页。
[②] ［美］鲁道夫·阿恩海姆：《艺术与视知觉》，滕守尧等译，中国社会科学出版社1984年版，第5页。

这一套理论去解释艺术创造时,艺术家所创造的作品也就成了知觉对象的简单复制品。针对长期以来在美学中流行的"复制"说,阿恩海姆强调了艺术家对现实的知觉和把握的创造性质。他指出,知觉的整体性并不是对元素进行简单复制的结果,而是对元素的一种创造性的再现。无论是艺术家的视觉组织,还是艺术家的整个心灵,都不是某种机械地复制现实的装置。艺术家的"视觉形象永远不是对于感性材料的机械的复制,而是对现实的一种创造性的把握,它把握到的形象是含有丰富的想象性、创造性、敏锐性的美的形象"①。

艺术活动中的知觉之所以是对现实的一种创造性的把握,是因为知觉是一种积极的、能动的活动。视知觉与照相是截然不同的,它的活动不是像照相机那样消极的接受活动,而是一种积极的探索。照相机忠实地记录下事物的一切细节,而视觉却不是这样。视知觉有高度选择性,它不仅对那些能够吸引它的事物进行选择,而且还对看到的任何一种事物进行选择。经验和试验都证明,人们在观看事物时,总是善于捕捉眼前事物的某几个最突出的特征,仅仅是少数几个突出的特征就能够决定对一个知觉对象的认识,并能创造一个完整的式样。例如我们老远就能认出从对面走过来的那个人是自己所熟悉的人,这种认识就是通过这个人所具有的那些最基本的动作特征和身体的胖瘦特征而得到的。知觉的这种能力是和知觉与理解的联系分不开的,"在初级的感觉活动和高级的思维或推理活动之间,是有着某些惊人的类似之处的"②。"知觉活动在感觉水平上,也能取得理性思维领域中称为'理解'的东西。"③ 正是基于这种认识,阿恩海姆提出了"知觉概念"这一范畴,并且指出:"知觉过程就是形成'知觉概念'的过程。"④ 所谓"知觉概念",就是知觉所形成的与"刺激"的性质相对应的结构图式。这一结构图式不仅是记录个别具体事物,而且具有概括

---

① [美]鲁道夫·阿恩海姆:《艺术与视知觉》,滕守尧等译,中国社会科学出版社1984年版,第5页。
② [美]鲁道夫·阿恩海姆:《艺术与视知觉》,滕守尧等译,中国社会科学出版社1984年版,第55页。
③ [美]鲁道夫·阿恩海姆:《艺术与视知觉》,滕守尧等译,中国社会科学出版社1984年版,第56页。
④ [美]鲁道夫·阿恩海姆:《艺术与视知觉》,滕守尧等译,中国社会科学出版社1984年版,第55页。

性，它把握了同类事物的一般形式结构和完形特征。它虽然具有概括性，却不是由理性思维升华出来的，因为知觉不可能是一种从个别到一般的活动过程。传统的知觉理论认为知觉只能局限于记录个别事物，而不能形成概念，不能认识事物的共性，概念的形成和共性的认识只能由高级的抽象思维能力来完成。阿恩海姆指出，这种传统理论不能经受试验的检验。实验证明，视觉也是一个形成概念的过程，也能把握事物的共性，尽管这一切都还是在视觉器官之内发生的、在知觉水平上进行的。阿恩海姆说："视觉实际上就是一种通过创造一种与刺激材料的性质相对应的一般形式结构来感知眼前的原始材料的活动，这个一般的形式结构不仅能代表眼前的个别事物，而且能代表与这一个别事物相类似的无限多个其他的个别事物。"[①] 正是由于这个原因，知觉活动中包含着"理解"，"眼力也就是悟解能力"[②]。也正是出于这个原因，我们可以把知觉活动称为人类精神所进行的一种创造活动。

阿恩海姆认为，由心理学试验所发现的知觉的完形、概括能力，在艺术和审美经验中得到最充分的发展，从而成为艺术家通过组织的方式创造出能够有效地解释经验的图式的能力，它对理解艺术形式起着一种决定性的作用。"一切艺术形式的本质，都在于它们能传达某种意义。任何形式都要传达出一种远远超出形式自身的意义。"[③] 艺术家要达到这个目的，就需要使形式的结构与形式所呈现的意义的结构之间达到一致，这种一致性被格式塔心理学家称为"同形"。例如在修拉的画《大碗岛的星期日》中，许多没有任何社会联系的人在同一树荫中散步和休息的场面，表现出城市居民所特有的那种孤独感，而各种相似性组合原则的运用，又表现出作为正在使同样需要得到满足的人类的相似性。艺术中形式和意义在结构上的一致，需要艺术家具有对事物中具有表现性的突出结构特征进行反应的能力，即直接知觉到某种具有意义的完形结构的能力。"艺术家总是以他那

---

① ［美］鲁道夫·阿恩海姆：《艺术与视知觉》，滕守尧等译，中国社会科学出版社1984年版，第55页。
② ［美］鲁道夫·阿恩海姆：《艺术与视知觉》，滕守尧等译，中国社会科学出版社1984年版，第56页。
③ ［美］鲁道夫·阿恩海姆：《艺术与视知觉》，滕守尧等译，中国社会科学出版社1984年版，第74页。

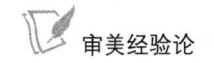

画家、雕塑家、舞蹈家和诗人的眼睛四处观察着,每当他发现了那些适合他自己所使用的表现形式的经验时,就立即作出反应。"①

应该指出,对审美知觉的整体性和创造性做出分析的,在当代西方美学家中并非只有阿恩海姆一人,例如杜威在《艺术即经验》中也曾指出审美知觉的整体性是日常知觉中所不可能充分具有的。根据他的观点,审美知觉的作用在于揭示经验的潜在的有机统一,或通过对感官经验的明智的整理来制造这种整体性,从而把经验从它那通常是支离破碎和贫乏的结构中解救出来。所以,在审美知觉中,呈现着一种感觉到的要素的统一,而这些要素在日常知觉中是较为分散的。又如冈布里奇在《艺术与幻觉》中把艺术和审美中的知觉称为"想象性知觉",并描述了想象性知觉对于客体所具有的富于建造性的作用。他认为艺术家对于客体的知觉是一种建造活动。在建造时,心灵利用了那些为经验的材料提供了结构的预成图式或形式。由于知觉的建造作用,艺术不可能是对某个确定不变的原型进行复制。这些论述所取的观点虽然和阿恩海姆并不完全一样,但是,也可以从不同方面支持阿恩海姆对审美和艺术中知觉特性的分析。在我们看来,阿恩海姆关于知觉的整体性和创造性的理论,不但吸收了心理学的新成果,而且和艺术实际也大体上是相符的。它所包含的许多合理的辩证的因素,对我们正确理解艺术和审美中的部分和整体、主体和客体、形象和现实、形式和意义互相之间的辩证统一关系,可以提供一种新的理论参考,并有助于我们纠正机械唯物论的艺术理论的偏颇。他对知觉概念的分析,有助于我们解释艺术和审美中知觉和理解的特殊联系,从而消除对于所谓"审美直觉性"的神秘观点。"眼力就是悟解力"这一论断很容易使我们想起马克思关于"感觉通过自己的实践直接变成了理论家"②的著名观点,它们都共同说明审美主体对于对象的美的直接把握,绝不仅仅是一种消极接受的、单纯的感性活动,而是积极能动的感性和理性相统一的活动。

---

① [美]鲁道夫·阿恩海姆:《艺术与视知觉》,滕守尧等译,中国社会科学出版社1984年版,第229页。
② [德]马克思:《1844年经济学哲学手稿》,人民出版社1985年版,第81页。

第三节　关于审美知觉的表现性

阿恩海姆研究的创造性，还在于他对"表现性"这一知觉范畴及其形成的心理、生理机制所做的分析。他说："表现性是所有知觉范畴中最有意思的一个范畴，而所有其他的知觉范畴最终也都是通过唤起视觉张力来增加作品的表现性。"[①] 也就是说，知觉的表现性对于艺术和审美更具核心作用。

根据阿恩海姆的分析，人对于事物的表现性的知觉是一种很普通的知觉现象。事实上，这种表现性是知觉对象的一种最基本的性质。例如，当人们知觉一个熟悉的人时，只是知觉这个人的面庞是和蔼的还是绷紧的、是注意力分散的还是全神贯注的，而不会是脸型的三角形性、眉毛的倾斜性或嘴唇的平直性。对于事物中可以度量的性质的知觉能力，是人类发展到晚期之后才具备的。在儿童和原始人中，对象的表现性在知觉活动中则占有优势地位。例如，在描述一座山岭时，儿童和原始人往往把它说成是温和可亲的或狰狞可怕的。"如果说表现性是人的日常视觉活动的主要内容，那么，在特殊的艺术观看方式中，就更是如此了，我们看到，事物的表现性，是艺术家传达意义时所依赖的主要媒介，他总是密切地注意着这些表现性质，并通过这些性质来理解和解释自己的经验，最终还要通过它们去确定自己所要创造的作品的形式。"[②] 如果说对于表现性的知觉和反应能力是感受对象的审美特质的重要条件，那么要求艺术家必须使自己对表现性的反应敏锐起来，以便把被再现事物的表现性质发掘出来，就是艺术创造必不可少的前提。那么，在艺术和审美中得到充分发展的这种对表现性的知觉是如何形成的呢？或者说，究竟应当如何解释知觉对象的表现性呢？美学中传统的理论认为，某一事物的表现性质并不是这件事物的视觉式样本身所固有的，人们从中看到的东西，仅仅起到了从他们的记忆仓库中唤出知识和情感的导火线的作用，这些知识和情感一经被唤出来之后，

---

① ［美］鲁道夫·阿恩海姆：《艺术与视知觉》，滕守尧等译，中国社会科学出版社1984年版，第640页。

② ［美］鲁道夫·阿恩海姆：《艺术与视知觉》，滕守尧等译，中国社会科学出版社1984年版，第620页。

就立即被渗入到这件事物之中，例如里普斯的"移情说"就是将自然事物的表现性解释为自我向自然所做的感情移入。阿恩海姆不同意这种传统的解释，他引证格式塔心理学家们的观点，指出对于表现性的知觉具有非常明显的直接性和强制性，所以它不可能仅仅是学习的结果。当我们观看一场舞蹈时，那悲哀和欢乐的情绪看上去是直接存在于舞蹈动作之中的，对舞蹈动作的知觉之所以具有如此强烈的直接性，主要是因为舞蹈的形式因素与它们表现的情绪因素之间在结构性质上是相同的。例如在表现"悲哀"这一主题时，演员的舞蹈动作看上去都是缓慢的、张力较小的；而一个心情十分悲哀的人，其心理过程也是十分缓慢、软弱无力的。由于动作中所展示的结构性质与它们所表现的情感活动的结构性质有着一致性，所以表现性是动作本身所具有的。不仅有意识的有机体的表现性是如此，其他不具意识的自然事物甚至抽象形式的表现性也都是如此。例如，垂柳之所以看上去是悲哀的，是因为垂柳枝条的结构本身就传递了一种被动下垂的表现性。圆形曲线所具有的僵硬性和抛物线所具有的柔和性，也完全是由这两种曲线的内在结构性质所决定的。据此，阿恩海姆断定"表现性就存在于结构之中"[①]，由事物的结构性质所传达的表现性"是被视觉直接把握的"[②]，"表现性乃是知觉式样本身的一种固有性质"[③]。

阿恩海姆对知觉对象表现性的解释，是建立在詹姆斯的身心"异质同构"学说的基础上的。按照詹姆斯的见解，虽然身和心是两种不同的媒质：一个是物质的；另一个是非物质的，但它们之间在结构性质上还是可以等同的。外在的物质的东西与内在的精神的东西之所以能够具有一致的结构性质，是因为它们都是同一的"力的结构"，那种作用于精神世界的力，与作用于物理世界的力，实际上是同一种力。如上升和下降、前进和退让、统治和服从、软弱和坚强、和谐和混乱等基调，实际上乃是一切存在物的基本存在形式。它既存在于我们的心灵中，也存在于人与人之间的

[①] [美]鲁道夫·阿恩海姆：《艺术与视知觉》，滕守尧等译，中国社会科学出版社1984年版，第614页。
[②] [美]鲁道夫·阿恩海姆：《艺术与视知觉》，滕守尧等译，中国社会科学出版社1984年版，第616页。
[③] [美]鲁道夫·阿恩海姆：《艺术与视知觉》，滕守尧等译，中国社会科学出版社1984年版，第624页。

关系中；既存在于人类社会中，也存在于自然现象中。据此，阿恩海姆进一步指出"造成表现性的基础是一种力的结构"①，表现性并不是由知觉对象本身的"几何—技术"性质本身传递的，而是由这些性质在观看者的神经系统中所唤起的力量传递的，不管知觉对象本身是运动的（如舞蹈演员或戏剧演员的表演），还是静止不动的（如绘画和雕塑），只有当它们的视觉式样向我们传递出"具有倾向性的张力"或"运动"时，我们才能知觉到它们的表现性。所以，在较为局限的知觉意义上说来，表现性的唯一基础就是张力。这就是说，表现性取决于我们在知觉某种特定的形象时所经验到的知觉力的基本性质——扩张和收缩、冲突和一致、上升和降落、前进和后退等，当我们认识到这些能动性质象征着某种人类命运时，表现性就会呈现出一种更为深刻的意义；而且，在涉及任何一件个别艺术品时，我们也都会不可避免地涉及这种深刻意义。从这个意义上说，艺术家创造作品就是要用一种十分活跃的"力"去构成表达意义所使用的知觉式样，而观赏者欣赏作品则是要在大脑中唤起一种结构同形的力的式样，以直接把握它的象征意义，从而产生某种"经验"。例如在米开朗基罗的画《创造亚当》中，上帝将手伸向亚当伸出的胳膊，生命的火花好像从上帝的指尖跳到亚当的指尖，上帝身体的倾斜姿势呈现出一种向前的运动；而亚当的整个轮廓线则是向后倾斜的，从而使他呈现出一种被动性。亚当躺在地上，他的身体的上半部分在创世主的吸引力的作用下微微抬了起来。那屈起的左腿则暗示出他想站立起来行走的欲望。由此可以看出，表现这个故事的力的式样是由绘画构图的结构骨架显示出来的。它先是使一种积极的力与一种被动的物体接触，然后又把这一被动的物体在接受能量之后由死变活的过程呈现出来。在观赏时，作品的主要式样并没有被观赏者的神经系统原原本本地复制出来，而是在他的神经系统中唤起了一种与它的力的结构同形的力的式样。于是，这个用于表现这个故事的特定的力的式样便在观赏者头脑中活跃起来，并使观赏者处于一种激动的参与状态中。

阿恩海姆关于知觉对象的表现性及其与艺术关系的论述，由于准确地抓住了艺术和审美经验中最富特征的现象，并给予了新的解释和说明，因

---

① ［美］鲁道夫·阿恩海姆：《艺术与视知觉》，滕守尧等译，中国社会科学出版社 1984 年版，第 625 页。

而受到美学家们的重视并产生了相当大的影响。他的"异质同构"说或"同形同构"说已成为解释审美知觉的表现性的一种当代的经典理论。如果我们回顾一下在漫长的历史中，学者们曾经为形式美的问题所产生的困惑，那么，阿恩海姆的努力就显得更有意义了。关键在于人们对于形式美（或形式的表现性）的知觉为什么具有如此强烈的直接性？阿恩海姆的解释无疑为解开这个美感问题的千古之谜提供了一种新颖见解。关于形式和表现的问题是当代艺术理论中最重要的问题之一，由于这个问题紧密联系着人们对艺术特质的理解，并且对艺术创造和欣赏的审美实践具有直接意义，所以特别引起人们的兴趣。阿恩海姆把艺术的形式因素和情感因素看成是统一的，既纠正了形式主义者片面强调形式而忽视其表现的内容的缺点，又防止了表现主义者片面强调情感的"自我表现"而忽视了形式及媒介的弊病，这对于我们更好地把握艺术的特殊规律有着参考价值。

然而，阿恩海姆对于知觉的表现性的论述，也存在着一些明显的问题，他用来解释知觉对象表现性的心理学理论是身心"异质同构"说。这种对身心关系的看法带有浓厚的思辨性质，并没有得到心理学实验的充分支持。由此而引出的生理的"力"和心理的"力"相对应，物理世界和精神世界因"力"的结构模式一样而互通等观点，是否具有科学的根据，看来尚是一个问题。这就使得他的"表现性基于力的结构"的主要结论，也仍然带有很大程度的推论性质。我们并不否认知觉对象的表现性和对象本身的结构样式有关，但是，同一对象、同一形式、同一力的结构为什么在不同时代、不同种族或不同个人的知觉中，却具有不同的表现性呢？面对审美经验中普遍存在的这种复杂现象，仅仅把表现性归结为所谓"力的结构"就显得苍白无力。这个问题在阿恩海姆对色彩的表现性所做的分析中显得特别突出，他否认色彩的情感表现性和人的联想经验有关，认为它仅仅是由于色彩本身的张力作用。但是，他又不得不承认同一色彩在不同的文化环境中具有不同的象征意义，而且承认人们从色彩中究竟感受到什么样的表现性，是同人们的社会习惯、社会需要有关的。这实际上仍然是承认了色彩的表现性是和人的联想、经验有关的，因而也就和他自己的理论自相矛盾。看来，如果脱离了人类社会实践，仅仅从身心同构或生理力与心理力的对应关系上去解释知觉对象的表现性，不仅不能说明审美中的许多复杂现象，而且也仍然会像联想主义一样，免不了对事物表现性解释存在主观随意性，实际上不可能对事物表现性的形成原因做出真正科学的、客观的分析。如果说用"力的结构""力的式样"以及"张力"等来解释艺术形式和形象的表现性，对于阿恩海姆侧重分析的视觉艺术来说还具有一定的说服力（阿恩海姆的结论主要是通过分析视觉艺术的构成因素做出的），那么用它来解释形式和内容都更为复杂的语言艺术以及戏剧、电影这样的综合艺术，就显得捉襟见肘，很难对表现于形式、结构和形象中的内容意义做出准确、深刻、细致的分析。因为这类作品的表现性毕竟不可能像直线表现僵硬、曲线表现流畅那么简单易析，也不是上升和降落、前进和后退、扩张和收缩等几种基本的力的结构模式所能完全概括的，这里也就进一步显示出"同形同构"说的局限性。

第六章　审美愉快理论

审美的愉快是审美经验的情感反应中最富有特征的一种心理现象，是研究审美经验的一个出发点。人们乐于接触美和艺术，就是因为它们能使人得到愉快的感受和感动。"各种各样的美都给予我们以特殊的高兴和愉快。"[①] 无论在艺术家的创作活动中，还是在观赏者的欣赏活动中，人们都能毫不费力地发现审美经验和愉快的必然联系。这大概就是为什么如此多的美学家在解释审美经验时，总是把注意力对准审美愉快这个焦点的原因。美学家们试图通过对审美愉快的分析去揭示审美经验的奥秘，但是，由于立足点的不同，在审美愉快的起因、特点和形成的心理机制等问题上见解各异，学说纷呈。分析各种审美愉快理论的得与失，将会为我们向着建立科学的审美经验理论前进提供有益的借鉴。

第一节　审美愉快的成因问题

审美愉快的成因究竟是什么呢？对于这个问题，早在古希腊罗马时期，就已经引起过许多哲人的思索。亚里士多德曾经对艺术作品引起快感的因素做过多方面的考察，指出快感形成的原因可以是在艺术的摹仿中认识事物，可以是艺术唤起某种情绪并使之得到净化，也可以是由于作品的技巧、着色、单调、节奏等形式因素令人喜爱。他的解释在今天看来虽然显得有些简单，但是，他坚持审美愉快是由作为审美对象的艺术作品的内容和形式多种因素引起的，并且同审美主体的认识活动、情感活动都有密切关系，表现出了朴素唯物主义和辩证的观点，至今仍然值得我们重视。不过，正如古代认识论偏重于客体规定性的研究一样，亚里士多德主要是

---

① ［英］休谟：《人性论》（下册），关文运译，商务印书馆1983年版，第333页。

第六章　审美愉快理论

从审美客体的属性中去寻找审美愉快的来源，而对于主体认识和感受美的能力则极少涉及。

真正对审美愉快问题作专门、系统的研究，是由近代西方美学开始的。其中，盛行于17、18世纪英国经验论派的趣味理论，系统地建立了美感即快感的学说，并对快感的成因作了心理学和生理学的解释。从西方认识论的发展来看，17世纪是一个重要的转折时期。认识论由过去从客体入手转为从主体入手去探索主客体关系的新的阶段。如果说古代的认识论是偏重于客体的规定性的研究，那么，英国经验论则是偏重于对主体的认识能力和方式的研究，与此相关，在审美理论研究中，经验论派美学家着重考察主体的感受和鉴赏美的能力。趣味理论的提倡者主张人具有一种特殊的趣味能力（the faculty of taste），当这种趣味能力对被观赏的对象的某些特性起反应时，便会形成一种精神产品，这种精神产品就是审美愉快。对于在审美快感的形成中起关键作用的趣味能力，在经验论派美学家中对它的解释也不是一致的，如艾迪生相当含糊地称之为"想象"，哈奇生称之为"内在感官"，休谟则笼统地称之为"人心的特殊结构"，等等。按照趣味理论家的解释，审美愉快有两个成因：一个成因是主体的趣味能力；另一个成因是对象的特殊性质。这两方面因素协调合作，才能产生审美快感。例如哈奇生认为"我们具有适于感觉到这种美的快感的感官"[①]，"我们的审美的感官好像是经过设计造出来，使我们享受到断然是愉快的感觉"[②]。这就是形成审美愉快的主体方面的原因。另外，他又指出对象中"一致与变化的复比例"以及"和谐"等也和快感的形成有关。"和谐往往产生快感，而感到快感的人却不懂得这快感是怎样起来的，但是人们知道，这快感的基础在于某种一致性。"[③] 这就是形成审美愉快的客观方面的原因。休谟也从主体和对象两个方面对于审美快感的形成作了分析，指

---

① ［英］哈奇生：《论美与德行两种观念的根源》，载北京大学哲学系美学教研室编《西方美学家论美和美感》，商务印书馆1980年版，第99页。

② ［英］哈奇生：《论美与德行两种观念的根源》，载北京大学哲学系美学教研室编《西方美学家论美和美感》，商务印书馆1980年版，第100页。

③ ［英］哈奇生：《论美与德行两种观念的根源》，载北京大学哲学系美学教研室编《西方美学家论美和美感》，商务印书馆1980年版，第98页。

出:"按照人类内心结构的原来条件,某些形式或品质应该能引起快感"①。这说明趣味理论家们在强调主体的审美能力的前提下,试图从主体与客观的关系中去解释审美快感的成因。这在审美愉快的理论探讨上,可以说是一个新的进展。不过,像哈奇生、休谟这些经验论派美学家由于受到唯心主义观点的限制,并不能正确地认识主体和客体的互相关系。他们虽然也承认审美快感的成因和对象的某些特质有关,但是却又否认美的客观性,认为美也是一种观念或快感,这就不可能真正地揭示出审美愉快的客观来源。至于他们所强调的主观的审美能力,或者被说成是"天生的",或者被解释为凝固不变的"生理本能"。这种将审美能力先验化、抽象化的观点,实际上也不可能科学地说明审美愉快形成的主观方面的原因。

在近代西方认识论发展史上,康德占有一个特殊的地位。他力图从主体和客体的统一中去考察认识活动,从而开始了西方认识论发展的另一个新阶段。在"美的分析"中,康德明确提出鉴赏判断不是知识判断,它不是凭借知性连系于客体以求得知识,而是凭借想象力(或者想象力和知性相结合)连系于主体和它的快感和不快感。他吸收和发展了经验论派美学中的审美快感说,但在分析审美愉快的成因时,他又不同意经验论派美学家把人的生理本能看作审美愉快起因的观点,而另外做出了自己独到的分析。他认为在审美判断中,对象的形式与主体的心意能力达到内外契合,对象的形式适应于人的心意能力,使主观心意能力可以自由、和谐地活动,因而具有"主观的合目的性",即"没有目的的合目的性",这就是形成审美愉快的原因。根据康德的解释,趣味判断不像逻辑判断那样,用确定的知性范畴来束缚想象,使它符合一定的概念,而是让想象力与知性趋向某种未确定的概念,处于相互协调的自由运动中。由于各种认识能力(主要是想象力和知性)的相互协调、自由活动,所以就产生了审美的愉快。这种想象力和知性的自由协调,作为一种主观的合目的性,只和对象的形式有关,不涉及对象的内容、意义(利害、概念),所以它是一种形式的合目的性,又称作没有目的的合目的性形式。康德说:"审美判断只把一个对象的表象连系于主体,并且不让我们注意到对象的性质,而只让

---

① 休谟:《论趣味的标准》,载古典文艺理论译丛编辑委员会编《古典文艺理论译丛》第5册,人民文学出版社1963年版,第6页。

第六章 审美愉快理论

我们注意到那决定与对象有关的表象诸能力的合目的的形式。这种判断正因为这缘故被叫作审美的判断，因为它的规定根据不是一个概念，而是那在心意诸能力的活动中的协调一致的情感……"[①] 以上论述说明，康德认为审美愉快的成因有两个方面：一是对象的形式，亦即合目的性形式；二是主体的心意能力（想象力和知性）的互相协调、自由活动。这两方面互相契合，具有主观合目的性，就形成审美愉快。在西方美学史上，康德可以说是第一个对形成审美愉快的特殊心理结构做出深刻的哲学分析的美学家，他力图从主体与客体的相互关系和统一中去解释审美愉快的形成，不但分析了审美心理功能的特点，而且指出审美愉快是和审美心理功能的特点及其自由协调的活动相联系的，这些见解都极富启发性。但是，康德对审美愉快的成因的分析，作为他的美的分析的一个组成部分，是从先验唯心主义哲学出发的。康德哲学主张先天的认识形式是先于经验的，强调一切经验之可能都必须以先天的认识形式为条件或依据。所以，康德虽然认为主客观结合才构成认识，但这种结合的动力却来自主体。在分析审美愉快的成因时，康德虽然认为它与对象的形式有关，但是作为合目的性形式，它仍然是依附于主体的心意能力的。由于康德否认美的客观性，也否认审美判断和对于对象的认识活动有关，加之他认为形成审美愉快的心理活动只和对象的形式相关，不涉及内容、意义，因此限制了他对审美愉快的成因做出客观的、全面的阐明。

康德之后，当代西方美界对于审美愉快的成因的解释，总的来说越来越趋向主观化。一些有影响的审美经验理论，由于否定美的客观性、否定美感有其客观来源，因而把审美愉快的产生完全归结为主观精神活动的结果。对于审美愉快成因的这种纯主观的解释，可以里普斯的"移情说"为例。里普斯认为审美经验的发生在于人向自然所得的感情移入，即欣赏者把自己内心的经验、情感投射到外在的对象之中去。在移情作用中，自我和对象的对立消失了，自我就是对象，对象就是我自己。由于物我同一，自我便得到自由伸张的机会，进到"非自我"里活动。外物的形象无穷，自我伸张的领域因而也无穷。自我在移情中由有限到无限，由固定到自由，实现了大解脱，所以便能发生快感。据此，里普斯断定审美快感来自

---

① ［德］康德：《判断力批判》上卷，宗白华译，商务印书馆1987年版，第66—67页。

"自我"的自由伸张同对象本身并无任何关系。他说："审美的快感可以说简直没有对象。审美的欣赏并非对于一个对象的欣赏，而是对于一个自我的欣赏。它是一种位于人自己身上的直接的价值感觉，而不是一种涉及对象的感觉。毋宁说，审美欣赏的特征在于在它里面我的感到愉快的自我和使我感到愉快的对象并不是分割开来成为两回事，这两方面都是同一个自我，即直接经验到的自我。"① 可见里普斯讲物我同一，并不是要我同一于物，而是要物同一于我。因此，"使我感到愉快的对象"和"我的感到愉快的自我"实际上是一回事，都是同一个"自我"。尽管里普斯所说的"自我"是所谓的"客观的自我"，即移置对象里面的自我，但毕竟说的是观赏者的主观意识和感情。因此，按照移情理论，审美愉快的起因便只能到主观意识和感情中去寻找。这种唯我论的审美愉快起因说，当然很难用来说明审美经验的实际情况。试想，一个闭目塞听的人，对于对象的美如果毫无感受，仅仅凭着自我伸张，便能产生审美愉快吗？即使自我能伸张到"非自我"中去活动，那也会是各种各样想入非非的幻想，难道它们都能产生审美愉快吗？这样明显的问题使里普斯自己最后也不得不承认，欣赏者审美情感的发生须有对象的刺激并依存于对象的特殊条件，这就与他的"审美快感没有对象"的论断发生尖锐矛盾，因而使他的审美愉快来自纯主观自我的理论而不能自圆其说。

从以上几种有代表性的审美愉快成因说的分析中可以看到，单从审美对象或单从审美主体方面去解释审美愉快的成因都会遇到困难。审美愉快是一种发生在审美经验中的特殊的情感活动。情感作为客观事物与主体的需要之间的关系的反映，是以对客观事物的认识为基础的，审美情感也不能例外。否认审美愉快和对客观美的认识有关，否认审美愉快是由对象的美所唤起的，不可能对审美愉快的成因做出唯物主义解释。但是从客观对象的美到主观的审美愉快，并不是简单的、直线的反映过程，而是要经过审美主体的复杂的审美心理过程。虽然审美愉快往往发生在直感到对象美的一刹那间，但是，它却以主体早已在实践中通过形象思维活动形成的美的观念作为中介。审美愉快不只是和某一种心理因素有关，而是和整体审

---

① [英]里普斯：《论移情作用》，载古典文艺理论译丛编辑委员会编《古典文艺理论译丛》第8册，人民文学出版社1964年版，第44页。

美心理结构有关，它是审美心理结构中各种因素以特殊联系方式互相作用所产生的整体心理效应，由对象的美所唤起的审美认识结构和审美情感结构及其互相作用，是形成审美愉快的直接原因。因此，我们认为只有把客体的美的特质的研究和主体的特殊心理结构的研究统一起来，才可能对审美愉快的成因做出全面的、辩证的分析。

第二节 审美愉快的特性问题

审美愉快作为审美经验中产生的一种特殊的情感反应，它和其他各种愉快究竟有什么区别？对于这个问题，在康德以前，美学家们并没有给出明确、系统的回答。经验论派美学家往往将审美愉快和感官快感混为一谈，唯理论派美学家又将审美愉快看成对"完善"概念认识的愉快，这都模糊了审美愉快的特征。康德是第一个将审美愉快的特征问题突出地提出来并给予明确、系统论述的美学家。在《判断力批判》中，康德根据认识论中知性的四项范畴（即量、质、关系、样式）分别考察了审美判断的特质，指出审美判断与功利无关，不同于一般快感和道德活动；与概念无关，不同于逻辑认识；与特定的目的无关，不同于目的论判断。在这个总体构架中，康德对审美愉快的特征从以下两方面作了详尽分析。

首先，审美愉快是无利害关系的愉快。康德认为，利害关系须意识到该对象是实际存在着的事物，同时和欲望能力有关。可是我们要判断一个对象是否美，并不关系于这个对象的存在，也不欲知道这个对象的存在与否对于我们是否重要，而只要知道我们在纯粹的观照里怎样去判断它，是否单纯事物的表象在我们心里就夹杂着快感。所以，审美判断的快感是没有任何利害关系的，而其他快感却要涉及利害关系。为此，康德将三种不同特征的愉快进行了对比分析。第一种是感官上的快适所引起的愉快。这种愉快"经由感觉激起一种趋向这个对象的欲求"[1]，是一种官能的满足，所以是和利益兴趣结合着的。第二种是道德上的赞许所引起的愉快，即对于善的愉快，由于"善是意欲的对象"[2]，是理性驱使我们去欲求的对象，

---

[1] ［德］康德：《判断力批判》上卷，宗白华译，商务印书馆1987年版，第43页。
[2] ［德］康德：《判断力批判》上卷，宗白华译，商务印书馆1987年版，第45页。

所以由此引起的愉快必然是同理性上的利害感结合在一起的。第三种便是鉴赏判断所产生的愉快，即审美的愉快，它对于对象的存在没有任何欲求，超脱了一切（包括道德的或生理的）利害关系。所以康德说："只有对于美的欣赏的愉快是唯一无利害关系的和自由的愉快。"①

其次，审美愉快是具有主观普遍性的愉快，这是它和感官快适的愉快的又一个重要区别。康德指出，审美愉快的普遍性是从审美愉快的无利害关系的特性中引申出来的。因为假若一个人觉得对象使他愉快，并不涉及利害关系，他就必然断定这个对象有理由令一切人都感到愉快。这种愉快"既然不是植根于主体的任何偏爱（也不是基于任何其他一种经过考虑的利害感），而是判断者在他对于这对象愉快时，感到自己是完全自由的：于是他就不能找到私人的只和他的主体有关的条件作为这愉快的根据，因此必须认为这种愉快是根据他所设想人人共有的东西。结果他必须相信他有理由设想每个人都同感到此愉快"②。因此，康德认为鉴赏判断的愉快具有主观的普遍性。但是，他又指出这种审美的普遍性和逻辑的普遍性不同，它不凭借概念、不基于任何概念的普遍性。那么，审美的普遍性来自何处呢？康德的回答是来自判断。为此，他提出解决愉快先于判断还是判断先于愉快这个问题是鉴赏判断的关键，是说明审美愉快特质的关键。只有判断在先，由判断引起愉快，这才是审美愉快，才能具有普遍传达性；如果愉快在先，由愉快而生判断，那么这种愉快只是感官的愉快，只能具有个人有效性。

康德对审美愉快和感官快感所做的区分，可以说是相当深刻的。他提出审美愉快没有对于对象的欲求，因而是自由的愉快；审美愉快是判断在先，由判断引起愉快，因而和人的认识功能有必然联系，等等，都有助于加深人们对审美愉快特性的认识。他的审美愉快无利害关系的学说，对后来的审美理论产生了重大影响，但也引起了相当多的争论。在对康德的审美愉快理论提出异议的人中，就包括当代著名的自然主义美学家乔治·桑塔亚纳。

乔治·桑塔亚纳对美感的自然主义的分析，在许多方面类似康德对审

---

① [德]康德：《判断力批判》上卷，宗白华译，商务印书馆1987年版，第46页。
② [德]康德：《判断力批判》上卷，宗白华译，商务印书馆1987年版，第48页。

美判断的逻辑分析。和康德一样,桑塔亚纳首先将审美判断和知识判断相区别。他指出,知识判断是一种事实的判断,而审美判断则是一种价值的判断。事实的判断须靠观察和观念,价值的判断则须靠欣赏和感性。审美判断与知识判断的区别,就是艺术和科学的区别。科学满足我们求知的要求,故只要求真实;艺术满足我们娱乐的要求,不只要求真实。艺术真实性虽是引起愉快的一个因素,却不能满足一切审美要求。如果以如实再现作为艺术的唯一标准,那就是以事实代替价值的表现。其次,桑塔亚纳又将审美判断和道德判断相区别。审美判断和道德判断虽然同属价值的判断,但是审美判断主要是积极性的,亦即对好的方面的感受,道德判断主要是消极性的,亦即对坏的方面的感知;审美判断是根据直接经验的性质,不是有意识地根据对象实用的观念,道德判断则往往根据对象可能涉及的实用意识。所以,审美判断是一种积极的直觉的价值,只有在审美中,我们才能自由自在地快乐。

桑塔亚纳虽然认为将审美判断与知识判断、道德判断加以区别,是认识美感特点的前提,但是他又指出,仅仅依靠这些区别仍然未曾阐明美感最显著的特点。因为要把握美感最显著的特点,就要将审美愉快和一般快感加以区别。他说:"一切快感都是固有的和积极的价值,但绝不是一切快感都是美感。快感确实是美感的要素,但是显然在这种特殊快感中掺杂了一种是其他快感所没有的要素。"[①] 在阐述审美快感的特征时,桑塔亚纳着重考察了审美快感和生理快感的区别。依据他的分析,审美快感和生理快感之间的显著区别在于:生理快感是把我们的注意引向出现快感的器官,它是一种局限于感官之内、沉湎于肉体之中的快感,所以是低级的快感,而"审美快感的器官必须是无障碍的,它们必须不间断我们的注意,而直接把注意引向外在的事物。所以审美快感的地位较高和范围更大"[②]。

尽管桑塔亚纳像康德一样强调审美快感和其他快感的区别,但是,对于康德所阐述的审美快感的具体特征,桑塔亚纳却表示了异议。首先,他不同意康德关于审美快感的特征是无利害性的看法。他指出,欣赏一幅画固然不同于购买它们的欲望,但是欣赏总是或者应该是与购买欲有密切关

---

① [美] 乔治·桑塔亚纳:《美感》,缪灵珠译,中国社会科学出版社1982年版,第24页。
② [美] 乔治·桑塔亚纳:《美感》,缪灵珠译,中国社会科学出版社1982年版,第24页。

系的，而且应该说是他的预备行为，所以无利害观念对于审美快感并不是最基本的。如果说我们寻求审美快感时，并不把占有欲的满足同观照的娱悦掺杂在一起，那么，每一种真正的快感在某种意义上也都同样是无私念的，因为我们并不带着另外的动机去追求它，充满我们心中的不是得失计较，而是感情所倾注的对象。无利害性不能将一般快感和审美快感加以区别，所以"审美快感的特征不是无利害观念"①。另外，桑塔亚纳也不同意康德关于审美愉快的特征是具有普遍性的看法。他认为，审美中的一致性是基于人们的出身、性格、能力和环境的相同，如果有这样的相同，便会产生各种判断和感情的一致。但是世界上就没有两个人在性格、能力等方面恰好相同，因而在审美中也找不到多少一致性。当一个人认为某件事物是美的，就认为别人也必定认为它是美的，这种说法毫无意义，所以"审美快感的特征不是普遍性"②。

那么，审美快感的特征究竟应当是什么呢？桑塔亚纳的回答是"审美快感的特征在于客观化"③。按照桑塔亚纳的解释，事物的属性都是由感觉合成的，亦即感觉的客观化。感情也如感觉印象一样，在本质上来说是能够客观化的。例如在原始民族的无意识经验中，世界就被看作由他们的恐怖和激情所化成的精灵。在审美中，人们也产生着感情客观化。"美是一种感情因素，是我们的一种快感，不过我们却把它当作事物的属性。"④ 桑塔亚纳因此指出，正是这种快感的客观化使审美愉快和其他快感区分开来。在其他快感中，事物必须先作用于一个特殊的器官，快感才能产生。事物所唤起的快感和对事物的感知不是结合在一起的。由于快感及时地同知觉分离，它被认为是事物的作用而不是事物的属性。而在审美经验中，当感觉因素联合起来投射到物上并产生出事物的形式和本质概念时，这种感知过程本身便是愉快的，于是我们的快感就与此事物的特性和组织密切地结合起来了，它像其他感觉一样变成了事物的一种属性。

桑塔亚纳的主要努力在于阐明审美判断和审美愉快的特殊性质，应当说他的这种努力是有可取之处的。他认为在审美判断中，感知过程和愉快

---

① ［美］乔治·桑塔亚纳：《美感》，缪灵珠译，中国社会科学出版社1982年版，第25页。
② ［美］乔治·桑塔亚纳：《美感》，缪灵珠译，中国社会科学出版社1982年版，第27页。
③ ［美］乔治·桑塔亚纳：《美感》，缪灵珠译，中国社会科学出版社1982年版，第30页。
④ ［美］乔治·桑塔亚纳：《美感》，缪灵珠译，中国社会科学出版社1982年版，第32页。

的感情不是分离的，而是密切结合的，"知性作用自然而然是愉快"①，这从一个方面抓住了审美心理现象的突出特点；他对审美判断和知识判断、道德判断的区分以及审美愉快和生理快感的区分所做的具体论述也很有特色；他对康德审美愉快无利害性的批评，虽然并没有抓住要害，但主张审美愉快也可以涉及利害关系，一反传统看法，从而成为自然主义美感理论中独树一帜的见解。不过，总的说来，桑塔亚纳的美感理论是建立在"美即美感"这一主观美论的基础上的，对于他来说，快感的客观化不仅是美感的特征，同时也就是美的定义。"美是在快感的客观化中形成的，美是客观化了的快感。"② 由于否认美是一种客观存在，所以桑塔亚纳也否认美感有其客观来源，这样也就不能由科学的美论去研究美感的真正特质。尽管桑塔亚纳强调审美愉快和生理快感有区别，但是他的全部美感理论却是建立在自然主义哲学基础之上的。自然主义哲学从生物学出发描述人类的各种精神活动，把艺术和本能、审美的快乐和生物性的冲动联系在一起，这就掩盖了艺术和美感的社会意识性质，免不了产生将审美愉快生物学化的倾向。这样，要科学地阐明审美愉快的特点也就困难了。

第三节　对审美愉快的心理机制的探讨

审美愉快既然是由美和艺术所唤起的特殊的心理活动的最终成果，那么它所形成的心理机制究竟如何呢？许多心理学家试图运用各种心理学的成果对这个问题做出解答，其中，最值得注意的是 S. 弗洛伊德的欲望满足说和 D. E. 伯莱因（D. E. Berlyne）的唤起变化说。

在解释审美经验时，以弗洛伊德为代表的精神分析学家们所关注的中心问题是：艺术家和艺术欣赏者所经验的愉快在心理上的根源是什么？对此，弗洛伊德仍然求助于他的无意识理论。根据弗洛伊德的理论，人的心理过程虽然是由无意识和意识两部分构成的，但是"无意识才是精神的真正实际"。人的整个心理过程都是受无意识支配的，所谓"无意识"就是由生物遗传或种族遗传所形成的个人原始本能以及与本能有关的欲望，其

---

① ［美］乔治·桑塔亚纳：《美感》，缪灵珠译，中国社会科学出版社 1982 年版，第 32 页。
② ［美］乔治·桑塔亚纳：《美感》，缪灵珠译，中国社会科学出版社 1982 年版，第 35 页。

中主要是性的本能和欲望。弗洛伊德把性的本能和欲望所具有的心理能量称为"里比多"（libido），认为它具有一种潜力，驱使人去寻求快感，从而给人的全部活动提供动力。由于人的本能欲望为人类的社会的伦理道德、宗教法律、风俗习惯所不容，所以便被压抑在无意识领域，不能得到满足。但通过升华作用（sublimation），性的心理能量可从婴儿期所固有的情绪上解放出来，移到社会所容许的途径去发泄，从而使本能欲望得到相当的满足。在弗洛伊德看来，艺术和审美就是通过升华作用，使人的本能欲望在幻想中得到满足和"补偿"的一种方式。他说："在艺术活动中，精神分析学一再把行为看作是想要缓解不满足的愿望——首先是在创造性艺术家身上，继而在观众和听众身上。……艺术家的第一个目标是使自己自由，并且靠着把他的作品传达给其他一些有着同样被抑制的愿望的人们，他使这些人得到同样的发泄。"[①]

在探索审美愉快的心理机制时，弗洛伊德强调它是艺术家和欣赏者在幻想中使欲望得到实现，因而得到一种代替的满足，遂获得特殊的快乐。他说："在幻想带来的快乐中居首位的是对艺术作品的享受——靠着艺术家的能力，这种享受甚至被那些自己并没有创造力的人得到了。"[②] 在艺术创造和欣赏活动中，艺术家和欣赏者通过提供一种与现实对照的幻想，使自己独立于外部世界，以便在内部的、精神的过程中寻求满足。在这个与现实相对照的幻想世界中，艺术家和欣赏者可以"毫不犹豫地释放那些被压抑的冲动，纵情向往在宗教、政治、社会和性事件中的自由，在各种辉煌场面中的每一方面发泄强烈的感情"[③]。在这种通过幻想释放冲动和发泄感情的过程中，一方面与彻底发泄所产生的安慰相和谐；另一方面与伴随而来的性兴奋相对应，遂使艺术家和欣赏者获得享受和快乐。据此，弗洛伊德认为，"美的享受具有一种感情的、特殊的、温和的陶醉性质"[④]，它

---

① ［奥］弗洛伊德：《精神分析学导论》，载《弗洛伊德论美文选》，张唤民等译，知识出版社1987年版，第139页。
② ［奥］弗洛伊德：《文明及其不满》，载《弗洛伊德论美文选》，张唤民等译，知识出版社1987年版，第171页。
③ ［奥］弗洛伊德：《文明及其不满》，载《弗洛伊德论美文选》，张唤民等译，知识出版社1987年版，第21页。
④ ［奥］弗洛伊德：《文明及其不满》，载《弗洛伊德论美文选》，张唤民等译，知识出版社1987年版，第172页。

在我们身上引起的温和的麻醉,可以暂时抵消对生命需求的压抑。

弗洛伊德把美的享受和审美愉快都看作"性感领域的衍生物"[①],认为它是基于性本能欲望在升华中得到变相满足,这完全是一种主观臆测。作为这个论断的理论根据的"无意识"学说,虽然也曾开拓了心理学研究的新领域,但它本身也是一种纯思辨的产物,其中许多论断缺乏科学根据。问题并不在于是否存在着无意识现象,而在于如何科学地解释无意识现象的来源、性质及其在人的精神生活中的地位和作用。弗洛伊德把无意识看作人们的原始本能,把性欲看作无意识的核心,并且把无意识和意识对立起来,强调无意识在人的精神生活中的支配地位,贬低意识的作用,这些观点都具有强烈的唯心主义和反理性主义性质。以此为理论基础去解释审美愉快产生的心理机制,当然也就只能导致排斥意识和理性在审美愉快形成中的作用,带有使审美愉快走向生物学化的错误倾向。当然,弗洛伊德对审美心理机制的探讨也不是毫无意义的,它除了吸引我们注意无意识在审美活动中的作用外,也启示我们对幻想、感情、愿望等心理因素在审美心理中的地位以及它们和审美愉快形成的关系,进行更加深入的思考。例如,他认为在幻想的情景中发泄强烈的情感,能够使一个人摆脱自己的感情过程,从而感到缓和与安慰,因而能令人愉快。这对我们进一步研究审美愉快和审美经验中产生的各种复杂情感的关系,就具有参考价值。

与弗洛伊德的心理分析理论和方法不同,D. E. 伯莱因从实验美学出发,在行为主义的构架中,对审美愉快的心理和生理机制作了另一种探讨。他认为人的审美行为的某些状态构成了探索行为的一种异常复杂的形式,这种形式和在人类以及较低等动物中被研究探索的较简单的形式,不可能是完全无关的。于是,他由对于动物行为的好奇、探索的研究,发展为对人类审美行为根源的研究,形成了"新实验美学"。在说明审美愉快的形成过程时,伯莱因广泛吸收了生物心理学、生理心理学以及信息理论等方面的最新成果,力图对引起审美愉快的客观刺激方面和主观心理方面给予具体解释和分析。关于引起审美愉快的客观刺激方面,伯莱因强调

[①] [奥] 弗洛伊德:《文明及其不满》,载《弗洛伊德论美文选》,张唤民等译,知识出版社 1987 年版,第 172 页。

"这种愉快主要依赖于刺激模式的结构和刺激成分的互相关系"[1]。审美的刺激包括新颖、惊奇、复杂、模糊性、不一致以及类似的性质,它们被包含在艺术作品中可以总称为"对照刺激物变量"。这些"对照"变量是和艺术、审美的感动力的不可缺少的基本组成部分相符合的,审美愉快即是由这种"对照"变量的刺激所引起的。在分析审美愉快的主观心理活动时,伯莱因则强调要"将唤起中向上或向下的变化与报偿或愉快联系起来"[2]。艺术作品或审美对象中"对照"变量的刺激,使观赏者在注意反应的多样性、有选择的联合和可能的解释中引起一些冲突,从而在大脑中形成唤起的提高。紧接着对艺术作品或审美刺激的探索,可能引导到一个刺激模式,以达到不确定的减少、感知中多余信息的增加和平衡以及冲突的消除,从而在人脑中形成唤起的降低。伯莱因试图去发现唤起的变化和审美愉快之间的联系。他指出,通过两种唤起都能产生审美愉快:一种是通过"渐进式唤起",使情感达到适当的高度,即达到可意的程度,从而形成愉快;另一种是通过"亢奋性唤起",使情感达到剧烈的进升,超过可意程度,然后跟随着唤起的降低,从而带来缓解的愉快。

  伯莱因用"唤起变化"来解释审美愉快的看法,从现代心理学中的"自动平衡模式"理论中也得到了支持。现代生理学已经描述出包括坚持和恢复生理的自动平衡在内的生理机制,这种理论很快被运用到心理功能的水平,从而使"动力的自动平衡模式"(homeostatic modol of motivation)成为心理学的主要模式之一。这种自动平衡模式表明了生物体的努力是趋向平衡,心理的紧张的提高同时紧跟着一个紧张的降低,是会伴随着愉快的。审美愉快亦和艺术经验中的紧张与缓解密切相关,艺术作品具有激发紧张的功能,听一首乐曲、读一个故事都伴随着生理的唤起。这种紧张在欣赏者向艺术作品显示之前已经存在,但是它可以通过艺术作品所产生的一种新的、特有的紧张而被重新引发出来,并以艺术所产生的紧张为依托,使之得到缓解。观赏者在欣赏作品时所获得的审美愉快,正是通过生理唤起和紧张的缓解而产生。

  "唤起变化"说和"紧张—缓解"说都试图从心理活动中冲突或紧张

---

[1] [英] D. E. 伯莱因:《美学和生物心理学》,纽约,1971年版,前言第8页。
[2] [英] D. E. 伯莱因:《美学和生物心理学》,纽约,1971年版,前言第9页。

的涨消上去寻求审美愉快产生的心理机制。它们从一个侧面说明，审美愉快涉及诸多心理因素的复杂活动和变化运动，特别是同人的动机、期望和情绪的变化有着内在联系。但是，唤起理论并不像精神分析的无意识理论那样，否定理性、认知在审美经验中的作用，而是强调认知活动在审美经验中的作用。按照伯莱因的看法，唤起是和观赏者的认知冲动、探索行为相关的，由于情感和认知互相联系，观赏者的认知活动也导致审美的愉快。这在审美愉快的理论研究中应该说是一个有价值的贡献。唤起理论在解释心理活动中唤起的变化如何引起时，应用了行为主义的刺激—反应理论，即肯定心理中的唤起变化是与刺激的图式结构和基本性质相适应的。这固然说明了审美心理机制的形成是和客体的特殊性质相关的，但也免不了行为主义的固有弱点，例如刺激—反应理论的机械唯物主义性质，否定人的行为和动物行为具有本质区别的生物学倾向等。因此，用它来解释审美经验，特别是审美愉快产生的心理机制，其局限性是相当大的。还要指出的是，唤起理论对刺激反应的实验研究同实际的艺术作品的反应之间存在着很大的距离，因此它从实验中得出的结论并不能真正说明艺术所产生的审美经验。最后，唤起理论也无法解释艺术和审美经验的独特性质。所谓"对照刺激物变量"并非艺术作品和审美对象所特有的，由此引起的心理活动中唤起的变化也不只发生在艺术和审美经验中。因此，唤起理论即使能在一定程度上解释一般愉快产生的心理机制，但能否解释审美经验和审美愉快产生的特殊心理机制，也是令人怀疑的。

第三篇　审美经验的系统研究

第七章　审美心理的系统性质

第一节　审美心理的整体性

审美的意识活动和科学的意识活动、道德的意识活动究竟有什么不同？审美心理活动有哪些特点？这是美学史上研究审美经验时首先提出的问题。康德特别着眼于这个问题，他的《判断力批判》就是专门研究审美判断和逻辑判断以及功利的、道德的活动的区别。为此，他把人的心理功能分为知、情、意三个方面，认为审美判断只涉及情感的心理功能，因而是一种情感的判断。当然，他的区分是绝对化的、有缺陷的。但是由此可以看出对于审美心理的特点的确定是解释审美经验首先遇到的问题。因为这个问题涉及对审美经验的宏观研究，所以更值得我们重视。那么，我们今天怎样去研究这个问题，才能科学地把握审美心理的特点呢？笔者认为从现代系统论的观点看，我们应该着重于审美心理整体性的研究，在审美心理的整体性上去把握审美心理的特点。

所谓审美心理的整体性，就是说审美心理是由多种心理要素组成的一种特殊的复杂的心理活动过程。各个构成要素互相联系、互相作用，形成一个有机的整体。正如现象学美学家英伽登所说，审美经验是一种多方面的复合过程，"包含了许多异质的要素"[①]。我们讲审美心理的要素，比较多地讲它的感知、想象、理解、情感，当然也有人讲到了注意、幻觉、欲

[①] ［波］R. 英伽登：《审美经验与审美对象》，《哲学和现象学研究》1961 年第 11 卷第 3 期，第 295 页。

望、意向等。但是审美心理的整体的特性不是由组成它的个别要素属性所决定的，也不是各个要素属性相加的总和。所以，我们理解的审美心理的整体性，是把审美心理作为一个系统来看待的。整体性是系统的最重要的属性之一。系统论的创立者贝塔朗菲给系统以这样定义：系统是相互作用着的诸要素的综合体。他把一般系统论看作关于"整体性"的一般科学。另一个系统论的研究者达姆讲到系统时说：系统必须以某种统一性和整体性为前提，系统的各组成部分因此而互相联系在一起。按照系统论的观点，任何一个系统的整体特性不能由组成它的各个部分的特性简单地相加而引出来，它是决定于组成整体的各个要素互相联系、互相作用而形成的一种特殊关系和联系方式，即结构方式。"联系""关系""结构"这些词是系统论非常强调的词，它强调事物内部的各种联系，强调事物的内部结构而不是孤立地分析它的各个部分。这种系统论的观点在方法论上是一个巨大的变革，它在心理学上被广泛地应用。如流行于20世纪的格式塔心理学（又叫完形心理学），就把人的心理现象作为一个有整体性的观念系统来加以考察，强调心理活动的整体性，在这一方面它与传统的心理学如结构主义心理学就不大一样。格式塔，准确地讲就是相关、完整的现象，内部各个要素是互相联系的。完整的现象具有它本身完整的特性，所以要把握它整体的特性，不能把它割裂为简单的元素。而且作为一种心理现象，任何一种心理活动的整体特征，都不包含于组成它的各个元素之内，它是由各个元素互相联系、互相作用形成的。美国当代美学家阿恩海姆把格式塔心理学运用于视觉艺术的研究，强调审美知觉中的完整特性，提出人们对于审美对象的欣赏是同形同构的。当人们欣赏一件美术作品时，美术作品是通过物质材料形成了一个完形的结构，而这个完形的结构要唤起鉴赏者在力的样式上与之相同的整个心理结构的反应。所以，"眼睛在观赏一幅已经完成的作品时，总是把这一作品的完整的式样和其中各个部分之间的相互作用知觉为一个整体"[1]。例如，我们欣赏米开朗基罗的杰作《创造亚当》，这幅画是由色彩、线条、构图造成的一个完形结构，它通过完形结构将一个特定事件的意义加以特定化的表现，因此，它在观众心中引起

---

[1] ［美］鲁道夫·阿恩海姆：《艺术与视知觉》，滕守尧等译，中国社会科学出版社1984年版，第600页。

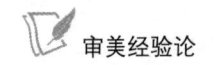

的心理活动"不是分别领悟它的各种信息,而是在我们心里面产生一种活跃的关系",以完形的结构来作用于我们的整个心理,这就是把审美心理作为一个整体,特别是把审美知觉作为整体来加以分析研究,从而掌握它的整体特征。阿恩海姆认为,不仅知觉经验是一种格式塔,整个心理现象也是格式塔。"人们的诸心理能力在任何时候都是作为一个整体活动着,一切知觉中都包含着思维,一切推理中都包含着直觉。"[①]

根据上述这些观点,结合审美经验的实际,我们认为在把握审美心理特性时,要注意对审美心理作整体性的分析。我们不能把审美心理的整体特性简单地归结为审美心理构成中某个因素的属性,也不能把它机械地看作各种构成因素的属性相加的总和。审美心理的特性、审美经验和日常经验、科学认识、道德意识的区别,主要不在于它们的心理构成因素的多寡,而在于各种构成因素互相联系、互相作用的特殊结构方式。审美心理的特性是由各构成要素之间存在的那种联系和关系的特点所决定的。所以,我们必须把审美心理研究的重点放在对审美心理的特殊结构方式的分析上,并由此去考察审美心理不同于其他意识活动的整体特性。

从这种观点来审视美学史上和当代美学中许多有影响力的审美心理学说,可以发现它们在不同程度上都忽视了审美心理的整体性问题。许多美学家往往只承认或强调审美心理中某个要素或某些要素,从某个要素或某些要素的属性去概括、说明审美心理的特性,而忽视了各种要素之间的特殊联系和关系,这样就难免出现绝对化、片面性。比如说,强调美感仅仅是一种直觉,或者认为审美只关系情感领域,这是一种片面性,康德、克罗齐就有这种倾向。还有另一种倾向,强调理念、强调认识,认为美感只是一种认识、是一种理念的活动,像新柏拉图学派就这样主张。他们都缺乏对于系统整体的研究,把审美心理中的某种要素的特性夸大了。我国美学界和艺术界前几年在对艺术特性的探讨中,各种创造性的见解确实不少,但也确实有的文章在谈及问题时缺乏辩证的观点、联系的观点,强调一个侧面时,忘记了其他侧面。有的文章强调艺术的特点只在情感,与认识无关;有的文章又主张艺术就只是认识,只是从认识上去把握艺术的特

---

① [美]鲁道夫·阿恩海姆:《艺术与视知觉》,滕守尧等译,中国社会科学出版社1984年版,第5页。

性。有的人强调美感的直觉方面、非自觉性的方面，把它强调到不适当的程度；还有些人又孤立地强调它的理性，强调它的自觉性，看不到艺术与科学在这方面确有区别，这都是不了解审美心理的整体性。

那么，究竟如何从审美心理各构成要素的特殊联系和结构方式上去把握审美心理的特性呢？笔者认为至少要注意以下几个方面：

第一，从感性和理性的统一上去把握审美心理的特性。审美心理活动与科学认识活动、道德意识活动是很不相同的，我们首先要承认这个差别。一个正常的人在自己的审美实践活动和审美体验中，就会感觉到这种差别。在科学的认识活动中，人们要认识对象的本质和规律，须经过明显的从感性认识到理性认识、从现象到本质这样一个认识的上升过程，需要经过去粗取精、去伪存真、由此及彼、由表及里这样抽象的逻辑思考，然后形成理性的认识。一般科学研究活动对对象的把握，其认识活动的阶段性是比较明确、自觉的，我们现在的一般认识论都是讲科学的认识过程。但是审美恰恰从表面看来不是这样的。我们在感受美的时候，人们在把握对象的美的时候，不是像科学认识那样，有一个从感性到理性的认识、从现象到本质的认识这样明显的自觉过程，当然更不需要经过什么抽象的逻辑思维。在许多情况下，审美心理活动最突出的特点是，一见到美立即整个身心便被震动、被吸引以至被陶醉，这个情况是任何人都能体验到的。人们能够感受美、欣赏美，但是让他说出为什么，那他往往说不出来。17世纪的唯理论派哲学家莱布尼茨指出，艺术家对于什么好、什么不好尽管很清楚地意识到，却往往不能够替他们这种审美趣味找出理由，如果有人问他，为什么不喜欢某个作品？他就会回答说："我觉得这个作品缺乏一点我说不出来的什么。"不喜欢的作品缺乏一点你说不出来的什么，那喜欢的作品就具有一点你说不出来的什么。"我说不出来的什么"这句话，在西方经常被引用。当然，一般说这种现象在欣赏自然美、人体美和反映人体与自然之美的艺术作品中是比较明显的；如果就文学作品的欣赏看，往往还不一定是这样。这个现象很容易引起美学家的注意，所以围绕这个问题形成了各种学说，一直发展到克罗齐的直觉说。克罗齐讲的直觉与我们今天心理学讲的直觉意义不完全一样，它有特定的含义。克罗齐讲的直觉主要有两种含义：就主体方面讲，直觉是知觉以下的活动，是最初的、最低的感觉活动；就欣赏对象方面讲，人们感觉到的绝对不涉及内容和意义，而只是涉及对象形式、外观。他认为美感的活动就是属于人们知觉以下的最低级的心理活动，而所把握的对象也只是对象的外观和形式，不涉及它的意义。他认为这才是真正的审美心理，也才是审美心理特殊性的表现。很显然，这种说法是不符合辩证唯物主义认识论的，也不符合人们的审美实践。我们并不否认审美活动有感性的特点，但我们不能把美感归结为克罗齐说的这种直觉活动。审美活动中感性的因素很活跃，感知、情感很活跃，这跟科学认识活动有很大的不同，甚至跟道德的意识活动也有很大的不同。但从整体上看，美感的这种感性恰恰是和理性相联系的，是不脱离理性的。过去有的美学家实际上强调了这种联系，一些具有唯物主义思想的美学家大都是从事实出发强调了这一点。车尔尼雪夫斯基说，美感认识的根源无疑是在感性认识里，但美感认识与感性认识毕竟有本质的区别，把美感仅仅归结为一种感性认识活动是不符合实际的。在美感中，理性活动渗透在感性中，审美活动中属于感性的各种要素和属于理性的各种要素组成了一种特殊的联系、特殊的关系，从特殊联系和关系中产生了审美心理的整体属性。这种属性黑格尔讲得很好，他就是从感性和理性的统一中间去把握审美特性的。他认为：审美也好，艺术也好，是必须有理性认识的，但他又讲理性认识不是回到抽象形式的普遍性，不是回到抽象思考的极端，而是停留在中途的一个点上。在这个中途的停留点上，内容的实体性不是按照它的普遍性而单独地、抽象地表现出来，而是仍然融会在个性里。这个思想很重要，无论是康德讲的审美观念、审美理想，还是黑格尔所说的"敏感"，都在讲这点。他们并不完全脱离理性，但又不是在讲抽象的理性。黑格尔讲审美是一种朦胧的概念认识，用我们今天的话讲就是，审美心理活动是一种形象思维，从感性和理性的整体上去把握，也就是说把它作为一种形象思维来把握。

第二，要从情感和认识的统一上去把握审美心理的整体特性。从美感中的各种心理活动来看，情感的因素相当突出。过去我们把审美活动以至于艺术创作活动仅仅作为一种认识活动来研究，是对审美活动和艺术创作特点认识不够的表现。中西对审美心理有各种各样的说法，但都强调情感活动。如果与科学认识和道德意识活动相比，并不是说科学认识和道德意识没有情感活动，而是说在它们的心理活动中，认识和情感没有达到完全的统一，而在审美的心理活动中两者却达到了完全的统一，并且往往是以情感这种形式表现出来。整个审美心理活动是用情感的外在形式表现出来的，而其中包含着认识的内容。所以关于情和理的关系，笔者觉得是美感研究的一个核心问题。我们在把握审美心理的整体特点时不能只强调一个方面，因为实际上任何一种情感活动都是以认识为基础的。人的情感活动是在认识过程中产生的，总是伴随着人们的认识过程。情感是对客体和人的需要之间关系的反映，而客体和人的需要之间的关系是通过人的认识来掌握的，所以情感活动不能脱离人的认识活动，美感中的情感活动尤其如此。美学史上虽然有的美学家在研究审美和艺术经验时只是强调它的特点在于情感，否认它和认识的联系，但是，也有许多美学家是既看到审美和艺术的情感特点，又看到审美的情感是和认识具有内在的、特殊的联系的。如黑格尔就非常强调艺术家在艺术美的创造过程中须达到理解力与情感的统一，因为"在这种使理性内容和现实形象互相渗透融合的过程中，艺术家一方面要求助于常醒的理解力，另一方面也要求助于深厚的心胸和灌注生气的情感"[①]。这和中国古代美学思想中强调文学创作是"寓理于情""理以导情"的传统理论是一致的。有的同志认为，当代西方美学家在分析审美和艺术经验时都只强调情感，这也是一种不全面的看法。在当代西方美学家中，固然有像科林伍德那样主张艺术是作家自我的情感的表现的，但是也有持相反看法的，如著名的符号学美学家苏珊·朗格就不赞成科林伍德的艺术主张，而另提出艺术是表现"艺术家所认识到的人类情感"的看法。根据这种看法，苏珊·朗格强调艺术中情感和认识、理解是联系在一起的，艺术作为"情感的逻辑表现"（logical expression），实质上也是理智性的、认识性的。由新实验美学的倡导者 D. E. 伯莱因提出的唤起理论，也强调欣赏者的愉快情感是由对艺术对象的认识引起的，从而从艺术欣赏经验这一方面，论证了审美心理中情感和认知是以特殊方式互相联系着的。

第三，从愉悦和功利的统一上去把握审美心理的特性。美感经验的突出特点是它具有愉悦的感受和感动的心理特殊形式。审美最后的体验是愉快的、是精神上的满足，因此西方的美学家对美感的概括很多就是把美感说成是快感的。应该说愉悦性确实是审美心理的最重要特性，如果忽视了

[①] ［德］黑格尔：《美学》第 1 卷，朱光潜译，商务印书馆 1979 年版，第 359 页。

这一方面，我们就不可能找到它区别于科学认识和道德意识的地方。但是美感愉悦这种心理形式的背后是不是有社会功利内容呢？我们说还是有的。康德分析美感，认为它是超功利的。当代西方美学家倾向于否认美感的功利性；但也有持相反看法的，如桑塔亚纳就提出"审美快感的特征不是无利害观念"①。对于这个问题，笔者认为应当辩证地去理解。如果这个功利讲的是日常人们的物质的需要，那么审美不涉及这方面的功利，画不能吃，音乐不能穿，艺术欣赏、美的欣赏恰恰不是为了这些，人们往往是摆脱了对于物质的欲求，才能够进入审美。但是，我们所讲的功利不是指这些，不是指人们实用的物质的需要，而是指人们整个社会生活的制约性。因此我们不能说美感的愉悦感情是超功利的，它虽是以愉悦的审美形式表现出来，但为什么人们对这种东西感到愉快，对那种东西感到不愉快，为什么这件事可以引起我愉悦的感觉，而那件事相反，这和一定的社会生活条件有关系。表面上看人们审美的时候不能自觉地意识到社会功利意义，但实际上已不自觉地受到社会生活条件的制约。正如普列汉诺夫所说：正是这样的社会生活条件，说明了一定的社会、一定的民族、一定的阶级，具有这些而非其他的审美趣味和概念。所以要回答这个问题，必须从愉悦和功利的统一中去解释它，如：为什么一些原始部落中的妇女，把脚上和手上戴着沉重的铁环当作美的装饰呢？为什么辛亥革命后，一些清朝的贵族提着鸟笼子整天坐茶馆，而认为这是最好的、美的生活乐趣呢？为什么在一定的时代，某种艺术作品特别流行，人们特别喜欢它，形成当时普遍的艺术趣味、艺术风尚？如果离开了愉悦和功利的统一，这些现象是不易于说明的。

第二节　审美心理的层次性

在审美活动中，审美心理各个要素之间有一种稳定的联系，这种稳定的联系就构成了所谓的审美心理结构。因为各个要素之间的稳定的联系具有多样性、复杂性，这就决定了审美心理结构是多层次、多等级的。审美心理构成中各个不同的要素与要素之间的联系按不同的水平而形成了不同

---

① ［美］乔治·桑塔亚纳：《美感》，缪灵珠译，中国社会科学出版社1982年版，第25页。

的层次结构，因而我们在考虑审美心理时要注意分析它由低到高的不同层次。这样讲是把审美心理作为一个有机系统来看待的。系统的另一个属性就是它的层次性或者等级性。贝塔朗菲除了强调系统的整体性外，还强调了系统的等级性。他认为系统是一个等级的组织，这有几种含义。首先，在系统中各个要素以及它们之间的联系由于水平的不同而形成了各种不同的层次，这就是等级性的一个含义。另一个含义，系统中的任何一个要素都可能是较低一级的系统，系统中包含的任何要素其本身也是一个小系统。我们研究的系统又可能是比这个系统更大一些的系统的一个要素。系统本身内部各个要素关系是按层次排列的，系统比其他更大的系统可能是一个要素，而它所包含的要素可能是比它更低一些层次的系统，这样由低到高形成了系统的各种层次。把审美心理作为一个系统来研究，从层次性、等级性上来说明审美心理的发展、说明它的结构的组成，是比较科学的，而且可以防止许多片面性。

关于审美心理多层次结构，我们至少可从三方面来加以认识。第一方面，从审美的认识活动来讲，审美的认识活动是多层次的。审美的认识活动，我们谈得比较多的主要是审美的感知、审美的联想、审美的想象、审美的理解，这些都属于审美认识活动的不同层次，是由浅入深、由低级到高级的认识层次，基本上符合人们的从感性到理性、由浅入深的认识水平。在审美经验理论中，各派美学家大都承认审美感知这个层次的，因为对美的感受不能忽略感知，我们对美的事物的接触也是从感知开始的，始终不能脱离感知，离开了感知，就美的欣赏而言，就无所谓美感可言，无所谓审美心理可言，就文学创作活动来说，它的审美心理构成始终离不开表象，表象还是以感知为基础的。在这个方面人们的分歧不是很大。现在的分歧是承不承认审美心理的认识活动也包含由浅入深的层次性。有的美学家否认这个层次性，认为美的认识活动就是感知，认为联想、理解与真正的审美心理是无关的。有的美学家讲，一加入联想，一加入审美理解，就不是真正的美感或审美情感。在康德分析审美判断时已流露出这种倾向。康德讲美有自由美和附庸美两种，但他认为最纯粹的审美判断是对自由美的观赏。自由美不以对象的概念为前提，说该对象应该是什么，它只是为自身而存在的美，康德认为这个范围很狭窄。他认为欣赏一朵花，如果追究这朵花究竟是什么，就不是对自由美的欣赏了。植物学家可以说花是植物的生殖器，真正对花作自由美判断的人，很少对花有这样理解；如果对花有这种理解，就不是对花的自由美的欣赏。他认为，对自由美的欣赏是对对象形式本身的欣赏，而不是对对象意义的欣赏，这样他所举的自由美就非常有限。对自由美的欣赏完全不关系到对象的意义，完全没有联想以至理解活动参与，他认为这才是最纯粹的审美判断。至于附庸的美就不同了，涉及对象的内容意义、对象的概念，他认为这并不是对对象最纯粹的审美判断。这种思想为很多美学家所接受。贝尔的《艺术》是20世纪西方美学中很有影响力的一部著作，它主要是研究视觉艺术的，并且主要是以后期印象派的艺术实践为基础来研究人们的审美经验的。他提出艺术是"有意味的形式"的著名论点，认为审美情感来自艺术有意味的形式。什么叫审美情感呢？他说有意味的形式引起的情感叫审美情感。什么叫有意味的形式呢？他说能够引起审美情感的形式叫有意味的形成。西方美学家批驳他的这种相互循环的观点，认为两者都没有说得很清楚。但有一个意思他说得很清楚，那就是他认为真正的审美情感只涉及对象的形式，而不涉及对象的内容意义。他认为产生审美情感的时刻，人的审美视野中的物体绝不是激发联想的手段，而是纯形式。他排除联想，更排除理解，不是把审美心理作为一种具有层次性的系统来考察。我们认为，审美的感知是很重要的，但它不只是这个层次，从整个审美的认识活动来看，感知毕竟还是较低的一个层次。而只有不断地进入联想、想象、理解，审美的认识活动才能达到较高的层次。如果没有联想、想象、理解这些更高的认识活动参与，美的欣赏便不可能有更深刻的美的感受，而从艺术创作来看，也不可能真正有美的创造。在一般的美的欣赏中，联想的活动对深化美感的作用是相当突出的。我们欣赏自然美，一般是因它的形式、色彩、声音、形体、形式感比较突出，因此感知的因素在美感的认识活动中占有较为突出的地位。但是，若有联想的参与，就可以把美感向前推进，获得的美感就更加强烈。苏轼的《饮湖上初晴后雨》这首诗，就是通过联想作用把对西湖景色的感受引向更深的美感。"水光潋滟晴方好，山色空蒙雨亦奇。"这是写西湖本身的形态美，晴天西湖水光潋滟，波光闪动；雨天西湖后边的山云雾缥缈，形成了一种朦胧美。后两句："欲把西湖比西子，淡妆浓抹总相宜。"这就是一种联想作用，用西湖比西子是联想，那它是加强了美感还是破坏了美感？当然是加强了美感。茅盾写的《白杨礼赞》对西北高原上的白杨树产生强烈的美感,如果没有联想、想象参与,那是不可思议的。联想和理解包含丰富的内容,一般的艺术欣赏都是有联想活动参与的。欣赏者总是在自己的生活经验、情感积累基础上去感受艺术作品,这里不可能没有联想,不可能没有想象活动,不可能没有更深的理解活动,不然就不可能去再创造。我们的很多艺术作品恰恰是给欣赏者以联想、想象的余地,加上欣赏者自己的理解,因而使欣赏者获得了更广更深的艺术境界。

关于审美心理多层次结构的第二方面,是审美的情感活动。审美的情感是伴随着审美的认识活动产生的,是与审美的认识活动互相作用的。审美的情感活动也是多层次的,审美感受可以从较浅的、较为简单的情感体验发展到较深、较复杂的情感体验。由于情感与认识活动之间的不同层次的结合,与感知、联想、想象、理解不同层次的结合,构成了各种不同的情感活动的形式,这一点对审美心理的研究是很重要的。研究审美心理中情感的各种形式,对我们艺术创作和艺术欣赏有很密切的关系。在审美感知的阶段有一定的情感活动的形式,在联想想象的阶段也有一定的情感活动的形式,而和更深的理解、更深的理智活动相结合又有一定的情感活动形式。不同水平上的情感活动与认识结合,可以形成各种不同的情感活动的形式。比如移情现象,这是审美情感活动的一个很重要的形式,是在一定水平上、主要是在联想的水平上,由于联想与情感的交互作用而形成的一个审美的情感活动的方式,这种方式对于进行艺术创作活动和艺术欣赏活动具有很重要的意义。"移情"这个词是由德国美学家费肖尔父子最早提出来的,后来又由德国心理学家里普斯对它作了更进一步的解释。里普斯不是把移情现象作为人对客观现实的反映活动来说明,而且有很多观点是唯心主义的,但是不能因为他的错误解释而认为不存在移情现象。其实,它是审美情感中很特殊的一种形式,我们现在的任务是给它以正确的解释。从审美心理活动的层次来讲,它恰恰是审美的情感与联想互相作用所形成的一种情感活动层次。郑板桥画竹,就不只是画竹,实际上是人物性格的写照。他有一幅竹画题诗:"咬定青山不放松,立根原在破岩中,千磨万击还坚劲,任尔东西南北风。"这就是移情作用。徐悲鸿的《奔马》如果没有移情作用,那么马就不会画得那么栩栩如生。这主要是在审美主体情感的作用下产生了一种类似的联想。类似的联想和审美主体的情感互相联系、互相作用，构成了一种特殊的情感活动方式，形成了一种美感的效果。宋代画家郭熙说："真山水之烟岚，四时不同。"在画家的眼中山水的景象四时是不一样的："春山艳冶而如笑，夏山苍翠而如滴，秋山明净而如妆，冬山惨淡而如睡。"① 春、夏、秋、冬四时的山峦自然景色被拟人化了，带上了人的感情。清代画家恽格也说："春山如笑，夏山如怒，秋山如妆，冬山如睡。四山之意，山不能言，人能言之。"② 山本无什么感情可言，但在画家的眼中却成了笑、怒、妆、睡的有情之物，这显然是审美活动中的移情现象。不过这里有个特点，在这样一种移情活动中，类似联想和我们一般拟人化的类似联想也有些区别。这种活动中的情感作用，使得唤起联想的事物和被联想的事物之间的联系有了更大的必然性。因而就人们的审美来讲，往往看不到联想的过程，也消逝了联想的独自内容，于是自然事物的形象、其特征与人的感情活动在意识中间完全融为一体，所以我们在移情现象中有一个很突出的、特殊的感觉，好像自然事物本身有了情感、它自己在活动，实际上是人的情感联想的作用。还有很多其他情感活动的形式，如触景生情，这是一种比较简单的活动形式，一般在审美感知的基础上就可以发生，当然更深的感情就有了联想活动。又如演员在舞台上表演，人物内心的体验对演员是非常重要的。斯坦尼斯拉夫斯基就非常强调演员进入角色，要求有人物内心体验，这是一种审美体验的方式。再如我们的艺术欣赏中的同情、共鸣，这也是一种比较典型的审美感情活动的方式。过去我们有些美学家不承认审美中的这些情感活动属于美感，不承认它属于美感的心理活动，认为日常生活中的情感活动是不能进入审美经验的，这是不符合艺术欣赏实际的。如果我们观看戏剧或电影时产生的那种喜、怒、哀、乐都不能算作审美的情感活动，那么除此之外审美的情感活动还剩下什么呢？有人认为审美的愉悦才是审美的情感活动，愉悦当然是一种审美的情感活动，但那是审美情感总体活动的结果，是一种总体效果。而且那种愉悦感动与这种情感也是有关的，因为这种情感若不是很强烈的，最后得到的审美愉悦、审美满足也不会是很强烈的。所以

---

① （宋）郭熙：《林泉高致》，载沈子丞编《历代论画名著汇编》，文物出版社1982年版，第67页。

② （清）恽格：《南田论画》，载沈子丞编《历代论画名著汇编》，文物出版社1982年版，第329页。

第七章　审美心理的系统性质

越是激动人心的小说，越是激动人心的影片，越是打动人的感情，就越是能使人得到精神上的满足，审美的愉快感也就越强烈。故而笔者认为这些审美情感活动都应作为审美心理来研究的，不应把它排除在审美心理研究之外。

第三方面，审美心理中形成的一个总体体验，我们称作审美愉快。这也是多层次的，不能把它简单化。审美在我们精神上最后获得一个总的体验，是愉快的感受、愉快的情感，这种感受是美感的认识活动和美感的情感活动综合作用的结果。斯托洛维奇在《审美价值的本质》中讲到艺术作品有各种各样的功能，其中有审美的功能，可以使人获得愉快的感受。那么，审美的功能是如何来的呢？他认为是多种活动功能相互作用的结果，有着多种原因，有形式方面的原因，也有内容方面的原因；有理智方面的原因，也有情感方面的原因。这是比较全面的分析，所以它是美感的认识活动和美感的情感活动相互交叉作用的结果，审美的愉快又有着由浅入深的过程。在审美感知阶段，一般的是感官的快适感受。这一点我们从对自然美的欣赏中感受得比较突出，艺术美的形式给我们的感官方面的感受也比较突出，这个快适感受主要是一种娱目悦耳的快感。因为我们审美的感官主要是视、听，我们审美的认识主要是通过视、听这两种感官来获得的。人们现在主要分视觉的艺术、听觉的艺术，像雕塑这种艺术虽然也可以通过触觉来加强人们的美感，但主要还是一种视觉的艺术，所以我们说感官的快适感受主要是娱目悦耳。比如在欣赏自然美的时候，春天的繁花，秋夜的明月，山清水秀，莺歌燕舞，色彩光线，声音形态，在审美感知的阶段就伴随着快乐遂意之感。在艺术欣赏中，绘画的色彩鲜明，线条柔和；音乐的音调和谐，节奏明快；舞蹈的身姿婀娜等，这些东西首先是娱目悦耳。当然这是美感中比较低的一个层次，但这也是美感向前进的一个基础，我们不要把这个排斥在美感的愉快之外。当然它本身也不能说真正进入了美感的极境，固然它是进入美感的一个基础，也就是说感官的快适与美的认识的初级阶段是相联系的，因而就美的愉悦感动来讲，它是进入美的愉悦的初级阶段；它要向高层次发展，是向美感更深入过程的一个过渡，如果停留在这一个阶段，不能说没有获得审美感受，只是非常浅薄。当然这个阶段也很重要，不经过这个阶段也是不行的。如我们参观敦煌盛唐时期的壁画，首先是线条的流畅、自然、和谐吸引了你，使你感到愉悦。但如果只是停留在这个阶段，我们还没有完全领会美的奥秘，也没有获得真正美的情感的感动。更高的层次是什么呢？应该是愉心怡神。这种更高层次的愉心怡神的活动主要还是由于理智的满足、情感的陶冶。用一种哲学的术语讲，是从对象的感性形式中感受到了真和善相结合的普遍的理性内容，理智的满足加上情感的陶冶，使我们感到分外的满足，这是一种真正的精神享受，是一个较高层次。一般的欣赏者看电影、看小说是都能达到这个层次的。真正的美感是达到了这个层次，真正的美感的愉快亦是达到了这个层次才获得的。再进到更高的层次就是达到陶情移性，这是审美的感动达到的结果。从娱目悦耳到愉心怡神到陶情移性，是不断深入的。过去有些美学家认为美感只是一种快感，降低到最低层次，把生理上的快感也笼统叫作美感，反过来就把美感说成是生理上的快感，认为审美的快感仅仅是生理的快感，这显然是不对的，仅仅从生理的特点去解释美感显然是很不够的。虽然生理的快感并不是与美感毫无联系的，但是真正来讲，即便是娱目悦耳也是心理的作用。康德讲我们先有快感，然后才感到对象的美，才认识到对象的美，这不是真正的美感。应该先有审美判断，然后才产生快感，这才是美感。他的意思是娱目悦耳的阶段也不仅仅是生理上的快感，而是有着认识的因素。这就是说美的一切愉快的感动，毕竟是一种精神上的愉快，而不只是一种生理上的快适。总之，从美感的认识活动、美感的情感活动以及美感总体产生的愉快体验这三个方面看，美感都是由浅入深的、具有不同水平的、多层次的心理结构，不能把它简单化。

第三节　审美心理的动态性

审美心理作为一个系统，总是处在不断发展变化的动态之中的。用系统论的观点来讲，它是隐蔽地含有一定动态的心理结构，也就是说整个审美心理的生成是在审美的主客体的互相作用中，并在同审美环境的互相作用下辩证运动的过程。我们不仅要考察审美心理是由哪些要素组成的，它的稳固的结构是什么样的，而且要在审美心理具体生成的复杂过程中来看它是怎样发展变化的。只有考察审美心理生成的复杂过程及它的动态规律，才能对于很复杂的审美现象做出科学的解释。比如，同一部艺术作品在不同的欣赏者身上会产生不同的审美心理效应；甚至是同一个欣赏者，他欣赏同一部作品，由于审美主体方面心境的变化、生活经验的变化，或者由于审美环境的变化——时间地点不一样、生活条件不一样，他对作品的感受也不完全一样，这都是审美心理动态性的表现。在审美心理的实际发生、生成的过程中，主客体的互相作用、审美环境的作用，使整个审美心理出现了类别性、差异性、变异性。就审美心理稳定的结构来讲，虽然具有共同特点，但是在具体发生审美活动时，由于主客体各种条件的变化、构成它的要素的变化、外界的环境条件的变化，实际的审美过程是相当复杂的，不是那么简单。条件不同的欣赏者，他在欣赏艺术的时候、欣赏美的对象的时候，他的审美心理活动不是完全一样的；不同时代、不同民族的欣赏者对美的感受、对艺术的感受也不是完全一样的。

　　研究审美心理活动的动态性要注意两点：第一点，从系统论的观点看，审美心理的发生不是一种因果关系的链式反映，审美心理对美的反映不是一个被动的过程，而是一种能动的反映，是一个主客体互相作用的过程。皮亚杰的《发生认识论原理》认为认识是不断建构的产物，而认识的建构则须通过主客体的相互作用。我们认识一个对象并不是说我们只受对象本身的影响、只受对象本身信息的作用，我们作为主体不断积累起来的经验知识对我们认识对象也产生了很重要的影响。现在有些控制论的研究著作讲人的心理过程是具有双重决定作用的，一个是外部世界的信息作用，叫非约束性信息；另一个是人的种族发生和个体发育中所积累在大脑中的信息作用，叫约束性信息。人的心理过程、意识活动便是由这两种信息——外部的和内部的、外来的和内源的——双重决定的。这就是说人的心理过程一方面受到外部世界的决定，另一方面又受到主体的决定。审美心理的发生是很复杂的，不是一个美的对象就一定能引起我的美感，美的东西对有的人来讲不是审美对象。所以"非音乐的耳朵"并不能感受音乐的美，没有主体的条件是不行的，外界美的信息只有经过主体的某种心理结构才能被接受。主体本身、客体本身是变化着的，它们相互间的关系也是变化着的，因此审美心理必然是动态性的，这是原因之一。第二点，我们不要忽略环境的作用。从系统论来看，任何系统都是处于一定的环境之中的，系统的特性不仅受内部的各种关系的决定，也要受系统和环境之间各种关系的影响。我们的审美活动总是发生在一定的社会、一定的时代、一定的具体审美环境之中的。由于环境条件本身的变化也给我们的审美心理造成一种变化，因而审美心理也是动态性的。

那么，具体来说影响我们审美心理动态性的主要因素是什么呢？各种不同的变动因素怎么影响到审美心理动态性呢？笔者认为主要有三个方面：第一，审美客体方面的因素可以造成审美心理的动态性。审美客体本身虽然都是表现为美，但是美有各种不同的形态、各种不同的种类，不但有自然美、社会美、艺术美，而且对象有崇高的、优美的、悲剧的、喜剧的，这就是审美客体的本身带来了变化。就艺术美来讲，有各种不同类型的艺术美，各种不同类型的艺术美又有各种不同的特点，不同类型的艺术美还有各种不同的方法、不同的风格创造出来的美。现实主义不同于浪漫主义，也不同于古典主义及形式主义，审美客体本身的千变万化就使审美心理结构形式处于变化之中。比如崇高的美感与优美的美感有很大的差别，崇高的审美心理与优美的审美心理虽然在构成要素的基本结构上有一致性，实际上审美心理活动也是各有特点的。单就审美的情感来讲，虽然崇高美感和优美的美感在总体上都引起人们的愉快，但是伴随的情绪和情感反应却是很不相同的。一般的优美的对象像"月下花前""溪水柳荫"，我们漫步在这些地方，我们感到美感的愉快，同时还引起我们其他的感性快感及其他的情感愉快，总体上是愉快的、调和的。优美的美感是一种调和的混合情感。然而，崇高的审美心理活动就不是这样了。崇高对象能引起审美愉快，但同时引起我们感性的不快和其他情感的不快，虽然就整体来说不愉快的情感最后要转化为审美的愉快，但我们在接受对象的刺激时，情感是非常复杂的、混乱的、矛盾的，所以它是一种矛盾的混合情感。我们对崇高事物的欣赏中除了愉快这种情感外，往往伴随有恐惧、惊叹、崇敬、赞美等多种性质复杂的情绪情感活动，这是在优美的情感活动中所没有的。如我们在观看敦煌艺术时，北魏的壁画给人的感受是相当独特的，它所表现的"佛"故事本身就是比较凄惨的，而且描写了一些比较残酷的场面，那些残酷的场面是为了歌颂佛崇高的精神，再加上它整个色彩的运用造成了一种庄严的气氛，所以那种悲壮崇高的情调比较突出。可以肯定，这些画在当时一定是要引起佛教徒的一种非常崇高的、尊敬的感情的。不了解审美对象本身的特点，用另一种东西要求某一种艺术，要人家来削足适履，那是不行的。悲剧和喜剧也有很大的区别，我们不可能把欣赏《雷雨》时的心情与欣赏《今天我休息》时的心情混为一谈,虽然都是审美心理活动,但它们仍然是各有特点的。

第二,审美主体方面的因素对审美心理动态性的形成有很大的影响。审美主体的生活经验、思想感情、文化修养、个性心理特征乃至他个人的心境对审美心理产生很大的影响。生活经验、思想感情、文化修养、个性心理特征以至心境不同的人,面对同一个审美对象,他的审美心理活动获得的感受有很大的差别,这是我们在一般的日常审美活动中都能感受到的。特别是在艺术欣赏中,审美心理差别是很明显的,不同的人对审美对象的感知、联想、想象、理解和情感反应,无不受到主体方面条件的影响,这就使审美产生了千差万别的特点。由于审美的个体差异性,艺术中的各种不同个人风格就是由此产生的。艺术作为一种审美现象,它从来不重复,因为个体本身是不重复的,没有两个人的生活经验、思想感情、文化修养、个性特征完全一致。

第三,审美环境的因素。从系统论来讲,各种系统都是处在一定环境中的,系统与环境是相互作用的。审美环境本身的发展变动也会引起审美心理的发展变动,形成一种审美心理的动态性。审美环境一是指整个大的社会环境;二是指具体的审美环境,这两方面都对审美有很大的影响。大的社会环境,简而言之,一定时代、一定民族、一定社会、一定阶级的物质生活条件以及观念形态的文化条件,对于审美意识、审美心理产生的影响是不可低估的。任何审美主体、任何人对审美对象的信息的接受都是在一定的环境中进行的。审美主体的生活经验、文化修养、思想感情能超越其生存的时代吗?能超越生存的民族吗?不能。审美主体本身是受到其生存的客观条件,包括精神条件及物质条件两方面的制约的。审美环境通过审美主体强烈地影响到审美心理的发生,因而审美心理具有强烈的时代性、民族性、阶级性。我们参观敦煌艺术,从北魏早期的雕塑一直看到盛唐,给人最强烈的感受便是审美心理的动态性,其变化之大令人惊异。从北魏早期佛像的身材健壮到唐代的华丽生动,从早期佛像的至高无上到唐代的慈祥亲切;风格上讲,从北魏的秀骨清像到唐代的丰满圆润,整个佛像的造型给人以审美感受上的变化,实际上是各个时代的社会生活变化在艺术中的一种反映。在那里我们看到彩塑和壁画是多么强烈地反映着不同的时代人们的理想、心灵活动,同时也看到民族文化传统在艺术中所起的重要作用。它虽然受到了印度佛教石窟艺术的影响,但毕竟还是中国民族的艺术,无论从洞窟的建筑形式还是表现的艺术内容,从具体形象的刻画到各种具体的表现手段的运用,我们都能看到在不同社会环境的作用下,我们民族长期文化传统对佛教石窟艺术的影响。这都是社会大环境的影响,因而造成了审美心理的变化和发展。其次,具体的审美环境也很重要。人们的审美活动总是发生在一定的具体审美环境中的。比如我们欣赏艺术作品时,一定时期的艺术评论家的评论往往对我们的欣赏有一种导向作用,整个审美的气氛对我们也有影响。某种艺术趣味、艺术爱好在一定时期往往能形成一种风气,当然这种风气有它的社会根源,有社会心理方面的原因,但它一旦在某种时候形成了一种风气之后,作为一种具体审美环境,就可以对审美心理活动产生很大的影响。当代西方美学界一直为怎样给艺术下定义的问题所困惑。为此,阿瑟·丹托别出心裁地提出了一个概念——"艺术界"（artworld）,认为这便是确定某物为艺术品的必要条件。他说:"如果我们要把某物当作艺术品,就必须要求有某些是肉眼所不能看到的东西,如由艺术理论形成的气氛,对于艺术历史的知识,总之,要有一个'艺术界'。"① 乔治·迪基发挥了这个论点,提出了艺术是一种社会惯例的定义。所谓"社会惯例",也就是"艺术界",其中包含的艺术环境、艺术气氛。例如,猩猩画的画,如果把它放在动物园里可以说是动物"画"的东西;若把它放在芝加哥美术馆里,也可以作为一个现代派的艺术作品。于是,迪基提出是不是艺术就取决于你周围的环境如何,为什么放在动物园里不能作为艺术,而放在美术馆里却成了艺术呢?"关键就在于社会惯例这个环境。"② 所以他说由艺术环境里的人授予对象以可供人欣赏的资格,这个东西就叫艺术品。当然,我们不同意这种观点,但它也从另一个角度给了我们一些启发,说明人们对艺术的欣赏往往要受到周围环境的影响。

综上所述,审美客体方面的因素、审美主体方面的因素以及审美环境方面的因素,三者互相作用。这个作用可以用一个三角形来表示,它们分别处于三角形的三个顶端,由于审美客体、审美主体、审美环境在审美经

---

① 参见［美］乔治·迪基《美学引论》,美国博布斯—梅里尔公司1971年版,第101页。
② ［美］乔治·迪基:《美学引论》,美国博布斯—梅里尔公司1971年版,第106页。

验中的互相作用，造成了审美心理的动态性，造成了审美心理的变化发展的各种规律。美学和艺术研究的任务就是要在审美客体、审美主体、审美环境的互相作用中来研究审美意识、审美心理及其发展的规律性，这样我们才能对审美意识乃至艺术现象做出科学的解释。

第八章　从系统论看美感特点

第一节　关于美感的直觉特点

在美感心理活动中，有一种非常引人注目的现象：人们在欣赏某一对象的美时，往往是一见到美的对象，立即就能认识到它的美，并引起相应的美的感受和感动。这种心理过程往往不是如科学认识那样，有明显的从感性认识到理性认识的过程，也不需要经过抽象的逻辑思考。有时，人们虽然能够感受和欣赏对象的美，却不能马上明确地说出为什么喜爱和欣赏它的道理，甚至感到来不及进行自觉的理性思考活动，仅仅在直接对于对象的感知活动中，就已对对象产生了美的感受。有的美学家把这种美感心理现象称为"一见倾心"。在人体美的感受中，这种现象非常突出。古今中外的许多文学作品中，都有男女一见钟情的描写，这里就包含着男女双方对于人体美"一见倾心"的审美心理现象。如罗密欧与朱丽叶初次相见，便被对方的美貌所吸引，并没有来得及思考，美感便已产生。俄国著名诗人普希金在一首回忆爱情的诗中抒写道：

　　我记得那美妙的一瞬，
　　在我眼前出现了你，
　　有如昙花一现的幻影，
　　有如纯洁之美的精灵。

在"美妙的一瞬"中，人们便感到美、领悟到美，不仅为之吸引，而且为之动情：激动，愉快，振奋……这种现象在对艺术美的欣赏中也常常出现。看一幅风景画，读一首山水诗，听一曲轻音乐……往往不是先经过一番抽象的逻辑思考，然后再来决定是否喜爱它、是否应产生美感，而是瞬刻之间便感到对象之美和自己意中的形象正相符合，一下子就被它所吸引、所感染。在艺术美的创造中，这种心理现象也是很引人注目的。如杜勃罗留波夫所说："一个有'艺术家气质'的人，当他在周围的现实世界中，看到了某一事物的最初事实时，他就会发生强烈的感动。他虽然还没有能够在理论上解释这种事实的思考能力，可是他却看见了，这里有一种值得注意的特别的东西，他就热心而好奇地注视着这个事实，把它摄取到自己的心灵中来。"[1] 对于以上这种心理现象，有的美学家又称之为"美感的直觉性"[2]。由于这种心理现象比较突出地反映出美的认识和感受的心理特点，所以在美学史上特别受到美学家的注意，有的甚至把它当作美感的基本特征。但是，对这种美感心理中的特殊现象如何做出科学的解释，至今仍是一个有待研究的问题。

在美学史上，有不少美学家把这种被称为"直觉"的美感心理现象看成是一种纯感性的心理活动，并据此断定美感只是一种感性活动，和理性无关。这种看法可以拿克罗齐的观点作为代表。克罗齐认为直觉就是美感和艺术的特性，而他所说的"直觉"则是一种"最简单最原始的'知'"，"见形象而不见意义的'知'"。[3] 从认识过程说，它是在知觉以下的感觉活动，与理性无关；从认识内容上说，它是只见到混沌的形象，而不知对象的内容和意义。总之，在克罗齐看来，美感直觉仅仅是单一的感觉活动，它和联想、想象以至理性活动都是绝缘的。

从系统论来看，克罗齐以及类似于他的看法的错误是明显的。因为这种看法不是如实地将美感心理看作由各种心理要素互相联系、互相制约并具有特定功能的有机整体，而是将复杂的美感心理活动简化为某种单一的心理因素；它不是从美感的各种心理构成要素相互联系、相互制约的特殊方式，去认识美感直觉这种心理特性的形成，而是将美感心理的整体特性的表现归结为它的某一组成要素的属性。事实上，所谓美感直觉的心理现

---

[1] 《杜勃罗留波夫选集》第1卷，辛未艾译，新文艺出版社1956年版，第164页。
[2] "直觉"这一概念，由于克罗齐将它解释为低级的感觉活动，在美学中使用容易引起误解。心理学中对它尚无确定的解释，有的心理学书称它为"直觉思维"，其含义"是指不经过一步一步分析而突如其来的领悟或理解"。这里为论述方便，沿用美学中较普遍流行的这一概念。
[3] 《朱光潜美学文集》第1卷，上海文艺出版社1982年版，第10页。

象，是美感心理系统的整体特性的一种表现。这种整体特性是不能由构成整体的某一因素的属性来规定的。根据系统论，"系统的完整性是由系统的结构、由要素联系的方式所决定的"①，我们要科学地说明和解释系统的任何一个整体特性，都必须了解和研究系统中各要素相互联系、相互制约的特殊方式。美感直觉虽然是一见倾心，带有直接感受的特点，但是它是美感中的联想、想象、理解、思考在一种特殊方式中与感知相互联系、相互制约的结果，它不是排斥理性作用的纯感性活动，而是理性因素与感性因素相互联系、相互制约的一种特殊方式。

从控制论观点来看，人的大脑是一个复杂的控制系统，人脑对于客观对象的反映不是镜子似的反映，而是控制系统（思维主体在其中起着作用）同被控制的外部对象之间所发生的特殊信息过程。所以，人的心理过程具有双重决定作用。一方面，它受到从外部世界获得的非约束性信息的决定；另一方面，它又受到种族发生和个体发育中所积累的大脑的一切约束性信息所决定。前者是指对具体的客观对象的直接反映，它主要是通过外部世界对感官的直接作用而实现的；后者则是指主体在长期社会实践中所积累的经验、所形成的认识以及人的各种社会需要。"这两个决定因素——外部的和内部的，外来的和内源的——处于密切的联系中，只能在思想上把它们分开。"② 事实上，人在意识到某一客观事物时，由于事物作用而产生的直接印象就会同已形成的有关知识、概念、思想发生联系。因为这种联系，人所感觉的东西才有一定的意义。人和动物心理的极其重要的差别，就在于动物对现实的反映只能借助于直接印象而实现，而人对现实的有意识的反映，始终是人从现实事物获得的直接印象同他所掌握的由社会经验形成的知识、概念、思想相互联系的产物，而不是单方面作用的结果。由于人的心理过程是从外部获得的非约束性信息和人脑中积累的约束性信息互相联系、互相作用的过程，人对实现的有意识的反映，始终是从事物获得的直接印象同过去形成的经验、知识、思想互相联系、互相作用的结果，所以人在许多情况下才能将感知和理解直接统一起来，通过对事物直接印象的感知而立刻理解到它所包含的一定的意义，在个别的现象

---

① ［苏］茹科夫：《控制论的哲学原理》，徐世京译，上海译文出版社1982年版，第61页。
② ［苏］茹科夫：《控制论的哲学原理》，徐世京译，上海译文出版社1982年版，第145页。

的感受中直接领悟到它的普遍内容，这就是马克思在《1844年经济学—哲学手稿》中所说的"感觉通过自己的实践直接变成了理论家"①。人在美感心理活动中所产生的直觉现象，恰恰就是从审美对象获得的非约束性信息与审美主体脑中积累的约束性信息相互作用的结果。通过这两方面的作用，对审美对象的直观印象和人在社会经验基础上形成的知识、观念、思想发生了相互联系，感觉和理解达到了直接的融合。所以，别林斯基正确地把这种美感心理的特殊现象称为"和思维性相结合的深刻的审美感觉"②。人们通过美感直觉能够立即判断和感受到对象的美，这不是一种单纯的、低级的感觉活动，而是感觉和理解、感性和理性通过一种特殊的方式互相联系、互相作用的结果。只是这样联系和作用不是像科学认识那样具有明显的从感性认识上升到理性认识的过程，所以它往往不能被人自觉地意识到。

在美感的心理活动中，感觉和理解、感性和理性之所以能以特殊方式互相联系、互相作用，并呈现为所谓"直觉"的心理现象，是和美的观念的中介作用分不开的。美感反映对象的美，并非简单直接地进行的，而要通过美的观念的中介。人在日常个人经验、社会经验以及文化教养的影响下，通过对客观事物大量感性表象的提炼、概括，就会形成美的观念。美的观念是事物的美的规律在人脑中的反映。它不同于抽象的概念，而具有感性形象的特征，同现实事物的个别表象相联系。同时，它又不同于事物的个别表象，而是对许多个别表象的集中概括，在个别形象中包含着真和善的普遍的理性内容。所以，美的观念虽是保持着感性因素，却是理性认识的成果，是在形象思维作用下，对生活中大量获得的感性表象进行加工、概括的结果。这种美的观念的获得在艺术创作中是自觉地、有意地形成的，而在一般的认识中，则是不自觉地、无意中形成的。每个人都有关于各种事物、人物的美的观念，如一般女子想象中的最理想的美男子，或一般男子想象中的最理想的美女子，就是一种美的观念。美的观念既经形成，便作为一种约束性信息保存在人的脑海里。一旦人在审美对象上获得的非约束性信息——对审美对象的直接印象，恰与作为约束性信息的美的

---

① ［德］马克思：《1844年经济学—哲学手稿》，刘丕坤译，人民出版社1979年版，第78页。
② 《别林斯基选集》第2卷，满涛译，上海文艺出版社1963年版，第17页。

观念相适合，二者之间便立刻发生了互相联系和互相作用。这就是为什么人一见到美的对象，不需要再经过自觉的逻辑思考，而仅仅通过直接感知，就能判断对象的美并获得美的感受和感动的重要原因。如在许多描写爱情的文艺作品中，男女主人公初次见面，便立刻为对方美的魅力所吸引，就是实例。对于美感心理中这种富于特性的现象，如果我们不是把美感作为一个有机整体，去深入揭示它的构成要素之间互相联系和作用的特殊方式，就很难探究到形成这种心理特性的奥秘。

第二节 关于形式感和形式的表现性

在美感经验中，审美主体对于对象所呈现出的形式往往具有一种特殊的感知和感受能力。对象的自然形式如色彩、线条、形体、音响、节奏、旋律，以及由这些形式变化所形成的形式规律，如平衡、对称、倾斜、变化、整齐、调和等，在审美的感知和感受中，似乎它们本身都具有某种意味和情感特性，审美主体在对于对象形式的直接感知中，同时也感受到它表现出的某种意味和情调，因而立刻产生了一定的情感和情绪反应。例如红色使人感到热烈、振奋，绿色使人感到宁静、满足；曲线使人感到流畅、简练，直线使人感到呆板、僵硬；平衡使人产生稳定感，倾斜使人产生运动感；等等，这种对于形式的特殊审美感受，就是人们常说的"形式感"。形式感在对艺术美的审美经验中表现得更为集中、更为强烈、更为突出。绘画能通过彩色、构图传达意味，音乐能通过音调、节奏表达情感，书法能通过线条、结构体现品格，凡此等等都与形式感密切相关。缓慢、弯曲的舞蹈动作会使我们产生抑郁、悲哀之感，激烈、旋转的舞蹈动作又会使我们产生潇洒、欢快之感；颜真卿的书法使人感到端庄刚劲，赵孟頫的书法则使人感到清秀妩媚，这些都可以说是艺术欣赏的审美经验中的形式感在起作用。因此，我们可以说形式感是美感经验中普遍存在的一种心理现象。

形式感不仅是审美经验中普遍存在的现象，而且也是审美经验中特有的现象，是审美经验与一般日常经验（普通感知）和科学认识活动相区别的重要特性之一。在科学认识活动中，无生命的自然对象无论怎样千变万化，在科学家看来，也不会成为体现和传达人的感情的形式。例如芍药、蔷薇，作为植物、花卉，它们本身并不具有感情。植物学家把它们作为科学认识的对象，也要求尽量客观地反映它们本身的自然属性，不能把它们看成带有感情的生物。然而，在诗人的笔下，芍药、蔷薇作为审美对象反映在诗人的美感意识中，却成了有情之物。"一夕轻雷落万丝，霁光浮瓦碧参差。有情芍药含春泪，无力蔷薇卧晓枝。"（秦观：《春日》）诗中描写了诗人对雨后晨光中的春花的独特审美感受。芍药、蔷薇不仅姿态显得娇美可爱，而且还充满着柔情蜜意。诗人的独特感受并不是指向植物学家所探究的花卉的某些自然属性，而是指向花卉那种表现情感的自然形式。自然的外在形式和诗人的内在情感在美感意识中达到了统一，对象的形式本身似乎在知觉中体现了某种特定的情感色彩，具有了人的情感性质。这种在艺术和审美经验中才会出现的特殊现象，被某些美学家称为"形式的表现性"或"事物的表现性"。"不仅我们心目中那些有意识的有机体具有表现性，就是那些不具意识的事物——一块陡峭的岩石、一棵垂柳、落日的余晖、墙上的裂缝、飘零的落叶、一汪清泉，甚至一条抽象的线条、一片孤立的色彩或是银幕上起舞的抽象形状——都和人体具有同样的表现性。"[①] 所谓"形式感"，也就是对于"形式的表现性"的知觉和感受。鲁道夫·阿恩海姆指出，在特殊的艺术观看方式中、在审美知觉中，对于事物或形式的表现性的知觉和感受具有特别的重要意义。"事物的表现性，是艺术家传达意义时所依赖的主要媒介，他总是密切地注意着这些表现性质，并通过这些性质来理解和解释自己的经验，最终还要通过它们去确定自己所要创造的作品的形式。"[②] 在艺术欣赏中，对于事物和形式的表现性的知觉和感受，使欣赏活动不再是一种对外部事物的纯认识活动，并使观赏者处于一种激动的参与状态，"而这种参与状态，才是真正的艺术经验"[③]，这种审美经验与那种对信息的纯粹理解，即科学认识活动是有明显区别的。

[①] ［美］鲁道夫·阿恩海姆：《艺术与视知觉》，滕守尧等译，中国社会科学出版社1984年版，第623页。
[②] ［美］鲁道夫·阿恩海姆：《艺术与视知觉》，滕守尧等译，中国社会科学出版社1984年版，第620页。
[③] ［美］鲁道夫·阿恩海姆：《艺术与视知觉》，滕守尧等译，中国社会科学出版社1984年版，第631页。

那么，所谓"形式的表现性"、所谓"形式感"，作为审美知觉和感觉的一种特殊表现，它们究竟是如何形成的呢？对于这个问题，美学家们从心理学角度做过不同的解释，其中最有影响力的两种解释就是移情说和同构说。

移情说源远流长，但它的主要代表人物是德国心理学家和美学家里普斯。里普斯认为，外在的自然形式之所以能够表现出内在情感，无生命的事物之所以能够具有人的感情性质，是由于审美主体把自己的主观情感"移置"或"外射"到外在的客观事物上去，"使它们变为在物的"，从而达到"物我同一"的结果。譬如观赏希腊建筑中的石柱，欣赏者会感到石柱在产生一种"耸立上腾"和"凝成整体"的活动，这是为什么呢？按照里普斯的说法，这是欣赏者以己度物，将自己心中的感受、情绪移到石柱上去了。所以，在移情作用中，"对象就是我自己""自我就是对象"。里普斯的移情说看到了在美感心理中，人的情感活动往往具有和对象直接融为一体的特点，但是，他把事物的表现性完全归结为欣赏者主观情感外射作用，否认它和对象本身的客观条件有关，也否认它和对象的认知有关，却具有极大的片面性。在美感意识活动中，欣赏者的主观情感虽然能影响主体对客体的认知和反映，却不能改变客观事物本身。因此感情只能渗透到对于客观事物的认知和反映中，却不能"移置"到外在于我们意识的客观事物上，"使它们变为在物的"。而里普斯恰恰混淆了这两者的原则区别。

美国当代美学家鲁道夫·阿恩海姆看出了移情说在解释事物的表现性上所具有的片面性和局限性，他根据格式塔心理学的完形理论研究审美知觉与情感的关系和特点，另提出同构说来解释在审美经验中外在事物和形式何以具有表现性的问题。在阿恩海姆看来，在审美活动中事物所具有的表现性质并不是由于审美主体把自己的某种情感从记忆中唤出并立即移入这件事物之中，而是由于这件事物的"视觉式样"本身就具有这种表现性。"一棵垂柳之所以看上去是悲哀的，并不是因为它看上去像是一个悲哀的人，而是因为垂柳枝条的形状、方向和柔软性本身就传递了一种被动下垂的表现性；那种将垂柳的结构与一个悲哀的人或悲哀的心理结构所进行的比较，却是在知觉到垂柳的表现性之后才进行的事情。一根神庙中的立柱，之所以看上去耸立上腾，似乎承担着屋顶的压力，并不在于观看者设身处地地站在了立柱的位置上，而是因为那精心设计出来的立柱的位置、比例和形状中就已经包含了这种表现性。"① 这就是说，事物的表现性就存在于事物本身的结构之中。在美感意识中，事物的外在形式之所以能够表现出人的内在情感，是因为事物的形式因素与它们表现的情感因素之间"在结构性质上是等同的"，在结构式样上是相似的。"造成表现性的基础是一种力的结构"，这种"力的结构"既存在于自然现象中，也存在于人类社会中；既存在于外在事物中，也存在于内在情感中。当人们观赏某一自然事物或艺术作品时，这一事物或作品的"知觉式样"就会作用于人的大脑视觉区域，从而"在他的神经系统中唤起一种与它的力的结构相同形的力的式样"。这样一来，观赏者的欣赏活动就不再是一种对外部客观事物的纯认识活动。由于事物和作品的知觉式样的力的结构，在观赏者的头脑中唤起了与之相似或相同的情感的力的结构，所以观赏者便能在审美知觉中直接感受到形式的表现性，产生形式感。

阿恩海姆的同构说没有看到人的审美经验与人的社会实践活动的联系，仅仅用某些抽象的"力的结构""力的式样"来解释形式的表现性，这就不可避免地会把形式和情感之间错综复杂的关系简单化。实际上在审美活动中，某一事物或自然形式并非只能唤起某一种情感，或只具有某一种情感性质，而是往往因人而异、因环境而异。同是垂柳，可以表现出"杨柳岸晓风残月"的凄凉情调，也可以表现出"春风杨柳万千条"的喜悦情调；同是夜月，可以像"徘徊枝上月，空度可怜宵"那样，成为寂寞悲愁的体现，也可以像"落月摇情满江树"那样，成为欢快幸福的象征。如果说一种事物的知觉式样的结构本身只能传达出一定的情感表现，那就难以具体解释审美中的许多复杂的心理现象了。

尽管如此，同构说却突出地揭示了审美知觉的特点以及美感中认知和情感的特殊联系，并从这一点上接触到了美感心理活动不同于科学认识活动的某些特殊规律。阿恩海姆对"形式的表现性"及其形成的心理机制的解释，强调了审美经验中知觉的整体性，强调了知觉和理解的联系，尤其强调了知觉形式的结构和内在情感的结构在性质、方式上具有一致性，这些看法和系统论的思想原则是完全一致的。从系统论的观点看来，审美经

---

① ［美］鲁道夫·阿恩海姆：《艺术与视知觉》，滕守尧等译，中国社会科学出版社1984年版，第624页。

验中的形式感同样是美感心理的整体特性的一种表现，不能把它仅仅看作一种简单的、孤立的感知活动。根据格式塔心理学的研究，"人的诸心理能力在任何时候都是作为一个整体活动着，一切知觉中都包含着思维"①。"知觉不是对元素的机械复制，而是对有意义的整体结构式样的把握。"②知觉实际上是通过创造一种与刺激材料的性质相对应的一般形式结构来感知眼前的原始材料的活动，这种为知觉所把握的一般形式结构或整体结构式样，阿恩海姆称之为"知觉概念"，它具有一定的概括性、简约性、抽象性。我们对于审美对象所产生的形式感，首先就是有赖于知觉对于这种一般形式结构的把握。由于这个一般的形式结构不仅能代表眼前知觉的个别事物，而且能代表与这一个别事物相类似的无限多个其他事物，所以，通过联想的中介作用（隐蔽的、非自觉的，而不是直接的、自觉的），这种呈现于知觉中的一般形式结构就和内在的情感中相类似的形式结构互相形成泛化，基于同样结构图式的知觉样式和情感样式在对象形式的张力作用下直接融为一体，于是便成为形式的表现性和形式感。需要特别指明的是，基于同样结构图式的知觉样式和情感样式之间的联系和泛化，是在社会实践和人的活动的基础上、在人类历史和个体发育中逐渐形成的。因此，它必然要受到人的社会实践和活动的制约。但是，某种结构图式相同的知觉样式与情感样式之间的联系和泛化既经实践的反复作用在人类历史中形成，它就会相应地在人脑中积累为特定的心理结构图式。在这种心理结构图式作用下，一旦审美主体感知到审美对象的某种形式，便能直接感受到它所体现的意味和情感色彩。

总之，从系统论观点看来，形式感是美感心理整体的特点和功能的表现，它不能归结为简单的、孤立的感知活动。在对于形式的表现性的知觉中，不仅包含理解，而且渗透着情感。知觉和情感的这种特殊联系，只有通过对知觉整体性和知觉与情感之间结构样式的系统分析，才能得到理解。知觉中呈现的结构样式与情感中呈现的结构样式的相同，使二者具有了趋向一致的功能。从更广泛的意义上来说，不仅仅是形式感，而且整个

---

① ［美］鲁道夫·阿恩海姆：《艺术与视知觉》，滕守尧等译，中国社会科学出版社1984年版，第5页。

② ［美］鲁道夫·阿恩海姆：《艺术与视知觉》，滕守尧等译，中国社会科学出版社1984年版，第6页。

美感心理不同于科学认识的突出特点,正是在这种认知活动与情感活动的特殊联系和互相作用所形成的结构方式。在科学认识中,科学家对于认识对象要求采取客观、冷静的态度,一般不需要也不可能和认识对象发生情感关系。科学家在科学研究中出现的情感活动,并不直接渗透到他对于研究对象的认识之中,也不可能在科学的认识成果中表现出来。可是在美感意识中,审美主体对于审美对象不可能也不应该是纯客观的、冷漠的态度,而必然地要与审美对象发生情感关系。审美主体对于审美对象的认知活动,始终是和审美主体的情感反应互相结合在一起的。审美主体的情感反应虽是由审美对象所引起的,但是它却直接渗透到审美主体的认识活动中,从而影响着对审美对象的感知。从这个角度来看,我们可以说美感不是一般的知识判断,也不是单纯的认识活动,而是对事物及其形式的认知与内在情感反应的契合。所谓"形式的表现性"、所谓"移情作用",实际上不过是美感反映中认知活动和情感活动互相渗透、互相契合的一种突出而特殊的表现形式。高兴时觉得花欢草笑,悲哀时感到云愁月惨,惜别时蜡烛可以垂泪,兴到时青山亦觉点头……这不都是在审美主体的情绪和情感作用下,审美主体对外在事物产生特定的感知、联想和想象的结果吗?在这种美感意识中,感知与情感之所以能达到直接融合,无情感的自然事物之所以会具有人的感情,往往是以一种特殊的联想活动为中介的。在这种特殊的联想中,由于情感的作用,使唤起联想的事物与被联想的事物之间有了更大的必然联系,因而往往消失其联想过程,也消失其联想的独自内容,于是自然事物的形象特征与人的感情活动在美感意识中完全融为一体,审美主体便似乎直接感知到自然事物本身也有了情感性质,事物的形式因而也就在审美知觉中获得了情感的表现性。

第三节 关于美感的愉悦特点

在美感心理活动中,人们能够体验到一种特有的满足感和愉快感,这就是美感的功能特性——愉悦性。我国南朝画家宗炳认为欣赏山水自然美和反映自然美的山水画可以"畅神",车尔尼雪夫斯基谈欣赏美的事物时会唤起"类似我们当着亲爱的人面前时洋溢于我们心中的那种愉悦",都是说的美感心理中产生的这种特殊的情感体验。这种满足感和愉快感不仅

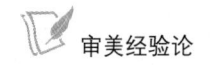

发生在审美欣赏的心理活动中,也同样发生在美的创造、艺术创作的心理活动中,如柴科夫斯基在书信中谈到他进行乐曲创作时的感受:"当主要乐思出现,开始发展成为一定形式时,我满心的无比愉快是难以用言语向您形容的。"① 西方美学家很早就把快感看作美感研究的中心问题,甚至提出美感即快感的主张,这固然表现出对美感认识上的片面性,但也从另一方面说明美感产生的愉快的情感体验确实是最能表现美感特质的一种情感活动。

过去的许多美学家(尤其是大部分心理学的美学家)往往把美感的愉快和一般的感官的快感混为一谈,只能从感官的快感来说明美感。如实验派美学家以筋肉感觉所产生的快感来解释形式美的欣赏的美感。据此说,眼睛在看曲线时比看直线时不费力,曲线的筋肉感觉比直线的筋肉感觉要舒畅,所以我们观赏曲线能感到愉快。又如法国美学家顾约认为"享受美味的经验与美感的享受无殊",天热时饮一瓶冰凉的鲜乳,能得到和欣赏一部田园交响曲同样的愉快。这些显然是把一般的感官的快感等同于美感的愉快,同时也就是认为美感的愉快的产生只是和感觉有关。我们并不否认美感和感官的快感有一定的关系,美感的愉快往往要以感官的快感为基础。但是,美感的愉快和感官的愉快却有性质上的差别。一般感官的愉快是由生理的、物质的需要的满足而产生的情绪反应,它只和人的感觉等低级心理过程相联系;美感的愉快是由社会的、精神的、需要的满足而产生的情绪反应,它和美感的整个心理过程,特别是高级心理过程相联系。只是从生理上的感觉活动来说明美感的愉悦性的特点,当然是十分错误的。

也有的美学家把美感中愉快的情感感动看成是美感心理中的一个构成要素,将它置于和审美感知、审美想象、审美理解等心理要素并列地位,似乎美感愉快只是由某一种心理因素的作用引起的,而不是美感中各种心理要素共同协调作用的结果。可是,人们的美感经验却证明,美感愉快的成因是相当复杂的,绝非某个单一的心理因素所能说明。如果我们认真分析一下欣赏艺术美所产生的愉快感动,那么,我们就会承认"艺术品所引起的享受是由它的许多方面产生的。这里有认识生活现象的喜悦,有对它们正确评价的公正感,有共同参与创造过程的愉快,有对创作技巧的赞叹,

---

① 《柴科夫斯基论音乐创作》,逸文译,人民音乐出版社1984年版,第162页。

有对人的精神丰富性的感觉，也有吸收崇高的社会理想而感到的自豪"①。所以，把美感的愉悦性归结为某一个心理构成因素的特性是不恰当的。

从系统论来看，美感的愉快的情感感动不是由某种单一的心理因素引起的，也不是美感心理结构中的一个要素、一个成分，而是美感心理整体的功能属性。在系统论中，"功能"这一概念指的是系统与外部环境相互联系和相互作用的能力，即系统外部作用的能力。它是由系统整体的运动表现出来的，而首先是由系统的结构——系统内部各要素相互联系和相互作用的方式所决定的。所以，我们要了解美感愉悦的功能及其成因，就必须分析美感心理整体的运动，首先就要分析美感心理的特殊结构。

美感心理的结构及其运动怎样导致了美感的愉悦特性呢？这需要从两个方面来说明。

首先，从美感的认识结构及其运动来看。美感的认识结构以形象思维为中心，包括了感觉、知觉、表象、联想、想象、理解等心理要素。由于这些心理要素以形象思维为中心，互相配合、互相作用，形成了一种不同于科学、道德、宗教和实践—精神的掌握世界的方式，即艺术的、审美的掌握世界的方式。它是在感性和理性、现象和本质、个别和一般、偶然与必然的辩证统一中认识和反映世界的方式。经由这种特有的掌握世界的方式，审美主体能够通过审美对象个别的感性的形象形式，直悟到真和善的普遍的理性内容，领会到自然和社会的必然规律，把握到具体形象的真理。这种具体形象的真理的获得，必然会使人得到感触和启发，从而在生动、形象的感受中，得到理智的、精神的、欲求的满足，从而产生一种肯定的、愉快的情绪体验。鲁迅在论述艺术作品对人的特殊精神影响时说："盖世界大文，无不能启人生之閟机，而直语其事实法则，为科学所不能言者。……虽缕判条分，理密不如学术，而人生诚理，直笼其辞句中，使闻其声者，灵府朗然，与人生即会。"② 正是由于艺术美能将"人生诚理"体现于使人可以直接感受的具体形象中，欣赏者就能够在感受具体形象中"与人生即会"，通过具体形象体会到"人生之閟机"，于是便感到"灵府

---

① [苏] 列·斯特洛维奇：《审美价值的本质》，凌继尧译，中国社会科学出版社1984年版，第172页。

② 《鲁迅全集》第1卷，人民文学出版社1981年版，第71—72页。

朗然"，快然自足。而这一切，都是在美感的认识结构的基础上产生的。当然，美感的认识结构与美感的愉快感动的关系是十分复杂的。在许多情况下，人们往往是一见到美的事物就感到愉快，很难直接了解到这种愉快和美感的认识结构的联系。这主要是因为人们在日常生活实践中，经常不自觉地通过美感的认识结构，以特有的掌握世界的方式，对生活中的印象进行比较、概括、综合、改造，已经在意识中形成了感性和理性、个别和一般相统一的美的观念，只是这种不自觉地在意识中形成的美的观念尚显得不够明确、不够充实，而一旦遇到某一对象恰与已形成的美的观念相符合，美的观念遂得到鲜明而充实的体现，于是在理智、精神上顿然感到满足，产生强烈的感情的愉快。俄国心理学家巴甫洛夫把情感的发生与大脑皮层动力定型的建立联系在一起。他认为情感是在大脑皮层上"动力定型的维持和破坏"，假如外界出现有关刺激使得原有的一些动力定型得到维持、扩大、发展，人就会产生积极的情绪；如果外界条件不能使原来的动力定型得到维持，就会产生消极的情绪体验。从心理学的意义上说，动力定型可以理解为对客观现实的认识系统，这个系统的建立、发展和改变受当前事物和过去经验的影响，与人的愿望或意向联系着，因此成为情感的基础。由美感的认识结构所形成的美的观念，作为对客观现实的一个认识系统，在大脑皮层上建立了动力定型。当审美对象适应美的观念时，这一动力定型便得到维持和发展，这就是美感的愉快情感产生的心理和生理基础之一。

其次，从美感的情感结构及其运动来看。情感结构以审美对象所引起的情感体验为中心，包括情调、情绪、激情、心境等多种情感体验形式以及和情感相联系的意向、愿望、向往等。在美感心理结构中，情感结构和认识结构是互相联系、互相制约的。由于审美对象的不同，情感结构和认识结构的结合可以有各种不同的方式，因而形成了美感中情感活动的多种多样的表现形式。例如，在自然美的欣赏中和以自然景物为描写对象的艺术创作中，有触景生情、借景抒情、移情拟人等情感活动的表现形式；在艺术美的欣赏和以人物为描写对象的艺术创作中，有同情共鸣、人物内心体验、人物情感评价等情感活动的表现形式。由美感心理的组成要素所构成的情感结构，和作为美感的整体功能的美感的愉快的情感感动是有区别的。包含在情感结构中的情感体验，可以是具有各种不同性质的：满意的和不满意的、喜悦的和悲痛的、爱怜的和憎恶的、愤怒的和恐惧的等等。但这些不同性质的情感活动，经过美感心理结构的整合，最后都要导向作为美感整体功能的愉快和满足感，这是因为美感的情感结构始终是和认识结构相互结合、相互制约的。由于两者的结合，艺术的、审美的掌握世界的方式能够在认识与评价、主观与客观、理想与现实、自由与必然的辩证统一中反映世界，按照美的规律创造美的意象。同时，通过这种美的意象的创造和欣赏，审美主体的有益于社会实践的情绪、情感、愿望、意向在理智的制约下、在想象的情景中，得到正当的抒发和泄导，从而使人的情操受到陶冶。如果说美感的认识结构及其运动主要使人受到形象的真理的启迪，得到理智的满足，那么通过美感的情感结构及其运动，则主要使人受到形象的善的感染，得到灵魂的净化。这就是美感的情感结构以及审美中丰富、复杂的情感活动，能够导致美感的愉快的总的体验的主要原因。

第九章　形象观念与美的认识结构

第一节　形象观念——美的认识的基本形式

美感的基础是美的认识。美的认识和科学的认识有显著区别，它不是概念，不是抽象的逻辑思考。但是，美的认识也不是克罗齐所说的"直觉"，不是单纯的感性活动。车尔尼雪夫斯基说："美感认识的根源无疑是在感性认识里面，但美感认识与感性认识毕竟有本质的区别。"[①] 美感的认识虽然以感性认识为基础，并且始终保留着感性的因素，但它毕竟是以理性为主的认识活动，与感性认识有质的不同。在美感中，人们往往不经过明显的由感性到理性的过程，不需要抽象的逻辑思考，就能直接感到对象的美，这并不能否定美感中理性认识的主导作用，而只是表明美感中的理性认识在方式上有别于科学中的理性认识。美感中的理性认识不是如科学认识那样，抛弃感性印象，以概念、判断、推理的抽象形式出现，而是始终和感性印象、具体形象融合、交织在一起的，理性认识往往是通过感性印象和具体形象的直接感受，不着痕迹地发挥作用的。正如黑格尔所说：这种理性认识"不是回到抽象形式的普遍性，不是回到抽象思考的极端，而是停留在中途一个点上，……在这个点上，内容的实体性不是按照它的普遍性而单独地抽象地表现出来，而是仍然融合在个性里，因而显现为融合到一种具有定性的事物里去"[②]。黑格尔认为，美的认识不是回到抽象形式的普遍性，而是让普遍性仍然融合在个性里，即"停留在中途一个点上"。这个"中途点"是什么呢？就是形象观念。

[①] ［俄］车尔尼雪夫斯基：《美学论文选》，缪灵珠译，人民文学出版社1957年版，第30页。
[②] ［德］黑格尔：《美学》第1卷，朱光潜译，商务印书馆1979年版，第201页。

第九章　形象观念与美的认识结构

"形象观念"这个词，在一般的认识论和心理学著作中都很少提及，但从人们的实际认识活动和心理活动来看，形象观念的存在却是不可否认的。特别是在艺术创作和欣赏的活动中，形象观念的作用则尤为突出。福楼拜教他的学生莫泊桑如何写作时说："当你走过一个坐在门口的杂货商的面前，一位吸着烟斗的守门人面前，一个马车站的面前的时候，请你给我画出这杂货商和守门人的姿态，用形象化的手法描绘出他们包藏着道德本性的身体外貌，要使得我不会把他们和其他杂货商、其他守门人混同起来，还请你只用一句话就让我知道马车站有一匹马和它前前后后五十来匹是不一样的。"[1] 福楼拜这里所说的对于某个杂货商和守门人要"用形象化的手法描绘出他们包藏着道德本性的身体外貌"，就是明显地用形象观念来认识和把握现实的活动。如果说概念是抽象思维的基本形式和成果，那么，形象观念就是形象思维的基本形式和成果。形象观念和概念是有明显区别的，概念是抽象化的结果，它是舍弃了个别而只有一般，舍弃了现象而只有本质；形象观念是集中化的结果，集中化也要概括事物的一般、本质，但是不舍弃表现一般、本质的个别、现象。它不仅不舍弃这些现象、个别，而且要将表现着本质、一般的那种现象、个别加以集中和强化，使本质寓于现象之中，一般寓于个别之中。正如黑格尔所说："普遍的东西应该作为个体所特有的最本质的东西而在个体中实现。"[2] 这恰恰就是形象观念和抽象概念的主要区别之点。但是，形象观念也不同于表象。表象是感知过的事物不在人的面前，而在人的脑中再现出来的形象。作为感性认识和理性认识的中间环节，表象既有具体性又有概括性，有着在个别中反映一般、在现象中反映本质的倾向，但是表象并没有超出感性认识的范围，它本身并不能深刻地反映事物的本质和规律。形象观念是以表象为基础并将它加工提炼而形成的，它剔除了表象中不能体现本质的现象，而又强化了体现本质的现象，因而能在现象中反映本质，在个别中反映一般。所以它不同于表象，它是理性认识的产物。我们说美的认识不只是感性认识，而主要是理性认识，其原因也就在此。

---

[1] 参见文艺理论译丛编辑委员会编《文艺理论译丛》1958年第3期，人民文学出版社1958年版，第175—176页。

[2] ［德］黑格尔：《美学》第1卷，朱光潜译，商务印书馆1979年版，第232页。

关于形象观念的形成及其逻辑地位问题，从现代心理学中是可以得到说明的。如上所述，在人的认识从感性认识发展到理性认识的过程中，表象作为中间环节起着过渡和桥梁作用。从生理机制上看，表象是人脑中由于刺激的痕迹再现（恢复）而产生的，这种痕迹在人的不断反映外界事物的过程中反复地进行分析综合，因而产生了概括的表象。概括表象是从个别表象逐步积累融合而成的，它具有不受具体事物局限的概括的反映机能，因而成为从感知向思维过渡的直接基础。现代心理学指明，在表象的概括性向思维转化的过程中，一般可以有两条路线：一条路线主要是沿着抽象思维方向发展，通过抽象作用对表象进行加工改造，逐步舍弃表象的具体性、形象性，概括出事物的本质和一般性，最后形成概念；另一条路线主要是沿着形象思维方向发展，通过集中作用对表象进行加工改造，既概括出事物的本质和一般性，而又不舍弃表象的具体性、形象性，最后便形成形象观念。在形象观念的形成中，想象参与形象思维之中，对表象的融合和创造性的改造也起了重要作用。当然，在一般人的认识中，这两条路线往往是互相联系的，但是从事不同活动的人却可以具有不同的优势。例如科学家更多地长于前一条路线，而艺术家则更多地长于后一条路线。表象向思维转化可以有两种不同的路线，从现代认知心理学关于双重编码（dual coding）的表象理论中也可以得到证明。根据这种理论，表象是双重编码，既可以是图像编码，也可以是语言编码，而图像和语言在一定条件下是可以互译的。表象究竟是哪种编码，完全以课题为转移[1]。所以，它的发展可以有两种路线。

在美学史上，有关形象观念及其在美的认识中的重要作用的论述是不少的。康德在《判断力批判》中所提出的"审美观念"，大体说来就和我们这里所说的"形象观念"的含义是一致的。康德说："我所了解的审美观念就是想象力里的那一表象，它生起许多思想而没有任何一特定的思想，即一个概念能和它相切合，因此没有言语能够完全企及它，把它表达出来。"[2] 这就是说，审美观念是由想象力形成的，但是也要根据理性观念，它是理性观念的感性形象，能以个别具体形象表达出理性观念的内容

---

[1] 朱智贤、林崇德：《思维发展心理学》，北京师范大学出版社1986年版，第311、312页。
[2] ［德］康德：《判断力批判》上卷，宗白华译，商务印书馆1964年版，第160页。

第九章 形象观念与美的认识结构

及其引起的许多思想，以有尽之言传达出无穷之意。它"企图接近到理性诸概念（即智的诸观念）的表述"，但是又"没有概念能完全切合着它们"[①]，不可能由任何明确的思想或概念把它充分地表达出来。康德的"审美观念"和抽象概念是不同的，因为它是想象力所形成的一种形象显现，是个别具体形象，所以它不是抽象思维的对象，而是形象思维的对象。但是审美观念又不只是一般的表象，而是"想象力附加于一个给予的概念上的表象"[②]，是想象力和悟性共同结合着活动的果实。所以，审美观念和抽象概念在具有概括性、普遍性这一点上又是有类似之处的。总之，按照康德的理解，审美观念是普遍与特殊、理性与感性的统一，它既不是概念又趋向概念，既不是表象又不脱离表象。这其实讲的就是形象观念。不过康德并不是把审美观念看作客观现实的反映，他常常又排斥理性在审美中的作用，这是他的局限性。所以，他讲的"审美观念"和我们所说的形象观念虽然具有共同的特征，但在性质、来源上并不完全相同。

黑格尔在《美学》中提到一种他称为"敏感"（Sinn）的心理功能，并且认为审美观照主要借助于这种心理功能。他说："在审美时对象对于我们既不能看作思想，也不能作为激化思考的兴趣，成为和知觉不同甚至相对立的东西。所以剩下来的就只有一种可能：对象一般呈现于敏感，在自然界我们要借一种对自然形象的充满敏感的观照，来维持真正的审美态度。'敏感'这个词是很奇妙的，它用作两种相反的意义。第一，它指直接感受的器官；第二，它也指意义、思想、事物的普遍性。所以'敏感'一方面涉及存在的直接的外在的方面，另一方面也涉及存在的内在本质。充满敏感的观照并不很把这两方面分别开来，而是把对立的方面包括在一个方面里，在感性直接观照里同时了解到本质和概念。但是因为这种观照统摄这两方面的性质于尚未分裂的统一体，所以它还不能使概念作为概念而呈现于意识，只能产生一种概念的朦胧预感。"[③]黑格尔的这段话包含着一个极其重要的思想，就是他认为审美的认识既不是单纯的感性认识，也不是抽象的概念认识，而是一种感觉与思考相结合、感性与理性相统一的

---

① [德]康德：《判断力批判》上卷，宗白华译，商务印书馆1964年版，第160页。
② [德]康德：《判断力批判》上卷，宗白华译，商务印书馆1964年版，第163页。
③ [德]黑格尔：《美学》第1卷，朱光潜译，商务印书馆1979年版，第166—167页。

心理功能。这种称为"敏感"的心理功能，实际上也就是我们所说的形象观念。按照黑格尔的理解，审美认识中心理活动的最主要的特点，就是将对事物的外在方面的感受和内在本质的理解这两个对立的方面包括在一个方面里，"在感性直接观照里同时了解到本质和概念"，而不是让理性认识脱离形象观照，"使概念作为概念而呈现于意识"。黑格尔对于审美认识的形式及特点所做的分析，充满了辩证思想，是相当精辟和深刻的。

第二节 美的认识的主要特点

美的认识是以形象观念作为基本形式，而形象观念又是在形象思维中形成的，这就决定了它和科学的认识、道德的认识在认识结构上具有明显区别，因而形成了许多特殊之点。如果我们结合审美鉴赏和艺术创作中审美经验的实际来看，那么美的认识的特点便表现得十分显著。

"思与境偕"——思想与形象的直接融合和统一，是美的认识的突出特点之一。在审美和艺术创作中，理性、思想不应当是一种抽象的概念认识，而应当是一种渗透在形象的感知和想象之中的对于事物本质意义的理解。这当然不是说在审美和艺术的认识活动中完全没有概念的因素和作用，而是说这种概念的因素和作用已经完全融解在形象中，化成了形象的内在灵魂，因而再也不是以概念的形式出现。康德认为趣味判断要涉及一种"不确定的概念"或"不能明确说出的普遍规律"；黑格尔说审美认识是"在感性直接观照里同时了解到本质和概念"，或"产生一种概念的朦胧预感"，他们讲的其实都是美感中的认识虽然包含像概念那样的普遍的理性内容，但是又并不以概念的形式出现，因而不同于抽象的概念认识。潘德舆《养一斋诗话》说："理语不可入诗中，诗境不可出理外。"所谓"理语"就是概念，诗中不用概念并不是不要"理"，因为这种理是非概念所表达的思想感情。叶燮在《原诗》中把这种理称为"不可名言之理"，他说："唯不可名言之理，不可施见之事，不可径达之情，则幽渺以为理，想象以为事，惝恍以为情，方为理至事至情至之语。"所谓"不可名言之理"并不是说诗歌中的思想感情不必借语言表达。诗歌是语言的艺术，怎么可以不用语言呢？但是语言既可以表示抽象概念，也可以表示具体表象；既可以是概念性强的，也可以是形象性强的。所谓"不可名言之理"，

第九章　形象观念与美的认识结构

实即不用表示抽象概念的语言直接明白地说出之理，也就是诗中之理不可以概念出之，而应使之融合在形象的想象和描写之中，在形象中领会之，这就是"幽渺以为理"。这说明美的认识虽然必须有"理"，却又非抽象的概念之理。在这里，理性、理解、思想只渗透在形象的感受、联想和想象中，不着痕迹地发挥作用，正如钱钟书在《谈艺录》中所说："理之在诗，如水中盐，蜜中花，体匿性存，无痕有味，现相无相，立说无说。"①"鸡声茅店月，人迹板桥霜"（温庭筠《商山早行》），用六样景物巧妙地组合成一幅鲜明而独特的生活画面，诗人虽然没有用一字说明旅客思乡的焦急和赶路的辛苦，但是通过这些景物之间的联系，人们完全可以领略、理解到它包含的这种意义。欧阳修在《六一诗话》中称赞这两句诗写道路辛苦、羁愁旅思"见于言外"，就是说它包含的思想感情不是由诗人直说的，而是由形象间接体现的。诗歌中的比、兴手法之所以符合美的认识和形象思维的特点，正在于它不是真说，而是"写物以附意""因物喻志"，也就是将思想与形象融合为一体，使之成为"象下之意"。

诗歌创作如此，其他艺术创作也莫不如此。电影中的蒙太奇就是通过不同镜头的组接，以形象的形式来揭示事物的内部联系，表现出非概念所表达的对于事物的本质规律的理解。苏联著名电影导演普多夫金说："蒙太奇与思考是不可分割的。……蒙太奇就是要揭示出现实生活中的内在联系。"② 法国电影理论家马尔丹说："蒙太奇起着一种名副其实的理性作用，它使事件和人物之间产生了各种关系，或者使这种关系得到突出表现。"③ 作者对于生活的本质意义的理解，直接通过形象的联想、想象，得到有力的体现。

"可解不可解之会"，确定性与非确定性的统一，是美感的认识的另一个鲜明特点。在审美欣赏中，常常有这种情况，欣赏者被美的对象所吸引、所感动，若有所思、若有所悟，确实受到启发，受到鼓舞，但是如果要欣赏者立即把自己的理解明确地表达出来，却感到不那么容易。对于绝大多数欣赏者来说，在感受和领悟到对象的美时，往往是知其然而不知其

---

① 钱钟书：《谈艺录》，中华书局1984年版，第231页。
② 《普多夫金论文集》，罗慧生等译，中国电影出版社1985年版，第141页。
③ ［法］马赛尔·马尔丹：《电影语言》，何振淦译，中国电影出版社1982年版，第128页。

所以然。如乌斯宾斯基在小说《振作起来了》中描写教师贾普什金在巴黎观赏雕塑维纳斯时的审美感受："一开始我就感到自身出现了极大的快乐,……有一种我自己无法了解的东西,朝着我的被歪曲的、折磨的、揉成一团的心灵吹了口气,立即使我挺直了腰杆,焕发了精神。"这就是欣赏者已受到对象美的感动而又觉得"自己无法了解"。这种情况的产生,主要也是出于美的认识不是依靠概念,而是依靠形象观念。欣赏者通过形象观念所获得的理解,总是结合着具体形象的感受的,是感受力和理解力的高度融合,它所包含的内容很难用一些确定的概念表达出来。人们常说欣赏作品"可意会而不可言传",其原因正在于此。"夕阳无限好,只是近黄昏"(李商隐《乐游原》),这种渗透在古原黄昏、夕阳辉映的景色中的复杂情绪,是空虚怅惘的,还是留恋赞叹的?"流水落花春也去,天上人间"(李煜《浪淘沙令》),这种形象所构成的意境,是表现国破家亡的怨恨,还是相见无期的悲哀?这都不是单凭概念能说明的。从可以意会来说,审美欣赏对于审美对象的把握,是具有一定的确定性的;而从不可言传即不可用明确的概念语言传达来说,审美欣赏对于审美对象的把握,又是具有某种非确定性的。叶燮在《原诗》中说："诗之至处,妙在含蓄无垠,思致微渺,其寄托在可言不可言之间,其指归在可解不可解之会。"创作和欣赏均需通过形象传达和理解到某种含义、意蕴、意味,故曰"可言""可解",但是这种意义、意蕴、意味,是含蓄、微妙地隐含在形象之中的,虽可品尝、体味,却难以用概念直接说出,故曰"不可言""不可解"。这里所讲的正是美的认识中通过形象观念达到对某种本质意义的理解,却又难以用确定的概念明确说出的情况,亦即确定性与非确定性统一的情况。艺术创作中所要求的某种含蓄、蕴藉,也正是适合了美的认识的这个特点。《诗品序》中所说的"文有尽而意有余",《沧浪诗话》中所说的"言有尽而意无穷",《六一诗话》中所说的"含不尽之意见于言外",以及司空图所说的"韵外之致""味外之旨"等,都是说艺术形象中包含着非确定概念所能表达和穷尽的丰富、复杂的内容和意义,欣赏者不可能从概念去把握它,而必须通过对形象的联想、想象,反复咀嚼,反复回味,才能达到对它的把握和理解。唯其如此,艺术作品才更耐人寻味,欣赏者才能获得更大的审美享受。

形象观念和概念虽然都可以揭示现实的本质规律,体现某种思想意义，但是，在形象观念基础上形成的艺术形象所体现的思想意义，不仅较之概念要曲折、隐晦，而且也更复杂、丰富。这就使欣赏者对艺术形象的理解，不可能像对概念的理解那样确定，而是有可能呈现出多样性、变化性，这也是美的认识中确定性与非确定性相统一的一种表现。所谓"形象大于思想"，就是指欣赏者直接从形象中所领会的思想意义，往往超出作者主观思想上企图明确说出的东西，或者是作者主观思想上未曾自觉理解的东西。不仅欣赏者和作者之间对艺术形象的理解可以有相当的差异，在欣赏者相互之间对艺术形象的理解也可能会有很大的分歧。人们常说"诗无达诂"，就是讲的这种情况。钟嵘在《诗品》中评阮籍的诗作，认为"厥旨渊放，归趣难求"，就是说对于形象中包含的旨趣，难以达到确定的理解。在审美欣赏中，欣赏者对艺术形象咀嚼玩味，反复体会，从多方面领悟、把握形象的内容、意义，所谓"仁者见仁，智者见智"，只要不是牵强附会、主观臆测，就是完全符合美的认识的规律的，它是审美理解需要通过形象的感受、联想和想象来进行的必然结果。当然，所谓审美理解不如概念那样明确和确定，绝不意味着它的含混模糊和不受任何制约，艺术形象的内容不管如何复杂、丰富，也都应是对于现实的本质的反映，而且内容也必然是由艺术形象本身来体现的。因此，对艺术形象的理解，从基本倾向和范围来说，又应当是明确和确定的。

"寓理于情"，理解与情感互相交融，也是美的认识的一个重要特点。黑格尔说："在这种使理性内容和现实形象互相渗透融合的过程中，艺术家一方面要求助于常醒的理解力，另一方面也要求助于深厚的心胸和灌注生气的情感。"[①] 美的认识和美感意识，不仅是理性与感受、思想和形象的统一，而且也是理智与情感、思想和激情的结合。科学认识中的理解和思考主要是在概念和逻辑推理的形式中进行的。概念和逻辑推理只要求符合客观真理，正确反映客观事物及其规律，不应该也不需要有情感因素的参与。由于概念和逻辑推理的抽象性质，要从情感上给人以感染也是难以达到的。对于抽象概念，如生产关系、剩余价值、商品、货币等，主要是理解不理解的问题，而不是感动不感动的问题。所以，概念的认识是可以不通过情感作用的。美的认识恰恰不是这样。在美的欣赏和创造中，理解、

[①] ［德］黑格尔：《美学》第1卷，朱光潜译，商务印书馆1979年版，第359页。

思考是在形象观念的形式中进行的。审美对象所理解和思考的就是寓一般于个别、寓本质于现象的形象本身,形象的感知、联想、想象和理解、思考相结合,必然会引起一定的情感。对于活生生的形象所表现的审美价值,人们不可能不抱有一定的情感态度。黑格尔说:"艺术兴趣和艺术创作通常所更需要的却是一种生气,在这种生气之中,普遍的东西不是作为规则和规箴而存在,而是与心境和情感契合为一体而发生效用的。"① 这就是说,在审美和艺术创作中,对普遍的东西的理解是和审美主体的情感体验交织在一起的。"慈母手中线,游子身上衣。临行密密缝,意恐迟迟归。谁言寸草心,报得三春晖。"孟郊的这首《游子吟》可以称得上是人性美的赞歌,其中所蕴含的深刻意味与其说是纯粹理智的产物,不如说是理智和情感共同结出的果实。中国古典美学向来重视艺术创作中理和情、思想和情感相结合的审美意识规律。刘勰在《文心雕龙》中反复强调创作中"理"和"情"、"志"和"情"是互相联系、互相渗透的,把它看作互相交织在一起的有机整体。《文境秘府》提出诗须"抒情以入理",《沧浪诗话》提出诗"尚意兴而理在其中",进一步揭示了审美意识活动中"寓理于情""理在情中"的特点,这都是强调艺术创作中的思想、理性不能脱离情感而孤立存在。别林斯基说,艺术中的思想不仅仅是艺术家的理智活动的结果,因为这种思想并不是抽象的理性观念,而是一种"诗情观念"。抽象观念是纯粹理智的果实,而诗情观念则是理智和情感共同结出的果实。所以,"诗情观念不是三段论法,不是教条,不是规则,它是活生生的情欲,它是激情"②。诗情观念既可以说是一种饱和情感的思想,也可以说是渗透思想的情感,是"思想和情感的互相融合"。就艺术创作来说,如果思想、理性没有被作家艺术家的感情所孵化、孕育,没有得到情感的支持和渗透,这种思想、理性对于艺术作品仍然不过是外在的东西,不可能化为艺术形象的内在灵魂。创作如此,欣赏亦然。艺术形象对于欣赏者的影响,总是思想和情感同时发生作用的。欣赏者必得被艺术形象所感动,才能自然而然地接受作品的思想。在认识形象意义的同时,欣赏者也不能不产生情感反应。所以,欣赏中理解活动总是伴随着情感活动的。欣

---

① [德] 黑格尔:《美学》第1卷,朱光潜译,商务印书馆1979年版,第14页。
② 参见《外国作家理论家论形象思维》,中国社会科学出版社1979年版,第70页。

赏者越是被艺术形象唤起的情感所感染，就越是能对形象理解得深透。总之，创作和欣赏的美感心理活动都是理解和情感的互相渗透，理解不是单纯概念的理解，而是充满情感的理解。"情感使人了解得很清楚，但从理性上又解释不清楚，因而要表明它们的时候找不到词语和概念来确切地表明他的思想。"（费霍奥语）① 这大概就是美感的理解往往使人感到"只可以意会而不可以言传"的另一原因吧。

第三节　美的认识结构及其中介作用

形象观念不仅作为美的认识的基本形式，规定着美的认识的特殊性质和规律，而且以形象观念为基础所建构的美的观念，也作为主体的美的认识结构，在美的认识的产生中起着中介作用，从而使个体对美的认识过程区别于对于真与善的认识过程。

在审美经验中出现的一个明显现象是，人们对于对象美的认识，往往不如科学认识那样，有明显的由现象到本质、由感性认识到理性认识的过程，也不需要经过抽象的逻辑思考。在许多情况下，人们往往是一见到对象的美，立刻就能够感受和欣赏它，并引起美感的愉悦。这种美的认识的情况，往往是一见如意或一见倾心的，它在自然美、人体美所引起的美感中，表现得十分突出。在一部分艺术美所引起的美感中也有类似情况。对于美感中认识活动的这种特点，美学史上有不少哲学家、美学家是特别注意的，只是他们并没有对这种美感心理的特殊现象给予科学的解释，反而由此得出美感只是感性认识的错误结论，从而也就把美感同理性认识完全对立起来了。其实，美的认识中一见如意或一见倾心的情况，并不能说明美感中没有理性认识，而只是表明美感中的理性作用具有不同于科学的逻辑认识的特殊形式。我们要了解美感的认识活动及其中理性作用的特点，就必须了解形象观念向美的观念的矛盾运动，了解美的观念作为主体的美的认识结构在美感产生中的中介作用。

我们知道，所谓形象观念并非从天而降或头脑自生的主观意识活动，而是在人们认识客观现实的过程中，通过形象思维活动，对现实进行认识

---

① 参见［意］克罗齐《美学的历史》，王天清译，中国社会科学出版社1984年版，第43页。

和把握的一种形式。形象思维对现实的认识是多层次的、不断深入和发展的,形象观念可以说是形象思维的初级层次,因而也就是美的认识的初步成果。在初级或初步的形象观念的基础上,形象思维的矛盾运动继续向前发展,也就是对形象观念进一步进行分析综合、集中概括,一方面使形象观念的个别性、特殊性更加鲜明、更加生动、更加突出;另一方面又使形象观念的一般性、普遍性更加提高、更加强烈、更加集中。总之,形象思维的发表使一般的形象观念得到典型化,将其改造成为典型的形象观念。这种形象思维的深化运动和形象观念典型化的过程,在艺术创作中表现得最为明显和突出。它往往同形象的联想以及创造性想象活动结合在一起,突出地表现为艺术的典型形象的自觉的创造过程。石涛所说的"搜尽奇峰打草稿",鲁迅所说的"杂取种种,合成一个",都是从总体上论述作家艺术家自觉地将表象提炼为形象观念,再将形象观念加以典型化的艺术加工过程。像王安石对"春风又绿江南岸"诗句所做的反复推敲,列夫·托尔斯泰对《复活》中玛丝洛娃在法院中出现时肖像描绘所做的近二十次修改,都具体展示出了作家形象思维的深化运动和形象观念典型化的过程。这个过程不仅表现在艺术创作中,在艺术欣赏中乃至人们日常的审美经验中也都是存在的。只不过比起艺术创作来,它们显得不那么自觉、不那么突出。特别是在人们的日常认识和审美经验中所进行的形象观念的典型化过程,往往是在耳濡目染、不知不觉的情况下进行的,如个人关于人体美的观念的形成,就是这样的。它是个人在日常生活诸多印象积累的基础上,在一定社会环境和文化教养的影响下,进行比较、选择、提炼、概括而形成的,虽然在心理过程上表现为不自觉的特点,但仍然是形象思维深化的产物,其中是渗透着理性作用的。

在形象思维进一步作用下所形成的典型的形象观念,是形象思维的高级层次。在形象观念中,以鲜明、突出的个别形象的感性形式充分体现着真和善的普遍的理性内容,达到了现象与本质、个别与一般、内容与形式、真与善的高度和谐与统一,因而它也就是美的认识的高级形态——美的观念。在美感经验中,人们见到美的对象和事物,立刻便能被吸引而欣赏它,这种一见如意或一见倾心的现象之所以产生,就是和欣赏主体已形成的美的观念的作用密切相关的。因为美感反映对象的美,并非简单直接进行的,而是要通过美的观念的中介。欣赏者美感的发生,需有两方面的条件：一方面需有美的对象和事物的刺激和作用，这是美感的客观条件和客观来源；另一方面需有审美主体的美的观念与之相适合，这是美感发生的主观条件和主观因素。只有作为客体的美的对象与作为主体的美的观念互相一致，达到辩证统一时，才能唤起美感的心理活动。

我们说审美主体在形象观念的基础上，通过形象思维的进一步作用所形成的美的观念，在美的认识和美感的产生中起着中介作用，这从瑞士心理学家皮亚杰创立的发生认识论中也可以得到理论上的说明。皮亚杰认为认识起因于主客体之间的相互作用。认识的构成，既不是外在客体的简单复本，也不仅仅是主体内部预先形成的结构的呈现，而是主体与外部世界的不断作用而逐步构成的一套结构。认识是不断建构的产物，建构构成结构。结构对认识起着中介作用，"因为客体只是通过这些内部结构的中介作用才被认识的"[①]。皮亚杰的发生认识论的一个重要特点就是重视主体在认识过程中的能动作用，重视对主体的认识结构和认识能力的分析。他说："一个刺激要引起某一特定反应，主体及其机体就必须有反应刺激的能力，因此我们首先关心的是这种能力。"[②] 所以，他不同意经验主义者的"人心如白板"的命题，也不同意行为主义者所提出的 S→R 的公式。他提出："这个公式不应当写作 S→R 而应当写作 S⇄R，说得更确切一些，应写作 S（A）R，其中 A 是刺激向某个反应格局的同化，而同化才是引起反应的根源。"[③] 根据皮亚杰的认识理论，主体之所以能对客体的刺激做出积极的反应，是由于主体原来就具有能够同化这种刺激的某种图式。图式（Schema）是指动作的结构或组织，它表示主体的一种认识的功能结构。在认识过程中，主体把客体的刺激纳入原有的图式之内，这就是同化。主体受到客体的刺激或环境的作用而引起原有图式的变化，叫作顺应。主体对客体的认识是主体图式同化客体信息的产物，而主体对客体的顺应又使主体图式获得革新。认识结构就是通过同化和顺应不断地得到发展，以适应新环境。究竟如何评价皮亚杰的发生认识论的整个理论体系，这里暂且不论；仅就它提出的主体对客体的认识需要通过内部结构的中介作用这一

---

① ［瑞士］J. 皮亚杰：《发生认识论原理》，王宪钿译，商务印书馆1981年版，第16页。
② ［瑞士］J. 皮亚杰：《发生认识论原理》，王宪钿译，商务印书馆1981年版，第60页。
③ ［瑞士］J. 皮亚杰：《发生认识论原理》，王宪钿译，商务印书馆1981年版，第61页。

观点来说,无疑是辩证的、很有价值的。事实上,在认识的全过程中,主体都不是消极被动地、机械地接受客体的刺激。主体与客体接触时,总是作为一个能动的系统出现的。主体内部已获得的思维成果,构成了认识客体的基础。客体总是在与主体原有思维成果的互相作用中被认识的,这就是皮亚杰所强调的主体认识结构的中介作用。我们强调美的观念在美的认识和美感产生中的中介作用,和皮亚杰提出的上述认识原理是一致的。如果借用皮亚杰的理论、概念,我们也可以说,美的观念就是主体的美的认识结构,是审美主体能够迅速、直接地对客体对象的美进行积极反应的一种心理能力。

关于审美或鉴赏的心理能力问题,在美学史上有许多美学家做过分析和论述。特别是西方近代以来,哲学家们逐步把认识论的研究重点转向认识主体,与此相联系,在美学上也开始把审美主体的经验和能力问题作为一个主要问题。英国经验主义的美学家们提出并论述了人的趣味能力(faculty of taste),认为这种趣味能力能够对于被观赏的对象的某些特性产生反应,从而形成审美的愉快。休谟说:"理智传达真和伪的知识,趣味产生美与丑的及善与恶的情感。"[①] 就是说趣味是一种不同于科学认识能力的审美的心理功能。还有的美学家另提出"内在的感官"说,认为"内在的感官"不同于外在的感官,它虽是一种感官的能力,却与理性密切结合,因而是一种审美的特殊感官。哈奇生说:"把这种较高级的接受观念的能力叫作一种'感官'是恰当的,因为它和其他感官在这一点上相类似:所得到的快感并不起于对有关对象的原则、原因或效用的知识,而是立刻就在我们心中唤起美的观念。"[②] 值得注意的是,哈奇生在这里明确地提出了"美的观念"(the idea of beauty)这一概念,并使之与"美的愉快"(the pleasure of beauty)直接相联系。康德在批判地总结经验主义美学和理性主义美学的基础上,对于审美主体的能动性和审美心理能力问题作了进一步的分析和论述。他提出鉴赏必须是主体固有的能力,这种能力就是每人内心中"鉴赏的原型"。他说:"最高的范本,鉴赏的原型,只是一

[①] [英]哈奇生:《论美与德行两种观念的根源》,载北京大学哲学系美学教研室编《西方美学家论美和美感》,商务印书馆1980年版,第111页。

[②] [英]哈奇生:《论美与德行两种观念的根源》,载北京大学哲学系美学教研室编《西方美学家论美和美感》,商务印书馆1980年版,第99页。

第九章　形象观念与美的认识结构

个观念,这必须每人在自己的内心里产生出来,而一切鉴赏的对象、一切鉴赏判断范例以及每个人的鉴赏,都是必须依照着它来评定的。"[①] 康德认为鉴赏的原型"是筑基于理性能在最大限量所具有的不确定的观念,但不能经由概念,只能在个别的表现里被表象着",所以它"更适宜被称为美的理想"。[②] 实际上,康德所说的"美的理想"也就是美的观念。由此可见,将美的观念作为审美或鉴赏的心理能力来看待的思想,在美学史上是早已有之的。不过,以上关于审美能力或美的观念的论述,大都是从唯心主义观点出发的。他们把主体的审美心理能力说成是先天的或先验的,不仅否认它以对象的美作为形成的客观来源,反而主张以它去决定或规定对象的美丑,也就是要由主观的美感能力去决定客观的美,这当然是错误的。我们现在吸收了美学史上关于审美主体的能动性以及审美心理能力论述中的合理思想,在辩证唯物主义的能动的反映论和现代科学心理学的基础上对它加以改造,提出美的观念作为主体的美的认识结构在美感中具有中介作用的论点,这有助于科学地说明美的认识和美感产生的内部心理机制,也有助于阐明美感形成中主客体之间的相互关系和作用。同时,确认美的观念在美感中的中介作用,既可以防止将美感简单地混同于一般的理性认识,忽视它的心理特点的错误看法,又可以避免将美感片面地归结为感性直觉或情感,否认它的理性认识的主导作用的偏颇见解。所以,它对于我们分析和研究美感心理或审美经验,是一个关键问题。

总之,在美的认识和美感心理的产生中,从美的对象所获得的刺激和信息,同大脑中作为美的认识结构的美的观念是互相联系、互相作用的。如果在审美主体感知到美的对象和事物时,经过美的认识结构的中介,发现与已有的美的观念相适合,两者达到一致,便会立刻感到对象是美的,于是迅速发生美感。这种情况在自然美、形式美的欣赏中随时可见,在社会美、艺术美的欣赏以及艺术美的创造中也相当普遍。如《红楼梦》中描写林黛玉和贾宝玉初次相见,黛玉面对宝玉,吃惊地想,"像在哪里见过,何等眼熟";宝玉细看黛玉,也感觉到"像远别重逢一般"。实际上就是二人互相所给予的美的具体印象,恰与原已形成的美的观念相适合,因而一

[①] [德]康德:《判断力批判》上卷,宗白华译,商务印书馆1987年版,第70页。
[②] [德]康德:《判断力批判》上卷,宗白华译,商务印书馆1987年版,第71页。

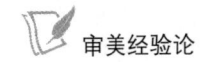

见倾心。鲁迅在谈到欣赏诗歌何以能使人灵魂为之震动和陶醉时说:"盖诗人者,撄人心者也。凡人之心,无不有诗,如诗人作诗,诗不为诗人独有,凡一读其诗,心即会解者,即无不自有诗人之诗。无之何以能解?惟有而未能言,诗人为之语,则握拨一弹,心弦立应,其声澈于灵府,令有情皆举其首,如睹晓日……"[①] 这里所谓欣赏者心中"无不有诗",就是指美的观念早在审美主体心中存在。当欣赏者阅读诗歌时,感到"有而未能言,诗人为之语",也就是发现诗歌之美与自己心中已形成的美的观念恰相符合,所以"握拨一弹,心弦立应",迅速产生美的认识,同时唤起强烈的美的情感的感动,理智的满足与情感的陶冶结合在一起,于是感到心灵无限兴奋和喜悦。这充分说明,在形象观念基础上形成的美的观念,不仅在美的认识中起着中介作用,而且也是导致美的情感的感动和愉悦的一个内在因素。从这个角度来看,我们可以说不了解形象观念就不了解美的观念,而不了解美的观念,也就不了解美的认识和美感。

---

① 《鲁迅全集》第1卷,人民文学出版社1981年版,第68页。

第十章　美感中情感的层次结构

以美的认识作为客观内容和基础的美感，是以美的情感的感动作为主观形式和表现的。作为对客观事物的美的感受和体验的美感，如果没有情感活动，本身也就不存在了。所以，情感是美感心理活动中必不可少的因素，强烈的情感体验是美感区别于科学、道德意识活动的一个最为显著的特点。康德把人的心理功能分为知、情、意三方面，认为鉴赏判断（审美）只涉及主体的情感，与认识、伦理无关，这当然是极其片面的。但他强调了审美中情感的心理功能，这就能启发我们去注意审美的情感特点。无论是美的欣赏还是艺术创造，没有情感是不行的。在艺术欣赏中，如果艺术作品不能激起欣赏者的情感活动，就很难使艺术欣赏成为审美的享受；在艺术创造中，如果艺术家没有在认识现实的基础上产生强烈的情感活动，就不能对现实形成审美的反映并进行美的创造。

谈到美感中的情感活动，不少美学家都把它看成一种快感，于是有美感即快感的说法。其实，美感中的情感体验并不限于快感（更不要说生理的快感）。在美的欣赏和美的创造活动中，审美主体的情感活动从其内容和表现形式来看，都是十分丰富和复杂的。根据现代系统论的观点，可以将美感中的情感活动看作一个具有不同层次结构的系统，在这个系统中，各个不同层次的情感具有不同的心理内容、特点和功能，然而它们又互相联系、互相依赖、互相作用，从而形成一个不可分割的有机整体，表现出美感情感的整体的特征和运动规律。大致说来，美感中的情感活动包括以下三个层次：一、由审美对象所引起的各种复杂的情绪和情感活动；二、通过美的认识以及各种审美心理因素的综合作用而形成的美感的愉快的情感；三、与审美理想相联系的审美情趣。现在，我们就来对美感中情感的不同层次以及它们的相互联系进行综合的考察，以探究美感中情感活动的特殊规律。

审美经验论

第一节　作为美感心理构成的情感因素

美感中审美主体的情感活动，都是伴随着审美主体对审美对象的认识过程而产生的。审美对象不是抽象的、一般的理论和概念，而是具体的、特殊的现实事物和艺术作品。这些现实事物和艺术作品作为审美对象，具有丰富复杂的内容和多姿多彩的形式，它们会引起审美主体多方面的感知、联想、想象、理解、思维，形成对审美对象的各种认识活动。伴随着这种审美的认识活动，必然会引起审美主体各种不同的情绪和情感活动。这种情绪和情感活动的突出特点是始终同对审美对象的形象的感知、联想、想象、理解相结合，并且同后者发生相互作用、相互影响。由于审美主体对审美对象所产生的感知、联想、想象、理解不同，审美主体的情绪和情感的性质、内容也就有所不同；同时，审美主体的不同的情绪和情感反应，也会使审美主体对审美对象的感知、联想、想象、理解产生差异。

在美的欣赏和创造中，由美的对象所引起的审美主体的复杂的情绪和情感活动，表现为极其多样的形式，其中以触景生情、移情作用、人物体验、同情共鸣等情感活动形式最为多见，其在美感意识中所起的作用也最为显著。我们在这里主要考察几种审美中常见的情感活动形式，并结合分析这一层次上美感中情感活动的一些特点。

触景生情。在自然美的欣赏或以自然景物为反映对象的艺术创作中，触景生情是最普通、最常见的一种审美的情感活动。《文赋》说："遵四时以叹逝，瞻万物而思纷；悲落叶于劲秋，喜柔条于芳春。"《文心雕龙》说："春秋代序，阴阳惨舒。物色之动，心亦摇焉。"这些都是在说审美主体由于感受到不同的、变化着的自然景色，从而产生变动的、内容相异的情绪和情感活动。作家艺术家在观赏自然景物时，会"联类不穷"，形成丰富的联想和想象，同时也就会"情以物迁"，引起复杂的情绪和情感。如果观赏者过去曾经被一定的景物引起过一定的情绪和情感反应，成为一种情绪记忆，那么当他在观赏自然景物过程中又遇到类似的或相关的条件刺激时，便会形成条件反射，联想起过去有关的情绪记忆，这样，审美主体由对自然景物的感知、联想所引起的情绪和情感活动，就会愈加复杂、愈加浓烈。如陆游重游沈园，由眼前的景色而触发起过去与唐琬在此相遇的回忆,从而发出"伤心桥下春波绿,曾是惊鸿照影来"的慨叹,就是对自然景物的联想推动情感活动的一例。在艺术创作中,作家艺术家由自然景物所引起的想象和形象思维活动越是深入向前发展,与自然景物相结合的情绪和情感活动也越是浓烈和深刻。所谓"情曈昽而弥鲜,物昭晰而互进"(陆机:《文赋》)和"登山则情满于山,观海则意溢于海"(刘勰:《文心雕龙·神思》),就是说在艺术构思中,对自然景物的想象和主观的情感抒发同时并进,互相交融,共同推动美感意识活动向前发展。

在美感活动中,一方面,对自然景物的感知、联想、想象、理解会引起审美主体的情绪和情感反应;另一方面,审美主体的情绪和情感活动又会影响和作用于对自然景物的感知、联想、想象、理解。所以,这是一个主、客体相互交融、相互统一、相互结合的过程。《文心雕龙》中用"情以物兴""物以情观"八个字准确地概括了这个审美意象的形成过程。"情以物兴",故美感中的情感需由作为审美对象的自然景物所引起,并且同对自然景物的感知、联想、想象、理解等认识活动相伴随;"物以情观",故美感中对自然景物的感知、联想、想象、理解等认识活动须受主体的情绪和情感的影响。审美主体的情绪和情感有差别,对自然景物的感受以及由此形成的审美意象也会有所不同。作为审美意象的自然景物形象,不是纯客观的自然景物,而是渗透着审美主体的情感在内的。"情、景名为二,而实不可离。神于诗者,妙合无垠。巧者则有情中景,景中情。"(王夫之:《姜斋诗话》)从美感心理活动来看,对自然景物的认识总是与主体的情感活动相统一的。如果诗人、画家在描绘自然景物时,没有浓厚的情感渗透其中,那么他所描绘的自然景物必然也因为缺乏生气灌注而失去艺术美的魅力。正如清代画家恽恪所说:"秋令人悲,又能令人思,写秋者必得可悲可思之意,而后能为之;不然,不若听寒蝉与蟋蟀鸣也。"[1]

移情作用。在以自然景物为审美对象的欣赏和创作活动中,本来没有感觉和感情的自然景物,反映在主观意识中却好像具有了人的感觉、感情、意志和活动,这种所谓移情作用,实际上是审美反映中情感和联想互相作用的结果,可以看作审美中情感活动的另一种表现形式。在这种形式

---

[1] (清)恽恪:《南田论画》,载沈子丞编《历代论画名著汇编》,文物出版社1982年版,第329页。

中，情感的能动作用显得更为突出，情感与联想的联系也更为直接、更为紧密。意大利美学家缪越陀里分析过诗歌中表现移情作用的形象，认为在这些艺术形象中，无生命的东西被赋予人的感情和性格，主要就是由于诗人的"想象力受了感情的影响"。感情和想象力（联想、想象）互相作用和结合，便使诗人在联想和想象中产生了一种充满感情的幻觉。如"高兴时觉得花欢草笑，悲哀时感到云愁月惨"，便是想象力被情感所支配而产生的幻觉。俄国心理学家乌申斯基也分析过诗歌、神话以及人民语言中的移情现象，认为它主要是产生于"内心情感的联想"。这种心理活动的特点是联想受制于"内心情感的联系，两个表象联系着正由于它们二者在我们心中引起相同的内心情感"①。因此，这种联想形式本身就直接体现了情感和联想的相互作用和统一，联想中表象的联系和推移都是以联想者的情绪和情感为中介的，因而在联想中渗透着更为浓厚的感情色彩。如类似"风的怒吼，海的呼啸""树林在泣诉，春花在微笑"的描写，都可以看作"内心情感的联想"。以上缪越陀里和乌申斯基关于移情现象的解释，都抓住了在移情现象中情感和联想互相结合、互相作用的特点，能给我们以启发。如果我们细加分析，可以得出这样的结论：移情作用的心理基础，是审美主体在情感的能动作用下，由自然事物的特征与人的情感、活动的相似而形成的类似联想。不过，在这种类似联想中，情感作用的存在使唤起联想的事物与被联想的事物之间的关联更为直接、更为紧密，因而往往出现这样的情况：联想的过程和联想的独自的内容消失了，自然事物的形象特征与人的感情活动在意识中完全融为一体，这就使人直感到自然事物本身也有了感情和活动。"西风愁起绿波间""菊残犹有傲霜枝"等描写，就是这一类的例子。

内心体验。作家艺术家在审美地反映世界的过程中，总是情感与认识相伴随的。"一个有'艺术家气质'的人，当他在周围的现实世界中，看到了某一事物的最初事实时，他就会发生强烈的感动。"② 正是艺术家对生活的审美的情感态度，推动着他去反映一定的生活，进行美的创造。在创

---

① ［苏］К. Д. 乌申斯基：《人是教育的对象》第1卷，李子卓等译，科学出版社1959年版，第243—244页。
② 《杜勃罗留波夫选集》第1卷，辛未艾译，新文艺出版社1956年版，第164页。

造艺术形象的美感意识活动中,艺术家也总是带着强烈的爱憎感情,带着肯定或否定的情感态度来构思和塑造作品中的人物。他会为他自己所构思的人物、情节所感动,在内心中掀起巨大的感情的波涛;他也会化身为作品中的人物,设身处地去体验他所创造的人物的情绪和情感;他不仅能和人物同甘共苦,而且还能在想象中过着人物所过的内心生活,感受到同人物完全一样的感情体验,这就是人物内心体验——创作美感中情感活动的一种重要形式。陀思妥耶夫斯基谈到自己的创作时说:"我同我的想象、同亲手塑造的人物共同生活着,好像他们是我的亲人,是实际活着的人;我热爱他们,与他们同欢乐、共悲愁,有时甚至为我的心地单纯的主人公洒下最真诚的眼泪。"[①] 巴金也谈到过类似的感受。他说:"我写《家》的时候,我仿佛在跟一些人一同受苦,一同在魔爪下面挣扎。我陪着那些可爱的年轻生命欢笑,也陪着他们哀哭,我一个字一个字写下去,我好像在挖开我的记忆的坟墓,我又看见了过去使我的心灵激动的一切。"[②] 这都是在说作家在想象中被自己所创造的人物所感动,对人物充满热烈的爱,和人物同忧同乐,对人物的内心体验达到非常强烈和深刻的程度。演员在创造角色时,也需要在想象中深入体验所扮演的人物的情绪和情感,"进入角色"才能使创造的角色具有性格真实性和艺术美的魅力。斯坦尼斯拉夫斯基指出:演员的想象的最重要的特点之一,就是要能在想象中"唤起同角色本身的情绪和情感相类似的情绪和情感"[③],以便"能够过着他所扮演的人物的丰富的内心生活"[④]。这都说明,在人物形象创造的审美意识活动中,情感是始终和想象、形象思维等创造美感的心理活动相伴随、相结合的。

在人物内心体验中,艺术家一方面在想象中设身处地体验着人物的内心情感活动;另一方面又对所创造的人物抱有一定的情感态度,对人物进行着审美评价,这两方面是互相结合的。艺术家对人物内心情感活动的体

[①] 中国社会科学院外国文学研究所外国文学研究资料丛刊编辑委员会编:《外国理论家作家论形象思维》,中国社会科学出版社1979年版,第111页。

[②] 《巴金论创作》,上海文艺出版社1983年版,第212页。

[③] [苏]斯坦尼斯拉夫斯基:《演员自我修养》第一部,林陵等译,艺术出版社1956年版,第121页。

[④] [苏]斯坦尼期拉夫斯基:《演员自我修养》第一部,林陵等译,艺术出版社1956年版,第98页。

验，总是以他对人物所抱的情感态度为前提的；同时，在对人物内心情感活动的体验中，也自然流露着艺术家本人对人物所抱有的情感态度和所做的审美评价。所以，艺术家既可以带着对人物的肯定的情感态度和审美评价，去体验人物的内心情感活动；也可以带着对人物的否定的情感态度和审美评价，去体验人物的内心情感活动。李渔在《闲情偶记》中说："若非梦往神游，何谓设身处地。无论立心端正者，我当设身处地，代生端正之想，即遇立心邪辟者，我亦当舍经从权，暂为邪辟之思。"[①] 这里是讲在戏曲人物创造中，作者对两种根本不同的人物所做的内心体验，其中所流露的作者对人物的情感态度也显然是不同的。所以，人物内心体验实在是一种认识、体验和评价相结合的复杂的美感的情感活动形式。

同情共鸣。在艺术欣赏中，欣赏者对作品中人物的遭遇会在感情上产生共鸣，由人物的某种情绪引起相同的情绪，或者受到作者在形象中所抒发的情感的感染，产生与作者的情感相一致的情感，这就是艺术欣赏过程中常见的同情共鸣的心理现象。在共鸣中，欣赏者以认识作为基础，随着对艺术形象的感知、联想、想象、理解，对人物的感情活动以及作者的情感进行着深入的体验，使自己的感情和作品中的人物及作者的感情相互交流、融成一片，爱作者之所爱，憎作者之所憎，喜人物之所喜，忧人物之所忧，甚至化身为作品中的人物，在作品中"扮演一个角色"。《红楼梦》第二十三回描写林黛玉听到《牡丹亭》曲子后，由"不觉心动神摇"到"如醉如痴"，以至"不觉心痛神驰、眼中落泪"。在这里，作为欣赏者的林黛玉已经在审美中和作品中的人物杜丽娘化为一体。由此可见，共鸣是在欣赏者的感情和作品中表达的感情具有一致性的基础上产生的审美情感活动，欣赏者已有的心理经验和情绪记忆，在形成共鸣现象的过程中起着重要作用。在共鸣中，"感受者和艺术家那样融洽地结合在一起，以至感受者觉得那个艺术作品，不是其他什么人所创造的，而是他自己所创造的，而且觉得这个作品所表达的一切正是他早就已经想表达的"[②]。由于共鸣作用，欣赏者可以迅速地、不知不觉地进入艺术形象的境界，深深受到

---

① （清）李渔：《闲情偶记》，载《中国古典戏曲论著集成》（七），中国戏剧出版社1959年版，第59页。

② ［俄］列夫·托尔斯泰：《艺术论》，耿济之译，人民文学出版社1958年版，第148页。

作品中感情的感染，得到强烈的审美享受。所以，同情共鸣这种审美的情感形式是美感研究中特别值得重视的。

第二节　作为美感总体体验的审美愉快

在美的欣赏和美的创造中，审美主体充满着丰富、复杂的情绪和情感活动，其中最能表现美感特质的则是通过美感的认识结构和情感结构共同交互作用所产生的美的情感的愉快的感动，也就是通过美感意识中各种心理因素的综合活动，最后所获得的一种满足、喜悦和愉快的情感体验。以往的美学家几乎都将美感归结为愉快的情感，因而往往把它作为美感研究中的主要论题。这固然表现出对美感认识的某些片面性，但从另一方面来看，这也说明美感的愉快确实是最能表现美感特质的一种情感活动。

只要我们细心体察美的欣赏和创造的美感经验，便不难发现，随着审美主体对于对象的美的认识，必定会产生感情上的愉快以至精神上的陶醉。亚里士多德早就指出，对于艺术美的欣赏，能使人产生不同性质、不同程度的愉快感觉。尤其是音乐，亚里士多德称它"是一种最愉快的东西"，它所引起的美感"的确使人心畅神怡"。狄德罗也指出，对艺术的欣赏使人"产生一种心怡神悦的感受，它会使我们心花怒放"。车尔尼雪夫斯基也说过，一切美的事物在人心中所唤起的情感，都是"类似我们当着亲爱的人面前时洋溢于我们心中的那种愉悦"。我国古代美学思想对于美感中愉快的情感特点也有许多论述。如《乐记》中说："夫乐者乐也，人情之所不能免也。"就是讲音乐可以唤起人的美感，使人得到情感的愉悦。南朝画家宗炳认为欣赏山水自然美和反映自然美的山水画可以"畅神"，也就是说能使人产生精神上的愉快。清代焦循描述人们欣赏《赛琵琶》时的内心感受，如"久病顿苏，奇痒得搔，心融意畅，莫可名言"[1]，也是说艺术欣赏能使人得到难言的满足、愉快。这种由美的认识而产生的愉快的情感体验，不只发生在欣赏的美感中，也发生在创作的美感中。许多作家艺术家都谈到过他们在形象创造中所体验到的愉快、满足、陶醉的精神状

---

[1] （清）焦循：《花部农谭》，载郭绍虞主编《中国历代文论选》第三册，上海古籍出版社1980年版，第574页。

态，说明在艺术创作中由形象思维而形成的典型意象，不仅体现着美的认识，同时也伴随着美的感情的感动和愉快。

美感愉悦的情感是随美的认识而产生的。美的认识是感性和理性相统一的认识，它既不脱离感性表象，又以理性认识为主导。由于美的认识由感性认识向理性认识的深入，其发展有深浅不同的程度，随着美的认识同时发生的美感愉悦的情感也有不同的等差。在感性认识阶段，主要有感官的快适感受和一般的满意的体验；进入理性认识阶段以后，主要的就是情感的感动、精神上的满足、愉快，以至心醉神迷。前者给人的感受是"娱目悦耳"，后者给人的感受则是"愉心怡神"。美感的愉快的情感是以前者为基础，以后者为特质的。我们现在对这两种不同层次的美感的愉快的情感进行具体分析。

娱目悦耳。美感的愉快的体验往往同感官的快适的感受相联系，这不是偶然的。美的认识不能脱离对象的现象、形式，审美主体对于对象的美的反映也要以感觉活动为起点。车尔尼雪夫斯基说："美感是和听觉、视觉不可分离地结合在一起的，离开听觉、视觉，是不能设想的。"① 视觉、听觉同美的感受有着最直接的联系。视听感官接触到审美对象的现象、形式而引起快适和满意的感受，形成了美感中最初级的一种情绪体验，并成为构成美感中愉快的情感的感动的一个条件。在一般的审美欣赏中，这种感官的快适感受表现得极为普遍。从观赏一朵鲜花到观赏一幅绘画，从聆听一阵莺鸣到聆听一支乐曲，伴随着对于审美对象的感性形式如色彩、线条、音调、节奏的感知，审美主体都会产生"娱目""悦耳"的快适感受。特别是在观赏自然现象之美时，这种感官的快适感受在美感中起着很重要的作用。"生生燕语明如翦，呖呖莺歌溜得圆""日出江花红胜火，春来江水绿如蓝"，这些自然美的声音、形态、色彩、光线，均使观赏者感到快适惬意，以至于无法掩饰对自然美的热爱之情。在艺术欣赏中，作品的形式方面具有诱人的力量，也往往和它能引起感官快适的感受分不开。如绘画中色彩的鲜明、音乐中音调的和谐、舞蹈中身姿的婀娜、诗歌中韵律的配搭等，均可以给欣赏者以娱目悦耳之感。

由审美对象所引起的感官的快适感受，虽然也是美感产生的一个条

---

① ［俄］车尔尼雪夫斯基：《生活与美学》，周扬译，人民文学出版社1957年版，第42页。

件，但它本身并不就等于美感，也不是美感的特质。正如对审美对象的感性形式的感知仅仅是美的认识的初步阶段一样，感官的快适感受也仅仅是美感中愉快的情感的感动的基础。如果说感官的快适感受作为美感中一种初级的情绪活动，只是与低级的心理过程（感觉、知觉）相联系，主要属于生理上的快适与满足，那么，情感的愉快感动则是与人的高级心理过程（创造想象、形象思维）相联系，根本上属于精神上的愉快与满足。我们既不能否定二者的联系，也不能忽视它们之间的根本区别。由于在美的认识中，对于对象美的感性形式和现象的感知，总是同对于对象美的理性内容和本质的想象、理解等理性认识结合在一起的，所以美感中感官的快适感受也就不能完全脱离感情的愉快的感动而孤立存在。尽管在欣赏不同种类的美或不同的审美对象时，美感中感官的快适感受和感情的愉快的感动之间的关系不是完全相同的，但一般说来，真正深刻的美感是不能仅仅停留在感官的快感上的。随着美的认识的深入，美感的体验也必然由感官的快适感受进到感情的愉悦的感动。

愉心怡神。美感的特质在于美的情感的愉悦的感动，即由于美的认识而获得精神上的满足、愉快、陶醉。美的认识是感性与理性、个别与一般、内容与形式相统一的形象思维活动，它包括了感知、理解、联想、想象等多种心理功能。这些心理功能的互相作用和辩证统一，使得审美主体能够通过个别的感性的形象的形式，直悟到真和善的普遍的理性内容，领会到自然和社会的本质规律，这样对具体形象的客观真理和社会规律的认识，必能使人得到非同寻常的感触和启发，从而感到整个精神的满足和愉快。亚里士多德说"人对于模仿的作品总是感到快感"，之所以如此，是因为我们观赏这些作品时，"一面在看，一面在求知"。[1] 这种说法虽然显得比较简单，但它肯定了美感的愉快同形象的认识和求知密切相关，这是符合实际的。当然，美感的认识和科学的认识不一样，前者是具体形象的真理的认识；而后者则是抽象的原则原理的认识，所以美感的愉快不等于科学认识中发现真理的愉快。正如鲁迅所说，艺术作品是将"人生诚理"体现于使人可以直接感受的具体形象之中的，所以欣赏者就能在感受具体形

---

[1] ［古希腊］亚里士多德、［古罗马］贺拉斯：《诗学·诗艺》，罗念生、杨周翰译，人民文学出版社1962年版，第101页。

象中"与人生即会",通过具体形象认识到"人生之阃机",于是便感到"灵府朗然",快然自足。这都说明美感的愉快是同美的认识——具体形象的真理的认识密不可分的。

在实际的审美活动中,美的认识和美的情感的愉快的感动是契合为一、互相融合的。在许多情况下,人们往往感觉不到对美的对象的明显的认识过程,而是一眼见到美的对象就感到愉快喜悦,整个身心都受到震动。如莎士比亚戏剧中所写的罗密欧与朱丽叶初次相遇便觉对方非常合意,遂欢快异常;贝蒂娜一听到贝多芬的《月光奏鸣曲》,便觉神魂颠倒,整个灵魂为之陶醉。这种情况比较集中地表现了美的情感的愉快与感动的特点,因而在美感研究中从来就是受到特别的重视的。有些美学家也据此否认美感中的愉悦情感起因于美的认识这一点。其实,在审美主体遇到上述美的对象之前,在日常生活中经过形象思维的作用,在意识中对客观事物进行比较、概括、综合、改造,已经形成了一般与个别、感性与理性高度统一的美的观念。这种美的观念是根源于客观事物的美,是客观事物的美的反映。然而这种美的认识过程往往不为人所自觉,所形成的美的观念往往也不够明确、不够完全。一旦审美主体遇到某一美的对象和原有的美的观念恰相符合,美的观念遂变得更加鲜明、充实而完全,于是精神顿然获得满足,引起强烈的感情的愉快。由此可见,一接触美的对象就感到情感的愉悦,也还是基于美的认识的。

美感的愉快和审美过程中由审美对象所引起的其他各种相伴随的情绪和情感活动,属于美感中情感的不同层次,二者既有联系又有区别。如上所述,在审美过程中,由于对审美对象的各种具体内容和形式的感知、联想、想象、理解、思维,会产生多种性质的、内容复杂的情绪和情感活动。然而这些情绪和情感活动,只是美感心理活动的构成因素之一,是形成美感的一种必要条件,它们并不就是完全的美感。但这种情绪和情感活动是由审美对象所引起的,是和美的认识以及由此产生的美感愉快相伴随的,因而它不仅和美的认识密切相关,而且对美感中愉快的情感的感动的形成也有极大影响。譬如读一部小说或是看一部电影,随着它的情节的展开,你必然会被其中所描绘的现实生活和人物的思想感情所感动,从而对作品中的人物产生各种各样的情感反应。特别是对于你所同情的人物,你会倾注你全部的感情去热切地关注他的命运,他的快乐会使你高兴,他的痛苦会使你悲哀。如果没有这样的情感体验，那就很难深刻地感受艺术形象，也难以形成美的认识，更难引起美的情感的愉快的感动。所以，在艺术欣赏中，欣赏者越是受到作品的情感的感染、打动，便越是易于进入作品的艺术境界。同时，欣赏者也就在这种艺术境界中，使自己的各种情绪和情感得到正当的抒发，受到有益的陶冶。所以，通过审美中这种多样的、复杂的感情活动，最后所给予人的总的体验，仍然是精神的愉快、满足。亚里士多德指出，悲剧能使我们获得一种"它特别能给的快感"，而"这种快感是由悲剧引起我们的怜悯与恐惧之情，通过诗人的模仿而产生的"。[1] 也就是说，悲剧所引起的审美愉快是和它所引起的特殊情感——怜悯与恐惧结合在一起的。怜悯和恐惧本来都是痛苦的感情，但是通过悲剧诗人的摹仿，人们可以在欣赏悲剧艺术中使这两种情感得到正当的抒发，进而受到健康的陶冶，这就是亚里士多德所说的悲剧的情感的"净化"作用。所以，在欣赏悲剧的过程中产生的哀怜之情虽然是一种痛感，但是由于它能使欣赏者的情感受到健康的陶冶，因而可以成为形成美感愉快的一个因由。可见，美感愉快和它所伴随的审美中的其他情感活动固然属于美感中情感的不同层次，但二者又是互相联系、互相影响的。美感愉快的形成既与审美对象所引起的其他情感活动有关，当然也会因它所伴随的其他情感活动的不同而具有不同的特色。所以，崇高的美感不同于优美的美感，悲剧的美感不同于喜剧的美感。可见美感作为一种情感活动，它的结构形态也是非常多样、复杂的，由此所形成的美感的种类也是不同的。

第三节　作为美感倾向和成果的审美情趣

　　美感中情感的另一个层次是审美情趣。所谓审美情趣，是指人在审美活动中表现出来的喜欢什么、不喜欢什么的情感的倾向性。它不同于某一具体的审美心理过程中的情绪和情感的活动，也不同于审美心理活动的整合作用而产生的美感愉快，而是体现在个人审美活动中的一种主观的爱好。它虽是美感的成果，却又渗透在具体的审美感受中，并对美感中的其

---

[1] ［古希腊］亚里士多德、［古罗马］贺拉斯：《诗学·诗艺》，罗念生、杨周翰译，人民文学出版社1962年版，第43页。

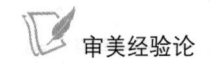

他情感活动产生重大的影响。审美情趣形成以后，就成为一个人的情操的组成部分。

审美情趣虽然直接表现为审美中情感的倾向和主观的爱好，但它的思想基础是审美理想，所以，它是同审美理想直接联系在一起的一种高级的社会情感。审美情趣和审美理想都是审美的主观的、受社会制约的方面，如果忽视它们在美感形成中的作用，就不可能彻底认识审美意识的本质。审美理想是审美主体关于美的观念的最高体现，它集中表现了审美主体关于完善的、美好的、合乎愿望的生活的观念。一方面，它与一定的世界观相联系，具有深刻的理性内容；另一方面，它又同审美感受相联系，具有具体的感性形式。在审美活动中，审美理想成为审美主体衡量一切现实现象和艺术作品的审美价值的标准，具有不同的审美理想的主体，对于同一客观对象可以做出完全不同的审美评价。审美理想具体表现在审美情感的形式中，就形成审美情趣。所以，审美情趣和审美理想是完全一致的。审美理想是怎样的，审美情趣也必然会是怎样的。

审美情趣的形成同美感经验相关，但它又不仅仅是美感经验的直接结果，它同一个人的思想感情、生活经验、文化教养以及个性心理特点等都有一定的联系；一定的社会生活条件以及在此基础上产生的整个社会意识，也都对其形成起着制约作用。

审美情趣作为一种特殊的社会意识的表现，归根到底是由审美主体所处的社会物质生活条件决定的。不同时代、不同民族、不同阶级之所以会具有不同的审美情趣，根本上取决于它们的不同的社会生活条件。普列汉诺夫在考察和分析了原始部落民族审美意识的形成过程以后，科学地指出："为什么一定社会的人正好有着这些而非其他的趣味，为什么他正好喜欢这些而非其他的对象，这就决定于周围的条件。"①"这些条件说明了一定社会的人（即一定的社会、一定的民族、一定的阶段）正是有着这些而非其他的审美的趣味。"② 审美趣味和人的整个审美意识都不是孤立地产生的，而是"与复杂的观念以及思想的进程密切联系在一起的"，有时候正是在这些观念的影响下产生出来的。审美趣味与这些复杂观念的联系，

---

① 《普列汉诺夫美学论文集》（Ⅰ），曹葆华译，人民出版社1983年版，第332页。
② 《普列汉诺夫美学论文集》（Ⅰ），曹葆华译，人民出版社1983年版，第320页

也仍然是由一定的社会物质生活条件决定的。所以,审美情趣虽然往往通过个人主观爱好的形式表现出来,却不仅仅是个人主观上偶然的产物。一个人喜爱什么审美对象,对什么样的现实事物和艺术作品最易产生美感愉快,这虽然具有个人特点,但个人的东西实质上都不能脱离一定的社会关系和社会条件的影响。不同时代、不同民族、不同阶级的审美趣味正是通过个人的审美爱好表现出来,并渗透在个人的审美感受中,对个人的美感的形成起着制约作用,从而使个人美感在一定程度上反映出美感的时代、民族和阶级的差异。狄德罗一点也不喜欢优雅和"感官享乐"的布歇的绘画,却对被称为"画面中的道德"的格勒泽的画表示最高的赞赏;列宁那样爱好贝多芬的音乐和托尔斯泰的小说,却不能从表现派、未来派、立体派的作品中得到任何快乐。表现在个人美感中的这种审美爱好的差异,其实正是反映了审美情趣受时代和阶级的制约的性质。

审美情趣的形成和个人的生活经验、思想感情、文化教养以及个人心理特征等也有密切关系,这就是审美情趣之所以总是带着个人特点的原因。一般说来,审美主体往往是根据自己的生活经验、思想情绪,来确定对审美对象的感知的选择和注意,来理解审美对象的意义,并且根据已有的生活经验和情绪记忆来进行联想和想象,补充和丰富审美对象的内容。由于生活经验、思想感情、情绪记忆的不同,人们在欣赏美的对象时,对审美对象的选择、感知、注意、联想、想象和情感反应也会不同,这样就形成了个人美感经验的差异。久而久之,在这种个人美感经验的基础上,就会形成带有个人特色的审美情趣。如王维的山水田园诗中所表现出来的那种对于静穆、悠闲、安谧的田园风光和山水景物的强烈爱好,就是同他自己所过的闲适、隐逸的生活以及思想上的清净无为的佛教色彩相联系的。又如李清照在她的后期词中特别喜欢描绘那种凄凉、凋残、灰暗的自然景物,这种审美情趣也是同她个人家破人亡、流离颠沛的遭遇以及由此而来的深愁惨痛的心境分不开的。同时,一个人在审美上的个人爱好和兴趣,又总是同他的性格、气质等个性心理特点有一定关系。性格是由人对现实的稳固的态度以及与之相适应的习惯了的行为方式所构成的心理面貌的一个突出方面;气质是表现于心理活动的动力上的典型的、稳定的心理特点,性格、气质是形成个人心理特征的重要因素,最能显示出一个人的个性特点。无论是美的欣赏还是艺术创造,一个人的美感意识活动总是深深印刻着他自己的个性心理特征的烙印。"慷慨者逆声而击节，酝藉者见密而高蹈，浮慧者观绮而跃心，爱奇者闻诡而惊听。"（刘勰：《文心雕龙·知音》）欣赏者性格、气质个性心理特点的不同，影响着对艺术作品的不同的审美爱好。"知多偏好，人莫圆该"，人们在审美活动中表现出个人偏爱是合乎规律的，正当的个人审美爱好是应该保持的。审美爱好上的个人差异，正反映出人们审美需要的多样性和丰富性，它是审美活动中的一种正常现象。

审美情趣作为审美中的一种情感倾向，同美感中其他层次上的情感活动是互相依赖、互相作用的。一方面，审美情趣通过美感中其他层次上的情感活动得到具体的表现，并且在美感中其他层次的情感的基础上形成；另一方面，审美情趣一旦在社会条件制约和个人因素影响下形成以后，又作为审美的主观方面，对于美感中由审美对象所引起的各种情感活动和美感愉快，起着一定的制约作用。面对同一审美对象，由于人们的审美情趣不同，可能会做出不同的审美评价，产生不同的情感反应。正是审美情趣的不同，制约着对审美对象的审美评价和情感反应，因而使美感愉快的情感的感动产生了巨大的差异。

总的说来，美感中的情感活动尽管具有不同的层次、不同的内容和表现形式，它们却是互相依存、互相联系、互相作用的有机整体。各个不同层次的情感在互相联系和作用的关系中，形成作为整体的美感情感的特点和运动规律。

第四篇 审美经验与艺术特性

第十一章 从认识和情感统一看艺术的审美特性

在艺术的本质和特征的理论探讨中，涉及如何看待艺术中的认识和情感的关系问题。对于这个问题，在美学界有两种值得注意的看法：一种看法是片面强调艺术的认识性质，忽视以至否认艺术的情感特点，认为艺术和科学的区别仅在于"认识形式的不同"，艺术就是"认识现实的特殊形式"；另一种看法则是片面强调艺术的情感特点，忽视以至否认艺术的认识性质，认为艺术和科学的区别就在于"一是情感、一是认识"，艺术就是"情感的表现"。这两种看法，笔者认为都没有全面把握艺术的本质和特征，也不符合艺术创作中认识和情感互相渗透和作用的心理活动规律。艺术是人对现实的审美关系的集中表现，是对社会生活的审美的反映。这种反映被特定的审美对象和审美主体所规定，在认识过程上表现为感性与理性的辩证统一，在心理过程上表现为认识和情感的互相交融，由此形成艺术反映生活在内容和形式上的诸种特点。因此，要真正掌握艺术的审美本质和特征，就需要结合审美意识和审美经验的特点，对艺术中认识和情感的相互关系作深入细致的分析。

第一节 艺术的特殊对象和艺术的情感特点

长期以来，我们的文学艺术理论对于情感在艺术中的地位和作用认识相当不足。这种理论上的偏差，不能说和对艺术特征的某些片面理解无关。对于艺术的特征，过去通行的看法认为它是"用形象反映社会生活"。这种提法坚持了唯物主义反映论，并且吸收了美学史上对艺术特征的合理看法，从一定方面揭示了艺术与科学的区别，应当说基本上是正确的。但是，这种提法本身也有它的不完善之处，因为用"形象反映生活"来规定艺术的特性，从表述本身来看主要还是从如何反映生活的方式上对艺术和科学加以区别，并没有涉及艺术和科学在反映的对象、内容上有什么不同。不少理论著作在表述这一观点时，往往引证别林斯基的有关论述，而别林斯基的看法，恰恰就是认为"艺术和科学……之间的差别根本不在内容，而在处理特定内容时所用的方法"[①]。这里就存在一个问题，既然艺术和科学在反映生活的对象和内容上是完全一样的，何以又会在反映的形式和方法上有如此的不同呢？所以，用"形象反映生活"来说明艺术的特征，尽管从一定方面来看是正确的，也还需要进一步探求它的内在根据，需要加以补充。别林斯基虽然讲过艺术和科学的区别不在于内容的话，但他在其他地方却精辟地分析了艺术在反映现实的内容上的特点，这说明他的看法也是不断得到补充和丰富的。我们更不能在他的某一论断上踟蹰不前。在理解艺术特征上更成问题的，还不仅在于"形象反映生活"这一提法本身的不够完善，而在于这一提法所引起的各种误解。如有人据此提出：艺术和科学都是认识，"这两种认识的对象和目的……都是相同的"，"所不同的，只是认识的形式"。[②] 这不仅否认了艺术的认识和科学的认识在对象、内容上的区别，而且把艺术对现实的反映只是局限在认识的范围之内，完全排除了感情的因素。从这种片面理解出发，当然不可能正确认识情感在艺术中的地位和作用。

我们认为，艺术是人对现实的审美反映的高级形态，它和科学的区别不仅在于反映的方式，而且在于反映的对象、反映的内容。正是这种特殊的对象和内容，使艺术的认识区别于科学的认识，也使情感因素在艺术中具有了在科学中所不可能具有的地位和作用。

从总体上来看，无论是文学艺术还是其他社会意识形态，都是社会生活、社会存在的反映。但这是从它们作为社会意识的来源上讲的，并不是说它们在反映的具体对象上没有差别。事实上，各门社会科学便是以社会生活的特定方面、特定领域作为自己的研究对象的，也正是研究对象的不

[①] 《别林斯基选集》第2卷，满涛译，时代出版社1952年版，第428—429页。
[②] ［苏］涅陀希文：《艺术概论》，杨成寅译，朝花美术出版社1958年版，第10页。

第十一章　从认识和情感统一看艺术的审美特性

同,才使各门社会科学的形成成为必要,并使它们互相区别开来。然而,艺术反映对象的特殊性,又恰恰在于它不像社会科学那样,仅仅反映社会生活的某一特定方面、某一特定领域。艺术反映以人为中心的社会生活的整体,它把被一定社会关系所制约,具有思想、感情、意志、愿望和个性特征的活生生的人,作为自己反映的特殊对象,所以艺术表现的重点是人的性格、人的灵魂、人的精神世界。歌德说:"艺术作品必须向人这个整体说话";黑格尔把人的性格看作"理想艺术表现的真正中心";列夫·托尔斯泰明确指出"艺术的主要目的就在于表现和揭示人的灵魂的真实"。这些都是指明了艺术在反映对象上的特点。《高山下的花环》的作者正是摆脱了对战斗过程的较多描写,而把主要精力"用于了解英雄们的个性和命运,喜怒和哀乐,从多方面去探求他们的内心世界",深刻地展示英雄人物的心灵,才使得这篇作品在反映战争生活的深度和广度上都得到突破。所以,我们仅从艺术反映现实的方式去考察艺术的特点,而忽视了它在反映对象上的特殊性,就不可能深刻理解艺术的根本特点和特殊规律。

既然艺术的特殊对象是以人为中心的完整的社会生活,是被一定社会关系所制约的、具有个性特征的现实的、活生生的人,那么,艺术对生活的反映就不能像科学那样,舍弃生活的个别现象而抽取其共同本质,在感性认识基础上形成抽象的理性认识,而是必须在生活的个别现象和共同本质的有机统一中反映生活,使理性认识始终与感性认识相联系、相渗透,这就形成了艺术的审美认识不同于科学的认识的特点。同时,既然艺术是像生活本身那样,在个别现象和共同本质的有机统一中表现人的生活和斗争、人的性格和精神世界,那就不能不突出描写人的感情,也不能不唤起作家艺术家对认识对象的情感反应。这就使艺术家对生活的认识过程始终伴随着强烈的情感体验,并且总是要把对客观生活的认识和主观感情的表现融为一体,从而使艺术对生活的反映具有了科学反映所不可能具有的认识和情感相结合、相统一的审美特征。

科学对现实的认识是不是就一定完全不带有情感呢?当然不能这样说。列宁说得好:"没有'人的感情',就从来没有也不可能有人对于真理的追求。"[①] 科学家在认识活动中有新的发现会产生喜悦感,对科学研究中

[①] 《列宁全集》第 25 卷,人民出版社 1988 年版,第 117 页。

出现的新现象会产生怀疑感和惊讶感，这些情感对于推动科学家认识真理无疑起着重要作用，但它并不和科学家对客观事物本质规律的认识交融在一起构成科学的内容。科学的任务是探求客观真理，而不是表现主观感受。在意识形态的各种理论部门中，情感自然也有所表现。例如对于某些道德准则和法律规范的肯定和维护，对于违背这些准则和规范的行为的批判和谴责，就是带有情感的。然而这些理论部门由于分别面对社会生活的一定方面和领域，并且在认识生活时是以一般概括个别，具有理论认识的抽象性，所以就不可能对认识对象有深刻的感情体验，也不可能为感情的表现提供充分的条件。社会科学的理论著作主要是说理论证，而不是抒写情感。在艺术中，情况就完全不同了。艺术的认识对象本身是生动的、具体的、丰富的、完整的社会生活，是有感觉、有思想、有意欲、有希望并且充满着各种复杂变化的情绪、情感、心境、激情的人。对于这样的特殊对象，艺术家不可能无动于衷，不可能采取冷漠无情的态度。黑格尔说："艺术家不仅要在世界里看得很多，熟悉外在的和内在的现象，而且还要把众多的重大的东西摆在胸中玩味，深刻地被它们掌握和感动。"① 如果艺术家对他的认识对象不发生感情上的关系，没有被对象所感动，那么他就不可能真正的认识对象；如果艺术家对他反映的生活、描绘的人物没有真切的、深入的情感体验，那么他就不可能对生活进行真正的艺术加工，不可能真实地表现人物的性格和内心世界。冈察洛夫说："我只能写我体验过的东西，我思考过和感觉过的东西，我爱过的东西。"② 巴金说："书中的人物都是我所爱过和我所恨过的。"这些优秀作家的创作体会都表达了一个朴素的艺术真理：只有作家感受过、体验过并与之发生过感情关系的生活，才能被选取为艺术反映的对象，并被加工为艺术的内容。当作家对某种生活、人物及其内心世界有了一定感受和理解，并在感情上被打动和感染时，他才有反映和表现它的冲动。《高山下的花环》的作者在创作体会中谈道，炮火中涌现的英雄人物及其可歌可泣的业绩感染着他、震撼着他，使他的灵魂"经受了烈士的热血的一次大洗涤"。一位烈士在牺牲前

---

① [德] 黑格尔：《美学》第1卷，朱光潜译，商务印书馆1979年版，第359页。
② [英] 里普斯：《论移情作用》，载古典文艺理论译丛编辑委员会编《古典文艺理论译丛》第8册，人民文学出版社1961年版，第189页。

第十一章　从认识和情感统一看艺术的审美特性

写给妻子的遗书中，叮嘱妻子用抚恤金偿还生前欠的账，而不要她向组织伸手；后来，烈士的妻子果然拿着抚恤金，卖掉她结婚时娘家陪送的嫁妆，和婆婆一起来到部队……这类撼人心魄的事迹，使作者"止不住热泪滚滚"，以致感到如骨鲠在喉，不吐不快。对生活的情感态度和情感体验，不仅是形成作家创作冲动的推动力，而且是艺术构思和形象创造中最重要的因素之一。作家总是带着自己强烈的爱憎感情来构思和描写作品中的人物，并且在想象中体验着人物的感情，分享着他们的悲苦和欢乐。别林斯基说："情感是诗情天性的最主要的动力之一。"[1] 罗斯金说："一个诗人是否伟大首先要看他有没有激情的力量。"[2] 古今中外，没有一部伟大的艺术作品不是作家艺术家在内心中经历了巨大的感情波涛和灵魂震动之后的产物。作家艺术家把他的审美感情渗透在对生活的认识之中，把他的情感体验灌注在艺术形象和人物性格的塑造中，这就使艺术作品的内容浸透了强烈的感情色彩，形成了科学所不可能具有的"以情动人"的巨大的艺术感染力。所以，讲艺术的特征，不能只讲形象，不讲情感；不能只讲反映生活方式上的特点，不讲反映生活内容上的特点。没有形象固然不能成为艺术，但光有形象没有情感也不能成为真正的艺术。因为正是来自生活的情感才赋予艺术形象以活力和内在生命。

艺术反映生活的情感特点，使艺术中的思想和感情具有一种特殊关系。艺术中的思想不同于科学中的抽象认识，它不应当是从某种逻辑概念中直接推理出来的，而应当是艺术家依据自己的全部生活经验，从自己对生活的感受和理解相统一的认识中吸取来的。因此，它必然是在艺术家的内心情感中深切体验过的思想，是"在情感上深受感动的、完全自觉到和发展出来的思想"（别林斯基语）。任何一种思想，哪怕是正确的思想，只有当它被艺术家的情感所容纳，同艺术家的情感协调一致时，它才可能被艺术家真正接受，并且转化为艺术形象的灵魂。如果思想没有被作家的感情所孵化、孕育，没有得到情感的支持和渗透，这种思想对于艺术作品仍然不过是外在的东西，不可能化为艺术形象的内在灵魂。中国古典美学向

---

[1] 中国社会科学院外国文学研究所外国文学研究资料丛刊编辑委员会编：《外国理论家作家论形象思维》，中国社会科学出版社1979年版，第74页。

[2] 参见［英］里普斯《论移情作用》，载古典文艺理论译丛编辑委员会编《古典文艺理论译丛》第8册，人民文学出版社1964年版，第99页。

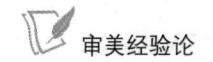

来重视艺术中理与情的特殊关系，追求"寓理于情"的艺术境界，这是达到艺术的思想性和艺术性相统一的必要条件。如果忽视了艺术的情感特点，让思想脱离情感，变成光秃秃的理论说教、赤裸裸的道德训诫，那就会使作品成为失去生活真实感和艺术感染力的公式化、概念化的东西。这当然是违背艺术的审美规律的。

第二节 艺术的认识内容和艺术认识的特质

纠正只从"认识形式"上考察艺术特征的偏颇，强调艺术反映生活的情感特点，对于更好地掌握艺术的规律是必要的。但是，我们也不能从一个极端走向另一个极端，轻视以至否定艺术的认识内容和认识作用。有的文章提出"艺术不是认识""认识性是可有可无的""对事物的认识（真实性），不应把它误认作艺术的内容"等等，实际上就是否认了艺术反映生活应该而且必须具有认识内容。还有的文章认为艺术的本质就是"情感的表现"，艺术与科学的本质区别就在于"一以'情感'、一以'认识'"①。这就从另一个方面把艺术中的认识和情感对立起来，使艺术中的情感表现完全脱离了认识内容，这些看法同样是不符合艺术对生活进行审美反映的特点和规律的。

艺术是否具有认识内容呢？这个问题无论从理论上或者实际上，应该说是都已作了明确回答的。马克思和恩格斯根据辩证唯物主义和历史唯物主义观点，指出艺术是反映一定经济基础并与之相适应的"意识形态的形式"，并且非常重视艺术的认识内容和认识作用。他们要求文艺作品要有"对现实关系的真实描写"，要具有"意识到的历史内容"；他们称赞巴尔扎克"对现实关系具有深刻理解"，认为他的作品描绘的现实图画"汇集了法国社会的全部历史"；他们同样称赞狄更斯、萨克莱等英国杰出作家的作品"向世界揭示的政治和社会真理，比一切职业政客、政论家和道德家加在一起所揭示的还要多"。类似的看法，还表现在他们对其他许多作家和作品（包括小说、诗歌、戏剧、绘画等）的评论中。如果否认艺术具有认识内容，否认艺术是对客观现实生活的认识，那么我们就无法理解马

---

① 参见《美术》1982年第7、8期。

克思主义经典作家对艺术与现实关系所做的深刻论述，也无法理解他们对文艺创作所提出的一系列原则和要求。高尔基说："文学到底是要为认识生活这个事业服务的，它是时代的生活和情绪的历史。"① 这是对文艺的认识内容和认识作用所做的符合实际的结论。中外文学艺术史上那些长期流传的优秀作品，它们之所以一直为人们所重视和喜爱，其中重要原因之一就是它们以千姿万态的艺术形象真实地反映了各个时代的生活和情绪，向人们揭示了生活的真理，具有宝贵的认识价值。正如鲁迅所说："盖世界大文，无不能启人生之閟机，而直语其事实法则，为科学所不能言者。所谓閟机，即人生之诚理是已。"② 如果艺术作品不能通过艺术形象真实地反映生活的本质，揭示出生活的真理，那么它是不可能具有强大的艺术生命力的。对于一个真正的艺术家来说，在感性和理性的相互作用和统一中，正确地认识现实生活，是进行艺术创作的必要前提。同时，作家艺术家对生活的认识是一个不断深化的过程，这个过程贯穿于创作过程的始终，它直接支配着艺术构思和传达中对于生活材料的加工改造。因此，从某种意义上来说，作家艺术家的创作过程也就是对生活的特殊的认识深化过程。当代作家茹志鹃在总结自己创作甘苦时说："在动笔以前，对所写的人和事，多少有些认识。然后根据这认识，再来取舍、安排，定下结构，再来下笔。"然而这还不够，还必须"一边写，一边对写的人和事加深认识"③，这样才能从人和事中提炼出较深刻的意义，开掘出生活的底蕴。以反映新时期的农村生活和刻画农民的精神风貌著称的作家高晓声也以自己的创作经验证实，"写小说思考得最细致、最认真的时候是在动笔之后"。他把构思、写作阶段称作是对生活的"再认识"阶段，并且认为"作者能否按照再认识的结果，采取严肃认真的态度去改正过来"，是"一篇小说能否写好的关键"。④ 艺术创作的中心任务是通过艺术的典型化，塑造出以现象充分揭示本质、使个别集中体现一般的典型形象。这个任务只有通过作家艺术家对生活感性与理性相统一的特殊认识活动才能完成。作家对生活的认识越是正确、越是深刻，就越是能保证和推动他在创作过程中对生活材料

---

① ［苏］高尔基：《文学论文选》，孟昌等译，人民文学出版社1959年版，第91页。
② 《鲁迅全集》第1卷，人民文学出版社1956年版，第203页。
③ 参见《文艺理论研究》1983年第1期，第73页。
④ 参见《文艺理论研究》1982年第3期，第29—30页。

进行典型化。列夫·托尔斯泰的《复活》的最初的素材是法官科尼对他谈起的罗萨丽雅·奥尼的案件,但他在数年间多次根据这个素材进行构思和写作,都未能取得令人满意的结果。究竟是什么推动着作家最终对整个素材进行根本的改造和增删,使他把重心从聂赫留朵夫移到马丝洛娃身上,突破原来的以表现聂赫留朵夫悔罪为主要内容的局限,并且从描写玛丝洛娃的个人悲剧,深入和扩展到描绘和揭露造成这一悲剧的整个沙皇俄国专制制度的罪恶呢?从托尔斯泰的日记中可以看到,推动作家对生活素材进行典型化加工的,正是他对所要描绘的现实生活反复思索、不断加深的认识。托尔斯泰说:"人物性格永远在运动,而一般人觉察不到这些性格发展的阶段性,艺术家却能够抓住那些典型特征并且帮助我们分析人物性格。而这方面便是文艺的巨大作用。"① 试问,如果否认文艺具有认识内容,否认艺术家的认识活动在创作中的重要作用,那么艺术家如何能够在现实生活和人物性格的不断运动和发展之中,抓住它们的典型特征,创造出真实地、典型地反映生活的艺术形象呢?

否认艺术具有认识内容的文章有一个重要理论根据,这就是所谓艺术和科学的区别在于"一以情感、一以认识"。依照这种理论,肯定了艺术是认识,就等于否认艺术和科学的区别、否认艺术的特点。这种理论显然是站不住脚的。前面我们说过,不能把艺术对生活的反映仅仅归结为认识,因为这会导致抹杀艺术的情感特点。但这绝不是说,艺术就不是一种认识,也不是说从对生活的认识来看,艺术和科学就没有区别。在肯定艺术是一种认识的前提下,科学地分析艺术的认识与科学的认识的不同,正是弄清艺术不同于科学的特点的基本方面。马克思在《〈政治经济学批判〉导言》中科学地提出艺术是人们掌握世界的一种方式,而这种方式既不同于对世界的科学理论的掌握,也不同于对世界的宗教的、实践—精神的掌握,这个论断对于我们考察艺术的特点无疑是具有巨大指导意义的。它清楚地告诉我们,艺术与科学的区别主要在于它们掌握世界的方式不同。那么,什么是马克思所说的掌握世界的方式呢?从他在论述中对于科学理论掌握世界的方式所做的具体分析来看,所谓"掌握世界"主要就是指"反映世界"或"认识世界"。列宁在《黑格尔〈逻辑学〉一书摘要》中也曾

---

① 《列夫·托尔斯泰论创作》,戴启篁译,漓江出版社1982年版,第96页。

写道："把握＝反映"，而"把握"与"掌握"基本是一个意思。所以，我们认为马克思所说的"掌握世界"的方式，主要意思就是反映世界的方式或认识世界的方式。科学理论掌握世界的方式是以概念形式进行的抽象思维活动，而艺术掌握世界的方式则是以形象形式进行的形象思维活动。它对现实的认识虽然也必须从感性认识进到理性认识，但却始终不脱离对现实的具体个别的感性现象的感受，而是通过对表象进行提炼、概括、分析、综合，在个别与一般相统一的典型形象中显示现实的本质。由此可见，艺术的认识和科学的认识，不论就认识的过程还是就认识的内容来看，都显出相当大的差异。就反映现实的认识过程来说，科学的认识主要以感性为基础的理性作用来完成，理性和感性表现为明确的阶段性；艺术的认识主要受理性制约的感性作用来完成，理性和感性始终是统一的。就反映现实的认识内容来说，科学的认识主要地是在一般里包括个别，形成抽象概念；艺术的认识主要地是在个别里显现一般，塑造艺术典型。总之，艺术的认识具有不同于科学的认识的特质。肯定艺术是一种认识，才能从这方面划清艺术与科学的区别。如果根本否认了艺术是一种认识，那也就无从考察艺术在认识现实上的特点，这又怎么能真正弄清艺术与科学的区别呢？

第三节　艺术中情感与认识相关联

如前所述，艺术对生活的审美反映是认识和情感的统一。排斥艺术的认识内容，孤立地强调情感因素，同否定艺术的情感特点、仅仅承认艺术的认识性质一样，都是不符合艺术对生活反映的实际情况的。艺术中的情感因素固然不可忽视，但它却不能脱离对客观现实生活的认识而形成，也不能脱离艺术的认识内容而表现。从人对现实反映的心理过程来看，情感与认识尽管属于不同的心理活动，它们反映现实的具体内容也不同，但情感与认识却是互相联系、互相作用的。心理学认为，情感是人对客观事物的态度的体验。人对客观事物采取怎样的态度，要以客观事物对人的意义如何、是否符合人的需要为转移。对人的主体需要毫无关系的事物，人对它是无所谓情感的；只有那种与人的社会性的需要有关的事物，才能引起人所特有的情感。而客观事物对人的意义以及与人的社会需要的各种联系，则必须通过人的认识活动才能够被了解。所以，人的情感总是伴随着认识活动而出现的，是在认识的基础上产生的。人从来没有无缘无故的爱，也没有无缘无故的恨，任何情感都是以人在社会实践中形成的认识作为内在根据的。鲁迅对阿Q所流露的"哀其不幸，怒其不争"的情感，不正是他站在彻底的革命民主主义的立场上，对阿Q及其一类人物所处的受压迫、受侮辱的社会地位，对他们身上存在的妨碍其觉悟的精神弊病有着深切的感受和清醒的认识，才形成得如此浓烈吗？列夫·托尔斯泰是非常强调艺术的情感感染作用的，但他有时却能根据自己的创作经验，正确指出艺术家的创作激情只能是诞生在对生活的探求、感受和理解之中。他在日记中说过："真正的艺术作品是有感染性的。只有当艺术家在探求、在奋斗的时候，这种有感染性的艺术作品才能够产生。在诗歌中，那种想要描绘现实中存在的东西的激情实在是由于艺术家在洞若观火以后，在现实中的物象在他脑子里定影以后，他渴望理解现实中存在的东西的隐藏的意义。"[①] 托尔斯泰在《复活》中对于沙皇俄国的法庭、监狱、官吏、教会的黑暗所表现的强烈愤怒和仇恨，对备受凌辱、迫害的女主人公的深切同情，难道不正是他对现实生活、对人物遭遇经过长期感受、理解、探求的自然结果吗？许多成功的艺术作品的创作经验都说明，作家艺术家对他所描写的人物及其内心世界感受得越是具体、理解得越是深入，其感情反应也就越是强烈。以具体描绘社会生活的人物和事件为主的叙事性作品，情感与认识的联系比较明显。作家将感情熔铸在对客观现实的形象化的认识之中，通过丰富多彩的认识内容来表现他自己以及他所创造的人物极其复杂细致的感情。如鲁迅称赞《儒林外史》"叙范进家本寒微，以乡试中式暴发，旋丁母忧，翼翼尽礼，则无一贬词，而情伪毕露"[②]，就是将情感隐含于具体认识内容之中的杰出一例。如果作家脱离了形象化的认识内容，让主观感情直接显露，反而会减弱对读者的艺术感染力。抒情性的作品以抒发艺术家内心的情感为主，情感因素更为突出，但这种情感仍然是以对现实的认识为基础的，并且在表现上一般也不应完全脱离对客观事物的形象化的认识。如李白的《古风》第十九，抒发了对叛军残暴的极大愤恨和

[①] 《列夫·托尔斯泰论创作》，戴启篁译，漓江出版社1982年版，第10页。
[②] 《鲁迅全集》第8卷，人民文学出版社1956年版，第184页。

对人民苦难的深切同情:"俯视洛阳川,茫茫走胡兵。流血涂野草,豺狼尽冠缨。"这种感情正是建立在诗人对安史之乱中的残酷现实有着较深的感受和理解的基础之上的,诗中通过对虚幻仙境的想象和现实中悲惨情景的认识,表达作者的内心矛盾和爱憎感情,也就显得哀婉动人。

排斥艺术的认识内容,孤立地、片面地强调表现情感,不仅不符合文艺反映生活的实际,而且对文艺创作也会产生不良影响。如有的文章认为:艺术作品只要表现了"主体的情感和内心世界","即使艺术家对客观世界的认识是片面的,甚至是错误的,也会产生好的作品"。[①] 这实际上就是说,艺术家可以拒绝正确的认识客观现实,而只需面对自己主观的情感和内心世界。果真如此,艺术应当真实地反映现实生活的原则不是被取消了吗?那些对现实生活作了歪曲的、错误的反映的作品不是也可以成为艺术珍品了吗?任何艺术作品都不能不表现作者的感情,但是并不是一切感情的表现都是积极的、有价值的。如上所述,人的感情总是伴随着对客观现实的认识并以认识作为基础。人对客观现实的认识既有正确的,也有错误的,因而人的感情也就既有为正确认识所支配的,也有为错误认识所支配的。在艺术作品中,作者所表现的感情只有当它受到正确认识支配,与所反映的生活的本质真实相符合、相一致时,它才能是积极的、有价值的。如果作者对客观现实的认识是错误的,对现实生活的反映是歪曲的,那么他所表达的主观感情就会被错误认识所支配,违背生活的本质真实和现实的发展规律,成为背"理"的情。这种情当然不能说是积极的、有价值的。近年来有些作品思想上的失误,其重要原因之一就是它们的作者不是将自己的主观感情建立在正确认识现实生活的基础之上,使主观感情正确地反映生活的真实;而是用主观感情代替对现实生活的正确认识,甚至不惜用主观感情去歪曲生活真实。这恰好从反面证明,那种片面强调表现主观感情、否定正确认识和反映生活的文艺主张是极其错误和有害的。

否认艺术的认识性质,片面地强调表现情感,还导致有的文章把艺术中的情感和思想对立起来,主张艺术只需要情感,不需要思想。大家知道,托尔斯泰在《艺术论》中曾经提出过语言传达思想、艺术传达感情的

[①] 参见《美术》1982 年第 8 期。

看法，普列汉诺夫看出了托尔斯泰在这里仅仅把艺术作为情感的表现的片面性，补充提出了"艺术既表现人们的感情，也表现人们的思想"的意见。应该指出，普列汉诺夫对艺术的本质和特点所做的界说，不能说是完善的、没有缺点的，但是他强调不要忽视艺术中思想的作用的看法无疑是正确的。可是，有的文章却认为普列汉诺夫"这个补充其实是多余的"①，说只需艺术表现感情，无需提艺术表现思想。还有的文章直接主张"艺术乃是一种偏重感情的、直觉性的、非理性的人类精神活动"②，明显地把艺术中的情感与思想和理性认识看成是毫不相关的。实际上，不管艺术家本人是否自觉承认，艺术作为社会意识形态之一，不体现一定的思想是不可能的。"甚至连那些只重视形式而不关心内容的作家的作品，也还是运用这种或那种方式来表达某种思想的。"③托尔斯泰虽然在对艺术定义作理论阐明时没有提到思想，但是他在接触创作实际时却是十分重视思想在艺术中的作用的。他对那些缺乏深刻的思想的现代作家的作品表示过强烈不满，明确指出："构成一部真正艺术作品的基础的东西必须是全新的思想或全新的感情。"④所以，任何作品所表现的感情都不可能与思想没有关系，不可能不受作家的理性认识和思想的影响和制约。优秀艺术的实践表明，作家艺术家被生活所激起的感情，只有获得了正确思想的指导，并且被充满时代精神的思想所进一步提高和深化之后，这种感情才能具有典型意义和重要社会价值，才能获得千百万人民群众的共鸣。"人生自古谁无死，留取丹心照汗青！"文天祥诗中这种激昂奋发的崇高的感情正是得到捍卫民族大义的正确思想所支持和提高的，所以它的感染力是普遍而强大的。别林斯基说得好："热情永远是在人的心灵里为思想点燃起来的激情，并且永远向思想追求。"⑤所以，对于艺术来说，"只有感情也是不够的：还必须有思想，正是思想构成了一切诗的真实的内容"⑥。

---

① 参见《美术》1982年第8期。
② 参见《美术》1982年第8期。
③ ［俄］普列汉诺夫：《没有地址的信·艺术与社会生活》，曹葆华译，人民文学出版社1962年版，第225页。
④ 《列夫·托尔斯泰论创作》，戴启篁译，漓江出版社1982年版，第96页。
⑤ 《别林斯基论文学》，梁真译，新文艺出版社1956年版，第53页。
⑥ 《别林斯基论文学》，梁真译，新文艺出版社1956年版，第53页。

第四节 情志说和情致说的审美内涵

艺术中的认识和情感的辩证统一，才能充分体现艺术的审美特性，才符合艺术创造的审美规律。这种看法，在中外美学思想史上都可以找到大量理论根据。

中国古代美学理论，向来重视对于文艺创作中思想与感情相互关系的研究，并形成了具有特定意义的概念和范畴。大致来说，我国古代诗文理论中所说的"理""义""志""思"等，指的是文艺创作中的思想认识和理性因素；而"情""情性""情趣""情韵"等，则指的是文艺创作中的感情和感性因素。在刘勰的《文心雕龙》问世以前，对文学创作影响较大的有"诗言志"和"诗缘情"的主张。前者主要是根据"诗"的创作经验提出的，后者则主要是根据"骚"的创作经验提出的。但"诗""骚"本身就是在某种程度上把"志"和"情"结合在一起的。《诗大序》说："诗者，志之所之也，在心为志，发言为诗。情动于中而形于言。"这不仅讲了诗歌言志的性质，而且也谈到了它的抒情的特点。所以，"言志""缘情"两种主张尽管在主志主情方面各有侧重，但实际上并没有把文艺中的"情"和"志"看成互相绝缘或完全对立的东西。刘勰的《文心雕龙》在总结"诗""骚"创作经验的基础上，广泛吸收了前人理论成果，更自觉地意识到文艺创作中"志"和"情"不可分离的关系，并在理论上使二者形成一个有机统一的整体，明确提出了"情志"这个具有特殊内含的美学概念，使情志说成为我国古代美学中阐明文艺的思想与感情、情与理统一规律的重要理论。

《文心雕龙》十分重视情感在文艺创作中的作用，全书提到"情"和与之相关的概念的地方不胜枚举。但值得注意的是，刘勰并不是孤立地、片面地强调"情"，而总是反复强调"情"和"理"、"情"和"志"的互相联系、互相渗透。"情"和"理""志"不是同时并举，就是互文同义的。这种情况触目皆是，如"情动而言形，理发而文见"（《体性》）；"志足而言文，情信而辞巧"（《征圣》），都是将"情"与"理""志"并举；又如"情者文之经，辞者理之纬"（《情采》），"率志以方竭情"（《养气》），便是"情"与"理"、"情"与"志"互文。值得注意的是，《文

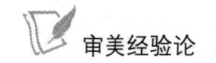

心雕龙》还把"情"与"理"、"情"与"志"作为一个词来用，如"情理设位，文采行乎其中"（《熔裁》），"必以情志为神明"（《附会》）等。这说明刘勰已经认识到文艺中的思想和感情是互相交织在一起的有机整体，所以文艺的内容既不同于单纯的理性认识，也不等于单纯的情感，而是二者化合为一的某种特殊的东西。这是中国古代美学对文艺审美特性的认识的一个重要发展，特别值得重视。

关于艺术创作中思想和感情、情和理互相结合的特点，在西方美学理论中，也是有深刻论述的。如黑格尔认为艺术美在于描写理想的人物性格。性格是普遍力量在个别人物身上的具体体现，也就是理念的感性显现。所以，艺术美只有在描写人物性格上，才能得到最完满的体现。但是，性格并不是抽象的东西，它具体表现在动作和情节上。人物的动作和情节是由内因和外因相互矛盾和冲突而形成的。形成人物动作的外因，黑格尔称为"情境"；形成人物动作的内因，黑格尔称为"情致"。所谓"情致"，黑格尔解释说，它是那种"活跃在人心中，使人的心情在最深处受到感动的普遍力量"，是"存在于人的自我中而充塞渗透到全部心情的那种基本的理性的内容（意蕴）"。[①] 就是说，"情致"是作为理念的"普遍力量"在个别人物身上所形成的主观情绪力量，是一种渗透着"理性的内容"的情感。这种情感不同于低劣的情欲，而"是一件本身合理的情绪方面的力量，是理性和自由意志的基本内容"[②]，也就是情与理的统一。黑格尔认为，艺术要能感动人，引起人们在感情上共鸣，就要在人物身上表现出一种具有普遍理性的感情力量，使理性内容和感情力量融为一体，这才符合艺术美的理想。

由此可见，在强调文艺中的"理"与"情"互相结合上，刘勰的情志说和黑格尔的情致说，可说有异曲同工之妙。从精神实质上看，二者都反对把艺术中的"理"看成抽象的理，而主张"理"应取感性形式并融化在"情"之中，使"理"具有强烈的感情色彩；同时，它们也都不赞成使艺术中的"情"脱离"理"、排斥"理"，而是要求"情"应受"理"的支配，使"情"渗透到深刻的理性内容之中。实践证明，在文艺创作中坚持

[①] ［德］黑格尔：《美学》第1卷，朱光潜译，商务印书馆1979年版，第295页。
[②] ［德］黑格尔：《美学》第1卷，朱光潜译，商务印书馆1979年版，第296页。

第十一章 从认识和情感统一看艺术的审美特性

理与情辩证统一的审美规律，才能创造出思想性和艺术性相统一的真正的艺术作品。如果忽视文艺的感情因素，片面强调理性认识因素，否认艺术认识和科学认识的区别，那就会使艺术变成赤裸裸的理论说教和道德训诫，这种作品必然是丧失生活的具体真实性和艺术感染力的公式化概念化的东西，不可能具有美的魅力。另一方面，如果忽视文艺的认识内容和理性作用，片面强调感情因素，像某些西方美学理论那样，把艺术的本质归结为主观感情的表现，那就会使艺术离开正确思想的支配和指导，脱离客观的现实生活基础，使作品失去深刻的思想和历史内容，不能发挥应有的社会作用。从防止和纠正文艺创作中这两种片面倾向来看，情志说和情致说中所包含的辩证思想都是值得重视的。

刘勰的情志说和黑格尔的情致说虽然都强调艺术的理与情相统一的审美特性，但它们又是从不同角度、不同方面来论述这一问题的。黑格尔提出情致说主要是就人物性格的创造来说的，实际上它应该是黑格尔关于人物性格理论的组成部分。黑格尔认为"性格就是理想艺术表现的中心"，所以对于情致的探讨也必须与人物性格结合起来。"情致如果要达到本身具体，像理想的艺术所要求的那样，就必须作为一个丰富完整的心灵的情致而达到表现"，"而在具体活动状态中的情致就是人物性格"。[1] 在黑格尔看来，情致是构成性格的具体内容，而性格则为各种情致的集中表现。因此，他对于理想的人物性格的要求，便都是从情致说引出的。他一方面要求人物性格具有明确性，也就是"须有某种特殊的情致，作为基本的突出的性格特征，来引起某种确定的目的、决定和动作"[2]；另一方面又要求人物性格具有丰富性，也就是"不只具有一个神来形成他的情致；人的心胸是广大的，一个真正的人就同时具有许多神，许多神只各代表一种力量，而人却把这些力量全包罗在他心里"[3]。只有将上述两方面统一起来，既使植根于普遍力量的情致在性格中居于统治地位，又表现出"完满的内心世界的丰富多彩性"，这才符合黑格尔对艺术中理想的性格的要求。由此可见，黑格尔提出情致说，主要是用于阐明他的典型性格的理论，它是对西

---

[1] [德] 黑格尔：《美学》第1卷，朱光潜译，商务印书馆1979年版，第300页。
[2] [德] 黑格尔：《美学》第1卷，朱光潜译，商务印书馆1979年版，第304页。
[3] [德] 黑格尔：《美学》第1卷，朱光潜译，商务印书馆1979年版，第301页。

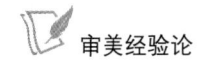

欧文艺创作经验，特别是从希腊史诗、悲剧到莎士比亚、歌德等以叙事、戏剧作品为主的创作经验所做的理论概括。

刘勰的情志说所涉及的范围，却不限于人物性格创造问题，而是广泛涉及文学的内容、文学创作的构思以及文学的性能功用等多方面的问题。如《情采》篇提出"为情造文""述志为本"，其中情志概括了文学内容方面的特点。《神思》篇指出"神用象通，情变所孕，物以貌求，心以理应"，就是说在构思中，形、神、情、理是彼此依存、互相交织的，这就涉及文学创作中特殊的心理活动，同形象思维也就密切相关了。《明诗》篇说："诗者，持也，持人情性"，就是说诗以熏陶人的性情为目的，这是就艺术在社会作用上的特点讲的。《情采》篇说："志思蓄愤，而吟咏情性"，就是说作家有情志，怀忧愤，有真情实感要抒写，才能进行文学创作，这是从创作的特殊起因、功能上讲的。综观刘勰在《文心雕龙》中对"情""志"及其相互关系的论述，可以说是从文学创作的内容、构思、起因、功能等各个侧面，较为全面地触及了文艺作为审美意识的特点问题。这是他对我国古代文学创作经验，特别是对诗经、楚辞、汉魏诗赋等以抒情为主的文学创作经验所做的精辟的理论概括。如果说黑格尔的情致说是西方典型性格理论的一个支点，那么刘勰的情志说便是形成我国古代特有的美学范畴——"意境"的一个支点。后人论意境，虽然说法不尽相同，但其形成的内在秘密却恰恰是在情、理、形、神的相互依存、相互渗透的关系之中。

把刘勰的情志说和黑格尔的情致说分别放在中西美学思想的发展中来看，它们的影响同样都是巨大的。其中最为突出的影响之一，就是推动了后来对于文艺审美特点和文艺创作的特殊规律的研究。就中国古代美学思想的发展来说，刘勰的情志说一直影响着后来的一系列诗文理论。这些为数众多的诗文理论，虽然也有的偏重义理，忽视感情；有的偏重感情，忽视理性，但总的来说，则是在克服各种片面性中，继承和发展了情志说，使文艺创作中情与理的特殊性质和文艺的特点得到更加深入、更加全面的阐明。如清初杰出思想家黄宗羲论诗文，就是把"性情"和"理"结合在一起来谈的。他反复强调诗的"性情"的重要，但并不排斥"理"，并指出"文以理为主"；他虽然重视"理"的作用，但又指出"理"必须通过

第十一章　从认识和情感统一看艺术的审美特性

"情"来表现，"情不至则亦理之郭廓耳"①；所以只有情理交融，寓理于情，才可以发挥"移入之情"的特殊作用。这种看法和刘勰的情志说不是一脉相承的吗？再如叶燮在《原诗》中提出诗人要以卓越的才、识、胆、力去反映客观世界的理、事、情的主张。他针对严羽在《沧浪诗话》中强调"情性""兴趣"而忽视理性活动的倾向，特别论述了"情"和"理"互相依存和交融的关系，认为文艺创作反映现实应是"情理交至""情必依乎理；情得然后理真"②，这就防止了在创作中割裂情、理的各种片面倾向。尤其值得称道的是，叶燮还对艺术表现中"理、事、情"的特点作了细致深入的考察，提出"惟不可名言之理，不可施见之事，不可径达之情，则幽渺以为理，想象以为事，惝恍以为情，方为理至事至情至之语"③。这就进一步接触到形象思维和文艺创作的心理活动的特点问题，可以说是对刘勰的情志说的一个重要发展。

　　从西方美学史上看，黑格尔的情致说的影响也极为深远，其中特别值得注意的是俄国革命民主主义美学家别林斯基对于黑格尔情致说的继承和发展。在1843年评《谢内依达·P的作品》和1844年论《亚历山大·普希金的作品》第五篇里，别林斯基都用了"情致"这个概念来阐明文学反映现实在内容上的特性。他说："艺术不能容忍渗入抽象的哲学观念，尤其是理性观念：它只能容受诗情观念；而诗情观念不是三段论法，不是教条，不是规则，它是活生生的情欲，它是情致。"④ 这里，别林斯基抛弃了自己关于诗与哲学在内容上没有区别的看法，明确提出艺术不能像哲学那样容忍"抽象观念"，而只能容受"诗情观念"，而"诗情观念"也就是"情致"。和黑格尔不同的是，别林斯基在阐明"情致"的内涵和来源时，扬弃了黑格尔那种神秘主义和唯心主义色彩，从唯物主义观点给予了更为符合艺术创作实际的解释。按照别林斯基的理解，"情致"是一种饱和情

---

① （清）黄宗羲：《论文管见》，载郭绍虞主编《中国历代文论选》第3册，上海古籍出版社1980年版，第265页。
② 叶燮：《原诗》，载北京大学哲学系美学教研室编《中国美学史资料选编》下册，中华书局1981年版，第315页。
③ 叶燮：《原诗》，载北京大学哲学系美学教研室编《中国美学史资料选编》下册，中华书局1981年版，第315页。
④ 中国社会科学院外国文学研究所外国文学研究资料丛刊编辑委员会编：《外国理论家作家论形象思维》，中国社会科学出版社1979年版，第70页。

感的思想，也可以说是渗透思想的情感，是"思想和情感的互相融合"所形成的艺术反映现实的特殊内容，也是艺术家进行创作的精神特点。所以，对于艺术来说，情致的表现就意味着艺术创作的特点，就是达到艺术性的重要标志。因为在作品中只有使"思想消融在感情里，而感情也消融在思想里；从思想和感情互相消融里才产生高度的艺术性"。这些看法和中国古代美学所谓"情理交至""理在情中"的看法是非常接近的，它所揭示的艺术真理，对于我们今天深入探讨艺术的审美特点和规律，无疑是可贵的美学遗产。

第五节　再现说和表现说的审美偏离

在古往今来关于艺术本质的众多理论中，有两种传统最久远、最有影响的理论，这就是所谓的再现说和表现说。前者认为艺术是现实的再现，后者主张艺术是情感的表现。现在出现的关于艺术性质问题的分歧意见，或者强调艺术只是认识，或者提倡艺术就是情感，实际上和以上两种关于艺术本质的学说有着密切关系。如果我们对再现说和表现说中某些有代表性的观点做些分析，就可以发现它们对艺术中认识和情感的关系都缺乏全面、正确的理解，因而在把握艺术的审美本质和特征上，也就从不同方向上表现出相当大的偏离。

把艺术的本质规定为对现实的模仿或再现，这是西方美学史上的传统的看法，它在相当长的历史时期，在西方美学理论中居于支配地位。其源头可以上溯到古希腊赫拉克利特关于艺术是自然的模仿的说法，但至柏拉图和亚里士多德才形成完整、系统的学说。对艺术模仿（再现）说，既有唯心主义解释，也有唯物主义解释。其中，唯物主义的模仿说坚持艺术来源于现实，坚持艺术反映现实的真实性，在批判唯心主义者对艺术本质的歪曲解释中起了重要作用。但是，这种艺术观点是建立在旧唯物主义的哲学基础之上的。旧唯物主义者不了解以实践为基础的能动的革命的反映论，不能全面地、辩证地看待艺术创作中主客观的关系，所以在解释艺术模仿现实时免不了机械的、简单化的倾向。尽管亚里士多德也指出了诗比历史更真实、更带有普遍性，但是也有相当多的关于模仿说的阐明，忽视了作家的主观意识在反映现实中的能动作用，忽视了艺术表现情感的特点，往往把艺术对现实的反映看成是纯客观的模仿、再现。尤其是自然主义提倡者，居然把文艺创作等同于"纪录事实"。这样理解艺术的本质，必然导致把艺术对生活的反映简单地看成是机械地描摹和复制生活，取消艺术的典型化原则；同时，也就势必导致把艺术反映现实和表现情感看成不相关的两件事。过去，有的艺术理论讲艺术反映现实生活，只讲对现实的认识，不讲主观情感的表现，就是在某种程度上受到上述机械论观点的影响。事实上，艺术反映生活是主客观的统一，再现现实和表现情感的统一。列宁说：列夫·托尔斯泰的作品"是一面反映农民在我国革命中的历史活动所处的矛盾条件的镜子"①，这主要并不是说他的作品直接再现和描绘了农民在俄国革命中的历史活动，而是指他的作品中流露的思想、情感、愿望"表现出来的正是农民群众运动的力量和弱点、它的威力和局限性。他对国家、对警方官办教会的那种强烈的、激愤的而且常常是尖锐无情的抗议，表达了原始的农民民主运动的情绪"②。所以文艺反映生活和表现情感不是对立的。别林斯基在评价果戈理的杰作《死魂灵》时讲过一段涉及艺术中主客观辩证关系的话，他说："果戈理的最大成功和跃进在于在《死魂灵》里到处渗透着他的主观性。我们所理解的主观性不是由于有局限性和片面性而对所写对象的客观现实性进行歪曲的那种主观性，而是一种深刻的渗透一切的人道的主观性。这种主观性显示出艺术家是一个具有热情心肠，同情心和精神性格的独特的人，——它不容许艺术家以冷漠无情的态度去对待他所描写的外在世界，逼使他把外在世界现象引导到他自己的活的心灵里走一过，从而把这活的心灵灌注到那些现象里去。"③读过《死魂灵》的人，都会感到别林斯基这个评语是多么中肯，又多么深刻。果戈理在他所描绘的阴暗的旧俄罗斯的生活图画中，在他所塑造的充满恶德丑行的地主贵族典型中，灌注了多么强烈的激愤之情啊！他怀着力透纸背的憎恶感情，无情地抨击封建农奴制的残酷和腐朽，尖锐地讽刺和嘲笑地主贵族的精神堕落。作家"从生活中摄取卑劣的画面"，并不仅仅是为了纯客观地把它展现在读者面前，而是要通过对这种卑劣生活的否定

---

① 《列宁选集》第2卷，人民出版社1995年版，第243页。
② 《列宁全集》第20卷，人民出版社1989年版，第20页。
③ 参见朱光潜《西方美学史》下卷，人民文学出版社1979年版，第534—535页。

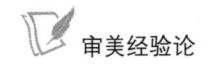

的审美评价,"以不可见之泪痕悲色,振其邦人"(鲁迅语)。伟大艺术家所具有的透视生活现象的本质的洞察能力,总是同他们植根于时代精神的主观的思想感情分不开的。

对艺术本质的另一种看法,即把艺术看作情感的表现的理论,在我国古代早已有之。我国古代诗论、文论和乐论中,大都强调诗、乐是表现情感的。如《乐记》称音乐是"情动于中,故形于声";《毛诗序》称诗歌是"情动于中而形于言"。不过这些看法大都是从诗歌、音乐等抒情性、表现性较强的艺术门类来立论的,而且一般都强调艺术表现的情感是来自现实的刺激和反映,即所谓"人心之动,物使之然也。感于物而动,故形于声",它们和后来西方出现的"表现说"并不完全一样。在西方,主张艺术就是表现情感的艺术观,实际上是形成于18、19世纪浪漫主义文艺思潮中。浪漫主义者和17、18世纪的古典主义者提倡艺术摹仿自然,强调理性作用相对抗,强调艺术表现人的主观内心世界,强调想象和情感的作用,于是便提出"艺术表现情感"的主张。不过,在浪漫主义提倡者中,对艺术表现情感的看法也有两种不同倾向:一种虽然强调表现情感,却不把它和反映现实对立起来;另一种则只是片面强调艺术要"表现作者本人的灵魂"[1],表现主观世界,表现"自我",把表现情感和反映现实对立起来。进入20世纪以后,表现说在西方美学中越来越受到重视,以致代替再现说在美学中占据了支配地位。当代西方美学中的艺术表现理论虽和19世纪的表现说有一脉相承的关系,但又具有许多新的特点。如果我们对当代西方具有代表性的各种表现说,如克罗齐的"直觉即表现"说、科林伍德的"想象的表现"说、里普斯的"移情"说、鲍山葵的"使情成体"说、弗洛伊德的"性欲升华"说等加以认真剖析,便可以看到它们一方面更加强调艺术作为情感表现的主观性质,即把艺术看作纯粹主观感情的活动和产物,否认艺术的来源是客观现实,否认艺术是对客观现实的反映;另一方面也特别强调艺术作为情感表现的非理性性质,即把艺术看作所谓"直觉"或"无意识"的活动和产物,否认艺术中理性的作用,否认艺术的认识内容。可见,这些美学和艺术理论的主观唯心主义的性质是相当明显

---

[1] [德]弗·施莱格尔:《断片》,载古典文艺理论译丛编辑委员会编《古典文艺理论译丛》第2册,人民文学出版社1961年版,第53页。

第十一章 从认识和情感统一看艺术的审美特性

的。现在,有的文章在强调艺术的本质就是情感的表现的同时,又把它和艺术反映现实对立起来,甚至根本否认艺术有正确认识和反映现实的必要,提倡"表现自我感情世界"就是艺术的唯一宗旨,这些观点显然是受到当代西方的情感表现说的影响。实际上,这种观点不仅没有正确回答艺术和现实的关系以及艺术的来源问题,而且也不可能正确阐明艺术家的主观能动作用和情感的表现问题。如前所述,艺术反映现实是主观与客观、认识与情感的辩证统一。无可否认,作家艺术家的主观思想情感在艺术反映生活中具有重要作用。但它既可以使艺术更深刻、更真实地反映生活,也可以造成艺术对生活的歪曲。要使艺术家主观思想感情在艺术反映生活中发挥积极的能动作用,就必须使主观正确的反映客观。也只有这种正确反映了客观的主观,才能在创作中起到应起的作用——真实地反映客观现实生活。可是,上述艺术观点却脱离了对客观现实的正确认识和反映,片面地、孤立地强调主观感情的作用,把表现主观感情同正确地认识生活、反映生活割裂开来,这就容易导致为表现主观感情而不惜歪曲现实生活。这种情况在过去消极浪漫主义的作品中是表现得相当突出的,现在有些创作也因此而走入歧路。所谓"表现自我"的创作主张就是以这种艺术观作为理论基础的。艺术作品中当然要表现出作家的"自我"感情和个性,但是作家的主观"自我"并不是艺术创作的源泉,它不能脱离生活、脱离时代、脱离人民。如果脱离了火热的现实生活和人民的思想感情,一味在主观"自我"中讨生活,那就可能使主观感情的抒发变成渺小的个人的哀叹,甚至会导致用不健康的、消极的主观感情去歪曲现实生活,这就有害于艺术创作了。

综上所述,再现说和表现说作为两种主要的艺术本质的理论,在长期的历史发展中具有不完全相同的理解和解释,以致有的当代美学家认为必须通过规定对"再现"和"表现"的用法加以限制,因为"这两个术语是模糊、含混和开放性的"①。尽管如此,再现说和表现说作为两种不同的艺术主张,其基本倾向的分歧是明显的。总的来说,再现说过分强调了艺术对现实的模仿、再现,强调了艺术的认识性质和认识内容,而相对忽视

---

① [美] V. C. 奥尔德里奇:《艺术哲学》,程孟辉译,中国社会科学出版社 1986 年版,第 69 页。

了艺术家主观情感的表现和艺术的情感特点；而表现说则过分强调了艺术对主观情感的抒发、表现，强调了艺术的情感内容和情感特点，而相对忽视了艺术对现实的真实反映和艺术的认识性质。所以，从艺术是主观和客观、认识和情感、感性和理性的辩证统一的审美规律来看，它们都具有一定的片面性。在当代西方美学家中，固然较多的人对再现说持否定态度，而偏向表现说，但也有人既批评再现说，也批评表现说，符号学美学的代表人物之一恩斯特·卡西尔就是如此。有的美学家虽然提倡表现说，却不对再现说持完全否定态度，而是主张对再现说作一种新的解释，以便使之与表现说统一起来。例如在鲁道夫·阿恩海姆的《艺术与视知觉》和奥尔德里奇的《艺术哲学》中，都可以看出这种努力。奥尔德里奇主张对"再现"这个术语作精确的审美分析，提出有两种性质的"再现"，即"描述性的再现"和"表现性的再现"。前者是非审美的再现，后者才是审美的再现。他进而认为艺术作品所形成的再现不应该是描述性的再现，而应该是表现性的再现，所以在作为审美客体的艺术作品上，"再现"很难与"表现"区别开来。不管我们是否赞同奥尔德里奇的具体分析，他指出艺术作品作为审美客体应当把再现和表现结合和统一起来的观点是可取的。当然，我们讲再现和表现的统一，是在艺术反映现实这个基础上讲的，因为再现和表现都不能离开艺术反映现实这个前提。就具体的艺术作品来讲，由于艺术门类和体裁的不同，有的可能偏重于对现实的描绘和再现，有的可能偏重于情感的抒发和表现，但作为艺术的本质特性来看，作为艺术对生活进行审美反映的规律来看，只有把主观和客观、再现和表现、认识和情感统一起来，才是辩证的、全面的、合理的。

第十二章　艺术想象的审美特点

黑格尔在《美学》中说过："真正的创造是艺术想象的活动。"① 这说明艺术创造和艺术想象是密不可分的。要真正认识和掌握艺术创造的特殊规律，就必须了解和认识艺术想象的特殊性质。但是，我们的艺术理论过去谈得较多的是想象在艺术创作中的重要作用，而对于艺术想象的特质则探讨得不够。想象固然是艺术创作中的一种主要的心理功能，在艺术中具有极其重要的地位和作用，但是，在科学认识以及人的一切创造活动中，想象都是一个重要的、必不可少的心理因素。爱因斯坦说："想象力是科学研究中的实在因素。"② 没有想象活动的参与，艺术创造固然难以成功，科学研究也不会取得重大成果。所以，仅仅认识到想象在艺术中的重要作用还是不够的。要深入揭示艺术创作的特殊规律，必须进一步研究艺术中的想象和科学中的想象的区别，也就是要研究艺术想象独具的审美特质。

想象是在头脑中改造记忆表象而创造新形象的心理活动，是过去经验中已经形成的暂时神经联系重新进行结合的过程，其突出特点是新形象的创造。但是，科学中的想象是科学的认识活动的组成部分，而艺术中的想象则是审美的意识活动的构成因素。科学的认识活动是以抽象思维为主的，不必要也不可能有强烈的情感活动；而审美的意识活动则是以形象思维为主的，并且不可能不产生强烈的主观情感的反应。艺术想象作为艺术家整个审美意识活动的构成因素，始终和形象思维、情绪情感等心理过程互相联系、互相渗透、互相作用，以创造感性和理性、个别和一般、认识和情感、主观和客观相统一的审美意象或艺术典型为指归，这就形成了它所独具的、为科学中的想象所没有的特殊之点。

---

① ［德］黑格尔：《美学》第 1 卷，朱光潜译，商务印书馆 1979 年版，第 50 页。
② 许良英等编译：《爱因斯坦文集》第 1 卷，商务印书馆 1976 年版，第 284 页。

审美经验论

第一节　艺术想象与审美意象

　　艺术想象在形象创造的独特性、鲜明性和生动性上，是科学中的想象所不能比拟的。科学中的想象虽然也是用形象的方式来改造旧的经验，具有一定的形象性，但它必须和科学的逻辑思维结合在一起发挥作用，其最终目的则是促使科学理论的形成。所以，在科学研究和发现中，想象只是作为构成科学理论的支撑点，作为通往新理论的桥梁而发挥作用。恩格斯说："只要自然科学运用思维，它的发展形式就是假说。"[①] 科学发现离不开假说，而假说则离不开想象，必须通过创造性想象，才能在假说中改造过去和现在的知识，形成未来的新知识。但假说的提出主要是靠抽象思维，假说经过实践检验得到确证以后，就上升为规律或者理论。所以，在科学研究中想象是辅助抽象思维并向理论过渡的，它不要求保持和发展形象创造的个别性、独特性；艺术的想象则不然。在艺术家的创作构思中，想象始终是和形象思维交织在一起的，并且渗入形象思维中作为它的一个组成部分而发挥作用，其最终目的是形成审美意象或艺术典型。审美意象和科学认识虽然同为现实世界的反映，但反映的内容和方式却有很大区别。科学的反映主要是感性基础上的理性认识，是通过一般概括个别；审美的反映则主要是理性指导下的感性作用，是通过个别体现一般。在审美意象和艺术典型中，"普遍的东西应该作为个体所特有的最本质的东西而在个体中实现"[②]。抛弃了形象的个别性、独特性，就不会有审美意象的形成和艺术典型的创造，这就要求艺术想象必须尽可能地保持和发展形象的个别性、独特性，并且使其以鲜明、生动的形象细节清晰地呈现在想象所创造的新形象中。所谓"情曈昽而弥鲜，物昭晰而互进"（陆机：《文赋》），就是指作家的创造想象中，形象的个别性、独特性得到丰富发展，变得越来越鲜明、越来越生动的情景。别林斯基说："当艺术家的创作对于大家还是一秘密，他还没有拿起笔来的时候，他已经清楚地看见他们，已经可以数清他们衣服上的褶襞，他们额上的犁刻着热情和痛苦的皱纹，

[①] 《马克思恩格斯选集》第4卷，人民出版社1995年版，第336页。
[②] ［德］黑格尔：《美学》第1卷，商务印书馆1979年版，第232页。

第十二章 艺术想象的审美特点

已经熟识他们,比你熟识你的父亲、兄弟、朋友、母亲、姐妹、爱人更清楚些;他也知道他们将说些什么、做些什么,看见那缠绕着他们、维系他们的全部事件的线索。"① 这里所讲的也正是艺术家在创造想象中对个别形象、个别性格乃至个别细节的把握,达到了何等鲜明、何等生动、何等清晰的程度,而这恰恰是科学中的想象所不具有的。阿·托尔斯泰说,他在酝酿彼得大帝的形象时,对人物的个别细节想象得如此清晰,以致连彼得坎肩上的一切污痕都看到了。鲁迅在创造阿 Q 的形象时,如此准确、生动地掌握了他的个性特点,甚至连阿 Q 所戴的毡帽的颜色、形状、款式,都清晰地出现在想象中。苏里柯夫说,他构思《近卫兵临行的早晨》这幅杰作时,画中人物像活人一样,立即以全部细节和惊人的鲜明呈现在他的想象之中。艺术家的这种非同寻常的想象能力,伏尔泰称之为"对细节的想象"。他说:"特别是在诗里,这种对细节、对形貌的想象,应该居于统治地位;这种想象在别的地方令人喜爱,而在诗里却千万不能缺少,在荷马、维吉尔、贺拉斯的作品里,几乎全都是形象,甚至无须去特别注意。"② 正是这种对形象细节的想象,最能显示出艺术想象在形象创造上具有独特性、鲜明性、生动性的特点。

由于艺术想象中对形象的创造,像现实生活本身的形式那样,以独特、鲜明、生动的面貌和细节活跃在艺术家的脑海中,以致艺术家在创造想象中常常会产生种种幻觉。所谓"幻觉",是指没有外在刺激而出现的虚假的感觉或知觉,如没有声音而听见声音,没有物体却看见某种形象。在艺术构思中,作家艺术家在想象中似乎真的感知体验到自己创造的形象,好像想象中的形象就是自己实际看到、听到和感受到的某种生活、环境和人物,这就是幻觉的作用。冈察洛夫说,他在想象作品中的人物时,仿佛听到了他们谈话的片断;契诃夫说,他在构思小说《草原》时,能感觉到四周弥漫着夏天和草原的香气。阿·托尔斯泰则明确指出,他在创造想象中经常产生这种"幻觉",以至于有时不能把自己所臆想出来的东西,同实际存在过并且由自己在生活中观察到的事实区别开来。他还谈道,巴

---

① 《别林斯基选集》第 1 卷,满涛译,上海译文出版社 1979 年版,第 179 页。
② 中国社会科学院外国文学研究所外国文学研究资料丛刊编辑委员会编:《外国理论家作家论形象思维》,中国社会科学出版社 1979 年版,第 32 页。

尔扎克经常跟他所想象的人物打架。有一次，巴尔扎克的一个朋友来找他。敲门时，听到巴尔扎克正跟人吵得不亦乐乎。开门后，朋友看见屋子里只有巴尔扎克一个人。原来，巴尔扎克正在咒骂他笔下的一个人物，他已经把这个人物所干的下流勾当揭露出来了，这就是巴尔扎克产生了把想象中的人物当作实际存在的人物的幻觉。如果作家想象中创造的人物形象不是那样独特、鲜明、生动、真切，当然就难以产生这种幻觉。同时，由于幻觉在艺术想象中起到了科学想象中所不可能起的作用，所以就反过来使构思中的形象越加清晰、生动、鲜明、真切。阿·托尔斯泰说："作家们，在任何时候都应该应用幻觉，就是说，一定要学会看见你们所描绘的东西。你们对你们所幻想的人看得愈清楚，则你们作品的语言就会愈准确、愈确切。"[①] 斯坦尼斯拉夫斯基认为，演员在想象中应当形成"内心视像"，"必须看见在心里、在演员自己的想象中所发生的事情，也就是说明角色生活的规定情境的那些视象"。[②] 这和运用幻觉看见所描绘的东西一样，都是为了使艺术想象中的形象更加独特、鲜明、生动、真切。

第二节 艺术想象与审美情感

艺术想象的另一个突出特点，是它具有科学中的想象所不可能具有的体验性和情感性。在科学研究中，无论科学家的想象力如何丰富，提出的假设如何具有吸引力，科学家对于所想象的对象都必须采取十分客观、冷静、理智的态度。他既不会对想象的东西产生情感体验，也不能让想象中新形象的创造受自己情感活动的支配。否则，就会使想象失去在科学研究中推动正确发现事实与规律的重要作用。科学认识的客观性和抽象性，决定了科学的想象中不能有情感活动的直接渗入；艺术想象则恰恰与此相反。艺术想象是艺术家审美经验的构成因素，而审美经验本身就是理性与感性、认识与情感的高度统一。对于形象的情感态度、审美主体的情感反应，是审美意识不同于科学认识的最重要特点之一，这就决定了艺术想象

[①] [苏] 阿·托尔斯泰：《论文学》，程代熙译，人民文学出版社1980年版，第271页。
[②] [苏] 斯坦尼斯拉夫斯基：《演员自我修养》第一部，林陵等译，艺术出版社1956年版，第117页。

中艺术家对所创造的形象必然是充满情感体验和情感态度的。在艺术构思中，艺术家不仅能在想象中看到他所创造的人物，听到他们的言谈声音，而且还会置身于他所想象的人物、环境之中，和他的想象所创造的人物一同生活，如同自己也亲身经历了人物的所作所为、所思所想。他在想象中设身处地，深刻体验到和他所创造的人物相类似的情感，和人物同甘苦、共欢乐，以至于完全进入人物的内心世界，化身于作品中的人物，同时，对自己所创造的人物抱有强烈、鲜明的审美情感态度。狄更斯说："对于我想象所产生的每一个孩子，我是一个溺爱的父母，从来没有人像我这样深深爱他们。"（狄更斯：《大卫·科波菲尔》序言）列夫·托尔斯泰说："同自己所描写的人物一起体验到的东西，比自己个人的回忆还要强烈。"[①] 许多著名作家都描述过在艺术想象中如何体验到同人物相类似的情感，以至被自己所创造的人物所深深感动，和人物发生了感情共鸣的经验。有的心理学家把这种同情感和情绪直接联系的想象称为"情绪想象"，认为这种想象在艺术构思中具有特别重要的意义，这是符合艺术想象的特点的。由于情绪想象的作用，艺术家可以使自己进入人物的内心世界，移入人物的情感活动之中，以致达到忘记自我而化身于人物的创造境界。焦循《剧说》中记载：相传临川作《还魂记》，运思独苦。一日，家人求之不可得；遍索，乃卧庭中薪上，掩袂痛哭，惊问之，曰："填词至'赏春香还是旧罗裙'句也。"[②] 这是汤显祖通过情绪想象，已经将自己的情感与人物的情感融为一体，使自己移入春香因怀念死去的杜丽娘而悲痛欲绝的情绪活动之中，好像春香就是自己，自己就是春香。由于这种情绪想象的作用，艺术家构思和创造的人物才能具有真情实感，使"听者泪，读者颦，无情者心动，有情者肠裂"。

演员在创造角色时，需要在想象中深入体验所演人物的情绪和情感，进入人物的内心世界，才能使角色具有性格的真实性和艺术的感染力。斯坦尼斯拉夫斯基指出，演员的想象活动的最重要特点之一，就是在想象中"唤起同角色本身的情绪和情感相类似的情绪和情感"，以便"能够过着他

[①] 中国社会科学院外国文学研究所外国文学研究资料丛刊编辑委员会编：《外国理论家作家论形象思维》，中国社会科学出版社1979年版，第534页。

[②] 中国戏曲研究院编：《中国古典戏曲论著集成》（八），中国戏剧出版社1959年版，第181页。

所扮演的人物的丰富的内心生活"。在戏剧表演理论中，有所谓"体验派"和"表现派"，两者在强调情感体验和保持理智方面各有侧重，关于它们的是非这里暂不论。不过，演员在创造角色时，要设身处地体验所演人物的情感，才能做到情感真实、表情生动、表演传神，却是普遍的艺术规律。京剧表演艺术家梅兰芳谈到扮演《宇宙锋》中赵女的体会时说："我们在台上扮演剧中人，已经是假装的。这个剧中人又在戏里假装一个疯子。我们要处处顾到她是假疯，不是真疯。那就全靠在她的神情上来表现了。同时给她出主意的，偏偏又是一个不会说话的哑巴丫鬟，也要靠表情来跟她会意的。所以从赵女装疯以后，同时要做三种表情：（一）对哑奴是接受她的暗示的真面目；（二）对赵高是装疯的假面具；（三）自己是在沉吟思索中，透露出进退两难的神气。这都是在极短促的时间内变化出来的。这种地方是需要演员自己设身处地来体会了。首先要忘记了自己是个演员，再跟剧中人融化成一体，才能够做得深刻而细致。"① 这段文字，通过如何真实、准确地把握角色复杂多变的表情，把演员想象中设身处地体验角色情感的特点及其重要性，十分精当地论述出来了。

在艺术想象中，艺术家设身处地体验着所创造的人物的情感，同时也对人物抱有一定的情感态度，从而形成人物创造中情感活动的两个不同的层次。如果说前一个层次主要是反映着艺术家对想象对象的艺术认识，那么后一个层次则主要是体现着艺术家对想象对象的审美评价。不过，艺术认识和审美评价在形象的创造中原是不可分的，艺术家在想象中对人物内心的情感的体验总是在一定的审美评价下进行的，体现着艺术家对人物的情感态度。在创造人物时，艺术家既要体验他所肯定的人物的情感，也要体验他所否定的人物的情感，这是对于对两种截然不同的人物内心情感的体验，它们显然是在两种不同的审美评价下进行的，是体现着艺术家对人物的不同情感态度的。艺术想象中这种多层次的、复杂的情感结构，在科学的想象中是不可能存在的。

在以自然事物作为审美和描绘对象的艺术创作中，艺术家往往在想象中把个人的情感体验对象化在他所创造的形象上面，从而使想象中的意象充满了人的体验和情感色彩。高尔基在谈到作为"艺术的"思维的想象

---

① 梅兰芳述：《舞台生活四十年》，平明出版社1954年版，第172页。

时，特别指出了艺术想象的这种独特作用，他说："想象——这是赋予大自然的自发现象与事物以人的品质、感觉，甚至还有意图的能力。"① 审美和艺术创作中所出现的"移情""拟人化"等心理现象和表现手法，都是欣赏者和艺术家在想象中，赋予他所感受的自然事物以自己的情感体验的结果，或者说，是在欣赏者和艺术家的情感作用下，对自然事物产生了特定的联想和想象的结果。意大利美学家缪越陀里特别重视艺术想象与情感作用相联系的特点，他认为诗歌形象中的移情或拟人化现象的产生，就是由于"想象力受了感情的影响"。在艺术想象中，由于诗人的情感和想象相互作用、相互渗透，因而能产生一种充满主观情感体验的幻想和幻觉，这就是移情现象的心理基础。后来，英国艺术批评家罗斯金直截了当地把这种移情现象的特殊想象称为"感情的幻想"。由于艺术家在创作中带着强烈的情感体验去想象所创造的自然事物形象，所以在艺术构思中往往会出现物我交融、化身于物的幻象。《文心雕龙·神思》说："思理为妙，神与物游"，就是说艺术构思中想象的奇妙，使得精神能与外物相互交融。杜甫"每咏一物，必以全付精神入之"；文与可画竹，"其身与竹化"；曾无疑画草虫，"方其落笔之际，不知我之为草虫耶？草虫之为我耶？"这说明艺术家在创作的想象中，不仅对于创造的人物形象具有情感体验的特点，就是对于创造的自然事物形象也具有情感体验的特点。艺术作品中描绘的自然事物形象之所以渗透着人的情感色彩，具有艺术美的感染力，如果不是作家艺术家在艺术想象中交融着情感体验，是不可能被创造出来的。

如果说科学中的想象是以想象和抽象思考的互相结合、互相作用为特点，那么，艺术想象就是以想象和情感活动的互相作用、互相结合为特点。艺术家的想象活动不能仅仅靠理智来推动，还需要以情感作为动力。如果没有情感的推动，想象就难以开展，难以飞腾，难以深化；如果艺术家情感完全凝滞，想象中的形象创造必然是干瘪的、苍白的、丧失感染力的。所以，黑格尔强调在艺术想象中"艺术家一方面要求助于常醒的理解力，另一方面也要求助于深厚的心胸和灌注生气的情感"②；刘勰也强调艺

---

① [苏] 高尔基：《论文学》，孟昌等译，人民文学出版社1983年版，第160页。
② [德] 黑格尔：《美学》第1卷，朱光潜译，商务印书馆1979年版，第359页。

术想象中对新形象的创造是"神用象通，情变所孕"①。另外，艺术想象的展开、飞腾、深化，又会反过来推动情感活动向更广的范围、更深的程度发展。"想象越生动活泼，也就更多引起心灵的活动，激起的感情也就更强烈。"②

第三节 艺术想象与审美理想

艺术想象作为审美的意识活动的构成因素，同艺术家的审美理想、审美情趣有着直接联系，并且表现着艺术家审美的差异性，这是它与科学中想象的又一个重要区别。艺术对现实的审美反映是主客观相统一的反映。艺术家的审美意识，就其内容和来源来讲当然只能是客观现实，但在反映客观现实中，艺术家的主观意识起着重要作用。特别是艺术家主观方面的审美理想、审美观念、审美情趣，对于艺术反映现实具有直接的影响。审美理想、审美观念、审美情趣不同于个人的美感经验，它虽是在个人美感经验的基础上逐渐形成的，但主要是受到一定社会生活条件的制约，并且同个人的生活经验、思想感情、文化修养、性格气质等也具有广泛的联系。所以，审美理想、审美观念、审美情趣一旦形成，它就作为艺术家的世界观的组成部分，积极地影响着艺术家对于现实的审美反映，影响着艺术家对现实生活的认识、评价和加工改造。艺术想象是艺术家在审美意识中对生活中获得的记忆表象进行加工改造以创造新形象的过程，它必然要受到艺术家审美理想、审美情趣的影响和制约。艺术想象所创造的新形象，既是现实生活的反映，也是艺术家审美理想、审美情趣的体现。"外师造化，中得心源"，用张璪这句论绘画创作的名言来说明艺术想象中新形象的形成，是最恰当不过了。郑板桥谈画竹的体会说，艺术想象孕育出的"胸中之竹"，绝不仅是"眼中之竹"。这差别就在于后者只是竹的形象的纯客观地再现，而前者则是经过画家主观意识的改造作用，将竹的客观表象和艺术家的审美理想、审美情趣结合、统一在新的形象之中了。"写

---

① （南朝）刘勰著、周振甫注：《文心雕龙注释》，人民文学出版社1981年版，第296页。
② ［德］席勒：《论悲剧艺术》，载古典文艺理论译丛编辑委员会编《古典文艺理论译丛》第6册，人民文学出版社1963年版，第94页。

第十二章 艺术想象的审美特点

取一枝清瘦竹，秋风江上作渔竿。"（郑板桥：《予告归里，画竹别潍县绅士民》）作为"胸中之竹"和"画中之竹"的"清瘦竹"，具有一种品格美、精神美，它显然体现着画家的审美理想、审美情趣。歌德说："艺术要通过一种完整体向世界说话。但这种完整体不是他在自然中所能找到的，而是他自己的心智的果实，或者说，是一种丰产的神圣的精神灌注生气的结果。"① 艺术想象所要创造的形象，就是歌德所说的自然和心智、主观和客观相统一的"完整体"，艺术家的审美理想、审美观念、审美情趣作为歌德所说的"神圣的精神"，直接渗入到艺术想象中，从而对作为"完整体"的艺术形象起着"灌注生气"的作用。

艺术家的审美理想、审美观念、审美情趣首先是由艺术家生活在其中的社会生活条件所制约的。不同时代、不同民族、不同阶级由于社会生活条件的不同，而形成不同的审美理想、审美观念、审美情趣，它们渗透在艺术想象中，使艺术想象对于新形象的创造，体现出时代的、民族的、阶级的种种审美差异性。科学的想象也会出现差异性，不同的科学家对于同一个研究对象的想象可能是不同的。例如，19世纪末20世纪初，为了探索原子结构，科学家根据实验事实，运用想象建立了各种不同的原子模型：洛伦兹的弹性束缚电子模型、勒纳的动力子模型、汤姆逊的正电原子球模型、长冈半太郎的土星系模型、卢瑟福的太阳系模型等。但是这些科学想象中表现的差异，完全是由于科学家对研究对象的不同的推理、假设而形成的，它不是由于社会生活条件的不同造成的，也不体现任何审美理想。所以，科学想象的差异并不反映出社会意义。艺术想象就很不同了，艺术想象的差异直接表现着艺术家审美理想、审美情趣的时代的、民族的、阶级的差异，具有深刻的社会意义。普列汉诺夫在《艺术与社会生活》中，曾经分析了文艺复兴时期拉斐尔创作的圣母像和中世纪拜占廷大师们创造的圣母像的根本差别。他说："通过这些圣母像的宗教的外形，可以看到一种纯粹属于世俗生活的十分巨大的力量和十分健全的欢乐，这已经与拜占廷大师们的虔敬的圣母像没有任何共同之处了。"② 拉斐尔和拜占廷大师对于圣母像的不同构思和想象，直接反映着文艺复兴时期新兴市

---

① ［德］爱克尔曼辑录：《歌德谈话录》，朱光潜译，人民文学出版社1978年版，第137页。
② 《普列汉诺夫美学论文集》（Ⅱ），曹葆华译，人民出版社1983年版，第840页。

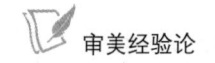

民的审美理想、审美情趣和封建中世纪基督教的审美理想、审美情趣的差异和对立。所以普列汉诺夫说:"拉斐尔的圣母像是世俗的理想战胜基督教和修道院的理想的最特殊的艺术表现之一。"① 艺术想象中新形象的创造,除了表现着审美的时代的、阶级的差异外,还表现着审美的民族差异。例如同是对亚当、夏娃形象的创造,在意大利画家马萨乔和尼德兰画家扬·凡·爱克两人的画中就很不一样。前者人体丰满、匀称、典雅,塑造了意大利式的理想美的典型;后者人体干瘦、枯瘪,夏娃被描绘成一个大肚皮的女性,反映出尼德兰特有的审美情趣和理想。

艺术家的审美理想、审美情趣的形成,同艺术家个人的生活经验、思想感情、文化修养、性格气质等也有密切关系,这就形成了审美理想、审美情趣的个体差异性。这种审美的个性差异,也表现在艺术想象对新形象的创造中,从而形成了艺术想象与作家的创作个性相联系的特点,这也是科学中的想象所不可能具有的。同是描绘黄山之美,渐江想象中创造的形象不同于石涛想象中创造的形象;同是咏菊花,李清照"满地黄花堆积,憔悴损,如今有谁堪摘?"的想象不同于苏轼"菊残犹有傲霜枝"的想象。加尔波和罗丹都曾以比萨暴君乌谷利诺父子被起义者囚禁在高塔里活活饿死一事为题材进行雕塑;但两人所想象的情景表现于雕像却有很大差别。郭沫若和曹禺都在戏剧中塑造了王昭君这个人物,但两人想象中的王昭君的性格并不相同。艺术想象总是刻着作家艺术家创造个性的印记,表现着审美的个人差异性,所以它总是千姿万态、丰富多彩的,这也是科学中的想象无法与之相比拟的。

第四节 艺术想象与艺术虚构

同科学中的想象比较,艺术想象还有一个不可忽视的特点,就是在想象中可以而且应该进行虚构。恩格斯说:"在自然科学中要从物质的各种实实在在的形式和运动形式出发;因此,在理论自然科学中也不是设计种种联系塞到事实中去,而是从事实中发现这些联系,并且一经发现,就要

---

① 《普列汉诺夫美学论文集》(Ⅱ),曹葆华译,人民出版社1983年版,第840页。

尽可能从经验上加以证明。"① 在科学的想象中，任何一个有价值的假设的提出，都要依靠事实。"事实就是科学家的空气"（巴甫洛夫语）。同时，科学假设是为了揭露事实发生的奥秘，发现支配事实的规律，因此它必须接受和经得起事实的检验。如果假设与事实相反，就要被否定、被取消。科学研究的成果最后并不由想象、假设来构成。无论是科学发明还是工程设计，科学家都要使想象中所创造的观念的东西在实践中直接转化为实际存在的东西。因此，在科学想象中不允许虚构，更不能由想象所虚构的形象本身来形成最后成果；艺术想象则恰恰相反。在艺术创作中，艺术家的想象活动总是同虚构相联系的，虚构的形象本身通过物质手段得到传达即形成最后成果。李渔说："凡阅传奇而必考其事从何来，人居何地者，皆说梦之痴人，可以不答者也。"② 严复、夏曾佑说："书之纪人事者，谓之史；书之纪人事而不必果有此事者，谓之'稗史'。"③ 所谓"稗史"就是小说，戏曲、小说乃至一切文艺创作，都不能拘泥于生活的、历史的事实，都必须在想象中进行虚构。由想象所虚构的艺术形象，虽然来源于现实生活，却并不是现实生活中实际存在的任何一个事实。据说，列夫·托尔斯泰创造安娜·卡列尼娜这个人物，曾经采用了普希金的女儿普希金娜和邻近的一个庄园主的女管家皮罗戈娃作为原型，像卡列尼娜这类女性，在当时俄国现实生活中也一定不少。但是，作为艺术典型的安娜·卡列尼娜却是由作家的想象虚构的，并不是现实生活中真实存在的某个人物，也不能把它当作现实中存在的事实去寻找。清初富有创造性的画家渐江长期住在黄山，画了许多以黄山为题材的山水画。他有一首诗谈自己的创作体会："坐破苔衣第几重，梦中三十六芙蓉；倾来墨沈堪持赠，恍惚难名是某峰。"渐江虽然对黄山如此熟悉，但他的画并不是逼真地描摹某一座山峰，而是在艺术想象中综合诸峰的奇特之点，虚构出一幅新的山水图，它既像黄山，又不像真的黄山，所以"恍惚难名是某峰"。借助于艺术虚构，艺术想象不仅创造出现实中可能存在而又不是事实存在的形象，而且也创造出现实中根本不可能存在而仅仅在艺术幻想中存在的形象。例如李白诗

---

① 《马克思恩格斯选集》第4卷，人民出版社1995年版，第288页。
② （清）李渔：《闲情偶记》，载北京大学哲学系美学教研室编《中国美学史资料选编》下册，中华书局1981年版，第237页。
③ 参见郭绍虞主编《中国历代文论选》第四册，上海古籍出版社1980年版，第203页。

中"虎鼓瑟兮鸾回车，仙之人兮列如麻"的仙境，《西游记》中孙悟空、猪八戒的形象，《神曲》中的地狱和天堂，以及神话、童话中所创造的种种非现实的形象等，这些虚构的幻想的形象，在科学的想象中是不可能也不允许存在的。

艺术想象之所以需要虚构，是因为只有通过艺术虚构，才能在想象中形成典型化的意象，从而使生活真实转化为艺术真实，使生活美转化为艺术美。高尔基说文学中创造的典型"在生活里是没有的；过去和现在存在着的只是和他们类似的人物，这些人物比他们要渺小得多和零碎得多，而语言艺术家们却从他们这些渺小的人物中想出了、'虚构'了经过概括的人的'典型'——普遍的典型，这正像用砖头建造宝塔或钟楼一样"[①]。现实中虽然处处、时时都存在美，并且具有无比的丰富性、生动性，但是它毕竟是分散的、零碎的，往往表现得不那么显著和突出，甚至美与不美常常混杂在一起。生活中的事实虽然也都以生动的现象体现着某种本质，但生活现象总是比较芜杂、零散和表面的，并不是一切生活现象都能充分地、深刻地表现出生活的本质真实，现象和本质还可能表现出不一致。因此，原封不动地照搬生活中的现象和事实，照相式地复制现实，是不可能形成典型意象，创造出艺术真实和美的。艺术虚构就是要在想象中将取之于现实的材料加以典型化。这个过程是通过表象的分解和综合两方面辩证统一的活动来实现的。分解是要对从生活中获得的大量的表象加以分析，从同类现象的各个表象中提炼和分离出最有普遍性和代表性的成分；综合是要把从同类现象中提炼和分离出的成分，创造性地重新集中和概括到一个反映这类现象的新的形象中去。经过表象的分解和综合而虚构的形象，较之原有的记忆表象，更充分地达到了现象与本质、个别与一般、偶然与必然的高度统一，因此，"在这样的虚构里，生活比它本来的面貌还要显得真实"[②]，还要显得美。清代著名画家石涛曾用"搜尽奇峰打草稿"来概括他创作山水画的经验，强调画家要在众多表象的基础上进行综合、虚构，以便典型地再现自然美。他在诗中写道："名山许游未许画，画必似之山必怪。变幻神奇懵懂间，不似之似当下拜。""画必似之"就是拘泥于

[①] [苏] 高尔基：《论文学》，孟昌等译，人民文学出版社1983年版，第162页。
[②] [苏] 阿·托尔斯泰：《论文学》，程代熙译，人民文学出版社1980年版，第253页。

原有真山的表象，依样画葫芦，没有任何虚构和创造，这是他所不取的。他主张"不似之似"，既像真山，又不完全像真山。之所以"似"，是因为画家创造想象中所形成的山的形象，是从大量真山的记忆表象中分离、提炼出来的，因此总可以从中发现与种种山峰的相似之点；之所以又"不似"，是因为画家是把从许多真山的表象中分离出来的因素和特点，通过虚构创造性地综合在一个山的形象中，较之任何一个真山的表象更典型、更完美，所以又不同于任何一个真山。齐白石也主张："作画妙在似与不似之间。太似为媚俗，不似为欺世。"这和石涛的观点是一致的。从审美心理的角度来看，"不似之似"也好，"似与不似之间"也好，都是通过艺术想象中的虚构，分离原有表象以综合新的形象来实现的。它们是按照艺术家对现实的美的认识，将现实美加以典型化，以创造艺术美的美学原则的科学概括。

如果说科学中的想象本身并不能构成科学研究成果，那么，艺术想象则直接表现在它的成果——审美意象和典型形象的创造中。科学中假设的提出是为了在实践中得到事实的检验和证明，一旦事实的规律被发现，定理被确立，想象也就被已形成的理论所代替。而在艺术中，想象既不是为产生某种理论而服务的手段，也不是为了达到某种直接的实用功利目的。艺术想象作为艺术家审美意识的构成因素，与理智、情感相结合，直接凝结为作品的艺术形象，它本身就是创作的目的和成果。如此说来，高尔基关于"艺术是靠想象而存在"[1]的论断，确实是对艺术与想象的特殊关系的一个精辟的概括。

---

[1] 《高尔基选集·文学论文选》，孟昌等译，人民文学出版社1959年版，第47页。

第十三章　审美移情与艺术创作

在以自然景物为对象的审美欣赏和艺术创造活动中，有一种很值得研究的现象，即被西方某些美学家称为"移情"的心理作用，譬如"菡萏香销翠叶残，西风愁起绿波间"，"有情芍药含春泪，无力蔷薇卧晓枝"，"山舞银蛇，原驰蜡象，欲与天公试比高"，等等。在由自然景物所引起的审美意识活动中，本来没有感觉和感情的自然景物，反映在人的主观意识中，好像就具有了人的感觉、感情、意志和活动，这就是所谓"移情"现象。移情现象实际上就是在反映自然景物时，在人的意识中所产生的一种拟人化的现象，并没有什么神秘和不可理解之处，不过，对于移情现象的产生及其心理机制如何做出科学的说明，是美学研究中有待解决的一个问题。

第一节　移情作为对象的审美反映

在西方美学史上，对于移情现象虽然早已有不少理论家论及，但从心理学上对移情作用作了全面、系统的阐明，并把它作为解释美和美感经验的基本理论的，还是里普斯的移情说。我们并不否认里普斯在揭示移情现象的心理活动特点上所做的努力，但是，他的移情说却是从主观唯心主义观点出发的，对移情现象的解释也是歪曲的。用它解释美的本质固然荒谬，即使用以说明美感和艺术创作活动也是根本错误的。现在，美学界有一种看法，认为用里普斯的移情说解说美的本质虽然不可取，但移情说在解释艺术创作和审美态度上，却有其合理和正确的地方。这是对于里普斯移情说的根本错误缺乏足够的认识。应当指出，里普斯的移情说并不是把移情现象看作人的意识对客观事物进行能动的反映的结果，而是把它看作一种主观意识、情感向客观事物"移置"或"外射"的活动，所以，在移情现象中，不是主观意识反映客观事物，而是主观意识决定客观事物。对于这一点，朱光潜在《文艺心理学》中介绍移情说时说得非常明白。他说："移情作用是外射作用（projection）的一种，外射作用就是把在我的知觉或情感外射到物的身上去，使它们变为在物的。"① 就是说，在移情现象中，人的意识活动不是由外物所引起的，也不是对外物的反映，反倒是由欣赏者把主观感情外射到外物上去，使之变为物所有的。这可以说是里普斯的移情说解释移情现象和美感活动的根本出发点。我们并不否认，在移情现象中人的情感状态对外物的反映有重要影响，而且情感状态的变化也会改变对外物的反映和联想的内容，但主观情感只能影响主体对客体的反映，却不能改变客观事物，因此，感情只能渗透到对于客观事物的联想的反映之中，却不能外射或移置到外在于我们意识的客观事物身上，"使它们变为在物的"，达到所谓物我不分、物我同一。

然而，里普斯却恰恰是用这种主观决定客观、由我及物的观点来说明移情以及全部美感经验的形成和特性，从而得出"审美欣赏的原因就在我自己，或自我"的结论。如他所说："审美的快感可以说简直没有对象。审美的欣赏并非对于一个对象的欣赏，而是对于一个自我的欣赏。""审美欣赏的特征在于在它里面我的感到愉快的自我和使我感到愉快的对象并不是分割开来成为两回事，这两个方面都是同一个自我，即直接经验到的自我。"② 这里，里普斯完全否定了美感是对于客观存在的美的反映，是根源于客观的美。他认为美感的产生和欣赏的对象无关，根本不是由对象的美所引起的，而纯粹是由"自我"引起的，是"对于一个自我的欣赏"。尽管里普斯所说的"自我"是所谓"客观的自我"，即移置对象里面的自我，但它毕竟是指主观意识和情感。所以，里普斯实际上认为美感来源于主观意识，是由欣赏者的主观感情所引起的。朱光潜说："依里普斯看，移情作用所以能引起美感，是因为它给'自我'以自由伸张的机会。"③ 这样从自我意识中去寻找美感的心理活动的根源，同辩证唯物主义的反映论是格格不入的。它既否定了美感有其客观来源，也否定了美感中的情感反应需

---

① 《朱光潜美学文集》第 1 卷，上海文艺出版社 1982 年版，第 37—38 页。
② ［英］里普斯：《论移情作用》，载古典文艺理论译丛编辑委员会编《古典文艺理论译丛》第 8 册，人民文学出版社 1964 年版，第 44 页。
③ 《朱光潜美学文集》第 1 卷，上海文艺出版社 1982 年版，第 50 页。

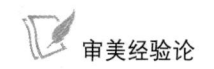

以美的认识作为前提和基础。所以，里普斯的移情说不仅不能正确解释美的本质，也不能正确解释美感经验和艺术创作。有的论者以移情说作为论据，根本否认艺术创作是对于现实生活的认识和反映，认为艺术创作纯粹是主观情感的对象化和"自我表现"，这样将艺术创作中的主观作用和情感特点孤立化、绝对化，使其与反映现实生活对立起来，就很难同唯心主义的美学观、艺术观划清界限了。

同移情说对于移情现象所做的唯心主义解释相反，唯物主义美学从意识、心理是客观现实的反映的科学观点出发，认为人在审美欣赏和艺术创作中所产生的移情心理活动，也仍然是意识对于客观事物的主观反映所产生的结果。列宁说："感觉是客观世界，即世界自身的主观映象。"[①] 人的一切意识和心理活动，都是客观世界的主观映象，是以客观为基础的主客观的统一。在审美意识中，人对于客观对象的反映不是消极的、直观的，而是积极的、能动的。在反映过程中，人的思想感情等主观条件是起作用的。人的主观情感是由客观现实所引起的，它归根到底是由人的社会物质生活条件所决定的。但是，在审美意识中，由客观现实所引起的主观情感又可以反过来作用于审美主体对于审美对象的认识和反映。《文心雕龙》中讲"情以物兴""物以情观"，就是讲艺术审美中的情感既是来源于客观现实，又会反作用于对客观现实的认识。审美欣赏和艺术创作中的移情现象，也就是在审美主体反映审美对象的过程中，审美主体方面的情感作用于审美对象的认识的一种表现，是在美感和艺术创作的心理活动中，情感与联想、想象彼此相互渗透、相互作用的结果。

在移情现象中，审美主体的情绪、情感对于审美对象的反映所起的作用，必须通过由对象所引起的联想和想象来实现。在审美和艺术创作中，一方面对客观对象的联想和想象，可以唤起情绪记忆，引起相应的复杂的情绪和情感活动；另一方面，审美主体的情绪和情感活动又会推动对客观对象的联想和想象，并且影响和制约着联想和想象的心理趋向，使联想和想象中渗透着情绪和情感色彩。这种情绪、情感和联想、想象的相互作用，表现在对自然景物的审美意识中，就成了移情现象产生的心理基础。如高兴时觉得花欢草笑，悲哀时感到云愁月惨，惜别时蜡烛可以垂泪，兴

---

① 《列宁全集》第18卷，人民出版社1988年版，第118页。

第十三章 审美移情与艺术创作

到时青山亦觉点头,这些都是在审美主体的情绪和情感作用下,对客观对象产生了特定的联想和想象的结果。意大利美学家缪越陀里在论述诗歌中表现移情现象的形象是如何形成时指出:"想象力受了感情的影响,对有些形象也直接认为真实或逼似真实。诗人的宝库里满满地贮藏着这类形象。……想象力把无生命的东西看成有生命的东西。情人为他的爱情所激动,心目中充满了这种形象。例如他的热情使他以为自己和意中人作伴调情是世界上最大的幸福,一切事物,甚至一朵花一棵草,都旁观艳羡,动心叹气。……这种幻想是被爱情颠倒的想象所产生的。诗人的想象产生了这种幻觉,就把它表现出来,让旁人清楚地看到他强烈的爱情。"[1] 缪越陀里认为在诗的形象中,无生命的自然景物好像成了有生命的东西,好像具有人的感情和性格,主要是由于"想象力受到感情的影响"。由于诗人的感情和想象力(联想、想象)互相作用和结合,便使诗人在联想和想象中形成了充满感情的幻觉。"譬如我们看见一道清溪在风光明媚的地方流过,蜿蜒无极,就想象溪水爱上了这片花香草绿的胜地,舍不得和它分离。"缪越陀里这种看法是有道理的。后来,英国艺术批评家罗斯金在分析诗中由移情现象所形成的形象时,也把它称之为"感情的幻想"。实际上,他们所说的都是诗人的感情如何作用于对于自然景物的联想和想象,已经接触到产生移情现象的心理活动的奥秘。

在审美和艺术创作中,联想的形式是多种多样的,并不是任何一种联想都可以在感情作用下产生移情现象。和移情现象关系密切的是相似联想。审美主体的情绪和情感对于审美对象的反映所产生的影响作用,在移情中主要就是通过相似联想来实现的。相似联想在高级神经活动的生理基础上是条件联系的泛化。巴甫洛夫说:"如果我们对任何一个乐音形成条件反射时,那么不只其他的乐音,而且许多其他的声音也都引起同一的条件反应来,这在高级神经活动生理学上叫作条件反射的泛化。"[2] 又说:"条件联系的泛化是符合于我们称为类似联想的。"[3] 自然对象在人的美感意识中之所以会产生移情现象,有许多就是由于自然对象的特征与人的感

---

[1] 中国社会科学院外国文学研究所外国文学研究资料丛刊编辑委员会编:《外国理论家作家论形象思维》,中国社会科学出版社1979年版,第21页。
[2] 《巴甫洛夫选集》,吴生林等译,科学出版社1955年版,第155页。
[3] 《巴甫洛夫选集》,吴生林等译,科学出版社1955年版,第161页。

情、性格、活动存在着某种相似或相近之处，经过人的长期社会实践活动，它们在人脑中引起同一的条件反应，形成了条件联系的泛化。这种以条件联系的泛化为基础的相似联想，在人的情感作用下，最易形成移情现象。如"夜莺在歌唱""杜鹃在哭泣""云破月来花弄影""残菊犹有傲霜枝""弱柳从风疑举袂，丛兰浥露似沾巾""数峰清苦，商略黄昏雨"，等等，都是在审美主体感情的作用下，根据自然事物的特征和人的感情、活动、性格的相似，而形成的相似联想。郭熙论及画家对自然景物的审美感受时说："真山水之烟岚，四时不同：春山艳冶而如笑，夏山苍翠而如滴，秋山明净而如妆，冬山惨淡而如睡。"[①] 烟岚笼罩的山，本来无情可言，但在画家眼中却成了如笑如怒如妆如睡的有情之物，四季之山完全拟人化了。这显然是作为审美主体的画家饱含情感的态度去观赏自然景物，因而在反映自然景物时，由四季山岚的状貌、特征引起对类似的人的情态、动作的联想的结果。不过，在形成移情现象的类似联想中，由于情感的强烈作用，唤起联想的自然景物与被联想的人的情感、活动、性格之间的关联具有了更大的必然性，因而往往消失其联想过程，而被联想的内容（人的情感、活动、性格等）也往往丧失其独立性，与唤起联想的自然景物的感知直接融合在一起。如诗人感到花的凝愁带恨、竹的高风亮节等，就是将自然景物的形象特征与人的情感、性格在意识活动中完全融为一体，因而不需要自觉地联想过程，便能够直感到自然景物似乎像人一样有了生命、性格、感情。

对移情现象的产生具有最直接关系的一种心理活动，是所谓"内心情感的联想"。内心情感的联想是由于"内心情感的联系，两个表象联系着正由于它们二者在我们心中引起相同的内心情感"[②]。乌申斯基说："内心情感的联想，严格地说，这种联想包括在对立联想与相似联想之内。假如诗人看出海的啸声和人们的吼声相似，诗人从明亮眼睛中看见闪电的光辉，从树林发出的声音中听到诉泣，从美妙生动的风景画中看到微笑，等等，那么，在实质上这不过是相似的联想，但这种相似不过不是由理性揭

---

① 郭熙：《林泉高致》，载沈子丞编《历代论画名著汇编》，文物出版社1982年版，第67页。
② ［苏］К. Д. 乌申斯基：《人是教育的对象》第1卷，李子卓等译，科学出版社1959年版，第243—244页。

露的，而是由人的诗意情感揭露的而已。"① 这里，乌申斯基明确指出：内心情感的联想实质上也是一种相似联想，不过它的特点是联想中表象的相似、联系和推移，不是由理性揭露的，而是"由人的诗意情感揭露的"。这种联想的突出特征是联想受人的内心情感的支配，联想中表象的联系和推移，主要以联想者的情绪和情感为中介，从而在联想的反映中渗透着更为浓厚的感情色彩。这种联想形式本身就直接体现了情感和联想的相互作用和统一，是审美和艺术创作中表现得极为普遍的一种心理活动。不但移情和拟人化现象，而且包括隐喻、象征等表现手法，都和这种联想形式有密切关系。意大利美学家维柯在《新科学》中分析了原始神话和语言中的隐喻（mataphor），说："最初的诗人们就用这种隐喻，让一些物体成为具有生命实质的真事真物，并用以己度物的方式，使它们也有感觉和情欲。"② 隐喻的最突出特点就是使无生命的事物显得具有感觉和情欲，如天和海的"微笑"，风"吹"，波浪"轻声细语"，流脂的树"哭泣"，等等。维柯这里所说的以己度物，使无生命的事物具有感觉和情欲，就是一种主要由内心情感的联想所产生的移情现象。维柯称它为"诗性逻辑"。这种移情现象在诗歌创作中是普遍存在的，如英国著名诗人华兹华斯谈到他的诗歌创作时说："对每一种自然形态：岩石、果实或花朵，甚至大道上的零乱石头，我都给予有道德的生命；我想它们能感觉，或把它们与某种情感相连。"实际上，审美和艺术中的许多移情现象，都是通过审美主体的内心情感，将自然现象的某些特征与同其类似的人的精神和性格特征加以联想而产生的。

第二节 移情与主体的情绪和心境

在移情现象中，自然景物的特征之所以能和人的类似情感、性格、活动相联系而形成联想和想象，主要是由于情感的推动和作用。所以审美和艺术中的移情现象对于客观现实的反映，不是像旧唯物主义者所理解的那

---

① ［苏］К. Д. 乌申斯基：《人是教育的对象》第1卷，李子卓等译，科学出版社1959年版，第253页。
② ［意］维柯：《新科学》，朱光潜译，人民文学出版社1986年版，第180页。

种机械的、直观的反映，而是在一定的社会实践的基础上，经过审美主体的情感的作用和折射，对于审美对象的积极的、能动的反映。面对特定的审美对象，审美主体究竟移什么情、如何移情，既要受到客观对象本身的特征的制约，又要受到主观情感的性质的支配。审美主体的主观情感固然也是由自然对象的特征所引起的，但根本上却是由审美主体的社会生活条件所决定的，是反映着审美主体所处的社会生活条件的。所以，移情现象对于客观现实的反映，不只是简单地反映自然对象，而且曲折地反映社会生活；不只是反映了自然美，而且反映了社会美；是自然景物和社会生活互相联系、自然美和社会美有机统一的反映。如郑板桥的《竹石图》，屹立在岩石上的翠竹的形象，体现了人的坚韧不拔的精神美。其画题诗云："咬定青山不放松，立根原在破岩中，千磨万击还坚劲，任尔东西南北风。"这个经过画家和诗人的移情作用而诞生的翠竹形象，当然不只是反映着审美主体对于翠竹的自然美的感受，而且反映着审美主体对于人的坚贞志节的社会美的感受。蔡若虹说："人们欣赏自然，赞美自然，往往结合着生活的想象和联想；自然风物的特点，往往被看作人的精神拟态。人们赞美山的雄伟，海的壮阔，松的坚贞，鹤的傲岸，同时也赞美着人，赞美着与自然特点相吻合的人的精神。"①用这段话来说明移情现象对客观现实的反映，我以为也是十分妥当的。

在移情现象中，审美主体对自然景物的反映，需经过情感的作用和折射。审美主体的社会实践和生活条件不同，由现实所引起的情绪、情感也不同，因而在观赏和描绘自然景物时，便会产生不同的联想和想象，赋予对象以不同的情感、情绪、趣味、情调。王夫之《姜斋诗话》说："情景虽有在心在物之分，而景生情，情生景，哀乐之触，荣悴之迎，互藏其宅。天情物理，可哀而可乐，用之无穷，流而不滞；穷而滞者不知尔。"②在情景相生的结合部所形成的移情形象，确实可以千变万化，无尽无穷。"徘徊枝上月，空度可怜宵"是一种移情，"落月摇情满江树"又是一种移情；"数峰清苦，商略黄昏雨"是一种情趣，"青山意气峥嵘，似为我归来妩媚生"又是一种情趣。既有"桃花为春憔悴"的感受，也有"桃花依旧

---

① 参见《人民日报》1960年9月28日第7版。
② （清）王夫之著、戴鸿森笺注：《姜斋诗话笺注》，人民文学出版社1981年版，第33页。

笑春风"的感受；既有"菊残犹有傲霜枝"的意境，也有"紫艳半开篱菊静"的意境。明月、青山、桃花、菊花，作为自然景物本来不会有感情上的变化，但它们在不同审美主体的审美意识中，却成了不同的移情形象，涂上了不同的感情色调，这完全是由于审美主体情感的作用所引起的。一切移情现象，都可以说是景与情、客观与主观的高度统一，都可以说是一种"有我之境"。

在移情现象的形成中，人的心境往往起着特别重要的作用。所谓心境，是指使人的一切其他的体验和活动都感染上情绪色彩的、比较持久的情绪状态。心境具有弥散性的特点。当一个人处于某种心境中，他往往以同样的情绪状态看待一切事物，使事物的反映都带上特定的情感色彩。在审美和艺术创作中，由于审美主体的心境不同，对自然景物产生的联想和移情也会有很大不同。审美主体心境发生变化，对自然景物的联想和移情也会产生变化。我国宋代词作家李清照一生创作的几十首词中，多有描写秋天景物和心情感受的。由于她生平前后时期经历了巨大变化，个人心境随之也有了重大改变，所以，前后不同时期创作的词中对秋天景物产生的的联想和移情也迥然有别。前期的李清照出身于文人仕宦之家，才华过人，潜心文学，嫁给太学生赵明诚后婚姻美满，生活平静。在这种如意心境下，她笔下的秋景便自然显得活泼明丽，亲切诱人。如《怨王孙》："湖上风来波浩渺，秋已暮，红稀香少。水光山色与人亲，说不尽无限好。莲子已成荷叶老，清露洗，苹花汀草。眠沙鸥鹭不回头，似也恨人归早。"词中咏赞晚秋湖上风光，自然景物都被赋予了人的感情，水光山色流露出与人亲好的柔情蜜意；沙滩鸥鹭对早早归去的游人表示怅恨和惋惜，展现出一幅"无穷好"的湖光山色图。后期的李清照经历了北宋国灭、家破人亡、颠沛流离、无依无靠种种不幸，心情经常处于痛楚忧愁之中。在这种心境下，他词中描写的秋景也变得残破凋零，孤寂清冷。如《声声慢》："满地黄花堆积，憔悴损，如今有谁堪摘？守着窗儿，独自怎生得黑！梧桐更兼细雨，到黄昏点点滴滴。这次第，怎一个愁字了得！"词中写深秋庭院景物：菊花、梧桐、细雨、黄昏，这些无不触动她的愁绪。在作者眼中，秋菊凋残，落花满地，花容憔悴破损，已经没有什么可摘的了。这移情化的的残菊形象，正是词人愁苦心境的一种写照。就艺术创作来说，作为审美对象的自然现象的特征本来是多方面的、丰富多彩的；作为审美主体的作家艺术家的情绪和情感活动更是复杂的、千变万化的,由此而造成的审美的联想和移情也必然是千姿万态、变化无穷的。真可以说是"各以其情而自得"。所以,在真正艺术家的作品中,每一个移情的形象,都可以说是一个独特的发现和创造。

第三节　移情参与形象思维

　　审美和艺术创作的心理活动虽然并不是必然有移情现象,也不是任何移情现象都和审美及艺术创作有关;但是在审美和艺术创作中,往往会有移情现象相伴随,却是一个不可忽视的事实。移情活动作为审美意识中情感与联想、想象互相作用的一种形式,虽然不能改变客观的审美对象,创造自然美,却可以改变主体自身的审美感受,直接影响着艺术美的创造。

　　在艺术创作中,移情可以说是形象思维的一种重要方法。在情感作用下,由于自然事物和人的精神品质在性质或形态上的类似而产生的联想和移情,具有通过自然事物的富有特征的鲜明形象,以赞美人的精神品质,寄托人的思想感情的突出特点,所以它在形象思维中往往起着较为显著的作用。许多以自然景物为描绘对象的艺术创作,能够将自然景物和人的思想感情、精神品质有机统一起来,将它们熔为一炉加工改造、集中概括,形成个别和一般、形象和思想、自然和人情、客观和主观高度统一的典型化的形象,就是和审美的移情作用密不可分的。如屈原《橘颂》中"受命不迁""淑离不淫"的南国橘树的形象,郭沫若《炉中煤》中"有火一样的心肠"的燃煤的形象,茅盾《白杨礼赞》中"朴质、严肃、坚强不屈、傲然挺立"的西北高原白杨树的形象,徐悲鸿绘画中勇往直前的奔马的形象,高尔基《海燕》中"勇敢的叫喊""高傲地飞翔"的暴风雨前的海燕的形象,等等,无不是在移情作用参与下的形象思维所创造的杰出成果。

　　中国古典美学在概括艺术创作规律的基础上,提出了"意境"这一独特的美学范畴,并且把它作为达到艺术美的极致来追求。所谓"意境",原是境与意、景与情、形与神、情与理辩证统一、浑然一体的艺术整体。而移情正是创造意境的一种重要手段。在移情作用中,主体的情感活动和对象的形象特征,通过联想和想象达到了高度统一,二者完全融为一体,以至于自然景物直接表现着情感,情感也直接浸透于自然景物之中。它既是"情中景",也是"景中情",情景难分,妙合无垠。"把酒送春春不语,黄昏却下潇潇雨","过尽千帆皆不是,斜晖脉脉水悠悠","晓来谁染霜林醉?总是离人泪"……在这些由移情作用所产生的形象中,境和意、景和情相互交织、浑然一体,形象鲜明、独特,情意纤浓、含蓄,正是不可多得的意境。宗白华说:"艺术意境的创构,是使客观景物作我主观情思的象征。"① 由此可知,移情作用在艺术意境的创构中确实是具有重要地位的。

文艺反映生活以情感为其特点,不论何种文艺作品都可以说带有抒情性,而对抒情类作品的创作来说,情感的抒发尤居突出地位。然则,"情不可以显出也,故即事以寓情"②。艺术中的情感需要浓厚而强烈,却不可直率而显露。通过移情手法,化无情的自然景物为有情的艺术形象,正可以使艺术中的情感表达既浓厚深刻而又含蓄隽永。"相见时难别亦难,东风无力百花残,春蚕到死丝方尽,蜡炬成灰泪始干。"李商隐《无题》诗中的这些名句,把情人离别的伤感和别后的思念之情抒写得何等浓烈、深厚。然而,诗人并非直写自己的情感,而是用情感作用下对自然景物的联想、想象,创造出一种别致新颖的移情形象。无力的东风,凋残的百花,到死才停止吐丝(思)的春蚕,燃尽才停止流泪的蜡烛,把痛苦、伤感的离情别绪,悠长、执着的爱情思念,表达得多么含蓄、蕴藉、形象、贴切。看来,抒情作品恰当地运用移情的手法以增强艺术的感染力是符合艺术特点和审美规律的。

---

① 宗白华:《美学散步》,上海人民出版社1981年版,第62页。
② 刘大櫆:《论文偶记》,载郭绍虞主编《中国历代文论选》第3册,上海古籍出版社1980年版,第436页。

第十四章　艺术和审美的符号学分析

20世纪以来，在西方分析哲学、语言学和现代自然科学的影响下，"符号"的概念变得越来越重要，对符号的研究也越来越受到人们的重视。于是，一门新兴的学科——符号学便得到了迅速发展，一跃而成为社会科学研究的一个热门。美国哲学家和美学家M. C. 比尔兹利指出："从广义上来说，符号学无疑是当代哲学以及其他许多思想领域的最核心的理论之一。"[①] 这正说明了符号学对西方当代哲学和社会科学的影响之大。

按照一般的理解，符号学是研究符号的一般理论的科学。它研究符号的本质、符号的发展规律、符号的意义以及符号与人类各种活动的关系等。符号学的理论在各个领域得到广泛应用。它和哲学认识论有着重要联系；语言、宗教、科学、文学、艺术等领域的研究中都有自己的符号学问题。德国新康德主义哲学家恩斯特·卡西尔（Ernst Cassirer, 1874-1945）将符号学广泛应用于人类文化领域的研究，建立了一个独特的符号形式哲学和人类文化哲学体系。他的主要著作《符号形式的哲学》（三卷）、《语言与神话》和《人论·人类文化哲学导引》等，不仅发展了符号学的理论，而且为符号学的美学的形成奠定了基础。美国当代哲学家和艺术理论家苏珊·朗格（Susanne Langer, 1895-1985）继承和发展了卡西尔的符号学的哲学思想和美学思想。她在《哲学新解》《情感与形式》和《艺术问题》等著作中，补充了符号学的理论，并且将符号学集中地、全面地应用于艺术研究，从而完成了符号学的美学的建设。在西方美学界，一般把卡西尔和朗格的符号学美学和艺术理论称之为"卡西尔—朗格的'符号说'"。

西方美学发展到现代出现了明显的转向，研究重点从美的哲学探讨转

[①] 参见李普曼编《当代美学》，邓鹏译，光明日报出版社1986年版，第7页。

向对审美经验和艺术中专门问题的研究。关于艺术的审美特性问题，遂成为许多西方当代美学家关注的中心。卡西尔和朗格的符号学美学所研究的中心问题，仍然是艺术的本质和审美特性问题。这一点，朗格在《艺术问题》一书"前言"中说得很明白，她说："虽然这里面的每一次讲演看上去都是为了解决一个专门的问题，实际上却是从各个不同的方面射向艺术的中心问题（亦即艺术的本质问题）的聚光灯。"[1] 卡西尔和朗格都力图从符号学出发寻求新的艺术定义，对"与艺术有关的哲学问题"做出独特的回答。他们对艺术本质特性所提出的新观念，以及研究艺术的新角度、新方法，在西方美学界和艺术理论批评家中引起了强烈反响。乔治·迪基在《美学引论》中认为符号学的艺术论是"一种在当代最有影响的艺术哲学"[2]，"是当代最流行的理论"[3]。这种估计可能过高，但也说明符号学美学的影响之大。

第一节　艺术和审美的符号特性

恩斯特·卡西尔的美学和艺术理论，是他创立的"人类文化哲学体系"的一个组成部分。卡西尔认为人是文化的动物，人的本性存在于人自身不断创造文化的活动之中，而人类创造文化则依赖于符号活动。"符号化的思维和符号化的行为是人类生活中最富于代表性的特征。"[4] 符号活动既是使人和动物相区别的标志，又是把人和文化相联结的中介。整个人类文化的世界都是由人所建造的"符号的宇宙"；各种文化的形式——神话、宗教、语言、艺术、历史、科学——都是不同的"符号形式"。因此，对各种"符号形式"的研究应该成为哲学的主要任务。由此，卡西尔便由哲学的研究进入艺术的研究。

在回答艺术的本性问题时，卡西尔首先强调的是"艺术的符号特性"。他认为艺术像人类创造的一切文化产品一样，也是一种符号形式。不过，艺术是一种特殊的符号形式的创造。他说："艺术可以被定义为一种符号

---

[1] ［美］苏珊·朗格：《艺术问题》，滕守尧等译，中国社会科学出版社1983年版，第2页。
[2] ［美］乔治·迪基：《美学引论》，美国博布斯—梅墨尔公司1971年版，第78页。
[3] ［美］乔治·迪基：《美学引论》，美国博布斯—梅墨尔公司1971年版，第76页。
[4] ［德］恩斯特·卡西尔：《人论》，甘阳译，上海译文出版社1985年版，第35页。

的语言"①，"美必然地、而且本质上是一种符号"②。按照卡西尔关于符号的定义，一切符号形式都包含有特质的方面和意义的方面。这两方面的联系可以有三种不同的类型，即表现的、再现的和纯意义的。所有文化形式的类型就是按照这三种方式历史地建立起来的。那么，艺术这种符号形式究竟是属于哪一种符号形式的类型呢？卡西尔认为这是认识艺术这种特殊的符号形式首先要解决的问题。

在美学理论发展中，关于艺术是客观的还是主观的？是再现的还是表现的？这始终是分歧最多的一个问题。正如卡西尔所指出：无论什么时候总是有着模仿说和灵感说之间的矛盾和冲突。在《人论》中，他检讨了美学史上一些有代表性的艺术学说，着重批评了模仿说和表情说。模仿说在西方美学史上是一种古老而又影响深远的艺术本性论。从亚里士多德一直到新古典主义，模仿说都在西方占据着统治地位。卡西尔指出，模仿说本身是充满矛盾的：一方面它坚持艺术"模仿自然"的原则；另一方面又不得不承认艺术家的创造性、主观性，想把这两种要求调和起来是不容易的。如果承认后者，"艺术模仿自然这个原则就不可能被严格而不妥协的坚持到底"。虽然"所有的美都是真"，所有的真却并不一定就是美。为达到最高的美，就不仅要复写自然，而且恰恰还必须偏离自然。"像所有其它的符号形式一样，艺术并不是对一个现成的即予的实在的单纯复写。它是导向对事物和人类生活得出客观见解的途径之一。它不是对实在的模仿，而是对实在的发现。"③卡西尔特别重视在审美和艺术活动中主体的能动性、创造性，认为审美和艺术都不是由"被动的知觉"构成的，而是具有"心灵的能动性"的，是一种主体的"构造和创造活动"。他说："艺术家的眼光不是被动地接受和记录事物的印象，而是构造性的，并且只有靠着构造活动，我们才能发现自然事物的美。美感就是对各种形式的动态生命力的敏感性，而这种生命力只有靠我们自身中的一种相应的动态过程才可能把握。"④模仿说的艺术本性论其根本弊病，就在于它忽视了审美和艺术是一种心灵的构造和创造活动。

---

① 参见朱狄《当代西方美学》，人民出版社 1984 年版，第 122 页。
② 参见朱狄《当代西方美学》，人民出版社 1984 年版，第 124 页。
③ [德] 恩斯特·卡西尔：《人论》，甘阳译，上海译文出版社 1985 年版，第 182 页。
④ [德] 恩斯特·卡西尔：《人论》，甘阳译，上海译文出版社 1985 年版，第 192 页。

和模仿说的艺术本性论相对立的是表情说的艺术本性论。卡西尔指出，表情说的出现是美学理论中一个新的转折，这个转折是从卢梭开始的。卢梭反对所有古典主义和新古典主义传统的艺术理论。在他看来，艺术并不是对经验世界的描绘或复写，而是情感和感情的流溢。此后，从浪漫主义的华兹华斯派直到托尔斯泰的艺术论，都把重点放在强调艺术的情感方面，强调艺术不是再现，而是表现。对此，卡西尔也提出了批评。他指出，情感并不是艺术唯一和决定性的特征，甚至在抒情诗中也是如此。"抒情诗人并不仅仅只是一个沉湎于表现感情的人。只受情绪支配乃是多愁善感，不是艺术。一个艺术家如果不是专注于对各种形式的观照和创造，而是专注于他自己的快乐或者'哀伤的乐趣'，那就成了一个感伤主义者。"① 卡西尔并不否认艺术创造需要具有深厚、强烈的情感，但是他不同意科林伍德关于艺术"就是表现某一特定情绪"的说法，因为这种说法完全忽视了艺术是具有"明确的目的论结构"的创造过程，忽视了艺术的再现和解释的功能。卡西尔也不否认艺术是表现的，但是他也不同意克罗齐的"艺术即直觉即表现"的观点，因为艺术"如果没有构型，它就不可能表现"。而这种构型过程总是在某种感性媒介物中进行的。所以，艺术创造也必须经历客观化的过程。总之，在卡西尔看来，美学理论中的客观说和主观说、再现说和表现说，都不能全面说明艺术的性质。"在客观的与主观的、再现的与表现的艺术之间所做的泾渭分明的区别是难以维持的。帕尔泰农神殿的中楣，巴赫的弥撒曲，米开朗基罗的'西斯廷教堂天顶画'，莱奥帕尔迪的一首诗，贝多芬的一首奏鸣曲，或陀思妥耶夫斯基的一部小说，都是既非单纯再现的亦非单纯表现的。在一个新的更深刻的意义上它们都是象征的（symbolic）。"② 这些批评在一定程度上体现了对艺术性质的辩证的理解，基本上是符合艺术的实际的。

按照卡西尔的说明，人类所创造的一切符号形式，都是为了"使人类经验能够被他所理解和解释"。所以，作为一种特殊的符号形式的艺术，"既不是对物理事物的模仿，也不只是强烈感情的流溢。它是对实在的再解释，不过不是靠概念而是靠直观，不是以思想为媒介而是以感性形式为

---

① ［德］恩斯特·卡西尔：《人论》，甘阳译，上海译文出版社1985年版，第182页。
② ［德］恩斯特·卡西尔：《人论》，甘阳译，上海译文出版社1985年版，第186页。

媒介"。① 从对实在的再解释，对人类经验的深层的认识来说，艺术和科学所担负的任务都是同样的。但是，艺术和科学作为两种不同的符号形式却具有明显区别。在科学中我们得到的是"概念的解释"，在艺术中我们得到的是"直观的解释"。前者是帮助我们理解事物的理由，后者则帮助我们洞见事物的形式。正如卡西尔所指出："有着一种概念的深层，同样，也有一种纯形象的深层。前者靠科学来发现，后者则在艺术中展现。前者帮助我们理解事物的理由，后者则帮助我们洞见事物的形式。在科学中，我们力图把各种现象追溯到它们的终极因，追溯到它们的一般规律和原理。在艺术中，我们专注于现象的直接外观，并且最充分地欣赏着这种外观的全部丰富性和多样性。"②

在考察和阐明艺术的特性时，卡西尔明显地受到康德美学思想的影响。康德认为审美判断既不涉及利害计较，也不涉及对于对象的概念的认识，而仅是对象的形式所引起的一种愉快的感觉。这种形式之所以能引起快感，是由于它适应人的认识功能，即想象力和知性，使这些功能可以自由活动、和谐合作。所以，美感是起于对形式的观照，只涉及对象的形式和主体的快感。康德认为这就是审美活动与道德活动、认识活动的根本区别。卡西尔在《人论》中称赞康德在他的《判断力批判》中"第一次清晰而令人信服地证明了艺术的自主性"，并且将康德的观点和他的符号形式哲学结合起来，进一步强调审美和艺术的特性即在于对于对象纯粹形式的直观。他说："在艺术中我们是生活在纯粹形式的王国中而不是生活在对感性对象的分析解剖或对它们的效果进行研究的王国中。"③ "它并不追究事物的性质或原因，而是给我们以对事物形式的直观。"审美经验和一般感觉经验的根本区别，就在于前者专注于对象的形式，而后者却从未"看见"它的形式。在审美中，人们进入了一个新的领域，"不是活生生的事物的领域，而是'活生生的形式'的领域。我们不再生活在事物的直接实在性之中，而是生活在诸空间形式的节奏之中，生活在各种色彩的和谐和反差之中，生活在明暗的协调之中。审美经验正是存在于这种对形式的

---

① [德]恩斯特·卡西尔：《人论》，甘阳译，上海译文出版社 1985 年版，第 186—187 页。
② [德]恩斯特·卡西尔：《人论》，甘阳译，上海译文出版社 1985 年版，第 215 页。
③ [德]恩斯特·卡西尔：《人论》，甘阳译，上海译文出版社 1985 年版，第 183 页。

动态方面的专注之中"①。总之，审美经验与日常经验是根本不同的。日常经验要么与实践的兴趣相关，关涉事物的效用（即"那有什么用？"问题）；要么与理论的兴趣相关，关涉事物的原因（即"怎么来的？"问题）。但是一旦进入艺术的领域，我们必须忘掉所有这样的问题。在存在、自然、事物的经验属性背后，我们突然发现了它们的形式。直观形式不同于认识事物，所以，审美享受、艺术享受不是对事物的享受，"而是对形式的享受"。这些看法形式主义色彩相当浓厚，显然是对康德的审美理论的一种发挥。

针对西方美学界长期形成的审美和艺术的特点在于情感的看法，卡西尔指出，审美确实具有强烈的情感，从亚里士多德的"卡塔西斯"说到托尔斯泰的"情感感染"说，都看到了艺术的情感作用，但是单纯强调情感并不能揭示审美和艺术的特性。在审美和艺术中，我们的情感生活达到了它的最大强度，而正是在这样的强度中它改变了它的形成。"因为在这里我们不再生活在事物的直接的实在之中，而是生活在纯粹的感性形式的世界中。在这个世界，我们所有的感情在其本质和特征上都经历了某种质变过程。情感本身解除了它们的物质重负，我们感受到的是它们的形式和它们的生命而不是它们带来的精神重负。"② 这就是说，在审美和艺术中，情感已经摆脱了日常经验中直接的实在性，解除了物质重负。"它们与其说是直接感受到的，不如说是被看到的。"审美和艺术"使我们的感情赋有审美形式，也就是把它们变为自由而积极的状态。在艺术家的作品中，情感本身的力量已经成为一种构成力量（formative power）"③。总之，审美和艺术中的情感不同于日常经验中的实在的情感，它已使情感"体现在激发美感的形式中：韵律、色调、线条和布局以及具有立体感的造型"。正因如此，艺术才能把痛苦和凌辱、残忍与暴行都转化为一种自我解放的手段，从而给了我们一种用任何其他方式都不可能得到的内在自由。卡西尔的这些看法固然是偏向于从形式上考察审美和艺术的特性，但是，他明确指出了审美和艺术中的情感和日常经验中的实在情感在性质和特征上都是

---

① ［德］恩斯特·卡西尔：《人论》，甘阳译，上海译文出版社1985年版，第193页。
② ［德］恩斯特·卡西尔：《人论》，甘阳译，上海译文出版社1985年版，第189页。
③ ［德］恩斯特·卡西尔：《人论》，甘阳译，上海译文出版社1985年版，第189页。

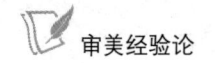

不同的，这对我们在一个更深的层次上去把握艺术的特性确实是有启发意义的。

根据以上分析，卡西尔概括出艺术作为一种特殊的符号形式与其他符号形式的根本区别。他说："在艺术的符号和日常言语及书写的语言学的语词符号之间，却有着确凿无疑的区别。这两种活动不管在特征上还是在目的上都不是一致的：它们并不使用同样的手段，也不趋向同样的目的。不管是语言还是艺术都不是给予我们对事物或行动的单纯模仿；它们二者都是表现。但是，一种在激发美感的形式媒介中的表现，是大不相同于一种言语的或概念的表现的。"① 像这样专门从符号形式上来概括和说明艺术的特性，可以说是卡西尔的独创。

第二节　符号学的艺术定义

苏珊·朗格深受恩斯特·卡西尔的哲学和美学思想的影响。她在卡西尔的艺术理论的基础上，进一步补充和完善了符号学的艺术本性论，较之卡西尔其论点更为明确，论述也更为周密。在基本思想保持一致的前提下，苏珊·朗格还提出了与卡西尔不完全一样的许多看法，在艺术本性论上做出了新的建树。

在《情感与形式》中，朗格从符号学出发，在发挥卡西尔艺术论点的基础上，提出了一个新的符号学的艺术定义，即："艺术是人类情感的符号形式的创造。"② 在《艺术问题》中，她又以不同的表达方式，反复地重申了这一艺术定义，她说："我曾经大胆地为艺术下了如下的定义。这就是：一切艺术都是创造出来的表现人类情感的知觉形式。"③ 又说："在我看来，所谓艺术，就是'创造出来的表现性形式'或'表现人类情感的外观形式'。"④ 总之，"艺术是创造出来的表现情感概念的表现性形式"，这就是朗格对艺术的中心问题——艺术的本质问题所做的独特回答。

---

① [德] 恩斯特·卡西尔：《人论》，甘阳译，上海译文出版社 1985 年版，第 214 页。
② [美] 苏珊·朗格：《情感与形式》，刘大基等译，中国社会科学出版社 1986 年版，第 51 页。
③ [美] 苏珊·朗格：《艺术问题》，滕守尧等译，中国社会科学出版社 1983 年版，第 75 页。
④ [美] 苏珊·朗格：《艺术问题》，滕守尧等译，中国社会科学出版社 1983 年版，第 105 页。

第十四章 艺术和审美的符号学分析

朗格的这个艺术定义，是由一系列具有特定含义的概念组成的。其中，至关重要的是符号、形式、情感、表现性四个基本概念。还有一些重要概念，如虚象、幻象、抽象化，它们没有直接出现在朗格的艺术定义中，但她在说明和解释艺术定义中的基本概念时，却经常要结合说明这些相关的概念。朗格的艺术理论大部分都是在说明、解释、区分各种专门概念，因此，我们要弄清她的艺术定义，了解她对艺术本质问题的看法，必须从说明她的这些专门概念入手。

朗格对艺术本质的基本看法，就是将艺术看作人类创造的一种"特殊符号形式"。为什么说是一种特殊的符号呢？因为根据语义学和符号学中为符号下的定义，符号是"一种可以通过某种不言而喻的或约定俗成的传统或通过某种语言的法则去标示某种与它不同的另外的事物的事物"①。如果按照符号的一般定义，艺术品就不能称作符号，但艺术品却具有符号的某些功能。所以，这是一种与纯粹符号不同的特殊的符号。朗格指出，迄今为止，人类创造出的一种最为先进和最令人震惊的符号就是语言。"语言是理性思维的符号形式"，是"推论性的形式"，它能表达我们称之为观念的东西，也能表达我们称之为"事实"的东西。但是，语言作为"推论性的形式"，它的用途是有限度的。有大量可知的经验是不能通过推论性的形式表现出来的，当然也就是不能通过语言表现出来的。这些经验就是我们有时称为主观经验方面的东西或直接感受到的东西。这些东西常常被人们称为"情绪""情感"，它们是一些交融为一体而不可分割的"主观现实"或"内在生活"。"对于这样一些内在的东西，一般的论述——对词语的一般性运用——无论如何是呈现不出来的。即使谈及，也只能是一种一般的或肤浅的描绘。那些真实的生命感受，那些互相交织和不时地改变其强弱程度的张力，那些一会儿流动、一会儿又凝固的东西，那些时而爆发、时而消失的欲望，那些有节奏的自我连续，都是推论性的符号所无法表达的。主观世界呈现出来的无数形式以及那无限多变的感情生活，都是无法用语言符号加以描写或论述的，然而它们却可以在一件优秀的艺术品中呈现出来。"② 艺术品表现人的"主观世界""内在生活"，不是运用

---

① ［美］苏珊·朗格：《艺术问题》，滕守尧等译，中国社会科学出版社1983年版，第125页。
② ［美］苏珊·朗格：《艺术问题》，滕守尧等译，中国社会科学出版社1983年版，第128页。

"推论性符号",而是运用一种特殊的符号。这种符号不是诉诸像语言符号那样的"推论性形式",而是诉诸另一种形式——"表现性形式"。"一种表现性形式也就是一种知觉的或想象的整体。这一整体可以展示出整体内容的各个部分、各个点,甚至各种特征和方位之间的特定关系模式。因此,用这种整体就可以再现出另一种具有同种关系模式的整体。"① 朗格认为,艺术品都是一种"表现性形式",这种表现性形式又可称作"艺术符号"。在朗格使用的专门概念中,"表现性形式"和"艺术符号"是同一含义的两个概念。"所谓艺术符号,也就是表现性形式。"所以,在她看来,说艺术品"是一种不同于语言符号的特殊符号形式",也就等于说艺术品"是一种在某些方面与符号相类似的表现性形式"。我们知道,在朗格之前,英国语义学美学家 I. A. 理查兹也曾对词语的两种用法作过区别。他把作为符号来使用的词称为"符号语言",把作为情感体现来使用的词称为"情感语言",认为前者指向客观事物;而后者只是表现主体的一种情感、态度。艺术的陈述不同于科学的陈述,就在于它是表达情感而不是报道事实,所以,艺术的语言不是符号语言。朗格在此基础上,进一步明确提出了两种符号系统的理论,认为除了语言的推论性的符号系统外,还有一种非语言的、表现性的符号系统,这在符号学哲学和美学中是一个极其重要的发展。由于朗格补充和发展了非语言的符号理论,所以,她在论述艺术符号和语言符号的区别方面较之卡西尔更明确、更完善。但是,她把艺术符号和语言符号截然对立起来,完全忽视了两者之间具体而复杂的关系,甚至断言语言符号不能表达主观世界和内心生活,却是违背实际和相当片面的。

朗格认为,弄清"艺术符号"不同于其他符号,特别是语言符号的区别和特点,对于理解艺术的本质是至关重要的。艺术符号作为一种特殊的符号,作为表现性形式,虽然具有符号的某些功能,但不具有符号的全部功能,它不能像纯粹的符号那样,去代替另一件事物,也不能像语言符号那样,去表现一个概念。艺术符号的主要功能是"将经验形式化并通过这种形式将经验客观地呈现出来以供人们观照",换句话说,它是要"为情感、主观经验的表象或所谓的'内在生活'的种种特征赋予形式"。这种

---

① [美] 苏珊·朗格:《艺术问题》,滕守尧等译,中国社会科学出版社1983年版,第19页。

功能，朗格称之为"逻辑表现功能"。这才是每一个艺术符号、每一件优秀的艺术作品所应具备的功能。据此，朗格强调艺术的符号作用不是再现，而是表现。他说："通常，人们总认为艺术是再现某种事物的，因此总认为它的符号作用就是再现。然而，这种看法恰恰是我所不同意的。在我看来，艺术甚至连一种秘密的或隐蔽的再现都不是，因为很多艺术品是什么东西也没有再现的。一座建筑、一件陶器或一种曲调，并没有有意在再现任何事物，但它们仍然是美的，当然，许多非再现性的作品有时也可能是丑的和低劣的。然而，任何作品，如果它是美的，就必须是富有表现性，它所表现的东西不是关于另外一些事物的概念，而是某种情感的概念。当然，同样的道理也适合于再现性的艺术。这就是说，如果一件再现性的艺术品想成为美的，它就必须像一件非再现性的艺术品那样，富有表现性。"① 朗格的意思是，艺术并不一定是再现的，但却必须是表现的。无论是非再现性艺术品，还是再现性艺术品，如果它是美的，就必须是富有表现性的。只有表现性，才是艺术符号的主要功能，才是区别艺术与非艺术、艺术作品的美与不美的标准和尺度。如果说恩斯特·卡西尔在再现与表现的问题上主要采取一种调和的看法，那么，苏珊·朗格显然是要把表现性强调为艺术的根本特征。由此可以看出西方当代艺术理论发展的一种走向。

艺术作品作为"表现性的形式"或"艺术符号"，它的主要功能在于使主观经验得到供人观照的形式，在于表现。那么，它所表现的具体东西又是什么？朗格直截了当地回答说："它所表现的东西就是人类的情感。当然，这里所说的情感是指广义的情感。亦即任何可以被感受到的东西——从一般的肌肉觉、疼痛觉、舒适觉、躁动觉和平静觉到那些最复杂的情绪和思想紧张程度，还包括人类意识中那些稳定的情调。"② 在另一处，朗格又解释说："所谓情感活动，就是指伴随着某种十分复杂但又清晰鲜明的思想活动所产生的有节奏的感受，还包括全部生命感受、爱情、自爱，以及伴随着对死亡的认识而产生的感受。"③ 总之，艺术是情感的表现，艺术品

---

① ［美］苏珊·朗格：《艺术问题》，滕守尧等译，中国社会科学出版社1983年版，第120页。
② ［美］苏珊·朗格：《艺术问题》，滕守尧等译，中国社会科学出版社1983年版，第14页。
③ ［美］苏珊·朗格：《艺术问题》，滕守尧等译，中国社会科学出版社1983年版，第109页。

是将情感呈现出来供人观赏的，艺术符号所表现的东西就是人类情感。这种情感是指广义的情感，"亦即人所能感受的一切"。一切主观经验或"内在生活"，从一般的主观感觉、感受到最复杂的情绪、情调、情感，凡是令人难以捉摸的、不可用言语表达的主观世界的"情感生活"，都可以由艺术品来加以表现。"艺术品在本质上就是一种表现情感的形式，它们所表现的正是人类情感的本质。"① 应该说，朗格把主观经验、内在生活、情感世界列为艺术表现的特殊对象，对把握艺术的特性不无合理因素。但是，她不了解主观与客观、情感与现实的正确关系，完全以前者代替后者，因此走向了另一个极端。

不过应该注意的是，朗格虽然认为艺术是情感的表现，但她却一再强调"艺术家表现的决不是他自己的真实情感，而是他认识到的人类情感"。例如一个舞蹈，它的可感知的形式表现了人类情感的种种特征，这是它的创造者对各种人类情感的认识的一种表现，而不是演员个人的情感的表现，不是舞蹈演员本人情感的征兆。"艺术品的情感表现——使艺术品成为表现性形式的机制——根本就不是征兆性的。一个专门创作悲剧的艺术家，他自己并不一定要陷入绝望或激烈的骚动之中。事实上，不管是什么人，只要他处于上述情绪状态之中，就不可能进行创作；只有当他的脑子冷静地思考着引起这样一些情感的原因时，才算是处于创作状态中。然而对于自我表现来说，却根本不需要构思，也不需要冷静清晰地阐述。"② 这就是说，按照朗格的理解，艺术所要表现的情感，不是"艺术家本人所具有的情感和情绪"，而是"表现人类的情感概念"。③ 艺术不是艺术家的"自我表现"，不是艺术家个人情感的自然流露，也不是情感呈现出来的征兆（就像啼哭是啼哭者情绪失调的症状一样）。我们知道，从19世纪初叶开始，在西方美学中表现论的艺术观越来越占有突出的地位。一般的表现论的艺术理论，大都认为艺术是艺术家主观情感的表现，有的则明确主张艺术就是艺术家的"自我表现"。朗格虽然也认为表现性是艺术的必备特征，主张艺术是情感的表现，但是却明确地将"表现"与"自我表现"区

---

① [美] 苏珊·朗格：《艺术问题》，滕守尧等译，中国社会科学出版社1983年版，第7页。
② [美] 苏珊·朗格：《艺术问题》，滕守尧等译，中国社会科学出版社1983年版，第23页。
③ [美] 苏珊·朗格：《情感与形式》，刘大基等译，中国社会科学出版社1986年版，第38页。

别开来，认为艺术并非表现艺术家个人的情感，也并非艺术家情感的自然流露。这是朗格提出的一个极其重要的观点，是她艺术理论的一个非常显著的特色。在朗格看来，是人的理智给情感创造了特有的符号，使之形式化、符号化。情感的形式化、符号化即是情感的理智化。因而，艺术创作是理性活动的产物。艺术作为"情感的逻辑表现"，实质上是理智性的、认识性的，这里显示出朗格对艺术中情感与认识、理智相互关系的独特看法。由于她强调艺术所表现的是艺术家认识到的人类情感，强调艺术家对情感生活的认识、理解，强调艺术"是艺术家为自己认识到的机体的、情感的和想象的生命经验画出的图画"，所以，有的西方美学家甚至认为她的美学观点严格说来并不是属于表现论的，而是"一种单纯的模仿的艺术理论"①。

从以上分析可以看出，朗格的艺术定义实际上包括两个互相联系的不可分割的方面：一个方面是使情感意义得到显示的符号形式；另一个方面是符号形式所表现的情感意义。朗格强调说，在艺术品中，符号形式和它所表现的情感意义（或"意味"），这两者是直接融合为一体的。这是艺术符号与语言符号的又一个重要区别。一个语言符号，比如一个词，它仅仅是一个记号，在领会它的意义时，我们的兴趣就会超出这个词本身而指向它的概念。词本身仅仅是一个工具，它的意义存在于它自身之外的地方，一旦我们把握了它的内涵或识别出某种属于它的外延的东西，我们便不再需要这个词了。然而一件艺术品便不同了，它并不把欣赏者带往超出它自身之外的意义中去，如果它们表现的意味离开了表现这种意味的感性的或诗的形式，这种意味就无法被我们掌握。在一件艺术作品中，情感意味并不是由符号形式象征出来的，而是情感意味直接地包含在符号形式之中。符号形式不是象征着情感意味，而是本身就包含着情感意味。我们看到的或直接从中把握的是浸透着情感的表象，而不是标示情感的记号。据此，朗格概括艺术的符号形式与情感内容的相互关系说："在我看来，艺术符号的情绪内容不是标示出来的，而是接合或呈现出来的。一件艺术品总是给人一种奇特的印象，觉得情感似乎是直接存在于它那美的或完整的形式

---

① ［美］乔治·迪基：《美学引论》，美国博布斯—梅墨尔公司1971年版，第78页。

之中。"① 又说:"一件优秀的艺术品所表现出来的富有活力的感觉和情绪是直接融合在形式之中的,它看上去不是象征出来的,而是直接呈现出来的。形式与情感在结构上是如此一致,以至于在人们看来符号与符号表现的意义似乎就是同一种东西。"② 朗格认为艺术形式或艺术符号与它所表现的情感生活,两者之间具有结构上的一致性和逻辑上的类似性,"艺术形式与我们的感觉、理智和情感生活所具有的动态形式是同构的形式","艺术品就是'情感生活'在空间、时间或诗中的投影",这就是形式与情感、符号与意义在艺术中能达到直接融合,以致一件艺术品看上去就是情感本身的原因。这些分析从审美心理角度较深入地揭示出艺术符号、艺术形式的特点,对我们多方面地把握艺术的审美特性是有重要参考价值的。

第三节 符号学的艺术审美理论的特点

卡西尔—朗格的符号学的艺术本性论,不仅提出了一种新的艺术定义、艺术观念,而且从研究方法、研究角度来看,也有许多新颖、独特之处。

首先,它将艺术本质的研究直接同人的本质的研究结合和统一起来,力求以对人的本性的新解释作为基础,去探求和阐明艺术的本性。这一特点在恩斯特·卡西尔的艺术论中表现得特别突出。"人是什么"这个哲学命题,既是卡西尔的整个人类文化哲学体系的出发点,也是他的艺术哲学的出发点。艺术是解释人类经验的特殊符号形式这一新的艺术观点,是从人是"符号的动物"(animal symbolicum)这一新的人性观点中合乎逻辑地引申出来的。依照卡西尔的看法,人的本质即表现在他能利用符号去创造文化。人类文化的各种形式——神话、宗教、语言、艺术、历史、科学等,都是人自身以他自己的符号化活动所创造出来的"产品"。它们既是符号活动的现实化、具体化,同时也是人的本质的对象化、外化。自觉性和创造性乃是一切人类活动的核心所在,是人的最高力量,因此,包括艺术在内的一切文化形式,都不是从被动接受实在世界给予的"事实"而来的,而是由人的符号化活动所创造出来的。只是在艺术中,个人的独特

---

① [美]苏珊·朗格:《艺术问题》,滕守尧等译,中国社会科学出版社1983年版,第129页。
② [美]苏珊·朗格:《艺术问题》,滕守尧等译,中国社会科学出版社1983年版,第24页。

性、创造性的因素较之其他文化形式似乎更具有压倒的优势。正如在语言、宗教、科学中那样，人在艺术中所能做的"不过是建造他自己的宇宙——一个使人类经验能够被他所理解和解释、联结和组织、综合化和普遍化的符号的宇宙"，包括艺术在内的各种文化形式的功能都是相辅相成的。"每一种功能都开启一个新的地平线并且向我们展示了人性的一个新方面。"因此，要揭示艺术的本质，就必须深入研究艺术这种文化形式同人性的展示的特殊联系。艺术区别于其他文化形式的特殊功能，也须由人的本性去说明。因为"人性的特征正在于，他并不局限于对实在只采取一种特定的唯一态度，而是能够选择他的着眼点。从而既能看出事物的这一面样子，又能看出事物的那一面样子"①。所以人们既可以通过科学"从原因中认识实在"，又可以通过艺术"在形式中见出实在"。总之，在卡西尔看来，艺术的本质、特性以及功能等有关艺术哲学的基本问题的解决，都不能离开人的本质的研究，都不能不从人的本质的展示这个角度去加以考察。这种看法，明显而突出地表现出当代西方哲学中的人本主义思潮对于美学的重大影响。

然而，也正是在这里，符号学美学同时暴露了它的严重弱点和局限性。因为要结合人的本质分析艺术，首先必须对人的本质有一个科学的、唯物主义理解，否则就不能得出科学的结论。卡西尔从人类文化角度来给人下定义，否定人具有与生俱来的抽象本质，但是，他并没有真正把握到现实的人。历史唯物主义关于人的学说的出发点，是人类改造客观世界的社会实践；而卡西尔的人的学说的出发点，则仅仅是"符号活动"。他把"人"完全融化在"符号"之中，从而也就否定了人的感性的、现实的存在。实质上，在卡西尔那里，人仍然是一个抽象物，他由此出发对艺术所做的分析也就自然缺乏现实感和历史感。

卡西尔—朗格符号说的另一独特之点，是力图立足于人类文化活动的总体来揭示艺术的本性和功能。卡西尔的艺术哲学本来就是他的人类文化哲学的一个组成部分。所以，他不是孤立地就艺术本身研究艺术，而是把艺术作为人类所创造的"文化世界"的一个组成部分，从艺术和人类文化整体的相互关系、从艺术和其他文化形式的相互联系和区别中，去考察艺

---

① ［德］恩斯特·卡西尔：《人论》，甘阳译，上海译文出版社1985年版，第216页。

术的性质、功能和特点。这方面最易见出卡西尔宏观的研究方法的特点，并且明显地表现出他的有机整体观点。他一再强调，人类的各种文化活动、各种文化形式，虽然具有各自的基本结构，但是，它们又是"一个有机整体"。"语言、艺术、神话、宗教决不是互不相干的任意创造。它们是被一个共同的纽带结合在一起的。"① 这个纽带不是一种"实体的纽带"，而是一种"功能的纽带"。换句话说，在各种不同的文化形式和表现之后，我们可以发现它们在基本功能上的一致性。各种文化形式都是人为了展示自己的本性，为了使人类经验能够被认识和理解而建造的符号世界。所以，人类文化的不同形式并不是靠它们本性上的统一性而是靠它们基本任务的一致性而结合在一起的。"作为一个整体的人类文化，可以被称之为人不断自我解放的历程。语言、艺术、宗教、科学，是这一历程中的不同阶段。在所有这些阶段中，人都发现并且证实了一种新的力量——建设一个人自己的世界，一个'理想'世界的力量。"② 在这里，我们似乎又一次听到了类似于黑格尔的那种富于历史感和辩证法的语言。艺术同语言、宗教、科学的联系，不再被当作偶然的，而是处在合乎规律的相互关系之中的。正像在黑格尔那里，艺术和宗教、哲学也是处在这样的相互关系中一样。当然，从文化整体来考察艺术，不仅要看到它与其他文化形式的内在联系和一致性，也要看到它与其他文化形式的彼此差别和相异性。然而，正如不能把艺术与其他文化形式的基本统一性看成是偶然的一样，也不能把艺术和其他文化形式的相异性看成是偶然的。艺术与语言、宗教、科学的区别，不仅与它们的基本统一性不相排斥，而且是与统一性互相依存的。因为"这种功能的统一性并不预先假定组成这统一性的各不同成分具有同质性。它不仅承认，甚至要求它的各构成部分具有复杂性和多样性"。艺术和各种文化形式因此都可以看成是"同一主旋律的众多变奏"，所以它们之间的关系是辩证的统一。这些看法无疑是十分可贵的，它再次启示人们，只有将艺术研究同人类文化及其发展的研究联系起来，把艺术作为文化系统中的一个子系统，弄清它们之间的互相联系、互相作用，才有可能全面地揭示艺术的本质、特征和作用。当然，立足于文化来研究艺术也

---

① ［德］恩斯特·卡西尔：《人论》，甘阳译，上海译文出版社1985年版，第87页。
② ［德］恩斯特·卡西尔：《人论》，甘阳译，上海译文出版社1985年版，第288页。

必须建立在对文化的科学的唯物主义的理解上，否则，很难得出完全正确的结论，而这又是卡西尔所缺乏的。因为在卡西尔看来，一切文化都是人的符号活动的产品，是人的外化。而符号活动则被看作康德所说的先验的活动。这样，人类的全部文化都被归结为"先验的构造"，而不是历史的创造，文化仅仅被看作人的主体活动的展现，而不是客观世界的反映。这当然不是对文化的科学的解释。因而尽管他的从文化去研究艺术的方法是很可取的，但是他的许多结论却又不是令人满意的。

卡西尔—朗格的符号说的第三个突出特点，是始终结合审美经验来分析艺术的特性，并从符号学的角度对审美经验和艺术特性作了深入的探讨。卡西尔和朗格都强调艺术是一种特殊的符号形式，并且着重研究了艺术的符号形式和其他符号形式的区别。卡西尔认为艺术的符号和语言的符号不管在特征上还是在目的上都是不一致的，审美经验和日常经验、艺术活动和科学活动，也都具有明显的区别。朗格进一步发挥了这一观点，并且明确区分出语言符号和非语言符号、推理性形式和表现性形式，从而使艺术与语言、艺术与科学的区别得到进一步强化。无论是卡西尔还是朗格，都力图从审美经验的分析中去把握艺术的特性，去寻找艺术与非艺术的分界线。卡西尔依据康德的思想，强调审美是对于形式的直观，是对于形式的动态方面的专注，所以，将情感赋予审美形式，是将日常经验转变为审美经验的关键。朗格则进一步完善了形式与情感关系的理论，并且以此作为揭开审美经验和艺术特性内在奥秘的钥匙。她力图论证在审美和艺术中，形式本身具有表现性，形式与情感两者之间达到了直接的融合。艺术的特征正是在于它是一种"表现性形式"，同时这种形式乃是艺术家认识到的人类情感的体现。西方美学从康德以后，对形式和情感的研究，越来越成为人们理解审美和艺术的关键。"整个艺术心理学必然要讨论关于形式对情感和情感对形式的关系问题。"[①] 而朗格正是抓住这个关键问题来探讨艺术的特性，提出了许多新颖、独特的见解。围绕形式与情感这个中心问题，朗格还深入分析了艺术创造、艺术欣赏的审美经验，进一步提出了"艺术幻象说""艺术抽象说"和"艺术知觉说"，从而从审美心理学和艺术心理学的角度对艺术的特性问题作了多侧面的考察。虽然这些观点

---

① 英、美、加三国合编：《世界艺术百科全书》，《美术译丛》1982 年第 2 期。

也有自相矛盾的地方和一定的片面性，但是对于探求艺术创造和欣赏的特殊心理过程和活动规律还是做出了新的贡献。比如她提出艺术抽象不是科学推理过程，而是艺术直觉过程；不是依靠普遍化能力，而是依靠特殊化能力；艺术知觉不是推理性的思辨能力，而是通过表现性形式把握其所表现意味的"顿悟能力"，不是借助于其他任何概念的知觉，而是一种"直接看到真理"的洞察力；等等，就是力图去揭示审美心理的奥秘的富于启发性的论点。由于符号学美学注意结合审美经验来研究艺术的特性，所以它对审美心理学和艺术心理学的发展起到了推动作用。对此，《世界艺术百科全书》曾有这样的评价："从最初系统地阐述移情说开始到恩斯特·卡西尔和苏珊·朗格的符号说，可以说是美学和艺术心理学发展的主线。现在，艺术心理学很难脱离符号学这种学说。"当然，无论是卡西尔还是朗格，他们对审美经验、审美心理的分析毕竟是偏重于感性、偏重于形式的。他们始终没有能够找到在审美和艺术中从感性、形式通向理性、内容的特殊途径，从而也就往往将后者置于审美经验考察的视野之外。这样，他们对于审美心理的认识也必然是片面的、简单的，而由此出发对艺术特性的说明也就自然存在着相当大的偏颇。

第四节　符号学的艺术审美理论的评价

恩斯特·卡西尔和苏珊·朗格的艺术本性论固然是对符号学的一种应用，但它同当代西方比较流行的一些艺术理论，也有着明显的联系。在《艺术问题》中，朗格就非常推崇英国艺术评论家克莱夫·贝尔提出的"艺术乃是'有意味的形式'"的美学论点。所谓"有意味的形式"，按照贝尔的解释，就是艺术作品的"线条和色彩构成的关系和组合"，而这些关系和组合是能够唤起审美情感的。贝尔认为这种"有意味的形式"便是一切真正的艺术所应具有的一种基本性质。朗格完全同意贝尔的这种看法。在《情感与形成》一书中，她称"有意味的形式""是各类艺术的本质，也是我们所以把某些东西称为'艺术品'的原因所在"[①]。在《艺术问题》

[①]　[美]苏珊·朗格：《情感与形式》，刘大基等译，中国社会科学出版社1986年版，第33页。

中，她直接把"有意味的形式"和她所说的"表现性形式"看成同一含义的术语，并经常将两者交互并用。贝尔在《艺术》中强调形式和表现，否定再现在艺术和审美中的地位和作用。这和朗格强调只有表现性才是区别艺术与非艺术的标尺的观点也是互相吻合的。此外，朗格的某些论点和格式塔心理学美学的代表人物鲁道夫·阿恩海姆在《艺术与视知觉》一书中提出的观点，也有明显的类似。例如她认为形式与情感之间具有结构上的一致性，形式对于情感的表现不是象征，而是包含，这很容易使我们想起阿恩海姆的"异质同构"论。按照这一理论，"造成表现性的基础是一种力的结构"①，外在事物和形式之所以能直接表现内在情感，就是因为它们的"力的图式"在结构上是一致的。

对于在西方美学界影响甚大的克罗齐和科林伍德的表现说，卡西尔和朗格都持批评态度。卡西尔指出："克罗齐的哲学乃是一个强调艺术品的纯精神特性的精神哲学"，而科林伍德的表现说则完全忽视了"作为创造和观照艺术品的一个先决条件的整个构造过程"。朗格在强调艺术表现情感上，虽然和科林伍德是一致的，但科林伍德认为艺术是"一个人情感的吐露"，是"自我表现的活动"，这又是朗格所不同意的。卡西尔和朗格都反对只把艺术看作艺术家本人情感的自我表现，而强调艺术所表现的是艺术家认识到的人类经验或人类情感。他们也都强调艺术必须将人类经验或情感形式化、客观化，使之直接包含在表现性形式或艺术符号中。然而，按照克罗齐和科林伍德的表现说，艺术表现却不需要媒介和外在形式，所谓艺术表现只是发生在艺术家头脑中的活动，是在艺术家头脑中形成的意象，作为表现的艺术品在艺术家创造可感知的形象之前就已经完成了。这与卡西尔和朗格强调艺术是一种符号形式的创造的观点，当然是相矛盾的。

尽管如此，从卡西尔到朗格，符号学艺术论的总体发展趋向毕竟是强调情感、强调表现的，在这一点上，他们的理论和当代西方艺术理论的基本倾向仍然是完全一致的。在朗格看来，只有人的情感、主观世界、内心生活，才是艺术表现的内容。任何一件艺术品，"本质上都是内在生活的外部显现，都是主观现实的客观显现"，一切艺术形象都是"主观经验和

---

① ［美］鲁道夫·阿恩海姆：《艺术与视知觉》，滕守尧等译，中国社会科学出版社1984年版，第625页。

情感的对象化"。这种主观现实、内心生活是同客观现实、外部事物不同的对象,它们分别为艺术符号和语言符号所把握。"推理符号系统——语言——能使我们认识到我们周围事物之间的关系以及周围事物同我们自身的关系,而艺术则是使我们认识到主观现实、情感和情绪。"[①] 这些看法显然是把主观情感、内心生活与客观现实、社会存在分割开来了,既否定了主观情感有它的客观来源,也否定了客观现实、客观事物是艺术反映的对象。这是既不符合艺术创作的实际,又同辩证唯物主义的反映论的原则相违背的。艺术创作虽然必须而且应当表现人的主观情感和内心生活,而且应当以此作为艺术反映的特殊对象,但是艺术的反映对象又不仅限于人的主观情感和内心生活,它以人的整个社会生活和客观现实作为反映对象。人的主观情感和内心生活虽然也是社会生活的组成部分,但它并不是人的社会生活的全部,并且主观情感和内心生活本身也只不过是客观现实生活的一种反映。艺术通过描写和表现人的主观感情和内心生活,仍然是要反映客观现实和整个社会生活。所以,把艺术仅仅看作主观情感的表现,把表现主观情感和反映客观现实截然对立起来,也就会否认艺术是客观的社会生活的反映,这样,也就不可能科学地阐明艺术的本质。

卡西尔和朗格都很强调表现形式,并且把形式看作构成艺术本质的决定因素。朗格认为只有"表现性形式"和"艺术符号"才能显示出艺术的表现活动和其他活动的区别。探讨艺术符号和语言符号、表现性形式和推理性形式的区别,成为她说明艺术本质和特性的一个关键。在这方面,最易看出形式主义美学理论对于符号学艺术理论的深刻影响。艺术虽然也有形式问题,而且对于艺术来说,形式问题还是相当重要的问题,但是,决定艺术本质和特征的又不仅仅是形式问题。然而,在卡西尔和朗格的艺术定义中,符号形式问题既是他们理解艺术本质的出发点,也是为艺术作定义的最后归宿。正因如此,朗格才把贝尔提出的"有意味的形式"称作是艺术的"精髓本质"。西方有的美学家指出,对形式的过分强调,是恩斯特·卡西尔、克莱夫·贝尔、罗杰·弗莱、苏珊·朗格和阿恩海姆的艺术理论的共同特征。这种说法指明了西方当代美学中的一个基本倾向,是符合实际的。艺术首先是对客观现实生活的审美反映,是反映社会生活的一

---

① [美]苏珊·朗格:《艺术问题》,滕守尧等译,中国社会科学出版社1983年版,第66页。

种审美的意识形态。因此，对于了解艺术的本质来说，艺术的思想内容应当是主要的、根本的。而一切形式主义美学对于艺术本质的理解，却恰恰是抛弃了这个主要的、根本的方面。这样规定出的种种艺术定义，也就必然只能是舍本逐末。艺术创作首先是艺术家对现实生活的审美的认识和反映，其次是对现实生活的艺术的表现和传达。艺术家对现实生活的感受、认识、体验，他的审美意识，首先在脑海里构思为艺术形象，为了使这种构思的艺术形象为读者、观众所把握，它必须通过一定的物质手段来加以客观化。这种被物质手段客观化的艺术形象，对于再现艺术家对现实生活的认识和表现艺术家的思想感情来说是具有符号性质的。因此，从艺术的传达功能方面说，艺术可以被看作一种特殊性质的符号。但是，艺术创造的整个性质、艺术的本质，并不仅仅是由艺术的传达功能或传达手段决定的。卡西尔、朗格的艺术定义的根本错误之一，就是把艺术不过是当作一种传达手段，当作仅仅是创造出来为传达包含在符号内部的一定意义的一种特殊的符号。他们根本看不到艺术是审美地反映社会生活的一种特殊的社会意识形态，而把艺术的整个性质归结为一种传达功能，因而势必将艺术的本质简单化、表面化。

艺术中的符号问题，不仅是符号学美学研究的中心课题，而且在语义学美学、现象学美学、结构主义以及英美新批评派文艺理论中，也都占有重要地位，这是当代西方美学和文艺理论中很值得注意的一种现象。我们不赞成符号学美学将艺术本质仅仅归结为符号形式问题的看法，并不是要否认符号学和艺术研究的关系，也不是要否认符号在艺术中的作用。恰恰相反，我们认为艺术符号学应当成为现代美学和艺术理论中的一个重要组成内容，它应该着重从符号学的角度阐明艺术语言和艺术传达问题，研究符号在艺术中的特殊作用以及艺术创作中符号与意义的相互关系等，以便从不同侧面去把握艺术创造和欣赏的规律。艺术和符号是有着密切关系的。黑格尔在《美学》中就曾把不同的艺术种类看成不同性质的符号，例如建筑是"用建筑材料造成一种象征性的符号"；诗是用声音造成"一种起暗示作用的符号"。[1] 可以说在艺术中，思想情感内容的具体感性表现，和艺术中符号的作用紧密相联。"符号是艺术篇章最基本的元素，符号构

---

[1] [德] 黑格尔：《美学》第 3 卷，朱光潜译，人民文学出版社 1981 年版，第 16 页。

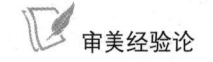

成了艺术表述。"① 艺术形象的构成离不开一定的物质传达手段,这些物质传达手段都可以成为艺术的符号。艺术符号和任何符号一样,都是物质的、感性的因素和思想的、意义的因素两者的统一。这些符号作为艺术作品的最基本元素,构成了艺术表述即艺术形象。每一个艺术形象也都可以说是有特定意义的符号体系,它们的总和便构成了艺术作品,并传达出一定的艺术信息,即艺术作品的思想情感内容。正如为了理解作品,必须理解艺术形象;为了理解艺术形象,也必须理解构成艺术形象的艺术符号。因此,艺术符号问题对于艺术创作和艺术欣赏都是不可忽视的问题。从这个意义上说,卡西尔—朗格的符号学的艺术论对于我们从各个不同方面去认识艺术的特性和把握艺术创造的规律,仍然是具有重要借鉴作用的。

---

① [苏] 鲍列夫:《美学》,乔修业等译,中国文联出版公司1986年版,第489页。

附 录

国外有关审美经验研究论著目录

(按作者姓氏字母顺序排列)

1. Abell, W., *The Cllective Dream in Art: a Psycho－historical Theory of Culture Based on Relations between the Art, Psychology, and the Social Sciences*, Harvard University Press, Cambridge, Mass, 1957.

W. 艾贝尔:《艺术中集合的梦:基于艺术、心理学和社会科学关系的心理历史文化理论》,哈佛大学出版社1957年版。

2. Addison, J., *The Spectator*, London, 1898.

J. 艾迪生:《旁观者》,伦敦,1898年。

3. Aristotle, *The Art of Poetry (Poetics)*, trans., Bywater, London, 1938.

亚里士多德:《诗学》,伦敦,1938年。

4. Aldrich, V. C., "Picture Space", *Philosophical Review*, LXV Ⅱ (July 1958).

V. C. 奥尔德里奇:《图像空间》,《哲学评论》1958年第67期。

5. Aldrich, V. C., *Philosophy of Art*, Englewood Cliffs, 1963.

V. C. 奥尔德里奇:《艺术哲学》,恩格尔伍德,1963年。

6. Allen, G., *Physiological Aesthetics*, London, 1877.

G. 阿伦:《生理学美学》,伦敦,1877年。

7. Alison, A., *Essays on the Nature and Principles of Taste*, Edinburgh, 1811.

A. 阿莉森:《论趣味的性质和原则》,爱丁堡,1811年。

8. Arieti, S., *Creativity: the Magic Synthesis*, New York, 1976.

S. 阿瑞提:《创造力:魔术的综合》,纽约,1976年。

9. Arnheim, R., *Art and Visual Perception*, London, 1967.

R. 阿恩海姆：《艺术与视知觉》，伦敦，1967 年。

10. Arnheim, R., *Towards a Psychology of Art*, London, 1967.

R. 阿恩海姆：《走向艺术心理学》，伦敦，1967 年。

11. Arnheim, R., *New Essays on the Psychology of Art*, London, 1986.

R. 阿恩海姆：《艺术心理学新论文集》，伦敦，1986 年。

12. Asch, S. E., "The Metaphor: a Psychological Inquiry", R. Tugiuri & E. Pefrullo (eds.), *Person Perception and Interpersonal Behavior*. Stanford, Calif.: Stanford University Press, 1958.

S. E. 阿斯齐：《对隐喻的心理学探究》，载《人的知觉和人之间的行为》，斯坦福大学出版社 1958 年版。

13. Asthana, B. C., "Individual Differences in Aesthetic Appreciation", *Educ. and Psychol.*, Delhi, 3 (1956).

B. C. 阿森纳：《审美欣赏中的个性差异》，《教育与心理学》1956 年第 3 期。

14. Bandonin, C., *Psychology and Aesthetics*, New York, 1924.

C. 班多林：《心理学与美学》，纽约，1924 年。

15. Beardsley, M. C., *Aesthetics*: *Problems in the Philosophy of Criticism*, New York, 1958.

M. C. 比尔兹利：《美学：批评哲学的问题》，纽约，1958 年。

16. Bell, C., *Art*, London, 1914.

C. 贝尔：《艺术》，伦敦，1914 年。

17. Bergler, E., "Psychoanalysis of Writers and of Literary Productivity", G. Roheim (ed.), *Psychoanalysis and the Social Sciences*, Vol. 1, New York, 1949.

E. 伯格勒：《作家及文学创造力的精神分析》，载《心理分析学与社会科学》第 1 卷，纽约，1949 年。

18. Bergson, H., *Le Rire Essai Sur La Signification Du Comique*, Paris, 1925.

H. 柏格森：《笑——论滑稽的意义》，巴黎，1925 年。

19. Berlyne, D. E., *Conflict Arousal and Curiosity*, New York, 1960.

D. E. 伯莱因：《冲突、唤起与好奇》，纽约，1960 年。

20. Berlyne, D. E., *Aesthetics and Psychobiology*, New York, 1971.

D. E. 伯莱因：《美学与生物心理学》，纽约，1971 年。

21. Birkhoff, G. D., *Aesthetic Measure*, Harvard University Press, Cambridge, Mass, 1933.

G. D. 伯克霍夫：《审美测量》，哈佛大学出版社 1933 年版。

22. Boas, F., *Primitive Art*, Oslo, 1927.

F. 博厄斯：《原始艺术》，奥斯陆，1927 年。

23. БореВ. Ю. Б., ЭСТЕТИКА. Изд. 3－e, М. Политиздат, 1981.

Ю. Б. 鲍列夫：《美学》，莫斯科，1981 年。

24. Bosanquet, B., *Three Lectures on Aesthetic*, London, 1915.

B. 鲍桑葵：《美学三讲》，伦敦，1915 年。

25. Brighouse, G., "A Study of Aesthetic Apperception", *Psychological Monographs*, 51 (1939).

G. 布里豪斯：《审美统觉研究》，《心理学专题论丛》1939 年第 51 期。

26. Bricon, E., *Psychologie d'art*, Paris, 1900.

E. 布里康：《艺术心理学》，巴黎，1900 年。

27. Bullough, E., *Aesthetics: Lectures and Essays*, Stanford, Calif., 1957.

E. 布洛：《美学：讲演和论文集》，斯坦福，1957 年。

28. Bullough, E., "Psychical Distance as a Factor in Art and an Aesthetic Principle", *British Journal of Psychology*, Vol. V, 1912.

E. 布洛：《作为艺术要素和审美原则的心理距离》，《英国心理学杂志》1912 年第 5 卷。

29. Burk, E., *A Philosophical Enquiry into the Origin of Our Ideas of the Sublime and Beautiful*, London and New York, 1958.

E. 伯克：《对崇高和美两种观念根源的哲学探究》，伦敦和纽约，1958 年。

30. Выготский, Л. С., ПСИХОЛОГИЯ ИСКУССТВА, Москва, 1965.

Л. С. 维戈茨基：《艺术心理学》，莫斯科，1965 年。

31. Casebier, A., "The Concept of Aesthetic Distance", *The Personalist*, Winter, 1971.

A. 凯斯比尔：《审美距离的概念》，《性格》1971 年冬季号。

32. Cassirer, E., *A Essay on Man: an introduction to a Philosophy of Human Culture*, New York, 1953.

E. 卡西尔：《人论：人类文化哲学导论》，纽约，1953 年。

33. Chandler, A. R., *Beauty and Human Nature: Elements of Psychological Aesthetics*, New York, 1934.

A. R. 钱德勒：《美与人性：心理学美学原理》，纽约，1934 年。

34. Cohen, M., "Appearance and the Aesthetic Attitude", *Journal of Philosophy*, Vol. 56 (1959).

M. 科恩：《外观与审美态度》，《哲学杂志》1959 年第 56 卷。

35. Cohen, T., "Aesthetic Essence", *Philosophy in America*, London, 1962.

T. 科恩：《审美本质》，载《美国哲学》，伦敦，1962 年。

36. Colemen, E. J. (ed.), *Varieties of Aesthetic Experience*, London, 1983.

E. J. 科尔曼编：《审美经验的多样性》，伦敦，1983 年。

37. Collingwood, R. G., *The Principle of Art*, London, 1938.

R. G. 科林伍德：《艺术原理》，伦敦，1938 年。

38. Croce, B., *Aesthetics*, New York, 1909.

B. 克罗齐：《美学》，纽约，1909 年。

39. Столович, Л. Н., ЭСТЕТИЧЕСКОЕ В ДЕЙСТВИТЕЛЪ НОСТИ И ВИСКУССТВЕ, Государственное издателъство политической литературы, 1959.

Л. Н. 斯托洛维奇：《现实中和艺术中的审美》，苏联国家政治书籍出版社 1959 年版。

40. da Vinci, Leonardo, *Treatise on Painting*, London, 1897.

列奥纳多·达·芬奇：《绘画论》，伦敦，1897 年。

41. Delaoroix, H., *Psychologie de l' art*, Paris, 1927.

H. 迪劳雷克斯：《艺术心理学》，巴黎，1927 年。

42. Dawson, S., "Distancing as an Aesthetic Princeple", *Austral asian Journal of philosophy*, 39 (1961).

S. 道森：《作为审美原则的间离》，《澳大利西亚哲学杂志》1961 年第 39 期。

43. Dewey, J., *Art as Experience*, New York, 1934.

J. 杜威：《艺术即经验》，纽约，1934 年。

44. Dickie, G., "Is Psychology Relevant to Aesthetics?" *Philosophical Review*,

LXXI（July 1962）.

G. 迪基：《心理学与美学有关吗?》，《哲学评论》第 71 期（1962 年 7 月号）。

45. Dickie, G., "The Myth of the Aesthetic Attitude", *American Philosophical Quarterly*, 1（1964）.

G. 迪基：《审美态度的神话》，《美国哲学季刊》1964 年第 1 期。

46. Dickie, G., *Art and the Aesthetic*, London, 1974.

G. 迪基：《艺术与审美》，伦敦，1974 年。

47. Ducasse, C. J., *The Philosophy of Art*, New York, 1929.

C. J. 杜卡斯：《艺术哲学》，纽约，1929 年。

48. Dufrenne, M., *Phe'nomenologie de L'Expe'rience Esthetique*, Paris, 1953.

M. 杜弗莱纳：《审美经验现象学》，巴黎，1953 年。

49. Eckermann (ed.), *Gespräche mit Goethe*, Leipzig, 1921.

爱克尔曼辑：《歌德谈话录》，来比锡，1921 年。

50. Ehrenzweig, A., *The Psychoanalysis of Artistic Vision and Hearing: an Introduction to a theory of Unconscious Perception*, New York, 1953.

A. 埃伦茨威格：《艺术视觉和听觉的精神分析》，纽约，1953 年。

51. Eng, H., *The psychology of Child and Youth Drawing*, New York, 1957.

H. 恩格：《儿童和青年绘画心理学》，纽约，1957 年。

52. Fechner, G. T., *Vorschule der Ästhetik*, Leipzig, 1876.

G. T. 费希纳：《美学导论》，来比锡，1876 年。

53. Freud, S., *Introductory Lectures on Psychoanalysis*. London, 1929.

S. 弗洛伊德：《精神分析引论》，伦敦，1929 年。

54. Freud, S., *Civilization and its Discontents*, New York, 1930.

S. 弗洛伊德：《文明及其不满》，纽约，1930 年。

55. Freud, S., *On Creativity and Unconscious: Papers on the Psychology of Art, Literature, Love, Religion*, New York, 1958.

S. 弗洛伊德：《论创造力与无意识：关于艺术、文学、恋爱、宗教的心理学文集》，纽约，1958 年。

56. Fuller, P., *Art and Psychoanalysis*, London, 1980.

P. 富勒：《艺术与精神分析》，伦敦，1980 年。

57. Gerard, A., *An Essay on Taste*, Edinburgh, 1780.

A. 杰拉德:《论趣味》,爱丁堡,1780 年。

58. Ghiselin, B., *The Creative Process*, Berkeley, Calif., 1952.

B. 格希斯林:《创作过程》,伯克利,1952 年。

59. Gibson, J. J., "Pictures, Perspective and perception", *Daedalus*, Winter (1960).

J. J. 吉布森:《绘画、透视与感知》,《代达罗斯》1960 年冬季号。

60. Gombrich, E. H., *Art and Illusion: a study in the Psychology of Pictorial Representation*, New York, 1960.

E. H. 冈布里奇:《艺术与幻觉:绘画再现的心理学研究》,纽约,1960 年。

61. Groos, K., *The Play of Animals*, New York, 1898.

K. 谷鲁斯:《动物的游戏》,纽约,1898 年。

62. Groos, K., *The Play of Man*, New York, 1901.

K. 谷鲁斯:《人的游戏》,纽约,1901 年。

63. O'Hare, D. (ed.), *Psychology and the Arts*, Brighton, 1981.

D. 奥黑尔编:《心理学与艺术》,布莱顿,1981 年。

64. Hegel, G. W. F., *Ästhetik*, Vol. I, Berlin, 1842.

G. W. F. 黑格尔:《美学》第 1 卷,柏林,1842 年。

65. Honkavaara, S., "The Psychology of Expression", *British Journal of Psychology*, Monograph Supplements, 32 (1961).

S. 亨卡瓦拉:《表现心理学》,《英国心理学杂志》1961 年第 32 期。

66. Hospers, J., "The Concept of Artistic Expression", *Proce eding of the Aristotelion Society*, 1954–1955.

J. 霍斯帕斯:《艺术表现的概念》,《亚里士多德学会论丛》1954—1955 年版。

67. Hume, D. A., *Treatise of Human Nature*, London, Oxford, 1946.

D. 休谟:《人性论》,伦敦和牛津,1946 年。

68. Hume, D., "Of the Standard of Taste", George Dickie and R. J. Sclafani (ed.), *Aesthetics: a Critical Anthology*, New York, 1977.

D. 休谟:《论趣味的标准》,载 G. 迪基和 R. J. 斯克拉芬尼编《美学:批评文选》,纽约,1977 年。

69. Hungerland, H., "The Aesthetic Response Re-considered", *Journal of Aesthetics and Art Criticism*, Vol. 16 (1957).

H. 亨格兰德:《再论审美反应》,《美学与艺术批评杂志》1957 年第 16 卷。

70. Hutcheson, F., *An Inquiry into the Original of Our Ldeas of Beauty and Virtue*, London, 1726.

F. 哈奇生:《对美和善两种观念起源的探讨》,伦敦,1726 年。

71. Ingarden, R., "Aesthetic Experience and Aesthetic Object", *Philosophy and Phenomenlogical Research*, Vol. 21 (1961).

R. 英伽登:《审美经验与审美对象》,《哲学与现象学研究》1961 年第 21 卷。

72. Jauss, H. R., *Aesthetic Experience and Literary Hermeneutics*, Minneapolis, 1982.

H. R. 乔斯:《审美经验与文学阐释学》,明尼阿波利斯,1982 年。

73. Jessup, B., "Taste and Judgment in Aesthetic Experience", *Journal of Aesthetics and Art Criticism*, Vol. 19 (1960).

B. 杰塞普:《审美经验中的趣味和判断》,《美学与艺术批评杂志》1960 年第 19 卷。

74. Jung, C. G., *The Archetypes and the Collective Unconscious*, New York, 1959.

C. G. 容格:《原型与集体无意识》,纽约,1959 年。

75. Jung, C. G., "On the Relation of Analytical Psychology to Peotic Art", *Contributions to Analytical Psychology*, New York, 1928.

C. G. 容格:《论分析心理学对诗的艺术的关系》,载《分析心理学的贡献》,纽约,1928 年。

76. Jung, C. G., "Psychology and *Literature*", In Modem Man in *Search of Soul*, London, 1933.

C. G. 容格:《心理学与文学》,载《探索灵魂的现代人》,伦敦,1933 年。

77. Kant, I., *Critique of Judgment*, trans., J. H. Bernard, London, 1914.

I. 康德:《判断力批判》,伦敦,1914 年。

78. Katz, R. L., *Empathy*, London, 1963.

R. L. 凯茨：《移情》，伦敦，1963 年。

79. Ковалев, А. Г. ПСИХОЛОГНЯ ЛИТЕРАТУРНОГО ТВОРЧЕСТВА, Нзлателъство ленинградского Университета, 1960.

А. Г. 科瓦廖夫：《文学创作心理学》，列宁格勒大学出版社 1960 年版。

80. Koffka, K., "Problems in the Psychology of Art", *Art*: *a Bryn Mawr Symposium*, Loncaster, 1940.

K. 考夫卡：《艺术心理学的若干问题》，载《艺术》，兰卡斯特，1940 年。

81. Kreitler, H. and Kreitler, S., *Psychology of the Arts*, Durham, 1972.

H. 克赖特勒、S. 克赖特勒：《艺术心理学》，达勒姆，1972 年。

82. Kretschmer, E., *The Psychology of Men of Genius*, New York, 1931.

E. 克雷兹齐墨：《天才人物心理学》，纽约，1931 年。

83. Kris, E., *Psychoanalytic Explorations in Art*, New York, 1952.

E. 克里斯：《艺术的精神分析探讨》，纽约，1952 年。

84. Langer, S. K., *Philosophy in a New Key*: *a Study in the Symbolism of Reason, Rite, and Art*, New York, 1948.

S. K. 朗格：《哲学新解》，纽约，1948 年。

85. Langer, S. K., *Feeling and Form*: *a Theory of Art Develo ped from Philosophy in a New key*, New York, 1953.

S. K. 朗格：《情感与形式》，纽约，1953 年。

86. Langer, S. K., *Problems of Art*, New York, 1957.

S. K. 朗格：《艺术问题》，纽约，1957 年。

87. Lee, V., *The Beautiful*: *an Introduction to Psychological Aesthetics*, Cambridge, 1913.

V. 李：《论美：心理学美学导论》，剑桥，1913 年。

88. Lessing, *Laokoon*: *a Essay upon the Limits of Painting and Poetry*, Trans., Ellen Frohingham, Boston, 1910.

莱辛：《拉奥孔》，波士顿，1910 年。

89. Lipps, T., *Empathy and Aesthetic Pleasure*, Englewood Cliffs, N. J., 1965.

T. 里普斯：《移情与审美愉快》，恩格尔伍德，1965 年。

90. Lipps, T., *Ästhetik*: *Psychologie des Schönen und der Kunst*, Leipzig

and Hamburg, 1903.

T. 里普斯：《美学：美与艺术的心理学》，来比锡和汉堡，1903 年。

91. Longinus, C., *On the Sublime*, trans., W. Hamilton Fyfe, London, 1953.

C. 朗吉努斯：《论崇高》，伦敦，1953 年。

92. Lowenfeld, V., *The Nature of Creative Activity*, New York, 1939.

V. 洛温菲尔德：《创造活动的本质》，纽约，1939 年。

93. Lucas, F. L., *Literature and Psychology*, London, 1951.

F. L. 卢卡斯：《文学与心理学》，伦敦，1951 年。

94. Lundin, "Aesthetic Experience or Response? a Psychological Viewpoint", *Psychol. Record*, 6 (1956).

伦丁：《审美经验或反应？》，《心理学记录》1956 年第 6 期。

95. Macdonald, M., "Art and Imagination", *Proceedings of the Aristotelian Society*, 1952—1953.

M. 麦克唐纳：《艺术与想象》，《亚里士多德学会论丛》1952—1953 年版。

96. Maquet, J., *The Aesthetic Experience: an Anthropologist Looks at the Visual Arts*, Yale U. P., 1986.

J. 麦奎特：《审美经验：从人类学家观点看视觉艺术》，耶鲁大学出版社 1986 年版。

97. Margolis, J., "Aesthetic Perception", *Journal of Aesthetics and Art Criticism*, 19 (1960).

J. 马戈利斯：《审美知觉》，《美学与艺术批评杂志》1960 年第 19 期。

98. Maritain, J., *Creative Intuition in Art and Poetry*, New York, 1955.

J. 马里坦：《艺术与诗中的创造性直觉》，纽约，1955 年。

99. Mauron, C., *Aesthetics and Psychology*, London, 1935.

C. 莫伦：《美学与心理学》，伦敦，1935 年。

100. Meumann, E., *Die Grenzen der Psychologischen Ästhetik*, Berlin, 1906.

E. 缪曼：《心理学美学原理》，柏林，1906 年。

101. Meyer, L. B., *Emotion and Meaning in Music*, Chicago, 1956.

L. B. 迈耶：《音乐的情感和意义》，芝加哥，1956 年。

102. Michells, K., "Aesthetic Perception and Aesthetic Qualities", *Pro-

ceedings of Aristotelian Society, 1966—1967.

K. 米奇尔：《审美知觉与审美特性》，《亚里士多德学会论丛》1966—1967 年版。

103. Moles, A., *Information Theory and Esthetic Perception*, Urbana, 1966.

A. 莫莱斯：《信息论与审美知觉》，厄巴纳，1966 年。

104. Morgan, D. N., "Psychology and Art Today: a Summary and Critique", *Journal of Aesthetics and Art Criticism*, X (1950).

D. N. 摩根：《心理学与当代艺术》，《美学与艺术批评杂志》1950 年第 10 期。

105. Morris, C., *Sign, Language and Behavior*, New York, 1946.

C. 莫里斯：《符号、语言与行为》，纽约，1946 年。

106. Morris, D., *The Biology of Art.* London, 1962.

D. 莫里斯：《艺术生物学》，伦敦，1962 年。

107. Munro, T., *Toward Science in Aesthetics*, New York, 1956.

T. 门罗：《走向科学的美学》，纽约，1956 年。

108. Munro, T., "The psychology of Arts: Past, Present, Future", *Journal of Aesthetics and Art Criticism*, 21 (Spring, 1963).

T. 门罗：《艺术心理学：过去、现在及未来》，《美学与艺术批评杂志》1963 年春季号第 21 期。

109. Mursell, J. L., *The Psychology of Music*, New York, 1937.

J. L. 墨塞尔：《音乐心理学》，纽约，1937 年。

110. Nitzsche, F., *The Birth of Tragedy*, New York, 1927.

F. 尼采：《悲剧的诞生》，纽约，1927 年。

111. Ogden, C. K., Richards, I. A. and James Wood, *The Foundations of Aesthetics*, London, 1922.

C. K. 奥格登、I. A. 理查兹、詹姆斯·伍德：《美学基础》，伦敦，1922 年。

112. Ogden, R. M., *The Psychology of Art*, New York, 1938.

R. M. 奥格登：《艺术心理学》，纽约，1938 年。

113. Pepper, S. C., *Aesthetic Quality*, New York, 1937.

S. C. 佩珀：《审美特性》，纽约，1937 年。

114. Pepper, S. C., "Further Considerations of the Aesthetic Work of Art", *Journal of Philosophy*, 49 (1952).

S. C. 佩珀：《再论艺术的审美作用》，《哲学杂志》1952 年第 49 期。

115. Phillips, W. (ed.), *Art and Psychoanalysis*, New York, 1957.

W. 菲利普斯编：《艺术与精神分析》，纽约，1957 年。

116. Plato, *The collected Dialogues*, New York, 1961.

柏拉图：《对话集》，纽约，1961 年。

117. Pole, P. L., "Varieties of Aesthetic Experience", *Philosophy*, Vol. 30 (1955).

P. L. 波尔：《审美经验的多样性》，《哲学》1955 年第 30 卷。

118. Prall, D. W., *Aesthetic Judgment*, New York, 1929.

D. W. 普劳尔：《审美判断》，纽约，1929 年。

119. Prall, D. W., *Aesthetic Analysis*, New York, 1936.

D. W. 普劳尔：《审美分析》，纽约，1936 年。

120. Pratt, C. C., *The Meaning of Music：a Study in Psychological Aesthetics*, New York, 1931.

C. C. 普拉特：《音乐的意义——心理学美学的研究》，纽约，1931 年。

121. Puffer, E. D., *Psychology of Beauty*, Boston, 1905.

E. D. 普菲尔：《美的心理学》，波士顿，1905 年。

122. Read, H., *Education Through Art*, London, 1942.

H. 里德：《艺术的教育》，伦敦，1942 年。

123. Rees, H. E. A., *The Psychology of Aesthetic Creation*, New York, 1942.

H. E. A. 里斯：《审美创造的心理学》，纽约，1942 年。

124. Richards, I. A., *Principles of Literary Criticism*, London, 1925.

I. A. 理查兹：《文学批评原理》，伦敦，1925 年。

125. Ruckmick, C. A., *Psychology of Feeling and Emotion*, New York, 1936.

C. A. 鲁克米克：《情感和情绪心理学》，纽约，1936 年。

126. Santayana, C., *The Sense of Beauty：Being the Outline of Aesthetic Theory*, New York, 1896.

C. 桑塔亚纳：《美感》，纽约，1896 年。

127. Sartre, J. P., *The Psychology of Imagination*, London, 1972.

J. P. 萨特：《想象心理学》，伦敦，1972 年。

128. Schiller, F., *Über die Asthetische Erziehung des Menschen in einer Reihe von Briefen*, Leipzig, 1959.

F. 席勒：《审美教育书简》，来比锡，1959 年。

129. Schopenhauer, A., *Die Welt Als Wille Und Vorstellung*, Leipzig, 1859.

A. 叔本华：《作为意志和表象的世界》，来比锡，1859 年。

130. Schücking, L. L., *The Sociology of Literary Taste*, London, 1944.

L. L. 舒金：《文学鉴赏社会学》，伦敦，1944 年。

131. Sewall, A., *Psychology of Beauty*, London, 1931.

A. 赛沃尔：《美的心理学》，伦敦，1931 年。

132. Shaftesbury, *Characteristics of Man, Manners, Opinions, Times*, London, 1714.

舍夫茨别利：《论特征：关于人，风俗，意见，时代》，伦敦，1714 年。

133. Sibley, F., "Aesthetic Concepts", *Philosophical Review*, LXVIII (October 1959).

F. 西布利：《审美的概念》，《哲学评论》1959 年第 68 卷。

134. Stolnitz, J., *Aesthetics and Philosophy of Art Criticism*, Boston, 1960.

J. 斯托尼茨：《美学与艺术批评的哲学》，波士顿，1960 年。

135. Stolnitz, J., "Some Questions Concerning Aesthetic Perception", *Philosophy and Phenomenological Research*, Vol. 22 (1961).

J. 斯托尼茨：《有关审美知觉的若干问题》，《哲学与现象学研究》1961 年第 22 卷。

136. Stolnitz, J., "Of the Origins of 'Aesthetic Disinterestedness'", *Journal of Aesthetics and Art Criticism*, Winter (1961).

J. 斯托尼茨：《论"审美非功利性"的起源》，《美学与艺术批评杂志》1961 年冬季号。

137. Tilghman, B. R., "Aesthetic Perception and the Problem of the 'Aesthetic Object'", *Mind*, 85 (1966).

B. R. 蒂尔曼：《审美知觉与"审美对象"问题》，《心灵》1966 年第 85 期。

138. Tolstoy, L., *What is Art?* In *Tolstoy on Art*, Oxford, 1924.

L. 托尔斯泰：《什么是艺术?》，载《托尔斯泰论艺术》，牛津，1924 年。

139. Tomas, V., "Aesthetic Vision", *Philosophical Review*, LXVII (1959).

V. 托马斯：《审美视觉》，《哲学评论》1959 年第 67 期。

140. Tomas, V., *Creativity in the Arts*, Englewood Cliffs, N. J., 1964.

V. 托马斯：《艺术的创造力》，恩格尔伍德，1964 年。

141. Urmson, J. O. and Pole, D., "What Makes a Situation Aesthetic?" *Proceedings of the Aristotelian Society*, 1957—1958.

J. O. 厄木森、D. 波尔：《审美状态由何而成?》，《亚里士多德学会论丛》1957—1958 年版。

142. Valentine, C. W., *The Experimental Psychology of Beauty*, London, New York, 1962.

C. W. 瓦伦丁：《美的实验心理学》，伦敦和纽约，1962 年。

143. Vico, G. B., *The New Science*, Cornell University Press, 1968.

G. B. 维柯：《新科学》，康奈尔大学出版社 1968 年版。

144. Vivas, E., "A Definition of the Esthetic Experience", *Journal of Philosophy*, XXXIV (1937).

E. 维瓦斯：《审美经验的定义》，《哲学杂志》1937 年第 34 期。

145. Vivas, E., *Creation and Discovery*, New York 1955.

E. 维瓦斯：《创造与发现》，纽约，1955 年。

146. Wallaschek, R., *Psychologischen Ästhetik*, Vienna, 1930.

R. 华莱谢克：《心理学美学》，维也纳，1930 年。

147. Werner, H. A., *A Psychological Analysis of Expressive Languege*, Worcester, Mass.：Clark University Press, 1955.

H. A. 沃纳：《表现语言的心理分析》，克拉克大学出版社 1955 年版。

148. Wölfflin, H., *The Sense of Form in Art*, New York, 1958.

H. 沃尔夫林：《艺术的形式感》，纽约，1958 年。

149. Wollheim, R., "Art and Illusion", *British Journal of Aesthetics*, Vol. 3 (1963).

R. 沃尔海姆：《艺术与幻觉》，《英国美学杂志》1963 年第 3 卷。

150. Worringer, W., *Abstraktion und Einfühlung*, München, 1948.

W. 沃林格：《抽象与移情》，慕尼黑，1948 年。

后　记

　　这是我继《美感心理研究》一书之后，奉献给读者的又一部研究审美经验或美感问题的论著。俗话说：条条大路通罗马。对于美学中提出的各种理论问题，人们可以从不同途径、不同方面去加以研究和解决。多年来，我在美学研究中比较着重于对于审美主体和美感经验的考察与分析，这固然同个人的知识积累和兴趣有关，但主要还是由于自觉认识到它在美学研究中所具有的重要地位和意义。在本书中，我试图阐述对于美感问题的一些新的思考，希望它能有助于将审美经验的研究引向深入。

　　按照所论内容，本书分为四大部分。第一部分论述审美经验的研究在当代美学中所占的重要地位，并阐明审美经验研究的方法论问题。关于前一方面，在当代西方美学家中似无大的异议，但对后一个问题却多有争论。审美经验的研究和艺术研究的关系如何？审美经验的研究和心理学的关系是怎样的？对于这些有争议的问题，本书第一部分作了介绍，也表示了自己的看法。第二部分评述当代西方最有代表性和影响的几种审美经验理论，试图通过对于它们的分析、比较、鉴别，在当代研究水平上对审美经验进行一番审视。这部分的评述表明，当代西方的审美经验理论固然有一些具体问题或微观研究方面有相当进展，也提供了不少富于启发性的见解，但是由于体系上的弊病，在一些根本问题上、在宏观研究上却不能令人满意。如何对审美经验从总体上做出科学的解释，尚是一个有待进一步探讨的问题。第三部分试图运用系统理论和现代科学的新成果，从宏观和微观的结合上，对审美经验的整体特性、结构层次和心理机制等问题做些新的探讨。如何运用系统理论和方法对审美经验进行宏观的研究，是一个值得进一步探讨的问题。本书关于美感的整体特性、美的认识结构、审美情感结构的论述等，都是带有一定探索性质的看法，也许是不太成熟的。但是它在认识和分析问题的方式上，和许多审美经验理论是有明显区别

后 记

的。第四部分结合审美经验论述艺术的审美特性和艺术创作的一些审美规律，对关于艺术本质和特性的讨论中有争议的问题提出了自己的意见。最后对符号学美学关于艺术审美特性的见解作了评述，以作为一种比较和参照。

关于人在欣赏美和艺术以及创造美和艺术时所产生的特殊经验，从古至今一直是中外美学家们所关注的一个研究问题，但是用来称呼这种特殊经验的术语却并不统一。仅就西方美学而论，所采用的术语就非常之多，诸如"美感"（the sense of beauty, the aesthetic feeling）、"审美经验"（the aesthetic experience）、"审美意识"（the aesthetic awareness）、"审美反应"（the aesthetic response）、"审美观照"（the aesthetic contemplation）、"审美满足"（the aesthetic satisfaction）等，都是美学家们常用来称呼上述特殊经验的词语。这些术语在意义上虽然基本相同，但在具体运用上含义也有一定差别。我国美学界使用较多的是"美感"和"审美经验"两个术语。从当代西方美学著作来看，关于这两个术语，有的美学家是在同一意义上使用它们，并没有对它们加以严格区别；有的美学家则明确意识到两者有一定区别，因而在描述对于比美更广泛的、具有一切审美价值的对象的经验时，多采用审美经验一词，而不再称之为美感。本书注意到当代美学界对这两个术语在适用范围上的区别，但在论述美和艺术的欣赏与创造中产生的特殊经验时，却仍然是在同一意义上使用它们的。

本书各章是在近几年中陆续写成的。其中，有的曾以论文形式在刊物上发表，有的曾在全国性的美学讲习班和华中师范大学的研究生班上做过讲演。正当我对研究课题作深入思考时，受国家教委派遣，我于1987年5月赴英国剑桥大学进行学术访问。在剑桥的一年中，我较多地涉猎了国外有关审美经验研究的理论资料，这不但加深了我对当代西方审美经验研究现状的了解，而且也进一步坚定了我的研究方向，因而使本书得以顺利完成。

在本书即将付梓之时，我对于多年来关心、支持我的研究工作的许多专家和朋友怀着深挚的感谢之情。我还要衷心感谢长江文艺出版社的编辑，本书的撰写和出版也和他们所给予的支持和帮助分不开。

1989年5月